低渗透油藏水平井开发技术文集

郝明强　胡永乐　田昌炳　主编

石油工业出版社

内 容 提 要

本书收录了"低渗—致密油藏水平井开发技术研讨会"代表性论文 61 篇，内容涵盖低渗透油藏水平井地质油藏设计、采油工艺、油藏监测与测试、提高采收率、现场试验等，较为全面地反映了近年来我国在低渗透油藏水平井开发技术方面的理论技术、研究进展、应用状况以及发展趋势。

本书可供从事低渗透油藏水平井开发工作的科研人员、工程技术人员和高等院校相关专业师生参考。

图书在版编目（CIP）数据

低渗透油藏水平井开发技术文集 / 郝明强，胡永乐，田昌炳主编 . — 北京：石油工业出版社，2018.8
ISBN 978-7-5183-2831-4

Ⅰ.①低… Ⅱ.①郝… ②胡… ③田… Ⅲ.①低渗透油层—水平井—油田开发—文集 Ⅳ.①TE348-53

中国版本图书馆 CIP 数据核字（2018）第 189157 号

出版发行：石油工业出版社
（北京安定门外安华里 2 区 1 号楼　100011）
网　　址：www.petropub.com
编辑部：（010）64523710
图书营销中心：（010）64523633
经　销：全国新华书店
印　刷：保定彩虹印刷有限公司

2018 年 8 月第 1 版　2018 年 8 月第 1 次印刷
787×1092 毫米　开本：1/16　印张：33
字数：835 千字

定价：168.00 元
（如发现印装质量问题，我社图书营销中心负责调换）
版权所有，翻印必究

《低渗透油藏水平井开发技术文集》编委会

主　　编：郝明强　胡永乐　田昌炳

编　　委：胡海燕　高永荣　王连刚　唐　磊　朱国金
　　　　　罗　凯　李保柱　孙　智　杨　菲　朱志宏
　　　　　王　建　叶义平　李　庆　姬　光　张国成
　　　　　胡志文　王　涛　刘江涛　雷　霄　刘伟新
　　　　　李小华　彭永灿　赵　勇

前　言

从"十一五"开始，我国低渗透油藏水平井应用规模逐年扩大，尤其在"水平井分段压裂改造工艺"攻关取得成功以后，每年所完钻的水平井半数以上都集中在低渗透油藏。截至 2017 年年底，我国低渗透油藏中水平井数已超过 4000 口，年产油量超过 400×10^4 t，分别占低渗透油藏总井数和总产量的 2.1% 和 6.8%。面对"油田开发对象逐渐劣质化、效益建产难度日益加大"的严峻形势，水平井+压裂改造开发技术的独特优势将越发凸显，应用潜力和应用规模还将进一步扩大，技术前景十分广阔。

国内外油田开发实践表明，压裂水平井技术可以显著提高低渗透油藏的开发效果。但针对我国注水开发的低渗透油藏，在水平井开发过程中也暴露出一些生产问题，诸如水窜水淹井比例高、含水上升速度快；注水见效慢、见效井比例低；产量递减速度快、采油速度低、采收率低等。近年来，针对这些突出问题开展了大量的攻关和试验，在开发理论、设计方法、工艺技术和现场实践等方面取得了重要进展，并形成了系列关键技术。

为了系统总结近几年的研究成果和矿场实践经验，掌握低渗透油藏水平井开发技术的应用潜力和发展趋势，以促进我国水平井技术的应用和发展，编委会组织编著了本论文集。书中所收录的论文涵盖了低渗透油藏水平井开发机理、地质设计、产能评价、油藏工程优化、采油工艺、完井技术、增产措施、试井分析、油藏监测、地质—工程一体化、现场试验效果和经验总结，以及在研究和试验过程中所应用的新技术、新方法等，较为全面地反映了我国在低渗透油藏水平井开发技术方面的理论技术水平、应用现状和主要进展。相信本论文集的出版，将对我国低渗透油藏的经济有效开发、压裂水平井技术的发展具有重要指导意义和积极促进作用。

编委会
2018 年 7 月

目 录

第一部分 地质油藏设计

薄互层河道砂体甜点预测方法及水平井效果分析——以松辽盆地北部扶余油层为例
.... 王现华 周永炳 史洪波 (3)
薄互层油藏水平井入靶后轨迹调整方法 .... 韦学锐 于浩忙 于承业 (15)
大庆外围油田低渗透油藏水平井地质导向技术应用
.... 杨华宾 刘洪涛 李士江 姜福聪 (22)
渤海低渗透油藏水平井随钻地质建模方法及应用
.... 肖大坤 王 晖 范廷恩 胡晓庆 张宇焜 梁 旭 (29)
大庆致密油藏水平井开发优化设计方法
.... 史晓东 战剑飞 王现华 代 旭 郭思强 郑建东 (36)
厚层块状特低渗透砾岩油藏水平井压裂参数优化 .... 刘兴国 (43)
特低渗透裂缝—孔隙型火山岩油藏水平井多尺度耦合优化设计——以新疆金龙2油田
二叠系佳木河组为例 .... 何 辉 刘 畅 杜宜静 蒋庆平 周体尧 邓西里 (49)
水平井、直井联合开发井区注采系统调整方法研究
.... 李 刚 张海霞 梅 冬 张福玲 (63)
裂缝性致密砂岩油藏水平井注水开发合理井距研究——以红河37井区长8油藏为例
.... 周思宾 党文斌 (70)
现河低渗透油藏含水平井井网调流线做法及效果
.... 邹 林 吕志强 张 戈 全 宏 焦红岩 刘中伟 (79)
新安边油田长7致密油藏水平井开发技术政策研究
.... 王平平 黄 玮 张 扬 蔺明阳 (85)
加密水平井布井界限确定方法研究 .... 苗国锋 (94)
特低渗透油藏A区块直平联合加密方法研究 .... 朱琳琳 付现平 (101)
薄油层水平井区注采系统调整方法研究与应用 .... 孙美凤 (106)
南海西部低渗透疏松砂岩油藏水平井合理配产研究
.... 马 帅 张凤波 吕新东 李 标 张 骞 (112)
低渗透油藏水平井非达西渗流非稳态产能评价
.... 王世朝 雷 霄 王雯娟 刘双琪 马 帅 任超群 (121)
基于模糊数学理论的低—特低渗透储层产能评价方法研究
.... 王文涛 刘鹏超 王彦利 王 磊 阳中良 朱金起 (134)

车排子油田 A 井区火山岩油藏产能控制因素分析
………………………… 孔垂显 巴忠臣 晏晓龙 华美瑞 周 阳 史燕玲 (142)
水平井立体井网提高低渗透砂砾岩油藏采收率技术
………………………… 姜亦栋 李晓军 于海龙 黄爱先 薛巨丰 徐福海 (153)
特低渗透巨厚砾岩油藏水平井立体增效开发技术
………………………… 史彦尧 马德胜 周 炜 廉黎明 周明辉 (159)
应用水平井有效动用低渗透碳酸盐岩薄层油藏
………………………… 王 言 王 娜 察兴辰 李君达 李晓峰 高立群 (172)

第二部分 采油工艺

大庆外围低渗透油藏水平井多分支缝重复压裂增产技术
………………………… 胡智凡 张洪涛 冯程滨 杨秀丽 于 英 魏天超 (185)
水平井套内多级滑套分段压裂工艺技术研究与应用
………………………… 周婷婷 唐少东 刘 鹏 张晓君 郑善军 (191)
连续油管带压钻塞工艺在大庆致密油藏的规模化应用 ……………… 王 硕 (201)
连续油管水力喷射环空加砂压裂工艺在大庆油田致密油藏水平井规模化应用
………………………………………………………………………… 尹从萍 (217)
多级水力喷射技术在致密油储层重复压裂的应用 ………… 刘玉喜 包 枫 (229)
致密砂岩薄层油藏水平井穿层压裂技术研究及应用
………………………… 吴峙颖 胡亚斐 蒋廷学 周 珺 刘建坤 吴春方 (241)
玛湖油田玛北斜坡致密砾岩油藏水平井体积压裂技术研究与应用
………………………… 李建民 许江文 承 宁 石善志 才 博 江 洪 (251)
压裂返排液循环利用技术在新疆玛湖地区的应用
………………………… 张敬春 潘竟军 怡宝安 邬国栋 翟怀建 (262)
新疆油田水平井"裸眼封隔器+滑套"分压工具自主化研制与应用
………………………… 田志华 韩光耀 杨新克 舒博钊 董小卫 赵文龙 (269)
致密油藏水平井多级压裂优化设计及压后效果评价
………………………… 李佳琦 孟 雪 陈蓓蓓 袁丹丹 程福山 (275)
低渗透油藏水平井重复改造方式及数值模拟研究
………………………… 房平亮 周 拓 张 杨 邵黎明 张 炎 袁 亮 王一博 (287)
特低渗透油藏水平井重复压裂工艺技术的实践与认识 …… 刘 鹏 金显鹏 贾岩学 (295)
桥塞压裂技术的新发展 ………… 王新忠 陈 琳 裴晓含 李 明 魏松波 童 征 (302)
CO_2 干法压裂技术研究与应用
………………………… 李 阳 许志赫 袁 峰 段贵府 贾海正 邬国栋 (310)
致密低渗透碳酸盐岩气藏酸压改造难点及技术对策
………………………… 徐兵威 周守为 陈付虎 张永春 姚娼宇 (318)

第三部分　油藏监测与测试

大庆扶余致密油层水平井测井评价方法研究 ………………………… 郑建东　闫伟林　朱建华（327）
长期生产数据分析动态储量技术在低渗透水侵油藏挖潜中的应用
　　………………………… 何志辉　李树松　韩　鑫　鲁瑞彬　陈　健　冉　艳（334）
致密油藏体积压裂水平井试井技术及应用 ………………………………………… 陆慧敏（342）
低渗透油藏水平井压裂指示剂技术研究与应用 …………………………………… 崔明明（350）
井间示踪剂监测在低渗透油田水平井堵水技术中的应用 ………………………… 张　梅（354）
大庆外围特低渗透储层水平井人工裂缝形态探讨
　　………………………… 冯程滨　唐鹏飞　杨秀丽　裴咏梅　于　英　赵　亮（359）
光纤微地震监测技术在新疆油田的应用
　　………………………… 谢　斌　潘　勇　段胜男　张　敏　潘树林　刘　飞　王宁博（367）

第四部分　提高采收率

致密油藏水平井注气开发微观动用潜力研究
　　………………………… 李海波　郭和坤　杨正明　王学武　张亚蒲　张晓祎（379）
致密油藏水平井多级压裂 CO_2 吞吐机理研究
　　………………………… 周　拓　房平亮　滕　起　王艳丽　王建一　刘　珩（387）
基于润湿反转的周期注水提高石灰岩低渗透储层采收率方法研究
　　………………………… 魏发林　吕　静　刘平德　熊春明　卢拥军（393）
致密油藏水平井周期注表面活性剂提高采收率技术研究
　　………………………… 朱志杰　康晓东　刘玉洋　王旭东　张　健（400）

第五部分　现场试验

大庆外围致密油藏水平井开发效果评价
　　………………………… 史晓东　战剑飞　王海涛　陆慧敏　郑建东　韩　雪（411）
致密油藏水平井大规模分段体积压裂产能评价及认识——以大庆油田致密油藏水平井
　　分段压裂为例 ………………………… 侯堡怀　尚立涛　王海涛　李存荣（418）
昆北油田水平井开发效果影响因素分析
　　………………………… 胡亚斐　周恩宾　侯建锋　吴峙颖　刘　畅　谢　琳（424）
吐哈三塘湖盆地致密油藏水平井压裂技术研究与应用 …… 王春鹏　杜长虹　刘建伟（430）
体积压裂在柴达木盆地英西油藏的适应性研究及实践
　　………………………… 张成娟　王俊明　刘又铭　刘　永　刘　欢（437）
风南4井区特低渗透油藏水平井开发初期排采政策研究
　　………………………… 刘　亮　彭明超　窦　琰　刘　翔　黄　超　刘春兰（446）

大庆油田水平井多段及体积压裂工艺技术研究与应用
.... 金显鹏 刘 鹏 周洪艳 贾岩学 张新珠（458）
水平井压裂技术在现河低渗透油藏中的应用
.... 张淑娟 冯庆伟 万惠平 田华东 宋克炜 李 敏（465）
致密油藏水平井 CO_2 吞吐技术应用实践与认识 .... 于春涛 路大凯 金雪超（470）
水平井挖潜适用技术研究与探讨 .... 王宪峰 张晓芬 梁雪欣 张思远 唐宏宇（476）
在生产水平井 MRC 储层改造适应性及工业化应用
.... 李 威 戴 宗 朱义东 闫正和 李彦平 文 星（486）
涠洲 6-13 油田低透渗储层水平分支井钻井技术与应用
.... 管 申 刘智勤 彭 巍 曹 峰 郑浩鹏（492）
地球物理技术在断陷盆地低渗透岩性油藏水平井随钻地质导向中的应用
.... 齐玉林 彭 威（498）
地质力学研究在非常规油气藏储层改造中的应用
.... 黄星宁 杨振周 郭子义 姜启书 赵二强 李文佳（507）

第一部分 地质油藏设计

第一部分　地所稅草什

薄互层河道砂体甜点预测方法及水平井效果分析
——以松辽盆地北部扶余油层为例

王现华　周永炳　史洪波

(中国石油大庆油田有限责任公司勘探开发研究院)

摘　要：针对松辽盆地北部长垣扶余油层致密油储层评价认识程度低，目前地震预测精度无法满足"薄、窄、散"致密油储层开发需求这一问题，在水平井开发试验中，整合形成了以"四步法"地震资料品质评价、致密油构造精细解释、砂体组合模型正演分析、地震多属性优选分析、基于不同地质条件薄储层反演预测为核心的预测方法，有效提高了 3~5m 河道砂体识别精度，为水平井优选设计及实施跟踪提供了技术支撑。应用该套技术，区块水平井开发整体完钻效果好，砂岩钻遇率达到89%，甜点预测符合率在90%以上，提高了薄互层河道砂体的认识程度，有效支撑了大庆油田致密油的经济有效动用。

关键词：扶余油层；致密油；薄互层；甜点预测；水平井开发

松辽盆地北部扶余油层致密油储层一方面存在发育不连续、砂体规模小、评价认识程度低的问题；另一方面，部分区块地震资料品质较差、频带窄，影响了构造解释和砂体预测精度，主要表现在地震速度场精度低，砂体深度定位不准，地震资料分辨率不够，薄互层砂体识别难，地震资料信噪比低，甜点目标反射特征不清晰。目前，地震预测精度不能满足"薄、窄、散"致密油储层开发的需求。因此，针对近几年扶余油层致密油开发中存在的问题，在芳198-133和垣平1外扩区研究中，采取多项针对性的技术手段，重点解剖砂体的横纵向组合特征，通过建立高精度速度场的致密油构造精细解释技术流程，完善基于高保真宽频处理地震资料的薄储层甜点预测技术，提高薄层河道砂体的识别精度。水平井开发试验取得了较好的实施效果，薄互层河道砂体甜点预测技术发挥了重要的作用，为致密油开发动用提供了技术支撑。

1　区域地质背景

松辽盆地北部扶余油层为源下致密油藏，主要分布在长垣、三肇及长垣以西等地区，分布范围较广，面积约 9500km^2。四次资评预测资源量为 $10.92×10^8$t，扶余油层累计探明石油地质储量 $8.15×10^8$t。扶余油层尽管资源潜力巨大，但以低品位为主，单井日产量普遍小于4t，动用程度较低。

扶余油层主要发育河流—三角洲相沉积，致密油资源主要分布在河道、分流河道、水下分流河道砂体中，其储层非均质特征明显，砂体规模小、厚度薄、横向连续性差，同时储层较为致密，孔隙度一般在 8%~12%，多数储层渗透率小于 1mD，整体评价认识程度较低。

以葡萄花油田扶余油层垣平1外扩区为例，单井发育砂岩8~12层，厚度为1~5m，平均2.2m；发育油层2~5层，有效厚度为0.5~2.5m，平均1.3m，砂体主要以独立砂体、薄互层砂体和薄厚互层砂体形式存在，其中互层模式砂体占总数的60%以上，主力层河道砂体宽度为400~600m，延伸长度1~2km，整体呈现厚度薄、规模小、分布零散的特点（图1）。研究区扶余油层孔隙度平均12.9%，渗透率中值1.18mD，储量丰度约$45×10^4t/km^2$，井控面积平均$1.1km^2$/口，储层致密，品质较差且主要开发层位的认识程度较低。

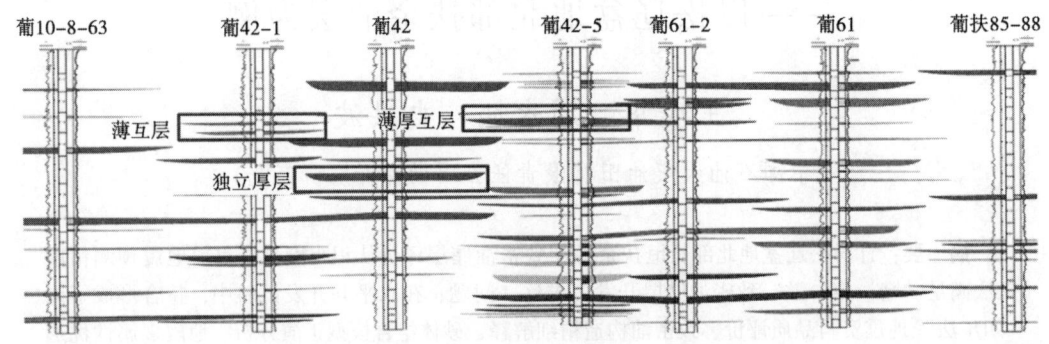

图1 垣平1外扩区扶余油层南北向砂体对比图

扶余油层地震资料采集年代较早，资料品质较差，频带低，影响精细构造解释和甜点砂体的预测精度，主要体现在：地震资料纵横向分辨率不够，频带宽一般为10~60Hz，主频40Hz，薄层砂体识别刻画的难度较大；地震资料信噪比低，甜点目标反射特征不清晰，砂体边界无法准确刻画；同时地震速度场精度较低，主要标志层及甜点目标砂体的构造深度定位误差较大。目前，常规的甜点预测技术无法满足"薄、窄、散"致密油储层开发需求。

2 薄互层河道砂体甜点预测技术

2.1 "四步法"地震资料品质评价技术

针对研究区存在多套不同年代、不同品质地震资料现状，开展了从频谱对比、剖面分析、合成记录对比到平面对井符合率分析的"四步法"地震资料品质评价，优选高品质地震资料进行构造及储层研究工作。

以垣平1外扩区为例，葡南葡北和葡南连片地震工区均覆盖研究区，有葡南葡北常规处理、葡南连片保幅处理和葡南连片黏弹偏处理三套地震资料，对其中两套分辨率较高的保幅资料开展"四步法"评价优选。

常规保幅处理地震资料地震主频为47Hz，有效频宽为9~86Hz；黏弹偏处理地震资料主频同样为49Hz，有效频宽为6~98Hz。两套资料主频相当，但黏弹偏处理资料的频宽更宽。地震剖面对比显示，黏弹偏处理地震资料信噪比更高，整体的分辨率较高；合成记录对井的相关性常规保幅资料为76%，黏弹偏处理资料为85%，黏弹偏处理资料的井震匹配更好；两套资料提取的地震属性对井符合率相当，但黏弹偏处理资料提取的属性砂体边界更清晰，砂体对应地震反射特征更有利于砂体精细刻画（图2）。因此，优选品质更高的葡南连片黏弹偏处理资料开展后续精细构造解释和储层预测。

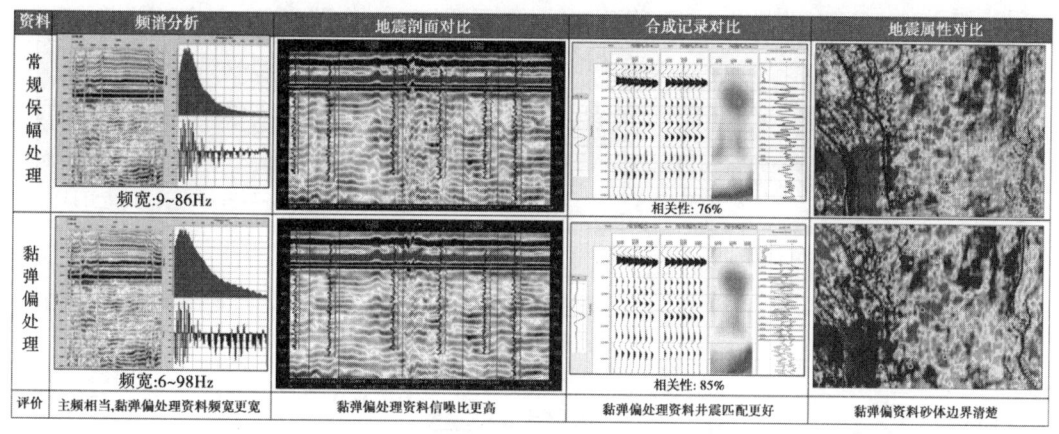

图 2 两套地震资料品质评价及优选

2.2 致密油构造精细解释技术

针对致密油水平井开发区块井控程度低、小层顶面同相轴连续性差、断层十分发育的特点，通过细化分析影响构造成图精度的主控因素，制定致密油构造精细解释关键技术及工作流程：一是采用"精细层位标定+标志层位控制+伪井参与建立高精度三维速度场"的变速成图技术；二是采用"构造导向滤波+相干体+曲率体"融合分析技术，全三维可视化落实断层空间组合，通过这两项关键技术精确落实研究区构造特征。

（1）精细层位标定+标志层位控制+伪井参与建立高精度三维速度场。

精细层位标定是保证构造精细解释的关键、储层预测研究的前提，达到地质和地震分层完全统一的目标。首先，以已有的钻井地质分层为基础，充分利用钻井声速曲线在分层方面的优势，结合录井剖面开展连井对比分析，确保钻井地质分层的统一；然后，进行井震对比分析，利用连井地震剖面横向追踪对比结果完善和校正地质分层。

以垣平1外扩区为例，地震资料主频为47Hz，有效频宽为6~98Hz，首先对声波测井曲线资料进行了校正，在利用电阻率、自然电位、声波、自然伽马等测井曲线进行全区地层对比的基础上，分析各层顶底界面的声波特征，采用主频为47Hz的零相位雷克子波，制作各井的合成地震记录。在标定过程中将合成记录与井旁地震道反复对比，不断调整填充速度，使得二者波组关系对应良好、波形特征基本一致，按照上述标准，最终完成研究区内23口完钻井合成地震记录标定。从标定结果上看，本次地震资料为零相位保幅资料，扶余油层顶面为强波峰，地震上对应T_2反射层。FI4位于T_2反射层下方的第一个波峰处，FI7位于第四个波峰同向轴。为实现井震分层统一，选取不同方向的连井剖面进行对比，反复调整地质分层与地震反射同相轴的对应关系，不断微调井的时深关系，保证同一套地层对应的地震波组特征基本一致（图3）。在精细层位标定基础上，充分运用钻井曲线特征和地震横向可追踪性，建立地层与地震对比格架剖面，优选研究区振幅、频率、连续性特征突出的标志层T_2、FI4、FI7，开展连井骨干剖面解释，基本控制了研究区的地层变化趋势。

形成伪井参与的高精度三维速度建场技术流程（图4），首先利用叠加速度谱建立速度场，核心是通过时间层位控制，保证层间速度趋势的一致性，实现层速度平滑，从而提高速度场的精度，应用井点时深关系曲线对层位控制的速度场进行校正后，形成所需要的三维速

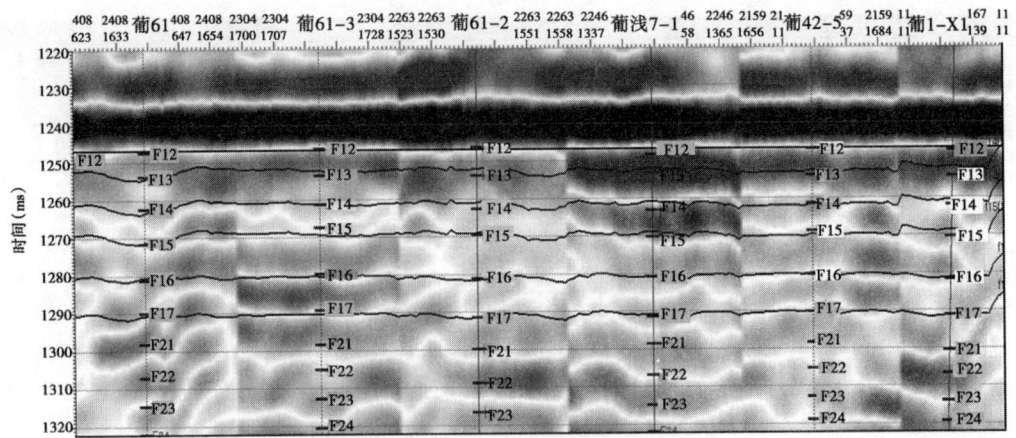

图3 地震解释层位与地质分层匹配剖面

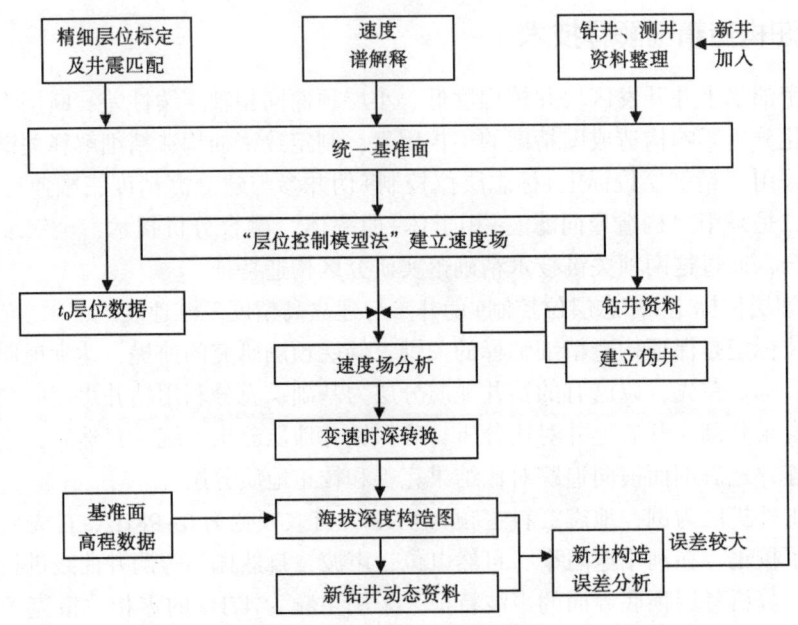

图4 高精度三维速度建场流程

度场模型。从沿层平均速度平面图来看，本区速度横向无畸变（图5），表明速度场准确合理。其次，在井控程度不足的地方加入"伪井"，伪井是在局部"等时间等深度"条件下建立的，充分考量"伪井"设置的合理性，最终保证三维速度场的精度。为了进一步验证速度场精度，预留3口井作为后验井，后验井最大误差为-1.05m，相对误差最大为0.81‰，速度场精度满足构造成图要求。

（2）构造导向滤波+相干体+曲率体融合分析，落实断层空间组合特征。

针对研究区断裂系统发育，断层解释、小断层识别难度大，采用构造导向滤波技术对地震资料进行去噪处理，能够在保证断层清晰的前提下提高地震资料的信噪比，同时结合第三代相干处理、曲率处理技术，对断裂平面、空间变化进行识别和刻画，提高了断裂的解释精度，也使与断裂相关的圈闭的可靠性大大提高。

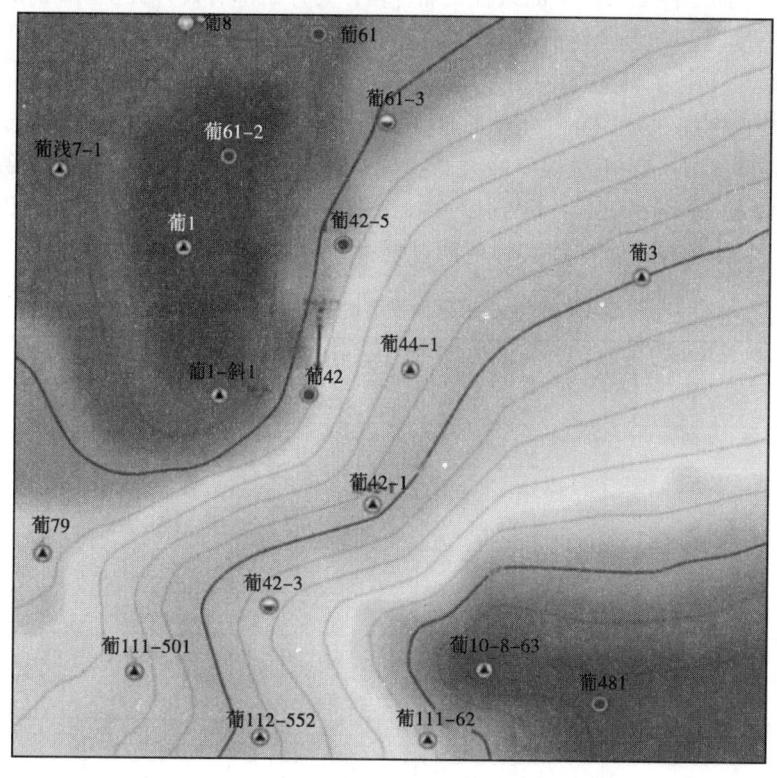

图 5 研究区 T_2 沿层平均速度

从垣平 1 外扩区地震资料应用构造导向滤波前后地震剖面对比可以看出，构造导向滤波后剖面，断层面更为清晰，层断波不断现象得到了改善（图 6）。

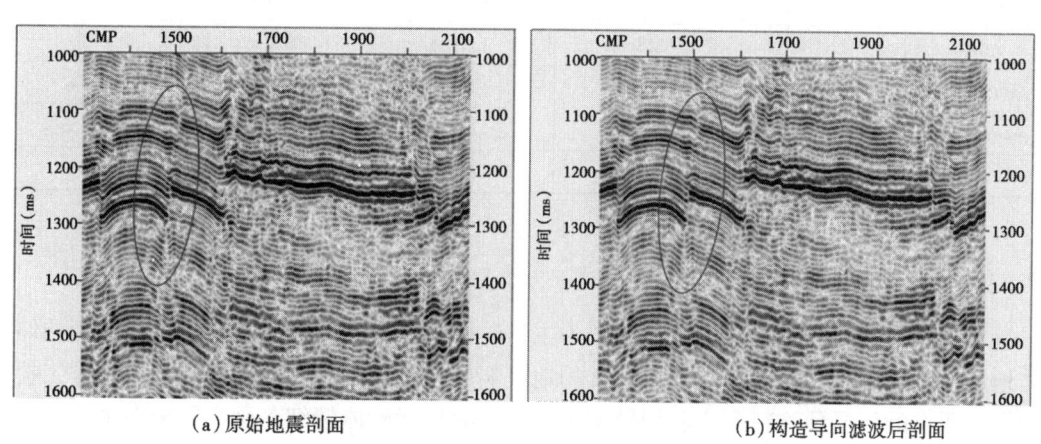

(a) 原始地震剖面　　　　　　　　　　　　(b) 构造导向滤波后剖面

图 6 构造导向滤波前后地震剖面对比

在构造导向滤波处理的基础上，开展相干、曲率处理，平剖结合多手段落实小断层及断层平面展布特征。沿层相干切片上断层的平面展布规律更加清晰，组合关系更容易确定，可以更好地指导小断层解释。在相干分析的基础上，进一步利用曲率切片分析开展小断层刻画，完成研究区断层展布特征精细刻画。以扶余油层顶面为例，新解释方案新增断层 12 条，重新组合3条，断层平面延伸2条，平面组合更加合理，为井位部署设计提供可靠的断层依据。

在高精度速度场基础上，对时间域层位进行时深转换，完成研究区标志层顶面构造图的编制。统计了垣平1外扩区各层对井构造误差，可以看出各层对井误差较小，均在2m之内，相对误差均控制在3‰以内，符合工业制图行业标准。其中，FⅠ1小层构造图绝对误差最大0.58m，最小0.09m，相对误差最大0.46‰，最小0.07‰（表1）；其余各小层顶面构造图绝对误差最大-0.8~0.78m，最小-0.24~0.22m，相对误差最大0.37‰~0.54‰，最小0.02‰~0.07‰。该套技术方法在实际应用过程中，取得了很好的应用效果。

表1 FⅠ1小层顶面构造对井误差统计结果

井号	层位	钻井海拔（m）	地震海拔（m）	绝对误差（m）	相对误差（‰）
pu61	T_2	-1267.51	-1267.42	-0.09	0.07
pu8	T_2	-1261.03	-1261.16	0.13	0.10
pu10-8-63	T_2	-1304.27	-1304.34	0.07	0.05
pu111-501	T_2	-1316.88	-1317.11	0.23	0.17
pu112-552	T_2	-1313.73	-1313.56	-0.17	0.13
pu111-62	T_2	-1367.63	-1367.25	-0.38	0.28
pu42	T_2	-1286.62	-1286.90	0.29	0.22
pu42-1	T_2	-1302.83	-1302.44	-0.39	0.30
pu42-3	T_2	-1279.36	-1279.13	-0.23	0.18
pu44	T_2	-1333.47	-1333.07	-0.40	0.30
pu44-1	T_2	-1314.33	-1313.98	-0.35	0.27
pu481	T_2	-1358.68	-1359.01	0.33	0.24
pu61-2	T_2	-1247.36	-1247.63	0.27	0.22
pu61-3	T_2	-1295.22	-1295.33	0.10	0.08
pu79	T_2	-1318.42	-1318.67	0.25	0.19
pufu88-74	T_2	-1271.68	-1271.12	-0.56	0.44
pufu90-72	T_2	-1263.07	-1262.88	-0.19	0.15
pufu94-72	T_2	-1272.43	-1273.01	0.58	0.46

2.3 砂体组合模型正演分析技术

针对扶余油层薄窄河道砂体以砂泥岩为主、砂体组合多样的地质特点，建立适当的储层砂体地质模型，分析目标区不同砂体组合的地震响应特征，有针对性地开展预测工作，提高不同类型甜点的储层预测精度。利用模型正演技术对目标砂体精细刻画主要分三个步骤：首先，对储层进行分类，建立不同储层组合的地震响应特征模板；其次，根据实际的钻、测井资料建立具体区块目标砂体的正演模型，确定目标砂体的地震响应特征；最后，针对目标砂体的具体响应特征，有针对性地开展储层预测工作，提高不同组合河道砂体预测精度。

以垣平1外扩区扶余油层为例，砂体组合主要有三类：一类是独立砂体；二类是含主力层的互层砂体；三类是非主力层的薄互层砂体。

一类独立砂体为$\lambda/4$内（15m）发育单层主力砂体，砂体厚度一般大于3m，在地震显示上表现为地震同相轴能量较强。针对该类砂体，建立不同厚度的独立砂体的地震响应特征模型，砂层厚度分别为1m、3m、5m、10m、20m和40m，砂体之间距离均超过一个地震波长，不会产生干涉现象，采用45Hz雷克子波进行正演模拟。在0~λ/4时振幅随厚度增大逐渐增强，大于λ时，砂层厚度随着砂体增大，振幅减弱；而地震波峰同相轴最大峰值与薄层砂体顶界面相位差，随着厚度的增大而减小，基本在λ/2处，相位差为零（图7）。扶余油层一类砂体约占30%，砂体厚度为3~8m，应用属性及地震反演预测基本能有效地识别和刻画。

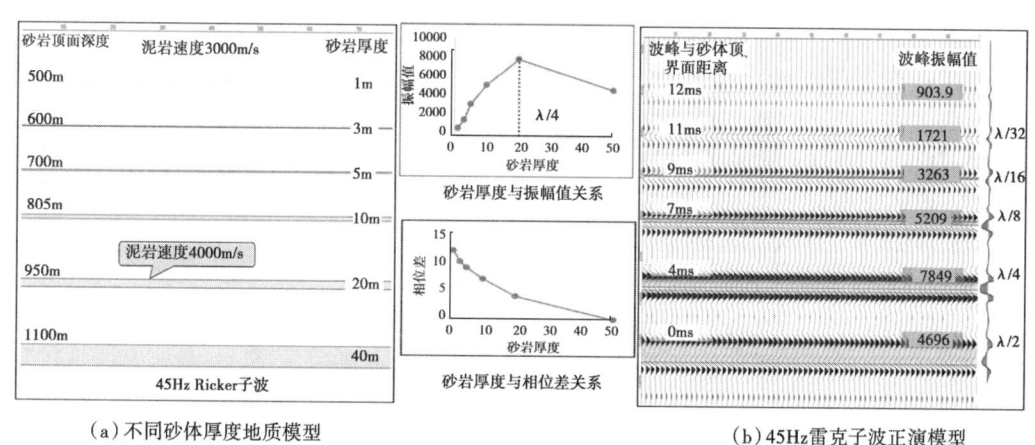

(a) 不同砂体厚度地质模型　　　　　　　　　　　　(b) 45Hz雷克子波正演模型

图7　不同砂体厚度单砂体地震响应对应正演模型

二类含主力层的互层砂体为在λ/4内（15m）发育2~3层砂体，且至少含一层3m以上的主力砂层，由于薄互层砂体的调谐效应，比一类预测难度要大。依据实际钻遇情况统计分析，建立了相应砂层模型。模型中包含两层薄砂体组成的砂层组以及一套厚度有变化的主力砂体，通过改变主力砂体的空间位置以及与薄砂体组合的间距，分析主力砂体的地震响应规律。正演结果显示：较厚砂体都对应较大的振幅值，证明振幅类属性可以将较厚的储层识别出来；隔层小于5m时，地震响应不能区分单砂体，同一套砂体厚度发生横向变化时，波峰振幅值差异要大于波谷振幅值差异，波峰信息更能反映砂体横向变化；隔层大于5m时，地震响应能区分厚砂体，同一套砂体厚度发生横向变化时，波谷振幅值差异要大于波峰振幅值差异，波谷信息更能反映砂体横向变化；无论隔层多厚，厚砂体在上模型波峰振幅值比厚砂体在下模型振幅值大，能量更强，更易识别（图8）。目前，扶余油层储层二类砂体约占45%，在平面砂体解剖基础上，以垂向砂体组合的地震响应特征为突破口，井震结合开展属性预测及地震反演技术适应性评价，优选最适宜的预测技术。

三类砂体组合是λ/4内（15m）河道砂体发育2层以上，且砂体厚度小于3m的储层类型。该类砂体地震响应特征极其复杂，目前手段尚不能有效识别。

2.4　基于模型正演的地震多属性优选分析技术

地震多属性分析技术从多个方面分析与地质特征有关的地球物理信息，通过分析不同厚度砂体、不同砂体组合的地震响应特征，搞清不同砂体厚度和砂体组合对地震振幅的影响，优选储层敏感属性，不断细化属性时窗，提高甜点识别精度。

扶余油层砂体与地震同向轴对应关系复杂，砂体位于强弱波峰、波谷或峰谷过渡的零值振幅处，属性提取时窗的选择困难，属性分析多解性较强，因此首先要优选最佳分析时窗。

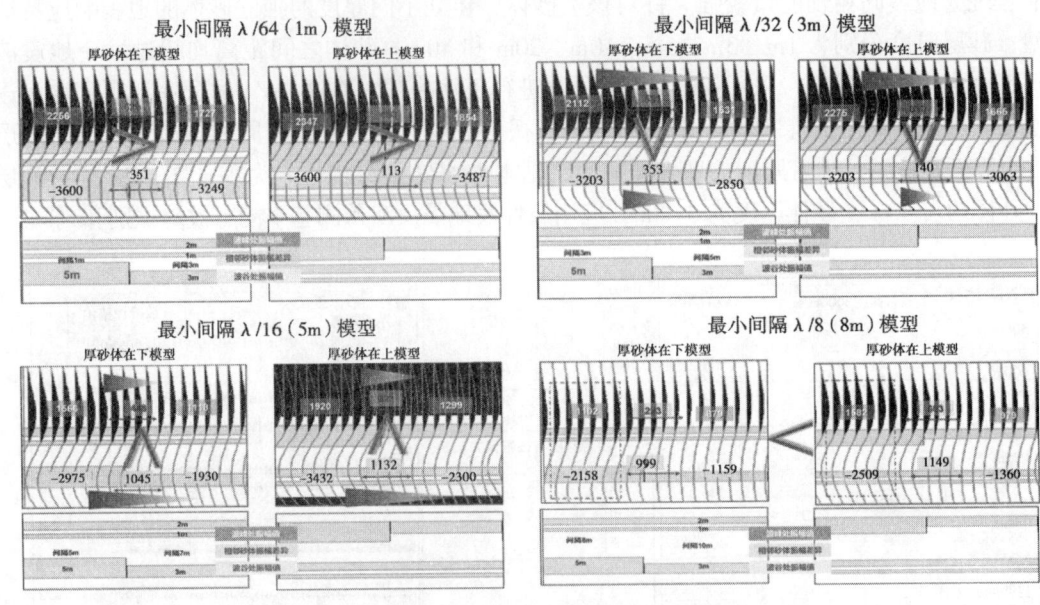

图 8 二类砂体组合地震响应正演示意图

以垣平 1 外扩区为例，FⅠ6 小层砂体主要发育独立厚层砂体，集中在小层中上部，地层切片揭示地层由下到上，砂体发育强度及规模的变化比较清晰，小层属性时窗选择为沿 FⅠ6 小层向下开取 6ms。通过多属性优选技术，将已钻井砂岩厚度与地震属性进行线性交会，优选相关性高的储层敏感属性，定性预测砂体展布特征。FⅠ6 小层最大波峰振幅与砂岩厚度相关性为 0.341，平均振幅属性与砂岩厚度相关性绝对值为 0.349，两种属性与砂岩厚度相关值最好（表2），因此 FⅠ6 小层优选最大波峰振幅及平均振幅属性开展属性预测。

表 2 FⅠ6 小层不同属性与砂岩厚度相关性统计

	平均振幅	最大波峰振幅	最大波谷振幅	振幅峰态	瞬时振幅	均方根振幅	砂岩厚度
平均振幅	1	0.74	0.177	0.888	0.00802	0.884	0.349
最大波峰振幅	0.74	1	0.265	0.775	0.573	0.641	0.341
最大波谷振幅	0.177	0.265	1	0.331	0.0202	0.15	-0.106
振幅峰态	0.888	0.775	0.331	1	-0.0292	0.808	0.25
瞬时振幅	0.00802	0.573	0.0202	-0.0292	1	-0.165	0.232
均方根振幅	0.884	0.641	0.15	0.808	-0.165	1	0.252
砂岩厚度	0.349	0.341	-0.106	0.25	0.232	0.252	1

统计垣平 1 外扩区 20 口井 FⅠ6 小层的砂体钻遇情况，通过与平均振幅属性和最大波峰振幅分析对比，得到对井符合率均为 75%。两种属性预测砂体规模、展布特征基本一致，砂体条带状展布特征明显且边界清晰，两种属性均取得较好的应用效果。同时为了更准确地描述主力层砂体分布规律，采取整体—局部的做法，选取大时窗，整体预测小层砂体的平面展布规律，选取重点井砂体发育时窗，局部精细刻画目标甜点砂体的发育规模（图9）。

基于模型正演的地震多属性优选分析技术在芳 198-133 和垣平 1 外扩区应用效果较好，主力小层优选属性预测砂体对井的符合率较高，平均达到 78.5%。统计 12 口完钻水平井实

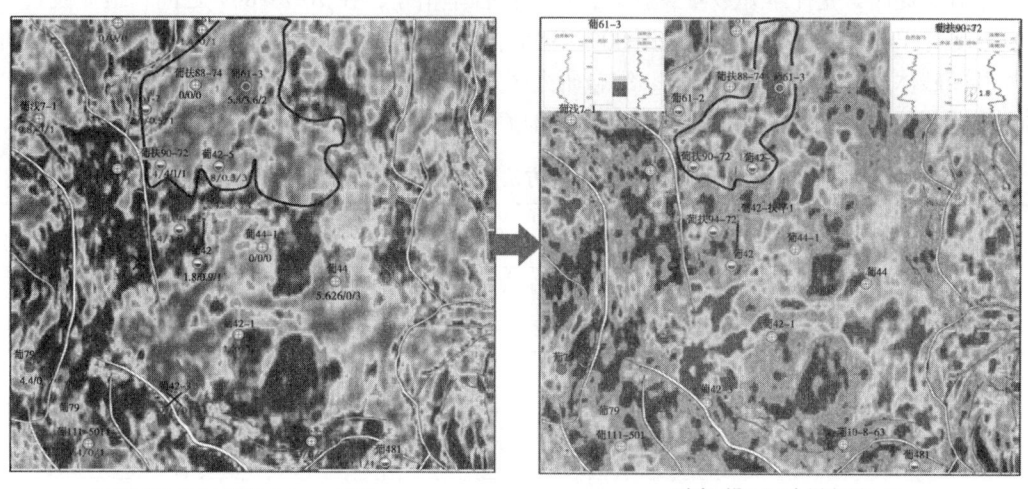

图 9　FⅠ6小层平均振幅属性整体—局部优选时窗

钻水平段岩性与振幅属性砂体预测的符合程度，符合率为75%～100%，平均达到90.1%，基本能较为准确地描述主力层甜点砂体的平面展布特征。

2.5　基于不同地质条件的薄储层反演预测技术

扶余油层致密油开发区井控程度差异大、砂岩厚度薄且相互叠置，地震资料主频在50Hz左右，分辨率远远不能满足薄层或薄互层砂体预测的需求。目前常用的地震反演方法较多，但是不同的反演方法具有不同的技术特点及适用条件，因此如何针对研究区选择最合适的反演方法，有效提高储层描述精度，是解决扶余油层薄层河道砂体水平井开发的主要问题。因此，首先需要分析各种反演方法的基本原理、适用条件，再针对研究区的地质条件有针对性地比选，优选精度更高的预测方法，精细刻画薄互层甜点目标的空间分布，支撑水平井轨迹设计和实钻跟踪调整。

目前常用的反演方法有约束稀疏脉冲反演、地质统计学反演、波形指示反演和Z反演等。约束稀疏脉冲反演通过最小二乘法拟合求解超定方程，是在波阻抗趋势的约束下，用最少的层反射系数脉冲实现合成记录与地震道的最佳匹配，进而得到相对波阻抗数据，然后再通过测井信息进行低频补偿，最终得到全频带的绝对波阻抗数据体；井不直接参与反演，反演分辨率只能达到地震资料最大分辨率，反演结果的唯一性好。地质统计学反演是通过模型约束随机模拟正演检验的方式，将随机模拟理论与地震反演相结合的反演方法；其分辨率较高，井点处忠实于井数据，在井间忠实于地震数据的横向变化，最终得到多个等概率的随机模拟结果，因此多解性较强。波形指示反演是通过地震波形相似岩性组合相似这样的算法模拟，其分辨率较高，反演预测结果唯一，但是要求样本井齐全。Z反演是通过井震联合求解边界条件方程的算法反演，其对井依赖小、反演结果唯一且分辨率较高（表3）。

总体上看，井控程度较高的区块，四种方法均适用；井控程度较低的区块，Z反演更适合；波形指示反演、Z反演对薄厚砂体预测均适用，且反演结果唯一；地质统计学反演更适合薄层砂体预测，但反演结果多解。以垣平1外扩区为例，从四种反演方法的应用效果分析，约束稀疏脉冲反演能刻画井间砂体分布趋势，但井点处砂体无法有效分辨；波形指示反演分辨率有所提高,受样本井数量少影响,对井符合率稍差,在70%~80%之间;地质统计学反演、Z反演分辨率和对井符合率达到80%~95%,但Z反演井间砂体相对较连续,地质统计学反演井间砂体连续性稍差(图10)。结合研究区河道砂体厚度多为3~5m、砂体视长度为1000~1500m,砂体宽度为400~600m,因此优选了地质统计学反演和Z反演同时开展储层预测。

表3 常用反演方法特点及适用性分析

反演方法 对比项目	稀疏脉冲反演	地质统计学反演	波形指示反演	Z反演
数学算法基础	最小二乘拟合求解超定方程	模型约束随机模拟正演检验	地震波形相似,岩性组合相似	井震联合求解边界条件方程
反演结果分辨率	低	高	高	高
反演结果唯一性	唯一	多解	唯一	唯一
对井控依赖程度	较小	较高	高(要求样本井齐全)	较小
已知井符合程度	中低	高	中高	高
后验井预测精度	低	随机	较高	高
与地震属性相似性	高	中低	高	高
砂体尺度预测适用性	大尺度为主	小尺度	大小尺度兼顾	大小尺度兼顾

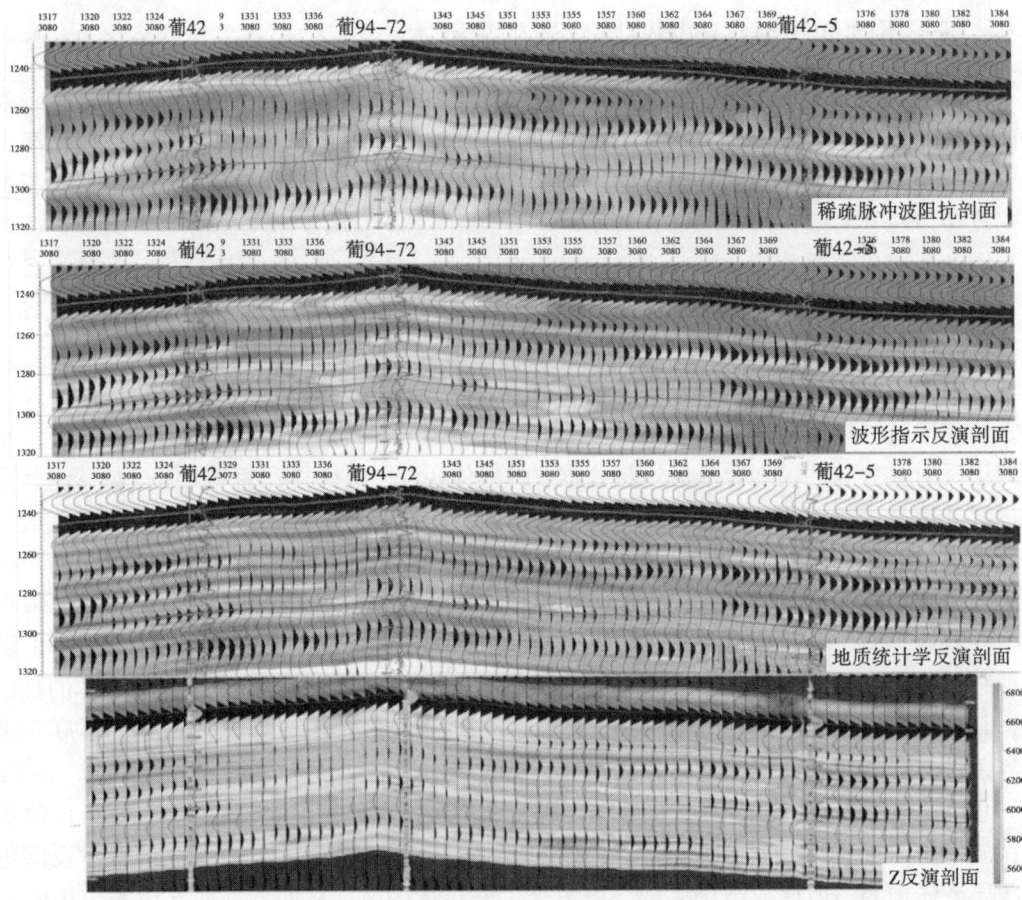

图10 常用反演方法应用效果对比分析

芳198-133和垣平1外扩区均采用了Z反演和地质统计学反演预测，新完钻的12口水平井水平段的实钻数据与反演预测结果的符合率为70%~100%，平均达到92.8%。如芳198-平6井在ＦⅠ7小层水平段实钻长度为1048m，与反演预测的符合率达到95%。基于不同地质条件的薄储层反演预测方法应用效果较好，反演预测精度得到了有效提高。

3 水平井效果分析

在长垣南部及长垣以东地区扶余油层致密油储量区，采用水平井一体化开发，带动扶余油层储量升级及有效动用，打造致密油开发国家示范工程。在精细地质研究的基础上，重点应用薄互层河道砂体甜点预测技术，在芳198-133试验区优选的ＦⅠ7和ＦⅠ3小层甜点发育区，设计水平井9口，水平段设计长度为1000~1200m，预计建成产能$3.65×10^4$t/a；在垣平1外扩区优选的ＦⅠ1、ＦⅠ2、ＦⅠ3、ＦⅠ4和ＦⅠ6小层甜点发育区，设计水平井6口，水平段设计长度为1000~1400m，预计建成产能$2.02×10^4$t/a。

截至2017年12月底，两个试验区共完钻水平井12口，水平段实钻长度平均1168m，砂岩实钻长度平均1040m，砂岩钻遇率达到89.0%，其中7口井砂岩长度超过1000m，2口井超过1200m；含油砂岩实钻长度平均980m，含油砂岩钻遇率达到83.9%，其中9口井含油砂岩长度超过900m，2口井超过1200m，整体完钻效果较好。12口水平井扶余油层顶面构造相对误差为0.6‰~3.1‰，平均1.4‰，目标甜点构造深度描述精度整体较高，实现入靶成功率100%；属性预测对井符合率为75%~100%，平均90.1%，反演预测符合率为70%~100%，平均93.2%（表4），甜点砂体识别预测精度整体较高，保证了水平段的砂岩钻遇率。与扶余油层致密油水平井已开发区相比，两个试验区水平段实钻砂岩长度多钻150m，属性预测的对井符合率提高了10.1%，反演预测符合率提高了12.6%，水平井实钻效果、甜点储层预测精度显著提高，薄互层河道砂体甜点预测方法在研究区应用效果较好。

表4 研究区完钻水平井实钻效果统计分析

区块	井号	水平段长度（m）	砂岩长度（m）	砂岩钻遇率（%）	油层长度（m）	油层钻遇率（%）	扶顶构造相对误差（‰）	属性预测符合率（%）	反演预测符合率（%）
芳198-133	芳198-平3	1251	1083	86.6	1076	86.0	1.1	95	97
	芳198-平7	1279	1261	98.6	1237	96.7	2.5	95	94
	芳198-平2	1166	995	83.1	969	83.1	0.6	85	100
	芳198-平6	1048	882	84.1	710	67.8	1.8	85	95
	芳198-平1	1067	778	72.9	746	70.0	1.2	80	95
	芳198-平5	1200	1194	99.5	1186	98.8	3.1	100	99
	芳198-平4	1381	1270	92.0	1217	88.2	1.3	95	96
	芳198-平8	1017	1017	100.0	1017	100.0	0.8	100	100
葡42-5	葡42-平3	1246	1148	92.1	1031	82.7	1.6	90	97
	葡42-平4	1106	1085	98.1	1046	94.6	1.2	96	90
	葡42-平5	1074	897	83.5	825	76.8	1.2	85	85
	葡42-平6	1178	866	73.5	698	59.3	0.7	75	70
平均		1168	1040	89.0	980	83.9	1.4	90.1	93.2

4 结论

(1) 针对松辽盆地北部扶余油层"薄、窄、散"致密油储层地震预测精度低的特点，整合形成了以"四步法"地震资料品质评价技术、致密油构造精细解释技术、砂体组合模型正演分析技术、基于模型正演的地震多属性优选分析技术、基于不同地质条件的薄储层反演预测技术为核心的薄互层河道砂体甜点预测技术，有效提高了独立厚层和含主力层河道砂体的识别刻画精度，支撑试验区水平井优选设计及实施跟踪，提高水平井钻井实施效果。

(2) 大庆油田多年的实践经验证实，薄互层河道砂体甜点预测技术在扶余油层致密油水平井开发中发挥了重要作用，但在实际工作中还需要加强地震资料的高分辨率保幅提频处理、储层预测方法的研发优选，综合考虑多方面因素，不断促进薄互层甜点预测技术方法进步，为大庆油田致密油增储上产和经济有效开发提供技术支撑。

参 考 文 献

[1] 施立志，吴河勇，林铁锋，等．松辽盆地大庆长垣及其以西地区扶杨油层油气运移特征 [J]．石油学报，2007，28 (6)：173-187.
[2] 梁旭，邓宏文，秦雁群，等．大庆长垣泉三四段扶余油层储层特征与主控因素分析 [J]．特种油气藏，2012，19 (1)：58-61.
[3] 罗士利，高兴有，彭承文．开发地震技术在扶余油层分支水平井地质设计中的应用 [J]．吉林大学学报（地球科学版），2006，37 (S2)：109-112.
[4] 王彦辉，陈显森．地震技术在水平井设计中的应用 [J]．内蒙古石油化工，2010，19 (5)：93-95.
[5] 高君，云美厚，王晓红．针对薄互层储集特点的地震属性优化技术及应用效果 [J]．大庆石油地质与开发，2006，25 (3)：91-93.
[6] 姜岩，徐立恒，张秀丽，等．叠前地质统计学反演方法在长垣油田储层预测中的应用 [J]．地球物理学进展，2013，28 (5)：2579-2586.
[7] 梁海龙，姜岩．薄互层反演技术在水平井设计中的应用 [J]．大庆石油地质与开发，2003，22 (5)：68-70.

薄互层油藏水平井入靶后轨迹调整方法

韦学锐[1]　于浩忙[2]　于承业[1]

（1. 中国石油大庆油田有限责任公司勘探开发研究院；
2. 中国石油大庆油田有限责任公司测试技术服务分公司）

摘　要：当目的层为薄层时，水平井即便入靶后，由于已知井数量有限，空变速度场的精度往往不能满足水平井导向的需要。本文提出在水平井导向过程中，用已知井来约束时深关系的变化趋势，用水平井随钻伽马曲线与高精度波阻抗反演来调整时深关系的变化细节。在随钻导向中，及时分析、调整并确认钻头在地震反演剖面上的位置，当钻头在层内钻进时，能够提前建议钻进的倾角，一旦钻头出层，能够相对准确地判断出是顶出还是底出，并及时给出降斜、增斜或者保持的建议，引导钻头重回目的层。本方法的关键在于高精度波阻抗反演软件和井约束空变时深关系调整软件，本方法在大庆油田十余口水平井导向中应用，统计地质条件相近的 5 个区块的共 49 口水平井，用本方法导向的 8 口井，砂岩钻遇率平均提高 11.2%。

关键词：水平井导向；波阻抗反演；时深关系调整

通过多年的实践和探索，地震解释工作者逐渐认识到由层状速度模型建立的时深转换速度场对准确时深转换是最适用的。这一方法从 20 世纪 80 年代中期开始在油气勘探中应用，近年来得到更进一步的完善。

对于构造成图中的速度精度问题，前人已经做了很多探索。目前，高精度速度建场总体思路为：采用地震速度谱资料建立工区速度场的横向变化趋势，导入井点时深和钻井分层、声波测井资料对所确定的地层速度对速度场进行标定、校正，确保速度场的变化趋势及精度符合实际地质情况，若有 VSP 作为速度场的约束条件则效果更佳。

一般情况下，时深转换的精度基本满足构造成图的精度。但是对于薄互层水平井入靶后轨迹调整方法来说，要求的时深转换精度远远高于构造成图的精度，例如在松辽盆地单层砂体厚度为 2~4m，若要求在埋藏深度为 1600~1900m 条件下，深度误差小于 2m 才能比较准确地预测水平井轨迹，而这是目前时深转换的精度很难达到的。

王珊认为大间隔速度谱易导致局部速度变化被忽略，随着速度谱的加密，速度在横向的细节特征将更加丰富，其横向控制能力将得到大大提高，水平井标准层的对井误差也得到明显下降，但该方法在某些试验井区的试验结果很好，某些区块则效果不明显。

分析原因在于：近地表条件的变化、静校正方法和静校正量是影响速度精度的关键因素，而近地表未成岩部分，在地震处理解释的基准面之上，表层影响因素与地震成像中的速度场精度两者既互相发生作用，导致时深关系更加复杂，表层校正与速度分析又都遵循各自的判别准则，这些准则并不考虑时深关系，改善时深关系能力有限。

本文提出在水平井钻进过程中，实时将水平井导航的伽马资料及岩性解释结果投到高精度波阻抗反演剖面上并及时进行解释，在钻井现场实时跟踪水平井轨迹，确认当前钻头是否与预测轨迹符合，如果符合，则无须调整速度场，如果实钻轨迹与预测轨迹有误差，则要调整局部时深关系（相当于直接改善时深关系，简称调整速度场），消除高精度波阻抗反演剖面上钻遇的岩性与实钻岩性的深度差。本方法的应用前提是要有高精度的反演结果，在致密油水平井现场设计系统 Seiwave 下实现。

1 水平井钻进过程中时深关系调整方法

1.1 水平井空变的时深关系表的定义

在常规地震解释系统的井震匹配过程中，虽然每口井都能够调整时深关系，使深度域的钻井信息与时间域的地震资料最佳匹配，但每口井的时深匹配过程中，无论对于直井还是斜井，一口井只有一组时深对应关系。在 Seiwave 的地震解释系统中，将井的时深关系定义为三维（x，y，z）属性，从而能够实现三维空变时深对，不同位置点（x_1，y_1），（x_2，y_2），同一深度，具有不同的时间，如图 1 所示。

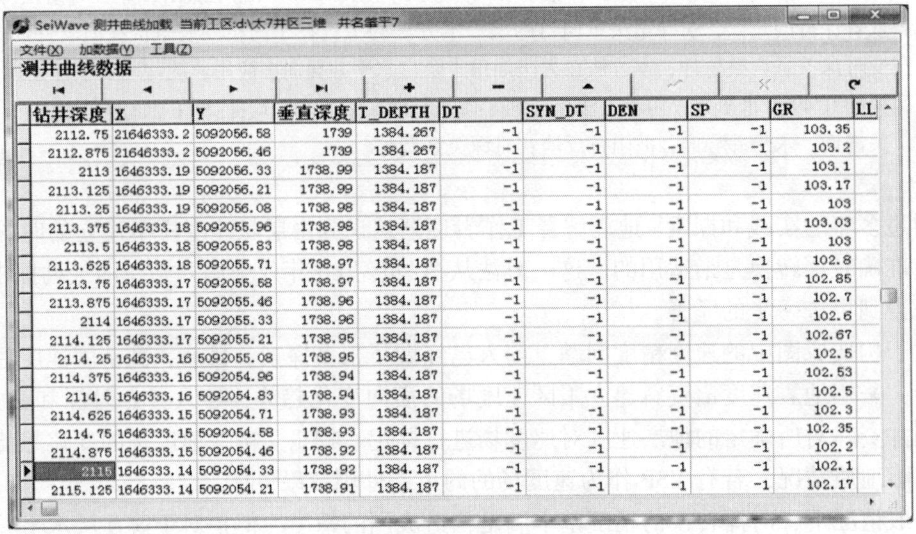

钻井深度	X	Y	垂直深度	T_DEPTH	DT	SYN_DT	DEN	SP	GR	LL
2112.75	21646333.2	5092056.58	1739	1384.267	-1	-1	-1	-1	103.35	
2112.875	21646333.2	5092056.46	1739	1384.267	-1	-1	-1	-1	103.2	
2113	1646333.19	5092056.33	1738.99	1384.187	-1	-1	-1	-1	103.1	
2113.125	1646333.19	5092056.21	1738.99	1384.187	-1	-1	-1	-1	103.17	
2113.25	1646333.19	5092056.08	1738.98	1384.187	-1	-1	-1	-1	103	
2113.375	1646333.18	5092055.96	1738.98	1384.187	-1	-1	-1	-1	103.03	
2113.5	1646333.18	5092055.83	1738.98	1384.187	-1	-1	-1	-1	103	
2113.625	1646333.18	5092055.71	1738.97	1384.187	-1	-1	-1	-1	102.8	
2113.75	1646333.17	5092055.58	1738.97	1384.187	-1	-1	-1	-1	102.85	
2113.875	1646333.17	5092055.46	1738.96	1384.187	-1	-1	-1	-1	102.7	
2114	1646333.17	5092055.33	1738.96	1384.187	-1	-1	-1	-1	102.6	
2114.125	1646333.17	5092055.21	1738.95	1384.187	-1	-1	-1	-1	102.67	
2114.25	1646333.16	5092055.08	1738.95	1384.187	-1	-1	-1	-1	102.5	
2114.375	1646333.16	5092054.96	1738.94	1384.187	-1	-1	-1	-1	102.53	
2114.5	1646333.16	5092054.83	1738.94	1384.187	-1	-1	-1	-1	102.5	
2114.625	1646333.15	5092054.71	1738.93	1384.187	-1	-1	-1	-1	102.3	
2114.75	1646333.15	5092054.58	1738.93	1384.187	-1	-1	-1	-1	102.35	
2114.875	1646333.15	5092054.46	1738.92	1384.187	-1	-1	-1	-1	102.2	
2115	1646333.14	5092054.33	1738.92	1384.187	-1	-1	-1	-1	102.1	
2115.125	1646333.14	5092054.21	1738.91	1384.187	-1	-1	-1	-1	102.17	

图 1 单井三维时深关系

1.2 深度时间转换

将已钻井轨迹按邻近不同直井的时深关系投到高精度地震反演剖面上，如果工区速度横向没有变化，则用不同邻近直井的时深关系，所投时间轨迹重合接近；如果工区速度横向变化大，则用不同邻近直井的时深关系，投到时间域后将出现多个时间轨迹，这大体上确定了真实时间的范围，也是做时深关系调整的范围，在这个范围内寻找真实的时间轨迹。

1.3 速度精度问题与时深转换

对于构造成图中的速度精度问题，前人已经做了很多探索。水平井钻进过程中，通常有随钻伽马资料做导航，结合伽马资料和现场钻进速度可以综合判断当前钻头位置所处的岩性，通过与高分辨率的波阻抗反演剖面上钻井轨迹对比，可以综合判断出当前时深关系是否准确，速度的空变将导致时深关系出现误差，实钻岩性与反演剖面的岩性就不能匹配。Sei-wave软件定义了时间调整量和调整范围，调整的原则是调整后的岩性与地震反演剖面吻合，在微调过程中人工给定调整范围，程序自动计算调整量，以调整点为中心，在调整范围内递减调整量，使调整后的轨迹基本保持原来的趋势。这种调整是一个动态过程，在水平井钻进过程中不断调整，我们称为"摸着石头过河"。

1.4 指导水平井钻进角度的调整

一旦发现钻头出了砂体后，及时分析并确认钻头究竟是横向钻出了砂体，还是发生了顶出或底出。如果横向钻出了砂体，要分析并确认，按目前的倾角继续钻进能否准确钻入下个目标砂体。如果倾角合适，时深关系准确，就可以继续钻进。

若钻头顶出或底出砂体，那就说明实钻轨迹与设计轨迹相比偏浅或偏深，则要在现场实时调整钻井的倾角，重新调整时深关系，创新做时深转换，引导钻头回归目的层。

2 实际资料应用及分析

2.1 工区概况

研究区在构造上位于三肇凹陷，断裂比较发育（图2），本次研究的目的层为扶余油层，埋藏深度为1600~1900m，储层类型主要为分流河道砂体，单一砂体规模小（砂体厚度为3~4m，宽度为100~300m），纵向不集中，横向不连续，但多期分流河道叠置，错叠连片，在空间上表现为多层砂泥相互叠置的"汉堡包"形式。为了满足水平井钻探部署的需求，本文根据研究区的实际地震地质情况选取了一个水平井区为试验区（虚线框的部分），分析层速度求取方法和速度谱横向密度对速度场精度的影响。该水平井试验区构造相对简单，断裂较少，速度变化相对平缓，水平井区内包括4口直井，面积约10.5km²。

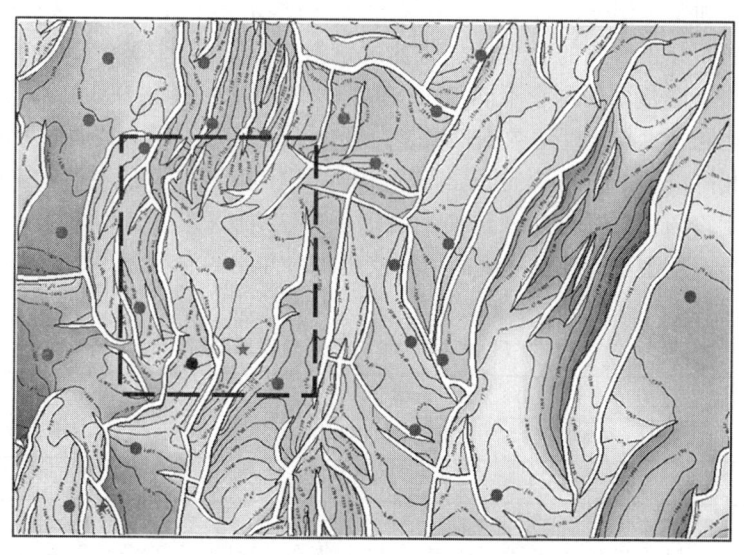

图2 研究区 T_2 深度构造图

2.2 表层静校正影响时深关系

对勘探区地表及低降速带类型以及横向分布规律进行系统分析,并进行低速带调查,利用小折射、微测井、折射波初至等资料,结合地貌地质调查成果,针对不同地段地表结构,建立低速带基础数据库。由图3可以看出,虽然地表高程变化不大,但地下未成岩部分速度控制点有限,横向剩余不可避免。

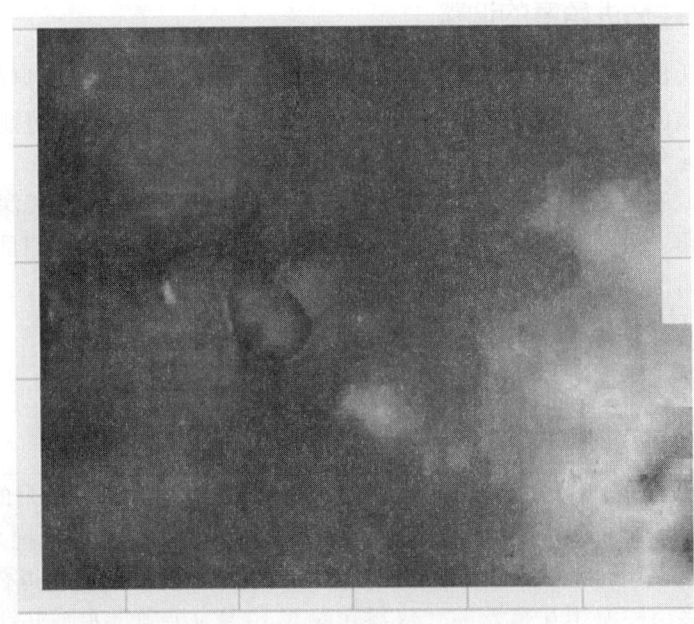

图3 研究区 T_2 表层检波点静校正量图

2.3 目的层之上速度变化的影响分析

在速度研究和变速作图过程中,不仅要重视速度场在已知点(井点)的纵向精度,还应重视速度场平面分布趋势的合理性。将速度谱数据插值成网格为 25m×25m×1ms 的空间RMS速度体,图4是提取的两套不同RMS数据体平滑后的 T_2 沿层RMS速度切片。从图4中可以看出,相同密度的速度谱数据仅仅是速度分析点位置不同,其插值后的速度场产生了明显区别,由此可以判断500m×500m的速度谱数据不能控制速度的横向变化。分别应用两套数据进行速度建场,并进行时深转换预测水平井 T_2 的深度,其对井误差见表1。从表1中可以看出,当速度谱不能控制速度的横向变化时,井间的深度预测结果会产生很大的不确定性。

表1 水平井 T_2 构造对井误差分析

速度谱密度 (m×m)	Dix公式(数据1)		Dix公式(数据2)	
	绝对误差(m)	相对误差(%)	绝对误差(m)	相对误差(%)
20×20	-6.4	0.36	-10.5	-0.6

前文已经论及尽管近地表条件的变化、静校正方法和静校正量是影响速度精度的关键因素,而这些因素都是未成岩部分,在地震处理解释的基准面之上,这些影响因素与地震成像

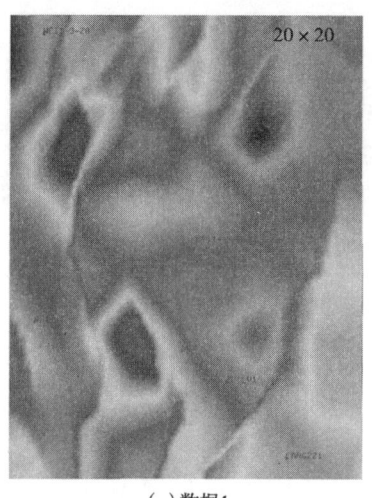 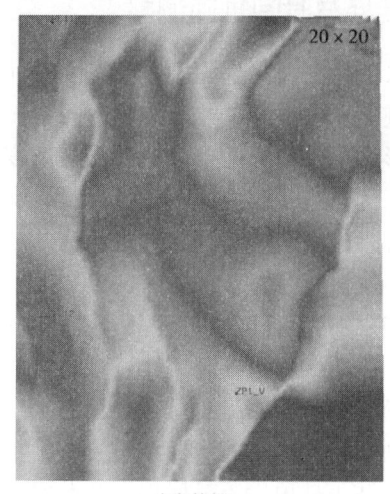

(a)数据1　　　　　　　　　　　　(b)数据2

图4　水平井区 T_2 沿层 RMS 速度平面图

中的速度场没有对应关系。因此，高精度速度场的建立与表层静校正影响两者相互发生作用，导致时深关系更加复杂。

2.4　地震层位的标定和控制井点的时深关系

地震层位的标定，是构造精细解释的关键环节之一。在井资料处理的基础上，对4口直井进行精细的合成记录制作。并在单井完成时深转换的基础上，以标准层 T_2 为基础，对所有井的时深关系进行分析和连井地震剖面对比检查，对不合理的时深关系进行调整，最终建立了各井合理的时深关系（图5），已完井的水平井作为后验井。由各井的标定结果看，4口井的速度变化趋势基本一致，局部细节有差异，由此也可判断出速度在横向上的变化。这种情况下，水平井的深度轨迹按照其中每一口井的时深关系都做时深转换，都会得到4个时间轨迹，原则上确定了时间轨迹的变化范围。

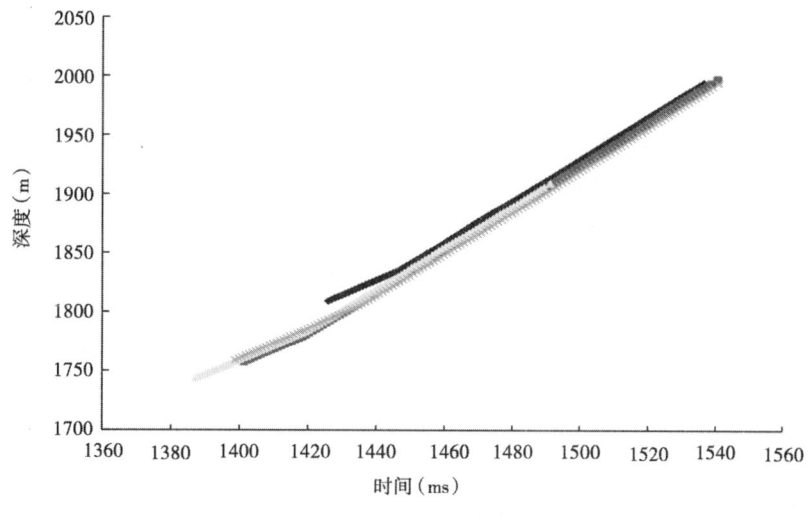

图5　不同井点的时深关系图

2.5 深时转换与时间轨迹调整

松辽某水平井在反演剖面上的显示如图 6 所示，实钻轨迹用两口井的时深关系分别投影，浅色轨迹表示按照参考井 a 的时深关系投影到反演剖面（时间域），深色轨迹表示按参考井 b 的投影结果，可见由于两口参照井速度不一致，两条时间轨迹并不重合。

图 6 中，伽马测井曲线的颜色代表了伽马值的大小，深色代表低伽马，钻遇的是砂岩，浅色则为高伽马，钻遇的是泥岩，伽马测井曲线的位置代表实钻轨迹。由此可见，在水平井的前半段，实钻轨迹在参考井 a 的轨迹之上，中段在参考井 a 和参考井 b 轨迹之间，末段在参考井 b 轨迹之下，这体现了速度横向变化的趋势性。

实钻中，按 2.3 所述方法对轨迹进行时间域微调，既应对了速度场横向变化的趋势，也应对了速度场的细节，相当于每个地震道都是一口直井，最终实钻 GR 曲线与高精度反演吻合，这对于判断钻头在反演剖面上位置非常重要，当钻头出了储层时，可以及时帮助地震解释人员判断出钻头是顶出还是底出，并及时给出降斜、增斜建议，引导钻头重回储层。

实钻中，微调最大量和微调的影响范围可视区域地质情况而定，例如，本试验区设定的调整幅度最大为 3ms，调整的影响范围每次不超过 100m，而调整前后的时差就可以认为是由于速度场细微的横向变化引起的。

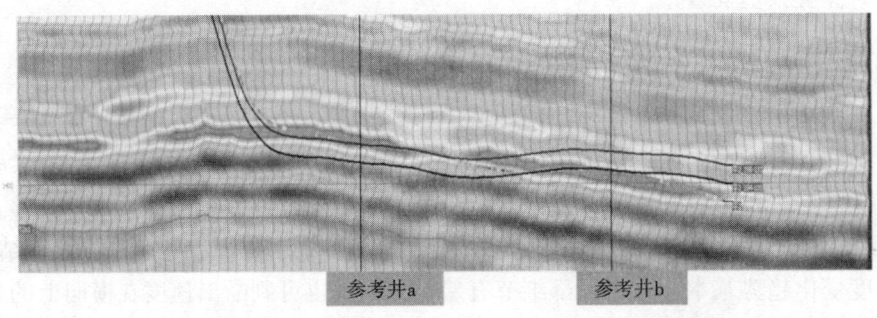

图 6 按两参照井所得时间轨迹与动态调整后的时间轨迹

3 结论

（1）尽管目前表层地质调查越来越细致，如在松辽盆地北部大庆探区，每平方千米速度测量点达到 4 个，地震速度谱资料密度也能达到每平方千米 4 个，但若要求在埋藏深度为 1600～1900m 条件下，水平井深度误差要小于 2m，而这是目前时深转换精度达不到的。

（2）与建立精确表层速度库和建立精确的地震速度场思路不同，我们的做法是在速度场趋势基础上，对水平井时深关系做微调，用实时动态修正的方法应对地下速度横向变化，保证了薄互层水平井的钻井成功率（砂岩钻遇率），还可以通过更精确的时深关系更新原有速度场精度。

参 考 文 献

[1] 王珊. 层速度求取方法及速度谱横向密度对速度场精度的影响[J]. 石油地球物理勘探，2016，51(2)：355-360.

[2] 王树华,刘怀山,张云银,等. 变速成图方法及应用研究[J]. 中国海洋大学学报,2004,34(1):139-145.
[3] 王玉梅,李东波,马丽芳,等. 速度异常分析与构造成图技术研究[J]. 石油物探,2003,42(1):102-106.
[4] 李明娟,李守济,牛滨华. 地震速度谱在精细深度图制作中的应用[J]. 石油物探,2004,43(3):272-274.
[5] 马海珍,雍学善,杨午阳,等. 地震速度场建立与变速构造成图的一种方法[J]. 石油地球物理勘探,2002,37(1):53-59.
[6] 帕尔哈提,邵雨,徐群洲,等. 准噶尔盆地复杂地区高精度构造成图方法[J]. 石油地球物理勘探,2009,44(03):331-336,340.
[7] 郑鸿明,刘宜文,蒋琳,等. 影响构造形态的原因分析及解决思路——以准噶尔盆地泉1井区三维地震资料为例[J]. 石油物探,2012,51(1):71-78.
[8] 何际平,鲁烈琴,王红旗,等. 复杂地区速度场建立与变速构造成图方法研究[J]. 地球物理学进展,2006,21(1):167-172.
[9] 万忠宏,闫玉魁,詹世凡,等. 属性模型速度建场法[J]. 石油地球物理勘探,2006,41(3):333-336.
[10] 严又生. 速度横向变化对小幅度构造解释的影响[J]. 石油地球物理勘探,1994,(6):758-768.

大庆外围油田低渗透油藏水平井地质导向技术应用

杨华宾　刘洪涛　李士江　姜福聪

(中国石油大庆油田有限责任公司第七采油厂)

摘　要：大庆外围油田具有断裂发育、储层丰度低、直井开采产能低、经济效益差等特点，水平井开发是此类油田提高单井产能的有效手段。但受断层发育区构造复杂多变、储层薄差砂体发育不稳定等因素影响，水平井现场实施钻遇效果很难保证。本文以永乐油田T26-1区块水平井随钻地质导向应用为例，立足水平井设计及现场导向技术人员的角度，提出了大庆外围永乐油田葡萄花油层复杂断裂区薄层水平井地质设计的技术思路，总结了该类薄差储层水平井随钻地质导向技术方法。通过利用井、震资料建立精确的前导地质模型，随钻过程中利用现场测、录井资料对储层及构造变化随钻校准。在确保水平井以最佳的角度精确中靶及最大限度地钻遇储层的同时，优化了完钻井眼轨迹，为后期水平井固井及投产开发奠定基础。研究结果也可为同类油田水平井的设计及现场实施提供借鉴。

关键词：外围油田；复杂断裂区；薄层水平井；随钻地质导向

大庆外围永乐油田葡萄花油层断层发育、丰度低、油层薄，利用直井开发低效或无效。随着油田开发进入中后期以及水平井技术的日趋成熟，此类薄差储层难采储量陆续得到有效动用。水平井随钻地质导向技术一方面是建立高精度的储层前导地质模型；另一方面是在随钻过程中利用近钻头处实时采集的地质参数预测和识别油气层，并根据需要调整井眼轨迹。前者的精度直接影响到水平井随钻调整的难易及井眼轨迹的优化程度。针对永乐油田T26-1区块葡萄花油层断层复杂的难点，从构造及断层精确识别入手，在对布井区地质特征充分认识的基础上，建立精准的水平井模型，并随钻跟踪调整，保证了水平井钻井成功率。

1　油藏地质特征

1.1　构造特征

永乐油田T26-1区块葡萄花油层顶面埋深-1120m～-1190，整体构造形态呈南高北低，各断块内部构造起伏相对平缓。靠近断层区域受断裂拉伸、挤压作用，构造变化剧烈，地层倾角为0°~3°。区内断层较发育，共发育大、小断层21条，均为正断层，断层倾角为37°~60°，延伸长度0.2~3.9km，断距为2~39m，断层走向以近南北向和近东西向为主。

1.2 储层特征

永乐油田葡萄花油层属三角洲前缘相—湖相过渡类型沉积，沉积微相类型包括前三角洲泥岩、外前缘席状砂。统计结果表明，永乐油田T26-1区块葡萄花储层发育层数较少且薄差层较发育。区块内完钻34口井，平均单井钻遇3.68个层，平均单层砂岩厚度为1.0m，有效厚度为0.5m，其中有效厚度小于1.0m的储层占总有效厚度39.9%，占总层数76.8%。主力油层葡Ⅰ4_2层以较大面积分布的外前缘非主体席状砂沉积为主，有效钻遇率达到91.2%，优选为水平井目的层（表1）。

表1 水平井区砂岩厚度及有效厚度钻遇情况统计表（据34口井）

层号	钻遇砂岩层数（个）	砂岩钻遇率（%）	钻遇有效层数（个）	有效钻遇率（%）	平均砂岩厚度（m）	平均有效厚度（m）
全井	125	30.6	73	17.9	3.8	1.8
葡Ⅰ4_2	32	94.1	31	91.2	1.5	1.1

2 前导地质模型

随钻地质导向前导模型由地质、地震、测井等资料，确定目标层的岩性、地层产状及砂体厚度变化规律，建立井眼地层剖面模型。地质参数模拟精度是整个地质导向的关键。构造误差往往是影响水平井钻井效果的主要因素。

2.1 井震联合精细构造解释

针对T26-1区块断层较为发育情况，开展全三维精细构造解释，在断层的精细刻画上主要采取地震剖面，结合等时切片和相干体、边棱检测的沿层切片，解释主干断层，地震剖面落实断层的纵向延伸及断面形态；各种属性切片落实主要断层的走向和平面组合关系，精细描述断层要素。对于解释的断层，采用了常规的正交测线断层解释、三角网格剖分检查、断距计算检查、三维空间显示检查等方法进行质量检查。共识别出断层21条，其中涉及水平井部署的断层15条。制作控制井高精度的合成地震记录，确定葡Ⅰ组在地震剖面对应一个半同相轴，通过自动追踪和人工拾取相结合，完成布井区葡萄花油层各小层的层位解释。在DePthTeam ExPress软件环境中，通过建立工区的平均速度场进行时深转换得到深度域构造图。在断层边部没有井控的情况下，充分利用构造趋势面做约束，分析区域性构造变化规律以及局部扰动构造异常，精细刻画断层边部构造形态。T24-P22井位于两条近南北向正断层夹持断阶内（图1）。

2.2 地震属性储层预测

结合该区块葡萄花油层储层类型为连片席状砂发育的特点，针对砂体平面连续性及厚度进行预测。在薄互层条件下，无论砂体是规则叠置还是不规则叠置，砂岩厚度均与地震振幅正相关，从提取的平均振幅属性分布特征看，目的层葡Ⅰ4单元属性特征与整个葡Ⅰ组的属性分布特征基本一致，以较大面积分布的席状砂沉积为主，整体上砂体平面连续性较好（图2）。

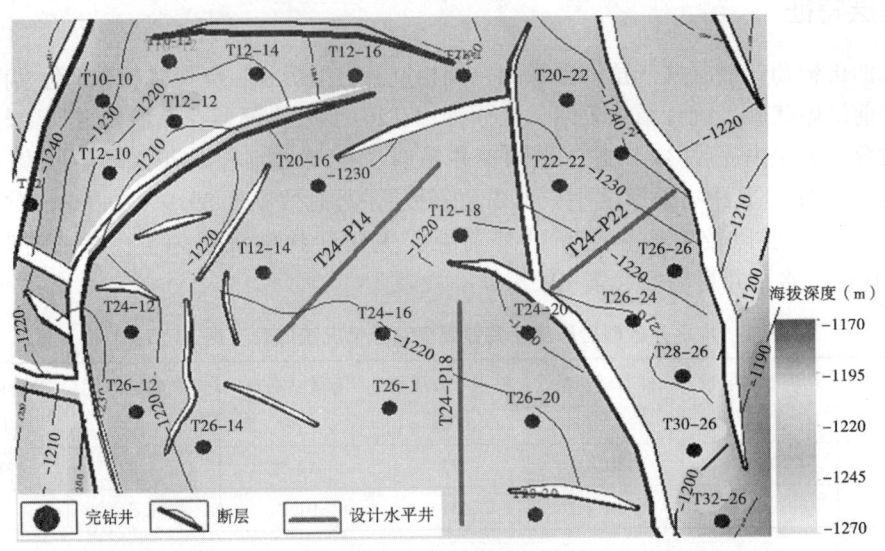

图 1　永乐油田 T26-1 区块构造图

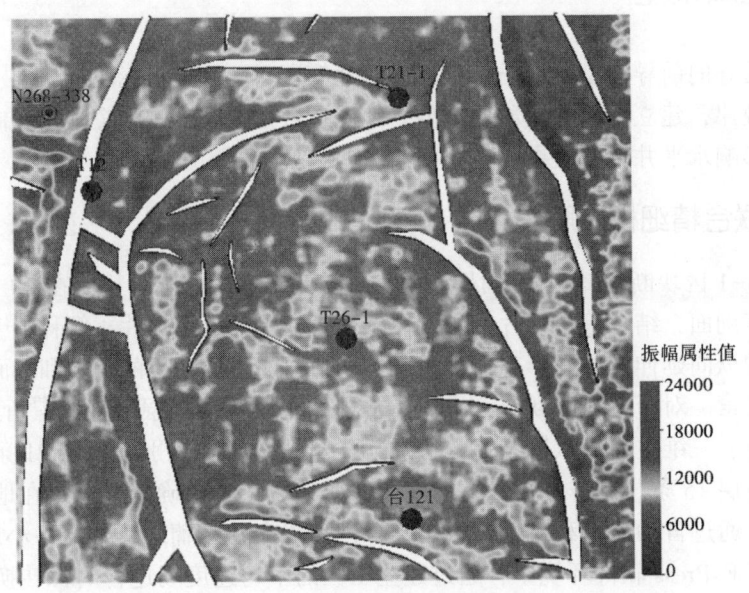

图 2　葡Ⅰ4_2 层平均振幅属性图

2.3　水平井模型设计

针对储层发育横向展布规模大、连续性好、厚度薄的特点,同时受大、小断层发育的影响,储层在平面上被多条断裂切割为多个大小不同的独立断块,对断层特征以及地层产状的认识尤为关键,这也指导了水平井设计的参数。轨迹设计时既要规避断层风险,又要使水平段以工程容易实现的角度尽可能长地在储层中展布,增大水平井对地质储量的控制面积。利用地震、测井、地质资料建立精细三维地质模型,修改断层边部模型,使其符合地震构造变化趋势。轨迹设计把握几条原则:(1)水平段井斜角不大于 90°;(2)入靶点平面上避免距离控制井过远;(3)设计井轨迹沿油层中上部穿行避免暴性水淹,以及构造误差导致穿层。设计时满足以上条件才可以有效规避水平井实施风险,体现在为构造或储层与预测发生突变时调整留下空间。T24-P22井受东西两侧断层夹持,设计水平段仅为480m,尾端C靶点距东侧断层30m(图3)。

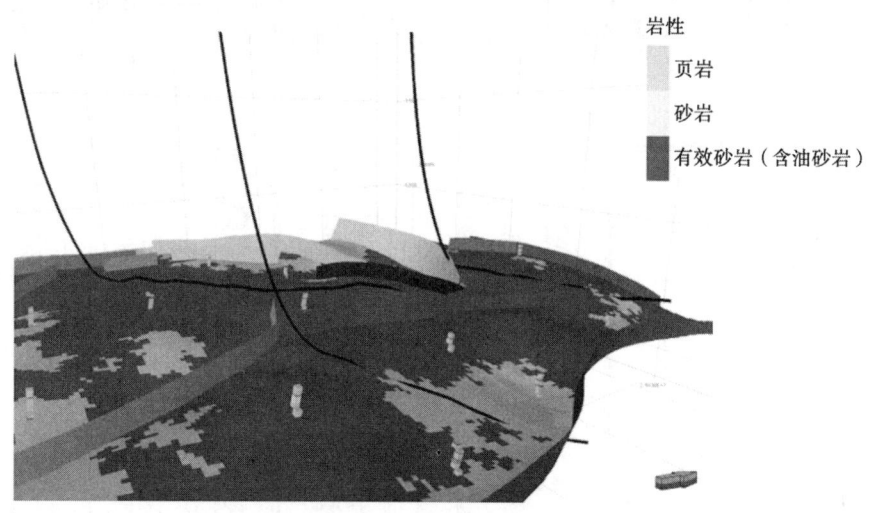

图3 水平井轨迹三维模拟图

3 随钻地质导向

在水平井钻井过程中,及时将LWD随钻测井信息及预测钻头位置信息与前导模型结合对比,在随钻测、录井信息与设计一致阶段保持设计轨迹实施。在二者出现误差时,根据构造、储层变化情况适时调整钻头在油层中穿行角度。

3.1 最佳入靶角度的实现

T24-P22井由于设计靶体厚度只有1.2m,且设计地层视倾角为2.86°,设计井斜角为87.14°。为避免穿层及滞后入靶,造斜段以3°/10m造斜率造斜,并在1446m增斜到84°~85°,之后保持井斜向目的层接近,在1460m处,录井气测见油气显示,全烃值Tg由0.6升高至4.6,甲烷相对含量大于85%,循环返砂样见灰棕色油浸粉砂岩。结合邻井测井资料和区域地质资料,通过地层对比(图4),综合判断1462m已进入目的层,入靶点垂深与设计一致,进入目的层后,井斜逐渐增至87.2°,与地层视倾角保持一致,将钻头位置稳定在油层中上部,并保持稳斜钻进。

3.2 水平段井眼轨迹优化调整

该井水平段实钻轨迹与设计轨迹吻合较好,构造误差(垂深)控制在±0.5m以内,保证了至设计井深储层仍有较好的含油显示。为了增加油气层的动用范围,该井在设计井深基础上进行加深,加深至水平井设计尾端的断层处,直至油气显示消失。在加深水平段钻进过程中,由于地震剖面显示1951m处地层倾角明显变缓,为避免仪器碰底,1933m处增斜至

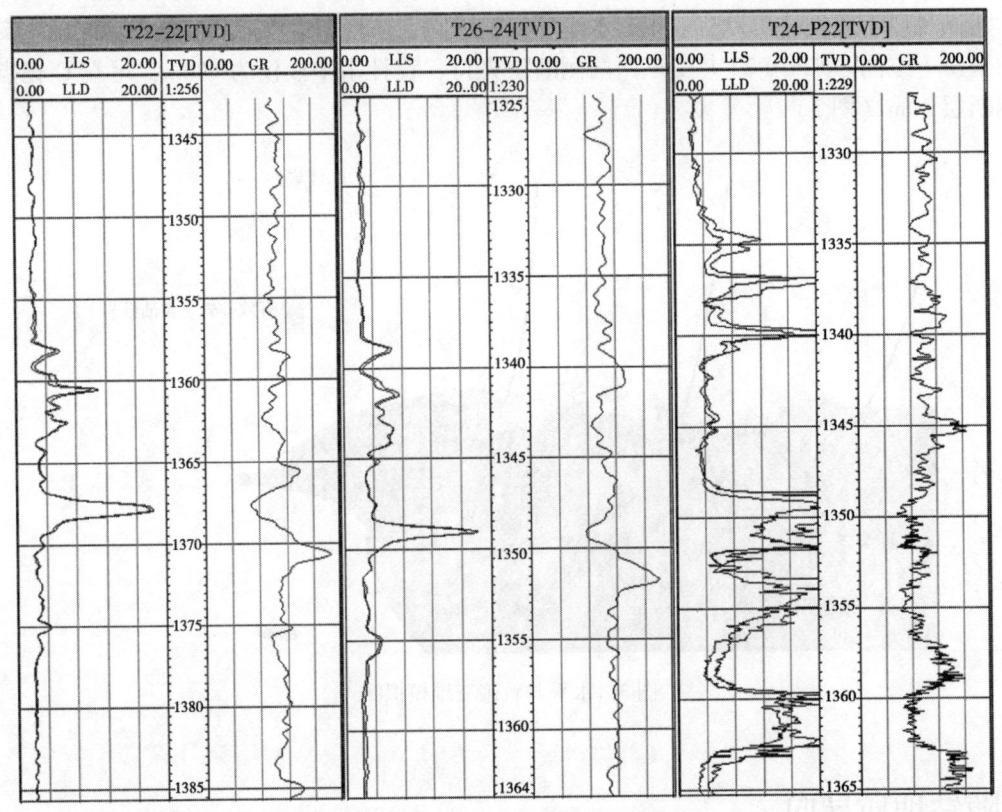

图4 T24-P22井随钻曲线与邻井对比图

89.8°,之后稳斜钻进。钻至1993m处,LWD随钻测量GR由84API增至110API,浅侧向电阻率由16Ω·m降至4Ω·m,表明仪器已经钻入泥岩层。在地震剖面上显示随钻轨迹,对比此处为尾端正断层断面位置,仪器进入断层下盘油层组下伏泥岩层。该井钻出油层,钻穿断层后留30m口袋完钻(图5)。精准的地质设计为水平段井眼轨迹调整及水平段加深提供了充分的地质依据及调整空间。

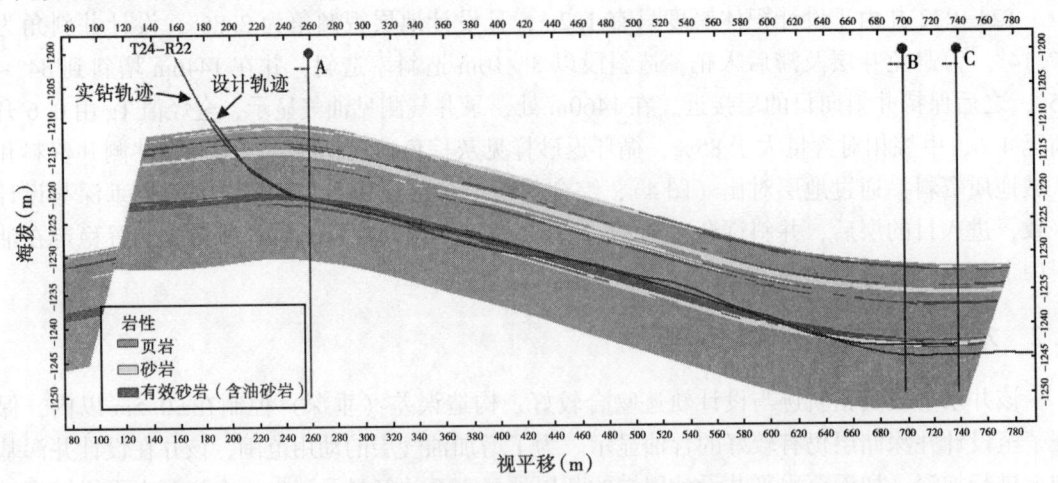

图5 T24-P22井实钻效果轨迹剖面

4 钻遇及投产效果

该井在目的层总进尺 533m，由测井解释统计结果实钻含油砂岩 522m，钻遇率为 97.9%。区块采用超前注水的开发方式，注水 5 个月后，油井陆续投产。T24-P22 井、T24-P18 井采用水力喷射压裂，T24-P14 井采用分段压裂。从投产效果看，3 口井初期产量较高且不含水，投产 4 个月后，产油量递减，但仍是周围直井的 5 倍左右（表2）。

表 2　永乐油田 T26-1 区块水平井钻遇及投产效果表

井号	目的层厚（m）	水平段长（m）	砂钻遇率（%）	产液（t）	投产初期产油（t）
T24-P22	1.2	533	97.9	10	10
T24-P18	0.6	787	94.7	8	8
T24-P14	1.2	956	87.8	15	15
平均	1.0	759	93.5	11	11

5 结论

（1）应用井震联合技术精细刻画断层及构造的空间接触关系，有效避免了小断层及微构造对水平井钻井影响。沿垂直或与构造线呈一定角度的下倾方向设计井轨迹，保证了水平段以易于工程实施的角度尽可能长地在薄储层中穿行，同时为井轨迹调整预留空间。

（2）由于常规 LWD 随钻测井信息滞后，入靶阶段重点参考随钻录井，待气测总烃值升高 3~10 倍时，关键段循环返岩屑观察含油性，综合判断钻头所处油层位置，指导入靶后角度调整。

（3）1.0m 左右薄差储层随钻导向的难点在于上、下两个出层方向计算出的地层倾角相差不大，一般小于 0.5°，加之储层发育的不确定性，难以决策调整方向。不出层不调整，调整时依据充分。

（4）目前大庆外围油田水平井多采用分段压裂的投产方式，T26-1 区块 3 口水平井平均 93.5% 的砂岩钻遇率为压裂选段提供更多选择性，同时也保障了投产效果。

参 考 文 献

[1] 范江，张子香．利用水平井改善薄油层开发效果［J］．石油学报，1995，16（2）：57-62.
[2] 万仁溥．中国不同类型油藏水平开采技术［M］．北京：石油工业出版社，1997.
[3] 蒋林军．常规技术条件下水平井大斜度井地质导向技术探讨［J］．西部探矿工程，2005，17（10）：69-70，72.
[4] 刘岩松，衡万富，刘斌，等．水平井地质导向方法［J］．石油钻采工艺，2007（S1）：4-6，119.
[5] 范志军，李玉城．水平井随钻地质跟踪导向技术应用实践［J］．录井工程，2007（4）：22-25，81.
[6] 周贤文，汤达祯，麻成斗，等．大庆外围特低丰度低渗透薄油层水平井开发技术［J］．内蒙古石油化工，2008（7）：83-86.
[7] 刘月田，周飞，张宾新．特低丰度油层沉积相分布对水平井网开发效果的影响［J］．大庆石油地质与

开发，2008，27（2）：80-83.

[8] 窦松江，赵平起. 水平井随钻地质导向方法的研究与应用[J]. 海洋石油，2009（4）：77-82.

[9] 王彦辉，陈显森. 地震技术在水平井设计中的应用[J]. 内蒙古石油化工，2010，36（19）：93-95.

[10] 吴宝玉，罗利，张树东，等. 随钻地质导向技术在川中水平井中的应用[J]. 国外测井技术，2010（5）：35-37.

[11] 高晓飞，闫正和，曾显磊. 新型地质导向技术在薄层油藏中的应用[J]. 石油天然气学报，2010（5）：214-218，409.

[12] 王小军，丁全军，忤伟，等. 薄层水平井地质导向技术在赵平3井的应用[J]. 中外能源，2010（7）：60-64.

[13] 屈亚光，刘月田，涂彬，复杂断块油藏水平井开发应用效果研究[J]. 钻采工艺，2011，34（2）：33-35，45.

[14] 吴福邹. 水平井地质导向的难点与技术对策[J]. 内蒙古石油化工，2012，38（18）：104-107.

[15] 张竹林. 复杂断块多层层状油藏主力层水平井开发技术研究及应用[J]. 内蒙古石油化工，2014（1）：118-119.

渤海低渗透油藏水平井随钻地质
建模方法及应用

肖大坤 王 晖 范廷恩 胡晓庆 张宇焜 梁 旭

（中海油研究总院）

摘 要：渤海 A 油田处于开发调整阶段，主力层系东营组一段为辫状河三角洲相、中孔低渗断块油藏，东一段储层层内非均质性强，低渗透砂体内发育一定的中孔中渗优质储层，提高水平井对优质储层的钻遇率，对于水平井单井达产至关重要。

本次依托 Petrel 平台，采用基于随钻测井资料的地质建模与实时跟踪方法，通过发挥邻井信息的约束作用来弥补地震资料分辨率不足，在随钻过程中对优质储层做出预判，从而指导水平井轨迹优化，达到以地质导向提高优质储层钻遇率的目的。

水平井随钻地质建模原理和步骤为：首先，基于地震反演数据和已钻井资料，质控建立以自然伽马、电阻率、三孔隙度属性体为主的先导模型；然后，在水平井实施过程中，实时输入随钻测井曲线，在相同路径、模拟算法和参数条件下，不断更新先导模型实现对未钻段储层质量的提前预测，根据预测结果进行井轨迹优化调整；最后，开展钻后模型与先导模型对比，评价水平井实施效果。方法应用于 A 油田调整井，对于改善水平井实施效果、提高优质储层钻遇率，效果显著。

关键词：渤海油田；随钻实施；优质储层；地质建模；储层钻遇率

水平井开发是低渗透油藏高效开发的重要方式之一。然而，由于低渗透油藏内部的非均质性存在，储层内部往往发育一定的相对高渗透储层，即优质储层。因此，针对低渗透油藏来说，水平井钻井质量不仅取决于整体的储层钻遇率，更重要的是取决于对优质储层的钻遇效果。

对于如何有效地控制水平井钻进轨迹、提高优质储层的钻遇率，主要在于开展钻进储层的构造深度预测，明确产状变化并设计完善的水平井轨迹。然而，对于中深层埋深的低渗透油藏来说，受制于地震资料分辨率，对于优质储层的构造深度预测误差往往较大（一般超过 5m），也导致井轨迹设计存在较大的不确定性，一般难以完全按照设定轨迹钻进。针对这样的情况，根据钻头钻进过程中不断揭示的地质标志，实时地开展随钻导向与现场调整是应对开发风险、降低不确定性、提高储层钻遇效果的有效手段。

目前，常用的随钻地质导向技术主要为电阻率探边技术，具体的分析仪器及软硬件工具有贝克休斯的 AziTrak™、斯伦贝谢的 PeriScope、哈里伯顿的 ADR™ 等，该技术对于含油气薄层应用效果十分明显。然而，由于造价及工时费昂贵，这些技术方法往往仅应用于水平井水平段而非着陆段，而且对于大多数相对厚层的含油气砂体（10m 左右），往往并不采用这些较为先进的技术工具，因此，通过整合行业常用的地质分析软硬件工具，研发相对低成本、普适性较强、操作便捷的随钻地质导向方法显得尤为重要。本文结合渤海典型低渗透油藏，基于LWD测井资料，提出了应用于水平井全井段（着陆段及水平段）的随钻地质建模方法，可有效提高水平井钻井效率和低渗透油藏内优质储层的钻遇率。

1 随钻地质建模方法概述

与随钻分析相似，随钻地质建模方法具有广义和狭义两方面的含义及理解方式。对此，前人在该领域提出了三种不同阶段的随钻建模方法。

第一种是基于"整体规划、分期实施"的油田开发地质建模方法，主要应用于油气田开发前期阶段。

油田发现后到投入全面开发前的这一阶段可称为油田开发前期，该时期的主要任务是进行可行性评价和制订总体开发方案。在油田开发前期，主要是建立初步的油藏地质模型，在描述构造、油水关系及储层特征的基础上，为储量计算和开发可行性研究提供一个油藏整体地质模型，这一阶段的油藏地质模型只能是概念模型，且是以砂层组为重点的储层地质模型。地质模型随钻更新及预测主要基于批次开发井的实施结果。

第二种是基于LWD的水平井随钻分析及模型更新方法，主要用于油气田开发方案实施阶段。

结合随钻测井资料进行地质模型动态跟踪使得先期建立的地质模型随着钻井过程不断更新，能够及时发现地层构造及产状的变化，从而对原有设计井眼轨迹加以修正，有效地调整钻井前进轨迹，发挥地质导向作用，直至以最佳方式穿过油层，这对提高水平段有效率和钻井总体效益等都具有重要指导意义。

第三种是基于动静态相结合的地质模型更新方法，主要用于油田开发中后期。

油田开发中后期的地质模型动态跟踪方法需要充分利用生产动态资料，对地质模型不断完善，为剩余油挖潜提供依据。油藏地质模型动态跟踪的过程就是对油田地质、开发现状不断认识和总结的过程，可同时给出反演结果和先验知识的后验分布，即不同开发时间的储层参数模型，从而实现油藏地质模型动态跟踪。

由于第一种、第三种随钻地质建模方法主要是通过基础资料的不断丰富来实现，模型的更新并非实时状态，对于新井井位部署具有一定的预测指示作用，但是由于对储层非均质性及不确定性的表征有限，因此，对于新水平井轨迹的优化实施作用意义不大。因此，本文主要针对第二种随钻地质建模方法进行改进和应用探讨。

2 技术流程

基于LWD的水平井随钻地质建模方法，具体包括资料整理、建立先导模型、随钻模型更新及钻后对比总结等几个技术环节。

（1）资料整理。基础数据主要包括随钻测井曲线（GR、RT、DEN、CNL，如果钻前判断没有气层存在风险，DEN、CNL资料可以不参与建模）、深度域地震反演数据体（作为约束数据体，用于储层空间展布预测）、钻前静态地质模型（作为参考模型，辅助质控随钻模型质量）。

（2）建立先导模型。建立先导模型是整个技术流程的核心。需要建立三类分别反映岩性（GR模型）、含油气性（RT模型）和物性（DEN、CNL模型）的随钻先导模型。其中，岩性和含油气性先导模型为必建模型，物性先导模型需要根据是否存在气层选建（如无气层可不建）。先导模型建立方法不同于常规地质建模，主要有以下三个方面的区别：一是较细的网格，为了提高表征精度，先导模型作为随钻模型的基础，其网格大小与钻杆长度密切相关，必须能够表征钻杆长度范围内的储层非均质性；二是无相模型，由于沉积相或岩相分布尺度较大，且为确定性认识，一旦参与建模，则不利于应对随钻过程中的不确定性，因此一般直接采用地震约束 GR 模拟反映泥质含量的属性体；三是不进行储量拟合，这是由随钻模型的作用决定的，即该类模型主要用于水平井随钻调整，因此模型重在表征储层非均质性的精度，甚至建模范围常常仅限于水平井周围的空间区域，而非所有含油气的范围。

（3）随钻分析。该环节以先导模型为基础，设定模拟路径和模拟参数保持不变，通过"一柱一更新"不断完善随钻模型，即每钻进一根钻杆，在生产前线接下一柱钻杆的间歇，将实时测井曲线数据输入模型，完成模型更新，并根据模拟结果实时分析风险、制定调整决策。井轨迹调整主要通过调整井斜角来实现，如果储层加深，则降低井斜角、加快钻进尽早进层；如果储层变浅，则增大井斜角、迟缓进层，避免钻穿储层。

（4）钻后对比总结。完钻后，将实际钻遇的储层信息与钻前预测的储层情况进行对比，一方面统计钻遇率等参数评价实钻效果，另一方面检查随钻模型更新的精度和预测效果，提出可能的改进方案。

3 应用实例

A 油田位于渤海南部，东一段油藏类型为辫状河三角洲相、中孔低渗断块油藏，孔隙度约 17%，渗透率为 35mD。东一段储层层内非均质性强，由于差异化成岩作用影响，低渗透砂体内发育一定的中孔中渗优质储层，主要分布于砂体中下部，但具体位置难以准确判断，提高水平井对优质储层的钻遇率，对于水平井单井达产至关重要。

本次基于斯伦贝谢 Petrel 地质建模软件的 Real-time Data Link 模块，针对渤海 A 油田古近系东营组主力层系东一段低渗透含油砂体开展了面向水平井优化实施的随钻地质建模。

3.1 着陆段应用

A 油田先导模型包括格架模型及属性模型两部分。

格架模型主要用于水平井着陆段，采用标志层对比判断着陆深度误差，进而调整着陆轨迹。先导模型格架以标志层为界面建立构造面，由于东一段属于河流—三角洲相沉积体系，隔夹层易于出现在砂体顶部，因此，只建立砂底界面。

以 F34 井为例，根据相邻井 F40 井揭示（图1），目的层砂体上部旋回末端发育两个细粒标志层——Mark1 和 Mark2，针对这两个标志层及砂体底界面建立层面格架模型。水平井分别在测量深度（MD）2347m 和 2404m 钻遇这两个标志层，随钻更新模型显示（图2），靶点目标实际深度与预测深度将加深约 4m，因此，当钻遇 Mark2 时发出降斜指令，由 86°降至 84°稳斜钻进以减少水平段损失。

实钻证实，目的层砂体比预测深度浅约 3m（图3）。

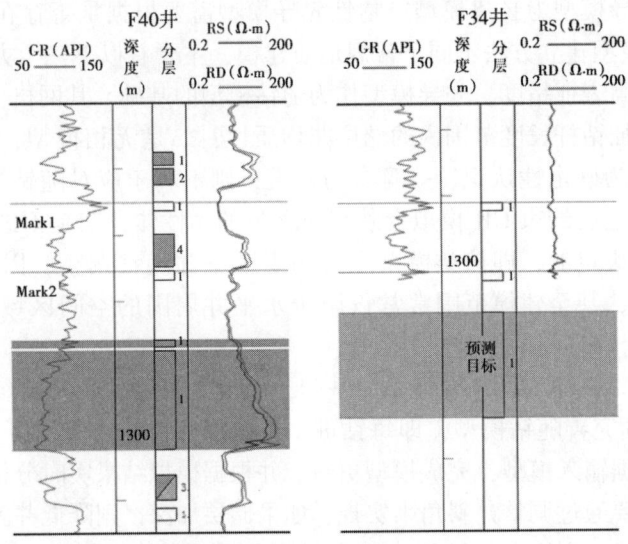

图1 相邻井标志层及实钻柱状图

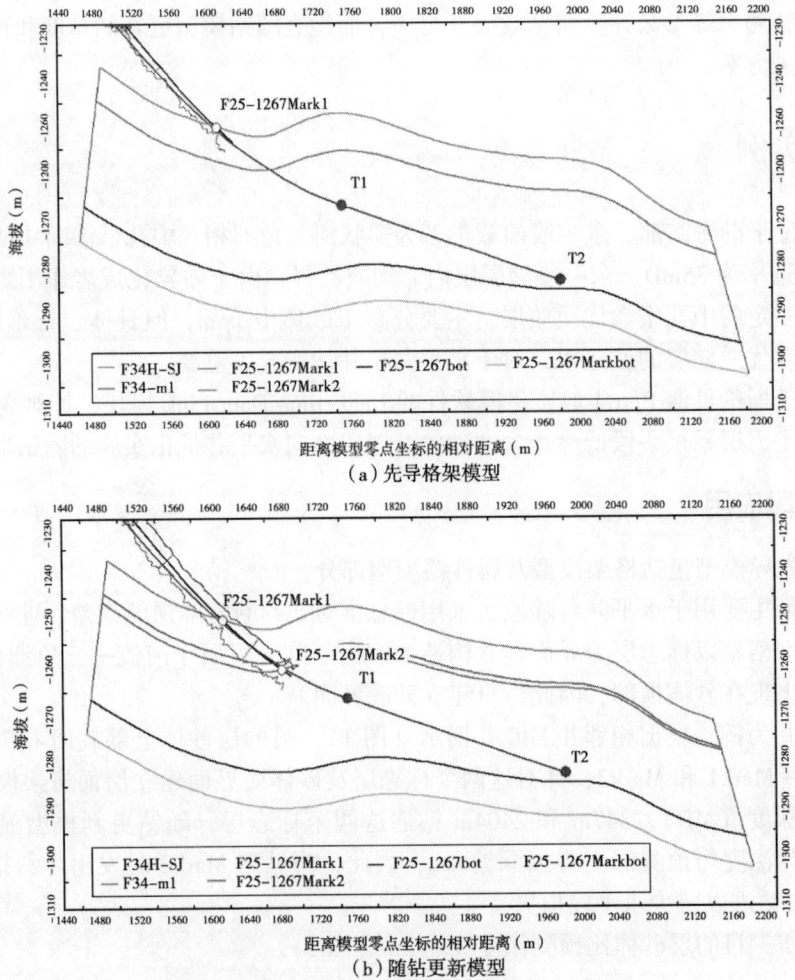

图2 F34井先导格架模型与随钻更新模型

3.2 水平段应用

属性模型主要用于水平段轨迹优化调整。

以F33H井为例（图4），基于地质认识，利用地震反演数据体约束、序贯高斯随机模拟建立GR模型。利用钻前地质模型（孔隙度、渗透率）建立视饱和度模型，并约束随机模拟建立RT模型，以GR体、RT体为主要先导模型进行随钻分析。

先导模型显示，在设计水平井轨迹在MD＝2540m左右的位置将钻遇砂体顶部的砂泥薄互层，会出现GR升高、RT降低的测井响应特征，后续如果按照设定轨迹钻进而不加以调整，则储层钻遇率将为80%左右，但钻遇大部分储层可能为无效储层，优质储层比率可能仅有50%。因此，该深度附近为重要的随钻决策点。

首先，按照设定轨迹予以钻进，当完成12根钻杆钻进（120m）的时候，在MD＝2539.42m处，GR升高，RT降低（图5）。更新后的随钻模型显示，钻头已接触到砂体顶部"头皮"附近的砂泥薄互层，优质储层位于钻头以下约3m的位置。

因此，根据优质储层的位置，井斜角由88°降至86°，稳斜钻进约60m后，GR降低，RT升高

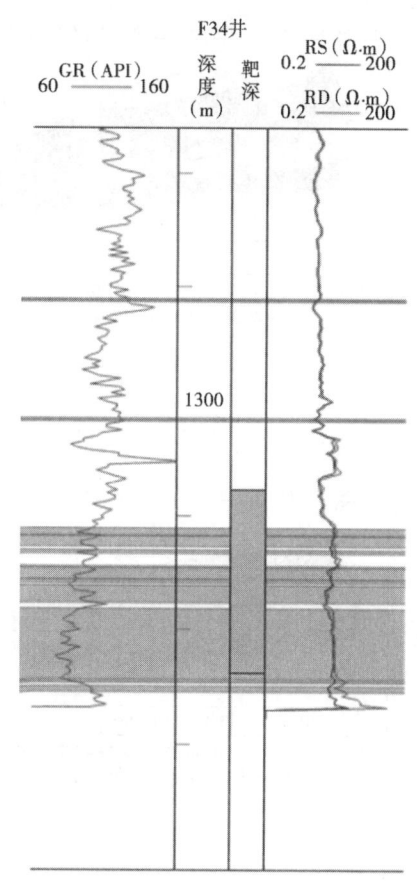

图3　F34井完钻单井柱状图

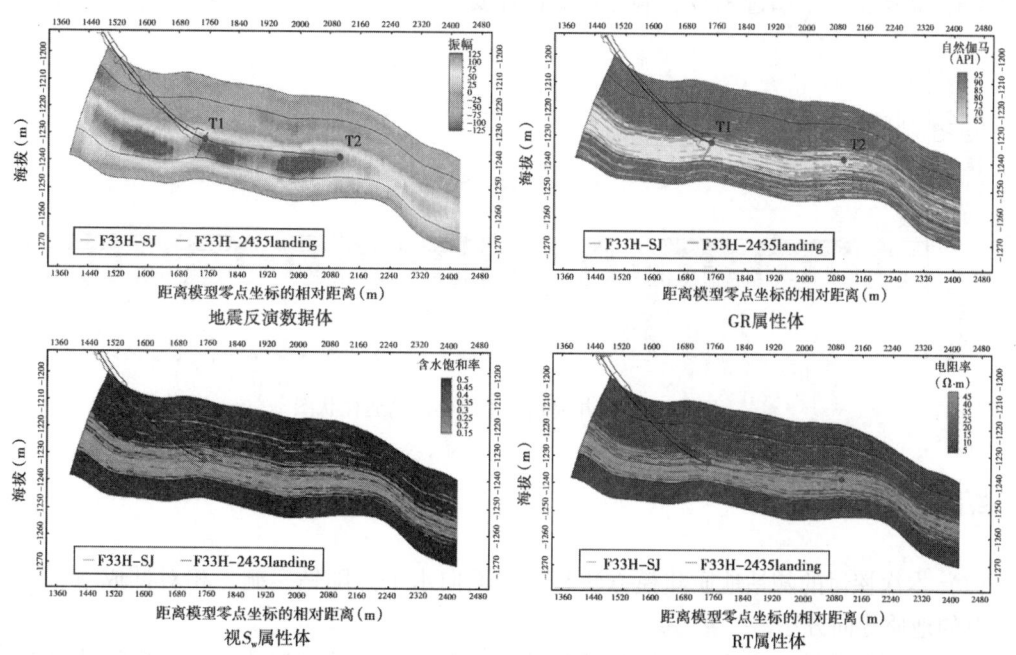

图4　F33H井先导模型剖面

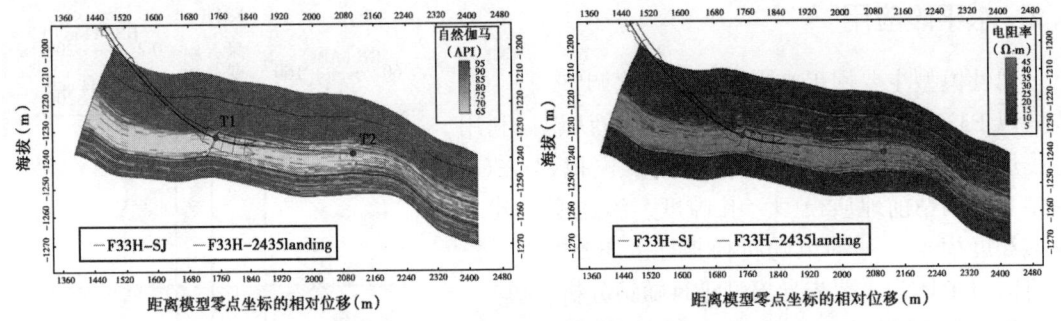

图5 F33H井钻至MD=2539.42m的随钻模型更新剖面

（图6），显示重新钻遇了优质储层，最后恢复88°井斜角稳斜完成水平段。

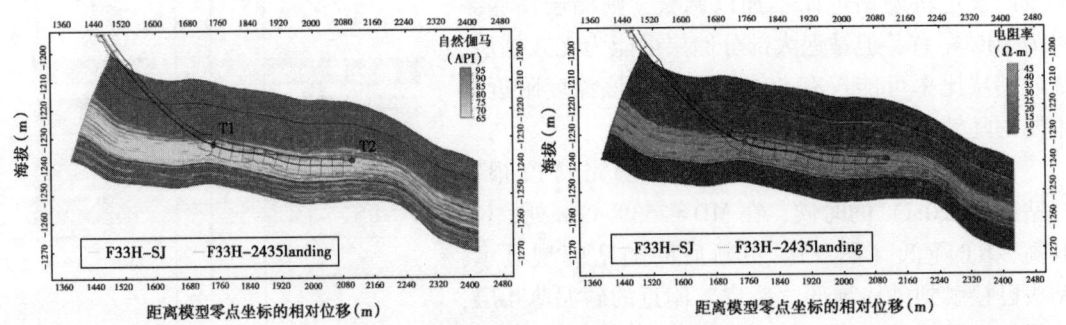

图6 F33H井完钻后随钻模型更新剖面

最终，F33H井水平段实际钻遇长度356m（图7），油层285.7m，差油层39.6m，致密层7.7m，储层钻遇率超过85%，满足油藏设计要求。

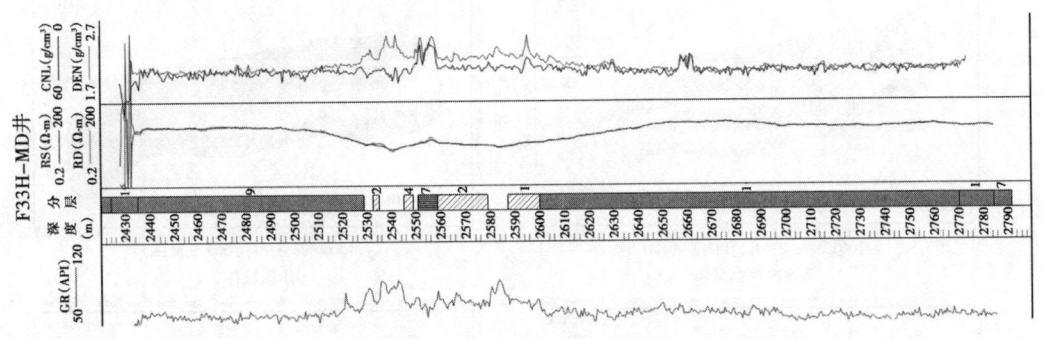

图7 F33H井完钻水平段储层钻遇柱状图

4 结论

（1）本次探讨的随钻地质建模方法是一种面向水平井随钻实施、相对低成本、适用条件更宽的地质导向方法。

（2）水平井随钻地质建模方法包括基础数据整理、先导模型建立、模型随钻更新与分析调整、钻后对比评价共4个技术环节。其中，先导模型建立的质量是整个技术流程中最关键的一环。

（3）实例证实，该方法能够同时完成水平井着陆段和水平段的随钻分析和优化调整，有利于提高低渗透油藏水平井实施质量。

参 考 文 献

[1] 卢涛，张吉，李跃刚，等．苏里格气田致密砂岩气藏水平井开发技术及展望[J]．天然气工业，2013，33（8）：38-43．

[2] 杨晓萍，赵文智，邹才能，等．低渗透储层成因机理及优质储层形成与分布[J]．石油学报，2007，28（4）：57-61．

[3] 吴意明，郝以岭，熊书权．边界探测技术在水平井随钻地质导向中的应用[J]．海洋石油，2013，33（2）：89-93．

[4] 吴健，胡向阳，李红东，等．随钻测井探边技术在水平井地质导向中的应用[J]．钻采工艺，2014，37（3）：26-30．

[5] 张伟，林承焰，周明晖，等．地质模型动态更新方法在关家堡油田的应用[J]．石油勘探与开发，2010，37（2）：220-225．

[6] 张岚，赵春明，霍春亮，等．随钻地质建模一体化综合研究及应用[J]．石油钻采工艺，2009，31（1）：21-24．

[7] 张伟．油藏地质模型及其动态实时跟踪方法研究[D]．青岛：中国石油大学（华东），2010．

[8] 刘建华，赵春明，霍春亮，等．地质条件约束地质建模在LD27-2油田东营组随钻地质建模中的应用[J]．石油天然气学报，2011，33（9）：28-31．

[9] 李红英，马奎前，杨威，等．随钻地质建模在X油田水平井设计与实施中的应用[J]．石油天然气学报，2012，34（9）：28-32．

[10] 张淑品，于兴河．同位协同随机建模方法在储层预测中的应用[J]．天然气地球科学，2006，17（3）：378-381．

大庆致密油藏水平井开发优化设计方法

史晓东 战剑飞 王现华 代 旭 郭思强 郑建东

(中国石油大庆油田有限责任公司勘探开发研究院)

摘 要：松辽盆地致密油资源丰富，是大庆油田可持续发展的重要物质基础。储层砂体规模小、单层厚度薄、横向不连续、纵向不集中，非均质性严重，与其他油田相同渗透率等级岩样相比，孔喉半径更小，流度更低，低渗透开发模式及设计方法适用性差。在储层甜点精细刻画研究的基础上，以有效控制砂体为前提，采用砂体—井距—工艺一体化设计思路，通过数值模拟、试井解释和经济界限等多方法结合优化了水平井长度、方位、井距等参数，实现了"高钻遇率、高改造体积、高产量"的设计目标，布井区储量动用率达到70%以上。研究成果应用于大庆油田致密油开发现场试验，方案设计符合率85%以上，取得较好效果。此成果对于提高致密油开发方案编制水平以及大庆外围致密油长期规模有效开发具有重要意义，同时为国内外其他致密储层有效开发提供重要的推广借鉴价值。

关键词：大庆外围；致密油；水平井；开发效果

致密砂岩油藏是大庆油田非常规油气的重要领域，约占未动用储量的40%。目前，大庆油田致密油的勘探开发还处于起步阶段，根据储层主力层分布特点，建立了水平井体积压裂开发模式。但是，储层非均质性强，地质特征认识程度较低，尤其是在致密砂岩储层孔隙结构及渗流规律研究方面还存在很多难题，在方案设计上如何避免储量损失成为开发优化设计方法的研究重点。针对以上问题，通过开展储层精细预测和测井分类评价结合提高甜点刻画精度，综合地质、油藏、工艺多因素探索了水平井一体化优化设计方法，实现多套储层的有效动用的同时，储层纵向动用率达到了70%以上。

1 大庆油田致密储层特征

大庆油田致密砂岩油资源丰富，主要集中在扶余、高台子2套含油层系。扶余油层发育大型河流—浅水三角洲沉积体系，主要储集砂体类型为曲流河、网状河及分流河道等，分布范围广。单层厚度薄，单砂体厚度2.0~5.0m，有效厚度1.0~3.0m；横向连续性差，砂体规模200~500m；地层厚度150~300m，单井发育5~10层，30m地层一般仅发育1~2期主力河道，砂地比低。高台子油层"源内"发育，受控于青山口组有利烃源岩区，三角洲前缘为有利沉积相带，分布范围局限；砂体连片分布，单层厚度薄。

总体来看，大庆致密储层总体特点为储量丰度低、储层物性差、油层厚度薄、原油黏度高。孔喉半径及分布区间更小，喉道半径主要集中在0.7μm以下；地层原油黏度4~8mPa·s，黏度更大，流度更低；各油田岩心观察裂缝线密度均小于0.1条/m，难形成缝网体系。

2 致密储层甜点评价

受不同沉积物源控制，储层砂体规模及组合特征差异明显、非均质强，甜点预测及规模布井难。通过单砂体解剖、多种地震预测方法结合水平井测井分类评价，开展了致密储层甜点平面和空间上的精细描述，为水平井优化设计奠定了基础。

2.1 甜点平面特征刻画

首先，通过小层细分单砂体精细描述砂体平面发育特征，结合单井相模式、密井网砂体规模解剖、地震属性预测等多方结果，精细刻画甜点区沉积微相的展布特征，优选出布井有利区。

其次，利用地震波表层吸收 Q 补偿+黏弹性叠前时间偏移为核心的保幅宽频处理方法，使地震资料纵向分辨率得到明显提高（图 1），三套资料主频相当，黏弹偏资料频带明显展宽，信噪比提高，地震资料的保真性更好。

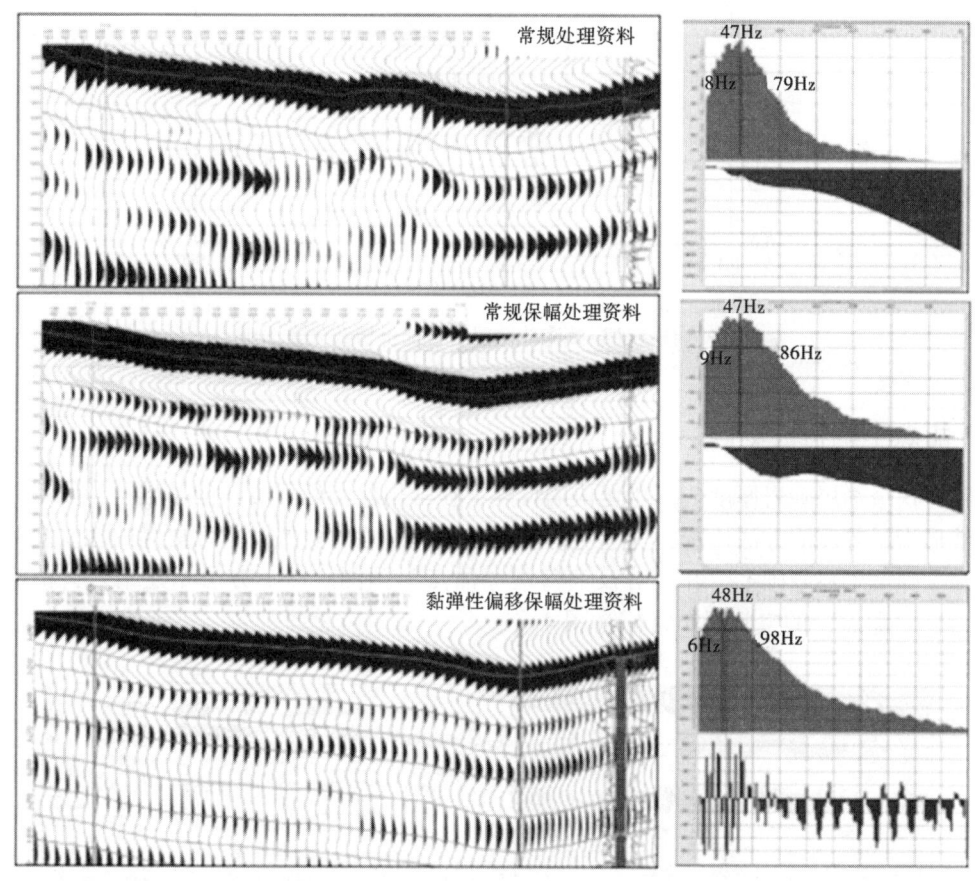

图 1 黏弹性叠前时间偏移方法处理地震资料

之后应用地震多属性优选分析技术，优选对砂岩厚度敏感的属性，优选不同时窗，识别"甜点"；不同处理资料间，再通过属性预测结果比选，提高"甜点"识别精度（图 2）。

	平均振幅	最大波峰振幅	最大波谷振幅	振幅峰态	瞬时振幅	均方根振幅	砂岩厚度
平均振幅	1	0.74	0.177	0.888	−0.00802	0.884	0.349
最大波峰振幅	0.74	1	0.265	0.775	0.573	0.641	0.341
最大波谷振幅	0.177	0.265	1	0.331	0.0202	0.15	−0.106
振幅峰态	0.888	0.775	0.331	1	−0.0292	0.808	0.25
瞬时振幅	0.00802	0.573	0.0202	−0.0292	1	−0.165	0.232
均方根振幅	0.884	0.641	0.15	0.808	−0.165	1	0.252
砂岩厚度	0.349	0.341	−0.106	0.25	0.232	0.252	1

图 2　不同属性与砂岩厚度相关性统计

除此之外，优选孔隙度、渗透率、孔隙结构指数、脆性指数和储层综合评价指数等参数，通过测井解释开展储层砂体品质精细分类评价，如图 3 所示，构建储层综合评价指数等值图，支撑甜点刻画、井位部署以及后续的压裂设计。

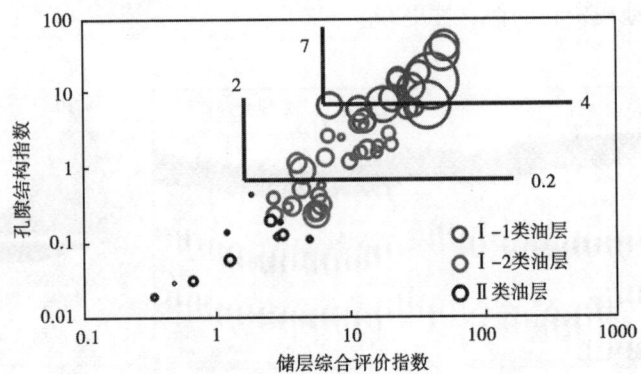

图 3　扶余油层致密油储层综合评价指数分类图版

2.2 甜点空间特征刻画

针对扶余油层砂岩厚度薄、相变快的特点，在常规保幅处理资料的基础上，使用地质统计、波形指示等反演方法比选，优选对薄砂层分辨识别能力更好、精度更高的地质统计学反演；在黏弹偏资料基础上，开展 Z 反演薄层"甜点"预测。以上方法相互结合，精细刻画各主力层"甜点"的空间展布特征（图 4）。

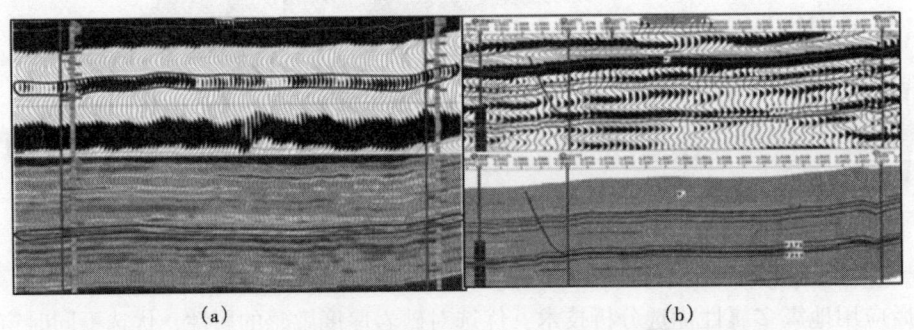

图 4　Z 反演（a）和波形指示反演（b）相结合刻画薄层砂体分布

3 水平井参数优化设计

大庆外围河道砂体致密储层平面连续性差，致密储层体积压裂流动边界认识不清楚，如果水平井参数设计不合理将会导致储量损失严重。针对以上问题，综合考虑砂体展布和地应力特征、数值模拟、体积压裂人工裂缝参数等因素，对水平井方位、长度和井距三方面开展优化设计，建立考虑砂体—井距—工艺的一体化水平井优化设计方法，提高储量动用率。

3.1 水平井方位

利用考虑体积压裂人工裂缝角度的致密油体积压裂水平井产能预测方法和数值模拟计算，得出不同水平段与最大主应力方向夹角下的水平井初期稳定产量（图5），计算结果表明，水平段垂直于储层最大主应力方向时，水平井产量最高。因此，井位设计时，在通过地应力测试、开发控制井声、电成像测井解释、邻近开发井人工裂缝微地震监测等多种结果分析的基础上，综合开展试验区地应力及裂缝特征研究，首先考虑水平井方位垂直储层最大主应力方向。

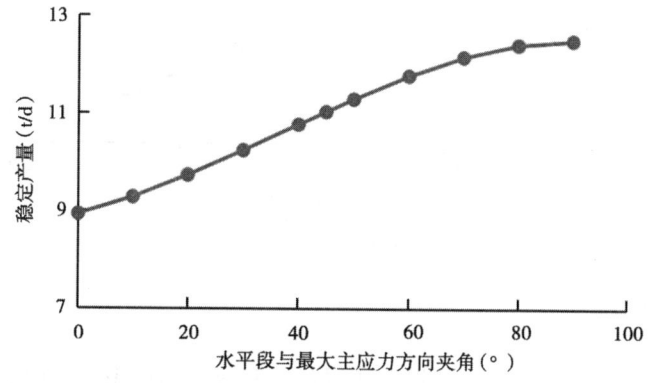

图 5 水平井初期稳定日产油量与水平段方向关系图

在此基础上，还需立足于"高钻遇率、高改造体积、高产量"的设计目标，综合考虑砂体规模和延伸方向、砂体形态、单砂体宽度以及断块规模等地质因素，水平井方位沿砂体及断块延伸方向，适当调整水平井方位，在平面上实现对砂体的最大化改造。

3.2 水平井长度

为实现高产量的方案设计目标，首先，利用数值模拟方法计算水平井长度和累计产油的关系（图6），水平井长度越长，累计产油量越高，但是累计产量随水平井的增幅逐渐变缓，后期如再追加水平段增油效果并不显著，因此涉及经济界限评价。

其次，考虑经济有效动用的前提，根据目前油田开发技术政策条件，通过经济效益评价法计算不同油价条件下水平井长度下限，如图 7 所示，在油价 60 美元/bbl 的条件下，水平井长度不应小于 800m。

最后，在考虑以上两方面的因素前提下，再考虑砂体规模和河道走向、储层构造倾角、断层影响等地质因素，综合优化水平井长度，实现水平井高钻遇率的目标。

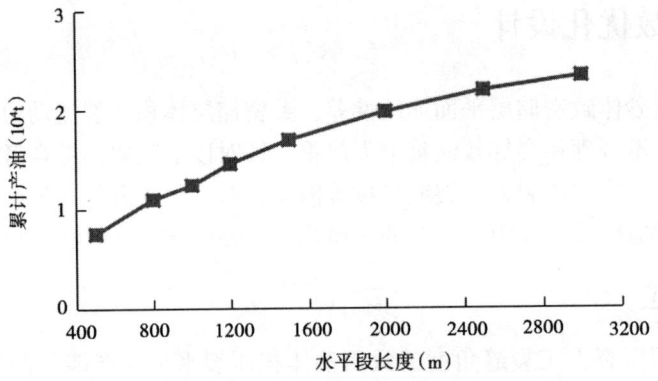

图 6 水平井累计产量与水平段长度关系图

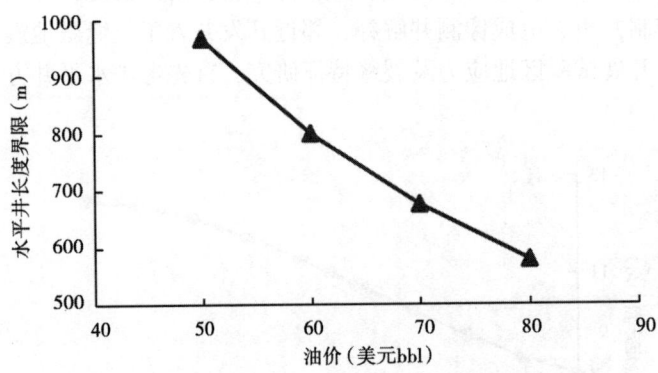

图 7 水平井水平段长度经济界限计算结果

3.3 水平井井距

由于对致密储层水平井体积压裂流动边界尚未有成熟的认识，因此需要利用多种方法来综合确定。

一是根据数值模拟方法。建立数值模拟无限大均质模型，模型物性参数按照大庆外围扶余油层致密油平均取值，分析计算水平井井底流压波及范围。结果表明，水平井弹性开采1年后，井底压力波及半径可达到340m左右（图8）。考虑到计算结果来自均质模型，因此

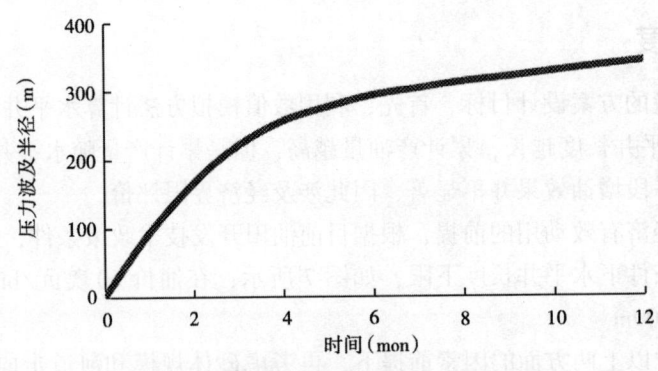

图 8 数值模拟预测水平井控制半径

根据数值模拟计算结果认为实际储层中，水平井体积压裂弹性开采压力波及半径小于340m。

二是根据试井解释方法。应用Topaze试井解释系统，通过实际井的生产数据（压力历史和产量数据）进行解释分析，利用历史地层压力分布变化，可快速准确地解释水平井控制边界，进而解释地质储量以及相应的试井解释参数。通过对实际水平井的分析认为，水平井控制半径为208～353m，平均293m，见表1。因此根据数值试井确定的水平井体积压裂控制边界为300m左右。

表1　大庆油田致密油试验区水平井试井解释结果

井号	模型参数			试井解释结果				
	油层长度（m）	压裂段数	裂缝长度（m）	表皮系数 S	渗透率（mD）	地层系数（mD·m）	供液范围（m×m）	动态储量（10^4t）
Fp4	1446	10	148～196	-6	2.05	5.32	583×1915	29.6
Fp5	961	11	138～186	-5.2	2.13	5.9	631×1882	19.1
Fp8	281	9	154～197	-4.4	0.77	2.01	416×730	9.84
Gp2	1187	10	284～381	-8.8	1.28	20.7	705×1320	32.7

三是通过大庆油田致密储层体积压裂微地震监测分析可知，体积压裂人工裂缝长度一般在270～800m，平均520m。考虑体积压裂人工裂缝长度以及预留基质区范围（20～50m），优化水平井间距为600～700m。

综合以上几种方法计算结果，综合确定弹性开采水平井间距为600m左右。

4　现场试验效果

致密储层甜点评价和水平井优化设计方法应用于致密油水平井开发试验，设计水平段长度970～1270m，储量动用率70.9%，储层预测符合率平均达到80%。实际完钻水平段长度717～1290m，平均1150m，砂岩钻遇率60.6%～99.5%，平均82.9%，方案设计符合率85%以上，取得较好效果。

本文提出的甜点预测方法目前无法有效区分3m以下的薄互层，尤其是在低井控的条件下，甜点区有利沉积微相的描述在个别区域与钻后认识存在差异，因此试验区存在部分水平井井钻遇率较低。

5　结论

（1）通过利用地震波表层吸收Q补偿+黏弹性叠前时间偏移为核心的保幅宽频处理、地震多属性优选分析、多种反演方法结合预测，可以精细刻画致密储层甜点分布，指导方案设计；但是目前无法有效区分3m以下的薄互层。

（2）水平井参数优化设计需要考虑砂体—井距—工艺多方面因素一体化优化设计。

（3）水平井方位设计主要是在数值模拟的基础上充分考虑储层地应力特征、砂体展布形态等地质因素适当调整，在平面上实现对砂体的最大化改造。

（4）水平井长度设计需要在数值模拟优化基础上结合经济界限计算综合判定，同时兼顾砂体规模和河道走向、储层构造倾角、断层影响等地质因素，综合优化实现水平井高钻遇率的目标。

（5）水平井井距设计是在综合数值模拟和试井解释的计算结果基础上，考虑微地震监测人工裂缝长度和基质区大小综合确定，本文认为致密储层水平井开发合理井距应在600m左右。

参 考 文 献

[1] 邹才能，陶士振，侯连华，等．非常规油气地质［M］．北京：地质出版社，2011．

[2] 韩德金，王永卓，战剑飞，等．大庆油田致密油藏井网优化技术［J］．大庆石油地质与开发，2014，33（5）：30-35．

[3] 贾承造，邹才能，李建忠，等．中国致密油评价标准、主要类型、基本特征及资源前景［J］．石油学报，2012，33（3）：343-350．

[4] 林森虎，邹才能，袁选俊，等．美国致密油开发现状及启示［J］．岩性油气藏，2011，23（4）：25-30．

[5] 孙赞东，贾承造，李相方，等．非常规油气勘探与开发（上册）［M］．北京：石油工业出版社，2011：1-150．

[6] 郭永奇，铁成军．巴肯致密油特征研究对我国致密油勘探开发的启示［J］．辽宁化工，2013，42（3）：311-312．

[7] 许怀先，李建忠．致密油——全球非常规石油勘探开发新热点［J］．石油勘探与开发，2012，39（1）：99．

[8] 邹才能，张光亚，陶士振，等．全球油气勘探领域地质特征、重大发现及非常规石油地质［J］．石油勘探与开发，2010，37（2）：129-145．

[9] 庞正炼，邹才能，陶士振，等．中国致密油形成分布与资源潜力评价［J］．中国工程科学，2012，14（7）：60-67．

[10] 董国栋，张琴，严婷，等．致密油勘探研究现状［J］．石油地质与工程，2013，27（5）：1-4．

[11] 宋岩，姜林，马行陟．非常规油气藏的形成及其分布特征［J］．古地理学报，2013，15（5）：605-614．

[12] 钟建华，王洪翔，王金华，等．肇州油田扶余油层储层特征研究［J］．特种油气藏，2009，16（1）：13-15．

[13] 孙同文，吕延舫，刘宗堡，等．大庆长垣以东地区扶余油层油气运移与富集［J］．石油勘探与开发，2011，38（6）：700-707．

[14] 刘宗堡，吕延舫，付晓飞，等．三肇凹陷扶余油层沉积特征及油气成藏模式［J］．吉林大学学报：地球科学版，2009，39（6）：998-1006．

[15] 史晓东．非均质致密储层水平井体积压裂产能预测［J］．特种油气藏，2016，23（3）：90-93．

厚层块状特低渗透砾岩油藏水平井压裂参数优化

刘兴国

（中国石油新疆油田公司勘探开发研究院）

摘　要：特低渗透油藏主要采用水平井和压裂改造技术进行高效开发。为最大程度提高单井产量，要求水平井水平段与最大水平主应力方向垂直，形成垂直于水平段的压裂缝。新疆油田某区块某油藏是典型特低渗透砾岩油藏，主力储层平均有效渗透率仅为1.2mD，沉积厚度450m，油层厚度62.2m。油藏水平井实施区域为已动用区，受断裂及老水体分布，水平段与主应力方向不能大于70°的夹角。考虑上述地质因素与储层最大动用，采用数值模拟的研究方法，开展了水平井水平段与最大主应力夹角、裂缝条数、裂缝半长等压裂参数的优化研究，确定了在有注水水体存在下的水平井部署方式。依据研究成果确立的水平井开发方案取得了较好的效果，投产4口水平井前三个月平均日产油量达到23.5t。

关键词：特低渗透；水平井；压裂；数值模拟；参数优化

目前，水平井技术和压裂改造技术是特低渗透油藏高效开发的主要手段。水平井水平段与最大水平主应力方向垂直时，有最大的单井产量。新疆油田某区块某油藏是典型的特低渗透砾岩油藏，主力储层平均有效渗透率仅为1.2mD。油藏水平井实施区域为已动用区，受周围老井、断层及老水体分布的影响，水平井方位与主应力方向不能大于70°的夹角。考虑上述地质因素与储层最大动用，有必要研究其与水平井最大主应力夹角、裂缝条数、裂缝半长对生产效果的影响。

1 模型建立

根据新疆油田某区块某油藏实际地质特征，采用数值模拟方法，运用ECLIPSE软件建立包括孔隙、裂缝双重介质的压裂水平井机理模型，优化水平井压裂参数。模型设置平面上为2000m×1800m的矩形油藏，纵向上分为12个层位。网格总节点数200×180×24，网格尺寸10m×10m×5m，物性参数见表1。油藏顶面深度为2600m，原始地层压力为35.66MPa。

表1 机理模型油藏物性参数

介质类型	渗透率（D）	孔隙度（%）
基质	1.2	0.11
裂缝	866	0.005

根据某油藏PVT及岩石压缩实验结果，设置机理模型PVT参数：溶解气油比127m³/m³，泡点压力22MPa，水的压缩系数$1.359681×10^{-5}MPa^{-1}$，原油体积系数1.34m³/m³，原

油黏度 0.87mPa·s，原油密度 0.848g/cm³，岩石压缩系数 1×10^{-5}MPa^{-1}。机理模型所用油水相渗曲线，如图1所示。

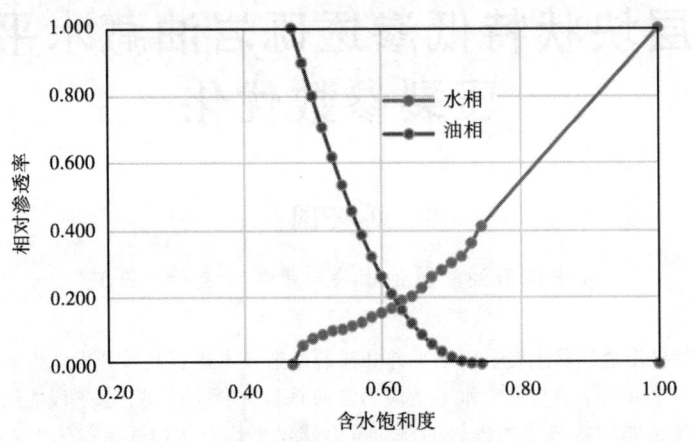

图1　机理模型油水相渗曲线

2　压裂水平井参数优化

2.1　水平段长度

为了研究水平段长度对模型水平井生产效果的影响，在考虑目标区的工区大小、油层动用及水窜风险情况的基础上（图2），设计6种不同水平段长度方案，分别为200m，300m，400m，500m，600m和700m。水平井利用油藏天然能量衰竭式开采，模拟得到不同水平段长度下水平井生产效果对比（图3）。

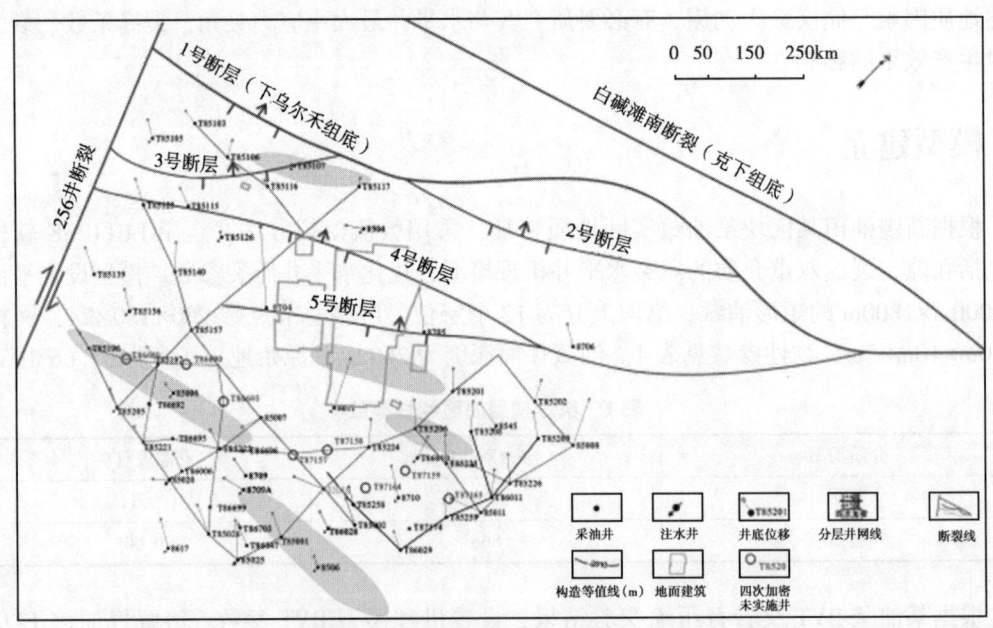

图2　目标区水体分布图

由图 3 可以看出，随着水平段长度的增加，累计产油量逐渐增加，生产效果逐渐变好，但是当水平段长度大于500m后，其累计产油增幅减小，此时水平段长度的增加，会较大幅度增加钻井投资，因此水平段最优长度为500m。

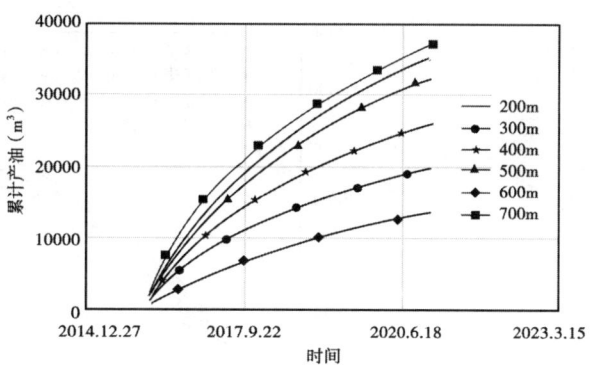

图 3　不同水平段长度下水平井生产效果对比

2.2　压裂缝条数

为了研究压裂缝条数对模型水平井生产效果的影响，在水平段长度为500m的基础上，设计 6 种不同裂缝条数方案，分别为 2 条、3 条、4 条、5 条、6 条、7 条。水平井压裂通常会避开水平段的根端和趾端的20m范围以内，以上方案相对应的压裂缝间距分别为 440m，220m，140m，100m，80m 和 70m。水平井利用油藏天然能量衰竭式开采，不同压裂缝条数下水平井生产效果对比（图4）。

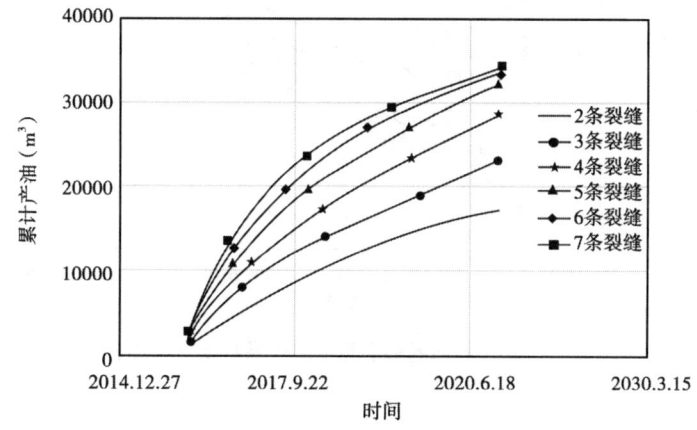

图 4　不同裂缝条数下水平井生产效果对比

由图 4 可以看出，随着水平井压裂缝条数的增多，累计产油量也逐渐增大，生产效果逐渐变好，但压裂缝条数大于 5 条之后，累计产油的增幅减小，当裂缝条数增加到 6 条时，会因泄压过快导致累计产油较低。

2.3　压裂缝半长

为研究压裂缝半长对模型水平井生产效果的影响，在水平段最优长度为500m、裂缝条数为 5 条的基础上，设计 7 种不同压裂缝半长方案，分别为40m，50m，60m，70m，80m，90m 和 100m。水平井利用油藏天然能量衰竭式开采，得到不同压裂缝半长下水平井的生产效果对比及采出程度对比（图5和图6）。

由图 5、图 6 可以看出，随着压裂缝半长的增大，累计产油量逐渐增加，生产效果逐渐变好，但是当压裂缝半长大于70m后，一方面水平井采出程度增加的幅度变小，另一方面压裂缝半长的增加必定产生压裂成本的上升，综合考虑后，最优裂缝半长为70m。

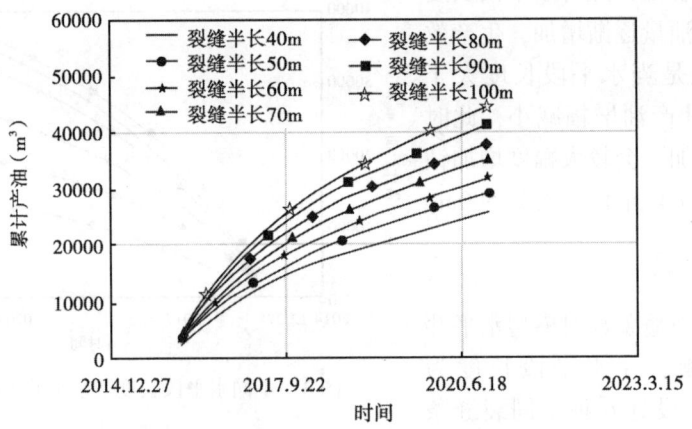

图 5 不同裂缝半长下水平井生产效果对比（累计产油）

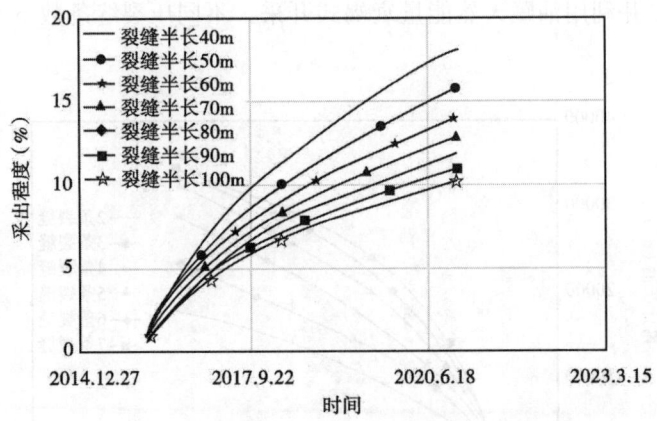

图 6 不同裂缝半长下水平井生产效果对比（采出程度）

2.4 水平段方位

为研究不同油层动用程度下模型水平井的生产效果，在水平段最优长度 500m、裂缝条数为 5 条、裂缝半长为 90m 的基础上，设计 5 种不同水平段与压裂缝夹角方案，分别为 15°，30°，45°（图 7），60°和 90°。水平井利用油藏天然能量衰竭式开采，得到不同夹角下

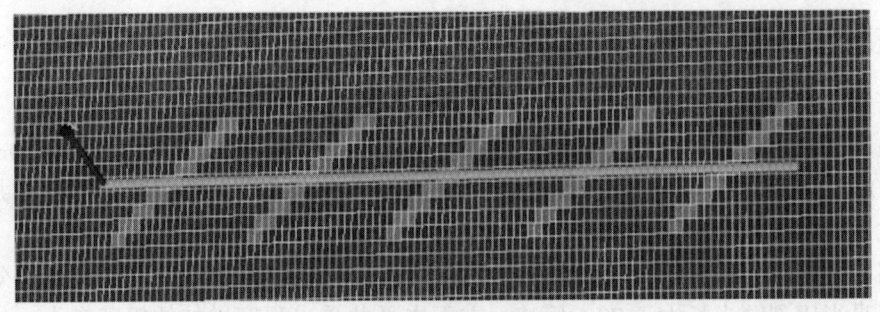

图 7 压裂水平井水平段与压裂缝夹角示意图

水平井的生产效果对比（图8）。

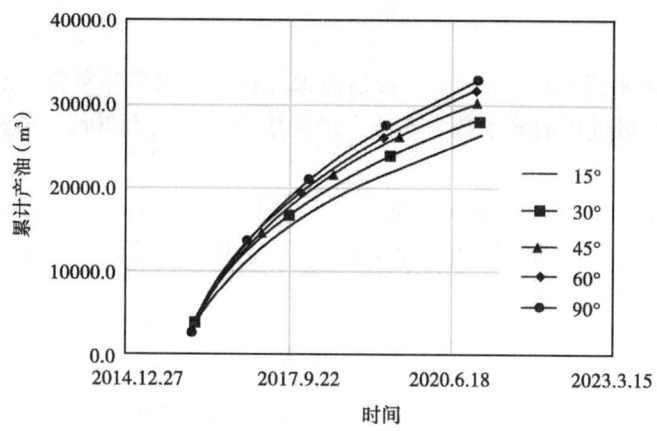

图8　不同水平段与压裂缝夹角下水平井生产效果对比

由图7可以看出，随着水平段与压裂缝夹角的增加，水平井累计产油量逐渐增大，生产效果逐渐变好，当水平段与压裂缝夹角大于45°后，水平井累计产油量增幅变小，考虑到现场断裂及水体分布地质情况，水平井部署应尽量使水平段与压裂缝夹角保持45°~70°。

3　推广应用

依据研究成果确立的水平井开发方案，在某区块某油藏部署投产4口水平采油井，平均单井日产油23.5t（设计14.0t），含水31.7%效果较好，生产曲线如图9所示。

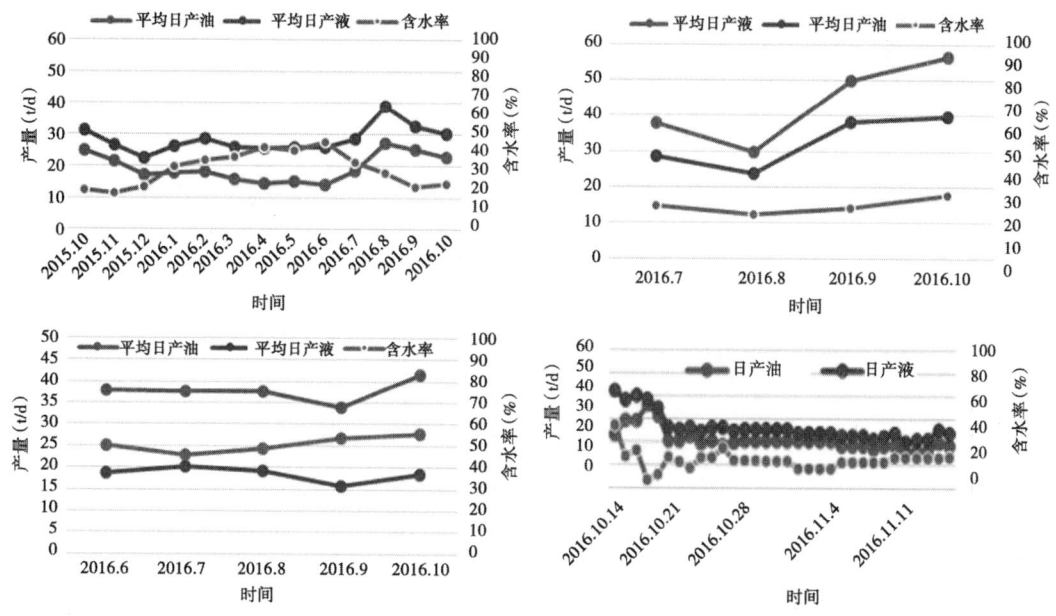

图9　4口水平采油井生产曲线

47

4 结论

(1) 在水平井水平段500m基础上,数值模拟优化压裂水平井参数,得到新疆油田某区块某油藏压裂水平井最优压裂缝条数为5条,最优压裂缝半长为70m,水平段与压裂缝夹角保持45°~70°。

(2) 现场试验表明,依据研究成果确立的水平井开发方案取得了较好的效果,投产4口水平井前三个月平均日产油量达到23.5t/d。下一步模型中考虑加入注水井,对压裂参数影响水平井生产效果进一步研究。

参 考 文 献

[1] 孙业恒,时付更,王成峰,等. 低渗透砂岩油藏储集层双孔双渗模型的建立方法 [J]. 石油勘探与开发,2004,31 (4):79-82.

[2] 王新杰,唐海,佘龙,等. 低渗透油藏水平井裂缝参数优化研究 [J]. 岩性油气藏,2014,26 (5):129-132.

[3] 徐创朝,陈存慧,王波,等. 低渗致密油藏水平井缝网压裂裂缝参数优化 [J]. 断块油气田,2014,21 (6):823-827.

[4] 曲占庆,赵英杰,温庆志,等. 水平井整体压裂裂缝参数优化设计 [J]. 油气地质与采收率,2012,19 (4):106-110.

[5] 钟家峻,廖新武,赵秀娟,等. BZ25-1低渗透油田压裂水平井参数优化 [J]. 断块油气田,2013,20 (6):791-793.

特低渗透裂缝—孔隙型火山岩油藏水平井多尺度耦合优化设计
——以新疆金龙2油田二叠系佳木河组为例

何 辉[1] 刘 畅[1] 杜宜静[1] 蒋庆平[2] 周体尧[1] 邓西里[1]

（1. 中国石油勘探开发研究院；2. 新疆油田勘探开发研究院）

摘 要：以新疆准噶尔盆地西北缘金龙2油田佳木河组火山岩油藏为例，综合钻、测井及生产动态资料，建立了火山岩岩性及裂缝测井响应模式。应用AVAZ叠前地震裂缝预测技术与FMI成像测井资料开展多尺度信息耦合验证，定量表征了佳木河组火山岩油藏裂缝分布特征。基于火山岩有效储层定量评价结果，创新提出了"有效储层—裂缝—水平井多尺度耦合"优化设计思路与方法，确保了火山岩油藏高效开发。研究成果为准噶尔盆地同类火山岩油藏实施水平井效益开发提供了可靠的理论依据与实践经验。

关键词：准噶尔盆地；特低渗透；裂缝；火山岩油藏；有效储层；水平井

目前水平井技术已是世界石油工业技术发展的主要热点之一，其应用的油藏类型主要以常规砂岩及碳酸盐岩为主的块状底水油藏、薄层边水油藏、低渗透油气藏及缝洞型油藏等。但针对孔缝双重介质的特殊岩性油藏，如火山岩、砾岩等低渗透、特低渗透油藏，仍存在较多技术问题。近年来随着储层裂缝识别与表征、有效储层预测、水平井与多段分支井应用等勘探开发技术的不断提高，国内外火山岩油气藏勘探与开发不断获得成功，如美国、古巴、日本、加纳等国，国内大港油田、辽河油田、新疆油田、大庆油田等，火山岩油气藏也逐步成为油气勘探开发重要领域。目前，国内外学者在火山岩岩性岩相识别、储集空间及火山岩储层测井解释模型等方面，已取得了极大的进展，在火山岩岩性、物性及储集空间等方面已取得了广泛的共识，但是针对火山岩油藏，在对有效储层分类评价、定量预测产能及井型优化设计方面，目前仍欠缺成熟且行之有效的配套方法与技术，制约了该类油藏优质储层的高效开发。针对这一难点，笔者近两年对准噶尔盆地西北缘佳木河组火山岩储层进行了研究，应用叠前地震裂缝预测技术，结合单井FMI成像测井解释多尺度信息耦合验证，实现了佳木河组火山岩裂缝定量识别与表征，并创新提出火山岩油藏有效储层—裂缝—水平井多尺度耦合优化部署思路与方法，现场实施效果显著。笔者探索建立的裂缝—孔隙型火山岩油藏水平井多尺度耦合优化技术，旨在进一步为火山岩油藏水平井优化部署提供有利的借鉴，并为该类油藏高效开发部署提供技术支撑。

1 地质背景

新疆金龙油田金龙2井区位于克拉玛依油田五区南部，距克拉玛依市东偏南约41km。区域构造位于准噶尔盆地西北缘中拐凸起东斜坡带。中拐凸起长约80km，宽约40km，面积约 3200km²，总体形态为一个向东南倾没的宽缓巨型鼻状构造，东面与玛湖凹陷、达巴松凸起相连，北面与克百断裂带相邻，西面与红车断裂带相接，南面与盆1井西凹陷、沙湾凹陷相连（图1）。根据钻井及地震资料，本区在石炭系基底之上自下而上发育的地层为：二叠系佳木河组（P_1j）、上乌尔禾组（P_3w）；三叠系百口泉组（T_1b）、克拉玛依组（T_2k）、白碱滩组（T_3b）；侏罗系八道湾组（J_1b）、三工河组（J_1s）、西山窑组（J_2x）、头屯河组（J_2t）和白垩系吐谷鲁群（K_1tg）。其中白垩系与下伏侏罗系、三叠系与二叠系、二叠系上乌尔禾组与佳木河组为区域性地层不整合接触。侏罗系齐古组缺失，二叠系在中拐凸起高部位，缺失下乌尔禾组（P_2w）、夏子街组（P_2x）及风城组（P_1f）等地层（图2）。

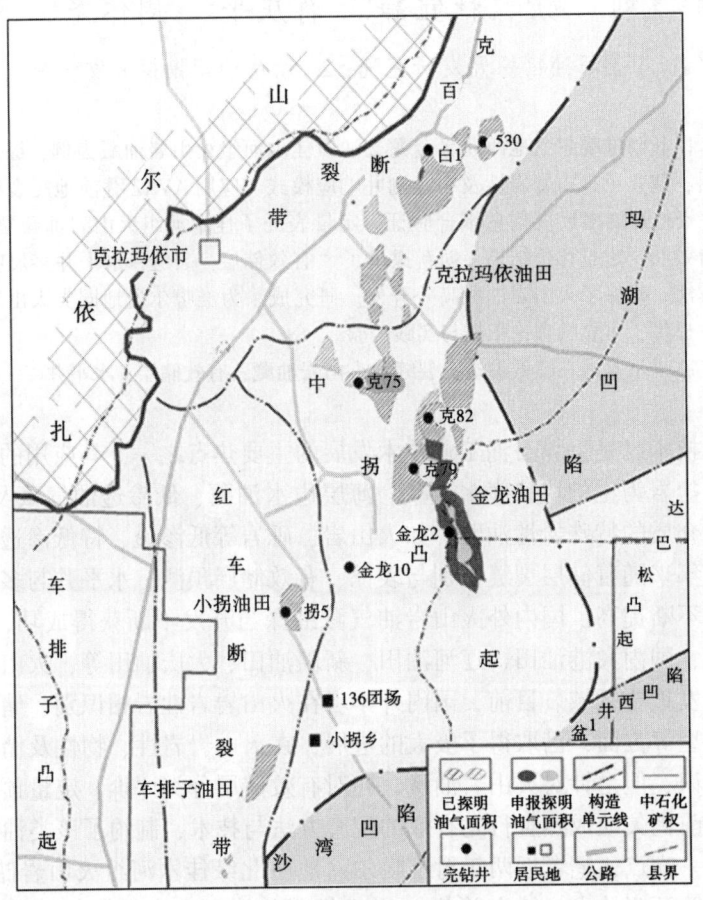

图 1 区域地理位置图

佳木河组（P_1j）为火山岩储层，是二叠系主要含油层段，其埋藏较深，平均深度达4000m，目前已完钻井钻揭佳木河组火山岩体厚度22~286m，平均145.3m，地震剖面显示目前评价井仅钻遇佳木河组火山岩顶部旋回地层。根据岩性及电性特征，佳木河组顶部旋回自下而上划分三个期次，第一期发育爆发相→溢流相，岩性主要为中性英安岩、安山岩、安山质熔结角砾岩、火山角砾岩；第二期以溢流相为主，局部爆发相及火山沉积相，岩性主要为中酸性流纹岩、英安岩；第三期发育溢流相→爆发相→溢流相，局部见火山沉积相，岩性主要为中基性熔结角砾岩、火山角砾岩、安山岩和凝灰岩。

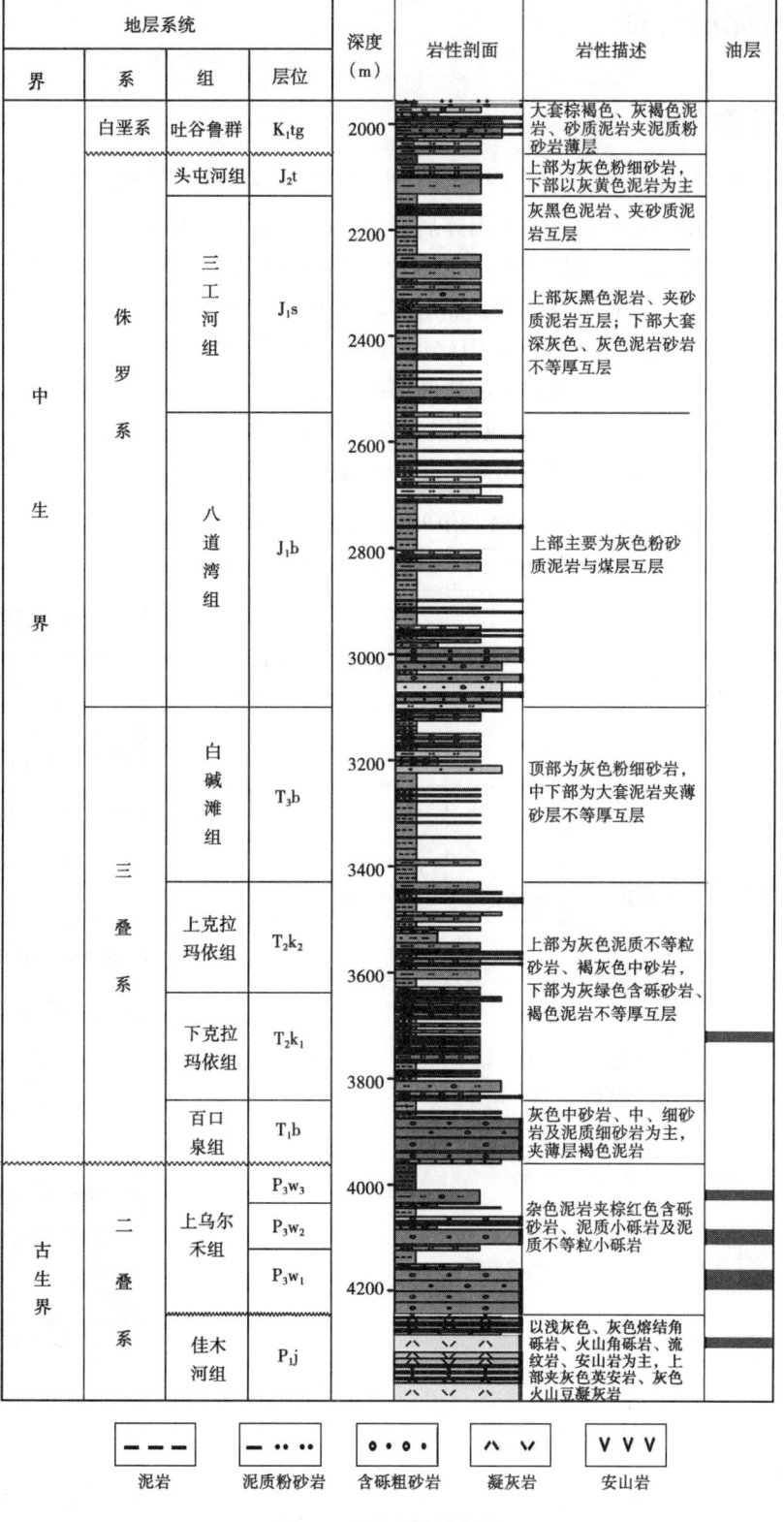

图 2　区域地层层序图

2 火山岩储层特征

2.1 储层基质特征

根据岩心观察与薄片鉴定，本区佳木河组（P_1j）火山岩储层岩性按结构可分为三大类，即火山熔岩类、火山碎屑熔岩类及火山碎屑岩类。按成分进一步划分，熔岩类可识别出基性的玄武岩、杏仁玄武岩，中基性的玄武安山岩，中性的安山岩，中酸性的英安岩以及酸性的流纹岩、气孔流纹岩、球粒流纹岩等；碎屑熔岩类主要识别出基性玄武质（熔结）角砾岩、中性安山质（熔结）角砾熔岩等；火山碎屑岩类主要识别出中性安山质集块岩、安山质角砾岩及中酸性英安质凝灰岩、酸性流纹质晶屑凝灰岩等。金龙2井区佳木河组火山岩主要识别出三类8种岩性（表1），其中有效储层岩性主要为安山质火山角砾岩，火山角砾熔岩及安山岩、流纹岩等；岩相单元以火山爆发相、喷溢相为主。

表1 金龙2井区佳木河组火山岩储层岩性特征及储集空间类型

岩石类型		颜色	结构	构造	储集空间类型	岩心照片
熔岩类	玄武岩	深灰色、灰褐色	间隐	块状、杏仁状	杏仁孔、微裂缝	
	安山岩	灰绿色、绿灰色	基质玻晶交织	杏仁、气孔、块状	气孔、杏仁孔、微裂缝	
	流纹岩	灰色、浅粉红色	斑状霏细—微粒	流纹	气孔、基质溶孔	
火山碎屑熔岩	玄武质角砾熔岩	深灰色、灰褐色	熔结角砾	杏仁状	杏仁孔、微裂缝	
	安山质角砾熔岩	灰绿色、绿灰色	熔结角砾	气孔、杏仁、块状	气孔、杏仁孔、微裂缝	

续表

岩石类型		颜色	结构	构造	储集空间类型	岩心照片
火山碎屑岩类	安山质火山角砾岩	灰色、灰褐色	凝灰角砾	块状	气孔、基质孔、微裂缝	
	英安质凝灰岩	灰褐色、灰绿色、灰色	岩屑晶屑、角砾、凝灰结构	块状	基质溶孔、晶内孔、微裂缝	
	流纹质晶屑凝灰岩	灰色、浅紫红色	岩屑晶屑	流纹、块状	基质溶孔、晶内孔、微裂缝	

研究区火山岩储层孔隙度 7.9%~20.4%，平均 12.3%，渗透率 0.01~752mD，平均 0.69mD，属低孔—低渗（特低渗）储层。岩石薄片鉴定结果表明，佳木河组火山岩储层储集空间主要以杏仁溶蚀孔、气孔、基质孔为主，其次为斑晶晶内孔及微裂缝。压汞实验结果表明，佳木河组火山岩储层以微细—细喉道为主，最大孔喉半径（0.3~4.1）μm，分选中等—差，优势孔喉半径一般为 20~0.5μm，排驱压力一般小于 0.03MPa，主要分布在以气孔、杏仁安山岩、安山质火山角砾熔岩及火山角砾岩为主的有利储层中，且储层裂缝普遍发育，成为该区火山岩储层油气主要渗流通道。

2.2 裂缝发育特征及分布规律

2.2.1 裂缝发育特征

根据金龙 2 井区佳木河组取心井岩心观察、成像测井资料及岩石薄片资料，该区天然裂缝按成因可分为成岩缝与构造缝，其中成岩缝可进一步细分出冷凝收缩缝、角砾粒间缝、层间缝及溶蚀缝等。按照裂缝产状，该区裂缝可识别出水平缝（倾角≤15°）、低角度缝（15°<倾角≤45°）、高角度缝（45°<倾角≤75°）、垂直缝（75°<倾角≤90°）四种产状裂缝类型（表2）。其中，从成因上研究区主要以构造裂缝为主，产状上主要以高角度缝、垂直缝为主。高角度缝在常规测井曲线上多表现为平滑箱型的特征，双侧向幅度值中等且正差异较大，声波时差较低，变化小，密度相对变小，中子值相对较大。低角度缝在常规测井电阻率曲线上多为尖峰刺刀状特征，双侧向幅度值低且表现出负差异特征，声波时差相对增大，变化大，密度相对变小，中子值增大（图3）。

但常规测井资料只能定性识别裂缝发育情况，为了能定量描述火山岩储层裂缝，明确裂缝发育特征，为金龙 2 井区佳木河组火山岩油藏高效开发提供可靠依据，部署了微电阻率成像测井（FMI）。笔者应用成像测井资料，识别出不同火山岩岩性及裂缝类型与发育的特征：未充填的高角度缝与垂直缝在成像图上显示为暗色的低阻条纹，且多贯穿岩心；未充填的低

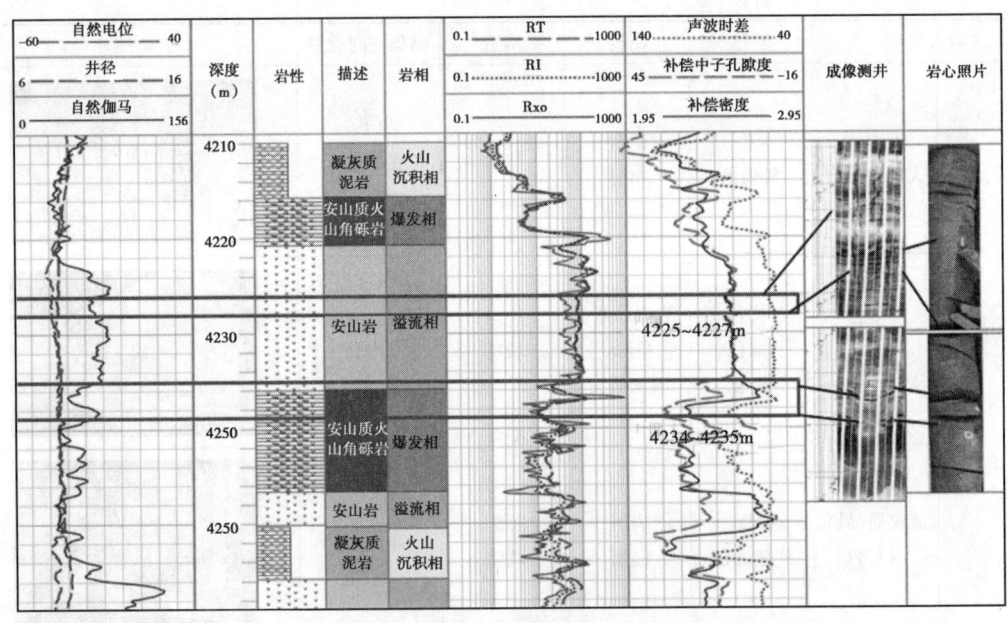

图 3 常规测井裂缝响应特征

角度裂缝在成像图上表现出正弦暗色曲线切分层理；半充填或全充填的发育较短的高角度缝、垂直缝与低角度缝，在成像图上显示出白色或亮色条纹；而气孔、溶蚀孔洞在成像图上则表现出暗色低阻斑点；火山角砾表现出亮色斑点（图4）。在裂缝与岩性识别基础上，重点定量描述了火山岩储层宏观裂缝发育程度，如裂缝密度、裂缝长度、裂缝宽度、裂缝倾角及裂缝孔隙度。从成像图分析可以看出，研究区佳木河组火山岩储层裂缝倾角较大，以高角度缝、垂直缝及部分低角度斜交缝为主，裂缝发育密度平均在 1.47~3.02 条/m 范围内，裂缝发育宽度以 0.01~0.1mm 的中等缝为主，裂缝孔隙度相对较小，平均在 0.01%~0.1%。

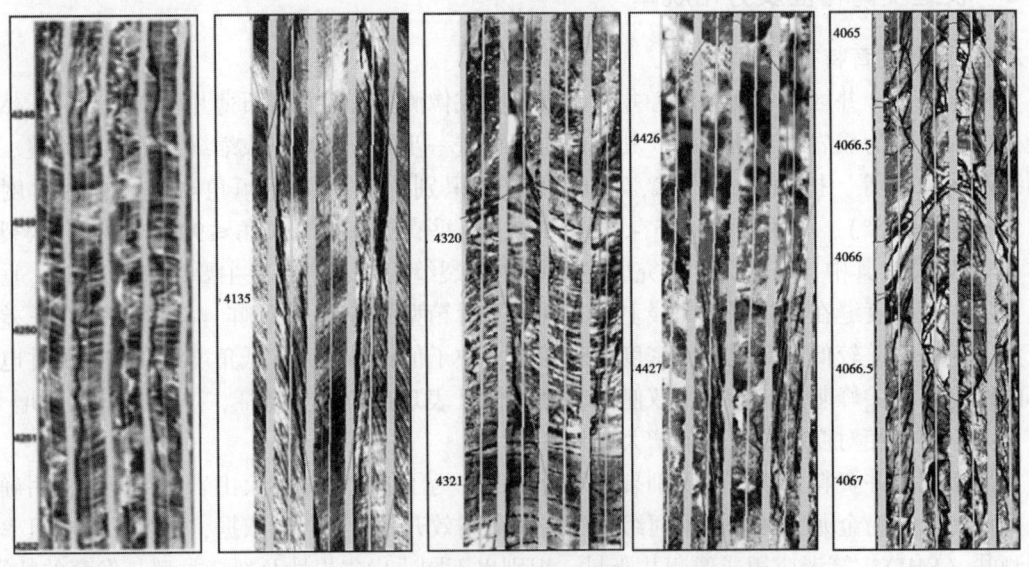

图 4 金龙 2 井区佳木河组不同裂缝类型 FMI 成像图

通过全直径岩心地应力分析与成像测井（FMI）解释裂缝方位分析，该区佳木河组裂缝发育方向主要为近 EW 向（120°±5°），近 SN 向裂缝发育较差（图5）。裂缝充填程度多以未充填或半充填为主，全充填裂缝较少，裂缝充填物多以方解石充填为主，说明佳木河组火山岩储层裂缝大部分是有效的（表2）。岩心与岩石薄片鉴定表明，半充填或未充填缝有沥青充填现象，裂缝主要起到油气运移作用及部分储渗作用（图4）。成像测井解释结果表明研究区裂缝倾角分布范围主要在 20°~90°，平均 65°，以倾角大于 45°的高角度缝或垂直缝发育为主。高角度缝主要为构造成因的剪切缝，缝面较平直，产状稳定，低角度斜交缝有剪切与拉张两种成因，且多数充填或半充填。此外，根据以往研究成果，当裂缝走向与现今最大主应力方向夹角小于 30°时，裂缝有效。岩心地应力、单井成像测井解释表明研究区裂缝基本与最大主应力方向一致，天然裂缝能有效保存。因此高角度缝或垂直缝的有效性有利于火山岩储层高效开发。

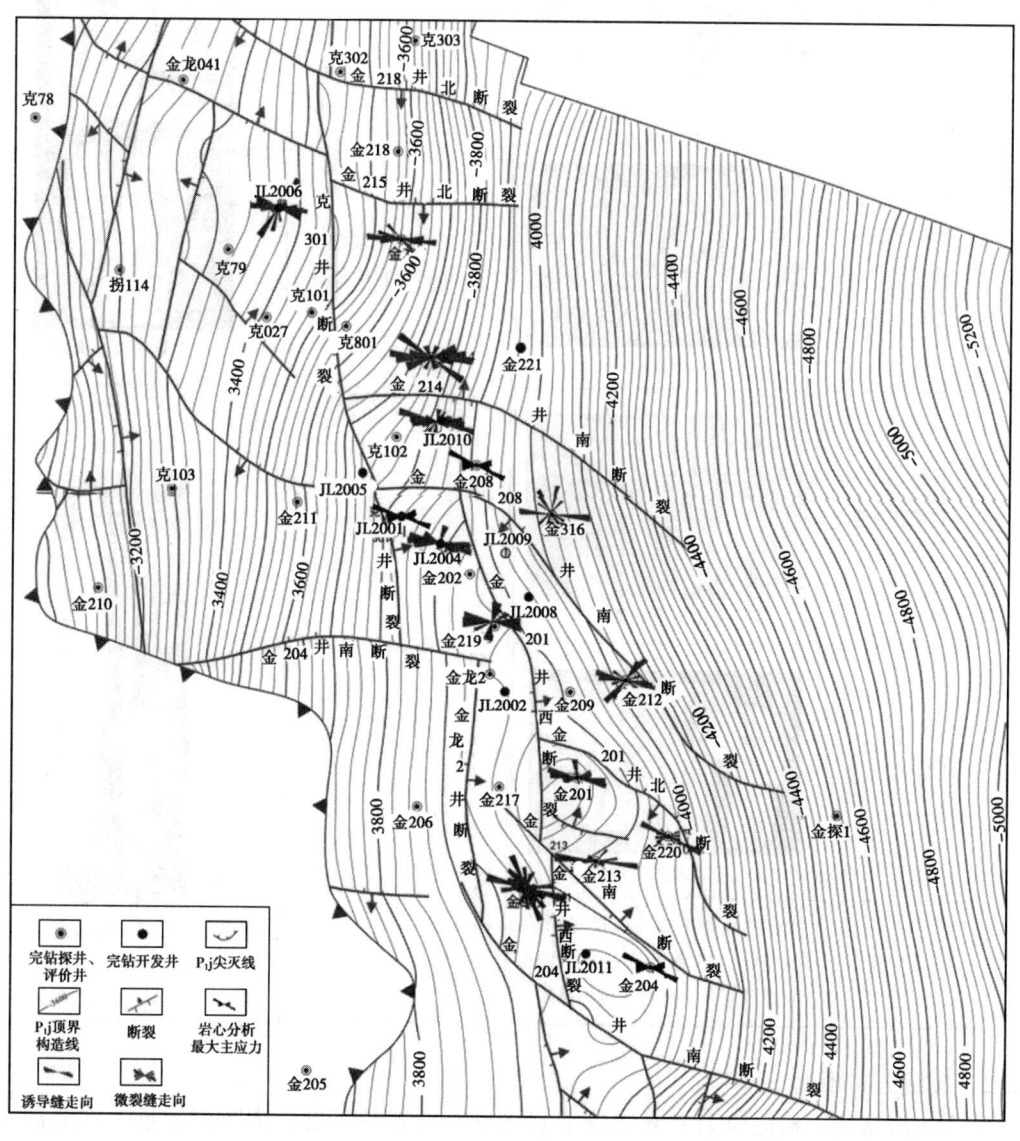

图5 金龙2井区裂缝走向解释结果（FMI）

表 2 金龙 2 井区佳木河组火山岩储层裂缝类型及特征

分类	裂缝类型	特征	分类	裂缝类型	特征
成因	冷凝收缩缝	沉凝灰岩	产状	水平缝（倾角≤15°）	玄武岩
	角砾粒间缝	火山角砾岩		低角度缝（15°<倾角≤45°）	
	层间缝	安山岩		高角度缝（45°<倾角≤75°）	玄武质角砾熔岩
	溶蚀缝	安山岩全充填缝		垂直缝（75°<倾角≤90°）	安山质角砾熔岩
	构造缝	玄武质角砾熔岩			
	诱导缝	因钻井或井下作业而诱导形成的裂缝，不是天然裂缝，FMI成像图上多呈燕列式对称排列			

2.2.2 裂缝分布预测

前人一般认为，构造应力差异影响了裂缝发育位置与程度，离断层越近，构造曲率越大，裂缝越发育。本区裂缝发育表现出此特征，如 JL2010 井与 JL2004 井，前者距离南北向边界控藏大断裂1600m,其裂缝密度平均为1.47条/m,而JL2004井距离南北向边界控藏大断裂400m,其裂缝密度平均可达到2.36条/m,且裂缝宽度也表现出明显差异,揭示了断裂对裂缝发育程度的影响,因此,不同构造位置是裂缝分布的主控因素。此外,在相同的构造应力背景下,不同岩性其裂缝发育也有所差异。高角度缝或垂直缝多发育在中—酸性火山熔岩及火山碎屑熔岩中,如安山岩、流纹岩、安山质火山角砾熔岩等,低角度斜交缝主要发育在不规则块状的火山碎屑岩中。由高角度缝与低角度斜交缝互相错动形成的网状缝,多发育在火山碎屑熔岩及中性熔岩(安山岩)中。从相同构造应力背景条件下看,火山角砾熔岩及安山岩由于抗压缩性较差,因此更易发生剪切破裂(表1、表2)。

成像测井资料仅为单井解释结果,空间裂缝分布预测则需要地震解释来提供较为可靠的结果。因裂缝的存在往往会造成地下介质方位各向异性,从而使地震属性(振幅、频率、衰减等)发生有规律变化,地震波振幅各向异性强度与裂缝密度成正比,裂缝越发育,振幅随方位角变化各向异性越明显。目前常用的地震预测方法中由于叠前地震资料保留了更多的偏移距与方位角信息,保证了方位各向异性的预测研究,因此描述裂缝密度的可靠性与精度更高。利用叠前地震资料,从中提取地震波动特征的方位各向异性,根据地震属性随方位角变化特征分析裂缝方向与发育强度,这一预测方法常称之为叠前方位各向异性法,即AVAZ(amplitude versus azimuth)。

本次研究利用金龙2井区叠前CMP道集数据,应用叠前方位各向异性法,参考Hudson裂隙理论模型,在三维地震资料保真、保幅处理基础上,进行地震资料的叠前处理(包括方位角划分、偏移距和覆盖次数分析),然后对不同方位角数据体进行叠加偏移处理与属性计算。对比了叠前最大能量、相对波阻抗、衰减起始频率等不同振幅动力学属性各向异性强度及指示裂缝发育程度,与成像测井(FMI)解释裂缝密度对比,单井衰减起始频率(地震振幅衰减到85%时对应的频率值)计算的裂缝密度体符合率较高,正向误差0.3,与实际解释结果更为符合。因此选取衰减起始频率属性模拟计算研究区佳木河组裂缝方位椭圆,方位椭圆的短轴方向指示了裂缝在空间的统计定向(法向),长轴与短轴之比为扁率,该值大小代表了地震反射的各向异性强度,可以指示裂缝密度,从而实现对裂缝密度和方向的预测。同时岩心分析水平最大主应力方向、FMI解释裂缝走向均为近东西向,与AVAZ方法预测的裂缝方位基本一致(图6),证明AVAZ方法对金龙2井区佳木河组裂缝分布预测结果较为可靠,可对全区进行了裂缝分布预测。

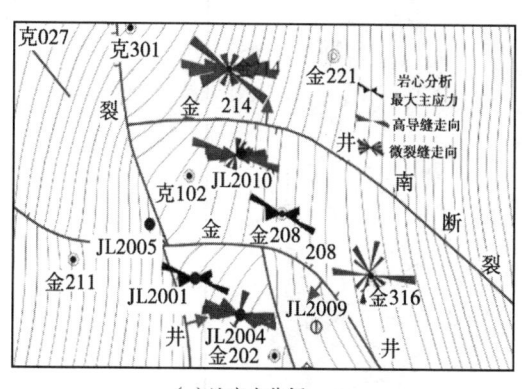
(a)地应力分析

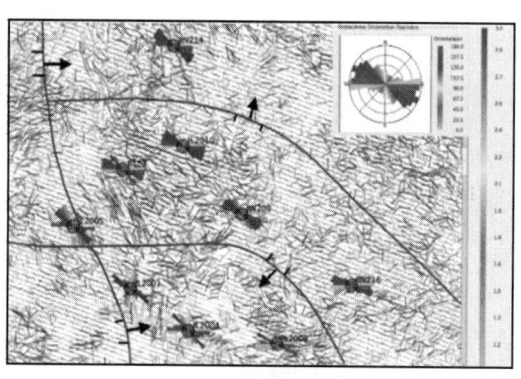
(b)裂缝预测切片

图6 JIN208断块佳木河组裂缝预测方位与地应力对比图

从全区裂缝预测分布（图7）可以看出：（1）受北西—南东及东西向两组断裂控制，金龙2井区潜山带佳木河组火山岩储层裂缝较为发育，且距离断裂越近，裂缝越发育，断块轴向交点部位，构造变形越大，裂缝发育程度越高，如JIN208断块、JIN202断块及JIN209断块；（2）研究区属于北高南低、北陡南缓的构造格局，北部地区裂缝较南部更为发育；（3）根据佳木河组不同时间切片裂缝预测分析，距离佳木河组顶部不整合面越远的层位裂缝发育程度有所减弱，如JIN214断块、JIN201断块；（4）裂缝发育程度较高且张开裂缝走向与地应力方向匹配较好的区域，单井试油试采效果好，如JL2010井，裂缝走向与现今最大主应力方向几乎平行，在4158～4189m进行试油，3mm油嘴日产油15.34t，日产气1760m³，后期试采51d，累计产油592.2t，产气3.3×10⁴m³，产水46.4t，平均日产油11.6t。而JIN212井解释裂缝走向与现今最大主应力方向夹角较大（>30°），成像测井解释局部发育裂缝，且裂缝多以低角度斜交缝为主，张开缝较少，射孔后抽汲日产油0.6t，产水3.6t，进行压裂改造投产，3mm油嘴日产油14.5t。可见储集层主要裂缝走向与现今最大主应力方向一致或夹角较小时，其裂缝有效性才好，储层一般都能获得高产。

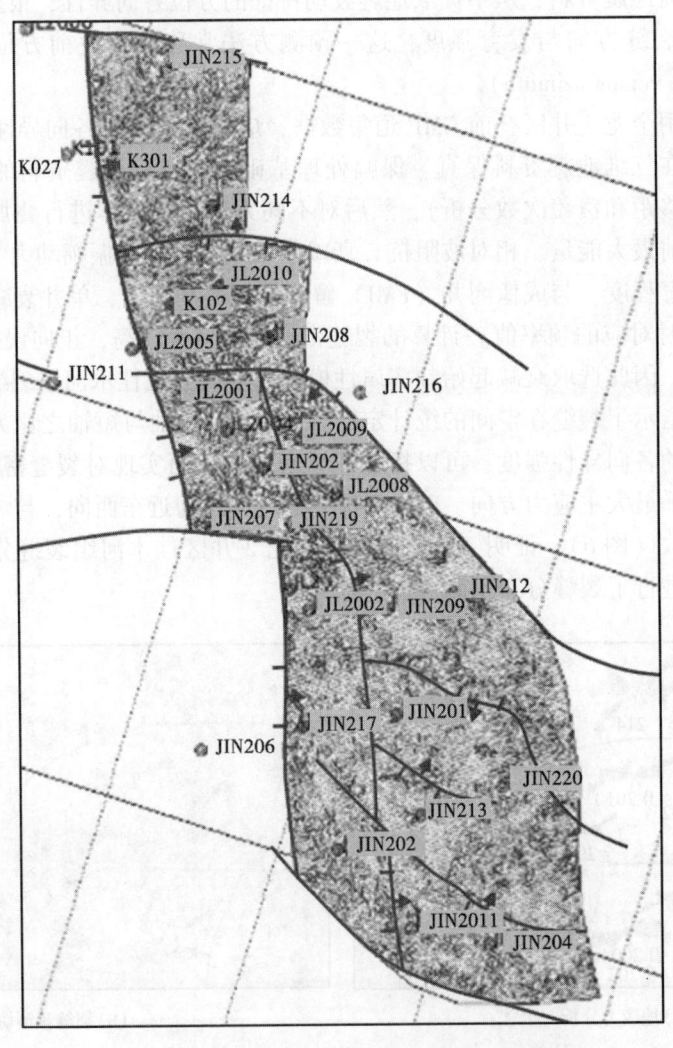

图7 金龙2井区二叠系佳木河组裂缝分布预测图

3 水平井优化设计

3.1 多尺度耦合优化设计

由于在提高油田生产能力、改善油田整体成本效益方面，取得了很好的经济效益，水平井技术目前日益得到各大石油公司的重视，目前水平井开发的首要问题就是针对水平井地质设计进行的油藏精细描述，只有较为准确的把握油藏描述的共性及油藏特性，才能保证水平井实施取得理想效果。因此，考虑金龙2井区佳木河组火山岩油藏双重介质特征，提出发展"有效储层—裂缝—水平井"多尺度耦合技术，优化水平井部署，实现裂缝孔隙型火山岩油藏高效开发。

金龙2井区佳木河组北部金215~金208-JL2008区域裂缝较发育，且多分布在火山碎屑熔岩及火山碎屑岩中，中酸性—酸性熔岩中裂缝相对欠发育（图8）。进一步按照裂缝密度分类评价，划分出3类裂缝发育区（Ⅰ类：裂缝密度>1.5；Ⅱ类：裂缝密度1~1.5；Ⅲ类：裂缝密度<1），指导水平井部署设计（图9）。

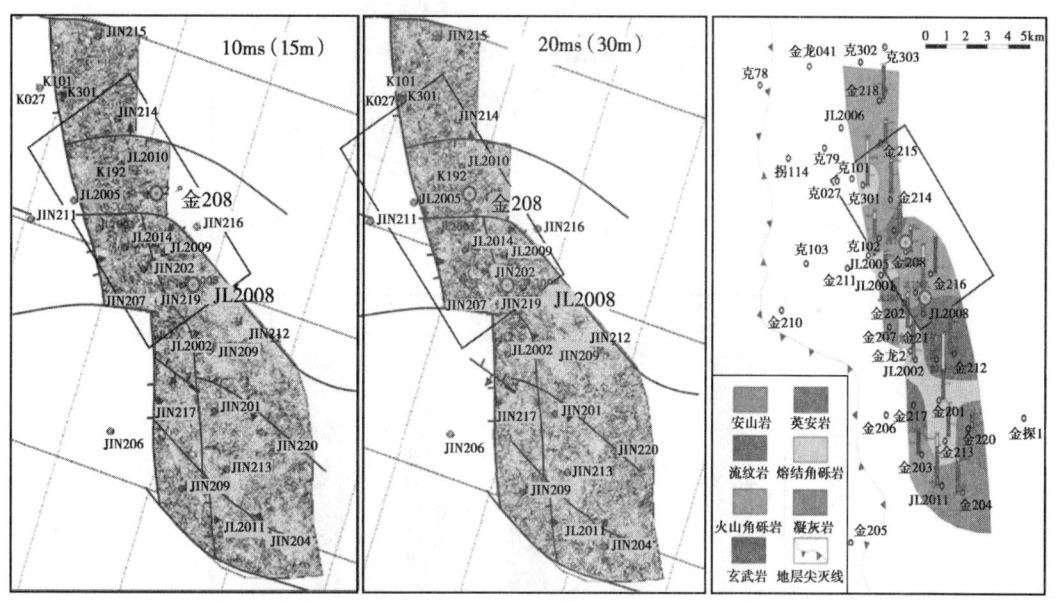

图8 金龙2井区二叠系佳木河组裂缝分布预测（叠前反演）及有效储层岩性分布图

3.2 水平井开发技术政策

3.2.1 水平井井距

通过相似油藏类比及油藏数值模拟研究，针对新疆裂缝孔隙型火山岩油藏，不同井距（300m、350m、400m、450m、500m）条件下衰竭开采累产油量接近，井距小则部署总井数多，区块初始产量高，但产量递减也更快，推荐初始产量较高、累计产油量高的400m井距（图10）。

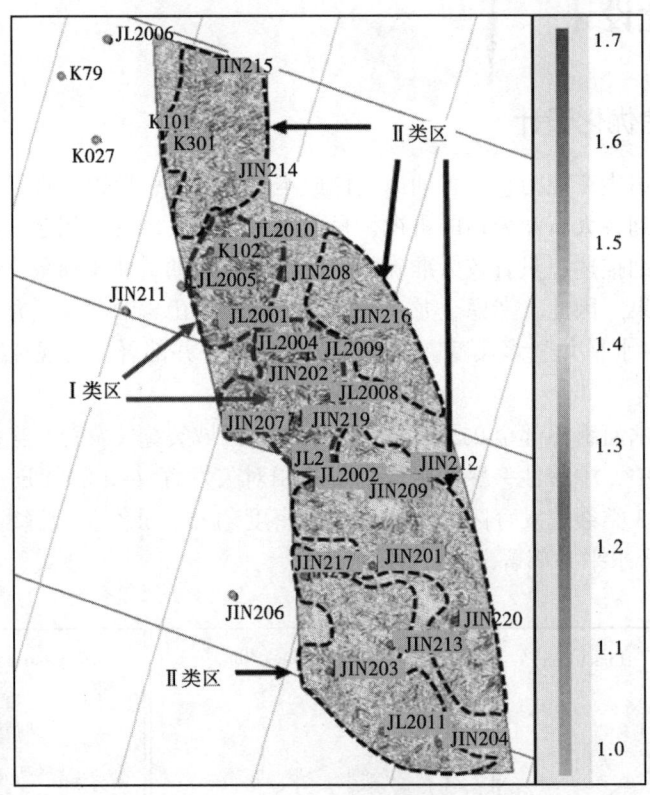

图 9 金龙 2 井区二叠系佳木河组裂缝分类评价图（裂缝密度）

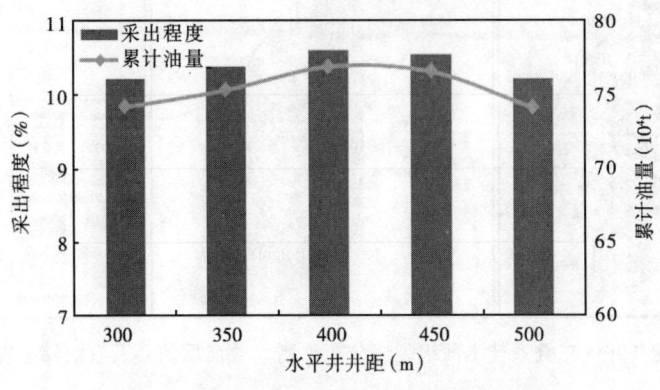

图 10 水平井井距累计产油及采出程度图

3.2.2 产能论证

对已投入开发的九区和石西石炭系相似油藏水平井产量与邻近直井同期产量相比较，初期产量为直井的 1.9~7.7 倍，产能为直井的 3.1~8.3 倍。因此设计研究区佳木河组油藏水平井产能为直井的 3 倍。

结合上述确定的产能计算参数，根据产能计算公式，确定单井产能见表 3。

表 3 单井产能计算参数与结果表

断块	油层厚度(m)	生产压差(MPa)	采油强度[t/(d·m)]	米采油指数[t/(d·MPa·m)]	打开程度	初期产量(t/d) 采油强度法	初期产量(t/d) 比采油指数法	初期产量(t/d) 平均	计算单井产能(t/d)	设计直井产能(t/d)	设计水平井产能(t/d)
金214	23.8	7.5	1.70	0.237	0.51	22.0	23.0	22.5	10.1	10.0	30.0
金208	32.3	10.0	0.99	0.254	0.51	16.3	41.8	26.1	12.5	12.0	36.0
金212	14.6	7.5	2.25	0.581	0.51	16.8	30.4	22.6	10.2	10.0	
金201	14.6	7.5	2.92	0.586	0.51	23.1	32.6	27.9	13.6	13.5	40.5
金202	8.6	9.0	4.25	0.447	0.51	19.8	18.8	19.3	8.2	8.0	24.0
金204	23.8	7.5	1.28	0.311	0.51	16.5	29.6	23.1	10.5	10.5	31.5

3.3 实施效果

佳木河组油藏采用 400m 井距部署 3 口水平井，水平井初期日产油 30.9~33.3t，是直井产能 4.3~4.6 倍，JLHW202 单井生产 25 个月，累计产油超过 $2.5×10^4$t。方案部署单井产能好于预期，明显优于相似油藏开发效果，火山岩油藏水平井开发技术取得重大突破，为下步水平井滚动部署提供了有力指导。

4 结论

（1）综合佳木河组火山岩储层岩心、测井及生产动态资料，确定具备流体储集能力及工业产出标准的有效储层岩性主要为安山质（熔结）角砾岩、安山质/玄武质角砾熔岩及安山岩等，其次为火山角砾岩。佳木河组火山岩有效储层储集空间类型主要为气孔、杏仁溶蚀孔，其次为基质孔。裂缝主要发育在佳木河组第三期次，岩性以熔结角砾岩、安山岩为主，裂缝密度 0.5~3.8 条/m，以中等缝宽为主，为储层纵向与平面的有效连通提供了有利条件，扩展了有效储层及部分潜力储层的有效性。

（2）利用叠前地震资料，根据叠前方位各向异性法分析裂缝方向与发育强度，预测精度达到 70% 以上。受北西-南东及东西向两组断裂控制，金龙 2 井区潜山带佳木河组火山岩储层裂缝较为发育，且距离断裂越近，裂缝越发育，断块轴向交点部位，构造变形越大，裂缝发育程度越高。

（3）发展"有效储层—裂缝—水平井"多尺度耦合技术，优化水平井部署，实现裂缝孔隙型火山岩油藏高效开发。单井产能好于预期，明显优于相似油藏开发效果，火山岩油藏水平井开发技术取得重大突破。

参 考 文 献

[1] Lajoie J. Facies models 15: Volcaniclastic rocks. Geoscience Canada, 1979, 6 (3): 129-139.

[2] Sanyal S. K., Juprasert S., Jubasche J. An evaluation of rhyolite-basalt-volcanic ash sequence from welllogs [J]. The log analyst, 1980, Jan-Feb, 21 (1): 3-9.

[3] Cas R A F and Wright J V. Volcanic successions: Modern and ancient: A geological approach to processes,

products and successions [M]. London: Allen & Unwin, 1987.
[4] Vernik Lev. A new type reservoir rock in Volcaniclastic sequences. AAPG Bull, 1990, 74 (6): 830-836.
[5] Feng Z Q. Volcanic rocks as prolific gas reservoir: A case study from the Qingshen gas field in the Songliao Basin, NE China [J]. Marine and Petroleum Geology, 2008, 25: 416-432.
[6] Sruoga P and Rubinstein N. Processes controlling porosity and permeability in volcanic reservoirs from Austral and Neuquen basins, Argentina [J]. AAPG Bull, 2007, 91: 115-129.
[6] 罗静兰, 邵红梅, 张成立. 火山岩油气藏研究方法与勘探技术综述 [J]. 石油学报, 2003, 24 (1): 31-37.
[7] 匡立春, 薛新克, 邹才能, 等. 火山岩岩性地层油藏成藏条件与富集规律-以准噶尔盆地克-百断裂带上盘石炭系为例 [J]. 石油勘探与开发, 2007, 34 (3): 285-290.
[8] 王璞珺, 吴河勇, 庞彦明, 等. 松辽盆地火山岩相: 相序、相模式与储层物性的定量关系 [J]. 吉林大学学报 (地球科学版), 2006, 36 (5): 805-812.
[9] 高有峰, 刘万洙, 纪学燕, 等. 松辽盆地营城组火山岩成岩作用类型、特征及其对储层物性的影响 [J]. 吉林大学学报 (地球科学版), 2007, 37 (6): 1251-1257.
[10] 赵文智, 邹才能, 冯志强, 等. 松辽盆地深层火山岩气藏地质特征及评价技术 [J]. 石油勘探与开发, 2008, 35 (2): 129-142.
[11] 邹才能, 赵文智, 贾承造, 等. 中国沉积盆地火山岩油气藏形成与分布 [J]. 石油勘探与开发, 2008, 35 (3): 257-271.
[12] 郭睿. 储集层物性下限值确定方法及其补充 [J]. 石油勘探与开发, 2004, 31 (5): 140-144.
[13] 范宜仁, 黄隆基, 代诗华. 交会图技术在火山岩岩性与裂缝识别中的应用 [J]. 测井技术, 1999, 23 (1): 53-56.
[14] 张莹, 潘保芝, 印长海, 等. 成像测井图像在火山岩岩性识别中的应用 [J]. 石油物探, 2007, 46 (3): 288-293.
[15] 朱国华, 蒋宜勤, 李娴静. 克拉玛依油田中拐—五八区佳木河组火山岩储集层特征 [J]. 新疆石油地质, 2008, 29 (4): 446-449.
[16] 黄玉龙. 松辽盆地白垩系营城组火山岩有效储层研究 [D]. 吉林大学博士学位论文, 2010.
[17] 操应长, 王艳忠, 徐涛玉, 等. 东营凹陷西部沙四上亚段滩坝砂体有效储层的物性下限及控制因素 [J]. 沉积学报, 2009, 27 (2): 230-237.
[18] 甘其刚, 高志平. 宽方位 AVA 裂缝检测技术应用研究 [J]. 天然气工业, 2005, 25 (5): 42-43.
[19] 周新桂, 张林炎, 范昆. 含油气盆地低渗透储层构造裂缝定量预测方法和实例 [J]. 天然气地球科学, 2007, 18 (3): 328-333.
[20] 王关清, 等. 水平井钻采技术研讨会论文集 [M]. 石油工程学会, 北京, 1997.
[21]《水平井油藏工程设计》编委会. 水平井油藏工程设计 [M]. 石油工业出版社, 2011.

水平井、直井联合开发井区注采系统调整方法研究

李 刚　张海霞　梅 冬　张福玲

(中国石油大庆油田有限责任公司勘探开发研究院)

摘　要：针对低丰度、低渗透薄差油层，应用水平井——直井联合开发模式在 A 油田取得了成功。通过水平井采油，增加泄油面积，提高注采压差；灵活采用直井注水、直井采油，提高储量控制程度，完善水平井注采关系，实现了低丰度、低渗透难采储量的有效动用。水平井初期产能较高，但井区注采关系不完善导致稳产期短，产量递减幅度大，含水上升速度快。结合水平井自身特点与常规直井开发的区别，提出了水平井水平段两侧各向连通比例及水平段长度连通系数的新概念，系统评价了 A 油田水平井区注采关系。以水平井为中心，按水平井与周围注水井位置关系，定义了对称、三角形、四边形 3 种直平联合开发注采对应方式。应用数值模拟方法，计算了直平联合开发井区在不同控制储量比例条件下，不同注采对应方式的最终采收率差异，优化了井区注采系统调整方法，控制了水平井产量递减速度。

关键词：水平井；直井联合开发；注采对应方式；注采系统调整方法

A 油田近年新动用区块储量品质逐渐变差，应用常规直井开发面临多井低产的被动形势，针对部分区块砂层薄（2.5m 以下），主力砂体分布稳定；油层少（3~5 层），通过水平井与直井采油、直井注水配套实施，依据断层和砂体发育情况，灵活布井，水平井主要控制主力油层，直井兼顾主力和非主力油层，创新性地应用和发展了直平联合开发模式，在 A 油田低丰度、低渗透油藏取得了成功。截至 2017 年年底，水平井井数占油井总数的 2.1%，年产油占总产量的 8.6%，平均单井产量是相邻直井的 3~5 倍，取得了较好的效果。

1　水平井开发现状

统计低渗透区块直平联合开发井区水平井 479 口，平均单井日产液 6.3t，日产油 3.0t，含水 52.4%。按照水平井目前产量状况进行分级统计（表1）：日产油小于 2t 的低产井共有 196 口井，占全部水平井比例的 40.9%，在三个级别中比例最高。2017 年 12 月平均单井日产油只有 0.9t，含水 82.7%，远高于其他两个级别含水。

整体上分析三个级别水平井动态特征：与初期生产情况相比，均呈现日产液下降、日产油下降、含水上升的变化特点，说明受低渗透油藏地层能量低，传导能力差影响，水平井和直井注采对应关系不完善，由于缺少注水井点或注水井注入难等问题，地层能量不能得到及时补充，导致水平井区有采无注或者欠注，使得油层动用差，可以通过完善注采井网，补充地层能量，进一步发挥水平井生产潜力。

表1 A油田水平井目前产量分级对比表

产量分级(t)	井数(口)	比例(%)	初期			2017年12月			平均单井累计产油(10^4t)	平均单井累计产水(10^4t)
			日产液(t)	日产油(t)	含水(%)	日产液(t)	日产油(t)	含水(%)		
≤2	196	40.9	10.2	6.6	35.3	5.2	0.9	82.7	0.59	0.71
(2~5)	171	35.7	10.2	8.6	15.7	5.4	2.6	51.9	0.71	0.43
≥5	112	23.4	11.3	9.1	19.5	9.6	7.3	24.1	0.77	0.35
合计	479	100.0	10.5	7.9	24.5	6.3	3.0	52.4	0.70	0.49

2 直平联合开发井区注采关系评价方法

为更好地描述直平联合开发井区的注采完善程度，借鉴直井开发水驱控制程度和不同方向连通比例两个概念，创新提出了水平段不同侧各向连通比例和水平段长度连通系数两个新概念，用来评价井区注采完善程度。

2.1 水平段长度连通系数

借鉴直井开发中的水驱控制程度概念，将水平井与直井联合开采井网中，水平段与临近注水井连通的射开含油砂岩段长度之和与水平段本身总射开含油砂岩段长度的百分数，定义为水平段长度连通系数，描述井区水平段水驱储量控制程度。

$$R = \frac{\sum_{i=1}^{n} L_i}{L} \times 100\%$$

式中 R——水平段长度连通系数,%；
L_i——水平段与临近注水井连通的射开砂岩段长度（i=1，2，3…），m；
L——水平段射开总长度，m。

比如某水平井，水平段钻遇5个沉积单元，射开砂岩总长度246m，其中葡142层射开长度34m，周围没有水井连通，该水平段连通砂岩长度212m，计算水平段长度连通系数计算为86.2%（表2），井区水驱储量控制程度较高。

表2 某水平井水平段长度连通系数计算参数表

类别		水平段钻遇油层号						水平段长度连通系数(%)
		葡12	葡13	葡141	葡142	葡15	小计	
水平段(m)	射开长度	8	66	132	34	6	246	86.2
	连通长度	8	66	132	0	6	212	

2.2 水平段不同侧各向连通比例

直井开发中通常采用单向连通、双向连通和多向连通比例，来反映井区水驱均衡状况，在水平井与直井联合开采井区，水平井通常完钻水平段长度在300m以上，平面上对井区具备一定分隔作用,水平段两侧油水井互相不干扰,为了更加准确地描述水平井平面上的水驱状况,设计了水平井单侧单向连通、单侧双向连通、单侧多向连通和双侧双向连通、双侧多向连通5种连通方式(图1)。

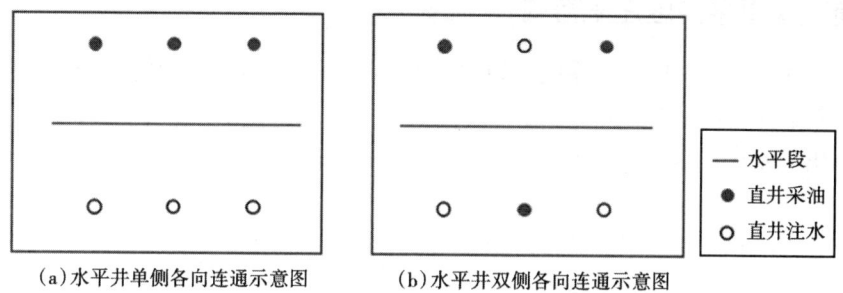

(a)水平井单侧各向连通示意图　　(b)水平井双侧各向连通示意图

图1　水平井不同侧各向连通示意图

水平井单侧各向连通:注水井分布在水平段同一侧(不考虑注水井同侧位置关系),只有一口注水井时,为单侧单向连通;有两口注水井为单侧双向连通;有三口以上注水井为单侧多向连通。

水平井双侧各向连通:注水井分布在水平段两侧(不考虑注水井两侧位置关系),两侧各有一口注水井时,为双侧双向连通;两侧共有三口以上注水井时为双侧多向连通。

2.3　水平井区注采关系评价结果

将水平井按照开发效果好、中、差分为三类,分别进行注采关系完善程度评价(表3)。开发效果好的水平井106口,井区注采关系较为完善,双侧各向连通比例68.6%,水平段长度连通系数达到90.5%,说明射开砂岩段基本都有注水井连通。开发效果差的水平井177口,单侧连通比例较大,为28.7%,水平段长度连通系数只有72.0%,说明水平段射开长度有近三分之一没有注水井连通。

表3　水平井区注采关系评价结果表

开发效果	井数(口)	比例(%)	单侧连通				双侧连通			水平段长度连通系数(%)
			单向(%)	双向(%)	多向(%)	小计(%)	双向(%)	多向(%)	小计(%)	
好	106	22.1	14.4	6.7	0.8	21.9	25.6	43	68.6	90.5
中	196	40.9	28	0.5	0	28.5	46.3	11.5	57.8	86.3
差	177	37.0	23.9	4.1	0.7	28.7	10.2	33.1	43.3	72.0
合计/平均	479	100.0	21.2	4	0.7	25.9	29.3	30.3	59.6	85.5

为更好地发挥水平井开采低渗透油藏的优势,延长单井稳产时间,需要结合井区直井数量、分布位置,重新定义水平井区注采井网形式,完善注采对应关系。

3 数值模拟建立理想模型

3.1 创新定义直平井区注采方式

为进一步优化水平井区注采系统,以水平井为中心,按水平井与周围注水井位置关系及数量创新定义了3种水平井注采方式。

对称形注采方式:水平段两侧各有1口注水井,且注水井位置围绕水平段呈对称分布(图2);

三角形注采方式:水平段两侧有3口注水井,且注水井位置围绕水平段基本呈三角形分布(图2);

四边形注采方式:水平段两侧有4口注水井,且注水井位置围绕水平段基本呈四边形分布(图2)。

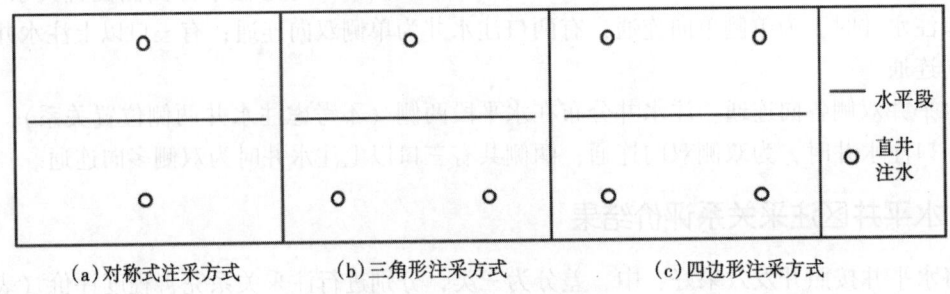

图2 水平井区三种注采对应方式

3.2 数值模拟优化不同井区最佳注采方式

建立了三种直平联合开发井区3种注采方式(对称、三角形、四边形)的理想数学模型,根据直井与水平井各自的压降公式,采用叠加原理,结合流线追踪方法,绘制了不同的注采方式井区开发井网的流线图和压力梯度场图(图3)。

结合不同井区不同油层储量比例,通过数值模拟量化了不同注采方式的最终采收率差异(表4),建立了标准图版(图4),得出如下结论:

当井区水平井目的层储量比例<70%时,三角形注采方式最优;当水平井目的层储量比例≥70%时,四边形注采方式最优;对称型注采方式井区采收率始终较低。

建议注采系统调整理论研究成果在指导现场应用时,结合实际直井井别、数量和井点位置灵活开展注采系统优化调整工作。

表4 水平井区不同注采方式采收率计算结果表

水平井目的层储量比例(%)		60	65	70	75	80	85	90	95	100
采收率(%)	对称	29.92	30.08	30.24	30.4	30.56	30.72	30.88	31.04	31.2
	三角形	30.61	30.83	31.05	31.26	31.48	31.7	31.92	32.13	32.35
	四边形	30.26	30.78	31.3	31.82	32.35	32.87	33.39	33.91	34.43

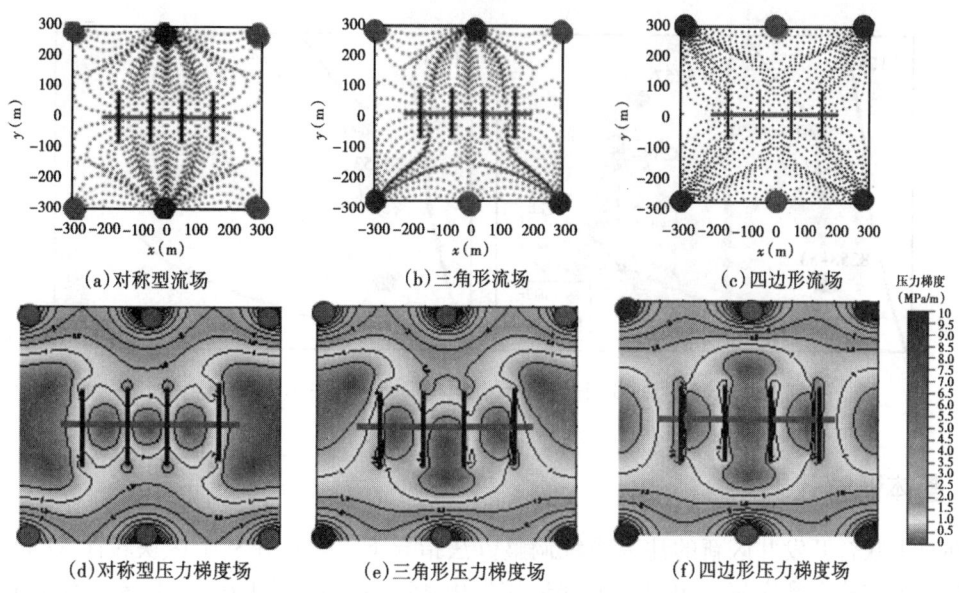

图 3 水平井区不同注采方式流场与压力梯度场图

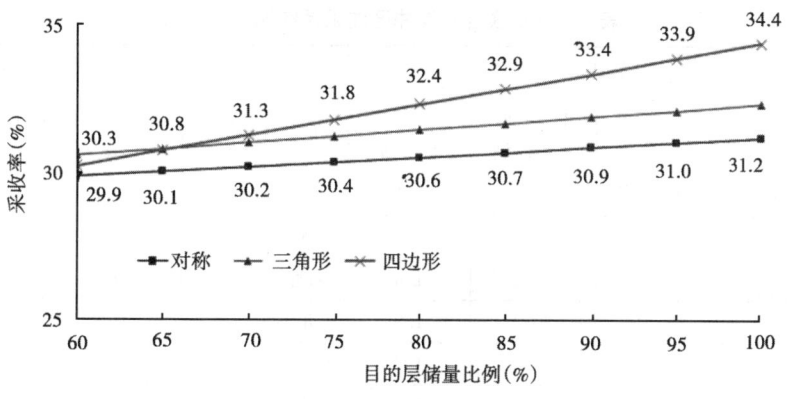

图 4 水平井区不同注采方式采收率差异曲线图版

4 指导油田应用实例

为了匹配断层走向、砂体发育规模等地质特点,实际水平井区注采方式较为复杂,多以不对称、斜三角形和不规则四边形出现,因此水平井区注采系统调整的原则就是将单侧注水向双侧注水完善,不对称、对称型注采向三角形、四边形注采方式完善,努力形成较为完善的注采对应关系,充分发挥水平井目的层和非目的层生产潜力,便于后期调整挖潜。

4.1 单井调整实例

油井转注增加水驱方向。如肇60-平54井区的转注调整,该水平井周围有三口注水井,形成三角形注采方式(图5),为完善注采关系,对其周围采油井肇58-55井转注,转注后肇60-平54井区的注采方式为四边形,该井日产油上升1.1t,见到了明显的调整效果。

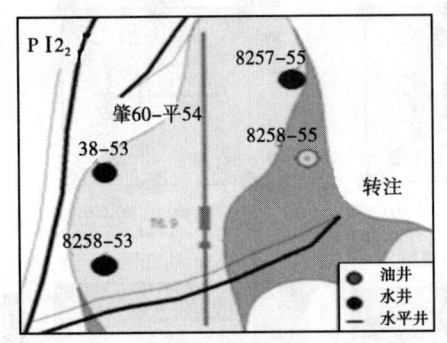 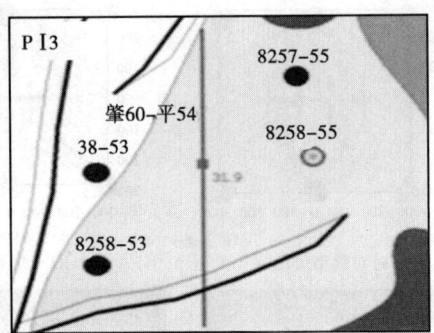

图 5 肇60-平54井区沉积相带图及转注示意图

4.2 整体调整效果

在直平联合开发井区新的注采系统调整方法指导下，累计在9个区块转注37口直井，原井区注采方式得到完善，单侧单向连通比例由45.4%下降到4.6%；井区共有水平井22口，水平井平均单井日产油由转注前的1.8t上升到受效后的3.2t，增加1.4t（表5）。

表5 直平联合开发井区注采系统调整情况表

水平井数（口）	转注前					转注后			
	注采方式	注水直井（口）	转注直井（口）	单侧单向连通比例（%）	水平井单井日产油（t）	注采方式	注水直井（口）	单侧单向连通比例（%）	水平井受效单井日产油（t）	日产油增加值（t）
4	不规则	2	8	86.2	1.2	不规则	10	23.4	3.6	2.4
3	不规则	4	6	75.2	1.8	对称	10	0	4.2	2.4
5	不规则	10	5	30.2	1.9	三角形	15	0	3.1	1.2
4	不规则	6	6	35.5	1.8	四边形	12	0	3.5	1.7
6	对称	12	12	0	1.9	四边形	24	0	2.8	0.9
22	合计	34	37	45.4	1.8		71	4.6	3.2	1.4

5 结论

（1）水平井、直井联合开发井区，注采系统与常规直井开发差异较大，新提出的水平段长度连通系数、水平段不同侧各向连通比例两个新概念能够恰当地反映水平井区注采对应关系，可以用来描述水平井注采完善程度；

（2）创新定义的水平井区对称型、三角形和四边形注采方式，符合A油田直平联合开发井区注采井网现状，可以推广应用到其他中高渗透等采用水平井配合直井联合开发的油藏；

（3）数值模拟得出的不同储量比例对应的最佳注采方式优选标准图版，现场指导调整实践可靠性较高，有效提高了水平井单井日产油水平。

参 考 文 献

[1] 范子非,方宏长,牛新年.裂缝性油藏水平井稳态解产能公式研究[J].石油勘探与开发,1996,23(3):52-57.

[2] 张学文,方宏长.低渗透率油藏压裂水平井产能影响因素[J].石油学报,1999,20(4):51-55.

[3] 蒋廷学,单文文,杨艳丽.垂直裂缝井稳态产能的计算[J].石油勘探与开发,2001,28(2):61-63.

[4] 苗和平,王鸿勋.水平井压后产量预测及裂缝数优选[J].石油钻采工艺,1992,14(6):51-56.

[5] 万仁溥.中国不同类型油藏水平井开采技术[M].北京:石油工业出版社,1997.

[6] 程林松,等.利用直井产能计算分支水平井产能的方法[J].大庆石油地质与开发,1998,17(3):27-31.

[7] 麻成斗.大庆外围油田低渗透薄油层水平井开发技术[M].北京:石油工业出版社,2008.

[8] 牛彦良,李莉.特低丰度油藏水平井开发技术研究[J].大庆石油地质与开发,2006,25(2):28-33.

[9] 郎兆新,张丽华.压裂水平井产能研究[J].石油大学学报:自然科学版.1994,18(2):43-46.

[10] 刘显太.胜利油区水平井开发技术[J].油气地质与采收率,2002,9(4):45-48.

[11] 王书礼,唐许平,李伯虎.低渗透油藏水平井开发设计研究[J].大庆石油地质与开发,2001,20(1):23-24.

[12] 王晓冬,刘慈群.水平井产量递减曲线及其应用方法[J],石油勘探与开发,1996(1):23-25.

[13] 葛家理.现代油藏渗流力学原理[M].北京:石油工业出版社,2003.

裂缝性致密砂岩油藏水平井注水开发合理井距研究
——以红河 37 井区长 8 油藏为例

周思宾　党文斌

（中国石化华北油气分公司勘探开发研究院）

摘　要：裂缝性致密砂岩油藏储层物性差、裂缝发育，水平井注水开发存在水平段具有压力损失，驱替压差变化大、易水窜、水驱波及体积小等难题。通过开展裂缝性致密储层启动压力梯度、破裂压力和裂缝重张压力等测试，结合油藏工程方法及开发动态分析，明确不同裂缝发育程度下的合理注采压差，建立同时考虑水平段压力损失及启动压力梯度的裂缝性储层合理注采井距图版，优化出不同渗透率，不同裂缝发育情况下的合理注采井距。研究认为，裂缝的存在可以大幅降低致密储层启动压力梯度，利于建立驱替压差；对于裂缝规模小、无贯穿性裂缝的注采对应关系，注水井井底流压应大于裂缝重张压力，小于裂缝破裂压力，增大波及体积，注采压差控制在 25MPa 以内，注采井距为 455~470m；对于裂缝规模大、有贯穿缝的注采对应关系，注水压力应小于裂缝的重张压力，防止注水水窜，注采压差应小于 15MPa，注采井距为 420~435m。研究成果为红河油田长 8 油藏水平井注水开发提供了支撑。

关键词：裂缝性致密储层；启动压力梯度；破裂压力；注采井距

红河油田长 8 油藏主要有利沉积微相为水下分流河道沉积，埋深 2200m 左右，储层平均孔隙度 10.5%，平均渗透率 0.41mD，受印支、燕山、喜山等多期构造运动影响，长 8 储层裂缝发育，多为倾角大于 70°的高角度裂缝，裂缝长度主要在 10~60cm，平均 21cm；裂缝宽度 0~1mm，平均 0.2mm；裂缝以未充填和办充填缝为主。地面原油黏度 7.41~9.79mPa·s，密度为 0.84~0.86g/cm^3，原始地层压力为 19.8MPa，压力系数为 0.92。总体来看，该油藏为常压、低孔隙度、低渗透率、裂缝发育的致密砂岩油藏。该油藏自 2012 年采用水平井天然能量开发以来，油田一直处于低产、低速开发的状态，采出程度 1.4%，采油速度 0.3%~0.5%；2014 年优选了 3 个井组开展了注水补充能量试验，但由于天然裂缝和人工裂缝的存在，且水平段存在压力损失，基于基质储层直井井网论证的注采井距不适应于裂缝性储层水平井注水开发，导致注水后水窜井比例达到 60% 以上，注水效果不理想，因此研究裂缝型储层水平井注水的合理注采井距是长 8 裂缝性油藏注水开发成功的关键之一。

裂缝性致密储层论证合理的注采井距需要明确 2 个关键问题：一是致密储层存在启动压力梯度，尤其要明确裂缝性储层的启动压力梯度；二是要确定同时考虑水平段压力损失和裂缝影响的合理的注采压差，压差过小，难以克服启动压力梯度，注水不见效；压差过大，会导致水窜。

1 启动压力梯度测试

由于致密油藏喉道细小,流体在流动过程中受到固壁的作用较大,因此使壁面的流体性质发生变化,呈现出非牛顿流体的特征,并且孔隙壁面上存在一层吸附液膜,随着压力梯度的变化,吸附在壁面的液膜厚度也发生变化,因此其在渗流过程中表现出非线性的特征,即存在启动压力梯度。对于致密低渗裂缝性油藏,要注水开发,必须先要求取裂缝性储层的启动压力梯度,因此启动压力梯度测试是计算合理注采井距的关键参数。

由于含有天然裂缝的岩心容易破碎,无法用于实验。针对这一问题,实验主要利用三轴应力岩心夹持器,模拟地层中的应力条件,在小岩心上人工制造不同程度的裂缝,进行启动压力梯度测试。实验共选取不同渗透率级别的 14 块造缝岩心和 10 块基质岩心进行启动压力梯度测试。实验结果见表 1。红河长 8 基质储层、裂缝性储层渗透率关系和启动压力梯度如图 1 和图 2 所示。

表 1 裂缝性、基质岩心启动压力梯度测试结果

储层类型	样品编号	原渗透率（mD）	压裂后渗透率（mD）	裂缝贯通程度（%）	真实启动压力梯度（MPa/m）	拟启动压力梯度（MPa/m）
裂缝性储层	YC20121174	0.156	0.251	50	0.054	0.177
	YC20121168	0.192	0.375	70	0.032	0.1
	YC201211117	0.233	0.482	50	0.04	0.14
	YC201211125	0.434	0.567	80	0.016	0.038
	YC201105147	0.27	0.622	80	0.01	0.08
	YC201105150	0.619	0.847	50	0.02	0.08
	YC20121190	0.475	0.782	50	0.02	0.137
	YC201211127	0.338	0.654	60	0.025	0.153
	YC20110572	0.291	0.571	80	0.042	0.135
	YC20110594	0.21	0.442	80	0.044	0.153
	YC201105104	0.127	0.325	70	0.06	0.203
	YC201105135	0.168	0.28	60	0.084	0.284
	YC201105137	0.161	0.239	60	0.09	0.315
	YC20110599	0.155	0.204	50	0.105	0.356
基质储层	YC20120560	15.45	0.98		0.22	0.354
	YC20110563	15.2	0.712		0.125	0.254
	YC20110508	15.6	0.581		0.134	0.269
	YC20110566	13.77	0.436		0.198	0.411
	YC20110516	14.54	0.305		0.214	0.435
	YC20110578	13.31	0.275		0.219	0.465
	YC20110596	6.96	0.217		0.224	0.542
	YC201105143	10.27	0.206		0.231	0.61
	YC20110589	7.66	0.15		0.297	0.694
	YC201105116	9.71	0.109		0.351	0.81

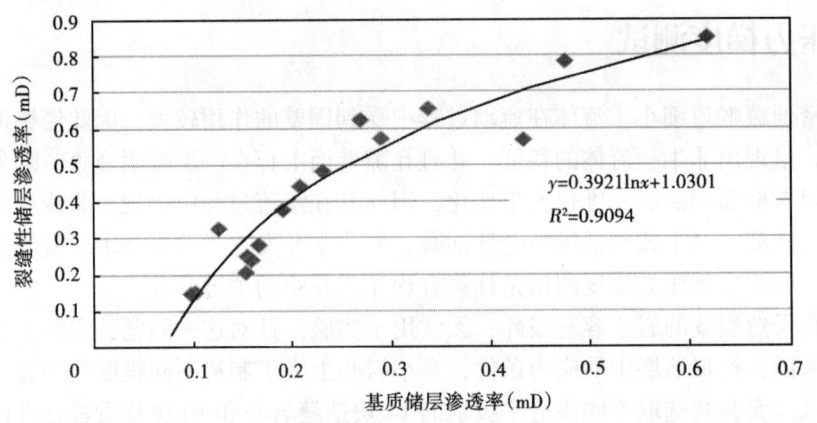

图1 红河长8基质储层、裂缝性储层渗透率关系图

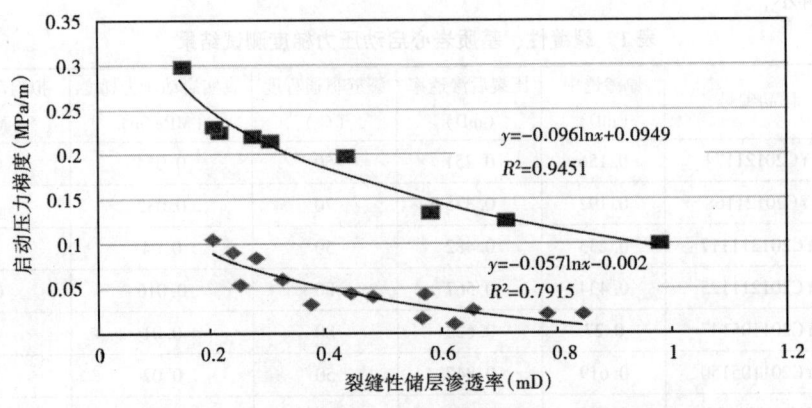

图2 红河长8基质储层、裂缝性储层启动压力梯度

实验表明，基质岩心造缝后，由于裂缝的渗透率较低，裂缝岩心的渗透率大幅提高。通过对比基质岩心启动压力梯度和裂缝岩心启动压力梯度发现，相对于基质岩心，裂缝性储层的启动压力梯度大幅下降，降低了水驱油的阻力，利于油田注水开发。

2 合理注采井距确定

致密低渗透储层的合理注采井距不仅和储层物性相关，还和合理的注采压差有关，注采压差过大会导致裂缝开启，油井暴性水淹，注采压差过小水驱半径小，难以经济有效开发，因此合理的注采压差是论证合理的注采井距的基础，因此要分别计算注水井合理井底流压、油井合理井底流压和油水井间最大注采压差来计算合理的注采井距。

2.1 合理注采压差

裂缝性致密储层合理注采压差主要受注水井和采油井水平段压降、裂缝重张压力、裂缝破裂压力等因素控制。生产井压力损失最大的位置位于A点，井底流压从A到B逐渐升高，注水井压力补充最快的是A点，井底流压A到B逐渐降低，因此为了保证水平段均能建立有效驱替压差，水平井注水应采用平行反向井网，即注水井A点对应生产井B点，注水井

B点对应生产井A点，在注水井和采油井水平段取微元dy，若在微元之间能形成有效的注采系统，即油水井全井段均可建立有效的驱替系统（图3）。

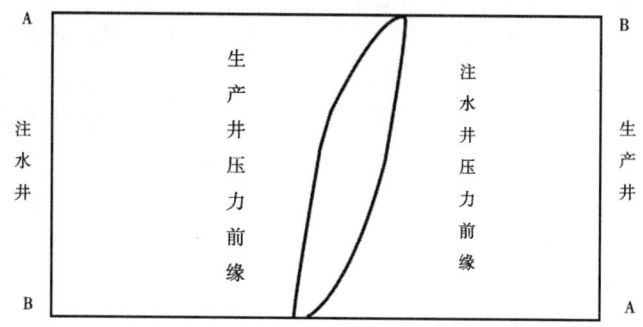

图3　红河长8不同渗透率裂缝重张压力

通过调研，水平井存在5种流出剖面（图4），其中图4（d）的剖面比较符合鄂南致密油藏水平井流出剖面，因此利用该剖面计算水平段压力损失。

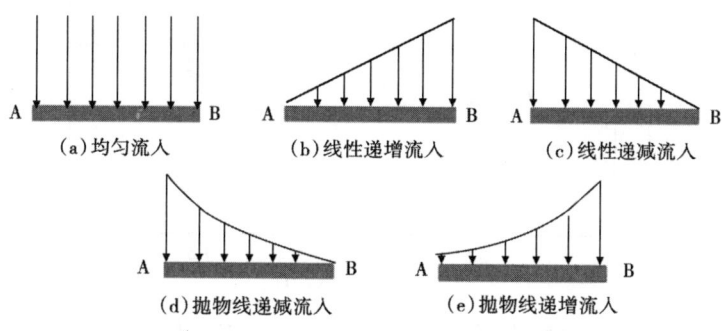

图4　水平井5种流入剖面

生产井从A点某一点压力损失公式：

$$|\Delta p(y)| = 0.81 f \frac{\rho q^2}{g d^5 L^6} \left| 3L^4 y^3 - 4.5 L^3 y^4 + 3 L^2 y^5 - L y^6 + \frac{y^7}{7} \right| \quad (1)$$

式中　Δp——水平段压降，Pa；

ρ——流体密度，kg/m^3；

q——流体流量，m^3/s；

g——重力加速度，m/s^2；

d——套管内径，m；

L——水平段长度，m。

注水井与生产井水平段压力损失的区别是，生产井从A点到B点压力逐渐降低，而注水井是从B点向A点压力降低，计算方法相同，只是压降方向不同。

2.1.1　注水井井底流压

裂缝型储层存在许多微裂缝，微裂缝在垂直于裂缝面的法向应力及最小水平主应力的作用下是处于闭合状态，当进行注水开发后，由于流体挤压裂缝，使得这些微裂缝中有些受应力较小的部分会出现裂缝开启的状况，这个时候的注入压力为裂缝重张压力，裂缝重张压力对于裂缝发育，非贯穿缝影响不大，因为如果裂缝是不连续的，当注水压力大于裂缝重张压力的时候，只有近井地带的裂缝重张，远端的裂缝还是闭合的，不会引起水窜；只有当裂缝为贯穿缝的时候，裂缝才会完全开启，引起水窜。当注水压力继续增大的时候，会引起基质岩心的破裂，这时的压力为破裂压力，会导致原来非贯穿的微裂缝，逐步破裂连续起来，最终引起水窜。

红河油田长8储层早先采用水平井分段压裂开发，部分井由于压窜在井间已经形成贯穿缝，因此注水压力应小于裂缝重张压力，一般认为水井的最大井底流压应小于储层裂缝重张压裂的95%，防止裂缝张开导致水窜。对于老区未压窜的油水井之间或者新区，注水压力应小于储层的破裂压力。

（1）裂缝贯穿区或油水井存在压窜关系。

通过室内测试了红河油田长8不同渗透率储层的裂缝重张压力，建立了渗透率与裂缝重张压力的关系（图5），根据表2可以计算出不同渗透率级别储层对应的合理注水压力。

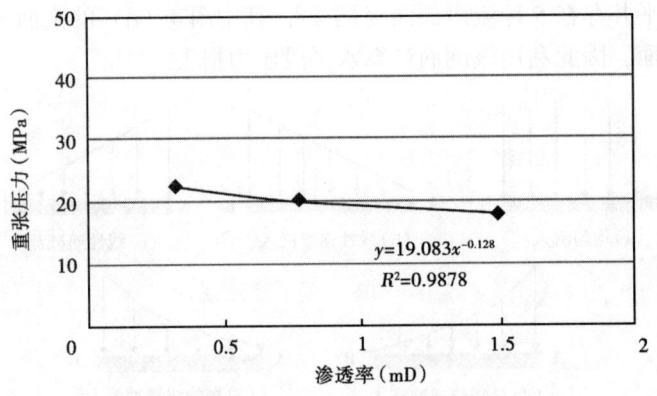

图5 红河长8不同渗透率裂缝重张压力

表2 红河油田长8油藏不同渗透率岩心裂缝重张压力表

渗透率 （mD）	裂缝重张压力 （MPa）	裂缝重张压力（95%） （MPa）
0.1	25.62	24.34
0.2	23.45	22.28
0.3	22.26	21.15
0.4	21.46	20.39
0.5	20.85	19.81
0.6	20.37	19.35
0.7	19.97	18.97
0.8	19.64	18.66
0.9	19.34	18.37
1.0	19.08	18.13
2.0	17.46	16.59

红河37井区储层渗透率主要分布在0.3~0.5mD,对应的裂缝型储层渗透率为0.55~0.72,因此裂缝贯穿区或油水井存在压窜关系的水井近井地带即A点的合理井底流压介于19.71~18.95MPa。

注水井水平段长度按照800m计算,计算得注水井B点压力损失为1.4MPa,即注水井B点附近最大的井底流压为18.31~17.55MPa。

（2）裂缝非贯穿或油水井无压窜关系。

如果裂缝非贯穿或油水井无压窜关系,这时候水井的注水压力要低于储层的破裂压力的95%（图6、表3）。

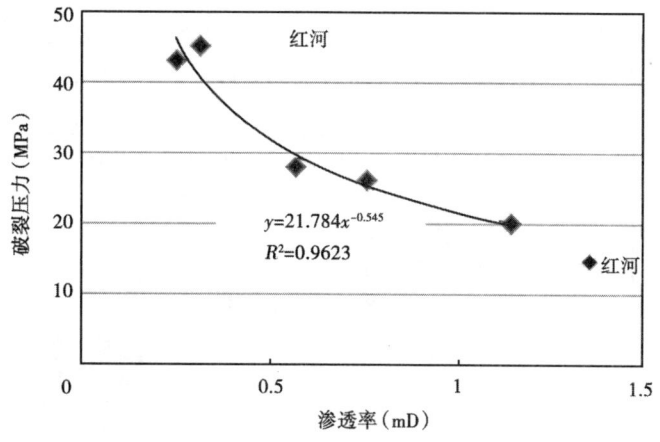

图6 红河长8不同渗透率裂缝破裂压力

表3 红河油田长8油藏不同渗透率岩心破裂压力表

渗透率 （mD）	裂缝破裂压力 （MPa）	裂缝重张压力（95%） （MPa）
0.1	90.4	85.9
0.2	62.0	58.9
0.3	49.7	47.2
0.4	42.5	40.4
0.5	37.6	35.7
0.6	34.1	32.4
0.7	31.3	29.8
0.8	29.1	27.7
0.9	27.3	25.9
1.0	25.8	24.5
2.0	17.7	16.8

红河37井区储层渗透率主要分布在0.3~0.5mD,对应的裂缝型储层渗透率为0.55~0.72,因此裂缝性储层的破裂压力在30.8~35.7MPa,对应的水井A点合理井底流压介于29.3~33.9MPa,按照1.4MPa的压力损失,水井B点的合理流压为27.9~32.5MPa。

2.1.2 油井合理井底流压

低渗透油田采油井采油指数小,为了保持一定的油井产量,一般需要降低流动压力,加大生产压差。但如果流动压力低于饱和压力太多,会引起油井脱气半径扩大,使液体在油层和井筒中流动条件变差,对油井正常生产造成不利影响,因而流动压力应控制在正常合理范围内。

(1) 开发经验法。

低渗透油藏生产井合理流动压力不能低于饱和压力的 2/3;红河 105 井区长 8 油藏饱和压力 6.5MPa;合理井底流压应大于 4.3MPa。

(2) 矿场经验法。

根据矿场统计的动液面与日产液的关系可以看出(图 7),动液面在 800m 的时候,产液水平出现明显的拐点,因此合理的动液面水平为 800m,对应的最小合理流压为 6.0MPa。

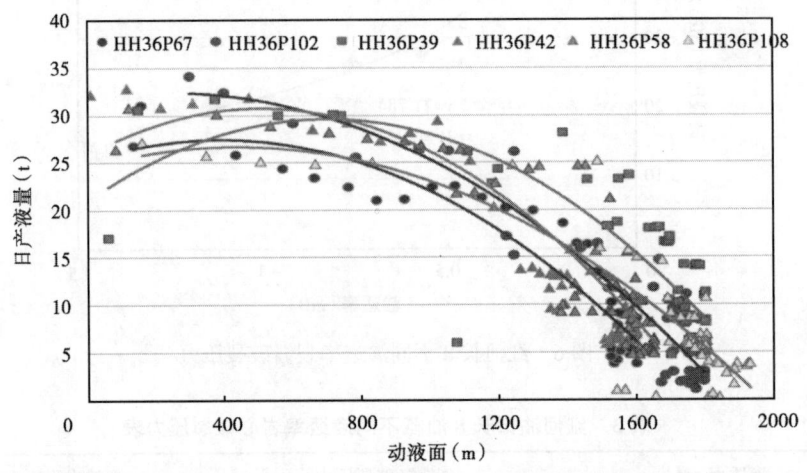

图 7 红河 37 井区动液面与日产液关系图

油井按照 1.4MPa 的水平段压力损失计算,当 A 点附近合理的流压为 6.0MPa 的时候,B 点附近的流压为 7.4MPa。

2.1.3 油水井间合理注采压差

油水井间的最大注采压差就是注水井最大井底流压与油井最小井底流压之差。

$$\Delta p_{max} = p_H - p_w \tag{2}$$

根据上述结果,长 8 裂缝型储层油水井贯通情况下可建立的最大驱替压差为 15MPa 左右;油水井未贯穿情况下可建立的最大驱替压差为 22.9~26.5MPa,即 25MPa 左右。

2.2 合理注采井距计算

对于致密低渗储层来说,只有当驱动压力梯度完全克服启动压力梯度后才能建立有效的驱替压差,因此克服最大启动压力梯度的最小驱动压力梯度所对应的注采井距即油层能够动用的最大注采井距。

实际油藏的注采井连线为主流线,主流线中点处渗流速度最小,若要中点处的油流动,则驱动压力梯度必须大于该点处的启动压力梯度,则可计算出给定注采压差和油层渗透率条件下的极限注采井距(图 8),即:

$$\frac{p_H - p_{wf}}{\ln\dfrac{d}{r_w}} \cdot \frac{2}{d} \geq \lambda \tag{3}$$

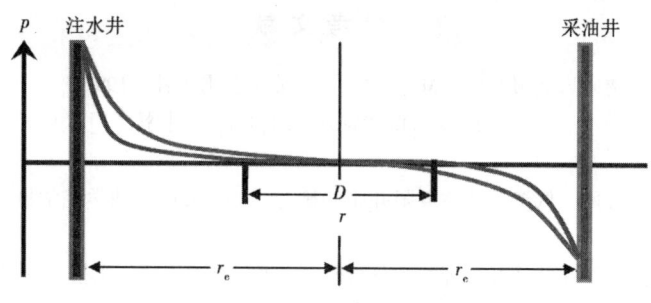

图 8 一注一采井压力主剖面分布图

红河长 8 储层前期采用水平井分段压力技术开发，储层存在天然裂缝和人工裂缝，裂缝发育情况复杂，针对已压窜井和未压窜井分别进行计算。

（1）已压窜或井间有裂缝沟通。

通过计算，对于裂缝规模大、有贯穿缝的注采对应关系，注水压力应小于裂缝的重张压力，防止注水水窜，注采压差应小于 15MPa，注采井距为 420～435m。（图 8）。

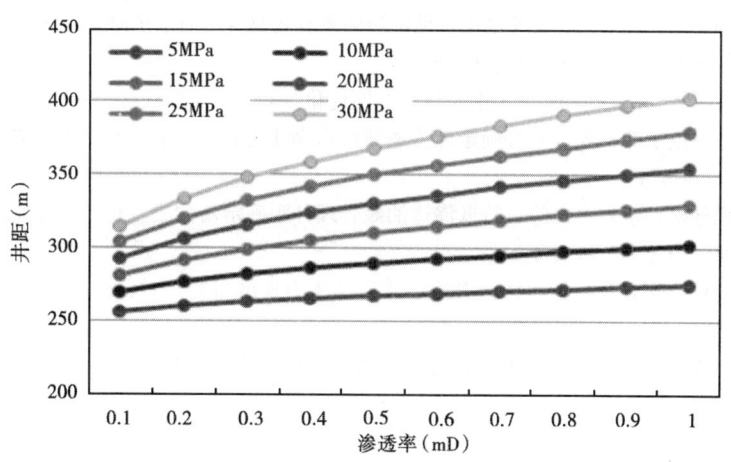

图 9 红河长 8 裂缝性储层极限注采井距图版

（2）油水井间无压窜关系或无裂缝直接沟通。

对于裂缝规模小、无贯穿性裂缝的注采对应关系，注水井井底流压应大于裂缝重张压力，小于裂缝破裂压力，增大波及体积，注采压差控制在 25MPa 以内，注采井距为 455～470m（图 8）。

3 结论

（1）裂缝性储层较基质储层渗透率大幅提高，启动压力梯度下降。

（2）对于裂缝规模大、有贯穿缝的注采对应关系，注水压力应小于裂缝的重张压力，合理注采井距为 420~435m。

（3）对于裂缝规模小、无贯穿性裂缝的注采对应关系，注水井井底流压应大于裂缝重张压力，小于裂缝破裂压力，合理注采井距为 455~470m。

参 考 文 献

[1] 李道品，等．低渗透砂岩油田开发［M］．北京：石油工业出版社，1997.

[2] 何勇明，张天宇，李军．考虑多因素的低渗油藏水平井注采井距［J］．大庆石油地质与开发，2016（4）：49-54.

[3] 贾振岐，赵辉，汶锋刚．低渗透油藏极限井距的确定［J］．大庆石油学院学报，2006，30（1）：104-105.

[4] 何建华．低渗透油藏渗流特征及合理井距分析研究［J］．石油天然气学报（江汉石油学院学报），2005（5）：621-623.

[5] 凌宗发，胡永乐，李保柱，等．水平井注采井网优化［J］．石油勘探与开发，2008，35（1）：85-91.

[6] 吴吉元．鄂尔多斯盆地红河油田长 8 油藏裂缝识别及预测方法［J］．新疆地质，2014（3）：351-355.

[7] 黄守帅，陈现义，张永伟．水平井压裂技术在红河油田应用研究［J］．辽宁化工，2013（6）：664-665，669.

[8] 宋培基，秦保杰，徐霞．低渗透油藏渗流机理与合理井距［J］．科技信息，2010（1）：416-418.

[9] 周秀文．超前注水在 A 油田 B 区块取得的效果及认识［J］．中国石油和化工标准与质量，2010（1）：185.

[10] 李恕军，柳良仁，熊维亮．安塞油田特低渗透油藏有效驱替压力系统研究及注水开发调整技术［J］．石油勘探与开发，2002，29（5）：62-65.

[11] 凌宗发，胡永乐，李保柱，等．水平井注采井网优化［J］．石油勘探与开发，2007，34（1）：65-72.

[12] 陶军，姚军，范子菲，等．一种确定低渗透油藏启动压力梯度的新方法［J］．新疆石油地质，2008，29（5）：626-628.

[13] 李松泉，程林松，李秀生，等．特低渗透油藏合理井距确定新方法［J］．西南石油大学学报：自然科学版，2008，30（5）：93-96.

[14] 郝斐，程林松，李春兰，等．特低渗透油藏启动压力梯度研究［J］．西南石油学院学报，2006，28（6）：29-32.

[15] 刘建军，刘先贵，胡雅祍．低渗透岩石非线性渗流规律研究［J］．岩石力学与工程学报，2003，22（4）：556-561.

现河低渗透油藏含水平井井网调流线做法及效果

邹　林　吕志强　张　戈　全　宏　焦红岩　刘中伟

(中国石化胜利油田现河采油厂)

摘　要：目前低渗透注水开发油藏普遍进入中高含水期，现河厂牛庄油田辛154单元由于滚动开发导致井网不规则，井网内直斜井与水平井共存，井组出现油井供液不足与水淹水窜共存的注采不均衡现象。为缓解这一矛盾，在了解井区剩余油分布的基础上，通过日常单元、井组动态分析，结合动态监测结果，分清井组主、次流线，提出了周期注水调流线的做法，通过激动注水，改变地下流场，不断扩大水驱波及，最终实现剩余油的均衡驱替。该项低成本技术在辛154单元整体实施，在直斜井与水平井共存的不规则井网内，取得了较好的效果，带动了低渗透油藏开发管理水平的不断提升，得到了明显的经济效益及社会效益。

关键词：低渗透；水平井；周期注水；均衡驱替

面对石油勘探开发的"极寒期"，油价持续低迷，开发效益难以提升，在增产稳产的同时，如何有效降低吨油成本也是目前的重点。因此，在日常开发工作中就要努力打破常规思路，探索实施低成本、零成本的治理方法，不断提升开发效益。为此，在老油田注水开发油藏中高含水期，通过日常的基础调查以及油水联动分析中，创新实践了以低渗透油藏为典型的周期注水注采技术，从而实现了现河低渗透油田的高效动用，有效提升了低渗透油藏的开发水平。

1 周期注水技术的提出

牛庄油田辛154单元为现河厂低渗透油藏的典型代表，该单元主要含油层系为沙三中，储层埋深为2900m以下，岩性以大套深灰色泥岩为主夹灰色粉细砂岩，岩石胶结致密，分选中等，结构成熟度较高，胶结类型主要为孔隙—接触式，成分成熟度低。储层平均渗透率为120mD，孔隙度20.2%，碳酸盐含量1.5%，泥质含量9%，为中孔中渗储层。原始地层压力为30.1MPa，压力系数1.08。通过前期滚动建产开发，井网不规则，井网内直斜井、水平井、侧钻水平井共存，流线关系复杂，平面动用不均衡。

针对低渗透油藏辛154沙三中单元的主要矛盾，创新实施水平井+直斜井周期注水低成本技术。其动因为：

(1) 受井网现状影响，水淹水窜与低能低效现象严重。

区块注水开发后，在物性好，井网较完善的砂体核部出现水淹水窜现象，而砂体边部物性较差，无注采井网，剩余油动用不充分。

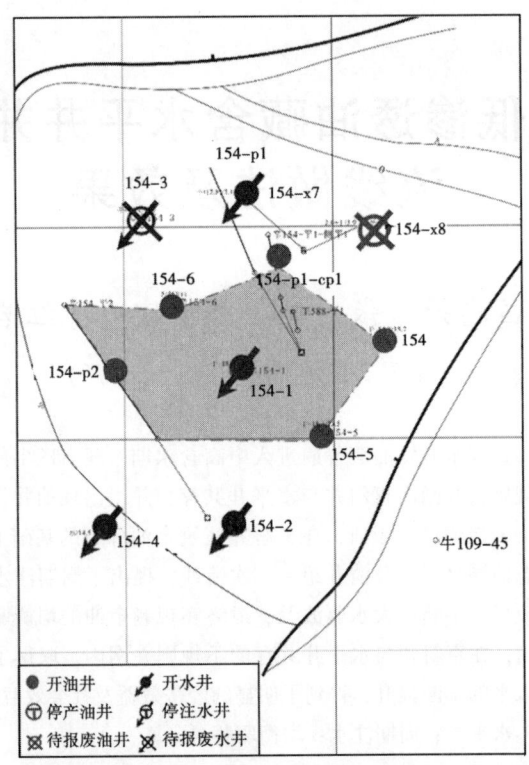

图 1 辛 154 区块沙三中目前注采井网图

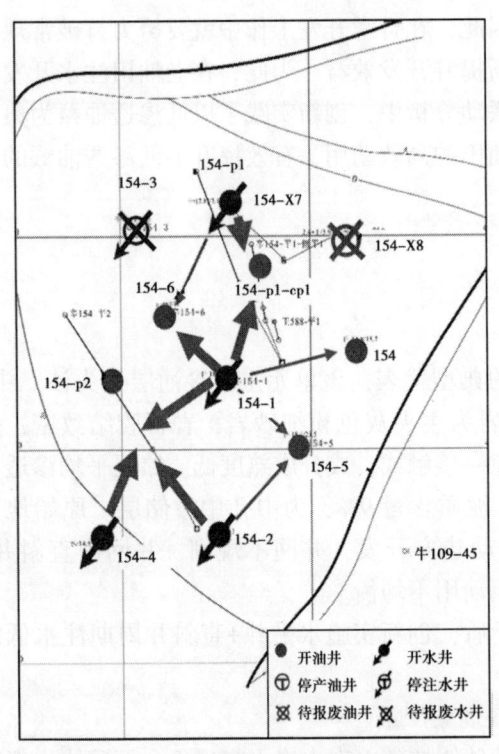

图 2 辛 154 区块沙三中目前注采流线图

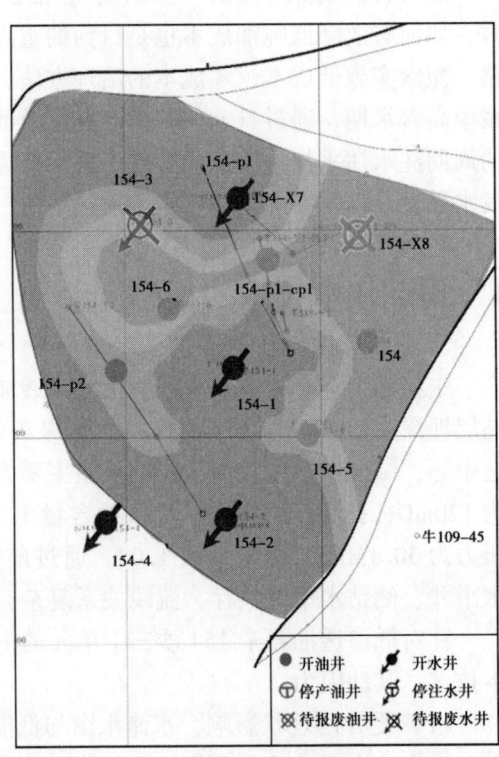

图 3 辛 154 区块沙三中目前水淹图

区块长期注水开发,流线固定,砂体西部及水井区域动用较好,水淹程度高,而油井井间及断层、岩性变化区域储量动用差。

同时受水平井水平段长的影响,任何一端水线突破水淹后,油井整体表现为高含水。

(2)合理优化油水单井注采参数,是目前形势下改善水驱油藏开发效果的经济合理手段。

按照"三线四区"效益评价原则,在当前低油价形态下,部分油井经济效益较差,仅能满足运行成本下维持生产,若再投入一定操作成本后会变为无效开发。因此如果能尽量保持单井不增加额外操作成本,同时能有效提高单井开发效果,将会大幅度提高单井开发效益。在这样的思路下,进行调参调配不额外增加任何成本,而且有很多成功实例,可以既"不花钱"又能改善开发效果,应重点加大单井配产配注优化工作。

2 周期注水技术调整对策

针对低渗透油藏岩性复杂、渗透率差异大、含水上升快、开采不均衡等特点,以及辛154区块井网不规则,创新实施了以周期注水为技术理念的管理方法,通过调节势差使其交替变化,不断扩大流线波及,最终实现剩余油的均衡驱替。

如水井辛154-1井正常注水,日注30t,累计注水$8.5×10^4m^3$。水井对应5口油井注水,但对应辛154-6井为主流线方向,辛154-6井正常生产时日产液量15.3t,日产油量1.3t,含水91%,属于高液高含水生产,根据流线分析,油水井对应方向水淹水窜,而油井东北侧没有能量补充,含油饱和度较高,剩余油比较富集。实施周期注水调整,关停水井,油井提液生产,工作制度采用ϕ50mm泵,冲程4.2m,冲次由1.7次/min上调至2.5次/min,使得油水固定流线失去能量供给,流速下降,压力下降,东北侧剩余油得到扩散,实施后油井日产液18t,日产油2.6t,含水85.2%,对比调整前日油增加1.3t,取得良好效果。

如油井辛154-5有2口水井对应,水井停注后,油井维持生产,效果明显,日液维持不变,日油增加,含水下降(图4)。

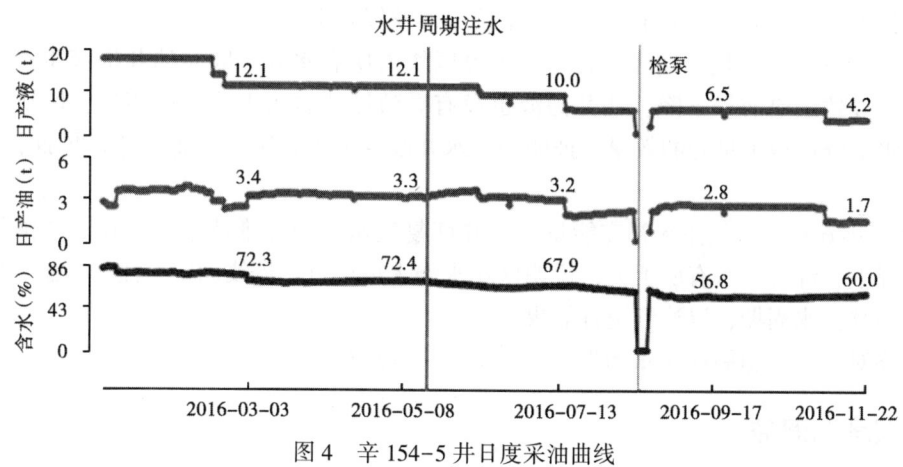

图4 辛154-5井日度采油曲线

如油井辛154与水井辛154-1井距为350米,水井辛154-1井2016.3.4动态停,油井维持生产,目前该井日液稳定,未见下降,日油略有增加后恢复之前水平(图5)。

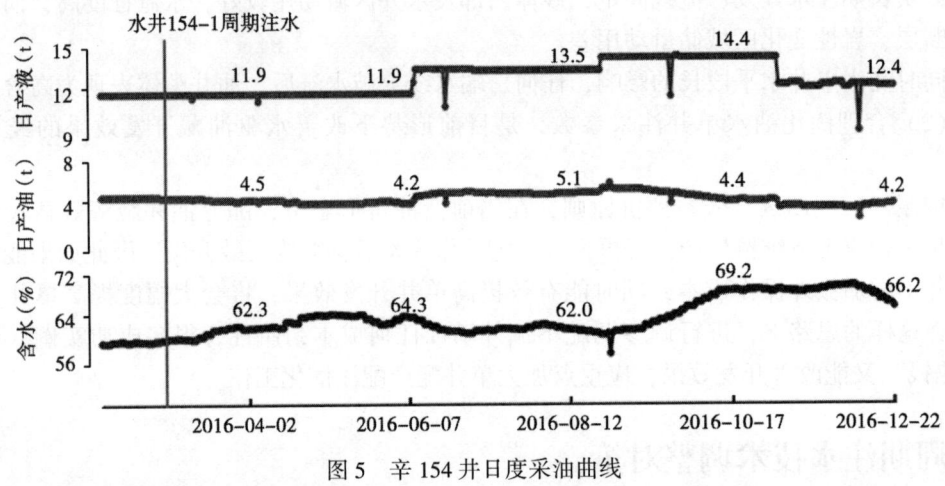

图 5 辛 154 井日度采油曲线

同样针对目前井网形式，流线固定的开发现状，对于水淹水窜井区，特别是针对高含水水平井，我们采取关停优势端对应注水井的方式，改变流线。

针对动用不充分的井区，我们采取油井提液，降低井底压力，扩大压差的方式提高动用。

通过这种周期注水方式，使得区块内部势差不断改变，注水时水井点势能高，油井井点势能低，使得油水井间水驱储量得到动用，停注时增大井底压差，使得油井成为低势点，油井周围成为高势区，无水井对应的区域也得到动用。

3 周期注水技术典型应用及效果

3.1 应用

该技术在牛庄油田辛 154 单元的应用后取得较好效果。

2016 年 5 月，利用周期注水技术，关停区块内所有水井，同时油井提液生产。水井关停并没有导致区块液量下降，油井提液也没有导致区块含水上升，而相反，区块的液量上升，含水下降取得了良好的效果。证明关停水井改变了固有流线，油井提液增加了未动储量的动用。

2016 年 6 月，恢复注水补充能量，水井恢复注水，油井维持生产，在区块液量变化不大的情况下，综合含水有所上升，说明区块水淹水窜严重，流线固定，注采敏感，因此需要进一步调整注水周期，以达到更好效果。

最终对井组实施周期注水治理方案，实施见效后初期井组日增油 3.7t，累计增油 760t。

3.2 实施后效益

（1）经济效益。

周期注水后，累计增油 760t，按照每月的当月油价计算，从 5 月 17 日起，累计增油，增加的效益为 138 万元。

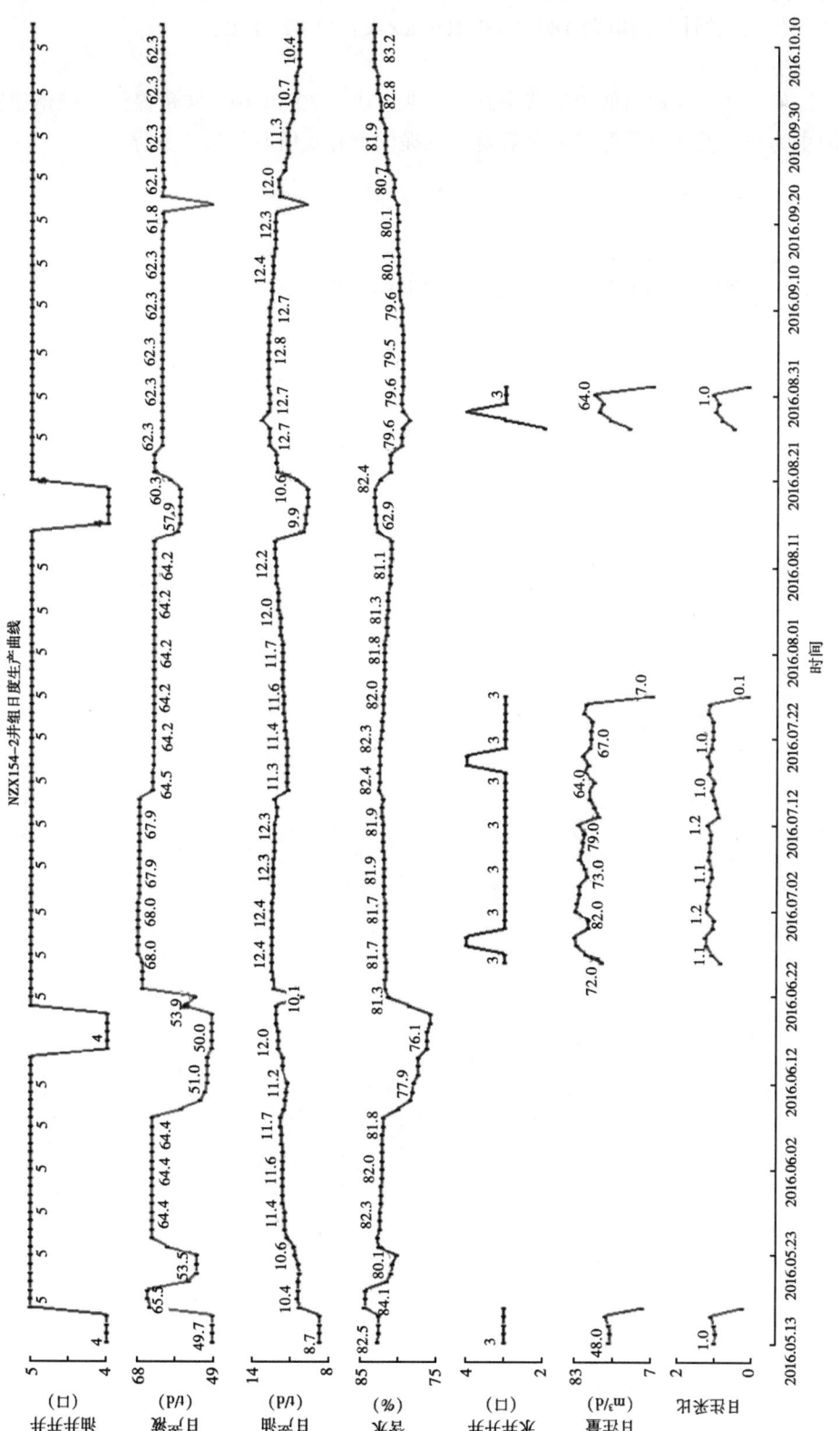

从周期注水开始，辛 154 注水站注水总共 35 天，其余时间为整体关闭状态，节约电费 1690 元/天计算，共计节约电费 180 天×0.169 元/天＝30.42 万元。

（2）社会效益。

通过该种方法，为现河低渗油藏中高含水期区块近 $4000×10^4$ t 储量提供了调整思路与方向，同时更为当前低油价下低渗油藏效益开发提供了有效借鉴和技术支撑。

参 考 文 献

[1] 高博，游艳. 低渗注水油藏动态连通性研究，工程技术，2016，6：7.
[2] 黄延章. 低渗透油层渗流机理 [M]. 北京：石油工业出版社，1998.

新安边油田长 7 致密油藏水平井开发技术政策研究

王平平　黄　玮　张　扬　蔺明阳

(中国石油长庆油田分公司第六采油厂)

摘　要：新安边油田长 7 油藏属于典型的砂岩致密油藏，位于鄂尔多斯盆地陕北斜坡西部，有着分布面积广、探明储量大、埋藏适中等特点。但是，由于储层致密，导致常规开发（定向井+注水）油藏递减大、有效驱替难建立、注水不见效（见效即见水）、油藏压力保持水平低等矛盾，难以实现效益开发。自 2012 年以来，通过"水平井+体积压裂"开发模式，加长水平井水平段长度，开展分段多簇大排量、大液量的前期改造方式，增加了储层缝网规模和数量，有效地提高了前期单井产量和稳产时间。并在稳产过程中通过吞吐采油等方式有效地补充了地层能量，减缓了油藏递减。实践证明，"水平井+体积压裂"的改造模式，加上后期合理有效的能量补充方式，能有效改善致密油开发效果，对长庆致密油开发具有一定的借鉴意义。

关键词：致密油；水平井；体积压裂；吞吐采油

致密油是指蕴藏在低孔隙度和低渗透率的致密油层中的非常规油气资源。鄂尔多斯盆地致密油资源丰富，具有很大的勘探开发潜力，在陕北定边发现了中国第一个亿吨级大型致密油田——新安边油田。致密油作为一种重要的非常规能源已经引起国内外石油工作者的关注。2012 年开始新安边油田致密油开发研究不断深入，采用了"水平井+体积压裂"、吞吐采油等致密油藏开发的关键技术，与常规压裂相比，体积压裂增产 3 倍以上，造成储层缝网规模和数量增加，增加动用储量。注水吞吐采油则是利用致密储层的亲水性进行油水置换，实现能量补充的一种重要的稳产方式，提高最终采收率。

本文以新安边油田安 83 长 7 层致密油藏水平井开发过程中从储层改造强度、参数与初期产能的关系，以及开发后期能量补充方式研究，为下步水平井开发技术政策提供依据，为该区致密油开发提供借鉴。

1　地质概况及开发简况

1.1　地质特征

新安边油田位于陕西省定边县，构造单元属于鄂尔多斯盆地陕北斜坡西部，长 7 油层组沉积环境为湖相—三角洲前缘亚相，以水下分流河道微相为主，成藏模式为"自生自储"，油藏构造简单，主要受岩性、物性变化控制属于典型的岩性油藏。长 7 砂层平面分布稳定，油层连片性好，厚度约 15~20m，层内夹层发育，探明含油面积 425km^2，探明地质储量 1.8×10^8t，截至 2017 年年底动用地质储量 1×10^8t，剩余储量 8000×10^4t。

1.2 储层特征

储层砂岩平均孔隙度8.9%，渗透率0.17mD，岩性为长石砂岩、岩屑质长石砂岩和长石质岩屑砂岩，成分成熟度偏低。细砂岩为主，分选较好，物性差。填隙物以铁方解石、绿泥石、高岭石、水云母和硅质为主。储层原生粒间孔、次生粒间孔及次生溶孔都比较发育，次生溶孔主要发育长石溶孔，粒间孔与溶孔含量相当，其中粒间孔占总孔隙的48.2%、溶孔占总孔隙的50%，总面孔率2.74%。储层排驱压力和中值压力均偏高，中值半径偏小，分选较好，中喉道及粗喉道基本不发育，孔隙结构组合属于小孔微细喉型。岩石脆性指数为54.2%，适合于大型体积压裂措施的实施。原油性质好，为低黏度轻质油。成像测井、岩心观察、三维CT图均显示该区长7层天然裂缝发育。

1.3 渗流特征

与国内外同类储层对比，安83长7致密油储层物性差、压力系数低、溶解气少，天然弹性能量不足（表1）。通过安83致密油岩样、实验分析表明，致密油储层润湿性为中性—弱亲水。储层发育微纳米孔喉，喉道半径小，毛细管力强，吸水排油（渗吸）作用强。致密储层孔喉比大，一般为125~200（中高渗透储层为10~50）。随着水驱的进行，致密储层前缘容易发生卡断现象，使得渗流通道截面减小，阻力增加。

表1 安83长7储层物性对比一览表

致密油区		Bakken	Eagle Ford	鄂尔多斯盆地		松辽盆地	渤海湾盆地
				安83长7	西233长7	白垩系	沙河街组
烃源岩	岩性	海相页岩	海相泥灰岩	湖相泥岩	湖相泥岩	湖相泥岩	湖相泥岩
	厚度（m）	5~12	20~60	10~15	10~25	80~450	100~300
	TOC（%）	10~14	3~7	2~20	2~20	0.9~3.8	1.5~3.5
	R_o（%）	0.6~0.9	0.7~1.3	0.7~1.1	0.7~1.1	0.5~2.0	0.5~2.0
储层	岩性	白云质—泥质粉砂岩	泥灰岩	粉细砂岩	粉细砂岩	粉细砂岩	粉细砂岩、碳酸盐岩
	孔隙度（%）	5~13	2~12	7~9	10~13	2~15	5~10
	渗透率（mD）	0.1~1.0	<0.01	0.01~0.2	0.01~0.3	0.1~1.0	0.2~1.0
	原油密度（g/cm³）	0.81~0.83	0.82~0.87	0.8~0.86	0.7~0.74	0.78~0.87	0.67~0.86
	压力系数（MPa/100m）	0.35~1.58	1.35~1.8	0.75~0.85	0.8~0.9	1.0~1.2	1.24~1.80

1.4 开发简况

截至2017年12月共投产水平井199口，目前开井193口，单井日产液4.35m³，日产油1.6t，含水58.%，动液面1745m，地层能量保持水平59.8%。致密油水平井第一年阶段递减40%左右，第二年阶段递减30%左右，第三年阶段递减25%，符合双曲递减规律。开发特征具有初期产量高、压力下降保持水平低、递减快等特点。

2 水平井体积压裂研究

体积压裂是指在水力压裂过程中通过增大加砂量和入地液量，使天然裂缝不断扩张和脆性岩石产生剪切滑移，形成天然裂缝及多级次生裂缝与人工裂缝相互交错的裂缝网络，从而增加改造体积，提高初始产量和最终采收率。致密油水平井体积压裂后，通过在主裂缝上形成多条分裂缝及沟通天然裂缝，最终形成的复杂裂缝网络使油气从岩基沿着裂缝网络流向井筒的距离大大缩小，提高了储层的有效动用。所形成的裂缝纵横交错，成立体状分布，油水井基质之间距离的变小，使得驱替启动压力变小。

2.1 水平井体积压裂参数

安 83 致密油藏于 2012 年开始实施"水平井+体积压裂"开发模式进行开发，共建成水平井 199 口，水平段长 500~1000m，排距 150m，间距 400~600m，采取分段多簇+体积压裂的初期改造方式，百米入地液量 600m³ 左右，百米加砂量 60m³ 左右。体积压裂对储层实施改造后，形成天然裂缝与人工裂缝相互交错的裂缝网络，其缝网单翼可延伸 400~600m。通过对安平 59 体积压裂过程中微地震监测改造裂缝长、宽、高及形态分布特征显示（图 1），储层改造缝网分布体积大（表 2），有效提高储层动用效率。水平井投产后前三个月平均产能 10.8t，是定向井开发产能的 3~5 倍，取得了较好效果。

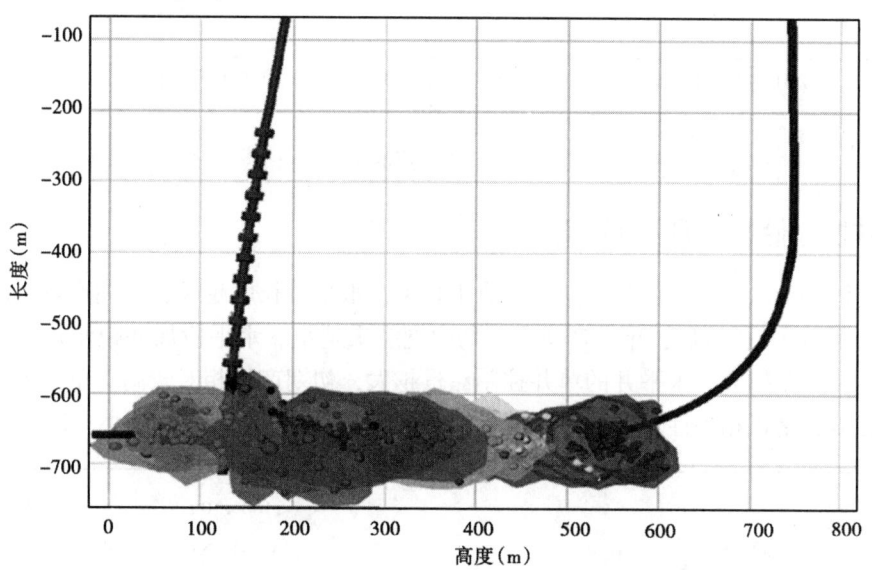

图 1 安平 59 井微地震监测压裂体积侧视图

表 2 安平 59 井体积压裂缝网形态监测表

段数	缝长（m）	缝宽（m）	缝高（m）	缝网控制体积（m³）
第 1 段	735	105	85	3.645×10^6
第 2 段	590	136	103	1.975×10^6
第 3 段	214	96	72	1.134×10^6

续表

段数	缝长（m）	缝宽（m）	缝高（m）	缝网控制体积（m³）
第4段	639	154	103	7.168×10⁶
第5段	960	131	76	4.698×10⁶
第6段	889	75	113	4.374×10⁶
第7段	697	67	119	4.860×10⁶

2.2 体积压裂改造参数对开发的影响

通过统计分析，在水平井储层物性相同的条件下，通过体积压裂改造方式，改造强度为百米加砂 $50\sim60m^3$，初期单井产量较高。通过分析相同水平段长度条件下百米滞留液与初期产量呈正相关性，百米滞留液在 $600m^3$ 以上递减相对较小，稳产时间长（图2）。入地液量能提高周围地层压力，使油井保持较高产能。

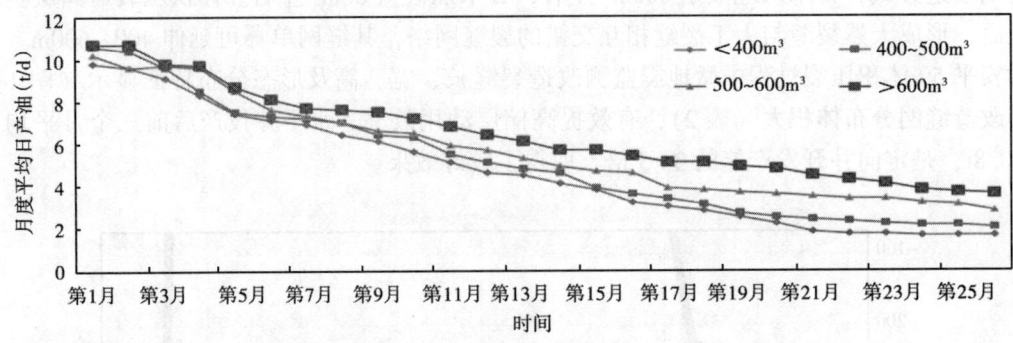

图2 水平井不同百米滞留液量产量运行图

2.3 单井控制储量对开发的影响

通过统计分析水平段长度与初期递减成正相关，水平段长度越长，初期产量越高，当水平段长度达到800m长度后，单井产量上升的幅度越来越小。水平段加井距便是水平井的单井控制储量，井距越大，水平井的单井控制储量越大，初期产量相对较高。单井控制储量对初期递减影响，呈正相关性，单井控制储量在 20×10^4t 以上时递减相对较小（图3）。

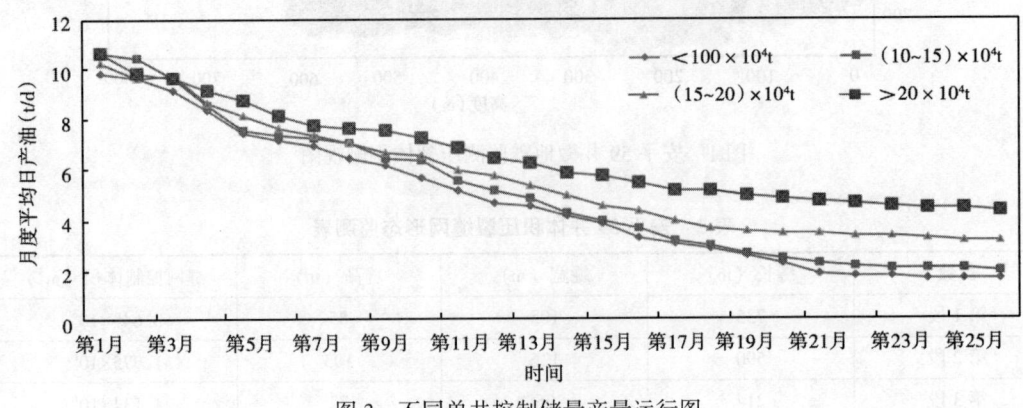

图3 不同单井控制储量产量运行图

3 水平井吞吐采油

注水吞吐采油是将水注入产层，注入水优先充满高孔隙度、高渗透带、大孔喉或裂缝等有利部位，关井后，在毛细管力的作用下，使注入水与中、小孔喉或基质中的油气产生置换，导致产层中的油水重新分布，然后开井降压，使被置换出来的油与注入水一起被采出的采油方法。对于低压油藏，注水吞吐采油首先起到补充地层能量的作用。注水吞吐采油分三个阶段：注水升压阶段、关井置换阶段和开井采油阶段（图4）。

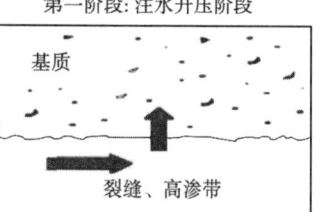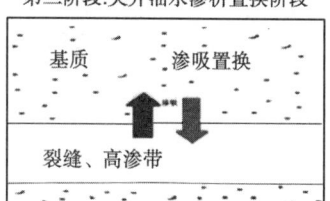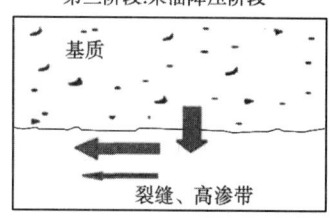

图4 吞吐采油各阶段示意图

在注水升压阶段，注入水优先充满高孔隙度、高渗透带、大孔喉或裂缝等有利部位，随注水量的增加，地层中流体饱和度重新分布，总趋势表现为随地层压力的升高，大部分地层含油饱和度逐渐下降，井底附近下降幅度最大，而地层边界附近含油饱和度则稍有上升，这是由于注水对原油具有驱替作用的缘故。

在关井置换阶段，地层压力重新分布，形成新的压力场，同时储层的亲水性有利于充分发挥毛细管力吸水排油的作用，形成吸水排油的单向对流运动，促使水线逐渐向油层远处推进，使注入水在地层压力扩散的同时与地层原油发生交换，将油脱离开来，当油水达到新的分布和平衡时，地下流体饱和度发生变化，水线停止向前推进，有利于原油的采出。

开井采油阶段是能量释放的过程，地层压力不断下降，井筒附近形成压降漏斗。注入水对原油的"脱离"作用使油层孔道中的原油被驱入井底，初期地层内由原来的单向流动变成油水两相流动，此时油水相对渗透率是流体饱和度的函数。由于注入水大部分聚集在井底附近，因此开井初期含水高，随开采时间增加逐渐下降，然后再缓慢上升，而日产油有一个先上升再逐渐递减的过程，表明地层深处的油向井底流动。

3.1 注水吞吐适应性

对于致密油藏，注水吞吐采油首先起到补充地层能量的作用，注入水沿着体积压裂形成的复杂缝网流入形成新的压力场，注入水和基质内流体进行驱替和置换，最后进行开采。新安边油田致密油储层为中性—弱亲水，水驱油核磁共振实验显示，存在渗吸和驱替两种渗流机理（图5）。随着渗透率降低，渗吸作用逐渐增强（图6）。裂缝（压裂缝）越发育，油水接触面积越大，越有利于基质与裂缝间流体的渗吸置换，渗吸效果越好。因此注水吞吐采油（渗吸）适用于缝网发育的安83致密油体积压裂的水平井。

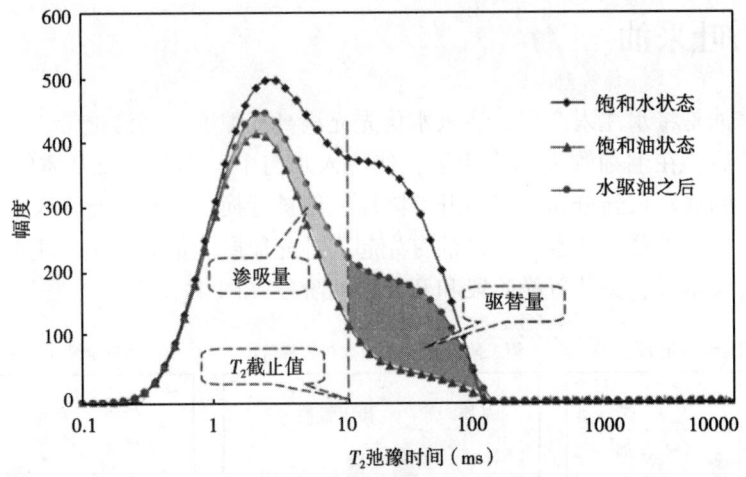

图 5 典型致密油藏可动油分布图

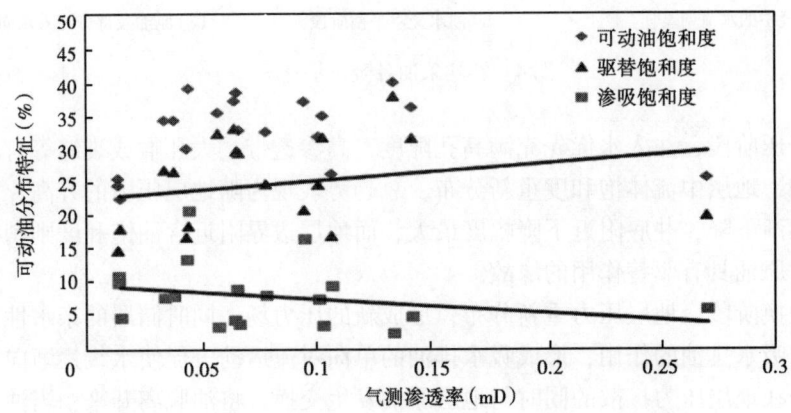

图 6 致密油储层气测渗透率与可动油分布特征关系图

3.2 注水吞吐试验效果分析

2015—2017 年对该区共开展水平井注水吞吐采油试验 18 口，日注水量 100m³，平均累计注水量 5100m³，焖井 30 天后开井。表现为地层压力上升，对应邻井液量、产量上升。平均单井产量由 1.84t 上升到 3.45t，平均有效期 260 天，平均单井增油 560t。吞吐采油能有效的补充致密油储层能量，改善开发效果。典型井安平 83 井 2015 年 8 月开始吞吐采油，累计注入水量 5400m³，焖井 30 天，对应邻井安平 48 井和安平 84 井（图 7），由于缝网沟通吞吐过程中邻井安平 48、安平 84 均见水并实施关井。吞吐后本井及邻井日产液、日产油大幅上升，试井结果显示地层压力由 11.4MPa 上升到 16.3MPa，压力恢复速度较快，证明地层能量得到有效补充（图 8）。本井累计增油 892t，有效期 528 天（图 9），邻井安平 48 累计增油 1438t，有效期 928 天，目前仍有效。邻井安平 84 累计增油 1675t，有效期 475 天，吞吐效果好。

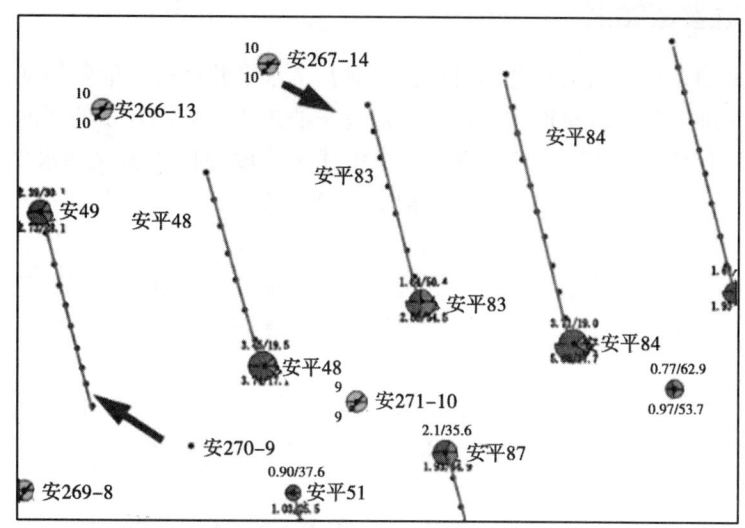

图 7 安平 83 及邻井井网示意图

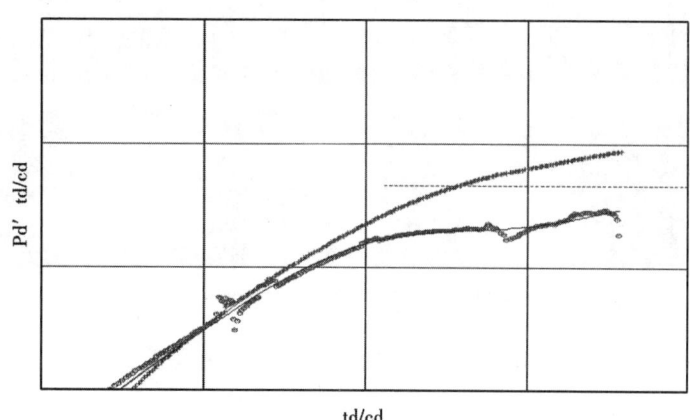

图 8 安平 83 吞吐试井双对数曲线

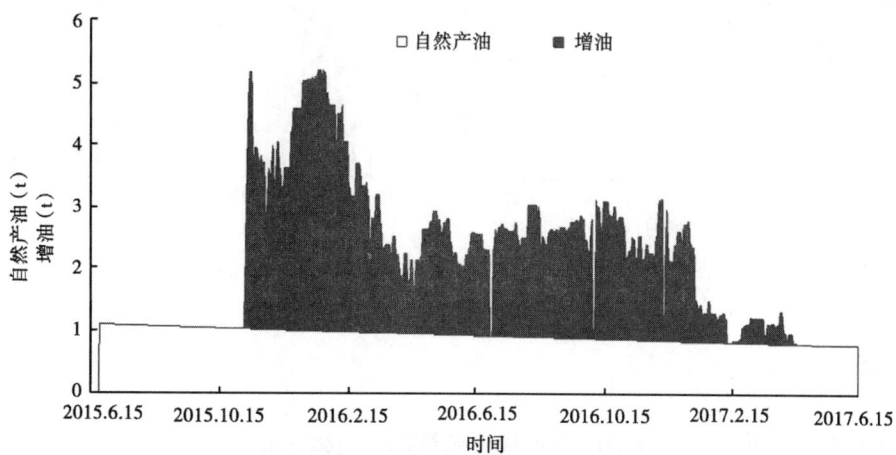

图 9 安平 83 井注水吞吐过程生产曲线

3.3 注水吞吐参数优化

鉴于吞吐采油在致密油水平井的可行性，对长7水平井区进行油藏精细描述，结合裂缝改造强度，应用理论及数值模拟方法拟合出最终洗油效率，衰竭开发的洗油效率最低，注水吞吐较衰竭开发较高（图10）。注水吞吐模拟中注水阶段最佳压力保持水平为100%，为避免注入水窜流扩散，形成有效憋压，充分油水置换，结合试验井注水动态，优化出合理日注水量为20m³/100m。模拟过程中控制单一变量，注入速度，焖井时间以及生产时间，改变另外两个参数，通过换油率和累计增油量优选最佳吞吐参数。数值模拟结果显示，随着焖井时间的增长，油水置换更充分，注水吞吐的累计产油量逐渐增加，但增幅较小。考虑现场采油井的生产时率，优化水平井吞吐注入量为5500m³，日注100~120m³，焖井时间为30天，周期采油时间417天，其模拟压力和产量曲线（图11），开采27年后注水吞吐的采出程度达到9.8%，单井累计采油量2.65×10⁴t，相比衰竭开发采收率提高5.3%，吞吐效果较好。

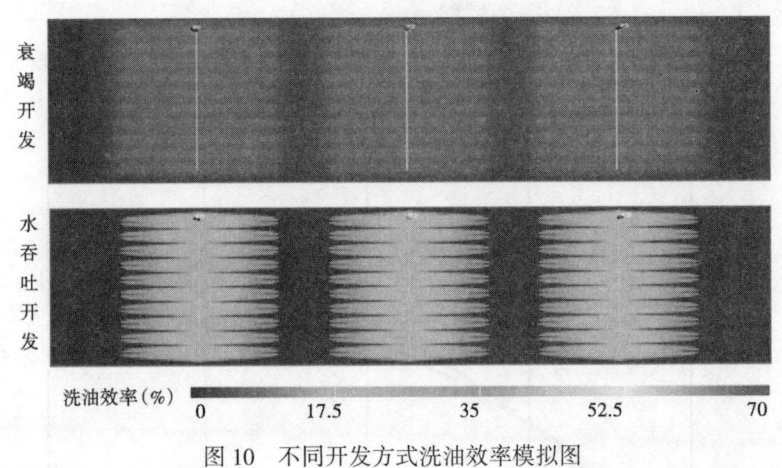

图10 不同开发方式洗油效率模拟图

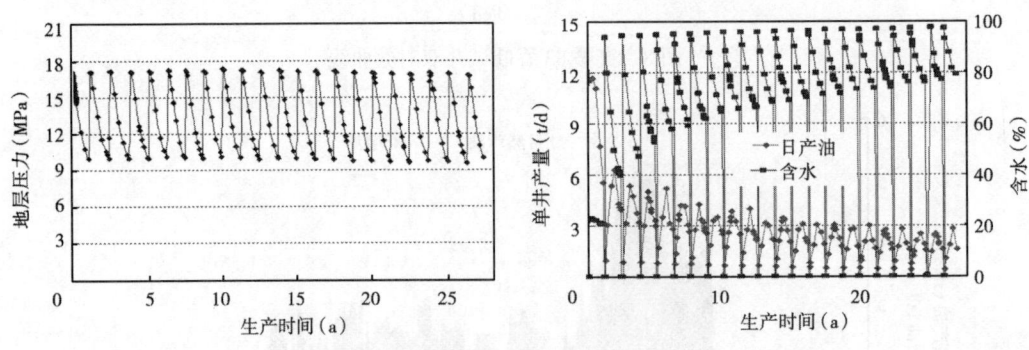

图11 致密油水平井模拟吞吐采油压力和生产曲线图

4 结论

致密油水平井通过体积压裂改造形成复杂缝网，有效地提高了储层动用程度，提高了单井产量。同时，储层改造参数和能量补充一定程度上影响水平井的后期稳产。

（1）致密油水平井开发过程中由于体积压裂可以形成庞大复杂的缝网，水平井的单井控制储量越大,越有利于稳产。

(2)致密油水平井体积压裂强度越大,滞留液量越多,越有利于水平井提升周围地层能量,延长稳产时间。

(3)致密油体积压裂后造成复杂裂缝,为吞吐采油提供了基础,吞吐过程注入水沿着裂缝与原油之间发生渗吸置换作用,并具有一定的驱替作用,能有效提高地层压力,提高阶段单井产量和最终采收率。

参 考 文 献

[1] 周庆凡,杨国丰. 致密油与页岩油的概念与应用 [J]. 石油与天然气地质,2012,04:542-543.

[2] 申丽娜,路向伟,乔华伟,等. AN井区长7致密油裂缝特征及开发对策 [J]. 低渗透油气田,2016(下卷):76-77.

[3] 李宪文,张矿生,樊凤玲,等. 致密油勘探研究现在 [J]. 石油天然气学报,2013,03:142-146,152,169.

[4] 黄大志,向丹,等. 注水吞吐采油机理研究 [J]. 油气地质与采收率,2004,11(5):75-79.

[5] 王文东,赵广渊,等. 致密油体积压裂技术应用 [J]. 新疆石油地质,2013,06:345-347.

[6] 段银鹿,李倩,姚韦萍. 水力压裂微地震裂缝监测技术及其应用 [J]. 断块油气田,2013,05:644-648.

加密水平井布井界限确定方法研究

苗国锋

(中国石油大庆油田有限责任公司勘探开发研究院)

摘 要：加密井布井界限是油藏部署井位的重要依据，以直井布井界限方法确定的极限日产油、极限可采储量为基础，通过对井间加密及断层附近加密水平井两侧不同驱动方式的研究，确定了不同加密位置单井极限地质储量，在油藏容积法储量计算公式基础上，引入采出程度参数，给出了不同采出程度下加密水平井水平段长度与有效厚度关系曲线，通过有效厚度界限可直观有效判断区块是否适合加密水平井。该布井界限对于低丰度及特低丰度油藏加密水平井调整井位部署具有一定的指导意义，并对该类储层未动用区块井位部署具有一定的借鉴意义。

关键词：低丰度；加密水平井；布井界限

目前，加密布井界限确定方法是应用盈亏平衡原理和产量递减规律计算所得，该方法已被广泛应用，计算指标主要包括单井极限日产油量、单井极限可采储量、单井极限地质储量及单井极限有效厚度。

1 单井极限日产油及单井极限可采储量

本文计算的加密井布井界限中的单井极限日产油量、单井极限可采储量根据相关文献中常用布井经济界限确定方法来确定。

单井极限日产油量计算公式：

$$q_{\min} = \frac{(I_D + I_B)(1+R)^{T/2} \times \beta}{0.0365\tau_o d_o T(P_o - 0)(1-D_c)^{T/2}} \quad (1)$$

式中 $q_{\min}$——单井极限日产油量，t；
I_D——单井平均钻井投资，万元/口；
I_B——单井平均地面投资，万元/口；
R——投资贷款利率；
T——开发评价年限，a；
β——油井系数，即油水井总数与油井数的比值；
τ_o——采油时率；
d_o——原油商品率；
P_o——原油销售价格，元/t；
O——原油成本，元/t；
D_c——年递减率。

根据单井极限日产油量结果，结合递减规律计算开发评价期内单井累计产油量。单井极限可采储量主要是根据单井极限日产油量计算得出，具体计算公式为：

$$N_{\min k} = \frac{0.0365\tau_o q_{\min} T}{W_i \beta} \tag{2}$$

将式（1）代入式（2）中，经整理得出单井极限可采储量计算公式：

$$N_{\min k} = \frac{(I_D + I_B)(1 + R)^{T/2}}{d_o(P_o - O)W_i} \tag{3}$$

式中 W_i——开发评价期内原油地质储量采出程度。

2 单井极限地质储量

2.1 井间加密水平井单井极限地质储量

井间加密水平井位于老井中间，水平井两侧与老井井距相同，均为水驱（图1），采收率相同，加密水平井时主要考虑不同采出程度下，水平段长度与有效厚度关系。

单井极限地质储量计算公式：

$$N_{\min g} = \frac{N_{\min k}}{E_R} \tag{4}$$

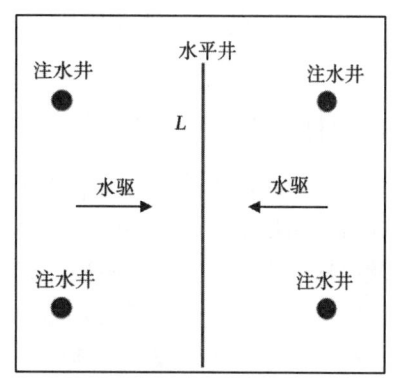

图1 井间加密水平井示意图

式中 $N_{\min g}$——单井极限地质储量，10^4t；
$N_{\min k}$——单井极限可采储量，10^4t；
E_R——水驱采收率。

2.2 断层附近加密水平井单井极限地质储量

断层附近加密水平井，水平井两侧驱动方式不同，与断层一侧为天然能量驱，与原井网一侧为水驱（图2），造成水平井两侧采收率差异，使得加密水平井布井位置不处于断层和老井中间，计算经济界限时，主要考虑在断层与老井不同距离情况下，水平段长度与极限有效厚度的关系。

首先分别计算两侧不同驱动方式采收率值。天然能量驱动采收率＝弹性能量驱动采收率+溶解气驱动采收率。弹性驱采收率采用常规弹性驱采收率公式计算，溶解气驱采收率计算可采用美国石油学会建立的经验公式计算，水驱采收率根据全国储委油气专委（1985年）推荐的经验公式计算。

单井极限可采储量公式：

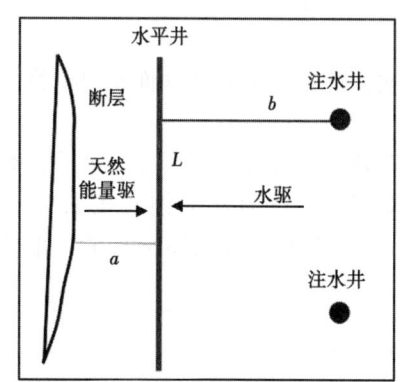

图2 断层附近加密水平井示意图

$$N_{\text{mink}} = N_{k1} + N_{k2} \tag{5}$$

单井极限地质储量公式：

$$N_{\text{ming}} = \frac{N_{k1}}{E_{R1}} + \frac{N_{k2}}{E_{R2}} \tag{6}$$

式中　N_{k1}——加密水平井断层侧可采储量，10^4t；

　　　N_{k2}——加密水平井与老井侧可采储量，10^4t；

　　　E_{R1}——加密水平井断层侧原油采收率；

　　　E_{R2}——加密水平井与老井侧原油采收率。

3　单井极限有效厚度

3.1　井间加密水平井单井极限有效厚度

单井控制地质储量与水平井泄油面积、油层有效厚度及含油饱和度有关。目前，计算水平井泄油面积主要有两种计算方法：一种是将水平井两端看作两个直井井眼，直井的泄油面积就以该油藏实际直井的面积计算，水平井段的泄油面积相当于以直井泄油面积的直径为宽度，以水平段长为长度的长方形的泄油面积［图3（a）］，即 $A = 2r_{ev}L + \pi r_{ev}^2$；另一种方法是把水平井泄油面积看成一椭圆体，直井泄油直径加水平段长度即为长轴，直井泄油直径为短轴计算［图3（b）］，则水平井的泄油面积为 $A = \pi r_{ev}L/2 + \pi r_{ev}^2$。

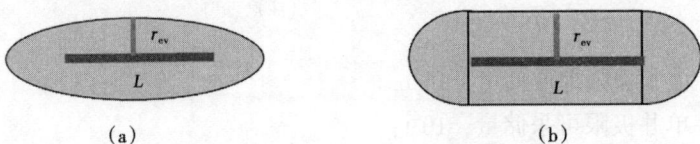

图3　水平井泄油面积计算示意图

通过两种方法平均得到水平井泄油面积公式：

$$A = \pi r_{ev}^2 + r_{ev}L + \pi r_{ev}L/4 \tag{7}$$

式中　r_{ev}——泄油半径，km；

　　　L——水平段长度，km。

在直井—水平井联合井网中，直井注水，水平井采油，计算水平井泄油面积时，将注采井距作为泄油半径。

根据容积法单井控制地质储量计算公式可以推导出有效厚度计算公式［式（8）］，利用目前含油饱和度、原始含油饱和度及采出程度关系式，得到目前含油饱和度公式［式（9）］。将式（9）带入式（8），得到不同采出程度下，不同水平段长度加密水平井单井极限有效厚度。

极限有效厚度计算公式：

$$H_{\min} = \frac{N_{\text{ming}}}{100A\phi S_o \rho} \times B_{oi} \tag{8}$$

目前含油饱和度计算公式：

$$S_o = (1 - R)S_{oi} \tag{9}$$

将式（7）和式（9）带入式（8）得单井极限有效厚度公式：

$$H_{min} = \frac{N_{min\,g}}{100(\pi r_{ev}^2 + r_{ev}L + \pi r_{ev}L/4)\phi(1-R)S_{oi}\rho}B_{oi} \tag{10}$$

式中 H_{min}——极限有效厚度，m；

　　A——水平井泄油面积，km²；

　　ϕ——孔隙度；

　　S_o——目前含油饱和度；

　　S_{oi}——原始含油饱和度；

　　ρ——地面原油密度，g/cm³；

　　B_{oi}——原油体积系数；

　　R——采出程度。

以原油价格70美元/bbl为例，以《大庆油田公司经济评价参数选取标准》为依据，通过式（10）计算可得出不同采出程度下，水平段长度与极限有效厚度关系曲线。从曲线中可以看出，随着井区采出程度增加，极限有效厚度逐渐增加，随着水平段长度的增加，极限有效厚度逐渐降低。当采出程度为0~15%时，水平段长度400~1000m，极限有效厚度为1.7~0.8m（图4）。

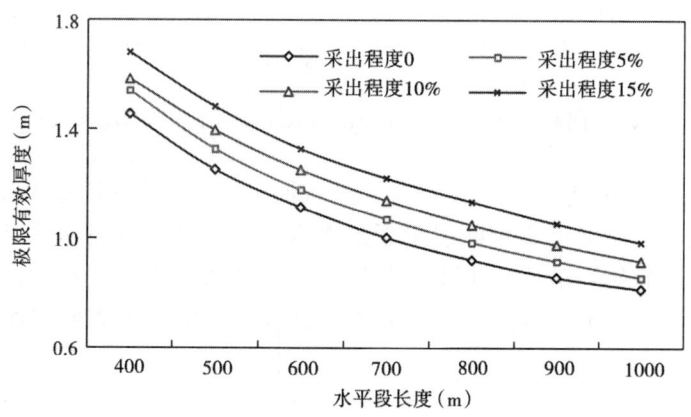

图4　不同采出程度下极限有效厚度与水平井段长度关系曲线

3.2 断层附近加密水平井单井极限有效厚度

在不考虑注水井绕流的情况下，断层附近加密水平井泄油面积=断层侧泄油面积+与老井侧泄油面积，单井控制泄油面积公式：

$$A = A_1 + A_2 = \frac{\pi a^2}{2} + \frac{aL}{2} + \frac{\pi aL}{8} + \frac{\pi b^2}{2} + \frac{bL}{2} + \frac{\pi bL}{8} \tag{11}$$

式中 A_1——断层侧泄油面积，km²；

A_2——与老井侧泄油面积，km^2；
a——加密水平井与断层侧距离，km；
b——加密水平井与老井侧距离，km。

极限有效厚度公式：

$$H_{\min} = \frac{N_{\text{ming}}}{100\phi\rho[A_1 S_{oi} E_{R1} + A_2(1-R) S_{oi} E_{R2}]} B_{oi} \quad (12)$$

断层与老井间距离为 $n=a+b$，以原油价格70美元/bbl为例，以《大庆油田公司经济评价参数选取标准》为依据，通过式（12）计算可得到不同断层与老井间距离下，水平段长度与极限有效厚度关系曲线。从曲线中可以看出，随着断层与老井间距离的增加极限有效厚度逐渐降低，随着水平段长度的增加，极限有效厚度逐渐降低。计算断层与老井间距离200~600m时，水平段长度400~1000m，极限有效厚度为1.9~0.6m（图5）。

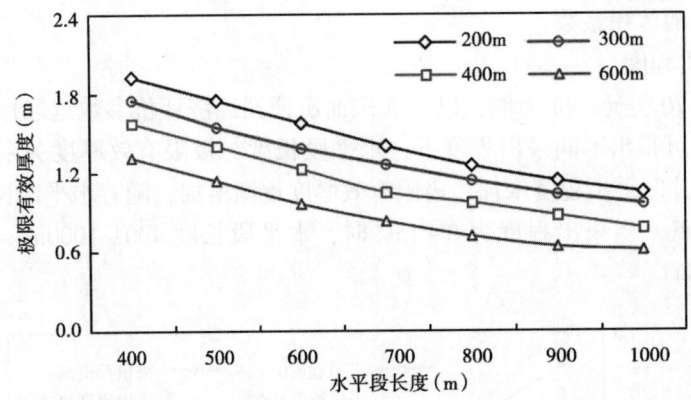

图5 不同断层与老井距离下极限有效厚度与水平段长度关系曲线

因此，在已知井区断层与老井间距离、区域加密水平井水平段最大长度及有效厚度情况下，应用极限有效厚度可确定断层附近加密区域是否适合加密水平井。此外，断层附近加密水平井布井原则：地质要求水平井轨迹距断层大于50m，在加密水平井满足水驱可动用情况下，加密水平井轨迹离老井距离应尽最大可能大于离断层距离，以获得更大水驱采收率。

4 布井界限确定结果

应用上述加密水平井布井界限确定方法分别计算了方案设计期间油价下井间加密及断层附近加密水平井布井界限，相关投资、产出等参数依据《大庆油田公司经济评价参数选取标准》选取。

计算在油价70美元/bbl时，井间加密水平井基础条件为老井网300m×300m，采出程度10%，水平段长度600m，极限日产油为5.5t，极限可采储量为1.24×10^{4}t，极限地质储量为4.14×10^{4}t，有效厚度下限1.2m；断层附近加密基础条件为断层到老井距离为300m，采出程度为0%，水平段长度为600m，极限日产油为5.5t，极限可采储量为1.24×10^{4}t，极限地质储量为5.38×10^{4}t，有效厚度下限1.4m（表1）。

表 1 大庆长垣外围油田加密水平井经济界限计算结果表

油价 (美元/ bbl)	井间加密				断层附近加密			
	极限 日产油 (t)	极限 可采储量 (10⁴t)	极限 地质储量 (10⁴t)	极限 有效厚度 (m)	极限 日产油 (t)	极限 可采储量 (10⁴t)	极限 地质储量 (10⁴t)	极限 有效厚度 (m)
50	8.5	1.92	6.39	2.1	8.5	1.92	8.31	2.3
60	6.8	1.53	5.11	1.6	6.8	1.53	6.65	1.8
70	5.5	1.24	4.14	1.2	5.5	1.24	5.38	1.4
80	4.6	1.04	3.46	1.0	4.6	1.04	4.50	1.2

应用加密水平井布井界限确定方法计算的不同加密位置下极限地质储量及极限有效厚度，通过结果可以看出，在相同油藏条件下，断层附近由于单侧天然能量驱采收率远远低于水驱采收率，使得井区整体采收率低于井间加密井区采收率，因此，在加密水平井段长度相同的条件下，断层附近加密水平井极限地质储量及极限有效厚度高于井间加密极限地质储量及极限有效厚度。

5 应用效果

大庆油田在长垣老区利用加密水平井挖潜厚油层顶部剩余油，在长垣外围油田宋芳屯、敖南、肇州等油田实施水平井开发及调整工作，取得了较好的开发效果。目前，大庆长垣外围油田已投产加密水平井12口，其中井间加密井6口，断层附近加密6口，平均空气渗透率为67.6mD，平均水平段长度为494.9m，单井控制地质储量为$5.11×10^4$t。加密水平井初期日产油5.9t，是周围加密直井的4.2倍，加密水平井取得较好的效果（表2）。

表 2 大庆长垣外围油田加密水平井综合数据表（截至2017年12月）

加密 部位	井数 (口)	单井控制 地质储量 (10⁴t)	目的层 有效厚度 (m)	空气 渗透率 (mD)	水平段 长度 (m)	初期 日产油 (t)	加密 直井倍数 (倍)	目前 累产油 (t)	预测评价期末单 井平均累计产油 (t)	税后内部 收益率 (%)
井间加密	6	4.57	1.6	4.7	483.3	5.2	4.0	4048	8342	12.7
断层附近	6	5.65	1.5	130.6	506.6	6.6	4.4	5527	8657	14.6
合计/平均	12	5.11	1.6	67.6	494.9	5.9	4.2	4788	8399	13.8

以月递减率为基础，应用递减法预测单井10年末累计产油，在原油价格为70美元/bbl时，分别对井间加密和断层附近加密水平井进行了经济效益评价，预测评价结果显示，已投产两种方式加密水平井税后内部收益率均高于油田产能建设项目内部收益率12%的标准，可获得经济效益。目前，已投产断层附近加密水平井效果好于井间加密水平井，分析原因认为，两种加密位置加密目的有所差别，井间加密水平井为特低渗透油藏，加密水平井目的是解决直井无法建立有效驱动的问题，而断层附近为中渗透油藏，加密水平井目的是提高加密井单井产量，获得更好的经济效益。因此，造成两者现场实施效果存在差异。

6 结论

（1）应用加密水平井布井界限确定方法计算所得水平段长度与极限有效厚度关系曲线，从曲线中可以看出，井间加密水平井随着井区采出程度增加，极限有效厚度逐渐增加，随着水平段长度的增加，极限有效厚度逐渐降低。断层附近加密水平井随着断层与老井间距离的增加，极限有效厚度逐渐降低，随着水平段长度的增加，极限有效厚度逐渐降低。在油藏条件及加密水平段长度相同的情况下，断层附近加密水平井极限地质储量及极限有效厚度高于井间加密极限地质储量及极限有效厚度。

（2）该方法已应用于大庆油田长垣外围油田加密水平井布井工作，现场应用表明，目前投产加密水平井初期日产油5.9t，可达到周围加密直井的4.2倍，取得了较好的加密效果，并取得了一定的经济效益，目前投产的断层附近加密水平井效果好于井间加密水平井，主要原因是断层附近加密水平井储层物性好于井间加密水平井。

（3）提出了加密水平井布井界限确定方法，可用于指导低及特低丰度储层已开发区块加密水平井井位部署，对于该类储层未动用区块水平井井位部署也有一定得借鉴意义。

参 考 文 献

[1] 李道品, 等. 低渗透砂岩油田开发 [M]. 北京：石油工业出版社，1997：200-202.

[2] 高志华, 侯德艳, 肖爱莉, 等. 对大庆外围油田开发中几个经济界限的研究 [J]. 大庆石油地质与开发，1996，15（2）：23-27.

[3] 窦宏恩. 油田开发中水平井主要参数设计方法 [J]. 特种油气藏，2012，19（6）：62-63.

[4] 隋新光, 赵敏娇, 渠永宏, 等. 水平井挖潜技术在大庆油田高含水后期厚油层剩余油开发中的应用 [J]. 大庆石油学院学报，2006，30（1）：112-113.

[5] 杨广. 敖南油田水平井加密试验研究 [J]. 内蒙古石油化工，2015，23-24：153-154.

[6] 高彦楼. 大庆外围特低丰度薄互层油藏水平井开发简介 [J]. 大庆石油地质与开发，2003，22（3）：9.

[7] 许艳. 低渗透油藏经济界限产量计算方法探讨 [J]. 特种油气藏，2003，10（2）：57-58.

[8] 何俊, 陈小凡, 乐平, 等. 线性回归方法在油气产量递减分析中的应用 [J]. 岩性油气藏，2009，21（2）：103-105.

[9] 刘斌, 许艳, 郭福军, 等. 水平井部署经济评价方法研究 [J]. 特种油气藏，2011，18（1）：64-65.

特低渗透油藏 A 区块直平联合加密方法研究

朱琳琳　付现平

（中国石油大庆油田有限责任公司第十采油厂）

摘　要：A 区块主要发育扶余油层，由于发育在沉积边部，受河道的横向迁移摆动，砂体错叠连片，平面关系极其复杂，砂体单层厚度变化很大。在初期 450m×160m 菱形井网条件下，区块砂体控制程度低，注水压力高，吸水能力差，地层压力恢复水平低，不能建立有效驱动体系，单井产量仅 0.2t。为改善区块开发效果，开展了"在全井层数多厚度较大的井区采取部署直井加密，全井层数少但主力油层厚度大的井区部署水平井加密"的直平联合加密方式。并针对直平联合加密的特点，优化了井网井距；确立了"以精细油藏描述为基础，井—震联合地质建模为手段，现场精细跟踪为指导"的水平井设计思路，通过数值模拟方法和油藏工程方法结合，在水平井区优选、水平井参数设计等方面进行了研究，逐步形成了一套适合低渗薄差储层水平井优化设计、轨迹现场跟踪调整及完井技术。加密后，区块开发效果得到改善，取得了巨大的经济效益，预测采收率也得到了大幅度提高。

关键词：直平联合加密；砂体控制程度；采收率；有效驱动体系

朝阳沟油田是典型的低—特低渗透油藏，按照构造位置、储层物性、裂缝发育程度等划分为三类区块。经过 30 多年的开发，形成了"区块分类治理，分类研究和分类管理"的三分开发思路。二、三类区块储层导压能力低，开发效果变差。近几年，在二类区块、三类区块及一类区块开展了加密调整技术研究，并积极扩大加密规模，加密后加强了二、三类油层剩余油动用，开发效果得到明显改善，提高了采收率。但是仍旧有部分二、三类区块砂体发育规模小、储层物性差、可调厚度小，采用直井加密效益差。因此，选择有代表性的 A 区块开展直井—水平井联合加密现场试验，探索老开发区薄差储层加密调整技术，指导同类区块的加密调整。

1　区块概况

A 区块位于朝阳沟背斜翼部，油藏埋藏深，空气渗透率 4.5mD，基础井网采用了 450m×160m 的菱形井网，井排方向为东西向，与最大主应力方向平行。砂体发育零散，主力油层发育稳定，单层平均厚度 3.6m。现井网条件下油井不受效，单井日产油仅 0.4t，采油速度 0.16%，采出程度 3.26%，开发效果差。

2　建立地质模型

本次采用曲线形栅柱几何形态描述断层，目的层断层倾角变化更加清楚，满足水平井区断层上下延伸长。以实际开发井点分层数据为控制点，通过加密直井的比对分析优选误差最小的最小曲率算法，描述目的层顶深。从而建立区块构造模型。

设计了基础井网（450m×160m 菱形抽稀井网），基础井网（450m×160m 菱形井网）和加密井网（150m×160m 菱形井网）等 3 套不断增大井网密度，趋向于加密后井网的井网，开展地震反演，逐步提高了地震预测砂体的精度，。揭示了目的层 FⅡ1、FⅡ2 层都可以作为水平井的目的层。

3 加密井网、井型

建立了地质模型后，数模优选了井间均匀加密两口井的加密方式，加密后形成 150m×160m 的菱形井网，井排方向与裂缝方向保持一致。在满足加密直井的可调厚度下限的井区直接部署直井；井区有效厚度小，低于部署加密直井的可调厚度下限，且主力油层单一，砂体发育稳定，有效厚度大于 2.3m 部署水平井。共部署水平井 5 口，直井 14 口，加密后老井转注 7 口，形成 15 注 27 采的菱形井网。

4 水平井轨迹设计

综合应用随钻测井、录井等资料，及时识别储层含油性，预判油层位置及发育状况，指导水平井轨迹调整。

在直井段、造斜段，收集井区扶顶及目的层顶面构造图、各小层沉积相带图、周围直井横向图、标准图、地层倾角、地质模型、钻井地质、工程设计等资料，做好跟踪调整准备工作。在探顶段，严格按设计施工，根据随钻测井、录井资料，综合判断扶顶位置，校正模型深度误差。在入靶段，按校正后模型钻进，综合分析气测、岩屑录井、测井资料，适时调整轨迹，保证准确入靶。在水平段，严格控制井斜角，预判钻头位置，保持井眼在储层最佳位置，避免出层；考虑朝阳沟油田储层发育高阻低钙的特点，及时分析岩性及含油性的变化，预判油层位置及发育状况，做到适时调整，确保在油层钻进。区块 5 口水平井砂岩钻遇率在 92%以上，油层钻遇率 85%以上。

5 水平井—直井井组裂缝参数

考虑该区井网、地应力、储层物性、砂体发育特征等因素，建立了裂缝参数优化设计标准（图 1、图 2、图 3）。

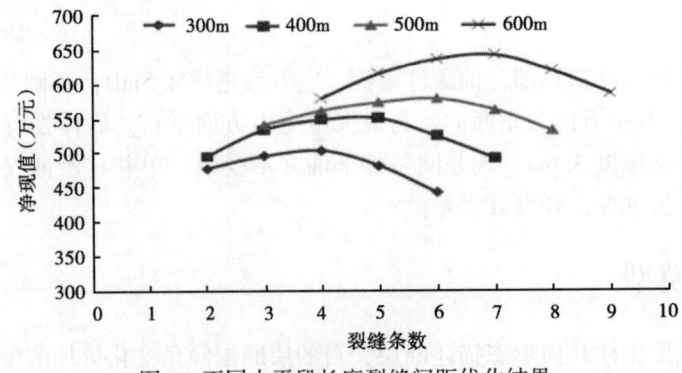

图 1 不同水平段长度裂缝间距优化结果

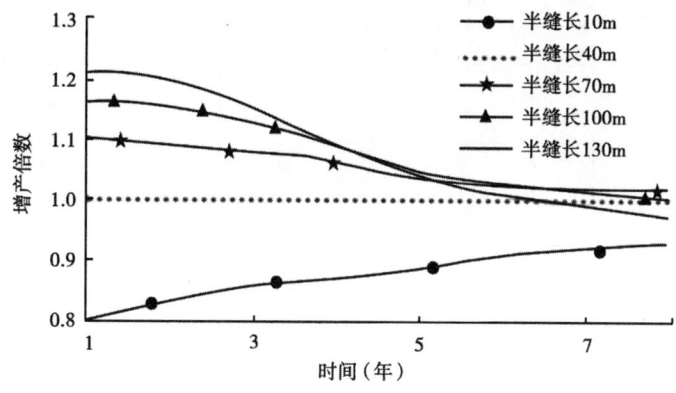

图 2 水平井裂缝半长优化结果

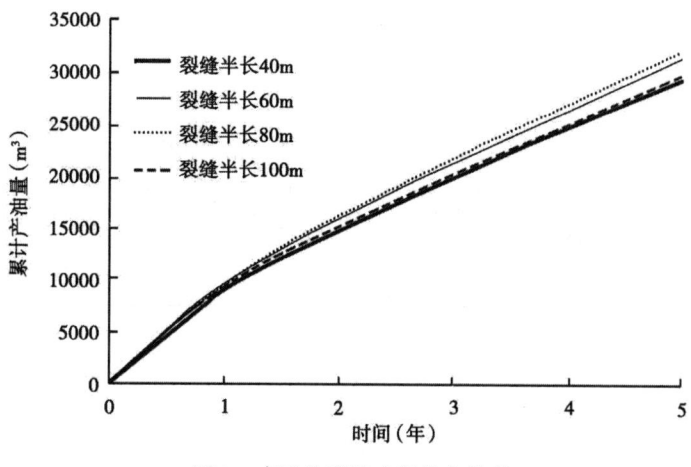

图 3 直油井裂缝半长优化结果

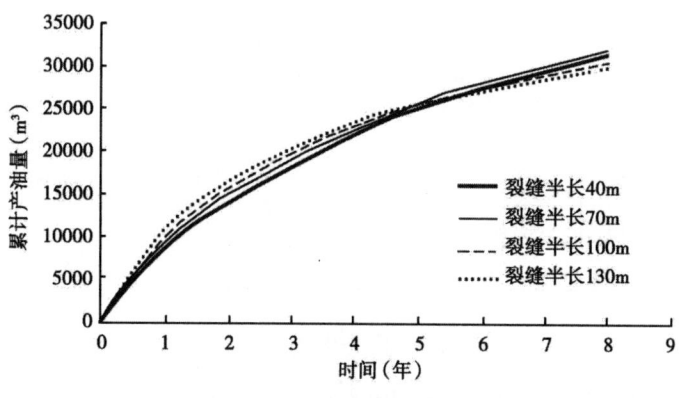

图 4 直水井裂缝半长优化结果

根据以上标准，直井方面采用普通压裂，直油井裂缝半缝长设计为 60~80m，直水井裂缝半缝长设计为 40~60m（表1）。水平井方面压裂井段与井排方向交错，裂缝间距在 80~100m；采用多段大规模压裂压裂方式，裂缝半缝长设计为 70~100m（表2）。

103

表1 加密直井压裂参数设计结果统计表

类别	储层类型	改造层数（个）	单层砂岩厚度（m）	单层压裂液用量（m³）	单层支撑剂用量（m³）	加砂强度（m³/m）	穿透比
联合开采层	Ⅱ类	8	4.1	69	13	3.2	1.1
非联合开采层（直井）	Ⅱ类	25	3.3	67	15	4.5	1.1~1.3
	Ⅲ类	2	3.1	57	14	4.8	1.3~1.5
	Ⅳ类	14	2.9	58	14	4.8	1.5~1.9

表2 加密水平井压裂参数设计结果统计表

井号	水平段长度（m）	压裂工艺	设计段数（个）	裂缝半长（m）	压裂液用量（m³）	支撑剂用量（m³）	排量（m³/min）
平1	645	小规模缝网	4	205	1773	130	4~5.5
平2	518	缝内多裂缝	5	224	2023	179	4~5.5
平3	495	多段压裂	5	241	1040	140	4~4.5
平4	566	穿层压裂	6	190	1130	145	4~5.5
平5	570	小规模缝网	5	230	2718	190	4~5.5
平均	558.8		5.2	218	1736.8	156.8	4~5.5

6 加密效果

井下微地震监测结果显示，每段均形成了一定规模的裂缝网络体系，平均裂缝波及长度423m，波及宽度104m，波及高度60m，改造体积 $163×10^4m^3$（表3）。

表3 水平井井下微地震监测结果

井号	压裂方式	裂缝缝长（m）	波及宽度（m）	波及缝高（m）	压裂裂缝方位	改造体积（10^4m^3）
平2	缝内多裂缝	461	100	56	NE90.2°	131.7
平5	小规模缝网	385	107.8	64	NE80°	194.4
合计		423	103.9	60	NE85.1°	163.05

投产后，水平井、直井初期单井日产油分别为5.0t、2.1t；地层压力由3.98MPa上升到6.49MPa，注采压差由20.26MPa减小到12.31MPa，取得较好的加密调整效果。

7 结论

通过A区块直井—水平井联合加密的成功开展，形成了特低渗透油藏老开发区薄差储层加密调整技术，指导同类区块的加密调整，具有很好的推广前景。

参 考 文 献

[1] 黄延章. 低渗透油层渗流机理［M］. 北京：石油工业出版社，1998：12.
[2] 李道品. 低渗透砂岩油田开发［M］. 北京：石油工业出版社，1997：124-126.
[3] 刘亚军，沈建新，王鸿勋，等. 水平井射孔完井数值模拟研究. 石油钻探技术，1997，25（2）．47～49.
[4] 刘健，练章华，林铁军. 水平井不同完井方式下产能预测方法研究. 特种油气藏，2006，13（1）．61～63.
[5] 钟声，黎洪，黄伟等. 水平井完井投产设计及其技术. 油气井测试，2003，12（2）．26~28.
[6] 李道品. 低渗透油田高效开发决策论［M］. 北京：石油工业出版社，2003；8-9.
[7] 雷群，胥云，蒋廷学，等. 用于提高低—特低渗透油气藏改造效果的缝网压裂技术［J］. 石油学报；2009年02期.
[8] 翁定为，雷群，胥云，等. 缝网压裂技术及其现场应用［J］. 石油学报；2011年02期.
[9] 陈守雨，刘建伟，龚万兴，等. 裂缝性储层缝网压裂技术研究及应用［J］. 石油钻采工艺；2010年06期.
[10] 孙庆友. 大庆油田低渗透裂缝性油藏重复压裂造缝机理研究［D］. 东北石油大学；2011年.

薄油层水平井区注采系统调整方法研究与应用

孙美凤

（中国石油大庆油田有限责任公司第八采油厂）

摘　要：某油田薄油层发育，为典型的构造—岩性油藏，2002年起开展水平井开发试验，推动了低丰度储量的有效动用。目前，水平井已进入中高含水阶段。水平井区井网主要存在三个问题：一是注水井点少，平均单井连通注水井2.6口；二是多向连通比例低，仅为16.3%，注采关系不完善，影响水平井储量动用；三是段间干扰大，动用不均衡。本文针对水平井区主要问题，应用水平井数值模拟成果，结合不同井网类型，明确了水平井剩余油分布特征。通过转注、补钻加密、油水井措施等方式提高水平井区储量动用程度，并首次尝试水平井区加密，完善水平井区注采系统。3年来，共实施老井转注38口，补钻加密82口，油水井措施19井次，建成产能$4.12×10^4$t/a，措施增油$1.11×10^4$t，取得较好效果，为同类油田水平井注采系统调整提供指导。

关键词：薄油层；水平井；注采系统；剩余油

某油田开发层位为B油层，砂体发育层数少，厚度薄，孔隙度和渗透率低。平均单井有效厚度为1~2m，单层有效厚度在0.5m左右。2002年投产第一口水平井，随着开发时间延长，水平井规模应用，已投产88口，实现了少井高产的目标。但水平井平均单井连通注水井2.6口，双向连通比例为47.5%，多向连通比例仅为16.3%，单向及不连通比例仍较大，为36.2%。针对以上问题，应用数值模拟方法明确水平井区剩余油分布，进一步通过转注、补钻等方法完善试验区注采系统，提高水平井区储量动用。

1 注采系统现状

水平井区目前注采状况主要存在如下三个问题：

（1）注水井点少，井网只控制了一部分砂体。某油田井网形式主要为直平联合井网，如图1所示，即1口水平井与周围几口直井油水井的组合形式。以水平井连通的注水井数

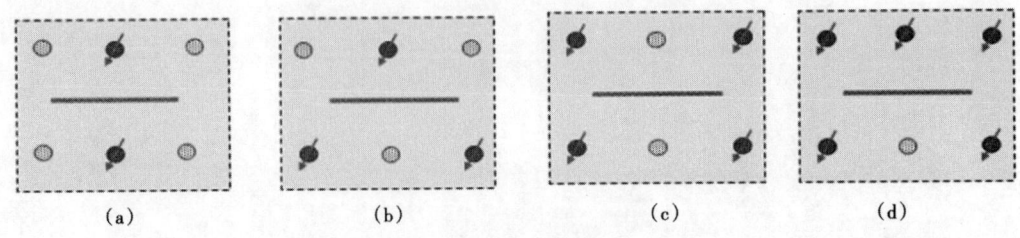

图1　某油田井网类型

（2口、3口、4口、5口及以上）为标准，将所有的注采井网类型分为A、B、C、D 4类，分类情况见表1。

表1 某油田井网类型总体分布情况

井网类型	内　　容	井数（口）	比例（%）
A	水平井周围有2口注水井	54	61.4
B	水平井周围有3口注水井	21	23.9
C	水平井周围有4口注水井	7	8.0
D	水平井周围有5口及以上注水井	6	6.7
合　计		88	100.0

由统计结果可以看出，A类（水平井周围有2口注水井）和B类（水平井周围有3口注水井）所占比例较大，分别为61.4%和23.9%，是目前主要的井网形式。

（2）多向连通比例低，井网水驱空白区域大。从水平井区水驱控制程度统计结果（表2）看，目前井网形式水平井双向连通比例为47.5%，多向连通比例仅为16.3%，单向及不连通比例仍较大，为36.2%。水驱控制程度为89.8%。

表2 某油田水平井水驱控制程度统计表

连通水井数（口）	水平井数（口）	总长度（m）	单向		双向		多向		水驱控制程度（%）
			长度（m）	比例（%）	长度（m）	比例（%）	长度（m）	比例（%）	
2	54	13471.0	4283.1	31.8	7390.9	54.9	—	—	86.7
3	21	5522.6	1184.9	21.5	2208.4	40.0	1626.5	29.5	90.9
4	7	3147.0	562.6	17.9	1206.7	38.3	1342.6	42.7	94.1
≥5	6	1956.5	246.2	12.6	639.0	32.7	955.5	48.8	98.9
合计	88	24097.1	6276.8	26.0	11445.0	47.5	3924.6	16.3	89.8

（3）水平井层段间干扰大，动用不均衡。从历年产液剖面测试结果看，水平井层段间动用差异大，每口井都存在1~2个主产层，产液比例在50%以上，剩余油主要集中在水驱未控制层段。某区块A1井，2013年10月该井下入4级封隔器分3段进行产液剖面测试，获取了3段产出的流体样品、流量、压力、温度等参数。结果显示，第1段产液比例达到53.3%；第2段产液比例为26.7%；第3段液量少，油多，产液比例为20.0%。水平井堵水措施结果表明，水平井层段间矛盾突出，层段间干扰大。A2井，2011年10月对跟端砂岩段水淹部位进行机械封堵，堵水后日产液由11.3t下降到1.2t，含水率由91.5%下降到15.0%，水平井跟端动用好。

2 水平井区剩余油分布特征

应用数值模拟技术，明确水平井区剩余油分布特征，并提出相应的调整对策。

从实际井网类型看，某油田剩余油分布特征，有注无采井网（水平井未钻遇或者未射孔层），剩余油主要分布在水平井未钻遇区域。该类型剩余油主要采取穿层压裂方式挖潜。两点及三点注水井网，剩余油主要集中在无注水井一侧或者远离注水井的注采不完善区。该类型剩余油主要采取转注或补钻完善注采井网的方式挖潜。五点以上的多点注水井网，剩余油主要集中在注采远端区。该类型剩余油主要采取控制近端、加强远端的注水调整方式挖潜。

从渗流差异看，水平井区剩余油集中在以下5类干扰区域：

（1）直平干扰型，受直井与水平井渗流差异影响，剩余油集中在直井油井与水平井之间。

（2）压力干扰型，受水平井同一侧方向多口注水井压力干扰的影响，剩余油主要集中在水平井同一侧方向两口注水井之间。

（3）平面干扰型，受水平井钻遇砂体物性差异影响，剩余油主要集中在砂体相变部位。

（4）层间干扰型剩余油，水平井钻遇层数多，受层间干扰影响，物性好层注水突进，薄差层剩余油富集。

（5）缝间干扰型剩余油，水平井压裂裂缝数量一般为4~6条，受裂缝沟通储层物性及连通状况影响，剩余油主要集中在裂缝之间、裂缝沟通储层物性较差、注水井与裂缝连通较差段。

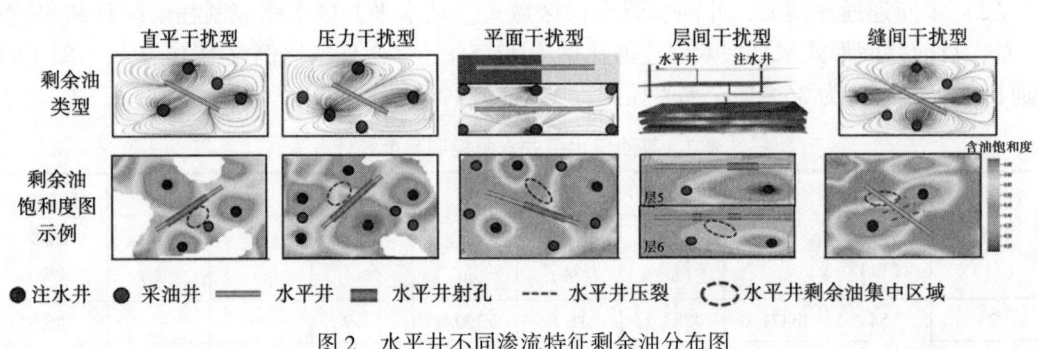

图 2 水平井不同渗流特征剩余油分布图

3 注采系统调整方法及应用

3.1 注采系统调整的原则

（1）以完善井网基础、以最大限度挖掘剩余油为目的，尽可能提高水驱控制程度，增加水驱方向，提高驱动效率。

（2）注采系统调整应考虑井网衔接与后期调整和利用，水平井区最终形成近七点平行井网。

（3）注采系统调整应与近期油田产能建设相结合，优化地面流程设计，节约投资和成本，提高开发经济效益。

3.2 注采系统调整的方法及应用

结合某油田储层发育、井网类型及剩余油分布特征，水平井区注采系统调整方法主要有以下三种方式。

3.2.1 老井转注增加水驱储量

与低效井利用相结合，尽可能选择含水率高、产量低的采油井转注，使损失的油量最小。对于投产即出水或含水率较高（90%以上）的井点，考虑其投资收回及效益问题，在精细砂体分析基础上优先考虑转注,以提高区块水驱控制程度和整体开发效益。

针对油田不同井网类型剩余油分布特征,实施转注。A 类井网剩余油分布如图 3 所示,剩余油主要集中在水平井两端与直井油井之间,剩余油较多,可依据直井生产情况逐渐转注周围直井采油井来提高井网储量控制程度。

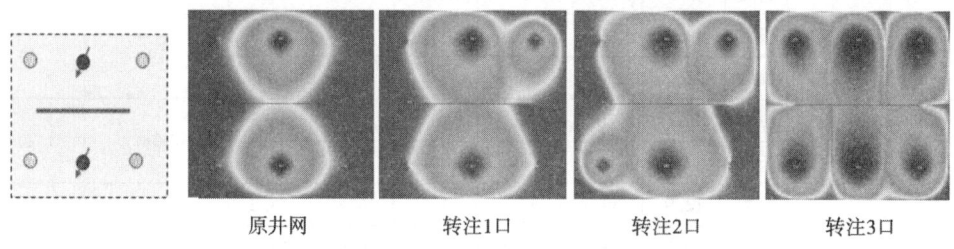

图 3　A 类井网不同转注方式剩余油分布示意图

B 类井网剩余油分布如图 4 所示,剩余油主要集中在有一口水井一侧的两端与直井采油井之间以及另外一侧直井油井与水平井中间位置,与 A 类井网相比,B 类井网水驱控制储量较高。

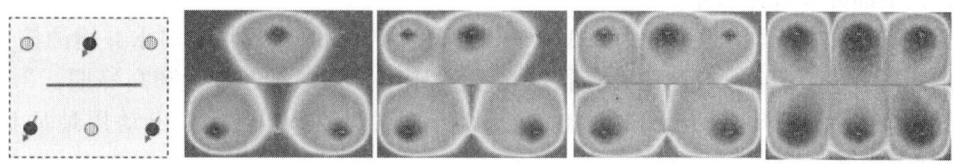

图 4　B 类井网不同转注方式剩余油分布示意图

C 类井网剩余油主要分布在直井油井与水平井两端之间,如图 5 所示。

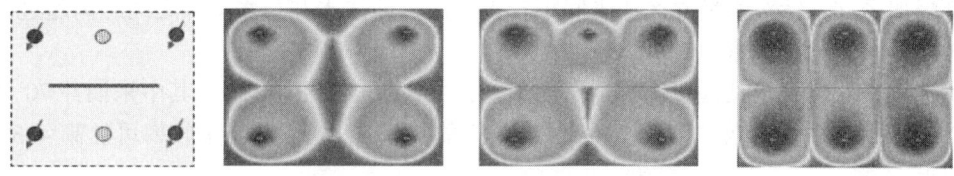

图 5　C 类井网不同转注方式剩余油分布示意图

结合水平井区不同井网形式剩余油分布特征,优选与水平井连通好且单井产量低的油井实施整体转注,转注 38 口,多向连通长度比例提高 35.8%,新增水驱储量 35.49×10^4t,见表 3。

A3 井于 2004 年 12 月投产,射开砂岩厚度 6.1m,有效厚度为 0.8m,初期日产液 1.5t,日产油 1.4t。2006 年 6 月计划关井,关井前取样无物,动液面 1400m;累计产油 293t。所在井区水平井 A4 周围 2 口注水井,分别位于水平井两侧,水平井趾端未连通注水井,动用较差,从剩余油饱和度图上看,剩余油富集。因此,对 A3 井实施转注,转注后,新增水平井水驱控制长度 22m,新增水平井水驱控制方向长度 29m,新增直井水驱砂岩厚度 7.3m,有效厚度为 2.9m,增加水驱储量 2.80×10^4t。

表3　2016—2017某油田水平井区转注井分类表

分类	转注井数（口）	统计对象	转注前连通比例（%）			转注后连通比例（%）			增加连通井数（口）	增加水驱储量（10⁴t）
			单向	双向	多向	单向	双向	多向		
2口注水井	24	段数	9	44.2	37.8	9.0	1.9	19.2	34	19.47
		长度	6.8	41.5	40.1	11.6	5	14.5		
3口注水井	12	段数	13.2	32.4	54.3	0.1	10	10.9	19	13.22
		长度	12.2	28.7	56.6	2.5	10.3	7.7		
4口及以上	2	段数	100	0	0	0	0	35.3	3	2.80
		长度	100	0	0	0	0	64.7		
合计平均	38	段数	12.9	39.1	43.4	4.6	6.4	18.2	56	35.49
		长度	10.3	38.4	43.6	7.7	6.6	16.6		

3.2.2　补钻油水井完善注采井网

优选A类井网中矛盾突出井区，开展水平井区补钻。补钻井组主要存在两方面矛盾：一是注采关系不完善，均为单侧单向连通，单向及不连通比例高达81.8%；二是井网控制不住的剩余油挖潜难度大。确定4个水平井井组补钻油水井提高储量动用。共设计补钻井10口，其中油井6口，水井4口。

压裂投产油井平均有效厚度为1.3m，采油强度为2.5t/d；投注4口水井增油按老井递减减缓3个百分点计算，投产第一年按一个季度计产，第二年产量达到高峰期，为$0.61×10^4$t，平均单井日产油3.3t，开发10年后累计产油$3.28×10^4$t，采出动用地质储量的14.04%。

3.2.3　加密油水井提高储量动用

以完善井网、挖掘剩余油为目的，开展区块加密调整。针对水平井区注采远端与断层之间剩余油富集，采取零散加密为主；针对水平井平面及纵向上储量损失，在水平井跟、趾端灵活部署加密井；针对水平井区注采间距较大井区，即注水井与水平井之间距离超过两个加密井井位，采取整排加密。

优选直平联合开发某区块部署加密油水井，共设计加密井72口，其中采油井70口，注水井2口，预测平均有效厚度为2.1m，建成产能规模$3.41×10^4$t，采收率可提高4.39个百分点以上。

如A5井，位于某区块西南部，井区共有油水井5口（一口水平井、两口直井油井、两口水井），两口水井位于水平井两侧，A5于2005年12月射孔投产，两口水井同步注水，其中一口水井A6与水平井垂直距离436m，另一口水井A7距水平井412m，由于注采距离大，水平井产液量一直不高，投产初期日产液8.3t，日产油8.0t，含水率为4.0%；2016年年底日产液3.4t，日产油2.2t，含水率为35.0%，累计产油$2.19×10^4$t。因此，设计在两侧注采井间整排加密油水井5口，一方面缩短井距，增加水驱波及面积；另一方面，完善水平井井网，加密油井后期转注，形成水平井七点平行井网，提高水平井水驱控制程度。

3.2.4　油水井措施提高储层动用

某油田砂体发育主要是三角洲外前缘亚相，砂体横向变化快，水平井部分层段由于井网控制不住等因素基本上不能动用或是动用较差，因此可通过水平井、水井压裂等措施沟通储层，提高储量动用。

通过油水井措施提高储量动用，措施方式主要有压裂。其中，某油田针对水平井动用差层段、平面纵向上存在储量损失层段共实施压裂13口，压裂后平均单井日增油5.5t，平均单井累计增油855t，且部分井目前仍有效。同时，对油压高注水井实施压裂增注，共实施6口，平均单井累计增注2289m³。

如A8井，2007年10月射孔投产，初期日产液13.8t，日产油13.7t，含水率为9.6%，压裂前日产液仅为3.4t，日产油1.8t，含水率为47.2%。从连通情况看，水平井与注水井连通较差，且两口水井投注后压力上升快，注水困难。针对上述情况，对该井加大压裂规模，沟通平面及纵向优势储层。压裂后日产液13.6t，日产油8.2t，累计增油1740t。通过压裂有效地沟通了注采井，提高了水平井单井产量。

4 结论

（1）直平联合开发井区剩余油从井网类型看，主要集中在水驱控制差区；从渗流差异看，剩余油集中在直平、压力、平面、层间及缝间5类干扰区。

（2）针对直平联合开发井区注水井点少、多向连通比例低、水平井分段动用不均衡等问题，结合剩余油分布特征，应用转注、补钻加密及油水井措施等方法调整水平井区、注采系统，优化组合调整方法，提高油田采收率。

（3）首次尝试在水平井区加密油水井，创新了水平井区加密方式，针对水平井区注采远端与断层之间剩余油富集、水平井平面及纵向上储量损失水平井区、注采间距较大井区，采取零散加密为主，跟、趾端及注采井间整排加密，完善注采井网，提高水平井区储量动用。

（4）3年来油田共实施老井转注38口，补钻加密82口，油水井措施19井次，建成产能$4.12×10^4$t/a，措施增油$1.11×10^4$t，取得较好效果。

参 考 文 献

[1] 李本维. 低幅度低含油饱和度底水油藏剩余油挖潜技术［J］. 内江科技，2014（1）：70-71.
[2] 王立新. 葡萄花油田注采系统调整方法研究［D］. 大庆：大庆石油学院，2009.
[3] 赵贤. 敖16外扩水平井区井网现状及调整对策［J］. 内蒙古石油化工，2013（24）：61-62.

南海西部低渗透疏松砂岩油藏水平井合理配产研究

马 帅　张风波　吕新东　李 标　张 骞

(中海石油（中国）有限公司湛江分公司)

摘　要：X油田储层为低渗透疏松细粉砂沉积，产能低、易出砂且防砂难，需优化配产以确保水平井在不出砂前提下尽可能提高产量。采用直井增产倍比法将已测试直井产能折算至水平井的物性和生产时间条件下，以 L/h 为自变量拟合得到水平井相较直井的产能增长倍比。生产压差过大会导致岩石应力破坏或非胶结砂粒运移，以至出砂。首先采用岩石力学方法对水平井周岩石进行受力分析，结合 Mohr-Coulomb、Drucker-Prager 和 Hoek-Brown 准则进行剪切破坏判定，得到储层全井段在应力破坏理论下的临界出砂生产压差；对井周储层孔隙内的非胶结砂粒进行运移受力分析，结合水平井产出剖面，得到砂粒运移理论下的临界出砂生产压差。研究结果表明，水平井临界出砂生产压差受储层岩石强度、砂体粒度、井斜、方位和产量等多方面综合影响，取多种判定下的最小值乘0.8作为水平井合理生产压差，结合产能预测方法对该油田12口水平井进行配产，生产过程均未监测到出砂，表明研究成果对该类低渗透疏松砂岩油藏水平井合理配产研究具有一定指导意义。

关键词：低渗透疏松砂岩油藏；水平井；出砂；生产压差；产能分析；合理配产

目前，南海西部油田加快了对高温高压、低渗透等非常规油气藏的勘探开发进程，X油田即南海西部首个整装开发的低渗透油藏，采用裸眼水平井开发生产。受产能限制，各井需优化配产以保证经济效益，即落实单井产能与合理生产压差。低渗油藏水平井投产后产能下降快，预测难；此外由于储层为粉砂岩沉积，过高的生产压差会导致井筒出砂且砂粒较细、防砂困难，需优化生产压差使各井保证不出砂的前提下产量达到最大。压差过大会造成井周岩石发生应力破坏、岩石骨架散裂，并导致井周汇集流体流速过快，将弱胶结或非胶结的游离砂带出井筒。基于此，需要对低渗水平井产能和临界出砂生产压差进行分析，以实现合理配产。

1　低渗水平井产能计算

针对实际测试产能，结合目前南海油田已有研究成果，通过"直井增产倍比法"分析各低渗井产能变化规律，并形成同类井的产能预测方法。该方法主要研究同油组的水平井和直井的产能比值，来寻找在水平生产段长度影响下的水平井产能经验公式，从而对X油田低渗透油组的水平井产能进行预测。

1.1　产能物性校正

已知直井（探井）和所要预测的水平井在物性参数上可能会有所变化，需要将直井产能校正到水平井的物性参数上，由于同油组原油物性参数一致，这里仅针对渗透率和层厚进行校正，校正后的产能为：

$$J_{z1} = J_z \cdot A \tag{1}$$

$$A = \frac{K_s h_s}{K_z h_z} \tag{2}$$

式中　J_z——直井（探井）采液指数，m³/d；
　　　J_{z1}——直井物性校正后的采液指数，m³/d；
　　　A——物性校正系数；
　　　K_s——水平井地层渗透率，mD；
　　　h_s——水平井地层厚度，m；
　　　K_z——直井地层渗透率，mD；
　　　h_z——直井地层厚度，m。

1.2 产能时间校正

常规探井、评价井早期 DST 测试约在开井后 10h 左右，生产井初期产能测试一般在 100h 左右，中后期测试一般在生产稳定 1~2 月后进行，相较早期测试，中后期测试产能会大幅度降低，采用非稳态产能评价方法能够得到产能随时间变化规律，即产能随着生产逐渐下降。因此，在低渗透储层中，采用探井或评价井 DST 测试产能对生产井中后期稳定产能进行配产会出现偏高现象。非稳态产能见式（3）：

$$J_z = \frac{K_z h_z}{9.21 \times 10^{-4} \mu \ln \dfrac{8.085 K_z t}{\mu \phi C_t r_w^2}} \tag{3}$$

式中　μ——流体黏度，mPa·s；
　　　ϕ——孔隙度，mPa·s；
　　　C_t——综合压缩系数，MPa⁻¹；
　　　r_w——井半径，m；
　　　t——生产时间，h。

假定已知初始时刻 t_0 的产能，根据上式求取任意时刻 t 的产能为

$$J_{z2} = J_z \cdot A \cdot B \tag{4}$$

$$B = \frac{\ln t_0 + \ln \dfrac{8.085 K_z}{\mu \phi C_t r_w^2}}{\ln t + \ln \dfrac{8.085 K_z}{\mu \phi C_t r_w^2}} \tag{5}$$

式中　J_{z2}——直井（探井）物性和生产时间双重校正后的采液指数，m³/d；
　　　B——产能的时间校正系数。

1.3 水平井增产倍比拟合

经过以上两步校正得到的产能 J_{z2} 即为同油组同位置相同生产时间的直井产能，则水平井实测产能 J_s 和 J_{z2} 的比值即为水平井的增产倍比，以 L/h 为自变量进行拟合，得到水平井

相对于直井的增产倍比关系（图1）。

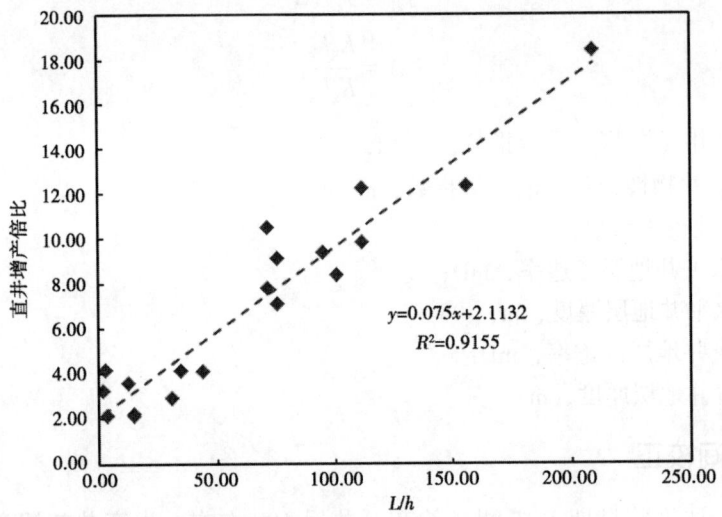

图1 南海西部低渗水平井相对直井增产倍比结果

水平井相对于直井的增产倍比关系式：

$$Mu = 0.075 \frac{L}{h} + 2.1132 \tag{6}$$

式中 Mu——水平井相对于直井的增产倍比。

对尚未测试的水平井，可根据增产倍比法进行产能预测：

$$J_s = J_z \cdot A \cdot B \cdot Mu \tag{7}$$

2 低渗透疏松砂岩水平井合理生产压差计算

2.1 应力破坏理论下的临界出砂生产压差

（1）井周岩石受力分析。

垂直井周围的岩石受力常用3个主应力进行标识（图2a），当井筒经过一定角度旋转后，其井斜角和方位角都有所变化，导致岩石受力情况也随之改变（图2b）。

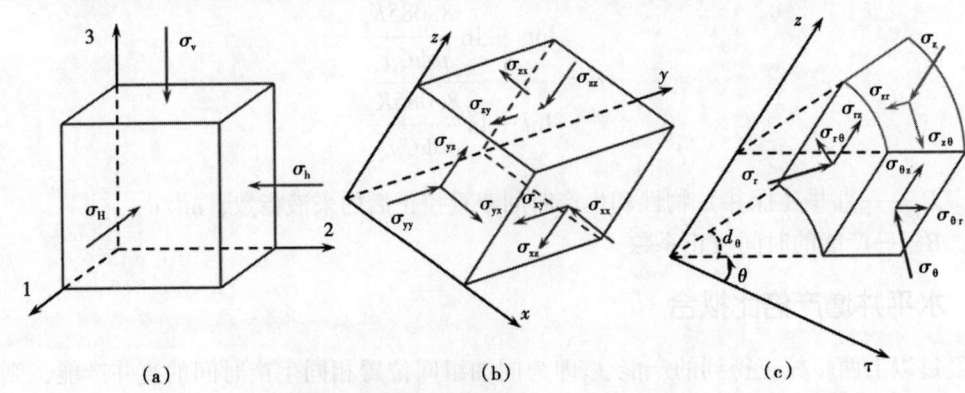

图2 不同井型井筒周围岩石受力示意图

水平井是斜井的一种极端情况，有必要对任意斜度、方位的井筒受力坐标转化，将原始直角坐标系（1，2，3）转换为直角坐标系（x，y，z），相应的地应力分量由（σ_H，σ_h，σ_v）转化为（σ_{xx}，σ_{yy}，σ_{zz}，σ_{xy}，σ_{yz}，σ_{zx}）：

$$\begin{cases} \sigma_{xx} = \sigma_H \cdot \cos^2\alpha \cdot \cos^2\beta + \sigma_h \cdot \cos^2\alpha \cdot \sin^2\beta + \sigma_v \cdot \sin^2\alpha \\ \sigma_{yy} = \sigma_H \cdot \sin^2\beta + \sigma_h \cdot \cos^2\beta \\ \sigma_{zz} = \sigma_H \cdot \sin^2\alpha \cdot \cos^2\beta + \sigma_h \cdot \sin^2\alpha \cdot \sin^2\beta + \sigma_v \cdot \cos^2\alpha \\ \sigma_{xy} = -\sigma_H \cdot \cos\alpha \cdot \sin\beta \cdot \cos\beta + \sigma_h \cdot \cos\alpha \cdot \sin\beta \cdot \cos\beta \\ \sigma_{xz} = \sigma_H \cdot \sin\alpha \cdot \cos\alpha \cdot \cos^2\beta + \sigma_h \cdot \cos\alpha \cdot \sin\alpha \cdot \sin^2\beta - \sigma_v \cdot \sin\alpha \cdot \cos\alpha \\ \sigma_{yz} = -\sigma_H \cdot \sin\alpha \cdot \cos\beta \cdot \sin\beta + \sigma_h \cdot \sin\alpha \cdot \cos\beta \cdot \sin\beta \end{cases} \quad (8)$$

式中 σ_{xx}，σ_{yy}，σ_{zz}——直角坐标系（x，y，z）下各面法向主应力，MPa；

σ_{xy}，σ_{yz}，σ_{zx}——直角坐标系（x，y，z）下各面剪应力，MPa；

σ_v——原始垂向应力，MPa；σ_H 为原始水平最大主应力，MPa；

σ_h——原始水平最小主应力，MPa；

α——井斜角，井眼轴线与铅垂线的夹角，°；

β——方位角，井斜方位与水平最大主应力方位的夹角，°。

将变换后的直角坐标系（x，y，z）转换成对应的柱坐标系（r，θ，z）（图2c），表达式见式（9）：

$$\begin{cases} \sigma_r = p_{wf} - \delta\phi \cdot (p_{wf} - p_p) - A_s p_p \\ \sigma_\theta = \sigma_{xx} + \sigma_{yy} - 2(\sigma_{xx} - \sigma_{yy}) \cdot \cos2\theta - 4\sigma_{xy} \cdot \sin2\theta - p_{wf} \\ \qquad + \delta\left[\dfrac{\alpha(1-v)}{1-v} - \phi\right] \cdot (p_{wf} - p_p) - A_s p_p \\ \sigma_z = \sigma_{zz} - v[2(\sigma_{xx} - \sigma_{yy}) \cdot \cos2\theta + 4\sigma_{xy} \cdot \sin2\theta] \\ \qquad + \delta\left[\dfrac{\alpha(1-2v)}{1-v} - \phi\right] \cdot (p_{wf} - p_p) - A_s p_p \\ \sigma_{r\theta} = \sigma_{rz} = 0 \\ \sigma_{\theta z} = -2\sigma_{xz}\sin\theta + 2\sigma_{yz}\cos\theta \end{cases} \quad (9)$$

式中 σ_r，σ_θ——坐标系（r，θ，z）下 r，θ 方向主应力，MPa；

$\sigma_{r\theta}$，σ_{rz}，$\sigma_{\theta z}$——直角坐标系（r，θ，z）下各面剪应力，MPa；

A_s——Biot 弹性系数；

δ——渗透系数；

ϕ——孔隙度；

v——泊松比，无量纲；

p_p——孔隙压力，MPa；

p_{wf}——井底流压，MPa。

（2）应力破坏准则。

常用的判断岩石在特定应力状态下是否发生破坏的判据有 Mohr-Coulomb 准则、Drucker-Prager 准则、Hoek-Brown 经验准则等，在使用这些准则前需要将以上各应力转化为3个主

应力 σ_1, σ_2, σ_3：

$$\begin{cases} \sigma_1 = \sigma_r \\ \sigma_2 = \dfrac{1}{2}(\sigma_\theta + \sigma_z) + \dfrac{1}{2}[(\sigma_\theta - \sigma_z)^2 + 4\sigma_{\theta z}^2]^{\frac{1}{2}} \\ \sigma_3 = \dfrac{1}{2}(\sigma_\theta + \sigma_z) - \dfrac{1}{2}[(\sigma_\theta - \sigma_z)^2 + 4\sigma_{\theta z}^2]^{\frac{1}{2}} \end{cases} \tag{10}$$

式中 σ_1, σ_2, σ_3——原始三维直角坐标下各方向上的主应力，MPa。

在这 3 个主应力中选取最大主应力和最小主应力 $\sigma_{\max}$, $\sigma_{\min}$，表达式如下：

$$\begin{cases} \sigma_{\max} = \max(\sigma_1, \sigma_2, \sigma_3) \\ \sigma_{\min} = \min(\sigma_1, \sigma_2, \sigma_3) \end{cases} \tag{11}$$

式中 $\sigma_{\max}$, $\sigma_{\min}$——σ_1, σ_2, σ_3 中的最大值和最小值，MPa。

Mohr-Coulomb 准则认为当下式成立时地层将受到剪切破坏，并出砂：

$$\sigma_{\max} - A_s p_p > 2\tau_0 \cdot \tan\left(\dfrac{\phi_f}{2} + \dfrac{\pi}{4}\right) + (\sigma_{\min} - A_s p_p) \cdot \tan^2\left(\dfrac{\phi_f}{2} + \dfrac{\pi}{4}\right) \tag{12}$$

式中 ϕ_f——内摩擦角，°；
　　τ_0——岩石内聚力，MPa。

Drucker-Prager 准则认为当下式成立时地层将受到剪切破坏，并出砂：

$$\sqrt{\dfrac{1}{6}[(\sigma_1 - \sigma_2)^2 + (\sigma_2 - \sigma_3)^2 + (\sigma_1 - \sigma_3)^2]} \geq C_0 + \dfrac{1}{3}(\sigma_1 + \sigma_2 + \sigma_3)C_1 \tag{13}$$

其中：

$$C_0 = \dfrac{6\tau_0 \cdot \cos\phi_f}{\sqrt{3}(3 - \sin\phi_f)} \tag{14}$$

$$C_1 = \dfrac{3\sin\phi_f}{\sqrt{3}(3 - \sin\phi_f)} \tag{15}$$

式中 σ_c——岩石抗压强度，MPa。

Hoek-Brown 经验准则认为当下式成立时地层将受到剪切破坏，并出砂：

$$\sigma_{\max} \geq \sigma_{\min} + \sqrt{m \cdot \sigma_c \cdot \sigma_{\min} + s \cdot \sigma_c^2} \tag{16}$$

式中 m, s——经验系数，分别取 1.5，0.004。

其中，σ_v、σ_H、σ_h 3 个基础参数的获取见式 17：

$$\begin{cases} \sigma_v = [\rho_w g h_w + \rho_s g(h - h_w)] \times 10^{-3} \\ \sigma_H = \left(\dfrac{v}{1 - v} + \beta'\right)(\sigma_v - A_s p_p) + A_s p_p \\ \sigma_h = \left(\dfrac{v}{1 - v} + \gamma\right)(\sigma_v - A_s p_p) + A_s p_p \end{cases} \tag{17}$$

式中　ρ_w——上覆海水密度，g/cm³；
　　　g——重力加速度，m/s²，取 9.8；
　　　h_w——上覆海水深度，m；
　　　h——油层深度，m；
　　　β'——最大水平主应力方向构造应力常数，取 0.5；
　　　γ——最小水平主应力方向构造应力常数，取 0.25。

确定各项参数后，采用式（12）、式（13）、式（16）进行 3 种判据下的临界出砂流压的确定。

2.2　砂粒运移理论下的临界出砂生产压差

处于多孔介质孔道中的非固结砂粒，当达到某一流速时，水动力将克服各种阻力，推动砂粒在孔道中随流体运动，引起油井出砂，此流速值称为砂粒运移门限速度。地层中自由砂受到水动力 F_H 作用、砂粒自身重力 F_G 作用、砂粒与骨架砂粒之间的相互吸引的范德华力 F_A 作用，求得砂粒运移的门限速度 V_{sc} cm/s，即：（具体参照文献 10）

$$V_{sc} = \frac{10^{11} \cdot R_s^2 \phi (F_G + F_A) \cos\alpha'}{9\pi\mu R^2 (H+1)[F_1(H)\sin\theta' \cdot \sin\alpha' \cdot R_s + R(H+1)F_2(H)\cos\theta' \cdot \cos\alpha']} \quad (18)$$

$$F_1(H) = [0.7431/(0.6376 - 0.2001\ln H)]/H \quad (19)$$

$$H = d/R \quad (20)$$

式中　R——为砂粒半径，μm；
　　　R_s——为骨架颗粒半径，μm；
　　　μ——为流体黏度，mPa·s；
　　　F_G——为砂粒自身重力，N；
　　　F_A——为砂粒和骨架砂之间范德华力，N；
　　　$F_1(H)$、$F_2(H)$——流函数，$F_2(H)$ 取 3.23；
　　　d——两粒子间最短距离，m；
　　　α'、θ'——表示受力方向（与前文 α，θ 不同），rad，具体参照文献10（对应该文献中的 α，θ）、11。

X 油田储层平面非均质性不强，基于水平井产出剖面理论，在生产过程中，沿水平生产段产出分布并不是均匀的，而是呈现两端高中间低的"U"形分布规律，且受到井筒流动摩阻的影响，跟端流压稍高于趾端，故跟端井周流速为全井段的最高值，即在砂粒运移机理下，跟端不出砂则全井不出砂。首先计算砂粒运移的门限速度 V_{sc}，然后根据公式（21）计算得到对应的流量 q_{sc}，通过试算法计算得到跟端流量达到 q_{sc} 时的生产压差即为砂粒运移理论下的临界出砂生产压差。

$$q_{sc} = \pi r_w^2 V_{sc} \quad (21)$$

式中　q_{sc}——门限速度下的井筒产量，m³/d；
　　　r_w——井筒半径，m。

3 实例计算

X 油田共投产 12 口水平井，以 A8H 井为例，首先预测该井初期采液指数，所需参数见表 1：

表 1 计算采液指数所需参数

变量	K_s (mD)	h_s (m)	K_z (mD)	h_z (m)	t_0 (h)	t (h)	μ (mPa·s)	ϕ	C_t (MPa^{-1})	r_w (m)	L (m)	J_z [m^3/(MPa·d)]
取值	2.75	4.69	13.90	31.23	20	20	1.44	0.24	0.0011	0.11	525.1	20.46

首先根据式（6）计算得到该井采液指数为 6.39m³/（MPa·d），然后根据式（12）、式（13）、式（16）结合井眼轨迹（井斜角、方位角）得到储层段应力破坏理论下的临界出砂生产压差（图 3），计算所需参数见表 2。

表 2 应力破坏理论所需计算参数

变量	σ_H (MPa)	σ_h (MPa)	σ_v (MPa)	δ	ϕ	v	A_s	p_p (MPa)	ϕ_f (MPa)	τ_0 (MPa)	σ_c (MPa)
取值	24.90	21.97	16.35	1.00	0.24	0.27	0.20	12.01	0.66	3.00	40.00

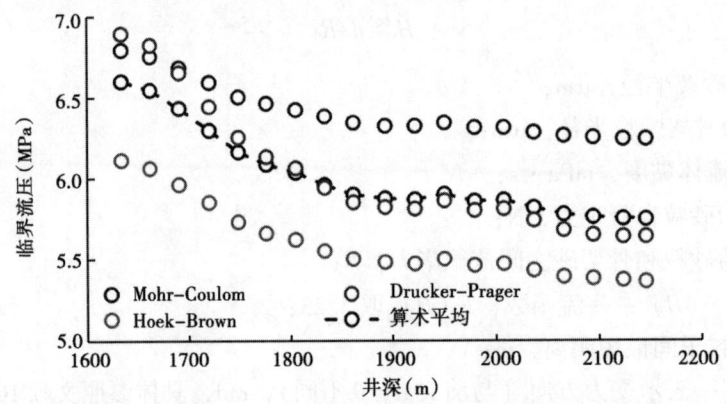

图 3 A8H 井储层段应力破坏理论下临界出砂生产压差

生产压差采用三项准则的算术平均值计算，结果表明该井跟端位置最容易出砂，临界出砂生产压差为 6.26MPa。

根据岩心粒度分析，将 d_{10} 的颗粒尺寸作为骨架砂尺寸，将 d_{50} 的颗粒尺寸作为游离砂尺寸，计算所需参数见表 3。

表 3 砂粒运移理论所需计算参数

变量	R (m)	R_s (m)	d (m)	r_w (m)	ρ_s (g/m³)	ρ_f (g/m³)	μ (mPa·s)	α (°)	β (°)	θ (°)
取值	20.87	66.51	0.10	0.108	2.21	0.65	1.44	0.79	1.57	1.57

按照式（19）求得该井油组在生产过程中出砂的临界流速为 $3.75×10^{-4}$ m/s，根据水平井产液剖面规律得到 A8H 井单位长度井筒的产出液量分布和储层段流压分布，跟端流压最低且产出液量最大，当跟端临界流速为 $3.75×10^{-4}$ m/s，即单位长度产出液量为 0.088 m^3/d 时的产出剖面和流压分布（图4）。此时可以得到 A8H 井流压 7.1MPa，故在砂粒运移条件下的临界出砂生产压差为 4.91MPa。

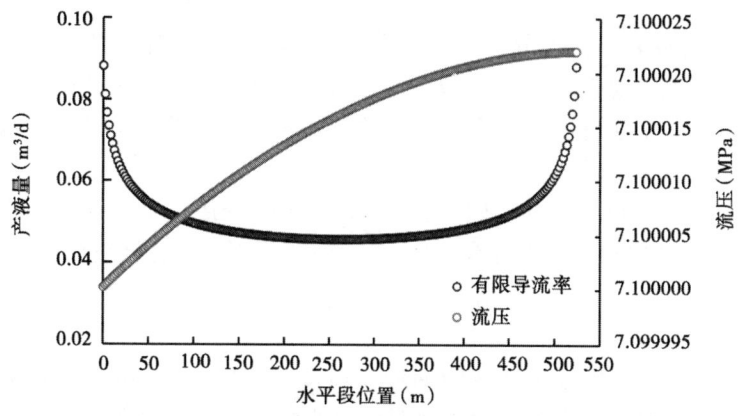

图4 A8H 井达到砂粒运移临界流速的产出剖面和流压分布

综合两种理论下的临界出砂生产压差，取较小值即 4.91MPa，再乘以安全系数 0.8，得到 A8H 井合理生产压差为 3.93MPa。结合预测得到的采液指数，计算得到初期合理配产量为 25.11m^3/d。

4 现场应用

该油田首批投产 4 口水平井，A1H 和 A8H 初始生产压差过高，有出砂现象，采用文中方法重新计算生产压差并进行调整后不再出砂；A10H 和 A12H 初始生产压差较低，调整后产量上升且仍不出砂（表4）。后期投产 8 口井按照该方法配产，均未监测到出砂。

表4 X油田水平井实际生产压差

井名	测试产能 [m^3/(MPa·d)]	计算产能 [m^3/(MPa·d)]	初始生产压差 (MPa)	合理生产压差 (MPa)	配产量 (m^3/d)	备 注
A1H	2.88	3.15	6.80	5.28	15.21	初期出砂，调整后不出砂。
A8H	10.77	9.86	5.66	3.93	42.33	
A10H	5.73	5.79	2.97	3.28	18.79	初期不出砂，调整后产量增大且不出砂。
A12H	16.92	18.46	3.11	4.32	73.09	
A2H	—	11.67	—	4.76	55.55	投产晚，采用合理生产压差配产，不出砂。
A3H		14.21		5.22	74.18	
A4H		5.33		6.39	34.06	
A5H		12.94		4.40	56.94	
A6H		12.28		4.33	53.17	
A7H		9.59		3.81	36.54	
A9H		4.72		3.71	17.51	
A11H		18.41		5.08	93.52	

5 结论

（1）针对低渗疏松砂岩油藏，采用直井增产倍比法将已测试直井产能折算至水平井的物性和生产时间条件下，以 L/h 为自变量拟合得到水平井相较直井的产能增长倍比，拟合相关性达到90%以上。

（2）通过水平井周岩石受力分析和非胶结砂粒运移受力分析，得到了应力破坏理论和砂粒运移理论下的临界出砂生产压差，取较小值乘以0.8作为合理生产压差，该压差能够保证在不出砂前提下产量达到最大。两种出砂理论均认为：对于整个生产段，水平井跟端更容易出砂，保证跟端不出砂则全井段不会出砂。

（3）计算 X 油田 12 口水平井合理产能和生产压差并配产，生产过程未监测到出砂，表明该方法对低渗疏松砂岩油藏水平井合理生产压差研究具有一定指导意义。

参考文献

[1] EDWARDS D, JORANSON H, SPURLIN J. Field Normalization of Formation Mechanical Properties For Use In Sand Control Management [J]. British Journal of Pharmacology, 1988, 146 (2)：244-251.

[2] 孙树强, 李忠慧, 谢云红. 油井出砂临界井底流压计算模型的确定 [J]. 石油天然气学报, 2006 (4)：396-398.

[3] 王艳辉, 刘希圣. 油井出砂预测技术的发展与应用综述 [J]. 石油钻采工艺, 1994, 16 (5)：79-86.

[4] 吕广忠, 张建乔, 孙业恒. 疏松砂岩油藏出砂机理物理模拟研究 [J]. 应用基础与工程科学学报, 2005, 13 (3)：284-290.

[5] 秦积舜, 王作颖. 水平井出砂模拟试验研究 [J]. 石油钻探技术, 2000, 28 (4)：34-36.

[6] 姜汉桥. 油藏工程原理与方法 [M]. 中国石油大学出版社, 2006：137.

[7] 金衍, 陈勉, 柳贡慧, 等. 大位移井的井壁稳定力学分析 [J]. 地质力学学报, 1999, 5 (1)：4-11.

[8] 刘向君, 罗平亚. 岩石力学与石油工程 [M]. 北京：石油工业出版社, 2004：121.

[9] 路保平, 鲍洪志. 岩石力学参数求取方法进展 [J]. 石油钻探技术, 2005, 33 (5)：44-47.

[10] 李宾元. 油层出砂机理研究 [J]. 西南石油大学学报（自然科学版）, 1994, 16 (1)：23-27.

[11] HOEK E M V, AGARWAL G K. Extended DLVO Interaction between Spherical Particles and Tough Surfaces [J]. 2006, 298 (1)：50-58.

[12] 刘想平, 郭呈柱, 蒋志祥, 等. 油层中渗流与水平井筒内流动的耦合模型 [J]. 石油学报, 1999, 20 (3)：82-86.

[13] 马帅, 王雯娟, 张风波, 等. 断块油田断层附近水平井产能 [J]. 大庆石油地质与开发, 2016, 35 (6)：68-72.

[14] 马帅, 张风波, 洪楚侨, 等. 多层合采阶梯井产能计算模型的建立与求解 [J]. 石油钻探技术, 2015, 43 (5)：94-99.

[15] TABATABAEI M, GHALLAMBOR A. A new method to predict performance of horizontal and multilateral wells [J]. Spe Production&Operations, 2011, 26 (1)：75-87.

低渗透油藏水平井非达西渗流非稳态产能评价

王世朝　雷　霄　王雯娟　刘双琪　马　帅　任超群

（中海石油（中国）有限公司湛江分公司）

摘　要：南海西部低渗透油藏主要依靠弱天然能量或后期注水开发，水平井投产后产能递减快，处于不稳定渗流状态。目前普遍认为非达西渗流对产能影响较大，然而通过多种方法手段评价发现，南海西部低渗透疏松砂岩油藏非达西渗流参数数值并不高，并且考虑非达西渗流时的试井解释渗透率比常规试井解释渗透率要大一些，分析非达西渗流对产能影响的前提条件已经不再是相同的基础渗透率，因此需要重新认识非达西渗流对产能的影响程度。首先，将水平井近似为垂向上完全贯穿储层的裂缝，在此基础上建立相应的水平方向油单相非达西渗流非稳态数学表达式，之后进一步考虑垂向渗流阻力、表皮因子、各向异性的影响，最终得到水平井非达西渗流非稳态产能解析模型。该模型较常规模型计算的产能低3%~6%，但二者与实测产能均非常接近，非达西渗流参数对产能计算结果影响并不显著，可应用常规模型快速评价水平井产能。为了进一步考虑断层对产能的影响，依据镜像反映与势的叠加原理，得到不同封闭断层数量下的产能校正系数，校正后产能与实测产能非常接近，验证了该方法的合理性。

关键词：低渗透油藏；水平井非稳态产能；非达西渗流；封闭断层

　　南海西部低渗透油藏具有较大的开发潜力，是未来增储上产的主力之一，但储层厚度较薄，储量难以动用，一般采用裸眼水平井利用弱天然能量开发。水平井投产后产能下降较快，初产及中后期稳产差异大，处于不稳定渗流状态。另外，低渗透油藏由于物性较差，存在启动压力梯度、应力敏感等非达西渗流特征。目前研究大多仅考虑了启动压力梯度或应力敏感效应，同时考虑这两个参数对水平井产能影响的研究较少。另外，水平井非稳态产能研究多以椭球流为主，但是对于储层厚度较薄的油藏，产能计算误差较大，椭圆流则更加适用于描述薄层油藏水平井的流动形态。因此，需要建立水平井产能变化规律评价方法，同时分析非达西渗流特征对产能的影响程度，为制订合理的开发方案提供依据。

1　非达西渗流参数评价

　　文昌 M 区 X1 油组为典型的低渗透疏松砂岩油藏，具有相似的地质油藏特征，均为正常温压系统，油质轻，黏度小，胶质、沥青质含量低，溶解气油比低，饱和压力较低。文昌 D 油田 X1 油组为弱边水驱动构造油藏，沉积多为浅海席状砂，颗粒细。测井平均渗透率为17.8mD，平均孔隙度为21.3%。文昌 E 油田 X1 油组为边水驱动构造油藏，沉积多为浅海水下浅滩粉砂岩，颗粒细。测井平均渗透率为23.0mD，平均孔隙度为24.3%。文昌 F 油田南块 X1 油组为弱边水驱动岩性油藏，沉积多为滨外沙坝，测井平均渗透率为16.8mD，平均孔隙度为24.3%。

以文昌M区X1油组3口水平井作为研究对象，综合压力恢复稳态测压法、岩心应力敏感试验和低渗透疏松砂岩油藏水平井试井解释3种方法，得到相应的启动压力梯度、应力敏感系数（表1）。

1.1 压力恢复稳态测压法

通过压力恢复稳态测压法求解启动压力梯度的公式为：

$$G = \left[\frac{\pi \phi C_t h (\Delta p_w)^3}{3 q_c B}\right]^{\frac{1}{2}} \tag{1}$$

式中　G——启动压力梯度，10^{-3}MPa/m；

　　　ϕ——孔隙度；

　　　C_t——综合压缩系数，MPa^{-1}；

　　　h——储层有效厚度，m；

　　　Δp_w——稳态时井底压差，MPa；

　　　q_c——累计产油量，m^3；

　　　B——原油体积系数，m^3/m^3。

1.2 岩心应力敏感试验法

渗透率随有效应力的变化关系用指数式表示为：

$$K = K_i e^{-\alpha(p_i - p)} \tag{2}$$

式中　K——渗透率，mD；

　　　K_i——初始渗透率，mD；

　　　α——应力敏感系数，MPa^{-1}；

　　　p_i——原始地层压力，MPa；

　　　p——地层压力，MPa。

选取文昌D油田评价井P1井X1油组6块岩心，初始渗透率分别为6.62mD、9.71mD、6.61mD、11.38mD、6.49mD和7.62mD，通过定围压、变内压方式，测取平均应力敏感系数为0.08MPa^{-1}。选取文昌E油田评价井P2井X1油组3块岩心，初始渗透率分别为4.77mD、4.10mD和2.22mD，通过定围压、变内压方式，测取平均应力敏感系数为0.05MPa^{-1}。选取文昌F油田评价井P3井X1油组3块岩心，初始渗透率分别为0.21mD、0.26mD和0.01mD，通过定围压、变内压方式，测取平均应力敏感系数为0.04MPa^{-1}。

1.3 试井解释法

低渗透油藏水平井试井模型的优势在于可同时获得启动压力梯度、应力敏感系数和测试井附近渗透率数值，可以更加全面地描述储层特性，因此优先选择低渗透试井模型解释结果作为产能计算的基础参数。

从表1可以看出，与常规试井模型相比，低渗透试井模型解释渗透率均有小幅度增加。低渗透试井模型解释的启动压力梯度、应力敏感系数与压力恢复稳态测压法、岩心应力敏感试验计算结果接近。横向对比来看，非达西渗流特征由强到弱排序为文昌 D>文昌 F>文昌 E，这与"渗透率越低，非达西渗流特征越强"的认识相符。

表 1　非达西渗流参数评价

油田	油组	油井	常规试井模型	压力恢复稳态测压法		岩心应力敏感试验	低渗透疏松砂岩油藏试井模型		
			水平方向渗透率（mD）	启动压力梯度（10^{-3}MPa/m）	应力敏感系数（MPa^{-1}）	应力敏感系数（MPa^{-1}）	启动压力梯度（10^{-3}MPa/m）	应力敏感系数（MPa^{-1}）	水平方向渗透率（mD）
文昌 D	X1	S1	1.20	1.97	0.08	1.70	0.06	1.50
文昌 E	X1	S2	12.60	0.64	0.05	0.10	0.02	15.00
文昌 F	X1	S3	2.70	1.15	0.04	1.00	0.04	3.20

2　低渗透油藏水平井产能模型

2.1　假设条件

（1）裸眼水平井位于油藏平面中心，水平段延展方向与 x 轴平行（图 1）；
（2）等温、顶底边界封闭水平无限大均质油藏，各向同性；
（3）流体微可压缩；
（4）单相渗流；
（5）忽略重力和毛细管压力影响。

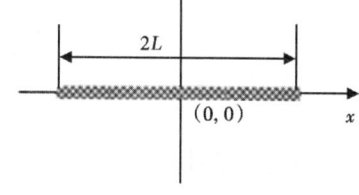

图 1　无限大储层一口水平井

2.2　水平井非达西渗流非稳态产能模型

借鉴 Joshi 的研究认识，在水平段半长与储层厚度的比值 $L/h \gg 3$ 时，水平井产能可近似为裂缝垂向上完全贯穿储层时的压裂直井产能。本文推导过程中首先将水平井近似为垂向上完全贯穿储层的裂缝，在此基础上建立相应的水平方向单相非达西非稳态渗流解析数学表达式，之后进一步考虑垂向渗流阻力、表皮因子、各向异性的影响，最终得到水平井产能模型。

当考虑启动压力梯度与应力敏感效应时，不稳定渗流连续性方程为：

$$\frac{\partial^2 p}{\partial x^2} + \frac{\partial^2 p}{\partial y^2} + \alpha\left[\frac{\partial p}{\partial x}\left(\frac{\partial p}{\partial x} - G\right) + \frac{\partial p}{\partial y}\left(\frac{\partial p}{\partial y} - G\right)\right] = \frac{\phi \mu C_t}{K_h}\exp[\alpha(p_i - p)]\frac{\partial p}{\partial t} \quad (3)$$

式中　x——水平段延伸方向；
　　　y——垂直于水平段延伸方向；
　　　K_h——水平方向渗透率，mD；
　　　μ——原油黏度，mPa·s；
　　　t——时间，s。

式（3）左边第三项较小，可以忽略，从而式（3）可简写为：

$$\frac{\partial^2 p}{\partial x^2}+\frac{\partial^2 p}{\partial y^2}=\frac{\phi\mu C_t}{K_h}\exp[\alpha(p_i-p)]\frac{\partial p}{\partial t} \tag{4}$$

将直角坐标 (x, y) 转换为椭圆坐标 (ξ, η)，如图2所示，变换关系如下：

$$x=L\cosh\xi\cos\eta,\quad y=L\sinh\xi\sin\eta$$

式中 ξ——椭圆坐标中与距离有关的量；
η——椭圆坐标中与角度有关的量；
L——水平段半长，m。

进行无量纲化，有：

$$\frac{\partial^2 p_D}{\partial x_D^2}+\frac{\partial^2 p_D}{\partial y_D^2}=\frac{\partial p_D}{\partial t_D}+\frac{\alpha q\mu B}{4\pi K_h h}\frac{\partial p_D^2}{\partial t_D} \tag{5}$$

式中 q——不考虑断层时产油量，m^3/d。

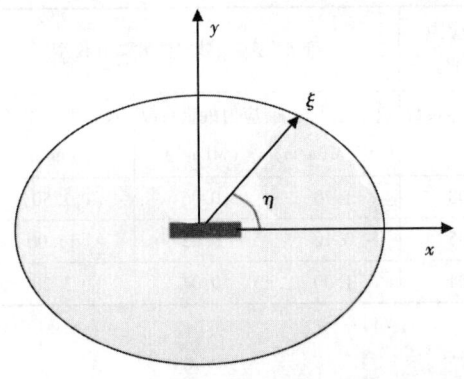

图2 直角坐标与椭圆坐标变换示意图

其他无量纲量定义如下：

$$x_D=\cosh\xi\cos\eta$$
$$y_D=\sinh\xi\sin\eta$$
$$p_D=2\pi K_h h(p_i-p)/(q\mu B)$$
$$t_D=K_h t/(\phi\mu C_t L^2)$$

内边界条件为：

$$\oint_{\xi\to 0}\frac{\partial p_D}{\partial\xi}d\eta=-\pi \tag{6}$$

外边界条件为：

$$\frac{\partial p_D}{\partial\xi}\bigg|_{\xi\to\xi_R}=0 \tag{7}$$

式中 ξ_R——椭圆坐标中与外边界有关的量。

初始条件为：

$$\frac{\partial p_D}{\partial t_D}\bigg|_{t_D\to 0}=0 \tag{8}$$

对式（5）进行面积积分：

$$\iint_\Omega\frac{\partial^2 p_D}{\partial x_D^2}+\frac{\partial p_D}{\partial y_D^2}dx_D dy_D=\frac{\partial \bar{p}_D}{\partial t_D}+\frac{\alpha q\mu B}{4\pi K_h h}\frac{\partial \bar{p}_D^2}{\partial t_D} \tag{9}$$

其中：

$$\bar{p}_D=\iint_{A_R}p_D dx_D dy_D=\int_{A_R}p_D dA\int_{\xi_w}^{\xi_R}p_D\pi\cosh(2\xi)d\xi$$

$$\bar{p}_D^2=\iint_{A_R}p_D dx_D dy_D=\int_{A_R}p_D^2 dA\int_{\xi_w}^{\xi_R}p_D^2\pi\cosh(2\xi)d\xi$$

式（9）左侧由 Green 函数可变为

$$\iint_\Omega \frac{\partial p_D}{\partial x_D^2} + \frac{\partial^2 p_D}{\partial y_D^2} \mathrm{d}x_D \mathrm{d}y_D = 2\pi$$

再结合式（8）初始条件，可得

$$\bar{p}_D + \frac{\alpha q \mu B}{4\pi K_h h} \bar{p}_D^2 = 2\pi t_D \tag{10}$$

运动方程在椭圆坐标中可表示为

$$v = \frac{qB}{4Lh\cosh\xi} = \frac{K_h \exp[\alpha(p-p_i)]}{\mu}\left(\frac{\partial p}{\partial y} - G\right) \tag{11}$$

整理得：

$$\frac{q\mu B}{2\pi K_h h}\mathrm{d}\xi + \frac{2GL\cosh\xi}{\pi}\exp[\alpha(p-p_i)]\mathrm{d}\xi = \exp[\alpha(p-p_i)]\mathrm{d}p \tag{12}$$

当应力敏感系数 α 较小时，可取近似：$\exp[\alpha(p-p_i)] \approx 1 + \alpha(p-p_i)$。对式（12）积分可得

$$p_D = (\xi_R - \xi) + G_D \begin{bmatrix} \sinh\xi_R - \sinh\xi + \alpha(\xi_R - \xi)\sinh\xi - \alpha(\cosh\xi_R - \cosh\xi) \\ \dfrac{\alpha G_D}{2}\sinh^2\xi_R + \alpha G_D \sinh\xi_R \sinh\xi + \dfrac{\alpha G_D}{2}\cosh^2\xi \end{bmatrix} \tag{13}$$

当 $\xi=\xi_w$，$p=p_w$ 时，可得水平井产量计算式：

$$q = \frac{2\pi K_h h}{\mu B} \times \left\{ \begin{array}{l} 1/\alpha\{1 - \exp[\alpha(p_w - p)]\} \\ -\dfrac{2GL}{\pi}\left[\sinh\xi_R - \dfrac{\alpha GL}{\pi}\sinh^2\xi_R\right] \end{array} \right\} \bigg/ \left[\xi_R - \frac{2\alpha GL}{\pi}(\cosh\xi_R - 1)\right] \tag{14}$$

式中　ξ_w——椭圆坐标中与内边界有关的量；
　　　p_w——井底压力，MPa。

在上述推导过程中，由于将水平井产能近似为裂缝垂向上完全贯穿储层时的压裂直井产能，只考虑了水平方向渗流的阻力，忽略了水平井垂向渗流时发生的阻力和井附近储层伤害的影响，导致水平井初期产能明显偏高。因此，为了更加全面地描述水平井在水平、垂直方向上的流动，并考虑各向异性的影响，需要对式（14）进行校正，在借鉴前人研究成果的基础上，最终得到水平井采油指数为：

$$J = \frac{2\pi K_h h}{\mu B(p_i - p_w)} \times \left(1/\alpha\{1 - \exp[\alpha(p_w - p_i)]\} - \frac{2GL}{\pi}\left[\sinh\xi_R - \frac{\alpha GL}{\pi}\sinh^2\xi_R\right]\right) \bigg/$$

$$\left\{\xi_R - \frac{2\alpha GL}{\pi}(\cosh\xi_R - 1) + \sqrt{\frac{K_h}{K_v}}\frac{h}{2L}\left[\ln\left(\sqrt{\frac{K_h}{K_v}} \times \frac{h}{2\pi r_w}\right) + s\right]\right\} \tag{15}$$

式中　K_v——垂直方向渗透率，mD；
　　　s——表皮系数。

结合式（10）、式（13），得无量纲时间：

$$t_D = \frac{1}{8}\left[\cosh(2\xi_R)-1\right] + \frac{G_D}{2}\left(\sinh^2\xi_R\cosh\xi_R + \cosh\xi_R - \frac{2}{3}\cosh^3\xi_R - \frac{1}{3}\right) + \frac{\alpha G_D}{2}\begin{Bmatrix} -\frac{7}{3}\sinh\xi_R\frac{13}{9}\sinh^3\xi_R - G_D\sinh^3\xi_R\cosh\xi_R \\ +\frac{2}{3}G_D\sinh\xi_R\cosh^3\xi_R - \frac{3}{4}G_D\sinh\xi_R\cosh\xi_R \\ +\frac{1}{3}G_D\sinh\xi_R + \frac{G_D}{32}\sinh(4\xi_R) + \frac{G_D}{8}\xi_R + \frac{1}{3}\xi_R \end{Bmatrix}$$

$$+\frac{\alpha q\mu B}{8\pi K_h h}\begin{Bmatrix} -G_D\left\{\frac{4}{9}\sinh^3\xi_R - \frac{1}{6}\sinh\xi_R - \frac{1}{2}\sinh\xi_R\cosh2\xi_R + \frac{\alpha}{2}\cosh\xi_R\cosh2\xi_R - \frac{\alpha}{2}\cosh\xi_R + \frac{2}{3}\xi_R\right\} \\ +G_D^3\left[\alpha\sinh^2\xi_R\left(\frac{2}{3}\cosh^3\xi_R - \cosh\xi_R + \frac{1}{3}\right) - \frac{1}{2}\alpha\sinh2\xi_R\sinh^2\xi_R(\sinh\xi_R - \alpha\cosh\xi_R)\right] \\ +G_D^2\begin{Bmatrix}\frac{1}{4}\xi_R - \frac{1}{4}\sinh2\xi_R + \frac{1}{16}\sinh4\xi_R + \frac{1}{2}\sinh2\xi_R(\sinh\xi_R - \alpha\cosh\xi_R)^2 \\ -2(\sinh\xi_R - \alpha\cosh\xi_R)\left(\frac{2}{3}\cosh^3\xi_R - \cosh\xi_R + \frac{1}{3}\right) + \alpha\sinh^2\xi_R\left(-\frac{1}{4}\cosh2\xi_R + \frac{1}{4}\right)\end{Bmatrix} \\ +\frac{1}{8}\alpha^2 G_D^4\sinh2\xi_R\sinh^4\xi_R - \frac{1}{2}\xi_R + \frac{1}{4}\sinh2\xi_R \end{Bmatrix} \quad (16)$$

式（16）结合无量纲时间 t_D 定义式，即可计算出时间 t。

若不考虑启动压力梯度与应力敏感，则式（15）、式（16）可分别转化为达西渗流条件下水平井采油指数与无量纲时间计算式：

$$J = \frac{2\pi K_h h}{\mu B\left\{\xi_R - \xi_w + \sqrt{\frac{K_h}{K_v}}\frac{h}{2L}\left[\ln\left(\sqrt{\frac{K_h}{K_v}}\frac{h}{2\pi r_w}\right) + s\right]\right\}} \quad (17)$$

$$t_D = \frac{1}{8}\left[\cosh(2\xi_R) - 1\right] \quad (18)$$

2.3 封闭断层边界对产能的影响

对于 1 口直井，不存在封闭断层边界时，有

$$q = \frac{2\pi(\Phi_e - \Phi_w)}{\ln\frac{R_e}{r_w}} \quad (19)$$

式中 Φ_e——外边界对应的势；
  Φ_w——内边界对应的势；
  r_w——井筒半径，m；
  R_e——外边界，m。

当存在 1 条封闭断层时，这时封闭断层起分流线作用（图3），依据镜像反映与势的叠加原理，有

$$\Phi_e - \Phi_w = \frac{1}{2\pi}\sum q_i \ln\frac{R_e}{r_i} = \frac{1}{\pi}q'\ln\frac{R_e}{r} \quad (20)$$

式中 q'——考虑断层时产油量，m³/d；

r——井到断层的距离，m。

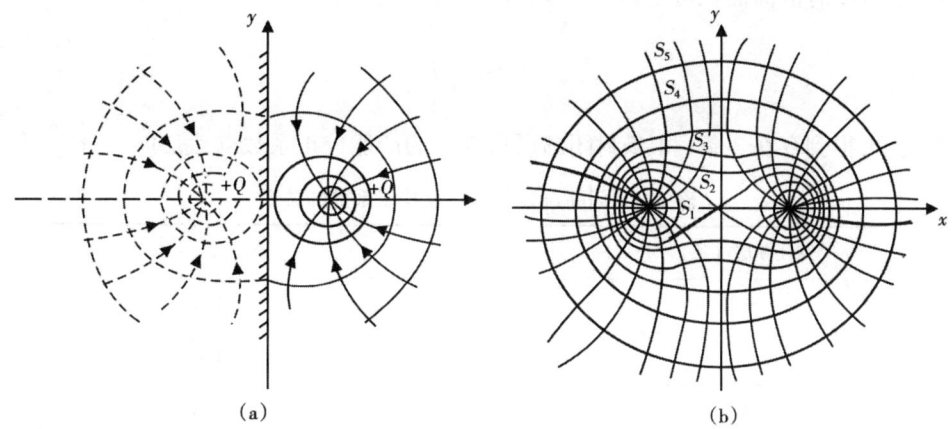

图 3 直线不渗透边界 1 口井反映（a）以及等产量 2 汇等压线与流线（b）

当井落于断层上，即 $r=r_w$ 时，有

$$q' = \frac{\pi(\Phi_e - \Phi_w)}{\ln\frac{R_e}{r_w}} = \frac{1}{2}\frac{2\pi(\Phi_e - \Phi_w)}{\ln\frac{R_e}{r_w}} = \frac{1}{2}q \tag{21}$$

从而得到产能关系：

$$J' = \frac{1}{2}J \tag{22}$$

式中 J——不考虑断层时产能，$m^3/(d \cdot MPa)$；

J'——考虑断层时产能，$m^3/(d \cdot MPa)$。

若井与断层存在一定的距离，随着生产的进行，远离断层一侧的供给比例逐渐增大，到一定程度时泄油面积可近似取 1/2，此时有

$$J' \approx \frac{1}{2}J \tag{23}$$

同理，当存在 2 条封闭断层时，依据镜像反映与势的叠加原理，有

$$\Phi_e - \Phi_w = \frac{1}{2\pi}\sum q_i \ln\frac{R_e}{r_i} = \frac{2}{\pi}q'\ln\frac{R_e}{r} \tag{24}$$

当井落于 2 条断层交点上，即 $r=r_w$ 时，有

$$q' = \frac{\pi(\Phi_e - \Phi_w)}{2\ln\frac{R_e}{r_w}} = \frac{1}{4}\frac{2\pi(\Phi_e - \Phi_w)}{\ln\frac{R_e}{r_w}} = \frac{1}{4}q \tag{25}$$

从而得到

$$J' = \frac{1}{4}J \tag{26}$$

若井与 2 条断层存在一定的距离，随着生产的进行，远离断层方向的供给比例逐渐增大，到一定程度时泄油面积可近似取 1/4，此时有

$$J' \approx \frac{1}{4}J \tag{27}$$

同理，可得到存在 3 条、4 条封闭断层边界时的产能校正系数（表 2）。

表 2 封闭断层数量与产能校正系数的关系

封闭断层（条）	产能校正系数
1	1/2
2	1/4
3	1/6
4	1/9

虽然水平井、直井分别是线源、点源模型，但断层对水平井、直井产能的影响并没有本质的差别，如参考文献 [19] 中提及 1 条断层边界时水平井产能校正系数同样为 1/2，表 2 中封闭断层数量与产能校正系数的关系同样适用于水平井。

3 应用效果评价

3.1 低渗透疏松砂岩油藏水平井产能评价

以常规试井与低渗透试井模型解释参数为基础，相应计算的非稳态产能与实测值对比如图 4 至图 6 所示。受启动压力梯度与应力敏感效应的影响，非达西渗流模型计算的产能较常规达西模型略低 3%~6%，但二者与实测数值均非常接近，总体误差较小，可采用常规达西产能模型快速评价水平井非稳态产能变化规律，为开发方案制订提供依据。

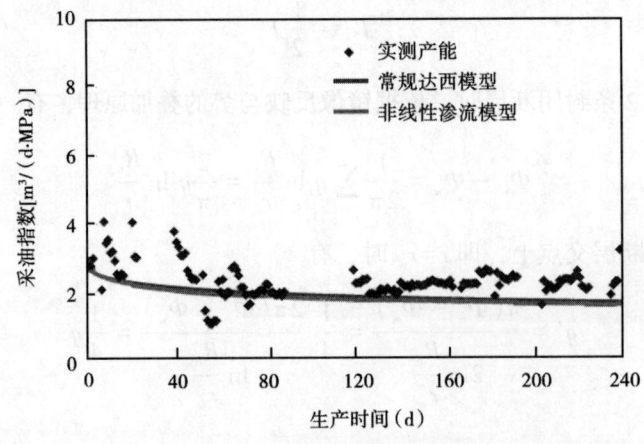

图 4 S1 井非稳态产能与实测值对比

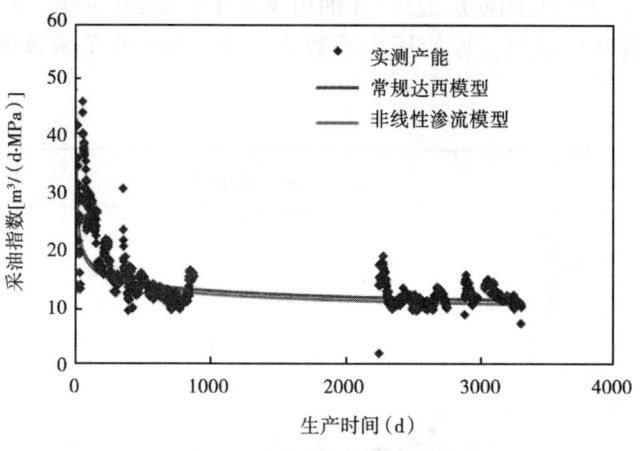

图 5 S2 井非稳态产能与实测值对比

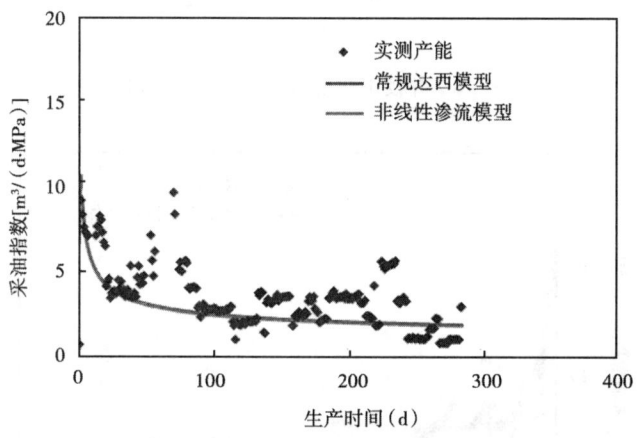

图 6 S3 井非稳态产能与实测值对比

3.2 低渗透断块油藏水平井产能评价

将水平井非稳态产能评价方法推广应用于涠洲油田群低渗透断块油藏，校正后产能与实测值十分接近（图7至图10），其中 G 油田 W1 井单采 X2 油组，1 条封闭断层边界；H 油田

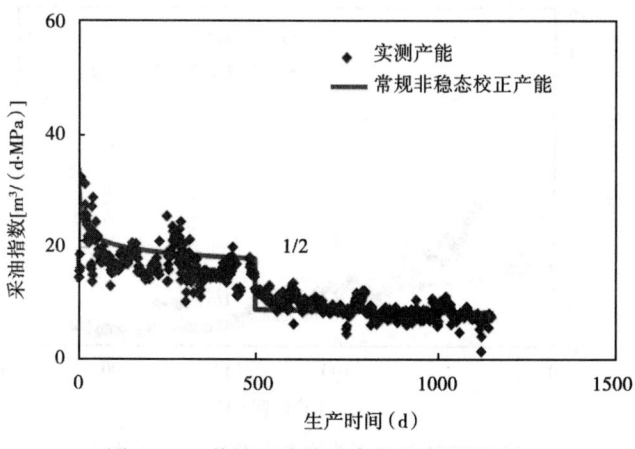

图 7 W1 井校正非稳态产能与实测值对比

W2 井单采 X3 油组，平行封闭断层边界；I 油田 W3 井单采 X4 油组，3 条封闭断层边界；J 油田 X5 油组为异常高压储层，原始压力系数为 1.36，W4 井单采该油组，3 条封闭断层边界。

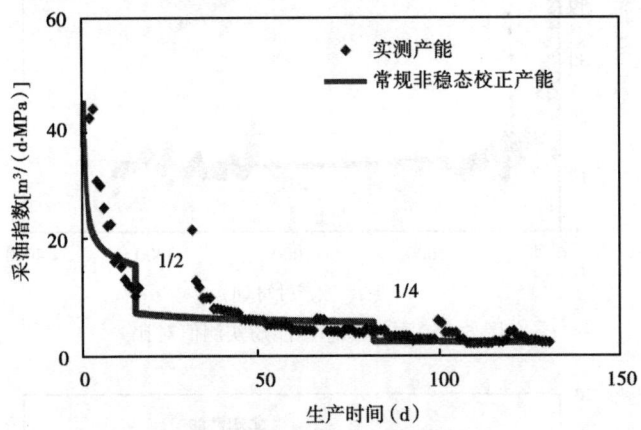

图 8　W2 井校正非稳态产能与实测值对比

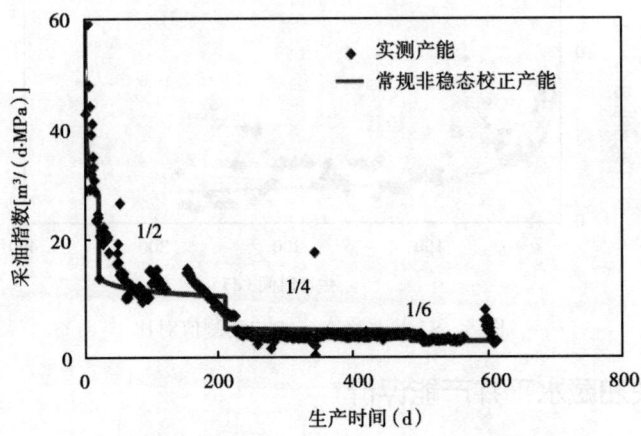

图 9　W3 井校正非稳态产能与实测值对比

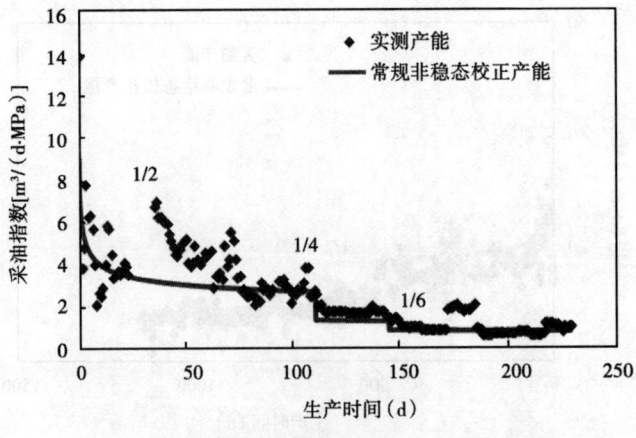

图 10　W4 井校正非稳态产能与实测值对比

K 油田 Y1 井区与 U1 井区砂体不连通，为两个油水系统。Y1 井区 W5 井钻后认为该井吸水能力低，与 Y1 井井间连通性差，无法形成有效注采，产能未部分恢复（图 11）。L 油田 W6 井因产能低，自 2013 年 3 月 28 日长期关停，Z1、Z2、Z3 井注水后产能部分恢复，表明注水开发可以一定程度抵消断层对产能的影响（图 12）。M 油田 X6 油组 Z4 井注水后，W7 井产能部分恢复（图 13）。N 油田 X7 油组 Z5 井注水后，W8 井产能部分恢复（图 14）。

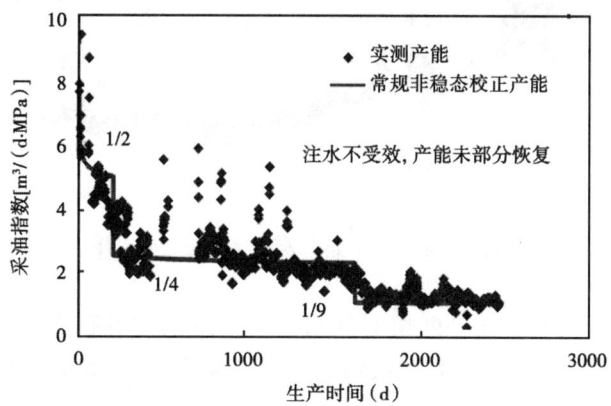

图 11　W5 井校正非稳态产能与实测值对比

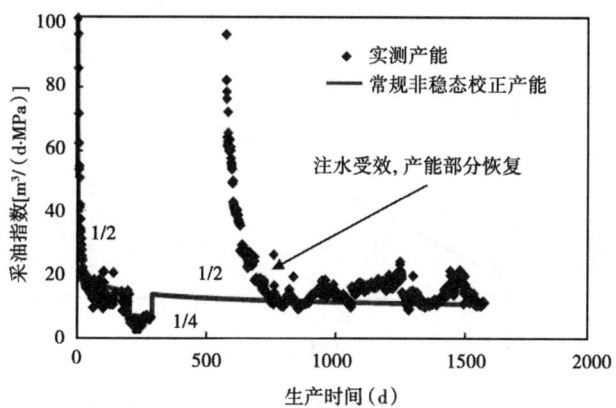

图 12　W6 井校正非稳态产能与实测值对比

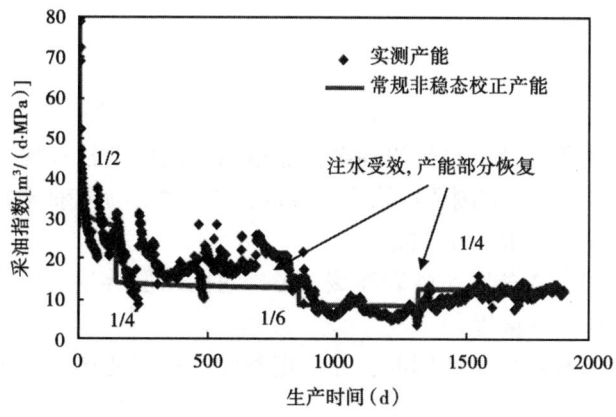

图 13　W7 井校正非稳态产能与实测值对比

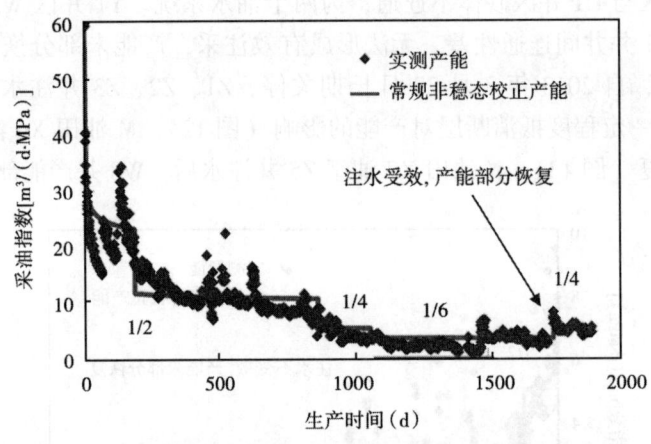

图 14 W8 井校正非稳态产能与实测值对比

通过统计发现,压力波传播到断层时间与断层作用比较明显的时间呈较好的线性关系(图 15),可为预测区域内其他同类型低渗透断块油藏断层作用比较明显的时间提供借鉴参考。

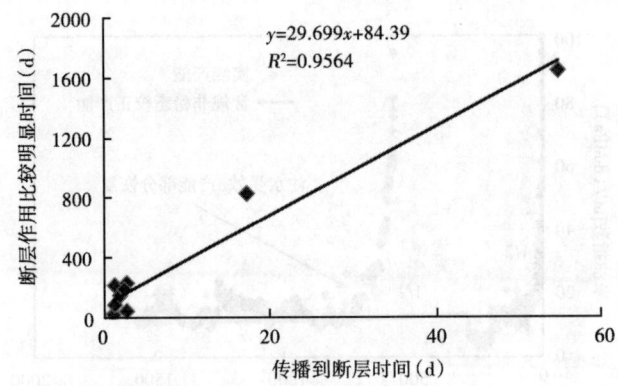

图 15 压力波传播到断层时间与断层作用比较明显的时间关系

4 结论

(1)对于南海西部低渗透疏松砂岩油藏,非达西渗流模型较常规达西模型计算的非稳态产能低 3%~6%,但二者与实测数值均非常接近,非达西渗流特征对产能影响较弱,可应用常规非稳态模型快速评价水平井产能。

(2)对于南海西部低渗透断块砂岩油藏,考虑封闭断层数量的影响,校正后的水平井非稳态产能与实测产能十分接近。

(3)注水开发补充地层能量的同时,在一定条件下有可能还会一定程度抵消断层对产能的负面影响。

参 考 文 献

[1] 邓英尔，刘慈群. 低渗油藏非线性渗流规律数学模型及其应用 [J]. 石油学报，2001，22（4）：72-77.

[2] 李松泉，程林松，李秀生，等. 特低渗透油藏非线性渗流模型 [J]. 石油勘探与开发，2008，35（5）：606-612.

[3] 李文红，李英蕾，雷霄，等. 南海西部油田高泥质疏松砂岩储层数字岩心渗流特征 [J]. 中国海上油气，2015，27（4）：86-92.

[4] 丁一萍，郝明强，王晓冬. 特低渗油藏水平井产能公式霍尔数敏感性分析 [J]. 大庆石油地质与开发，2010，29（6）：65-68.

[5] 刘文超，同登科，张世明. 低渗透稠油油藏水平井产能计算新方法 [J]. 石油学报，2010，31（3）：458-462.

[6] 张宏博，王蠡，张鑫，等. 低渗透油藏水平井产能计算新模型 [J]. 北京石油化工学院学报，2016，24（3）：5-7.

[7] 陈明强，张明禄，蒲春生，等. 变形介质低渗透油藏水平井产能特征 [J]. 石油学报，2007，28（1）：107-110.

[8] Liu Ciqun. The approximate formulae of productivity and well testing for horizontal wells [J]. Journal of Hydrodynamics, Ser. B, 1996, 12（4）: 1-8.

[9] 宋付权，刘慈群. 低渗透油藏中水平井的非牛顿幂律流体不稳定渗流的研究 [J]. 油气井测试，2000，9（1）：1-6.

[10] 邓英尔，刘慈群. 水平井两相椭球渗流特征线解与差分解及开发指标计算方法 [J]. 石油勘探与开发，1999，26（3）：45-48.

[11] 宋付权，刘慈群. 低渗油藏中含启动压力梯度水平井生产动态 [J]. 西安石油学院学报（自然科学版），1999，14（3）：11-14.

[12] 宋付权，刘慈群，胡建国. 用压力恢复试井资料求油藏启动压力梯度 [J]. 油气井测试，1999（3）：5-7.

[13] 王世朝. 低渗疏松储层水平井产能评价 [D]. 青岛：中国石油大学（华东），2014.

[14] Joshi S D. Augmentation of well productivity with slant and horizontal wells [R]. SPE 15375, 1988.

[15] Giger F M, Reiss L H, Jourdan A P. The reservoir engineering aspects of horizontal drilling [R]. SPE 13024, 1984.

[16] Borisov J P. Oil production using horizontal and multiple deviation wells [M]. Oklahoma: The R&D Library Translation, 1984.

[17] Renard G, Dupuy J M. Formation damage effects on horizontal-well flow efficiency [R]. SPE 19414, 1991.

[18] 葛家理. 现代油藏渗流力学原理 [M]. 北京：石油工业出版社，2003.

[19] 马帅，王雯娟，张风波，等. 断块油田断层附近水平井产能 [J]. 大庆石油地质与开发，2016，35（6）：68-72.

基于模糊数学理论的低—特低渗透储层产能评价方法研究

王文涛　刘鹏超　王彦利　王　磊　阳中良　朱金起

（中海石油（中国）有限公司湛江分公司）

摘　要：模糊数学综合评价理论是在建立合理评价指标体系的基础上对多因素影响的评价对象做出综合评估。影响储层产能尤其是低—特低渗透储层产能的关键因素有很多，大体上分为定性评价因素和定量评价因素两大类。通过理论研究及长期的现场实践总结出定性评价因素主要包括储层沉积相及井位、最小振幅属性强度及储层连通性，这类因素对评价储层产能具有宏观的指导意义，但难以精确量化。实际开发经验表明，位于主河道方向且储层最小振幅属性强度较强的井储层物性及发育情况往往较好，反之则较差；而储层连通性则可以表征单井是否具备稳定的供液条件。定量评价因素主要包括排驱压力、中值压力、储层渗透率及地层原油黏度，这类因素是评价储层产能的关键因素，能够综合体现储层的好坏程度。其中，排驱压力表征储层渗透性，压力越低表明渗透性越好；中值压力表征孔喉关系，压力越低表明储层孔喉关系越好，越易于流体流动；储层渗透率及地层原油黏度则表征特定流体在特定物性储层中的流动能力。定性评价因素可以采用指派方法进行确定，优势是可以从某种程度上加入工程师对具体油田开发过程中的经验认识，是对具体定量评价因素的经验修正。定量评价因素采用模糊数学方法进行计算。只需要将对象井评价结果进行标准化处理，则目标井的计算结果即可与对象井之间建立严谨的数学关系，从而依据对象井的实际生产数据对目标井产能进行综合评价。实际开发结果表明，模糊综合评价法能够解决低—特低渗透储层在产能评价方面的难题，具有广阔的应用前景。

关键词：模糊数学；综合评价；低渗透储层；产能评价；定性评价；定量评价

低—特低渗透储层产能评价一直是油气田开发过程中困扰油藏工程师的一个难题。常规的评价方法有理论公式计算、相似储层类比及实际测试（DST测试或电缆地层测试）。

低—特低渗透储层往往非均质性较强，储层渗流能力相对较弱，因此很难取准储层关键参数进行理论计算。实际经验表明，理论计算结果往往波动较大，代表性不高。电缆地层测压资料也存在类似情况，往往测压有效点较少甚至没有，导致测压流度估算不准。DST测试成本较高，限制了在低—特低渗透储层中的应用。通常应用中更倾向于采用相似油田类比法进行评价。

模糊数学综合评价理论是在建立合理评价指标体系的基础上对多因素影响的评价对象做出的综合评估。具体理论研究参考文献［1-2］。影响低—特低渗透储层产能的关键因素大体上分为定性评价因素和定量评价因素两大类。将对象井评价结果进行标准化处理，则目标井的计算结果即可与对象井之间建立严谨的数学关系，从而依据对象井的实际生产数据对目标井产能进行综合评价。

基于模糊数学理论的低—特低渗透储层产能评价可以分为以下几个具体步骤：

（1）确定评价对象并建立多级综合评价体系（图3）；
（2）确定各级评价因素权向量（表2至表4）；
（3）确定评语集及隶属函数（图4）；
（4）选取合适的评价标准（表5）；
（5）选取模糊算子逐级计算评价结果。

1 建立综合评价体系

影响产能的定性评价因素主要包括沉积相及井位、最小振幅属性及储层连通性，这类因素对评价储层产能具有直观的指导意义，但难以精确量化。定量评价因素主要包括排驱压力、中值压力、储层渗透率及地层原油黏度，这类因素是评价储层产能的关键因素，能够综合体现储层的好坏程度。

沉积相及井位可以定性表征井点储层发育情况。实践经验表明，位于主河道位置的井往往储层发育情况较好，物性及连通性可靠程度均较高。如图1所示，A1井、A2H井及A3H井均位于河道边缘，储层非均质性强、相变快，砂体展布规律复杂，注水受效性不好，实际生产情况相对较差。最小振幅属性越强，则储层物性、厚度及含油性往往越高，反之则越低。如图2所示，A5井储层非均质性很强，储层物性相对较差，A6井、A7井物性、含油性及储层发育情况均相对较好。储层连通性表征储层可持续供液能力，连通性好的储层油井稳定生产时间相对较长，反之则较短。具体可依据地质及地球物理资料结合实钻连井对比关系进行评估。

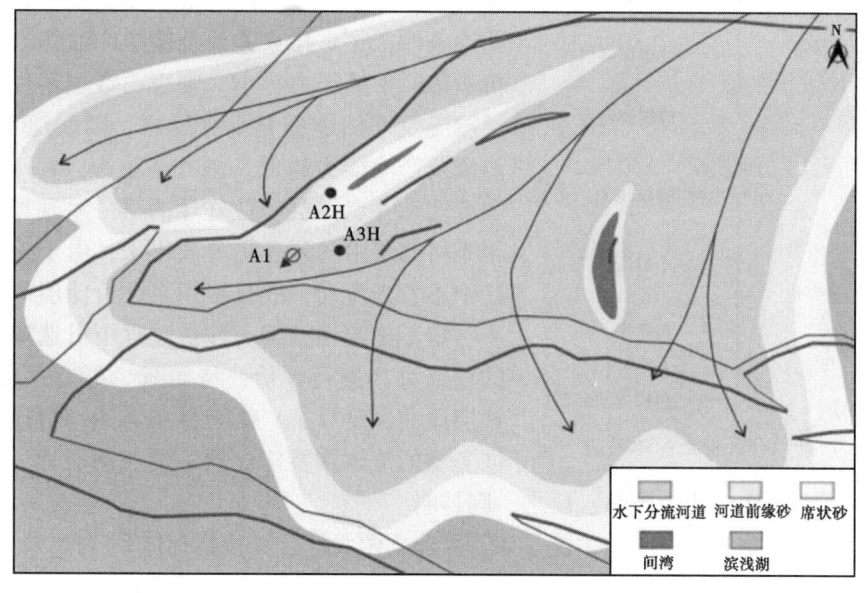

图1　W-1油田IV油组砂体沉积微相平面图

排驱压力（p_T）指非湿相开始进入岩样最大喉道的压力，也称为门槛压力或阈压。排驱压力表征储层渗透性，储层渗透性好则排驱压力比较低；反之，则较高。压汞法测得的排驱压力对渗透率的表征不同于测井解释，代表的是真实储层物性的实验室反映，相对更加具

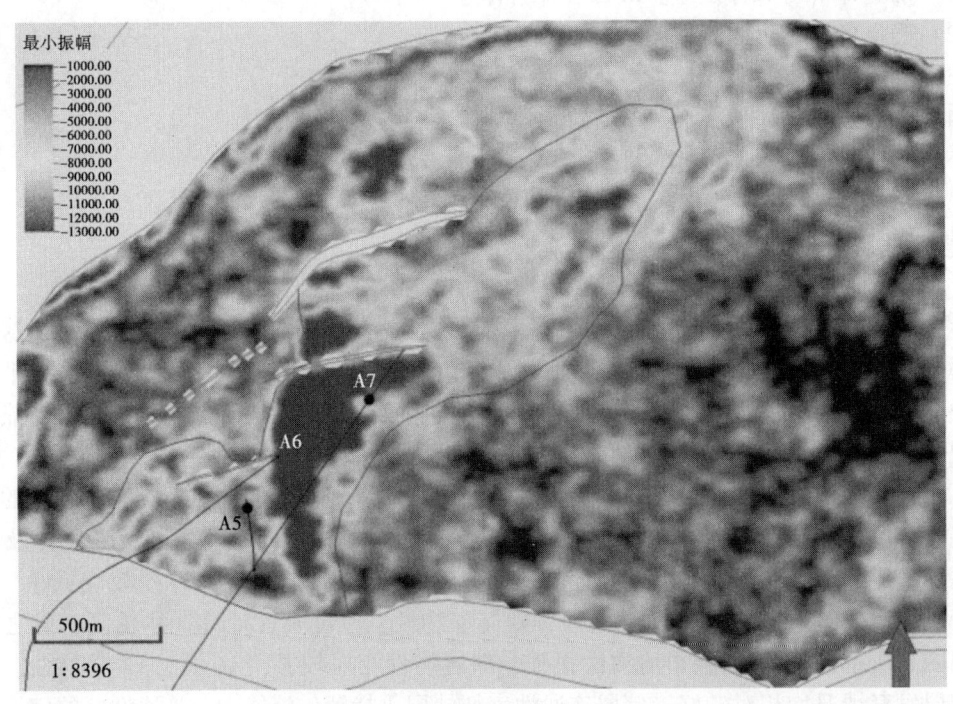

图 2 W-1 油田 I 油组最小振幅属性图

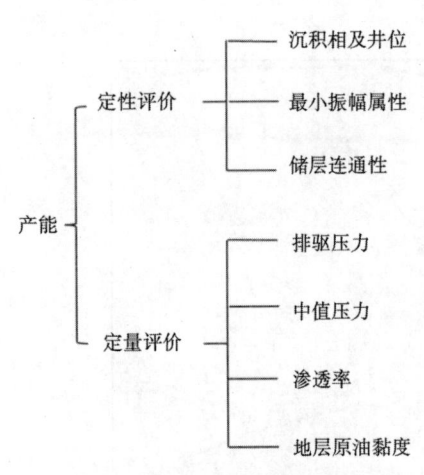

图 3 产能综合评价指标体系图

有代表性。中值压力（p_{50}）是指在驱替毛细管压力曲线上饱和度为50%时对应的压力值。表征储层的孔渗条件，是对孔喉关系及储层产油能力的综合评价指标。中值压力越小，则表明喉道半径越大，储层渗流及产油能力越高；反之，则喉道半径越小，渗流及产油能力越低。测井渗透率（K）是最及时表征实钻井点储层物性好坏的第一手现场资料，但很难将储层中的死孔隙分离出来，由于死孔隙在生产中不参与流动，故直接用来评价储层产能可能存在一定不确定性，综合评价过程中可选取相对较小的权重对其进行评价，从而减少可能存在的误差。地层原油黏度（μ_o）结合储层渗透率可用来表征不同类型的流体在特定储层中的流动能力，相同储层原油黏度越低，则渗流能力越强；反之，则越弱。

基于筛选出影响储层产能的关键参数，可建立两级综合评价指标体系（图3）。

2 确定各级评价因素权向量

采用层次分析法依据评价标度表（表1）采用两两对比打分方式确定权向量评价矩阵，求取矩阵最大特征值对应的特征向量，即为一级评价因素的权向量[3]。影响产能定性评价因素的一级评价体系3个评价因素权向量评价矩阵见表2，求取权向量（矩阵最大特征值对应的特征向量)并归一化处理后得到结果为(0.11,0.31,0.58)。可以看出,储层连通性是定性评价结果的主要影响因素。影响产能定量评价因素的一级评价体系4个评价因素权向量评价矩阵见表3,求取权向量并归一化处理后得到结果为(0.39,0.39,0.08,0.14)。

可以看出,排驱压力、中值压力是定量评价结果的主要影响因素,原油黏度次之,测井渗透率不确定性较高,权重较低。

表1 层次分析法评价标度表

标度	含 义
1	两个因素相比,同样重要
3	两个因素相比,一个比另一个稍微重要
5	两个因素相比,一个比另一个明显重要
7	两个因素相比,一个比另一个强烈重要
9	两个因素相比,一个比另一个极端重要
2	间于两相邻1、3判断的中值
4	间于两相邻3、5判断的中值
6	间于两相邻5、7判断的中值
8	间于两相邻7、9判断的中值
倒数	因素i与j比较得B_{ij},则j与i比较得$B_{ji}=1/B_{ij}$

表2 定性评价因素权向量评价矩阵

评价因素	沉积相及井位	振幅属性强度	储层连通性
沉积相及井位	1	1/3	1/5
振幅属性强度	3	1	1/2
储层连通性	5	2	1

表3 定量评价因素权向量评价矩阵

评价因素	排驱压力	中值压力	渗透率	地层原油黏度
排驱压力	1	1	3	5
中值压力	1	1	3	5
渗透率	1/3	1/3	1	2
地层原油黏度	1/5	1/5	1/2	1

二级评价体系两个评价因素定性评价和定量评价权向量评价矩阵见表4,求取矩阵特征向量并归一化处理后得到结果为(0.15,0.85)。对于最终评价结果,定量评价占比较高,起决定性作用。

表4 二级评价参数权向量评价矩阵

评价因素	定性评价	定量评价
定性评价	1	0.2
定量评价	5	1

3 确定评语集及隶属函数

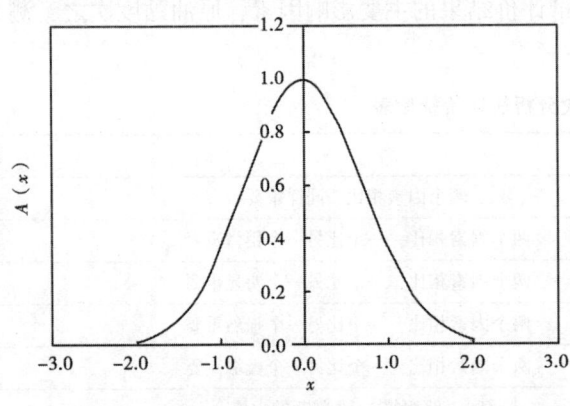

图 4 正态分布函数曲线图（$a=0$, $\delta=1$）

评语集就是对评价对象评价结果进行描述的一个术语集。常用的有 3、5、7、9 几个级别，分别对应（好，中，差）；（好，较好，相当，较差，差）；（很好，好，较好，相当，较差，差，很差）；（最好，很好，好，较好，相当，较差，差，很差，最差），计算复杂性及评价精度逐级递增。针对产能评价的需要，结合实际开发中的规律及认识考虑简洁高效的原则，本文选用三级评语集。

常用的隶属函数有很多，基于产能评价关键影响因素的分布规律进行筛选，确定采用正态分布函数进行评价，具体函数方程见下式，函数曲线如图 4 所示。

$$A(x) = e^{-\left(\frac{x-a}{\delta}\right)^2}$$

式中 a——均数，描述参数的集中趋势；

δ——标准差，描述数据的离散程度。

4 确定评价标准

针对定量评价因素的排驱压力和中值压力，没有现成标准可以参考，需要结合区域规律进行统计研究。

WS-1 井流沙港组储层性质很差，属于低孔隙度、低—特低渗透储层。岩心压汞数据及 DST 测试数据表明，当排驱压力达到 1.5MPa 时，中值压力在 30MPa 左右，实际产能测试基本不出液。WZ-P1 井角尾组储层性质很好，属于高孔隙度、高渗透储层。岩心压汞数据及实际生产数据表明，排驱压力最小为 0.01MPa，平均值在 0.05MPa 左右，中值压力在 0.1MPa 左右。对于储层渗透率和地层原油黏度，结合低渗透储层评价标准及常规轻质原油评价标准进行确定（表 5）。

表 5 微观评价参数评价标准表

参数/标准	好	中	差
排驱压力（MPa）	≤0.05	0.05~1.5	≥1.5
中值压力（MPa）	≤0.1	0.1~30	≥30
黏度（mPa·s）	≤5	5~50	≥50
渗透率（mD）	≥10	1~10	≤1

5 产能综合评价结果

进行产能评价首先找到合理的类比目标,通过指派方法将类比目标产能单因素评价向量全部指派为中等水平(0,1,0),作为待评价目标的对比基础。本文研究涠洲 W-1 油田 A-2H 井流沙港组低—特低渗透储层产能综合评价方法,类比对象为涠洲 W-2 油田 H-2H 生产井,具体储层相关参数见表6。

结合区域开发认识,采用指派方法对定性评价因素的 3 个评价参数进行评价,结果分别为沉积相及井位(0,1,0)、最小振幅属性(0,1,0)和储层连通性(0,1,0),组成综合评价矩阵为 $\begin{bmatrix} 0 & 1 & 0 \\ 0 & 1 & 0 \\ 0 & 1 & 0 \end{bmatrix}$。结合层次分析方法确定的权向量为(0.11,0.31,0.58)。采用模糊算子(·,+)计算,具体计算方法可通过 Excel 或 Mathcad 等数学软件完成,最终结果为(0,1,0)。分析实际储层特征表明,定性评价因素 A-2H 井与 H-2H 井储层类似且相差不大。因此,A-2H 井定性评价向量为(0,1,0)。

对定量评价因素的 4 个参数采用隶属函数进行计算并归一化处理。类比对象的评价结果全部指派为中等,所以采用隶属函数计算过程中,均数 a 针对好与差取值对应具体评价标准,中等程度必须取值类比对象的实际油藏参数,计算结果才可表明待评价目标与类比对象之间的离散程度。计算结果分别为排驱压力(0.44,0.45,0.11)、中值压力(0,1,0)、储层渗透率(0,1,0)和地层原油黏度(0.64,0.36,0),组成综合评价矩阵为 $\begin{bmatrix} 0.44 & 0.45 & 0.11 \\ 0 & 1 & 0 \\ 0 & 1 & 0 \\ 0.64 & 0.36 & 0 \end{bmatrix}$。

结合层次分析方法确定的权向量为(0.39,0.39,0.08,0.14),采用模糊算子(·,+)计算结果为(0.26,0.70,0.04)。分析结果表明,从定量评价来看,A-2H 井较 H-2H 井储层差,且仅能达到其产能的 70%。

将定性评价结果和定量评价结果组成综合评价矩阵 $\begin{bmatrix} 0 & 1 & 0 \\ 0.26 & 0.7 & 0.04 \end{bmatrix}$。结合层次分析方法确定的权向量为(0.15,0.85),采用模糊算子(·,+)计算结果为(0.22,0.75,0.03)。分析结果表明,仅从真实储层性质来讲,A-2H 井区单位厚度储层产能仅能达到 H-2H 井区的 75%。

表6 油田关键参数对比表

油田	生产井	油组	排驱压力(MPa)	中值压力(MPa)	原油黏度(mPa·s)	测井渗透率(mD)	有效厚度(m)	水平段长度(m)	生产井产能[m³/(d·MPa)]	
									实测	综合评价
涠洲 W-1	A-2H	L1Ⅲ	0.295	6.311	0.35	5.70	9.0	478.0	9.7	9.64
涠洲 W-2	H-2H	L1Ⅱ	0.040	0.613	1.34	9.00	10.0	348.0	10.2	—

6 评价结果可靠性验证

涠洲 W-1 油田流沙港组测井解释渗透率仅为 5.7mD，属于特低渗透油藏。发育三角洲前缘水下分流河道沉积，井点位于河道中央（图5），储层岩性以粉细砂岩为主，水平生产井 A-2H 钻后压力恢复测试解释渗透率为 3.6mD，实测采油指数为 9.71m³/（d·MPa）。

涠洲 W-2 油田流沙港组测井解释渗透率为 9mD，属于特低渗透储层，发育扇三角洲滑塌浊积扇沉积，井点位于相对较好的外扇相对优势水道位置（图6），储层岩性以粉细砂岩为主，H-2H 水平井实测采油指数为 10.2m³/（d·MPa）。

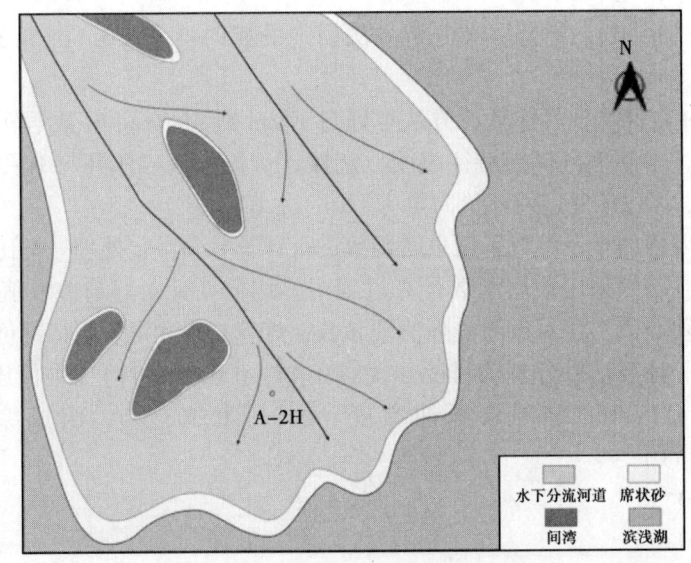

图5 涠洲 W-1 油田流沙港组沉积相图

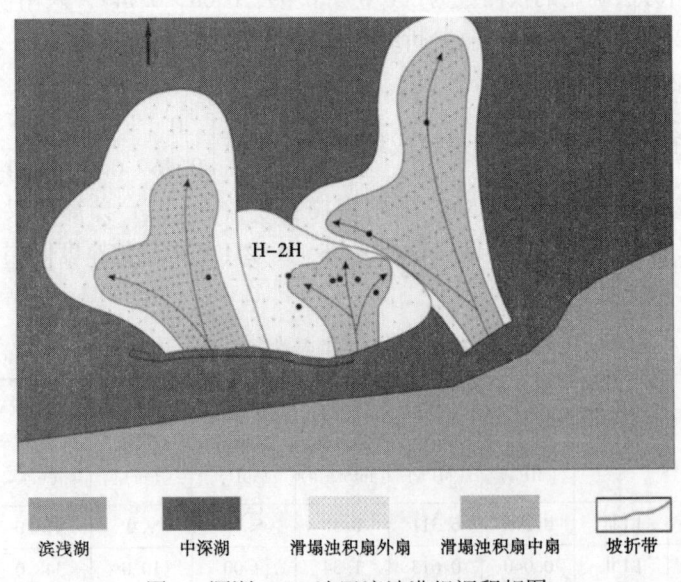

图6 涠洲 W-2 油田流沙港组沉积相图

基于模糊综合评价结果，同等条件下 A-2H 井产能仅为 H-2H 井产能的 75%，即 7.65m³/（d·MPa），对水平段长度进行校正后得到 A-2H 井产能为 9.64m³/（d·MPa）。与实测结果非常接近，说明模糊综合评价方法实际应用可靠程度较高。

7 结论

（1）基于数据难以取全取准的问题，常规方法评价低—特低渗透储层产能可能存在较大的不确定性。

（2）模糊综合评价法从影响产能评价的关键因素出发建立科学合理的综合评价体系，定性评价参数结合了工程师实际开发经验，可以从宏观方面对定量评价结果进行修正。定量评价参数来源于实验数据及现场第一手资料，整体来讲，可以准确评价储层产能。

（3）模糊综合评价法的关键点在于找到合理的类比对象，并将其对应参数进行归一化处理，作为待评价对象的评价基础。

参 考 文 献

[1] 谢季坚，刘承平. 模糊数学方法及其应用 [M]. 武汉：华中科技大学出版社，2006.
[2] 王文涛. 江苏油田复杂断块油藏水驱开发效果评价 [D]. 成都：西南石油大学，2012：21-38.
[3] 李柏年. 模糊数学及其应用 [M]. 合肥：合肥工业大学出版社，2007.
[4] 王文涛，唐海，品渐江，等. 模糊数学理论在评价油田水驱开发潜力中的应用 [J]. 石油规划设计，2011，22（2）：11-13.
[5] 赵健. 乌南油田乌4区块大孔道识别及量化研究 [D]. 荆州：长江大学，2012：47-49.
[6] DZ/T 0252—2013 海上石油天然气储量计算规范 [S].
[7] SY/T 5735—1995 陆相烃源岩地球化学评价方法 [S].
[8] 罗银富. 低渗透砂岩油藏水驱开发效果评价指标与方法研究 [D]. 成都：西南石油大学，2005：25-27.
[9] Salvo Castro, Virgilio José Martins Fereira Filho. The Use of Fuzzy Mathematics of Finance：Risk Evaluation in Petroleum Development [C]. SPE 69556，2001：1-5.
[10] 杨明波，卢建立. Excel 中矩阵的命名与特征值特征向量的计算 [J]. 开发研究与设计技术，2007，5（1）：1295-1296.
[11] 郑桂水. Mathcad 2000 实用教程 [M]. 北京：国防工业出版社，2000.

车排子油田 A 井区火山岩油藏产能控制因素分析

孔垂显　巴忠臣　晏晓龙　华美瑞　周　阳　史燕玲

（中国石油新疆油田分公司勘探开发研究院）

摘　要：车排子油田 A 井区石炭系火山岩油藏属于孔隙—裂缝型双重介质，其油气成藏及产能受断裂、岩体岩性、岩相、孔隙和裂缝等多重因素的影响，成藏规律复杂，产量差异大。以开发产能为主导，综合利用地质、岩心、测井、分析化验、地震等资料，分析了岩性及岩相、基质物性和裂缝等储层因素与产能的配置关系，明确了石炭系火山岩油藏的油气生产特征。结果认为，在靠近火山口爆发通道的爆发相和溢流相等优势岩相内，发育火山角砾岩和气孔状玄武岩等有利岩性，对应的基质物性好、裂缝发育，高产井分布多、产量高，同时在测井曲线上表现为自然电位测井曲线负异常和电阻率—密度测井曲线具一定叠合面积的电性特征。结合产能主控因素和开发动态产量，在平面上划分出 3 类储层有利区，I 类储层性能最优。在此基础上，结合测井曲线特征，提出对 9 口老井进行恢复试油建议，并建议针对 C_3 和 C_4 两个目的层岩体新部署 11 口开发评价井。

关键词：准噶尔盆地；车排子油田；火山岩；产能；孔隙—裂缝双重介质；控制因素

A 井区石炭系油藏是准噶尔盆地西北缘车排子油田的岩性油藏之一。1986 年，A 井在石炭系火山岩中首获工业气流，揭开了火山岩勘探序幕，随后的评价井——D 井也获得工业油气流。在"以断裂为主导"的控藏模式指导下，A 井区石炭系火山岩近 30 年的勘探一直没有新的发现。直至 2015 年，结合地震、测井、生产等资料提出了"一体一藏"的油藏模式，查清了 A 井区石炭系油藏开发井产量差异大的原因，对石炭系火山岩的认识有了新突破，认为该区油气成藏主要受断裂、岩相及不整合面等多方面因素的影响。A 井区石炭系火山岩属于孔隙—裂缝型双重介质，其油气成藏受断裂、岩相、不整合面、孔隙和裂缝等多方面因素的影响，成藏规律复杂。为此，综合地质、地震、测井、岩心、分析化验和试油试采等资料，在分析 A 井区油气生产特征的基础上，深入研究石炭系火山岩的岩性、岩相、基质物性和裂缝等储层因素与产能的配置关系，分析研究区石炭系火山岩的产能控制因素，指导下一步的评价部署和有利区开发动用工作，提高 A 井区产能。

1　区域地质概况

准噶尔盆地西北缘车排子油田位于红车断裂带上盘［图 1（a）］，主要目的层系为石炭系，是一套时间上多期喷发、纵向上由不同岩性叠加、平面上具有岩相分带的块状火山岩体。石炭系火山岩油藏类型为构造—岩性复合型油气藏，区域断裂决定油气藏的走向，火山岩体控制油气的分布，岩体内部岩性变化与层状叠置导致油层垂向上发育及分布比较杂乱，连通关系十分复杂,上部二叠系稳定泥岩段为区域盖层。

红车断裂带由一系列逆冲断裂构成,断裂走向为近南北向、向西倾斜,从石炭系到三叠系自东向西逐层超覆。从研究区勘探成果图[图1(a)]上可以看出,油气藏均沿红车断裂带呈条带状或块状分布。断裂对油藏的控制作用主要体现在以下三个层次:一是开启性,即在断裂活动时期,红车断裂带对油气聚集起到运移通道的作用,油气沿断裂运移的方向主要为南北向和垂向;二是封闭性,即在断裂相对静止时期,红车断裂带作为石炭系火山岩油气藏封堵带,对油气聚集起到封闭作用,但构造运动的多期性容易使断裂再次活动,由封闭转为开启,不利于之前形成的断块油气藏的保存,油气藏被破坏,油气再次分配,重新寻找新的有利圈闭,再次成藏;三是断裂衍生的裂缝,在断裂活动期,应力得以释放,断裂遭受进一步剪切破碎,伴随着大量微裂缝的产生,使断裂带的孔渗性提高,形成高渗透带,裂缝成为流体的优先运移通道。此外,微裂缝同样是酸性水和油气的运移通道,溶蚀作用使断裂带储层物性得到进一步的改善。

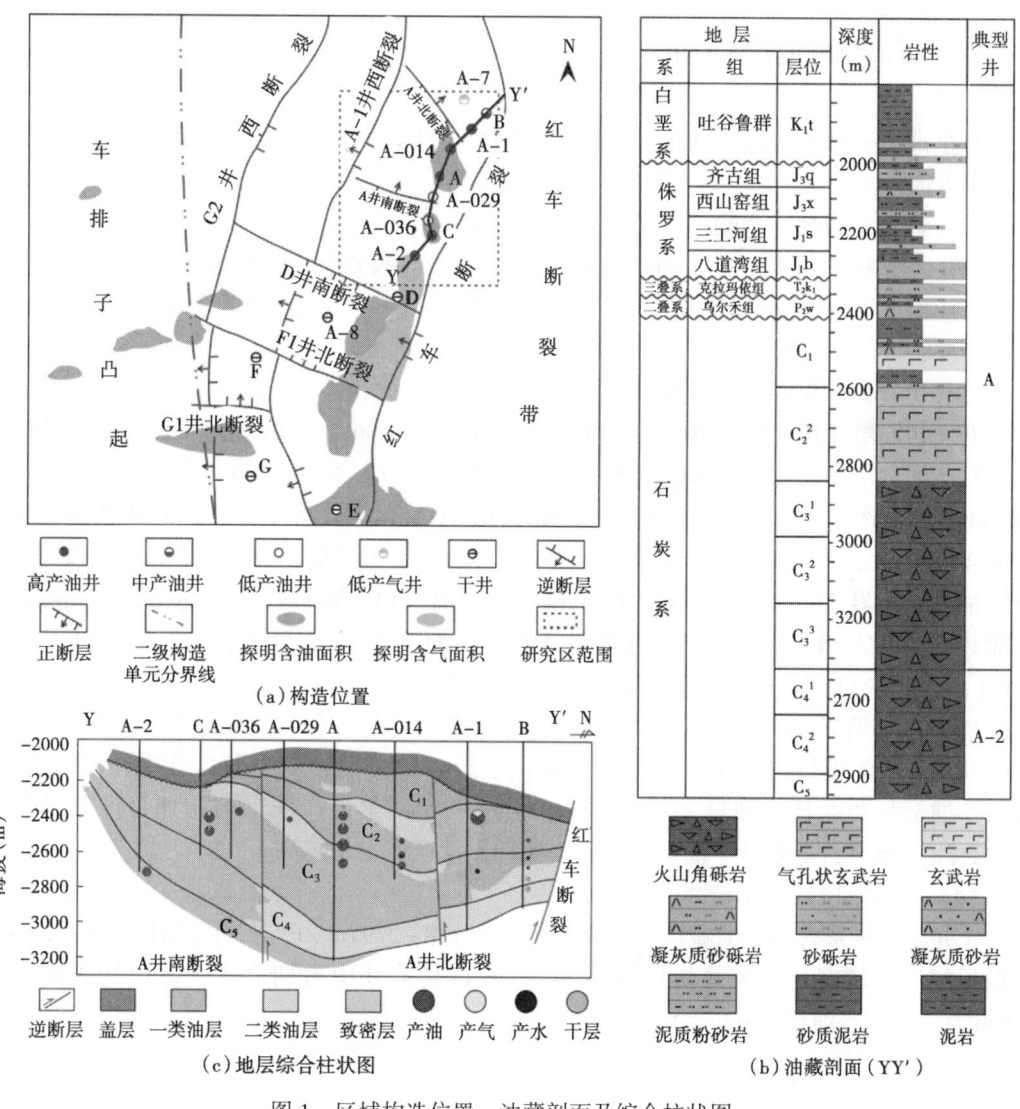

图1 区域构造位置、油藏剖面及综合柱状图

红车断裂带上盘自下而上发育石炭系（C）、二叠系下乌尔禾组（P_2w）、三叠系克拉玛依组下亚组（T_2k_1）、侏罗系八道湾组（J_1b）、白垩系吐谷鲁群（K_1tg）、古近系（E）、新近系（N）和第四系（Q）[图1（b）]。受红车断裂带的构造影响，除侏罗系沉积较稳定外，其余地层缺失严重，石炭系与二叠系、二叠系与侏罗系、侏罗系与白垩系之间均呈区域不整合接触。目的层石炭系主要发育玄武岩、气孔状玄武岩、火山角砾岩和凝灰质砂砾岩等岩性。根据火山岩体在纵向上的岩性差异及其在地震、测井资料上的响应特征，将石炭系火山岩体自上而下划分为 C_1 岩体、C_2 岩体（分为 C_2^1 段和 C_2^2 段）、C_3 岩体（分为 C_3^1 段、C_3^2 段和 C_3^3 段）、C_4 岩体和 C_5 岩体。C_1 岩体以凝灰岩为主；C_2 岩体上部发育玄武岩，下部发育气孔状玄武岩；C_3 岩体以玄武岩为主，夹薄层角砾岩；C_4 岩体发育火山角砾岩和凝灰质砂砾岩；C_5 岩体以火山角砾岩为主。底部 C_5 岩体和顶部 C_1 岩体的平面展布和垂向厚度相对较小，储层物性相对较差；C_2 岩体、C_3 岩体和 C_4 岩体纵向厚度大、平面展布广、储层物性较好，是A井区的主要含油岩体[图1（c）]。

2 火山岩油藏生产特征

对车排子油田A井区试油试采资料进行综合分析，已开发井的生产特征主要表现在以下四个方面：

（1）产量递减快，产能不落实。

A井区试采井18口，于1997年12月全部投产，投产后油井无稳产期，产量递减快，区块日产油2年内由投产高峰期的157t下降到33t。开井数由16口下降到7口，后期仅有3口低产井，产能不落实。

（2）低产井比例高，产量差异大。

开发初期单井日产油 0.10~14.40t，平均日产油 5.36t，产量差异非常大。以设计单井初期日产油（q_0）10.00t 为界，开发井可分为高产井（$q_0 \geq 10.00t$）、中产井（$1.00t \leq q_0 < 10.00t$）和低产井（$q_0 < 1.00t$）3类。据此标准，研究区高产井7口，占总井数38.9%；中产井4口，占总井数22.2%；低产井有7口，占总井数38.9%；中、高产井比例较高。按累计产油量算：累计产油量大于 1×10^4t 的高产井仅有5口，累计产油量达 13.47×10^4t，占全区累计产油量的84.7%；中产井有2口，累计产油量为 1.42×10^4t，占全区累计产油量的9.0%；低产井11口，仅占全区累计产油量的6.3%。

（3）一年期累计产油量与初期日产油量成正比

从累计产油量与初期日产油量交会图[图2（a）]来看，由于每口井生产时间不一致，累计产油量与初期日产油量关系不明显，但从一年期累计产油量与初期日产油量分布图[图2（b）]来看，初期日产油量越高，一年期累计产油量也越高。

（4）试油阶段气油比较高。

A井区石炭系火山岩油藏试油阶段气油比为 $118\sim2797m^3/t$，平均气油比为 $829m^3/t$，试油阶段气油比较高。试采井初期均不含气，6口高产井中后期产气，累计气油比为 $31\sim100m^3/t$，平均气油比为 $62m^3/t$。

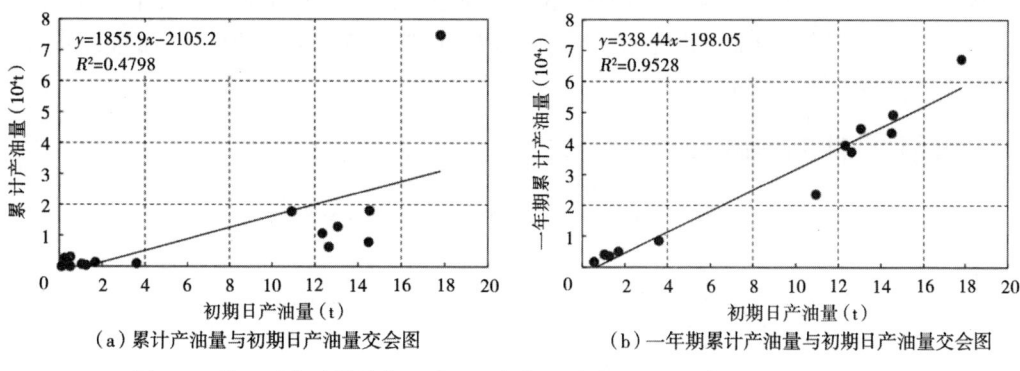

(a)累计产油量与初期日产油量交会图　　(b)一年期累计产油量与初期日产油量交会图

图2　A井区石炭系累计产油量、一年期累计产油量与初期日产油量交会图

3　产能控制因素分析

3.1　岩性及岩相对产能的影响

A井区主要发育玄武岩、气孔状玄武岩、火山角砾岩、凝灰岩、凝灰质砂砾岩和泥岩6种岩性。其中，试采井的射孔段以火山角砾岩、气孔状玄武岩和玄武岩为主，含油性较好，高产层比例较高。A井区石炭系共获得含油显示岩心33.52m，火山角砾岩取心长度和含油显示长度最大，包括油斑、荧光和油迹级别；玄武岩含油显示包括油斑、荧光和油迹；气孔状玄武岩均为荧光显示。统计试油试采井射孔井段岩性可知，中高产井段主要为火山角砾岩和气孔状玄武岩，其厚度比例分别为58.7%和36.8%；低产井段主要为玄武岩。由此可见，火山角砾岩和气孔状玄武岩为主要含油及高产岩性。

火山岩相是控制油气藏的一个重要因素。不同火山岩相的储层空间分布各异，其结构、构造特征和岩石物化特征存在明显差异，构造活动过程中的流体溶蚀和风化淋滤作用，会使各种火山岩相产生特征迥异的孔缝结构和储集空间组合。总体上看，A井区的储层物性以爆发相最优，溢流相次之，火山沉积相最差。研究区生产井段主要发育靠近火山口爆发通道的爆发相和溢流相，生产效果良好。其中，A井C_2岩体主要为溢流相气孔状玄武岩［图3（a）］，

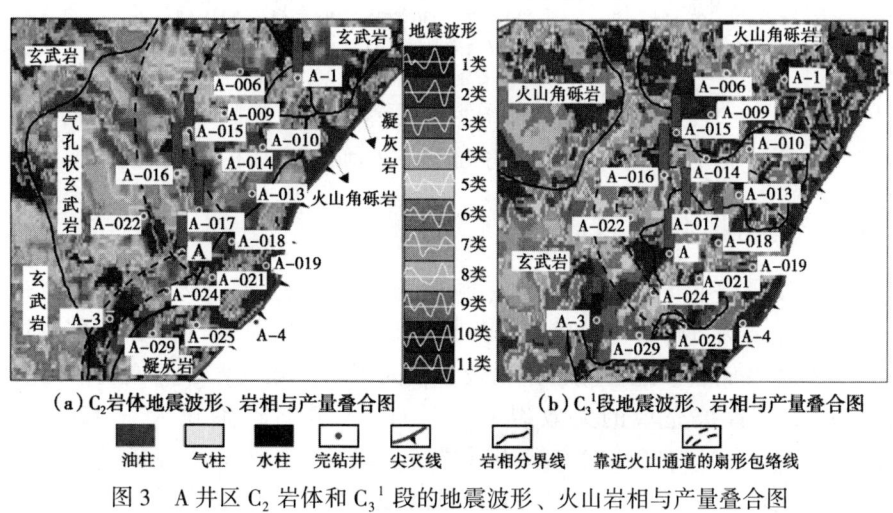

(a)C_2岩体地震波形、岩相与产量叠合图　　(b)C_3^1段地震波形、岩相与产量叠合图

图3　A井区C_2岩体和C_3^1段的地震波形、火山岩相与产量叠合图

C_3 岩体主要为爆发相火山角砾岩［图 3（b）］。在地震相平面上可见，含油性好、产量高的井位于外缘包络扇形、内部波形杂乱的地震相内，以靠近断裂溢流相（气孔状玄武岩）和爆发相（火山角砾岩）为主。

3.2 基质对产能的影响

基质对产能的影响因素主要包括物性、含油饱和度和有效厚度。

3.2.1 物性

物性对油气分布起主要控制作用。A 井区储层的平均孔隙度为 7.77%，平均渗透率为 0.081mD，油层的平均孔隙度为 15.37%，平均渗透率为 0.477mD，整体上属于中孔隙度、低渗透率类型。不同岩性的物性特征差别较大，火山角砾岩的物性整体比玄武岩好。无论是火山角砾岩还是玄武岩，其物性越好，含油显示相应也越好。进一步建立试油与物性之间的关系发现，渗透率对产能具有明显的控制作用。由日产油量与孔隙度交会图（图4）可见，日产油量与孔隙度呈正相关，孔隙度越大，对应的初期日产油量越高。因此，整体上物性与产能呈正相关关系。

3.2.2 含油饱和度和有效厚度

由日产油量与含油饱和度和有效厚度交会图（图 4）分析可见，含油饱和度和有效厚度与日产油量呈正相关，相关系数约为 0.3，含油饱和度越大、有效厚度越大，对应的初期日产油量越大。

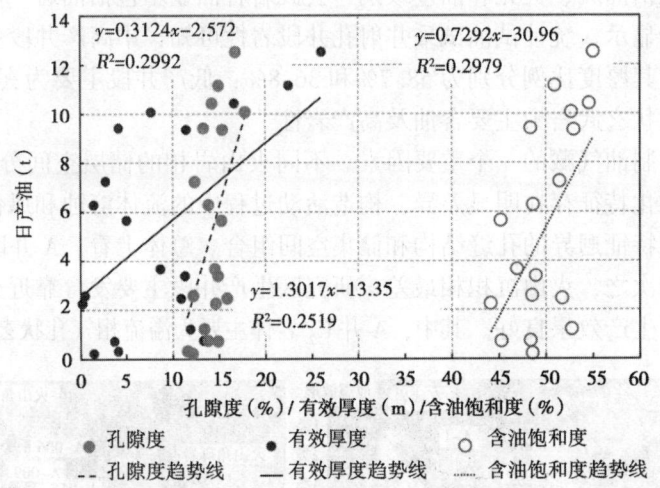

图 4 A 井区石炭系日产油量与孔隙度、含油饱和度和有效厚度交会图

3.3 裂缝对产能的影响

A 井区裂缝发育的主要类型有斜交缝、网状缝与直劈缝，且在火山角砾岩与玄武岩中较为常见；充填物主要为方解石与石膏等，以半充填、全充填居多。裂缝对产能的控制主要体现在对油气运移以及储层渗透性改善作用较大，高产层一般发育未充填或半充填的有效裂缝，而低产井多发育被充填的无效裂缝。例如，A 井日产油量大于 12t 的 2769.16～2769.44m 井段岩性主要为气孔状玄武岩［图 5（a）］，主要发育斜交缝、网状缝［图 5（b）］，裂缝半充填方解石、石膏，岩心表面具溶蚀现象。C 井 2647.54～2648.39m 井段为干

层，岩性为火山角砾岩［图5（c）］，虽然裂缝较发育，但是均被方解石充填［图5（d）］。

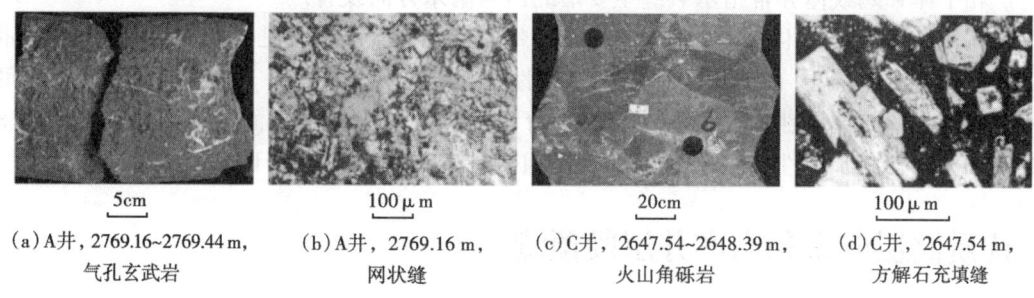

(a) A井，2769.16~2769.44 m，气孔玄武岩　(b) A井，2769.16 m，网状缝　(c) C井，2647.54~2648.39 m，火山角砾岩　(d) C井，2647.54 m，方解石充填缝

图5　A井区石炭系产层段裂缝发育状况

裂缝对产能的影响在相干属性和蚂蚁体属性上也有较好的体现。利用相干技术来识别不连续性已经是目前应用非常成熟的方法。蚂蚁体技术就是根据蚂蚁算法的正反馈机制，建立利用群体智能进行优化搜索的模型，完成不连续性的追踪和识别。相干属性和蚂蚁体属性异常以"团状"为主［图6（a）、图6（b）］，表明斜交缝和网状缝较为发育，与地层微电阻

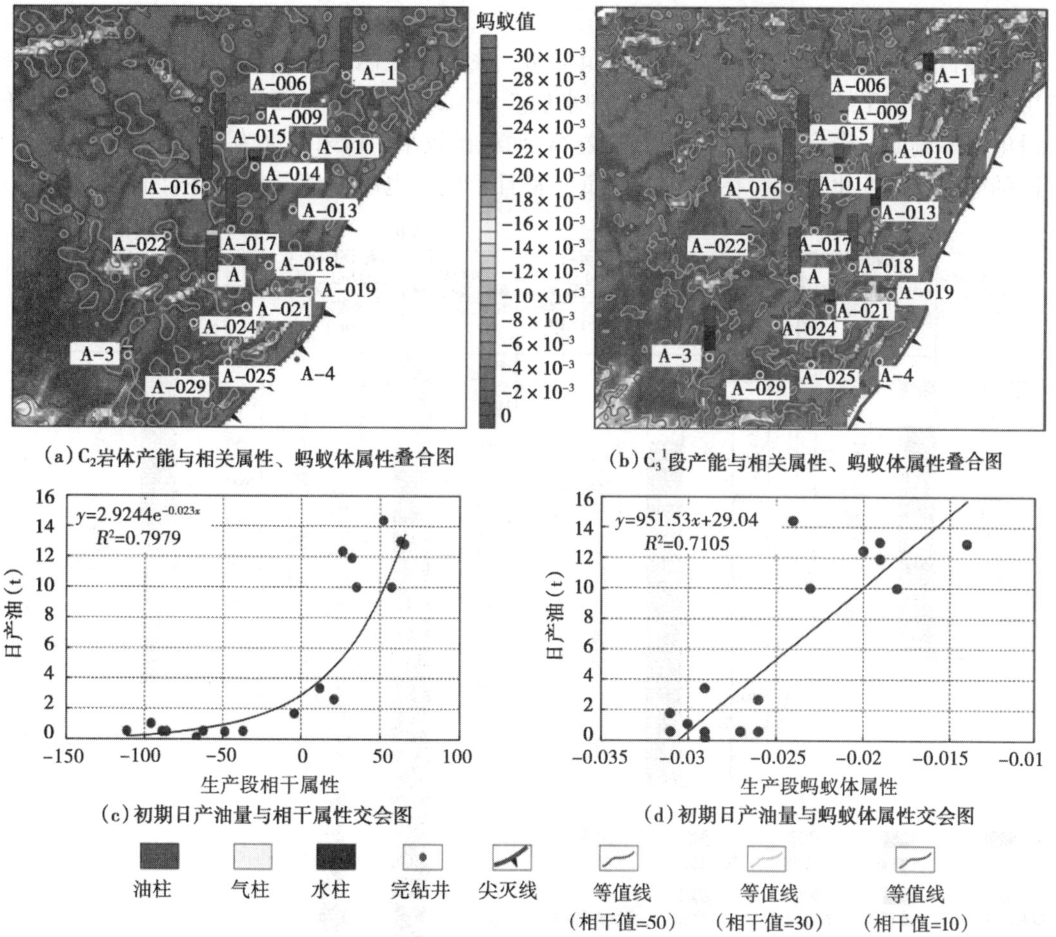

(a) C_2岩体产能与相关属性、蚂蚁体属性叠合图　(b) C_3^1段产能与相关属性、蚂蚁体属性叠合图

(c) 初期日产油量与相干属性交会图　$y=2.9244e^{-0.023x}$　$R^2=0.7979$

(d) 初期日产油量与蚂蚁体属性交会图　$y=951.53x+29.04$　$R^2=0.7105$

油柱　气柱　水柱　完钻井　尖灭线　等值线（相干值=50）　等值线（相干值=30）　等值线（相干值=10）

图6　A井区石炭系产量与地震属性关系

率扫描成像测井解释结果一致；试油段的取心描述结果也表明，高产层油层段的网状缝较为发育。相干体和蚂蚁体异常指示裂缝主要沿北西—南东方向发育。

由初期日产油量与生产井段相干属性、蚂蚁体属性交会结果可见，产量与相干属性呈指数正相关［图6（c）］，而与蚂蚁体属性呈线性正相关［图6（d）］。交会结果呈正相关说明相干属性和蚂蚁体属性均可以指示裂缝发育程度和裂缝走向，平面上初期日油量大于8t的井主要分布在相干属性和蚂蚁体属性异常区内［图6（a）、图6（b）］。

4 优质储层分布和高产井层段预测

4.1 高产井电性特征

一般来说，电阻率测井曲线指示岩性与含油性，密度测井曲线指示基质孔隙度，自然电位测井曲线指示渗透性，三者的组合特征能够指示含油性较好、基质物性较高和裂缝对储层渗透性改造较大的优质储层，有助于寻找高产层段。通过对A井区老井试油段的电性特征进行对比研究，总结出以下高产井的电性特征：（1）在电阻率升高的同时密度降低，表现为密度—电阻率测井曲线叠合面积大；（2）自然电位呈现负异常，异常幅度的大小反映储层物性的好坏。对比A井区的气测高产层（图7），结果显示高产层一般具有一定幅度差。A-019井目的层段内同时满足自然电位负异常，密度—电阻率测井曲线具有一定叠合面积的层段较少，试采结果表明仅有差油层和水层。A-021井和A-022井在自然电位负异常的井段电阻率偏低，密度—电阻率测井曲线叠合面积比较小，试采结果为差油层。A井上、下井段的电性特征变化较大，在自然电位负异常且密度—电阻率测井曲线叠合面积较大的井

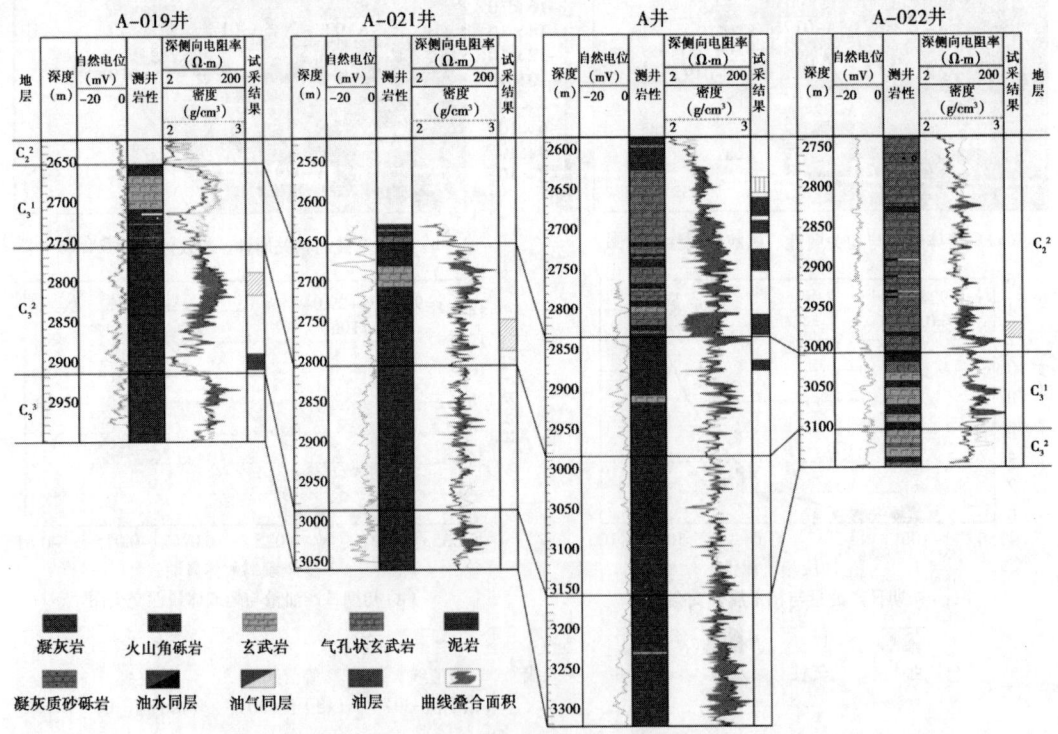

图7 过试采井A-019井—A-021井—A井—A-022井连井剖面

段，试采结果为大段高产油层，如 2806~2833m 井段；在自然电位呈负异常，但密度—电阻率测井曲线叠合面积小的井段，如 2635~2655 m 井段，试采结果则为干层。

上修补层后的老井［图 8（a）］和投产的新井［图 8（b）］的试采结果均证实了高产层具有上述电性特征。在图 8（a）中，A-014 井 A 段岩性为凝灰岩与气孔状玄武岩，电性特征表现为：密度—电阻率测井曲线具一定叠合面积，自然电位具负异常幅度较小，压裂后试油日产油 2.14t，日产水 1.18t，目前不出油为关井状态，显示该段潜力有限，出油段分析认为下部射孔段出油。A-014 井 B 段岩性为气孔状玄武岩与火山角砾岩，电性特征表现为：密度—电阻率测井曲线具较大的叠合面积，自然电位具负异常幅度较大，压裂后试采日产油 12.35t，日产水 0.64t。在图 8（b）中，A-1 井 A 段压裂后试油日产油 15.15t，日产气 $4.238\times10^4m^3$，岩屑岩性显示该段有荧光显示，气测显示较好，电性特征表现为：与 B 段试油层相比，自然电位负异常段幅度较大（物性较好），密度—电阻率测井曲线具较大叠合面积。

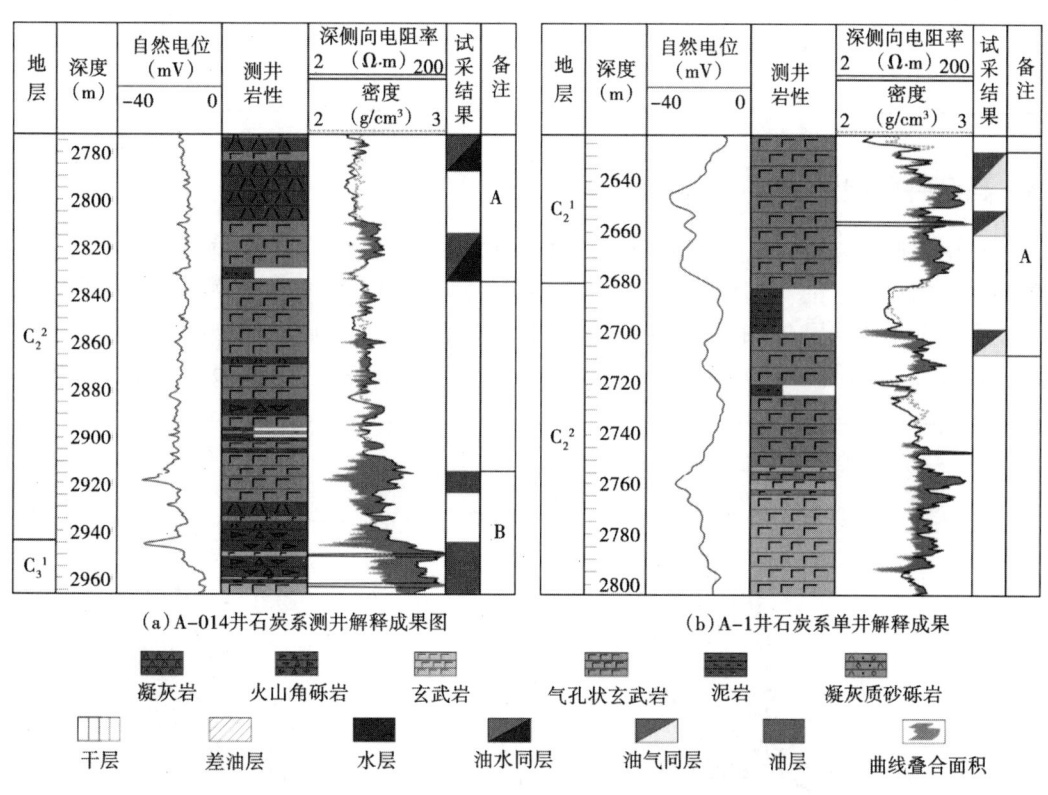

图 8　A 井区石炭系单井测井解释成果图

4.2　优质储层分布预测

通过对 A 井区产量控制因素进行分析，结果表明，对于孔隙—裂缝型双重介质的火山岩油藏，岩性和岩相特征、基质物性特征和裂缝特征均对产能有较大的影响，并在电性曲线上具有一定的特征响应。总体上，优势岩相（靠近火山口爆发通道的爆发相、溢流相）内发育有利岩性（火山角砾岩、气孔状玄武岩），同时对应的基质物性好、裂缝发育，在测井曲线上具有高产井电性特征，实际试采结果也显示生产效果较好。因此，以产能特征为主导，结合岩性、岩相、油层厚度、地震波形和地震相干等信息，将各个岩体在平面上划分出

3类储层有利区（表1）：Ⅰ类储层有利区特征最好，Ⅱ类次之，Ⅲ类最差。根据储层分类标准，分岩体计算Ⅰ类和Ⅱ类储层有利区储量分别占总储量的38.3%和33.4%。

表1 A井区石炭系火山岩油藏优质储层分类标准

储层类别	生产特征		基质物性特征		岩性、岩相、地震相特征			裂缝、地震属性特征
	初期日产油量（t）	累计产油量（t）	储层厚度（m）	油层厚度（m）	岩性	岩相	地震相	
Ⅰ类	>10.0	>5000	≥25	≥10	火山角砾岩气孔状玄武岩	爆发相	内部波形杂乱、指示爆发相或靠近爆发通道外缘包络清晰的扇形区域	裂缝地震响应明显。相干属性（小于40）或蚂蚁追踪属性异常区域
						溢流相		
Ⅱ类	0.1~4.0	26~3015	≥25	≥10	火山岩相较好，特征与Ⅰ类有利区相同			裂缝地震响应不明显
					火山岩相较差，特征与Ⅰ类有利区不同			裂缝地震响应明显
Ⅲ类			≥25	≥10	火山岩相较差，特征与Ⅰ类有利区不同			裂缝地震响应不明显
			<25	<10				

4.3 高产井层段预测

根据优质储层有利区分析结果，综合考虑优质储层厚度、基质与裂缝油层厚度以及单井未射孔井段的自然电位、电阻率、密度测井特征，预测出不同岩体的有利区的平面分布。C_3岩体发育3个Ⅰ类储层有利区，分别位于A井北断裂南侧A井周围、A井南断裂南侧C井周围以及A-5井南侧[图9（a）]；C_4岩体在A井南断裂A-2井周围发育一个面积较大的

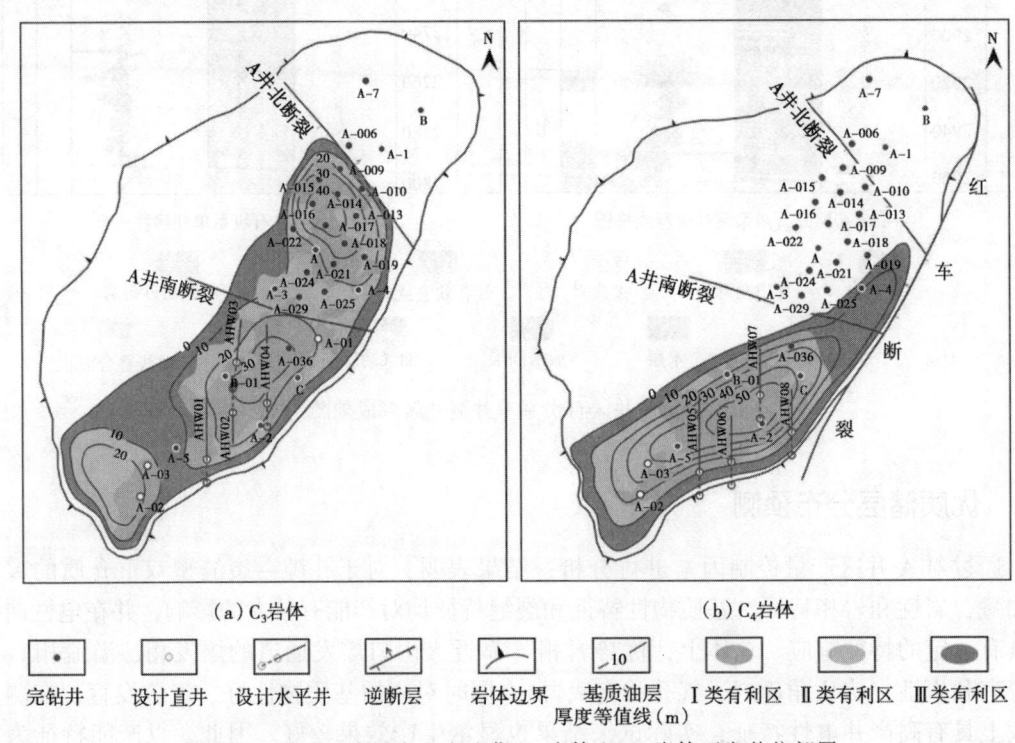

(a) C_3岩体　　　　(b) C_4岩体

图9 A井区石炭系火山岩油藏C_3岩体和C_4岩体开发井位部署

Ⅰ类有利区［图9（b）］。根据有利区平面分布，有9口老井共14个层段的新综合解释结果为油气层，优选其作为潜力井段进行恢复试油建议。同时建议针对C_3岩体和C_4岩体部署3口直井、8口水平井，共计11口开发评价井。其中，位于C井北部的1口直井（A-01井）目的层为C_3岩体，位于C井南端的2口直井（A-02、A-03井）目的层为C_3岩体和C_4岩体。此外，在C_3岩体和C_4岩体上分别部署4口水平井（图9）。

5 结论

（1）火山岩性和岩相控制油藏空间分布范围。靠近火山爆发通道的爆发相火山角砾岩、溢流相气孔状玄武岩储层内，火山岩性和岩相有利，高产井比较集中。

（2）基质物性控制油藏富集程度与储量规模。基质孔隙度高的区域含油性好，对应含油饱和度高，油层厚度大，储量丰度高。

（3）裂缝与基质物性高的优势岩性匹配程度制约产能。裂缝具备改造储层条件、影响油藏产能的作用，裂缝与岩性、基质物性的空间匹配程度越好，对油井产能贡献越大，是优选高产区的主要指标。

（4）高产井段具有自然电位呈负异常、密度—电阻率测井曲线具一定叠合面积的电性表征，正是优质岩性与岩相、高基质物性和裂缝发育的体现。结合产能特征和产能控制因素划分出的优质储层类型，指示优质储层平面分布：C_3岩体的Ⅰ类有利区分别位于A井周围、C井周围以及A-5井南侧；C_4岩体的Ⅰ类储层有利区分布在A-2井周围；在此基础上，结合测井特征，建议对有良好油气显示的9口老井恢复试油，并部署11口开发评价新井。

参 考 文 献

［1］尹路，潘建国，谭开俊，等．火山岩地震储层学在准噶尔盆地红车断裂带石炭系油气勘探中的应用［J］．岩性油气藏，2010，22（4）：25-30.

［2］姚卫江，党玉芳，张顺存，等．准噶尔盆地西北缘红车断裂带石炭系成藏控制因素浅析［J］．天然气地球科学，2010，21（6）：917-923.

［3］温雅茹，杨少春，汪勇．火山岩储集空间组合及储油模式——以准西车排子地区石炭系为例［J］．中国矿业大学学报，2016，45（3）：582-590.

［4］陈岩，刘瑞兰，王泽华，等．车排子油田火山岩储层三维裂缝定量模型研究［J］．西南石油大学学报（自然科学版），2008，30（2）：54-56.

［5］刘瑞兰，王泽华，孙友国，等．准噶尔盆地车排子油田火成岩双重介质储集层地质建模［J］．新疆石油地质，2008，29（4）：482-484.

［6］潘建国，郝芳，谭开俊，等．准噶尔盆地红车断裂带古生界火山岩油气藏特征及成藏规律［J］．岩性油气藏，2007，19（2）：53-56.

［7］董大伟，李理，王晓蕾，等．准噶尔盆地西缘车排子凸起构造演化及断层形成机制［J］．吉林大学学报（地球科学版），2015，45（4）：1132-1141.

［8］苏培东，秦启荣，袁云峰，等．红车断裂带火山岩储集层裂缝特征［J］．新疆石油地质，2011，32（5）：457-460.

［9］尚尔杰，金之钧，丁文龙，等．断裂控油的物理模拟实验研究——以准噶尔盆地西北缘红车断裂带为例［J］．石油实验地质，2005，27（4）：414-418.

［10］苗春欣，傅爱兵，关丽，等．车排子地区火山岩储集空间发育特征及有利区带预测［J］．油气地质与采收率，2015，22（6）：27-31.

[11] 刘萍，石新朴，李智，等．基于流动物质平衡的火山岩气藏产能分析方法［J］．新疆石油地质，2011，32（6）：646-649.

[12] 甘学启，姜懿洋，秦启荣，等．红车断裂带石炭系火山岩油藏储层特征［J］．特种油气藏，2011，18（2）：45-47.

[13] 廖伟，石新朴，颜泽江，等．克拉美丽气田产能影响因素［J］．新疆石油地质，2009，30（6）：731-733.

[14] 郑振恒，曹文江，王兆峰，等．确定裂缝性火山岩储集层孔隙容积的油藏工程实用方法［J］．新疆石油地质，2008，29（5）：631-634.

[15] 龚洪林，许多年，蔡刚．高分辨率相干体分析技术及其应用［J］．地球物理学进展，2008，13（5）：45-48.

[16] 王军，李艳东，甘利灯．基于蚂蚁体各向异性的裂缝表征方法［J］．石油地球物理勘探，2013，48（5）：763-769.

[17] 杨瑞召，李洋，庞海玲．产状控制蚂蚁体预测微裂缝技术及其应用［J］．煤田地质与勘探，2013，41（2）：72-75.

[18] 史刘秀，王静波，张如伟．复值相干模量蚂蚁体技术［J］．断开油气田，2015，22（5）：545-549.

水平井立体井网提高低渗透砂砾岩油藏采收率技术

姜亦栋　李晓军　于海龙　黄爱先　薛巨丰　徐福海

（中国石化胜利油田分公司东辛采油厂）

摘　要：东辛油区盐227块特低孔特低渗砂砾岩油藏孔隙度6.1%，渗透率1.6mD，具有沉积作用复杂、岩性构成复杂、井间连通复杂等特点。前期采用常规开发方式，实施直斜井压裂投产，单井产能1.7t/d，区块采油速度0.07%，经济效益差。为了经济有效动用此类砂砾岩储量，在盐227区块应用"井工厂"模式进行整体开发。针对油藏储层厚度大（301m）、物性差（渗透率1.6mD）、储量动用率低（16.7%）的问题，采用长井段水平井分段压裂"井工厂"开发方式。通过整体井网部署，平面上以井口位置为圆心部署放射形井网；纵向上设计采用一套层系、"三层楼"部署长井段水平井开发。立体缝网优化，平面上压裂裂缝交错，"拉链"式布置裂缝位置，最大程度控制储量；纵向上为避免存在垂深差的两口井裂缝端部相互干扰，建立了空间缝网计算模型，保证裂缝沟通不窜通。矿场应用结果表明：储量动用率为96.7%，平均单井产液量为26.3m³/d，产油量为13.7t/d，含水率为47.8%，明显改善了油藏开发效果。

关键词：致密砂砾岩油藏；水平井；整体井网部署；立体缝网优化

东辛油区盐227块致密砂砾岩油藏含油层段为沙四段，含油面积为1.4km²，油层埋深为3170~3950 m，温度最高达155 ℃。构造上相对简单，呈鼻状形态，地层西南低东北高，倾角为8°~20°，最大主应力方向为近东西向；扇三角洲沉积，底部以砾岩为主，向上岩性变细，平面上垂直物源方向岩性变化快，厚度变化大，北部靠近物源方向粒度粗，远离物源粒度细，地层北薄南厚，厚度为110~380 m；岩性分选差，磨圆度为次棱角状，石英、长石和泥质的含量分别为38.7%、46.1%和2.5%；孔隙式胶结，以点接触居多，线接触次之，以微孔为主，平均孔喉半径0.23μm，存在弱速敏、弱水敏和弱碱敏；储层孔隙度6.1%，渗透率1.6mD，地层原油黏度1.46mPa·s，压力系数1.01，气油比67.4m³/t。储层物性控制含油性特征明显，非油即干，无游离水，属低孔隙度、特低渗透率、常温、常压、岩性砂砾岩油藏。

1　长井段水平井整体井网部署

盐227区块埋藏深、压实作用强、岩性致密、地层可钻性相对较差，钻井成本高，目前常规开发技术效益差；另外，砂砾岩体储层纵向厚度大，内部无断层发育，具备进行长井段水平井开发的物质基础，综合直井弹性开发与水平井弹性开发经济技术政策研究成果，因此设计采用长井段水平井弹性开发方式进行开发动用。

根据区块正交多极子阵列声波测井结果，地层主应力方向为近东西向。区块整体采用长井段水平井开发，水平井轨迹垂直于最大主应力方向，即南北向，水平井分3层立体部署，每层厚度为80~90m，其中第1层与第3层平面水平井轨迹投影在同一位置，第2层与第1层水平井轨迹投影不在同一位置上，错开位置部署，其目的是最大限度地发挥压裂工艺的能力，实现缝网对油藏的均衡控制和储量的最大动用，与纵向叠置部署模式对比，地质储量动用率提高25%左右，开发效果更为突出，风险相对较小。

1.1 平面井距优化

区块整体采用长井段水平井开发，设计水平井轨迹垂直于最大主应力方向，即南北向，依据油藏渗流特征，渗透率1.6mD，地层原油黏度1.46mPa·s，为保证储量能得到有效动用，生产压差取值10MPa，由经验公式计算求取区块极限泄油半径为34m。根据对盐227块三层开发深度井的压裂优化模拟，在加砂量20~60m³情况下，平均支撑半缝长为80~180m，区块采用放射形立体井网（图1），同一层A靶点间井距相对较小，B靶点间井距相对较大，根据极限渗流半径和支撑半缝长结果，同一层井A靶点井距为220~260m，B靶点井距为370~430m。经验公式为：

$$r_{极限} = 3.226(p_e - p_w)\left(\frac{K}{\mu}\right)^{0.5992}$$

式中 $r_{极限}$——油藏极限渗流半径，m；

p_e——油藏原始压力，MPa；

p_w——井底流压，MPa；

K——储层渗透率，D；

μ——地层流体黏度，mPa·s。

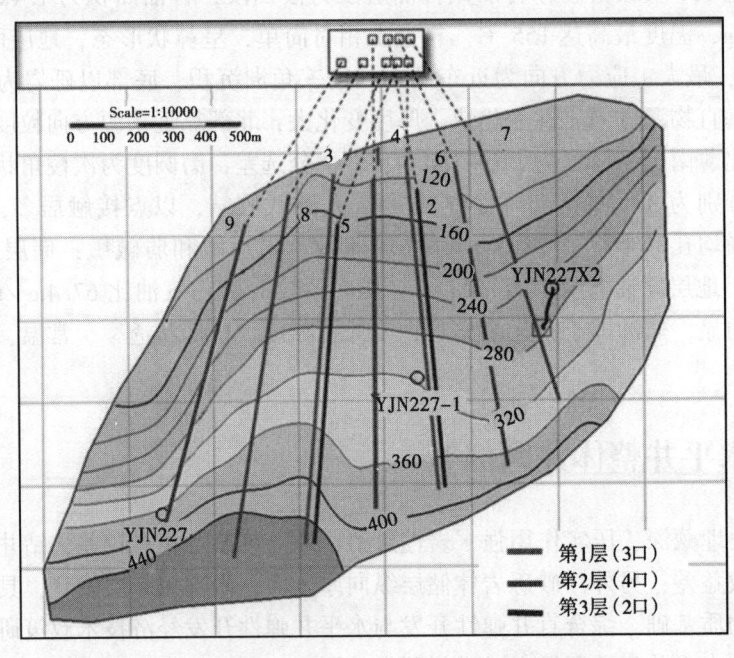

图1 盐227块"井工厂"放射形布井方位图

1.2 纵向井距优化

盐 227 区块目前完钻常规井 3 口，从钻遇情况分析，砂砾岩储层十分发育，隔夹层不发育；同时，根据压裂模拟，纵向上地层应力有一定差异，但差异相对较小，因此纵向上分为一套层系开发。根压裂优化模拟，在压裂规模 20~60m³ 情况下，单缝缝高 40~80m，平均 64m，生产压差取值 10MPa，根据经验公式计算极限泄油半径为 34m，纵向上自然泄油厚度 68m，综合立体井网部署，为避免层间压窜，纵向上第 1 层井与第 3 层井井距 160m，第 1 层与第 2 层井距 80m，实现储量控制最大化，各层井轨迹平面投影错开（图 2）。

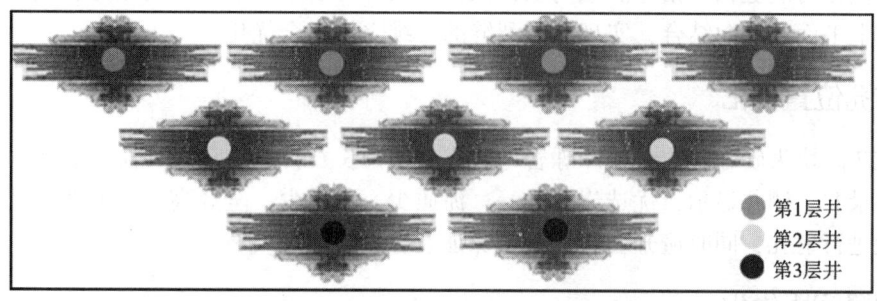

图 2　盐 227 块水平井及压裂裂缝设计纵向示意图

1.3 水平段长度优化

根据砂砾岩体沉积特征，东北部靠近扇根，储层物性变差，西南部靠近扇端，泥岩含量高，因此为了确保水平井具较高产能，水平井优先部署在区块扇中部位，根据已经完钻的 3 口常规井钻遇油层情况（表 1），为尽可能大地控制储量，设计 A 靶、B 靶距离砂体尖灭区 100m 左右，水平段长度为 790~1090m，平均 971m，具体水平段长度根据砂砾岩体钻遇情况进行进一步优化。

表 1　盐 227 块不同沉积相储层厚度情况表

井号	盐 227	盐 227-1	盐 227 斜 2
沉积相	扇端	扇中	扇根
砂砾岩体厚度（m）	307.5	325	254.7
油层厚度（m）	163	183.9	54.1
油层厚度/地层厚度（%）	53	56.6	21.2

1.4 总体部署

根据井网井距优化和地面建设条件，采用"井工厂"模式开发，地面设计一个井台，采用放射形井网，井距 220~430m；纵向分三层开发，每层厚度 70~80m。方案整体设计长井段水平井 9 口（第 1 层 4 口，第 2 层 3 口，第 3 层 2 口），平均单井水平段长度 971m，控制石油地质储量 $270×10^4$t，平均单井控制地质储量 $30×10^4$t。

2 长井段水平井立体缝网优化

根据盐227"井工厂""三层楼"式的立体井网部署以及储层沉积特征,在9口井整体井网部署后提出了压裂裂缝的三维立体组合优化,优化原则为:变单井为多井联动、变平面二维为立体三维优化,实现裂缝沟通、不窜通,储量动用最大化。优化思路为:平面上,根据区块应力展布规律,沿最大主应力方向优化压裂缝网;同时,结合储层分布规律,压裂段优选物性好的层段,避开泥岩夹层和砾石夹层;针对A靶、B靶井距有一定差异,实施分靶点优化,优化时裂缝相互错开。纵向上,根据分层部署水平井情况,实施分层优化缝网。最终通过以上平面和纵向结合,实现压裂裂缝的三维立体组合优化。

2.1 射孔位置优化

盐227区块为砂砾岩油藏,砂砾岩母岩成分中钾长石含量较高,其伽马值与泥岩基本相当,根据录井、测井显示,优选岩性均一、泥质少、灰质少、全烃高、含油性好且固井质量好的位置进行射孔,同时避开套管节箍,保证裂缝正常起裂。

2.2 裂缝间距优化

根据特低渗透油藏极限渗流半径计算方法,结合区块物性和生产压差,计算盐227块油井极限渗流半径为34m,同时根据数值模拟不同裂缝间距下单井日油和累计产油变化关系(图3),最终裂缝间距取值80~100m。在实际优化过程中需要结合储层发育适当优化调整,由B靶点逐步向A靶点优化,首先确定每口井的人工井底位置,在人工井底以上30m开始优化射孔位置,然后每隔80~100m优化射孔井段,优化过程中遇到砾石夹层发育和泥岩夹层发育的井段优化多簇射孔,提高裂缝沟通能力。

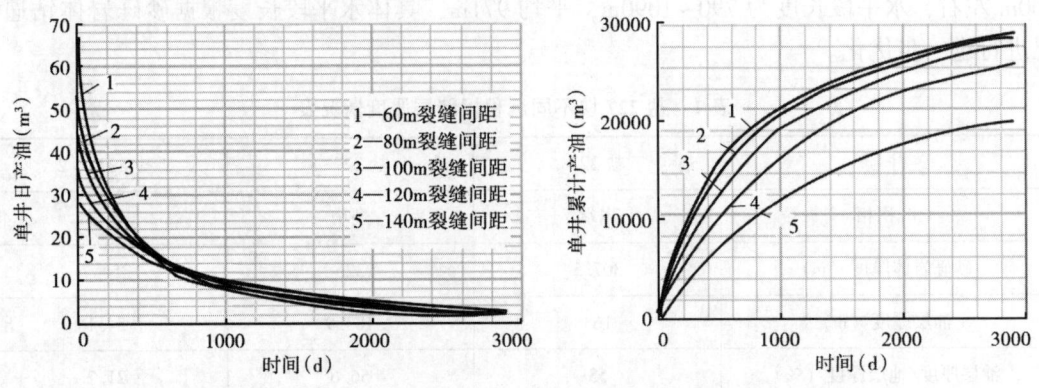

图3 不同裂缝间距下单井日产油和累计产油变化关系

2.3 立体缝网优化

平面上,为降低裂缝沟通风险,最大程度控制储量,同层邻井压裂裂缝采取"拉链"式优化设计,同时实施分区域优化,充分发挥压裂优势,达到储量控制最大化。在A靶扇根井网密集区:对于井距、地层厚度小,邻井未钻遇地区,半缝长适当增大,对于邻井均钻遇的砂体，通过对比两口井的密度、中子、声波、孔隙度和渗透率等物性参数，优选储层物性好的井，通过加大压裂规模，沟通邻井。在扇中井网均匀区：井距、厚度适中，压裂裂缝交错，控制裂缝长度，降低裂缝窜通风险。在扇端井网发散区：井控差、厚度大，尤其是单一油井钻遇区，不限制压裂规模。

纵向上，建立空间缝网计算模型，实现储量精确控制。空间立体缝网的最终目的是在确保裂缝不窜通情况下，达到储量控制的最大化，为实现这一目的，相邻井间两段射孔压裂形成的裂缝端点距离就要达到极限渗流半径的2倍，即68m，而相邻井两段射孔之间在平面上有一定距离，纵向上有一定垂深差，因此相邻井间两段压裂裂缝端点连线（斜边）就与其垂深差值线（直角边）和平面投影线（直角边）在立体空间上组合成一个直角三角形，其中已知长度为两个：一是两段压裂裂缝端点连线（斜边）长度为极限渗流半径的2倍，即68m；二是垂深差值线（直角边）长度即为射孔井段垂深差，根据直角三角形几何关系，相邻井间两段压裂裂缝端点平面投影线（直角边）距离即可计算出，而其平面投影线距离就是在平面图上测量的距离。例如相邻井盐227-8HF井段垂深3682m、盐227-9HF井段垂深3733m，其垂深差为51m，根据立体缝网优化，平面投影距离为45m时即可保证立体缝网距离为68m（图4和图5）。

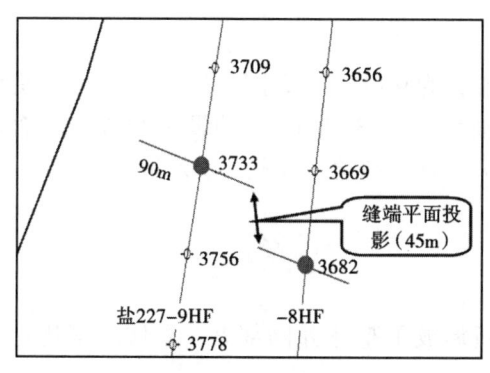 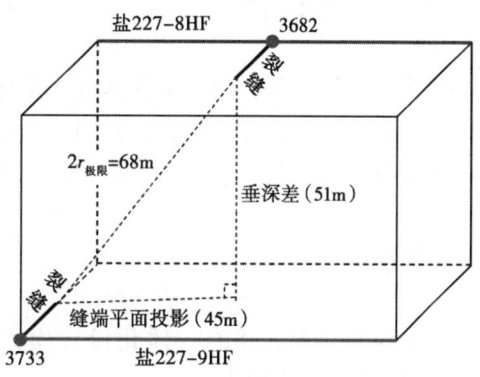

图 4　盐 227-8HF 和盐 227-9HF 平面裂缝优化　　图 5　盐 227-8HF 和盐 227-9HF 立体缝网优化

经多轮次论证，实现了井网和缝网三维立体组合优化，共优化设计压裂97段（表2），半缝长70~260m，与常规仅考虑平面设计对比，空间立体缝网优化单缝控制地质储量增加$0.2×10^4$t，97条裂缝共增加控制地质储量$19.4×10^4$t。

表2　盐227"井工厂"压裂半缝长优化表

层位	半缝长（m）								
	第一层			第二层				第三层	
段数	盐227-3HF	盐227-4HF	盐227-7HF	盐227-1HF	盐227-6HF	盐227-8HF	盐227-9HF	盐227-2HF	盐227-5HF
1	230	200	145	150	120	100	100	150	208
2	260	160	135	150	125	100	180	150	180
3	180	135	120	150	125	100	100	120	168
4	175	120	110	123	120	100	100	125	110
5	170	110	90	123	120	100	100	125	80
6	160	90	80	123	115	80	100	120	70

续表

层位	半缝长（m）								
	第一层			第二层				第三层	
段数	盐227-3HF	盐227-4HF	盐227-7HF	盐227-1HF	盐227-6HF	盐227-8HF	盐227-9HF	盐227-2HF	盐227-5HF
7	155	80	75	123	100	70	90	120	75
8	140	75	228	123	100	75	80	115	80
9	130	190	210	123	219	75	70	110	150
10	120			90		80	70		120
11	95			90		150			80
12	85					150			70
13	168					160			228
14									210
平均	152	129	134	124	127	102	99	126	131

3 应用效果评价

以盐227块压裂裂缝三维立体组合优化为指导，为9口长井段水平井顺利压裂投产提供依据、奠定基础。新井投产后，初期平均单井产液量为26.3m^3/d，产油量为13.7t/d，含水率为47.8%，截至目前单井累计产油达到1.0×10^{4}t，明显改善了油藏开发效果。

4 结论

（1）采用油藏、压裂一体化设计模式，创新形成了整体井网部署、立体缝网优化等"井工厂"特有开发技术。

（2）采用"井工厂"模式开发，地面设计一个井台，采用放射形井网，基于泄油半径和压力规模考虑，整体设计长井段水平井9口，平均单井水平段长度971m，井距220~430m；纵向分三层开发，每层厚度70~80m。

（3）结合地质及地面条件，综合考虑平面、纵向差异性压裂优化，由单井压裂优化向整体压裂优化创新转变，由平面二维优化向立体三维优化创新转变，首创扇形井网可最大化提高储量控制程度。

参考文献

[1] 田美荣. 盐家地区沙四段上亚段砂砾岩体储层特征及成岩演化[J]. 油气地质与采收率，2011，18（2）：30-33.

[2] 孙致学，姚军，唐永亮，等. 低渗透油藏水平井联合井网型式研究[J]. 石油地质与采收率，2011，18（5）：45-48.

[3] 孙焕泉，杨勇. 低渗透砂岩油藏开发技术[M]. 北京：石油工业出版社，2008：23-26.

[4] 孙赞东，贾承造，李相方. 非常规油气勘探与开发. 北京：石油工业出版社，2011：3-23.

特低渗透巨厚砾岩油藏水平井立体增效开发技术

史彦尧[1,2] 马德胜[1,2] 周 炜[1,2] 廉黎明[1,2] 周明辉[1,2]

（1. 中国石油勘探开发研究院采收率研究所；2. 提高石油采收率国家重点实验室）

摘 要：克拉玛依油田八区下乌尔禾组特低渗砾岩油藏是新疆油田储量最大的单体已开发油藏，地质储量近亿吨，具有埋藏深、储层厚、物性差、非均质强的特点。目前面临注采对应差、油藏边部25m以下薄差储层直井动用差、主体动用区直井四次加密效果不好等严峻问题。本文通过地震资料识别，重构三级地层格架体系，建立基于测井+岩心综合因素分析的分类精细油层评价标准，实现多期扇体叠合特低渗巨厚砾岩油藏储层分类评价。针对目前直井水驱加密开发难以为继的问题，结合巨厚储层的特点，转换开发方式，建立水平井立体开发模式，在未动用的扇缘Ⅲ类储层为主的扩边区采用双层水平井开发；在巨厚的扇中Ⅰ类—Ⅲ类储层均发育的部位采用直井和水平井结合开发模式。针对地层能量难以补充的问题，后期分别考虑采用直井注气+水平井采油和上层水平井注气+下层水平井接替采油以及顶部注气+底水托浮的方式补充地层能量。最终提高巨厚砾岩油藏纵向不同类型储层动用程度和最大幅度提高油藏采收率。

关键词：巨厚砾岩油藏；水平井；增效开发

1 基本概况

八区下乌尔禾组油藏为一受岩性和物性控制的构造—岩性油藏，区内主要发育一条南北方向的256平移断层，上、下盘分别有统一的油水界面。油藏的构造为一个东南倾的单斜，基底倾角13°，顶面倾角6.5°。地层表现为下超上削的楔形体。八区下乌尔禾组角度不整合超覆沉积在中酸性火山喷发岩地层佳木河组（P_1j）之上，沉积厚度85~815m，平均450m。下乌尔禾组是一套由细粒小砾岩、不等粒细砾岩夹薄层砂砾岩组合而成的巨厚块状沉积物，为低孔、超低渗储层，孔隙度为8.0%~16.0%，峰值为12.0%左右，平均孔隙度10.4%。渗透率大部分集中在0.01~5mD范围之内，峰值为0.5mD，平均0.67mD。储层内部不同程度发育水平及高角度裂缝。

2 油藏开发面临的问题

八区下乌尔禾组油藏于1965年5月发现，自1978年12月编制开发试验方案以来，共经历6个开发阶段：开发试验阶段、一次加密扩边调整阶段、二次加密调整及全面注水阶段、综合治理控制递减阶段、三次分层系加密调整阶段、四次加密调整阶段，目前已经进入五次加密试验以及注水专项治理阶段。经过了近40年的开发，油藏目前主要面临以下开发问题：

（1）油藏主体动用区多次直井加密规模调整的效果变差，整体注水开发效果不理想；

(2) 油藏顶部与中部动用区油层厚度巨大,纵向控制与动用不均衡;
(3) 底部动用区直井避射导致潜力损失,底水锥进导致高含水关井;
(4) 油藏上盘边部、下盘北侧、东侧边部存在较大未动用区。

3 重构三级层序格架及沉积体系

3.1 层序格架

从地震剖面和从控制区域的地层对比剖面上来看,八区下乌尔禾组与上下地层均呈不整合接触,顶部与克拉玛依组的砂砾岩岩性突变接触,测井曲线表现为明显的突变;底部直接与佳木河组的火山岩呈岩性突变接触的接触关系(图1)。层序界面呈现岩性的变化,但从电性特征上看不出存在足以起到封隔作用的致密隔层。且下乌尔禾砂砾岩油层与下伏佳木河组流纹岩呈现连续含油性,层序界面附近发育裂缝。

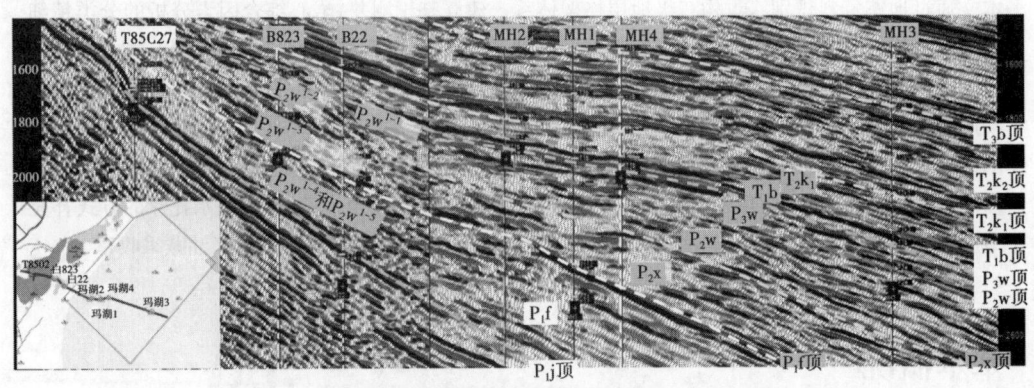

图1 八区—玛湖区域地层沉积格架地震对比剖面

八区下乌尔禾组整体的地层格架分布特点是:平面上由256平移断层划分为上下两盘,其中上盘主要发育P_2w_{4+5}地层,在断层附近边部发育很小面积的P_2w_3段地层;结合地震剖面来看,油藏下盘P_2w_1—P_2w_5段地层均有发育。受油水界面影响,下盘P_2w_{4+5}段仅在油藏相对高部位钻遇。储层纵向可划分为P_2w_{1+2},P_2w_{3+4}和P_2w_5三套沉积旋回(图2)。

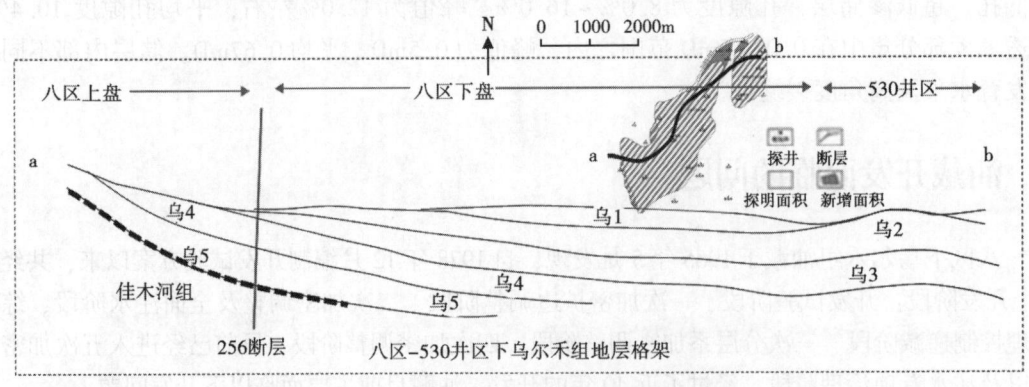

图2 八区下乌尔禾纵向地层发育剖面示意图

3.2 沉积体系

八区下乌尔禾组储层可分为三期大的沉积相组合：早期 P_2w_5 和 P_2w_4 为水下扇三角洲相沉积，主要发育扇三角洲前缘亚相，最有利的储层发育在水下分流河道中；中期 P_2w_3 和 P_2w_2 为扇三角洲—洪积相沉积复合体，主要发育扇三角洲平原—扇顶亚相，有利储层发育在分流河道和主槽中；晚期 P_2w_1 为山麓洪积相沉积，主要发育扇中亚相。其沉积环境经历了由水下向水上的变化，P_2w_2 和 P_2w_3 的沉积中心在油田的东北部，受构造变动的控制，P_2w_1 的沉积中心迁移到油田的东南部。

据东方物探公司（简称 BGP）赵建章多年来在八区开展研究表明：通过地震结合沉积相，认为八区下乌尔禾油藏平面上发育 3 个扇体。同期扇主槽及扇间砂体连片分布；纵向上通过地震切剖面进行沉积相的识别，认为八区下乌尔禾油藏纵向上从大区域来说可以划分为 2 期大的沉积，纵向上不同时期沉积的扇体垂向叠加，扇体之间没有特征明显的标志层分隔，形成目前下乌尔禾油藏复杂、巨厚、似块状冲积扇复合体（图3和图4）。

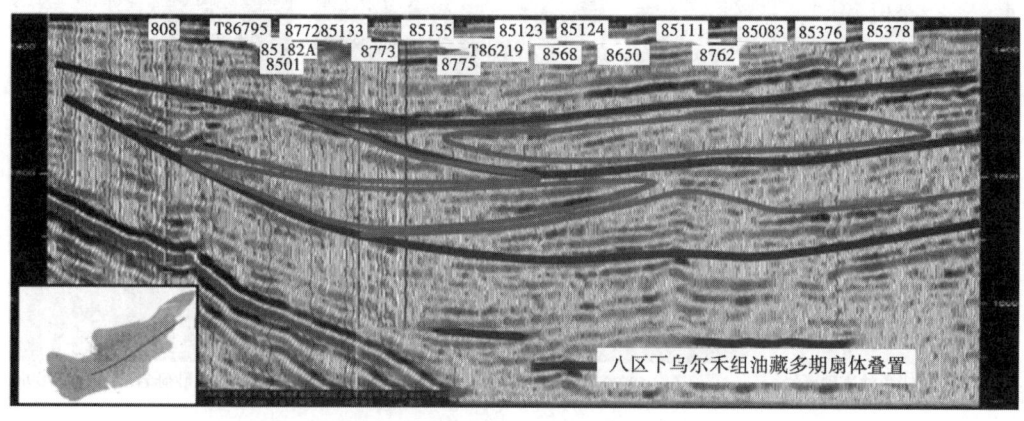

图 3　八区—八区 530 井区下乌尔禾组过井地震剖面（据赵建章，BGP）

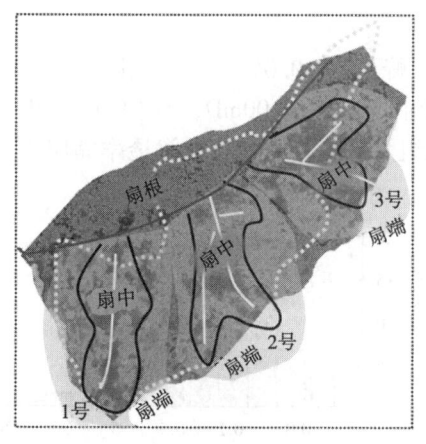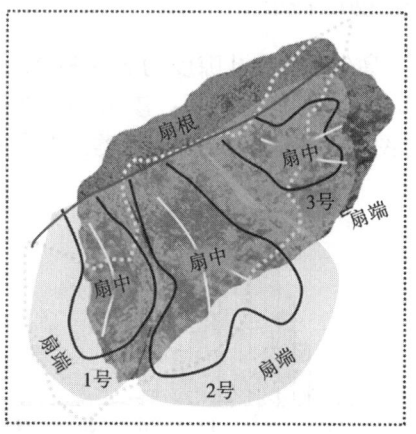

图 4　基于地震属性的沉积相带划分（均方根属性据赵建章，BGP）

4 储层特征

4.1 岩性与含油性

八区下乌尔禾组巨厚块状储层岩性均为砾石含量不同的砂砾岩。根据岩石薄片分析，砾岩中砾石成分平均66.0%，砂质成分25.0%，填隙物含量仅为9.0%。并非所有砾岩都是油层，在大段的砂砾岩体内部发育很多相当致密层段，渗透性差或者基本不具备渗透性。储层从富含油到油迹荧光级别均有发育（图5），纵向上含油级别变化频率快，油层评价难度大。

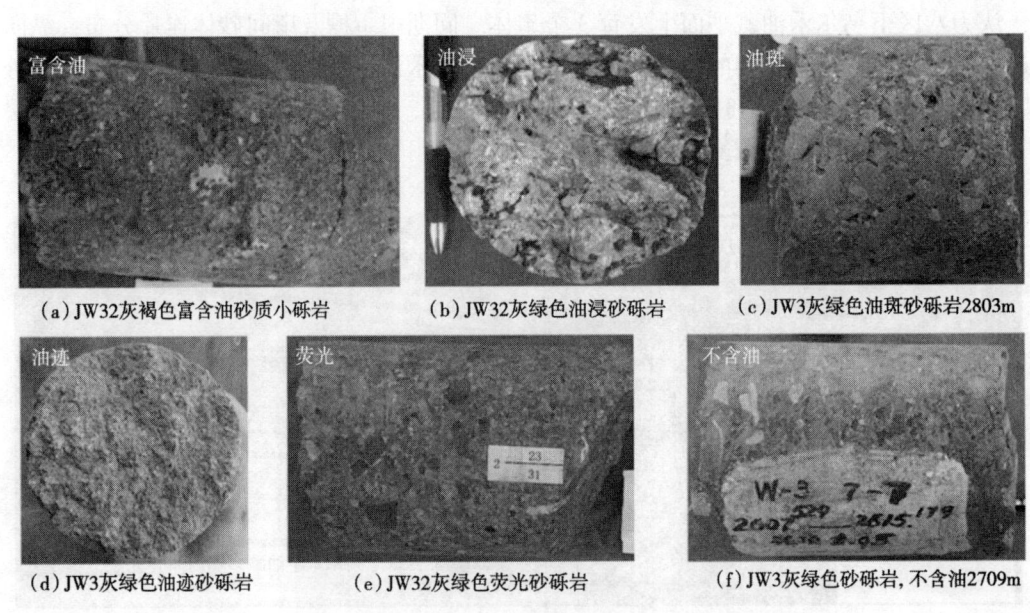

图5 八区下乌尔禾不同含油级别岩心照片

4.2 储层物性特征

八区下乌尔禾储层孔隙度为5.0%~16.0%，峰值为10.0%，平均孔隙度10.4%，纵向上P_2w_4和P_2w_3孔隙度较高；渗透率主要分布在0.01~5.00mD，峰值0.50mD，平均为0.67mD（图6）。根据储层物性分类，下乌尔禾组为低孔隙度、特低渗透率储层。

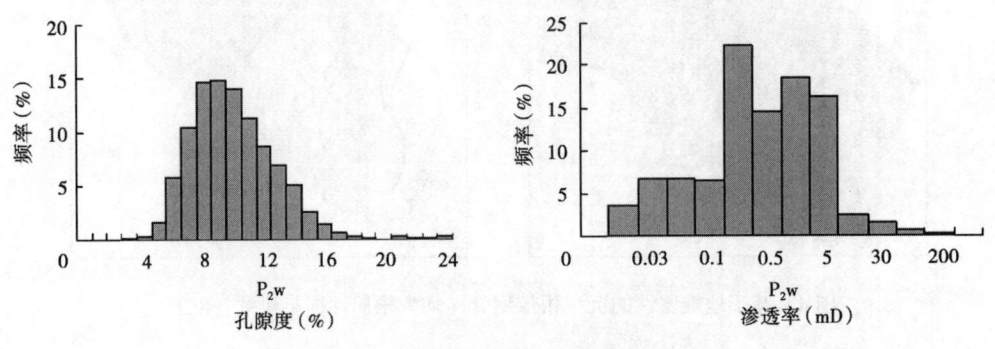

图6 下乌尔禾组孔隙度渗透率分布直方图

4.3 储层孔隙结构特征

八区下乌尔禾组储层表现为复模态结构。所谓复模态结构表现为以砾石骨架形成的孔隙中，常常部分或全部被砂粒所充填，而在砾石和砂粒形成的孔隙结构中又部分地被黏土颗粒所充填。砾石、砂粒、黏土颗粒三者的粒径、含量及组合关系在不同沉积环境中的变化，形成了砾岩储集层错综复杂的岩石结构与孔隙结构（图7）。

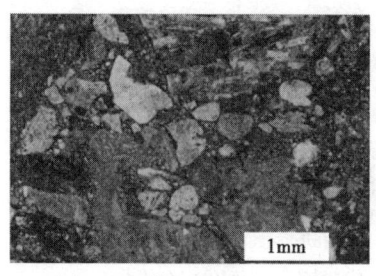
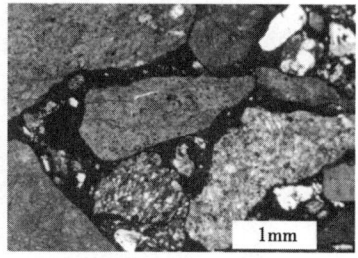

(a) T85722井，×40，2568.47m　　(b) JY5井，×40，2610.53m

图7　"复模态充填式"及"复模态悬浮式"结构

复模态颗粒结构的孔隙类型和组合都比较复杂。因此，物性较差，在油田开发中，流体的渗流阻力较大。

八区下乌尔禾储层孔隙主要为溶蚀的次生孔隙在砾岩储层中。剩余粒间孔、晶内溶蚀孔、晶间溶孔是主要的储集空间。各类孔隙类型在各层段砂砾岩中均有发育。粒内溶孔孔吼不同程度被充填，孔隙发育中等到差，导致储层连通性变差（图8）。

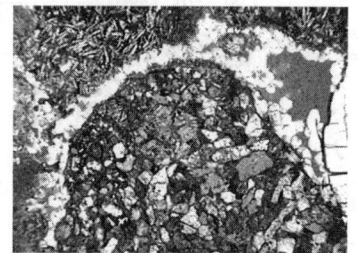

(a) T85722井，2534.55m，剩余粒间孔隙　　(b) T85722井，2533.79m，剩余粒间孔隙

图8　八区下乌尔禾组油藏T85722井孔隙类型

孔隙半径均值集中在25~50μm。孔吼配位数大多数集中在1左右，由于八区下乌尔禾组压实、胶结等成岩作用较强，所以孔喉配位数低。孔喉比峰值介于10~30，面孔率峰值介于0.4~1.6（图9）。

4.4 储层隔夹层

通过岩心观察（图10），未见区域性泥岩隔层，储层内部物性夹层发育。物性夹层纵向分布没有规律性，横向上没有可对比性，平面上发育不成规模。加之储层天然高角度或直劈裂缝、人工压裂缝、钻井诱导缝的存在，这些纵向上厚度小、平面上不连续的夹层，对流体的纵向渗流、对油藏块状开发的特征不会造成大的影响。

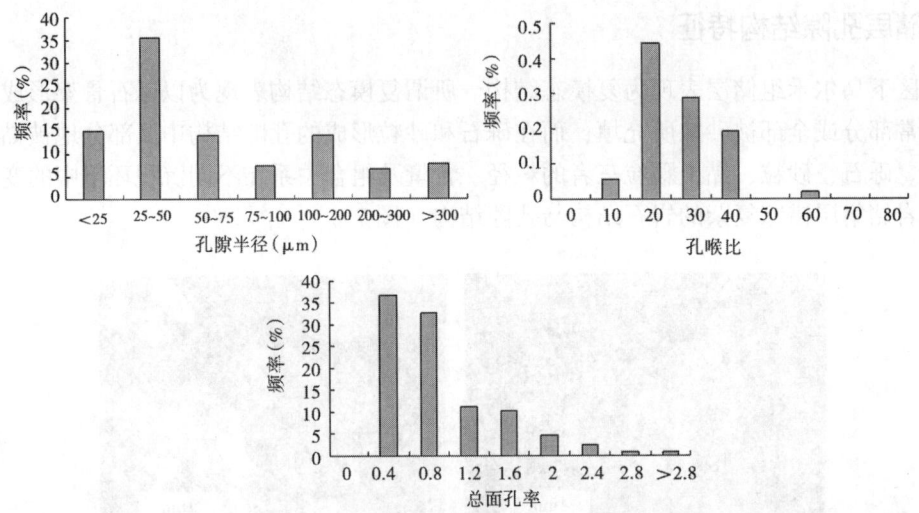

图9 孔隙半径均值、孔喉比频率、总面孔率分布图

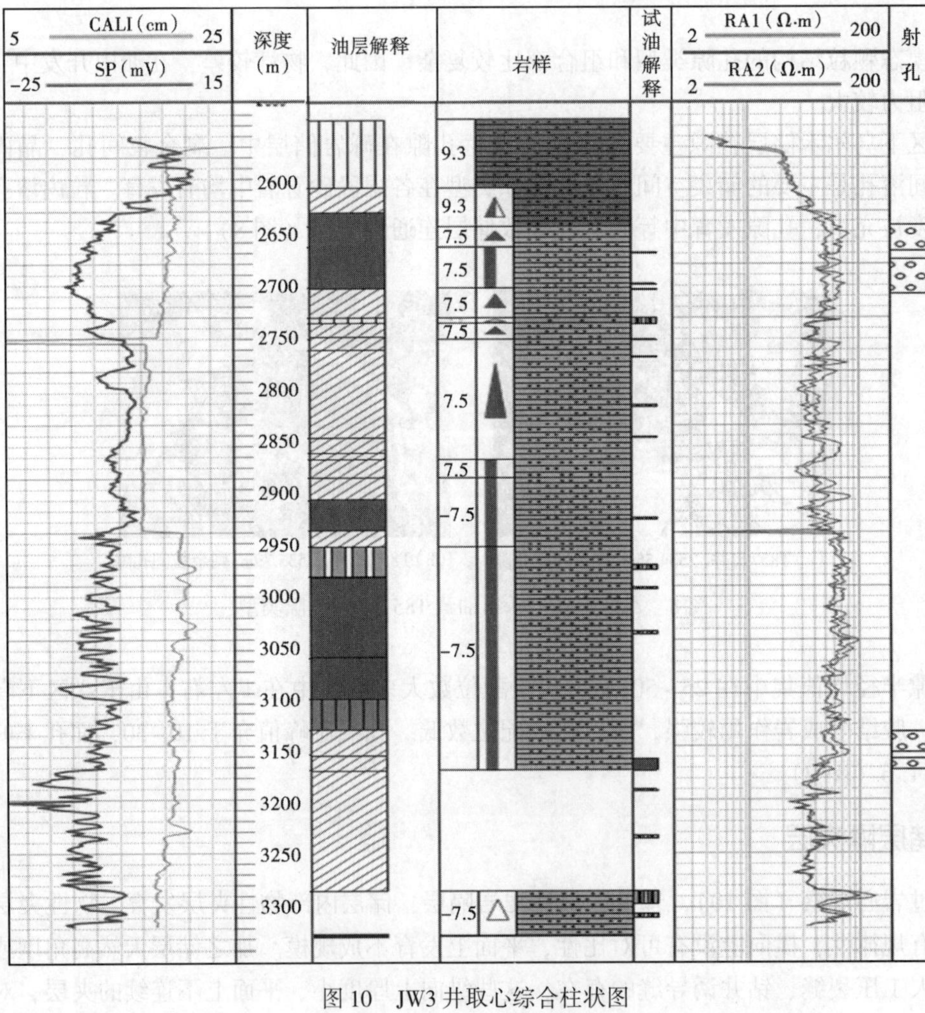

图10 JW3井取心综合柱状图

4.5 裂缝发育特征

岩心观察结果显示，八区下乌尔禾储层大量发育近东西向的裂缝，除东西向的裂缝外还存在两组共轭剪切裂缝，以北西—南东向为主，北东—南西向次之。裂缝类型以直劈缝和高角度裂缝为主，还发育一部分水平缝（图11）。裂缝多半以闭合缝为主，少数为充填和半充填缝。

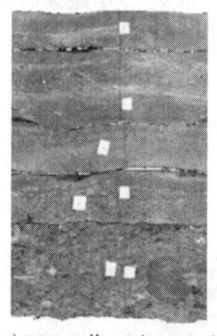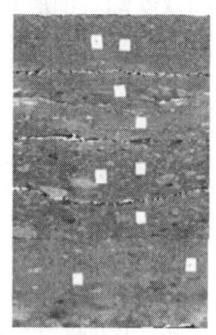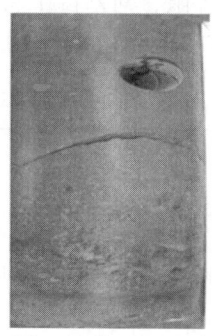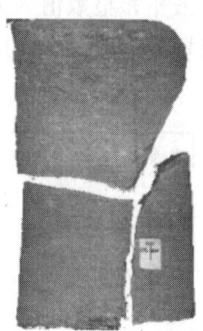

（a）T87522井，4（8-12/23）
冲刷面，平行层理，
水下分支河道
牵引流砂砾岩

（b）T87522井，8（13-20/37）
冲刷面，正粒序，
水下分支河道
牵引流砂砾岩

（c）85095井，11（4/38）
支流间湾
灰绿色泥岩

（d）85095井，10（20/26）
反粒序，河口砂坝
牵引流砂砾岩—砂岩

图11　下乌尔禾储层岩心裂缝

5　储层综合分类

5.1　油层有效厚度下限认识

对于油层有效厚度下限的研究前人做过几次研究，石油大学2006年复算，电性和物性标准为$R_T<27\Omega\cdot m$，孔隙度<8.2%。

统计基础井网老井260口发现有大约60口油井初产层位电性远低于原油层下限标准，但产油量依然很好。将油井初产与油层含油性特征匹配挂钩，用含油性再与电性建立图版（图12），动静资料结合确定油层有效厚度下限为：$R_T>20\Omega\cdot m$，RHOB<2.5g/cm³。

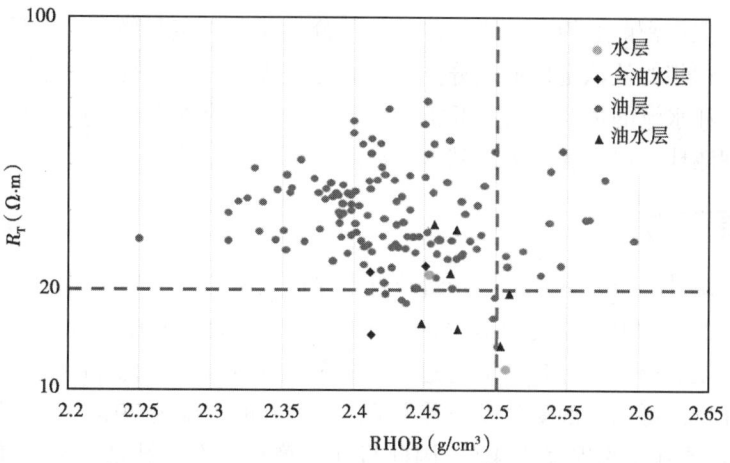

图12　八区下乌尔禾RT—RHOB油层下限交会图版

5.2 储层分类

本次考虑主要依据储层成因类、物性和储层微观特征相结合进行了储层类型的划分。利用八区30多口取心井分析资料，综合考虑储层沉积相研究结果，储层岩石学特征物性特征和孔隙结构参数等指标，以取心井分析为手段，用以物性和孔隙结构为核心的综合分类方案，去相邻整数值为分类界限，对八区下乌尔禾油藏砂砾岩油层划分为Ⅲ类，并建立各类储层的划分标准（表1），其中Ⅰ类和Ⅱ类储层为优质储层，Ⅲ类储层为相对差储。

表1 八区下乌尔禾油层分类标准

储层类型	成因类型	岩性	含油级别	物性含油性	电性	孔喉半径	孔隙类型	典型照片
Ⅰ类	牵引流为主	小砾岩、砂质砾岩、细砾岩、砂砾岩	富含油—油浸	孔隙度：13% 渗透率：0.5~1.5mD 含油饱和度：65%	$R_T > 20\Omega \cdot m$，且 RHOB<2.4 g/cm³，且 GR < 80API, S_o>6%	r_D：3.07μm r_{50}：0.18μm	粒间孔、溶蚀孔	85453井7（39/41）
Ⅱ类	复合过渡型	砂砾岩	油斑—油迹	孔隙度：10% 渗透率：0.14~1mD 含油饱和度：56%	$R_T > 20\Omega \cdot m$，且 2.4<RHOB<2.45，52%<S_o<62%	r_D：1μm r_{50}：0.1μm	溶蚀孔	JW3 2803m
Ⅲ类	重力流为主	砂质不等粒砾岩、砂砾岩	油迹—荧光，且不均匀含油	孔隙度：8% 渗透率：0.04~0.5mD 含油饱和度：45%	$R_T > 20\Omega \cdot m$，且 RHOB>2.45，且 42% < S_o < 52%	r_D：0.28μm r_{50}：无数据	溶蚀孔、晶间孔	T87516井2（23/31）

数据来源：岩心分析化验、压汞、核磁测井。

5.3 分类储层分布

对全油藏三次加密前的约460口老井进行了分类储层的定量解释，之后分类平面成图。再结合前人对沉积相的认识定性描述分类油层的分布特征。Ⅰ类油层发育于冲积扇扇中的槽道，是目前生产和水淹的主要层段；Ⅱ类油层发育于扇中的槽道及侧翼，射孔程度低；Ⅲ类油层发育于扇间滩地、扇端和扇根，基本未动用（图13）。

5.4 分类储层潜力

从静态角度统计油层打开程度，定量统计巨厚储层中不同类型油层静态动用程度。统计各层段全油藏井的平均射孔厚度为14.6m，原油藏平均解释有效厚度62.2m，各段总体射孔打开的厚度均不足30%（图14）。通过建立控制全区的分类剖面统计剖面上各类油层的射孔打开情况（图15），可见全油藏角度来看Ⅰ类油层射开的程度为79%，Ⅱ类油层射开的程度为24%，Ⅲ类油层射开的程度为4%。因此目前油藏从静态射孔情况来看Ⅰ类油层仍有潜力，Ⅱ类、Ⅲ类油层还有很大的潜力，也是下步开发的主要潜力所在。

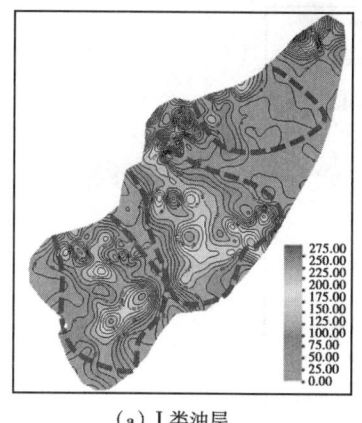
(a) Ⅰ类油层

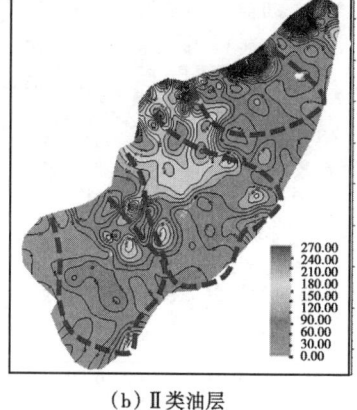
(b) Ⅱ类油层

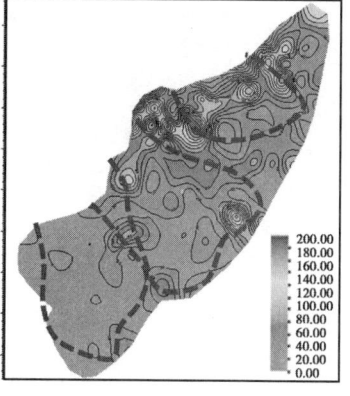
(c) Ⅲ类油层

图 13 油层厚度等值线图（单位：m）

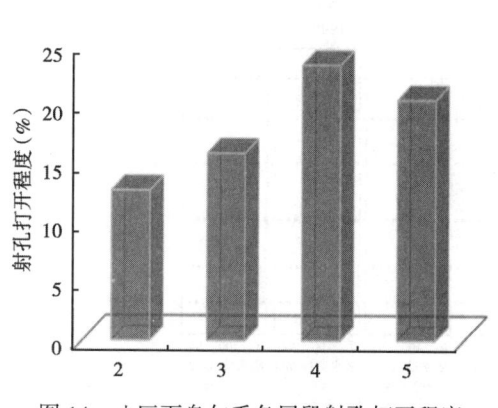

图 14 八区下乌尔禾各层段射孔打开程度

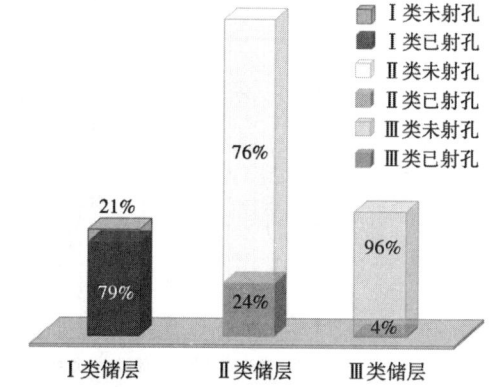

图 15 八区下乌尔禾分类油层射孔打开程度

5.5 储层成因类型控制剩余油分布

分析各类油层的产油能力，统计全区 128 口投产单采井，建立单井米日产油能力与 RHOB/RT 交汇图分析，不同类型储层产能差异较大，Ⅰ类储层初期产油（液）高，平均米日产油 1~5t/(d·m)，Ⅱ类储层平均米日产油 0.8~3.6t/(d·m)，Ⅲ类储层平均米产油 0.1~1.5t/(d·m)（图 16）。我们认为储层类型确实是直接影响油井产能的关键原因。

产吸剖面显示（图 17），随着开发深入，有效产液吸水厚度大幅减小、产液吸水强度大幅减弱，油藏产吸剖面暴露出较严重的问题，主要吸水层为Ⅰ类和Ⅱ类储层，Ⅲ类储层基本不吸水，产液剖面显示主要产液层为Ⅰ类和Ⅱ类储层，Ⅲ类储层产液量低。

水淹分析结果显示（图 18），注水开发生产动态亦反应出不同成因类型储层因渗流差异性导致不同储层类型剩余油分布形式不同。Ⅰ、Ⅱ类储层物性好，注水推进速度快，容易形成水窜，剩余油相对较少，Ⅲ类储层物性相对较差，水淹程度低，剩余油相对富集。水淹主要以Ⅰ、Ⅱ类储层为主，Ⅲ类储层基本未水淹。

综上所述，不同成因类型储层产油能力不同，不同成因类型储层直接影响注水开发效果，进而影响剩余油分布。

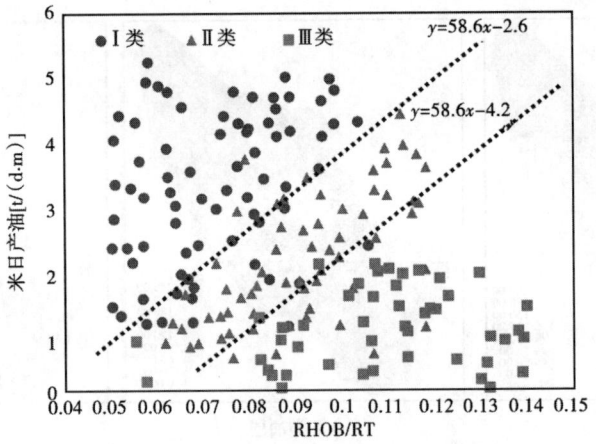

图 16 米日产油能力与 RHOB/RT 关系

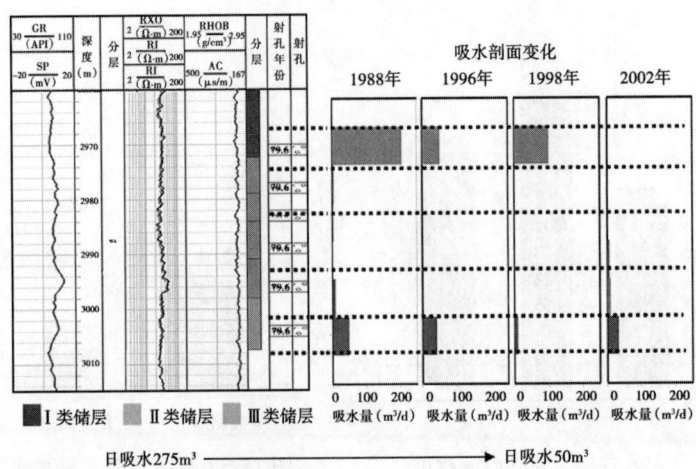

(a) 8506井储层分类与吸水剖面对比变化

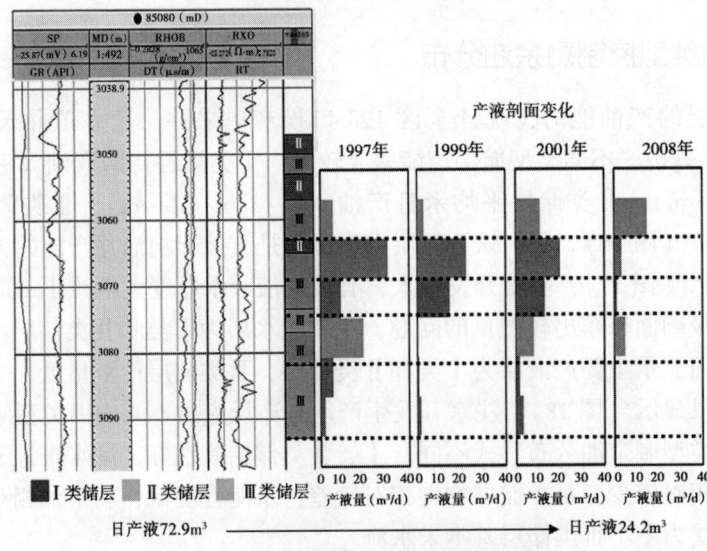

(b) 85080井储层分类与产液剖面对比变化

图 17 产吸剖面不同阶段变化对比

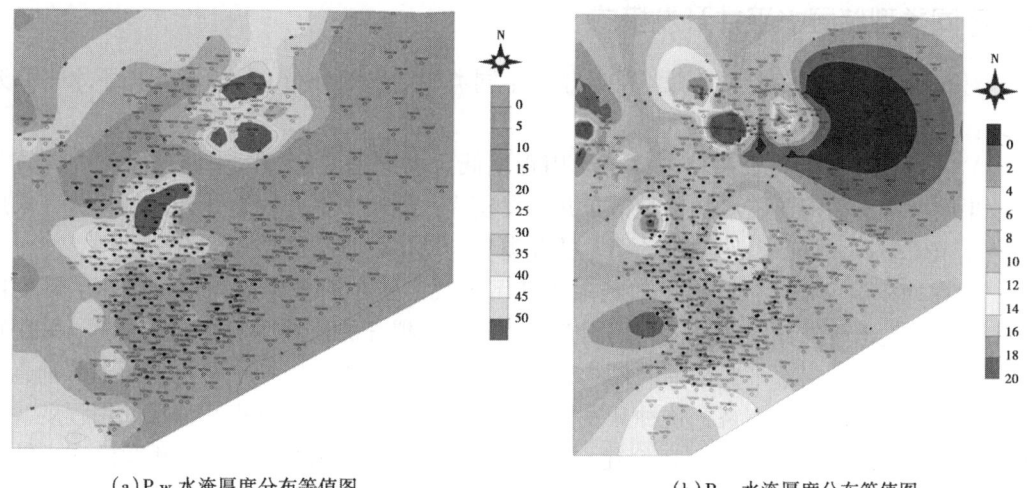

(a)P_2w_4水淹厚度分布等值图　　　　　　　　　(b)P_2w_5水淹厚度分布等值图

图 18　P_2w_4 和 P_2w_5 水淹厚度分布等值图（单位：m）

6　不同类型储层水平井开发模式探讨

6.1　油藏潜力分布

结合油藏裂缝发育、储层沉积类型不同等地质特点，在水驱开发认识基础上，在油藏不同区域优选具有代表性的井组进行动静态资料分析，进而定性、定量地描述剩余油分布。综合考虑该区块有效厚度、孔隙度、含油饱和度、原油密度、原油体积系数等参数的影响，克服了应用剩余油饱和度描述剩余油的片面性，应用剩余地质储量丰度等值图反映地下剩余油分布（图 19）。

从全区剩余储量丰度分析认为，全区剩余油储量丰度平均大于 $120×10^4 t/km^2$，下盘 P_2w_{4+5} 及下盘 P_2w_{2+3} 中部剩余油储量丰度最高，平均 $280×10^4 t/km^2$，下一步深挖 I 类储层剩余油同时，有效动用 II 类和 III 类储层是挖潜主要方向。

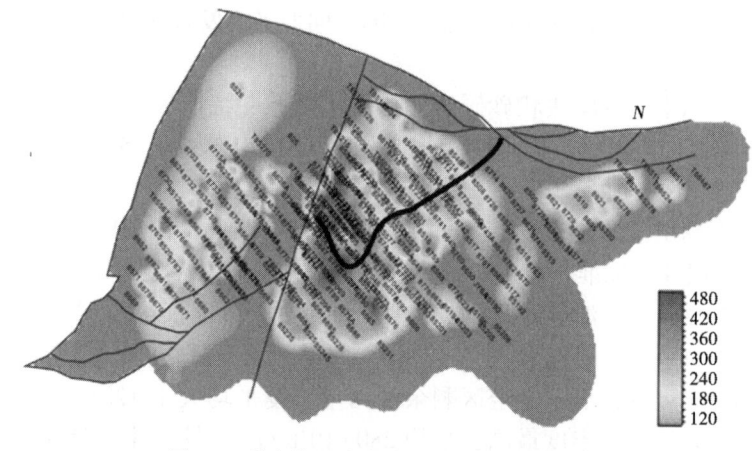

图 19　剩余储量丰度图（单位：$10^4 t/km^2$）

6.2 不同类型储层水平井开发模式

针对油藏以上特点，按照油藏不同部位、不同类型储层的分布，综合提出以下水平井开发模式：

（1）在冲积扇扇端发育部位，油层动用程度低、水淹程度低，由于储层厚度大，直井开发效果差，考虑采用双层水平井交错布井开发模式，利用水平井较直井开发的优势，采用水平井体积压裂方式投产，使油藏动用差的Ⅱ类和未动用的Ⅲ类储层得到有效动用。

（2）在冲积扇扇根部位，属于油藏主体动用区域，处在油藏构造高部位，油层厚度巨大，主要以Ⅱ类、Ⅲ类储层发育，利用高差有利条件，拟开展顶部注气稳定重力驱。采用直井注气加不同层段双层水平井采油的模式，利用气体分异作用，转换水驱自下而上的垂直驱替为气驱自上而下的垂直驱替，这种开发模式可兼顾各类储层，最终提高油层动用程度。

（3）在冲积扇扇中已动用区，拟建立水平井与直井立体井网增油控水开发模式，针对目前地层能量严重不足的问题，在水驱动态分析基础上，采用用直井注气，水平井优选层位避水采油，进一步挖潜Ⅱ类、Ⅲ类储层剩余潜力。

（4）在油藏东南部冲积扇扇端油水界面位置，属于油藏已动用区 P_2w_{2+3} 井网分布区域，油层相对薄，考虑到底水的影响，拟采用利用直井加水平井，直井顶部注气、底部注水、水平井采油，形成顶部气驱底部底水上托的开采模式。

从油藏开发时间周期来看，近期采用水平井多段（体积）压裂模式建产，中期采用直井与水平井组合、顶部注气与底部气水交替联合驱动，最终达到提高油藏开发质量和采收率的目的。

7 结论

（1）八区下乌尔禾组发育 P_2w_1—P_2w_1 五段，顶部与克拉玛依组的砂砾岩岩性突变接触，底部直接与佳木河组的火山岩呈岩性突变接触关系。在油藏 256 断层上盘主要发育 P_2w_{4+5} 段地层，在 256 断层下盘五段地层均有发育。储层自下而上可划分为 P_2w_5、P_2w_{3+4} 和 P_2w_{1+2} 三套沉积旋回。

（2）八区下乌尔禾组油藏沉积体系纵向为 2 期大的沉积，纵向上不同时期沉积的扇体垂向叠加，扇体之间没有特征明显的标志层分隔；同期平面发育 3 个扇体，扇主槽及扇间砂体连片分布。

（3）八区下乌尔禾组巨厚块状砂砾岩储层属于低孔—特低渗储层；具有复模态孔隙结构特征；发育近东西向直劈缝、高角度缝、水平缝以及人工裂缝；各层段之间未见区域性岩性隔层，层内发育物性夹层；

（4）动静结合确定了油层有效厚度下限标准 $RT>20\Omega\cdot m$，$RHOB<2.5g/cm^3$；建立了适用于全区的 3 类油层评价标准；通过定量统计确定目前油藏总油层静态射开程度不足 30%，以Ⅰ类油层射开 79%、Ⅱ类油层射开 24%，Ⅲ类油层射开程度仅 4%，各类油层都具备进一步挖潜的潜力。

（5）剩余储量丰度分析显示，全区剩余油储量丰度平均大于 $120\times10^4t/km^2$，下盘 4+5 及下盘 2+3 中部剩余油储量丰度最高，平均 $280\times10^4t/km^2$，挖潜Ⅰ类储层剩余油同时，有效动用Ⅱ类和Ⅲ类储层是挖潜主要方向。

(6) 针对不同类型储层对剩余油的控制,结合动态分析,本着建产和挖潜以及补充地层能量的目的,采用水平井加直井建立不同的开发模式。近期采用水平井多段(体积)压裂模式建产,中期采用直井与水平井组合、顶部注气与底部气水交替联合驱动,最终达到提高油藏开发质量和采收率的目的。

参 考 文 献

[1] 于兴河. 碎屑岩系油气储层沉积学 [M]. 北京:石油工业出版社,2002.
[2] 林玉保,张江,王新江. 喇嘛甸油田砂岩孔隙结构特征研究 [J]. 大庆:石油地质与开发,2006,25(6):39-42.
[3] 罗蜇潭. 油气储集层的孔隙结构 [M]. 北京:科学出版社,1986.
[4] 蔡忠. 储集层孔隙结构与驱油效率关系研究 [J]. 石油勘探与开发,2000,27(6):45-46.
[5] 熊敏,王勤田. 盘河断块区孔隙结构与驱油效率 [J]. 石油与天然气地质,2003,24(1):42-44.
[6] 张绍东,王绍兰,李琴,等. 孤岛油田储层微观结构特征及其对驱油效率的影响 [J]. 北京:石油大学学报:自然科学版,2002,26(3):47-52.

应用水平井有效动用低渗透碳酸盐岩薄层油藏

王 言 王 娜 察兴辰 李君达 李晓峰 高立群

(新疆油田公司勘探开发研究院)

摘 要：北特鲁瓦和让纳若尔碳酸盐岩油藏普遍发育物性差、难动用薄油层，采用直井开发效果差，尝试采用水平井开发难动用薄油层。为部署高效水平井，通过重建盐丘速度场，消除了盐丘与围岩速度异常引起的下伏假构造，利用储集单体嵌入式建模技术精细刻画薄油层展布，结合导眼井落实目的层构造和储层，根据钻井地质导向实时调整钻井轨迹，应用数值模拟技术并采用正交设计方法优化水平段长度、压裂缝半长、压裂级数和水平井初期日产油量。2016—2017年已实施的3口千米水平井初期平均单井日产油量106t，截至2017年12月，累计产油47863t，有效动用了低渗透难动用薄油层的储量。

关键词：碳酸盐岩；薄油层；盐丘速度场；储集单体；正交设计

北特鲁瓦和让纳若尔油田碳酸盐岩油藏普遍发育物性差、难动用薄油层，平均油层厚度4m，孔隙度7.0%，渗透率1.0mD，储量约$1.4×10^8$t。该类储层直井开发产量低，采用500~600m短水平井，由于受上覆盐丘影响，构造不落实，薄油层区域水平井平均钻遇率仅为31%，且采用笼统酸压方式投产，短水平井未达到设计产能，造成该类储层一直未动用。为了有效动用薄油层难动用储量，利用地震、测井等多方面综合分析，重建速度场，利用储集单体嵌入式建模技术精细刻画薄油层展布，结合导眼井落实目的层构造和储层，应用数值模拟技术采用正交设计方法优化水平段长度、压裂缝半长、压裂级数和水平井初产，并加强水平井钻井跟踪提高储层钻遇率。

1 水平井开发极限厚度

低渗透薄油层经济有效动用厚度的下限是薄油层难动用储量能否动用的关键，利用数值模拟法确定500m，1000m和1500m水平井评价期内累计产油量，应用海外钻井、储层改造及运营成本等经济参数，根据经济评价公式[7]［式（1）和式（2）］确定500m，1000m和1500m水平井经济极限厚度为4.0m，3.6m和3.3m（表1）。难动用薄油层平均油层厚度4m，应用500~1500m水平井开发具有经济效益。

$$q_{\min} = \frac{(I_D + I_B)}{0.0365\tau_o d_o T(P_o - O)} \tag{1}$$

$$N_{\min} = \frac{(I_D + I_B)}{d_o(P_o - O)} \tag{2}$$

式中 $q_{\min}$——单井经济极限初期日产油，t/d；

$N_{\min}$——单井经济极限累产油，10^4t；

I_D——单井钻完井投资，万美元/口；

I_B——单井地面投资，万美元/口；

T——开发评价年限，a；

τ_o——采油时率，f；

d_o——原油商品率，f；

O——原油销售价格，万美元/t；

P_o——原油成本，万美元/t。

表1 不同水平段长度下经济极限累产油、有效厚度表

水平段长度 L (m)	经济极限累产油 N_p (10^4t)	极限有效厚度 H_o (m)
500	2.77	4.0
1000	3.68	3.6
1500	4.73	3.3

2 难动用薄油层水平井动用技术

2.1 重建速度场

因盐丘与围岩间存在巨大速度差异，导致下伏地层地震反射同相轴出现上拉假象，形成假构造。通过拟合线性回归方程发现，盐岩时间厚度与下伏反射层上拉闭合时间幅度呈线性的正相关（图1），即每100ms厚度盐岩导致下伏地层上拉170ms。利用回归方程校正了盐下构造上拉假象（图2），建立三维速度场，进行时深转换，落实目的层构造形态。

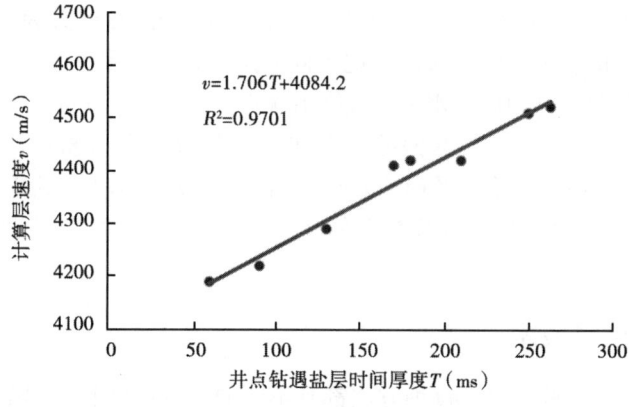

图1 盐层时间厚度与层速度关系曲线

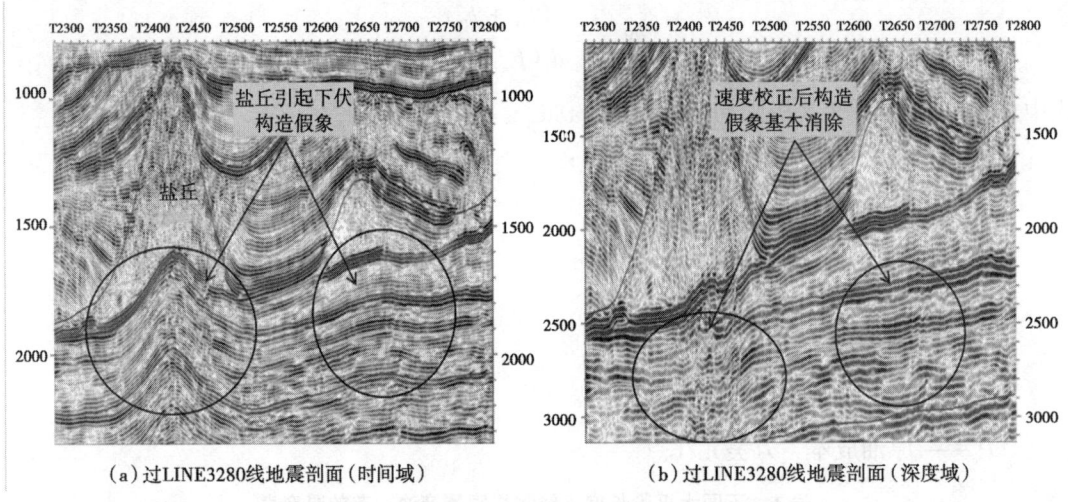

(a) 过LINE3280线地震剖面（时间域）　　　　(b) 过LINE3280线地震剖面（深度域）

图 2　时间域地震剖面与校正后深度域剖面对比图

2.2　储集单体建模技术

北特鲁瓦和让纳若尔油田碳酸盐岩油藏具有成层性，首次提出碳酸盐岩储集单体概念，即在地层细分基础上，依据各井点测井曲线形态类型，平面上及纵向上划分的储层最小单位（图3）。

储集单体建模是以储集单体为单元建立三维地质模型，采用储集单体嵌入式建模方法，将单个储集单体顶底面微构造作为嵌入边界，应用储集单体厚度约束建立储集单体模型，精细刻画储集单体及隔夹层的空间展布和油水分布（图4），为水平井地质设计及钻井跟踪提供精细地质模型。

2.3　水平井优化技术

碳酸盐岩薄油层水平井产能影响因素之间相互关联与干扰，传统的单一因素分析难以定量描述水平井参数以及储层改造参数对水平井产能影响的主次顺序和显著程度。通过对该油藏水平井投产效果研究，确定薄油层水平井优化参数分别为水平井初产、水平段长度、裂缝半长、压裂级数4种参数，每种因素设计5种水平，以水平井H844井为例，共设计优化方案25个（表2）。利用数值模拟方法，通过对比不同方案累计产油量，水平井H844最佳方案为方案8，即水平井初期日产油100t、水平段长度1000m、裂缝半长70m、压裂级数10级。

根据参数多因素优化方差分析的偏差平方和与 F 值（方差分析中，F 值为因素水平改变引起的平均偏差平方和与误差的平均编差平方和之比，F 值越大，说明因素水平影响越显著），确定水平井累计产油量的影响因素依次为：压裂级数、水平段长度、裂缝半长、水平井初产（表3）。

2.4　水平井产量预测技术

由于产量预测影响因素较多，每种方法都有不同的假设条件和使用范围，用某一种方法难以准确预测新井产量。通过研究近几年新井产量预测的四种方法，摸索出了四种产量预测方法的权重关系，通过加权平均，预测新井初期日产油量。

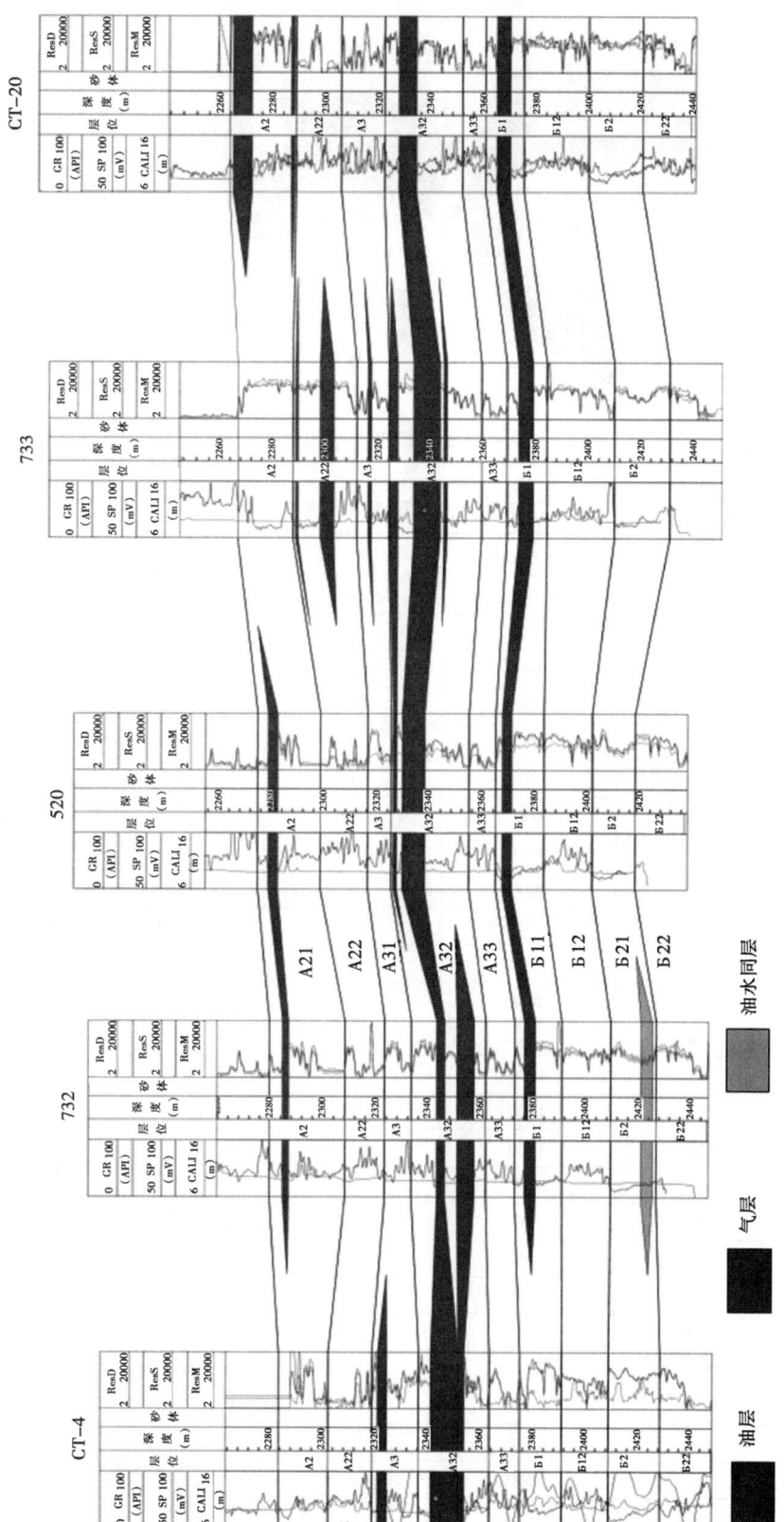

图 3 北特鲁瓦油田过 CT-4—732—520—733—CT-20 储集单体连通剖面图

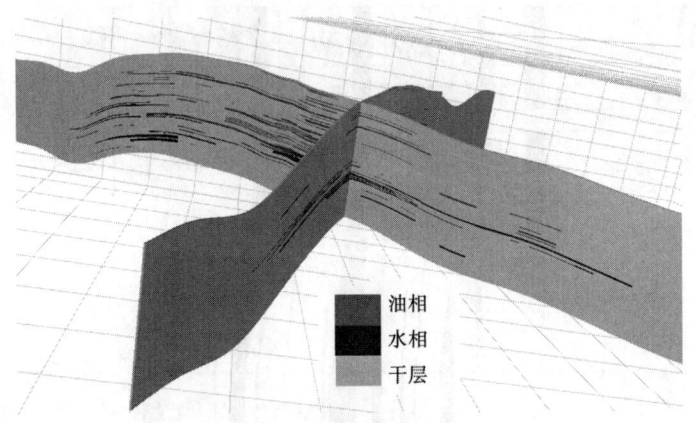

图 4 储集单体地质模型油水相剖面图

表 2 正交设计方案及模拟计算结果表

方案	水平井初产 (t/d)	水平段长度 (m)	裂缝半长 (m)	裂缝级数 (级)	累计产油量 (10^4t)
1	90	600	30	1	7.83
2	90	800	50	4	10.46
3	90	1000	70	7	12.86
4	90	1200	90	10	13.96
5	90	1400	110	13	14.06
6	100	600	50	7	10.40
7	100	800	90	13	12.56
8	100	1000	70	10	14.44
9	100	1200	110	1	11.54
10	100	1400	30	4	12.23
11	110	600	70	13	12.82
12	110	800	90	1	10.16
13	110	1000	110	4	12.79
14	110	1200	30	7	12.61
15	110	1400	50	10	13.97
16	120	600	90	4	10.66
17	120	800	110	7	12.72
18	120	1000	30	10	12.88
19	120	1200	50	13	14.27
20	120	1400	70	1	12.07
21	130	600	110	10	12.62
22	130	800	30	13	11.98
23	130	1000	50	1	11.25
24	130	1200	70	4	12.80
25	130	1400	90	7	14.05

表3 水平井参数多因素优化方差分析表

因素	水平井初产（t/d）	水平段长度（m）	裂缝半长（m）	压裂级数（级）
偏差平方和	1.77	21.84	5.55	27.93
自由度	4	4	4	4
F 值	0.12	1.53	0.39	1.96
显著性	不显著	显著	不显著	非常显著

2.4.1 理论公式法

利用Joshi公式［见式（3）］，通过给定的油藏参数，预测H844井初期日产油量为98t（表4）。

表4 Joshi公式计算H844初期产量表

井号	K_h（mD）	H（m）	Δp（MPa）	L（m）	R_w（m）	水平井产量（t/d）
844	1.8	4.5	10	1000	0.0746	98

公式：

$$q_{oh} = \frac{0.543 \Delta p h K_h}{\mu_o B_o \left[\ln \dfrac{a + \sqrt{a^2 - (\frac{L}{2})^2}}{\frac{L}{2}} + \dfrac{h}{L} \ln \dfrac{h}{2r_w} \right]} \tag{3}$$

其中

$$a = 0.5L[0.5 + \sqrt{0.25 + (2r_{eh}/L)^4}]^{0.5}$$

式中 K_h——水平方向渗透率（试井），mD；

h——油层有效厚度，m；

Δp——生产压差，MPa；

μ_o——地层原油黏度，mPa·s；

B_o——原油体积系数，m^3/m^3；

a,b——椭圆形长轴的半长和短轴的半长，m；

L——水平段长度，m；

r_w——水平井井筒半径，m。

2.4.2 类比法

让纳若尔油田Д南薄油层与北特鲁瓦油田H844水平井部署区域油层条件相近。根据统计，Д南薄层水平井初期产量是同期直井产量的8倍（表5），H844水平井同期周围直井平均日产油13.0t（表6），不含水，预测H844水平井初期产油为104t/d。

表5 让纳若尔油田 Д 南薄油层水平井与直井同期产量对比表

水平井井号	投产日期	初期日产油 Q_H (t)	直井同期日产油量 Q_V (t)	Q_H/Q_V
5137	2013年11月	23.3	2.4	9.7
5115	2013年12月	41.1	4.9	8.4
5147	2013年3月	24.9	2.1	11.9
4061	2013年3月	82.4	6.3	13.1
5127	2014年1月	36.2	10.4	3.5
平均		41.6	5.2	8.0

表6 H844井周围直井生产情况（2016年12月）

序号	井号	投产日期	初期 日产油 (t)	初期 含水率 (%)	目前 日产油 (t)	目前 含水率 (%)
1	846	2014年5月	61.3	0	12.8	0
2	CT-45	2011年7月	36.0	0	15.2	0
3	CT-46	2011年7月	83.0	0	10.4	0
	平均		60.1	0	13.0	0

2.4.3 经验公式法

北特鲁瓦油田于2010年后投产的直井产量与受地层压力、气油比、有效厚度和孔隙度等因素影响，通过对新井无量纲流压、气油比、有效厚度和孔隙度经过多次试算，流压、气油比、有效厚度和孔隙度权重为0.1，0.2，0.4和0.3，构建了 F_n 函数[式（4）]，直井初期产量与 F_n 正相关，F_n 越大，新井初期产油量越高，类比法水平井产量为直井产量8倍，预测H844井初期产量为98.4t/d（表7）。

表7 H844井周围井参数统计

油层厚度 (m)	孔隙度 (%)	流压 (MPa)	生产气油比 (m³/t)	F_n	预测直井产量 (t/d)	预测水平井产量 (t/d)
4.5	10.3	5.5	2459	0.15	12.3	98.4

KT-I 层油藏 F_n 函数关系式：

$$F_n = 0.1H_o/29 + 0.2\phi/17.45 + 0.4p_{wf}/20.4 - 0.3GOR/6563 \qquad (4)$$

式中 H_o——油层厚度，m；

ϕ——孔隙度，%；

p_{wf}——井底流压，MPa；

GOR——气油比，m³/t。

2.4.4 数值模拟法

应用数值模拟研究方法，分别对水平井初期产油量给定 60t/d，80t/d，100t/d，120t/d 和 150t/d 进行预测（图 5），当水平井初产为 100t/d，累计产油最高，因此确定水平井合理初产为 100t/d。

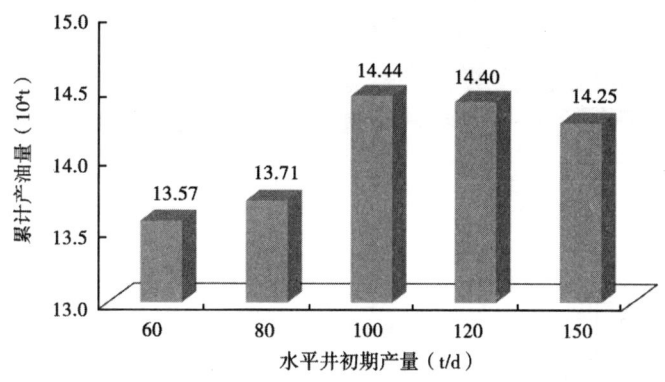

图 5 水平井不同初期产量条件下累产油量分布图

2.4.5 产量综合预测

依据碳酸盐岩薄油层前期投产井的实践经验，综合考虑理论公式法、类比法、经验公式法和数值模拟法的适用范围，确定四种预测方法产量的权重值分别为：0.1，0.1，0.3 和 0.5，综合预测 H844 井初期日产油量为 100t（表 8）。

表 8 H844 井产量预测表

预测方法	初期产量（t/d）	权重
理论公式法	98	0.1
经验公式法	98.4	0.1
数值模拟法	100	0.3
类比法	104	0.5
平均/合计	100	1.0

2.5 水平井设计与跟踪调整技术

H844 井原设计目的层为 A2 层中部稳定薄油层，完钻后导眼井测井解释显示，A 靶点 A2 层上部发育一段厚油层。根据实钻导眼井后校正的构造及储层展布特征[18]，将原设计单层水平井修改为双台阶水平井（图 6），兼顾上部厚油层和中部稳定薄油层。目的层入靶点 A 点海拔深度由 -2142m 调整为 -2115m，终靶点 B 点海拔深度由 -2146m 调整为 -2138m。

在水平段实钻过程中，以实钻地层的岩屑、气测等地质信息对水平井轨迹进行宏观调控，以 LWD 随钻测井曲线参数及测量的深度、水平位移、井斜角等参数对水平井轨迹进行微观调整，H844 水平井实钻水平段长 1207m，钻遇油层段长 1022m，油层钻遇率达到 84.7%。

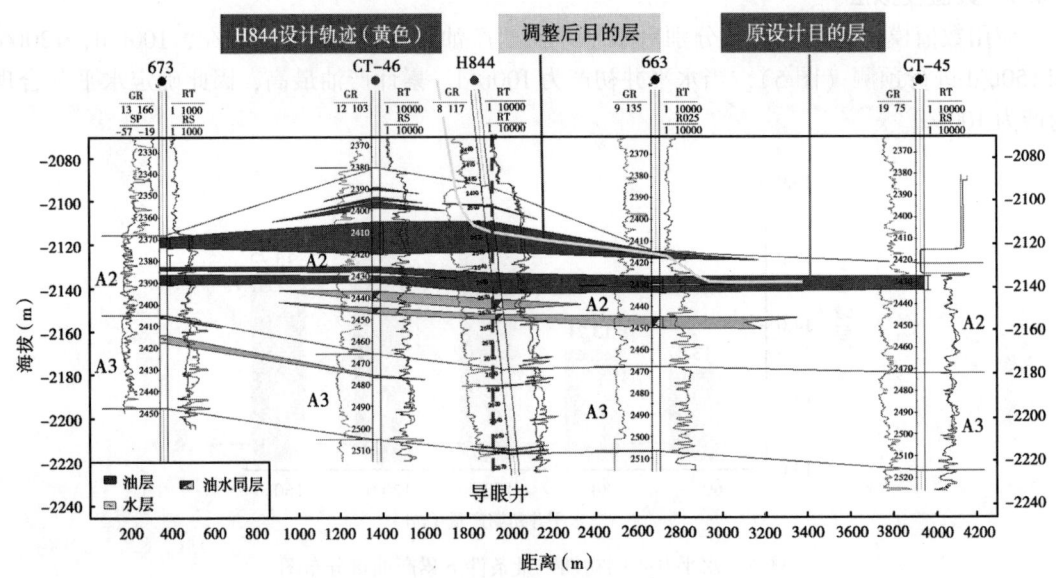

图 6 H844 双台阶水平井设计轨迹示意图

3 应用效果

2016—2017年完钻千米水平井3口，分别是H814井、H844井和H923井，初期平均单井日产油量106t，是周围直井的8.4倍（表9）。截至2017年12月，累计产油47863t。

表9 2016—2017年千米水平井产量统计表

油田	井号	投产日期	初期指标				累计产油（t）
			日产液（t）	日产油量（t）	日产水（m³）	含水率（%）	
北特鲁瓦	H814	2016.07	106	104	2.3	2.1	20175
	H844	2017.07	114	104	10.3	8.3	11646
让纳若尔	H923	2017.07	117	110	7.0	6.0	16042

4 结论

（1）拟合盐丘厚度经验公式，建立三维速度场，消除了盐丘内速度异常引起的下伏假构造；

（2）储集单体模拟精细刻画层状碳酸盐岩储层在三维空间的展布，与地质油藏剖面认识符合率达95%以上；

（3）利用数值模拟方法采用正交分析法优选水平井最佳方案，优化H844井初期日产油100t、水平段长度1000m、裂缝半长70m、压裂级数10级；

（4）综合多种方法预测水平井产量，截至2017年12月，投产千米水平井3口，初期日产油均过百吨，预测符合率达100%。

参 考 文 献

[1] 刘文卿,王西文,刘洪,等.盐下构造速度建模与逆时偏移成像研究及应用［J］.地球物理学报,2013,56（2）：616-625.
[2] 王西文,刘全新,苏明军,等.多井约束下的速度建模方法和应用［J］.石油地球物理勘探,2003（3）：263-267.
[3] 赵静.吉林油田低渗油藏水平井开发技术［J］.石油勘探与开发,2011,38（5）：594-599.
[4] 叶双江,李发有,李苗,等.裂缝孔隙型碳酸盐岩底水油藏水平井优化技术［J］.科学技术与工程,2017,17（22：191-196.
[5] 陈民锋,赵晶,王敏,等.低渗稠油油藏水平井储量有效动用界限研究［J］.水动力学研究与进展,2014,29（1）：9-17.
[6] 李彦兴,韩令春,董平川,等.低渗透率油藏水平井经济极限研究［J］.石油学报,2009,30（2）：242-246.
[7] 藏伟.低渗透率油藏水平井井网优化设计方法研究［D］.大庆市：东北石油大学,2009.
[8] 代双河,高军,臧殿光,等.滨里海盆地东缘巨厚盐岩区盐下构造的解释方法研究［J］.石油地球物理勘探,2006,41（3）：303-307.
[9] 杨勤林,李国斌,许先华,等.滨里海盆地东缘中区块盐下构造识别方法［J］.地球物理学进展,2012,27（3）：1094-1100.
[10] 王冬焕,黄思静.单砂体建模技术及应用——以华北油田某区块为例［J］.岩性油气藏,2012,24（4）：93-98.
[11] 刘立峰,孙赞东,杨海军,等.塔中地区碳酸盐岩储集相控建模技术及应用［J］.石油学报,2010,31（6）：952-958.
[12] 张学敏,崔京彬.以含油单砂体图作约束的单砂体建模方法研究与应用［J］.科技研究,2014,31（6）：952-958.
[13] 计秉玉.正交设计在油藏数值模拟中的应用［J］.数理统计与管理,1994（5）：28-31.
[14] 李超,李龙龙,汪洋,等.复杂裂缝性碳酸盐岩油藏数值模拟方法研究［J］.长江大学学报：自然科学版,2015,12（20）：65-68.
[15] 王言,郑强,马崇尧,等.tNavigator油藏数值模拟软件在低渗油藏压裂优化中的应用［J］.新疆石油天然气,2016,12（3）：29-31.
[16] 李传亮,林兴,朱苏阳.长水平井的产能公式［J］.新疆石油地质,2014,35（03）：361-364.
[17] 郑强,马崇尧,刘旺东,等.KS油田OBJ1生产层产量递减原因分析及调整对策［J］.新疆石油天然气,2015,11（1）：42-45.
[18] 王振彪.水平井地质优化设计［J］.石油勘探与开发,2002,29（6）：78-80.

第二部分 采油工艺

大庆外围低渗透油藏水平井多分支缝重复压裂增产技术

胡智凡　张洪涛　冯程滨　杨秀丽　于　英　魏天超

(中国石油大庆油田有限责任公司采油工程研究院)

摘　要：针对低渗透储层人工裂缝方向与井筒方向一致、常规压裂提高裂缝波及面积有限、注水不受效、开采时间长的水平井，初次压裂失效后单井产能的恢复必须通过重复压裂才能得以保证。目前，国内外重复压裂方式主要有层内压出新裂缝、原有裂缝再次延伸、缝内转向压裂三种方式。本文创新性地采取暂堵转向分支缝压裂增大裂缝控制体积与不返排清洁压裂液增大地层能量"双增"压裂改造技术，大幅度提高裂缝控制面积与储层生产能量，从而提高了老井单井产量。现场施工，纤维暂堵转向压裂段，暂堵后施工压力上升3~6MPa，压裂后稳定期日产油达到6.6t，为压裂前产量的6倍，增产效果显著，为水平井重复压裂增产改造提供了有效的技术思路与措施，同时指导了水平井"二次开发"。

关键词：水平井重复压裂；分支缝压裂；优化设计；暂堵转向；清洁压裂液

水平井分段压裂是改善大庆外围"三低"油田开发效果的有效技术。在井筒方向与人工裂缝方向一致的情况下，常规水平井分段压裂改造技术裂缝波及面积有限，无法充分动用储层。本文创新性地采取暂堵转向多分支缝重复压裂增大裂缝控制体积与不返排清洁压裂液增大地层能量"双增"压裂改造技术，大幅度提高裂缝控制面积与储层生产能量，从而提高了老井单井产量。

1　多分支缝压裂工艺原理

在暂堵转向多分支缝重复压裂施工的过程中，一次或多次向段内投送高强度水溶性暂堵剂，遵循流体向阻力最小方向流动的原则，暂堵剂随压裂液进入已开启裂缝，从而在裂缝内形成滤饼桥堵，阻止裂缝继续向前延伸。随着后续压裂液的泵入，缝内净压力升高，当缝内净压力大于两向水平应力差与岩石抗张强度之和时，裂缝被迫转向产生分支缝。暂堵剂可以在储层温度条件下降解返排，对储层无伤害。

分支缝形成条件：

$$p_{net} > (\sigma_H - \sigma_h) + S_t$$

式中　p_{net}——缝内净压力；
　　　σ_H——最大水平主应力；
　　　σ_h——最小水平主应力；
　　　S_t——岩石抗张强度。

2 压裂优化设计

2.1 老井低产原因分析及对应措施

N255-P338井是一口采用常规分段压裂方式完井的水平井,根据区块人工裂缝方向及本井井位,预计裂缝与井筒轨迹夹角仅10°,经过7年生产,日产油由初期的5.0t降到目前的1.1t。分析认为,产能降低主要有以下原因:(1)人工裂缝方向与井筒方向一致,注采距离大,注水井与裂缝无法形成有效注采关系;(2)长期生产,无能量补充,地层能量低;(3)长期生产,人工裂缝导流能力已严重降低;(4)物性较好储层,初次改造规模偏小。

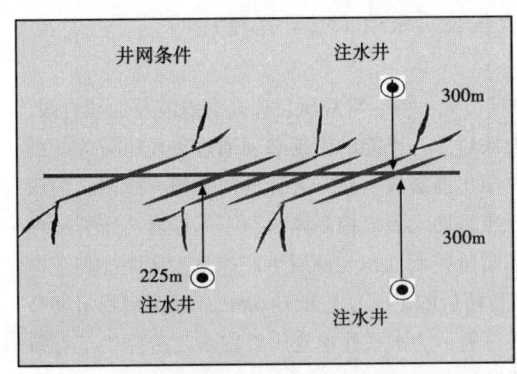

图1 N255-P338井重复压裂裂缝示意图

针对4个低产原因,提出以下针对性的重复改造措施:(1)应用暂堵转向多分支缝压裂技术形成分支缝,减小注采间距;(2)应用不返排清洁压裂液焖井,提高地层能量;(3)重复改造,重新提供支撑;(4)提高改造规模。为防止转向缝沟通相邻裂缝,改造采取扩大规模与暂堵转向交替进行方式,1~6段加大规模压裂,其中第2、第4、第6段为缝内暂堵转向压裂(图1)。

2.2 分支缝压裂优化

建立非均质网格化模型,分析人工裂缝延伸特征,应用数值模拟软件优化重复压裂第2、第4、第6段主缝长度153m、分支缝长度65m(图2、图3),加砂施工规模为25m³+15m³(图4)。优选可降解纤维,在60℃条件下可完全降解(图5),采用可降解纤维+基液+支撑剂组合工艺在人工裂缝主缝内产生桥堵,促使裂缝转向产生分支缝,优化施工程序为7%−14%−18%−20%−25%−28%−7%−14%−18%−20%−25%,纤维段塞浓度为0.3%~0.4%,纤维加入量为84~112kg,具体压裂规模参数见表1。

表1 重复压裂设计表

初次压裂设计			重复压裂设计				
压裂段	层位	加砂(m³)	优选重复压裂段	加砂(m³)	加砂程序	改造方式	工艺管柱
1	PⅠ4₂	15	1	20	7%−10%−14%−16%−18%−20%	加大规模	双封单卡
2	PⅠ4₂	20	2	40	7%−14%−18%−20%−25%−28%−7%−14%−18%−20%−25%	暂堵转向	双封单卡
3	PⅠ3₂	15	3	30	7%−14%−18%−20%−25%−30%	加大规模	双封单卡
4	PⅠ1₂	15	4	40	7%−14%−18%−20%−25%−28%−7%−14%−18%−20%−25%	暂堵转向	双封单卡

续表

初次压裂设计			重复压裂设计				
压裂段	层位	加砂 (m^3)	优选重复压裂段	加砂 (m^3)	加砂程序	改造方式	工艺管柱
5	PII_1	15	5	30	7%—14%—18%—20%—25%—30%	加大规模	双封单卡
6	PII_1	20			该层初次改造裂缝形态复杂,重复改造放弃该层		
7	PII_1	25	6	40	7%—14%—18%—20%—25%—28%—7%—14%—18%—20%—25%	暂堵转向	双封单卡
合计		125		140~200			

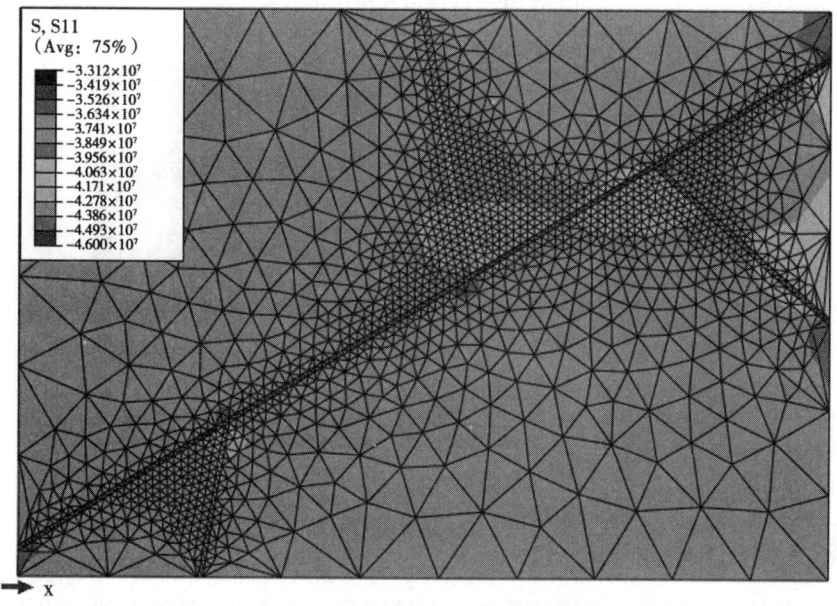

图2 分支缝形态与产量模拟

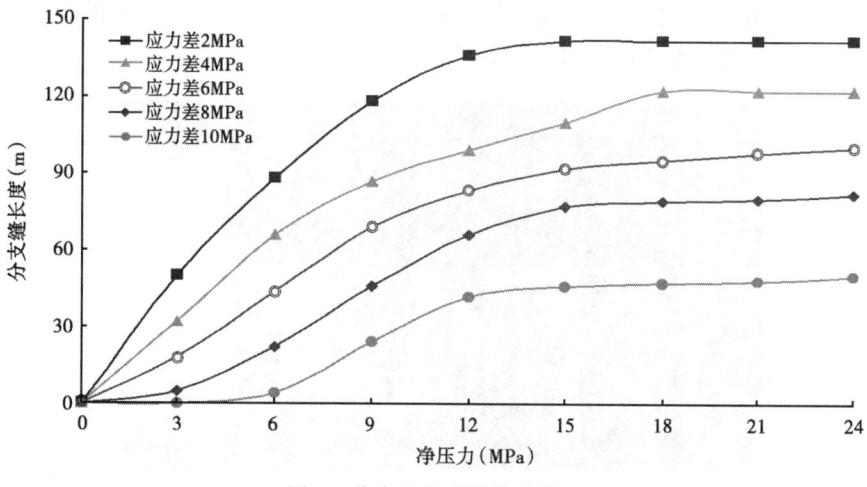

图3 分支缝长度计算结果图

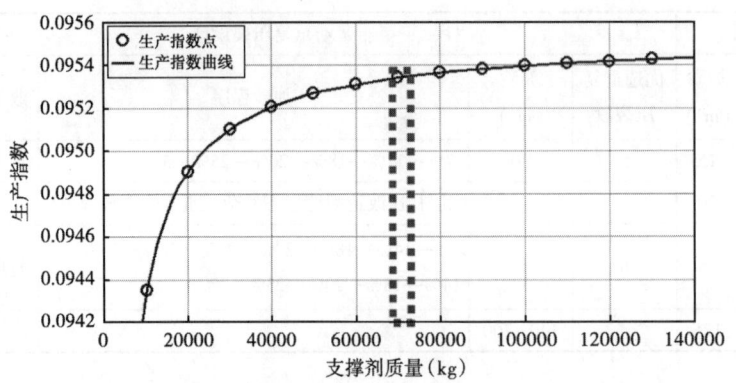

图 4 第 2 段改造规模优化结果

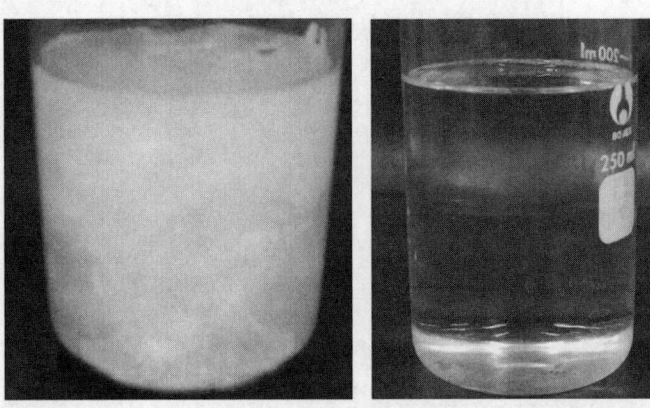

图 5 60℃纤维降解性能评价

2.3 不返排清洁压裂液用量优化

应用不返排清洁压裂液不含固相残渣、对储层趋于零伤害、洗油驱油、适于低渗透储层焖井特点，提高近井附近地层能量。根据历史拟合结果确定，截至 2016 年 9 月，井底附近平均地层压力为 5.88MPa（图6），模拟优化重复压裂加入增产压裂液 2180m³，压裂后焖井 24h 后，平均地层压力增至 16.73MPa（图7）。

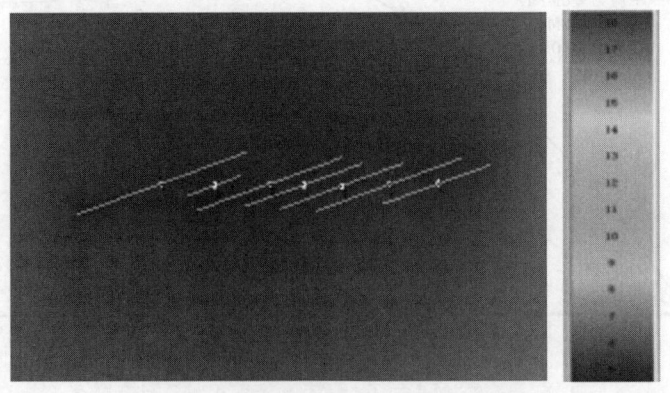

图 6 压裂前井底附近平均地层压力

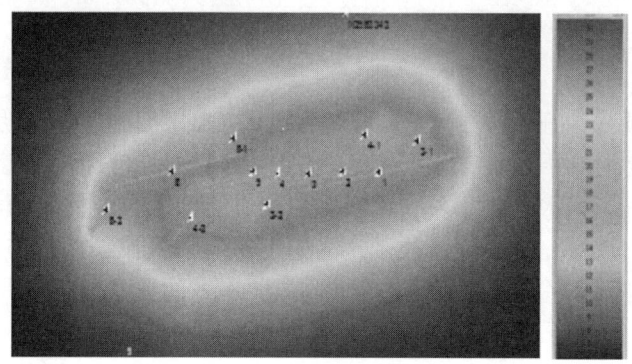

图 7　压裂后焖井 24h 后井底附近平均地层压力

3　现场施工及压裂效果分析

全井压裂 6 段，压裂液用量为 2180m³，加砂 175m³，第 2、第 4 和第 6 段纤维暂堵转向后施工压力分别上升 3MPa、6MPa 和 3MPa（图 8），暂堵转向效果明显。本井压裂前日产油 1.1t，压裂后稳定期日产油达到 6.6t（图 9），增油效果明显。

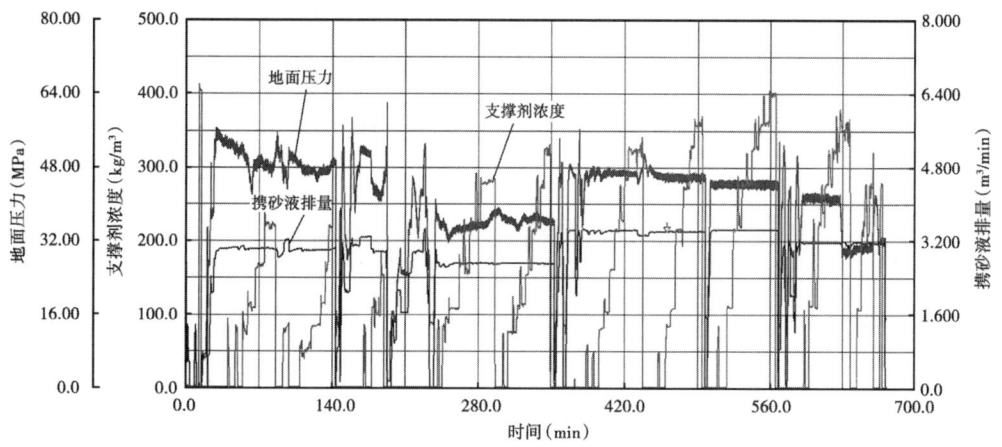

图 8　重复压裂全井施工曲线

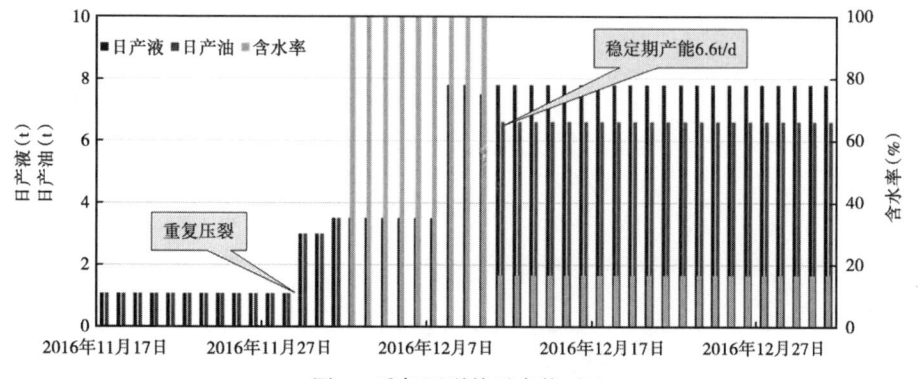

图 9　重复压裂前后产能对比

4 结论

(1) 重复压裂前停泵压力及施工压力均要高于初次压裂施工,说明随着生产的进行,储层地应力场发生变化,导致施工难度增大,需进一步针对性地优化施工参数。

(2) 对于长时间开采水平井,采取暂堵转向分支缝增大裂缝控制面积与不返排清洁压裂液增大地层能量"双增"压裂改造技术,大幅度提高裂缝控制面积与储层生产能量,从而提高单井产量,可为水平井重复压裂增产改造提供有效的技术思路与措施,同时指导了水平井"二次开发"。

参 考 文 献

[1] 王贤君,尚立涛,张明慧,等. 可降解纤维压裂技术研究与现场试验 [J]. 大庆石油地质与开发,2013,32 (2):141-144.

[2] 张胜利. 暂堵转向压裂技术在川东北致密砂岩储层中的应用 [J]. 技术研究,2016 (3):59-61.

[3] 赵艳云. 缝内转向压裂选井原则与暂堵剂性能评价 [J]. 勘探开发,2015 (11):207-208.

[4] 卫秀芬. 提高大庆外围油田重复压裂井效果方法探讨 [J]. 特种油气藏,2013,20 (2):137-141.

[5] 黄源琳,郭建春,苗晋伟,等. 转向压裂工艺研究及应用 [J]. 油气井测试,2008,17 (4):53-55.

[6] 黄高传,刘炜,王晓东. 裂缝转向压裂工艺技术在新疆油田的应用 [J]. 新疆石油科技,2008,18 (3):21-24.

[7] 黄波,郎建军,李佳琦. "缝内转向压裂"—种新的转向压裂技术方法探索研究 [J]. 新疆石油天然气,2012,29 (1):45-50.

[8] 郭亚兵. 致密砂岩气藏暂堵转向压裂技术研究 [D]. 成都:西南石油大学,2016.

水平井套内多级滑套分段压裂工艺技术研究与应用

周婷婷　唐少东　刘　鹏　张晓君　郑善军

(中国石油大庆油田有限责任公司井下作业分公司)

摘　要：水平井双封单卡分段压裂技术虽已成为大庆油田外围水平井压裂的主体技术，但仍存在一些问题，主要表现在该技术采用层层上提的方式进行施工，上提管柱前需要放喷泄压，造成施工周期长、施工效率低、资源占用多、作业环境恶劣。针对水平井压裂需求，进行了水平井套内多级滑套分段压裂工艺技术研究，该技术能够解决老井重复压裂和高压含气井压裂难题，为低渗透储层水平井增产改造提供技术支撑。

关键词：水平井；多级滑套；分段压裂；防喷

近几十年来，大庆外围低渗透及特低渗透油气田采用水平井开发取得了较好效果，为探索提高采油井产量和油田采收率提供了技术方法。在国内水平井开发初期，大庆油田研究应用了水平井限流法压裂技术，通过不断发展，水平井限流法压裂技术取得了一定增产效果，但压裂目的性差，无法控制压裂目的层段和施工规模。为了进一步明确压裂目的性，取得较好压裂效果，之后逐步发展了水平井双封单卡分段压裂、裸眼封隔器分段压裂等 5 种压裂技术。其中，水平井双封单卡分段压裂技术已成为大庆油田外围水平井压裂的主体技术，该技术分层改造目的性强，分段隔离效果较好。

但是水平井双封单卡分段压裂技术采用单段压裂层层上提的方式进行施工，上提管柱前需要放喷泄压，造成施工周期长、资源占用多、作业环境恶劣；以往水平井开发方式为射孔投产，单井同时存在大段射孔与小段射孔，采用常规工艺进行重复压裂，难以实现一趟管柱单卡所有层段，需多趟管柱完成全井施工，且单层加砂规模受限，不能实现"个性化改造"，周期长、成本高；遇高压含气井压裂 2~3 段后，井底压力高导致管柱难以上提，不能完成预计层数施工，造成丢层、弃层，未实现水平井全井储层有效动用，致使费用增加，影响增产效果。针对水平井压裂需求，通过设计、机理分析、理论计算和试验测试，进行了水平井套内多级滑套分段压裂工艺技术的研究攻关，解决了老井重复压裂和高压含气井压裂难题，确保施工安全环保。

通过技术攻关，研究了水平井套内多级滑套分段压裂管柱原理及结构，该管柱取得以下创新：(1) 创新设计了水平井套内多级滑套分段压裂管柱结构，该管柱可不动管柱压裂 8 段，适应施工排量为 $8m^3/min$，压裂后可反洗，出砂口至胶筒上沿距离只有 0.4m，滑套运行距离只有 0.8m，反洗距离短，卡距灵活，工作安全可靠。(2) 预置多组油管旋塞阀和工作筒，通过开关油管旋塞阀，对工作筒进行投堵，形成了水平井压裂起管柱防喷工艺，在水平井压裂后提出管柱过程中封闭油管空间，实现安全环保施工。(3) 根据试验测试，得出水平井油管摩阻图版；通过计算模拟，得出滑套、喷嘴节流压差图版；结合这些图版，确定了压裂施工参数。

1 水平井套内多级滑套分段压裂管柱结构研究

1.1 技术原理

以水平井坐压 8 段为例,管柱结构主要由 1 个安全接头、1 个水力锚、1 个底喷嘴总成、16 个螺旋扶正器、8 个扩张式封隔器和 7 个侧壁节流喷砂器组成,喷砂器滑套内径尺寸自上而下由大到小排列,分别配以 φA、φB、φC、φD、φE、φF、φG 的钢球。管柱结构如图 1 所示。

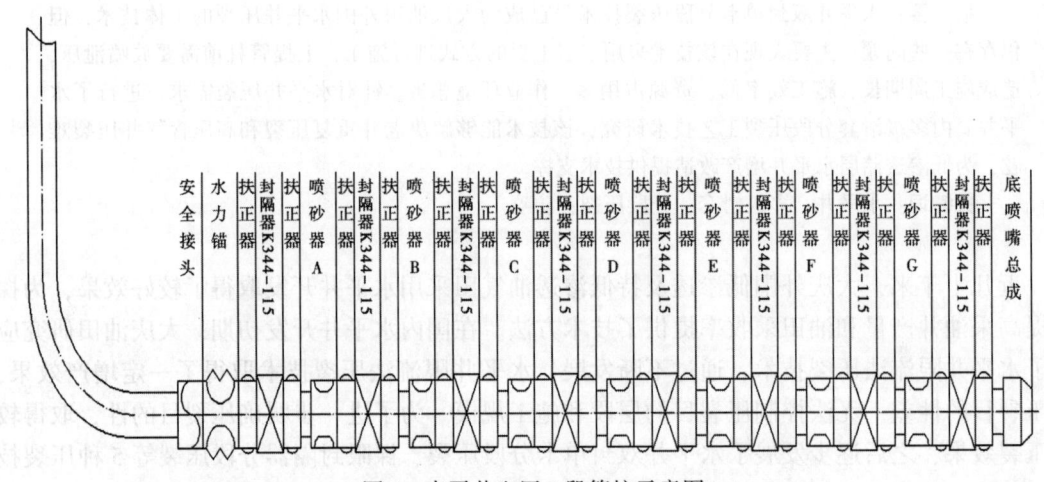

图 1 水平井坐压 8 段管柱示意图

工作原理:油管注液进行第一段压裂施工,第一段压裂施工结束后,投 φG 轻质钢球,坐在第二级喷砂器 G 的滑套上,加压,喷砂器滑套下行,出砂口打开,滑套坐在与该喷砂器 G 下端连接的封隔器下接头内部,密封下面最底部层段的主通道。压裂液经第二级喷砂器 G 上的出砂孔进入第二个压裂段,进行第二段压裂施工,第二段压裂施工结束后,投 φF 轻质钢球,坐在第三级喷砂器 F 的滑套上,加压,喷砂器滑套下行,出砂口打开,滑套坐在与该喷砂器 F 下端连接的封隔器下接头内部,密封下部层段的主通道,以后的压裂过程与第一段、第二段的压裂过程相同。压裂结束经扩散压力后活动管柱,确定封隔器解封后起出压裂管柱,完成压裂施工。

该管柱通过投球打滑套的方式,实现坐压 8 段,可密封全压裂段井筒,压裂后可反洗。管柱工作时,滑套打开后运行距离短,不受卡距长度限制,工作可靠;反洗孔距离封隔器胶筒上端距离较短,有助于洗出胶筒附近的沉砂,利于封隔器解封。

1.2 侧壁节流喷砂器

为水平井坐压多段喷砂器(图 2),采用侧壁节流,结构简单,与常规多层压裂所用喷砂器相比,长度缩短了 50%,并且满足封隔器坐封及加砂要求。提高出砂口处材料性能,提高耐磨性,增加过砂量。设计 7 种不同规格喷砂器滑套,与无滑套喷砂器连用可实现坐压 8 段。

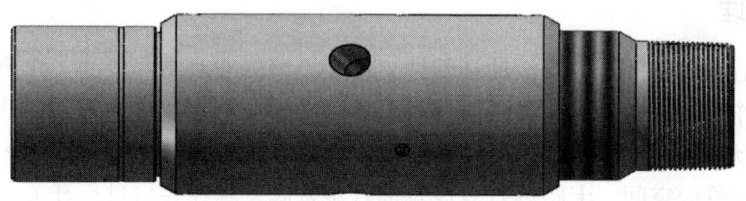

图 2 水平井侧壁节流喷砂器

1.3 水平井扩张式封隔器

水平井扩张式封隔器（图3），采用钢丝骨架短胶筒，与常规胶筒相比，更易解封。胶筒座下端设计浮动端，既有助于封隔器的快速初封，又有助于胶筒解封。中心管周向均布割缝，既保证了强度，防止进砂，又简化了结构。设计接滑套台阶结构，使滑套运行距离变短，防止水平井滑套运行距离过长导致滑套不到位。

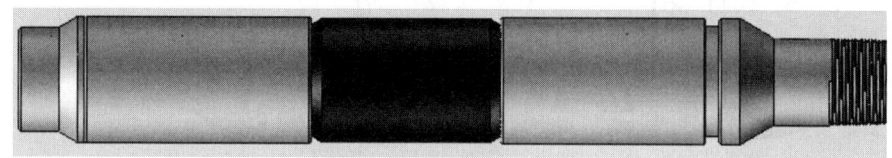

图 3 水平井扩张式封隔器

2 水平井压裂后起管柱防喷技术研究

2.1 技术思路

水平井压裂起管柱防喷技术，配合水平井套内多级滑套分段压裂工艺技术，在管柱的直井段预置1个工作筒+油管旋塞阀组合，根据水平井段的长度，在水平井段卡距以上预置1个或多个工作筒+油管旋塞阀组合，在卡距以内根据卡距段长度预置工作筒+油管旋塞阀的组合或油管旋塞阀。利用油管旋塞阀+工作筒投堵，在水平井压裂后提出管柱过程中封闭油管空间，安全环保。水平井压裂起管柱防喷结构如图4所示。

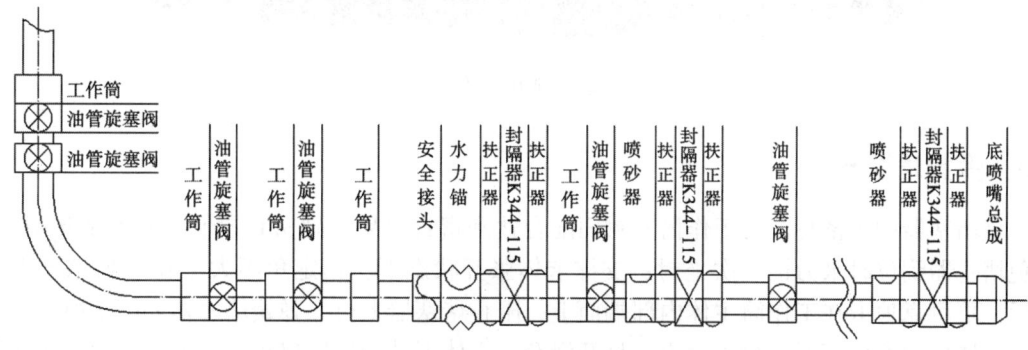

图 4 起管柱防喷结构示意图

2.2 工作原理

压裂完毕后，经扩散压力后活动开管柱，按照投堵标准对直井段的工作筒进行投堵。起出直井段的工作筒后，此时水平段的第一个工作筒已经从水平井段上提到直井段，利用油管旋塞阀的开关动作，对该工作筒进行投堵，若有设置多个工作筒，则重复上述动作。通过多次投堵，封闭油管内空间，卡距内若只设置油管旋塞阀，则在井口进行开关动作即可封闭油管内空间。通过油管旋塞阀+工作筒投堵，实现压裂结束后管柱上提过程中油管内防喷。

2.3 大通径油管旋塞阀

原有油管旋塞阀内通径小，无法满足大通径投堵需要，重新设计了大通径油管旋塞阀。通过对整体工具结构进行优化，利于起下顺利通过。优化材质，承压能力大幅度提升。大通径油管旋塞阀如图5所示。

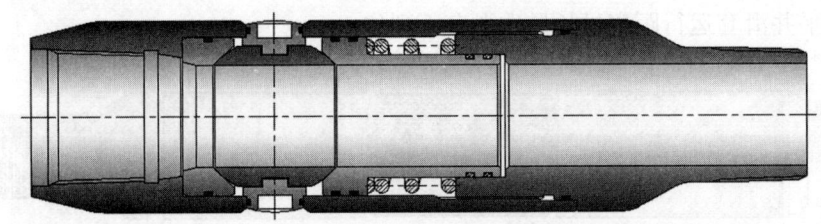

图5 大通径油管旋塞阀

2.4 泄压工作筒

该工作筒与弹簧堵塞器配合使用。工作筒本体内部台阶的锁定角度为0°，能更好地锁定堵塞器；卸开工作筒本体与工作筒下接头的连接螺纹，便可将到位的堵塞器取出；为了有效防止封隔器、水力锚等工具二次坐封，本工作筒设计出一个泄压通道，压裂时泄压口不打开，堵塞器到位时可打开泄压口，泄压工作筒如图6所示。

图6 泄压工作筒

2.5 弹簧堵塞器

该堵塞器的主密封段与工作筒密封面配合达到密封效果；副密封段便于打开泄压通道，避免堵塞器到位时水力锚二次坐封；支撑卡体张开状态下，锁定角不大于0°，使堵塞器到位后，更可靠地卡在工作筒主体内部端面上，阻止堵塞器上行。弹簧堵塞器如图7所示。

投堵后弹簧堵塞器密封主通道，打开滑套，主体下端的泄压口打开，油套连通，防止封隔器、水力锚二次工作。

图 7 弹簧堵塞器

2.6 水平井压裂后起管柱防喷技术现场试验情况

以西××井为例，该井坐压 3 层后上提一次，上提距离 17m。施工时，压裂前 3 层完毕后套压为 6MPa；活动开管柱，投堵塞器，泵送压力达 22MPa，打开油管无溢流。上提管柱，关闭旋塞阀，卸掉工作筒，连接好井口，继续下层压裂。起出工具后，检查工具，堵塞器到位，泄压工作筒泄压剪钉剪断，泄压开关打开，达到预期目的。起管柱防喷现场试验如图 8 所示。

图 8 起管柱防喷现场试验图

3 压裂施工参数研究

实测 3½in 油管的排量与摩阻关系图版，如图 9 所示。

计算 3×ϕ22mm 喷嘴在不同排量下的喷嘴压降，做出了排量与喷嘴压降的关系图版，如图 10 所示。

计算滑套分别在 4m³/min、5m³/min 和 6m³/min 排量情况下的节流压差，建立图版，如图 11 所示，节流压差计算数据见表 1。

结合油管摩阻，喷嘴、滑套节流压差数据及管柱工具工作参数，对排量为 0.5~6m³/min 范围内的地面施工压力进行预测（图 12），确定施工参数设计依据。

根据各级喷砂器最小内径的节流压差，考虑油管摩阻、喷嘴压降以及地层的闭合应力，在地面施工压力 60MPa 以内，确定压裂不同段数的排量控制。

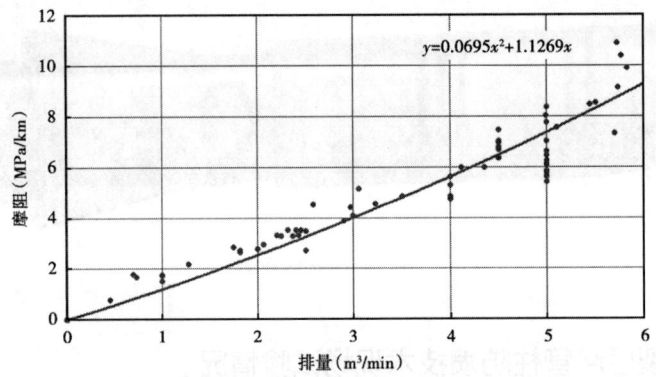

图9 摩阻图版

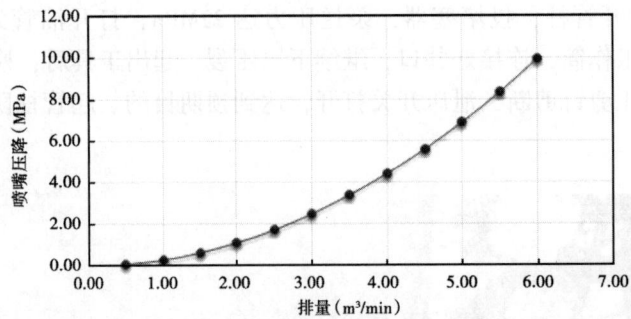

图10 3×φ22mm 喷嘴压降图版

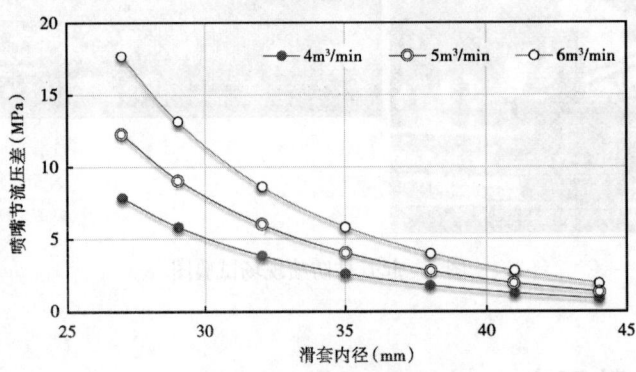

图11 滑套节流压差图版

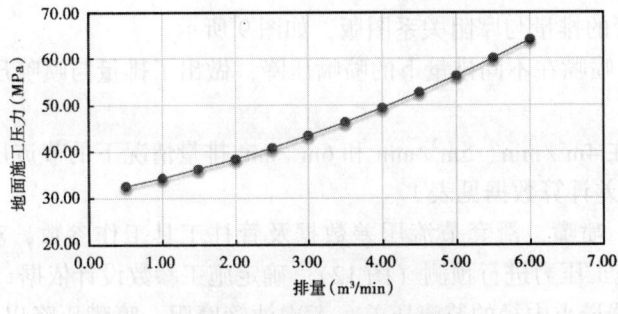

图12 地面施工压力预测

表 1　不同排量下滑套节流压差计算数据

滑套内径 (mm)	节流压差（MPa）		
	$4m^3/min$	$5m^3/min$	$6m^3/min$
G	7.849949	12.26555	17.66239
F	5.825532	9.102394	13.10745
E	3.834091	5.990767	8.626705
D	2.590886	4.048259	5.829493
C	1.782506	2.785165	4.010638
B	1.238557	1.935245	2.786753
A	0.861704	1.346413	1.938834

4　现场试验及分析

4.1　典型井现场试验及分析

永××井属于水平井老井压裂增产，一趟管柱坐压 8 段现场试验井。该井最大施工排量为 $5.0m^3/min$，全井共加砂 $217m^3$，总液量为 $2320m^3$。应用水平井套内多级滑套分段压裂管柱，全井一趟管柱完成 8 段压裂施工，各段压裂投球正常，压裂后管柱顺利提出。

压裂井段施工参数见表 2。

表 2　永××井施工参数

序号	层位层号	射孔井段 (m)	排量 (m^3/min)	砂量 (m^3)	液量 (m^3)	最高压力 (MPa)
1	PⅠ4_{1a}	2065~2022	4.0	29	230	55.6
2	PⅠ4_{1a}-4_{1b}	1997~1974	5.0	29	420	54.1
3	PⅠ4_{1a}-4_{1b}	1942~1926	5.0	29	230	54.64
4	PⅠ4_{1a}	1903~1889	5.0	29	230	46.4
5	PⅠ3-4_{1a}	1852~1838	5.0	29	430	56.3
6	PⅠ4_{1a}	1788~1779	5.0	29	430	57.78
7	PⅠ4_{1a}-4_{1b}	1734~1659	5.0	29	230	54.79
8	PⅠ4_{1a}	1605~1596	5.0	14	120	54.79

压裂效果：压裂前平均日产油 0.42t，压裂后初期日产油 8.5t，平均日产油 5.2t，累计增油 672.2t，改造效果显著。

该井压裂施工曲线如图 13 所示。

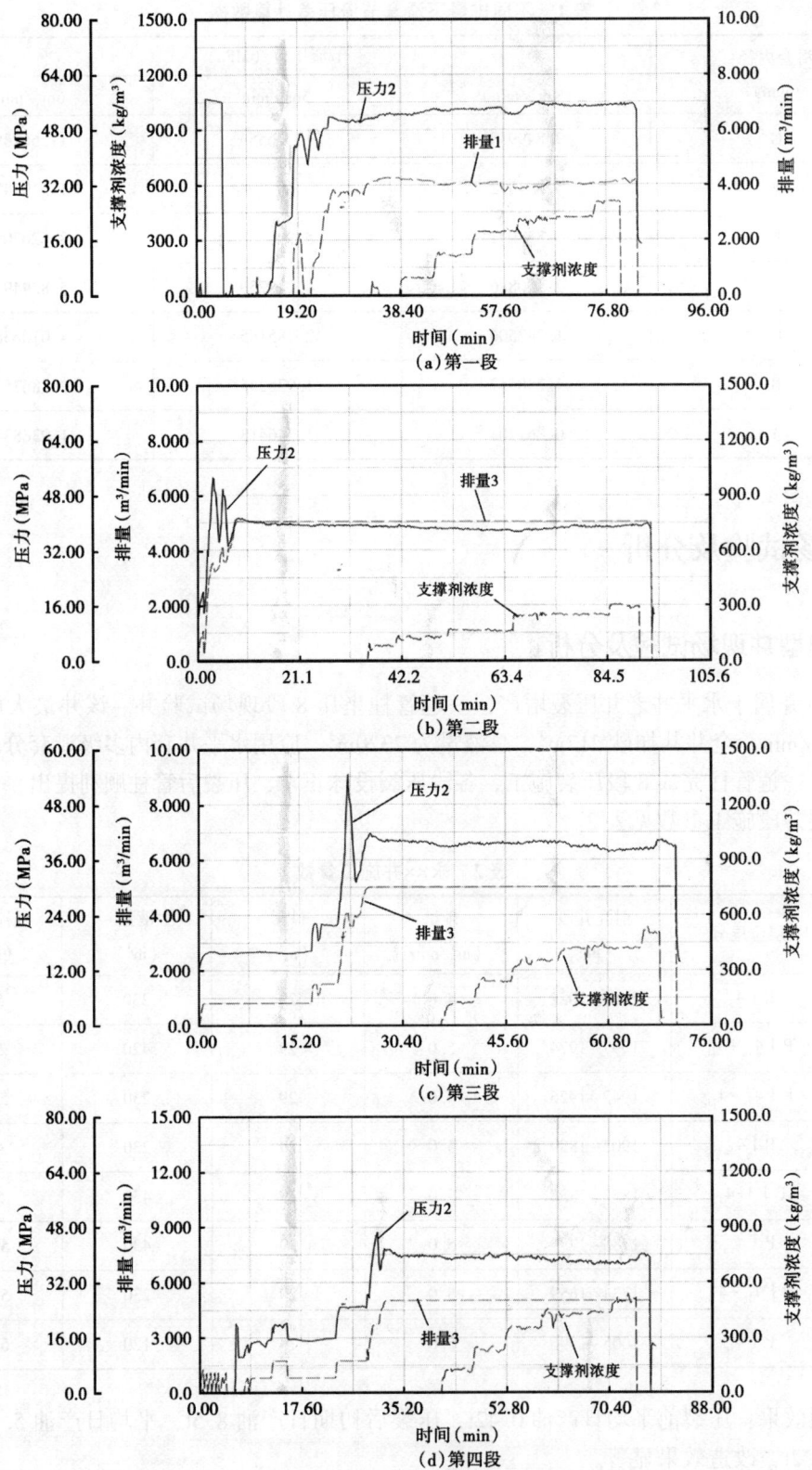

图 13　永××井压裂施工曲线

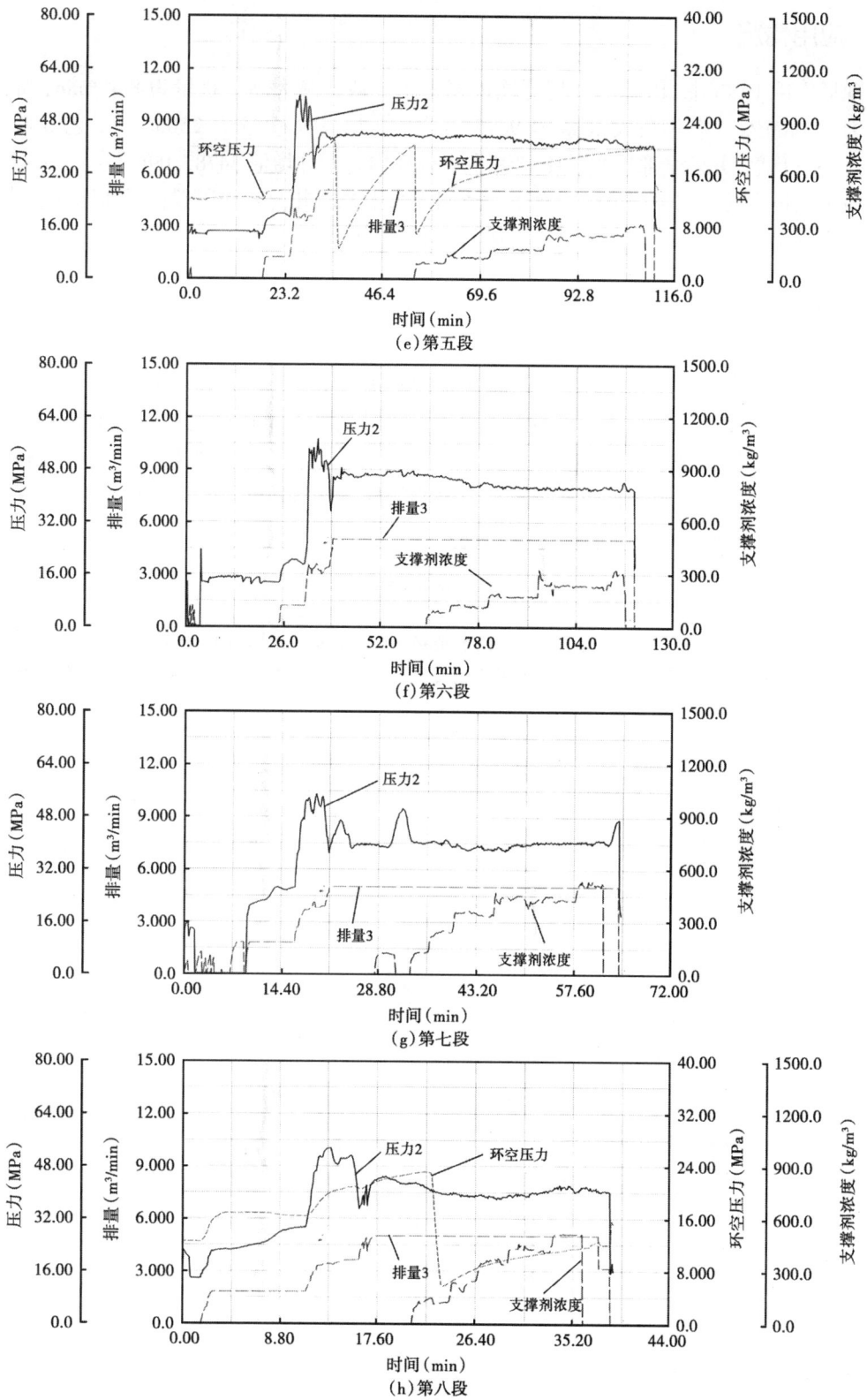

图 13 永××井压裂施工曲线（续）

4.2 应用情况

现场应用 19 口井 210 段,一趟管柱最多坐压 8 段,最大施工排量为 $8m^3/min$,最高施工压力为 68MPa,单井最大液量为 $9615.3m^3$,单井最大砂量为 $250m^3$,工艺成功率为 100%。19 口试验井已全部投产,18 口井在有效期内,累计增油 34782.09t。

该工艺技术的应用提高了施工效率,适用于水平井新井及老井压裂;遇高压含气井,一趟管柱完成全部层段压裂,保证了施工成功率和压裂效果。

5 结论

通过该项技术的研究,实现了大庆油田常规水平井不动管柱压裂最多 8 段,不仅适用于水平井老井的重复挖潜,还适用于高压、含气水平井新井的增产改造,实现了高效、安全、环保作业,大幅度提高了水平井单井产量和开采效益,推动了水平井技术在大庆外围低渗透油田的应用,也为中国石油低渗透及特低渗透难采储量的有效开发和高效动用提供了技术支撑,具有广泛的应用前景。

参 考 文 献

[1] 柴国兴. 水平井分段压裂管柱及工具关键技术研究 [D]. 北京:中国石油大学,2010.
[2] 孙连柱,卫秀芬,周文庆. 大庆油田水平井压裂工艺技术现状及展望 [J]. 采油工程文集,2014,12(4):67-73.

连续油管带压钻塞工艺在大庆致密油藏的规模化应用

王 硕

(中国石油大庆油田井下作业分公司)

摘 要：目前，电缆桥塞射孔压裂为大庆深层致密油藏完井的主要措施，但压后井口压力较高。采用常规油管需要使用压井液压井，压井液用量大、有漏失，作业成本高，对油井地层造成伤害，并且施工周期长、劳动强度大；连续油管不用立放井架、机动性强，可带压钻磨桥塞。现场应用表明，具有缩短施工周期、减少工人劳动强度、降低作业成本等优势，能满足油井低成本安全高效环保作业的需求，是大庆深层致密油藏压裂增产的有效技术手段。

关键词：致密油；连续油管；带压钻塞

随着大庆油田致密油区块的大规模勘探开发，针对其非均质性较高、低孔低渗、连通性差的特点，需要通过压裂改造，以便获得工业油气流。目前电缆桥塞射孔压裂为大庆致密油藏完井的主要措施，但采用常规油管需要使用压井液压井，存在压井液用量大、有漏失、作业成本高、对油井地层造成伤害、施工周期长、劳动强度大等问题；而连续油管无接箍动密封性能高，适合在带压条件下一趟管柱钻磨多级桥塞，无须起钻，施工效率高，且不需立放井架、机动性强。现场应用表明，具有缩短施工周期，减小工人劳动强度，降低作业成本等优势，能满足安全高效、环保作业的需求。是大庆深层致密油藏压裂增产的有效技术手段。

连续油管钻磨具有钻压控制稳定、井控条件成熟、水平段入井距离长、施工连续、施工周期短及效率高等优势，其中在复合桥塞钻磨施工中，2in 连续油管为首选，单台车可载连续油管长度可达 5000m，最长进入水平井段可达到 1500m 以上，同时最大可提供 400～600L/min 的管内流量，可满足井下马达动力传递及磨屑上返的需要。本文介绍了连续油管钻磨桥塞工艺的原理，通过对连续油管在钻磨桥塞工况下的受力分析及钻头钻磨桥塞的受力分析，对管柱及配套工具进行设计，完成连续油管钻磨桥塞参数的优选；并对地面工艺流程进行了优化设计。

1 连续油管带压钻磨复合桥塞技术及配套研究

1.1 工艺原理

连续油管油井带压钻磨复合桥塞工艺以压后钻除井内复合桥塞，恢复井筒畅通和方便后续作业为目的，在压裂施工结束后，通过连续油管携带井底钻具组合、螺杆钻具提供动力，由连续油管作业机驱动管柱串到达桥塞坐封位置后，通过地面设备泵注工作液进入工具串驱动螺杆钻头，进而带动钻头高速旋转，再通过合理的工作压差和钻压控制，使桥塞在挤压下以滑移变形方式被切削。同时，钻头在钻压作用下自锐地吃入桥塞，在扭矩作用下向前移动对其进行剪切，切削碎屑在高压水射流冲击作用下迅速离开井底流向环空，通过工作液的循环带出套管，从而达到保持套管畅通，提高钻磨效率的目的。

1.2 连续油管钻塞力学分析

通过连续油管下入和起出力学模型的模拟分析，确定水平段长度和造斜段长度与摩阻的关系图版，指导不同水平段长度管柱下深和钻压的调整。

1.2.1 连续油管在水平井下入或起出力学模型及分析

根据连续油管的实际工作状态为连续油管钻磨桥塞，连续油管钻磨桥塞工况分为下放、钻磨桥塞及起出三种作业状态。水平井中连续油管包括直井段、弯曲段和水平段。在起出或下放工况，连续油管串只做轴向运动，工具未工作，载荷和边界相对简单；在钻磨桥塞工况下，井下工具开始工作，载荷和边界相对复杂，特别是在钻塞过程中由于钻头钻磨桥塞，工具串将传递扭矩，受力变形状态更加复杂。所以根据不同的工艺要求，并从连续油管及工具串结构、边界条件、外载荷三方面来考虑，建立了水平井中连续油管钻磨桥塞工况的下放和起出的力学模型，如图1、图2所示。

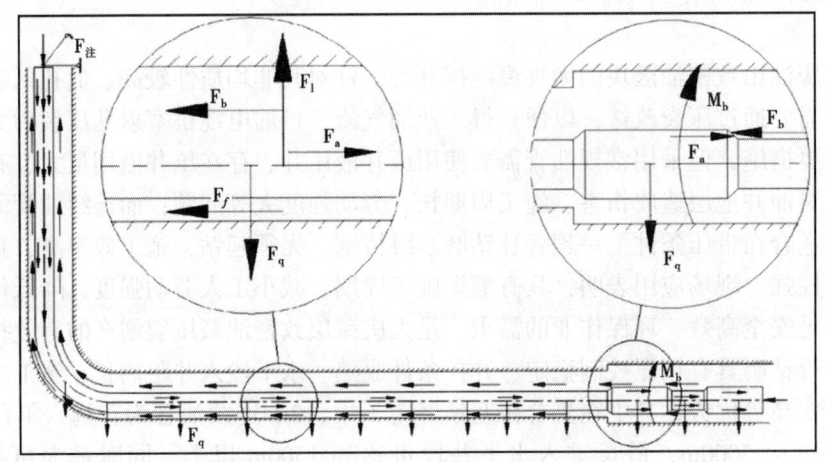

图 1 连续油管下入力学模型（钻磨桥塞）

选取直井、斜直井、弯曲井中的连续油管为研究对象，基于能量法（虚功原理）建立套管内连续油管在井底压力作用下发生正弦失稳和螺旋失稳的临界载荷，采用拉格朗日乘数法得到直井、斜直井、弯曲井中受压连续油管正弦屈曲和螺旋屈曲后与套管的接触力、摩擦阻力及变形状态❶。

1.2.2 连续油管钻磨桥塞极限下入深度分析

分析连续油管在水平井中进行钻磨桥塞等作业时的受力情况，建立连续油管在井下的受力模型，得到连续油管在套管内各位置处的受力情况及连续油管在不同工况下的极限下入深度。计算井况结构示意图如图3所示。

（1）连续油管钻磨桥塞计算参数及工况。

---

❶ 计算结果出自未公开发表的《连续油管水力喷砂射孔、钻塞泵注仿真研究》。

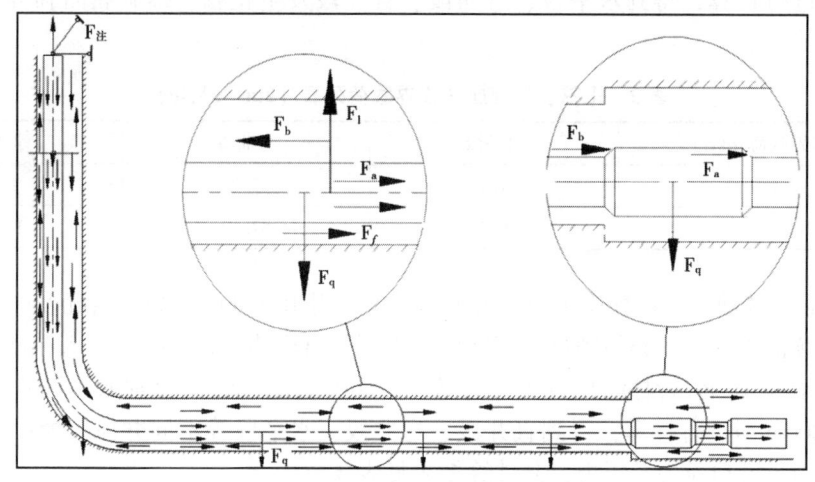

图 2　连续油管起出力学模型（钻磨桥塞）

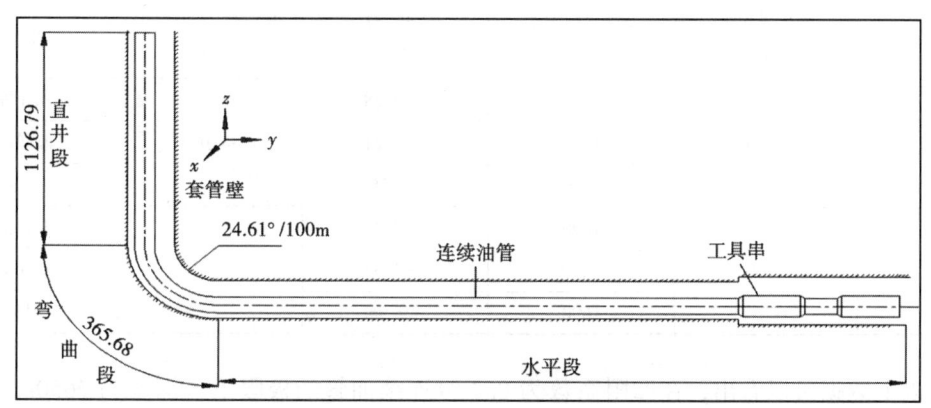

图 3　计算井况示意图

连续油管钻磨桥塞工况，根据工艺工程分为连续油管下入、钻磨桥塞及起出三个工作状态，选取油管尺寸为 2in 和 2⅜in 连续油管及套管尺寸为 5½in 套管组合进行力学分析。工艺参数见表 1。

表 1　连续油管工艺参数（钻磨桥塞）

管内外液体	滑溜水	泵压（MPa）	60
管内排量（m³/min）	0.5/0.7	底部轴向载荷（kN）	0/5
管外排量（m³/min）	0	起出注入头力（kN）	360
速度（m/min）	10	下放注入头力（kN）	180

（2）连续油管极限下入深度计算。

当连续油管在套管内下入时，由于受到摩阻力的影响，易发生屈曲变形，当连续油管受到的轴向力达到连续油管正弦屈曲临界载荷时，连续油管发生正弦屈曲，轴向力继续增大，达到螺旋屈曲临界载荷，这时连续油管将无法继续传递轴向力，发生"锁死"现象，此时连续油管的下入深度为连续油管在作业时的极限下入深度。因此，对水平井连续油管不同段的临界载荷进行计算，得到水平段、弯曲段、直井段发生正弦、螺旋屈曲临界载荷如表2所示。

表2 正弦、螺旋屈曲临界载荷列表（2in—5½in）

屈曲临界载荷（kN）	直井段	弯曲段	水平段
正弦	4.2	43.71	13.4
螺旋	9.63	87.12	18.95

选择2in连续油管，计算连续油管水平段长度，得出其轴向力分布情况及摩阻力，并且在此深度连续油管的井底必须满足钻塞钻压，进而得出连续油管的极限下入深度。

根据所给连续油管管柱结构及工艺参数，摩阻系数为0.2时分别取不同水平段长度为1150m和1200m时进行计算，得到直井段、弯曲段、水平段等不同井段的摩阻力、水平分力、垂直分力、井口拉力及压力，其计算结果见表3。

表3 连续油管下入计算结果（2in—5½in）

摩阻系数	水平段长度（m）	距磨鞋距离（m）	轴向力（kN）	井口拉力及压力（kN）	屈曲状态
0.2	1150	1090	-10.28	34.993	未屈曲
		1230	-11.21		未屈曲
		1550	-5.29		正弦
	1200	1090	-10.28		未屈曲
		1280	-13.52		未屈曲
		1690	-9.96		螺旋

由以上数据可以看出，在摩阻系数为0.2时连续油管的极限下入深度为2650m水平段长度为1150m，连续油管受到的井口载荷为32.67kN，小于连续油管的额定注入头力180kN。由于井筒内环境复杂，摩阻系数不能由一个固定数值描述需要对不同的摩阻系数进行分析，因此本节对摩阻系数为0.1、0.15、0.2、0.25、0.3和井底钻压为2kN、3kN、4kN、5kN连续油管的极限下入深度分别计算，具体数值见表4。图4、图5分别为连续油管在不同摩阻系数下不同井底钻压的极限下入深度和水平段长度。

表4 连续油管极限下入深度（2in—5½in）

摩阻系数	钻压（kN）	极限下入深度（m）	水平段长度（m）
0.15	2	4400	2900
	3	4200	2700
	4	4000	2500
	5	3300	1800
0.2	2	3500	2000
	3	3400	1900
	4	3100	1600
	5	2650	1150

续表

摩阻系数	钻压（kN）	极限下入深度（m）	水平段长度（m）
0.25	2	2800	1300
	3	2600	1100
	4	2400	900
	5	2100	600
0.3	2	2500	1000
	3	2400	900
	4	2200	700
	5	2000	500

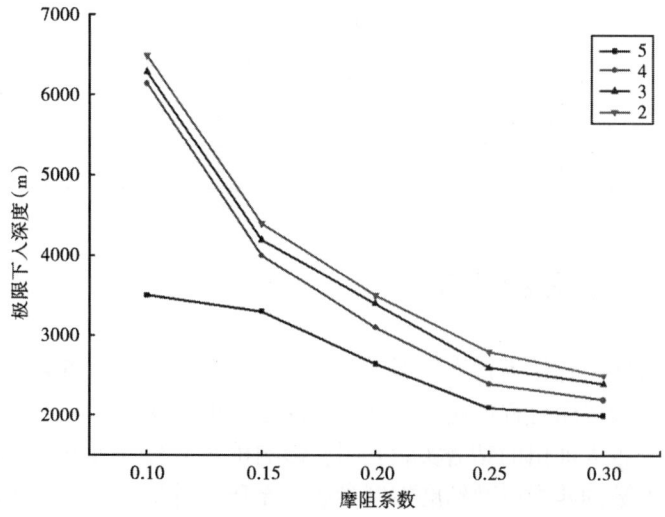

图 4　不同摩阻系数极限下入深度

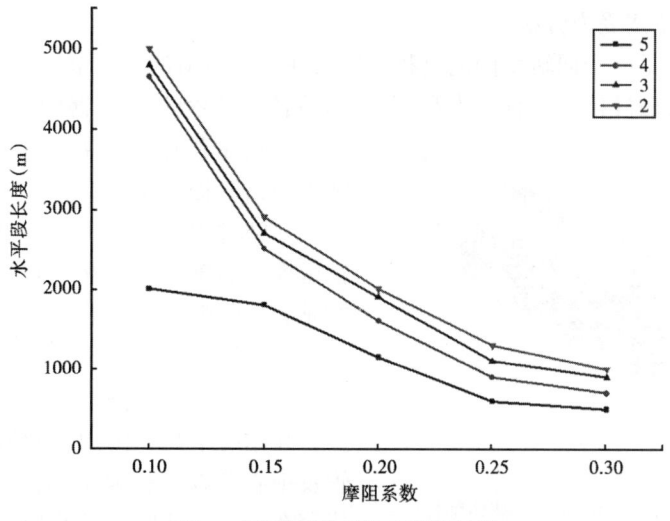

图 5　不同摩阻系数水平段长度

（3）理论计算总结。

a. 随着环空间隙增大，连续油管下入水平段长度降低。

b. 摩阻每增大1倍，连续油管的极限水平段下入深度降低约50%。

c. 当钻压在5kN以内时，井底钻压平均每增大1kN，极限水平段钻磨深度平均减小350~150m。

（4）理论与实践对比分析。

如表5所示，根据现场实测结果，实际下入深度均比理论值小。原因为：理论井眼轨迹为理想化的水平段和垂直段，而实际井眼轨迹中，均为不规则的形状，在存在绕障情况下，会更加复杂，实际摩阻系数高于理论摩阻系数，实际下深极限小于理论极限。

表5 连续油管水平段下入深度理论与实际情况对比

类别	无措施下入（m）	水力振荡器下入（m）	金属减阻剂下入（m）	金属减阻剂+水力振荡器下入（m）
摩阻系数	0.24	0.20	0.17	0.13
实下深度	1400	1700		2055仍可下深
理论极限	1500	2000	3000	3600

2 磨鞋优选与钻磨参数优化

连续油管钻磨桥塞工艺作为桥塞压裂工艺的最后环节，钻塞速度对压裂效果影响巨大。越快完成钻磨意味着裂缝闭合程度越小，油井产油速度也就越快，因此，提高钻塞效率越来越受到关注。国内外各大油田的钻磨实验表明，影响桥塞钻磨时间的长短的因素主要是磨鞋的优选、螺杆钻具参数的匹配以及钻磨控制参数（泵压、排量、钻压）的优化。

2.1 磨鞋的优选

2.1.1 钻头钻磨桥塞受力分析

钻头钻磨桥塞是一个回转切削的过程，钻头在轴向载荷的作用下压入桥塞，在回转水平力的作用下沿轴线破碎桥塞，轴向力和水平力共同作用导致桥塞以薄的螺旋层形式连续被破碎。钻头在套管内钻磨桥塞模型如图6所示，钻压为钻塞提供轴向载荷，扭矩提供回转水平力。钻磨过程中，钻头的各个切削齿都受到由钻压提供的轴向力和扭矩提供的水平力，如图7所示，切削齿在轴向力 F_1 的作用下向下移动，从而压入桥塞，同时在水平力 F_2 的作用下沿环向移动并切削桥塞。

在钻磨卡瓦、保护罩及胶筒部分时，中心管及中心管以外材料不同，由于各个材料的性能存在差异，此时的钻头所能压入桥塞的深度不同于钻磨一种材料的情况。设某一时刻磨鞋

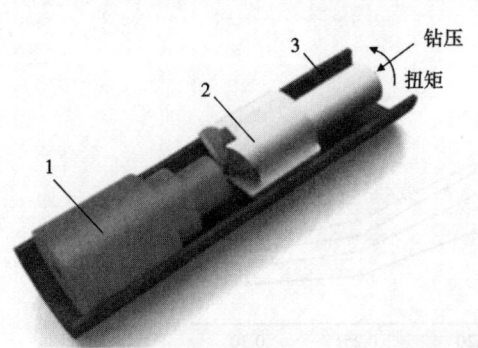

图6 回转切削中的切削齿与被切削体
1—桥塞；2—钻头；3—套管

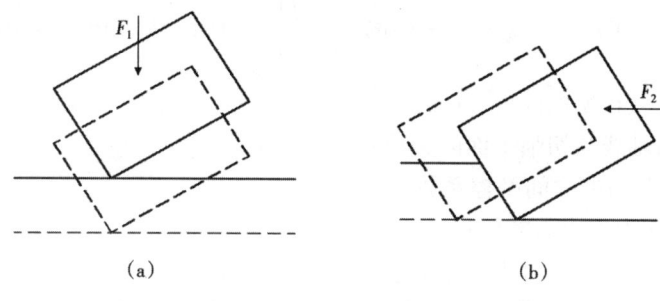

图 7 切削齿压入（a）和切削（b）示意图

已钻磨到底座段，则此时磨鞋切削接触的材料分别为中心管材料 A 与底座材料 B，其弹性模量分别为 E_A 和 E_B，泊松比分别为 μ_A 和 μ_B。设钻头有 b 圈齿参与切削，压入底座的切削齿圈数为 m 圈，则第 $b-m$ 至第 b 圈切削齿压入中心管，第 i 圈切削齿的个数为 N_i（$N_i>0$），切削齿轴线与钻头轴线夹角为 φ_i，如图 8 所示。

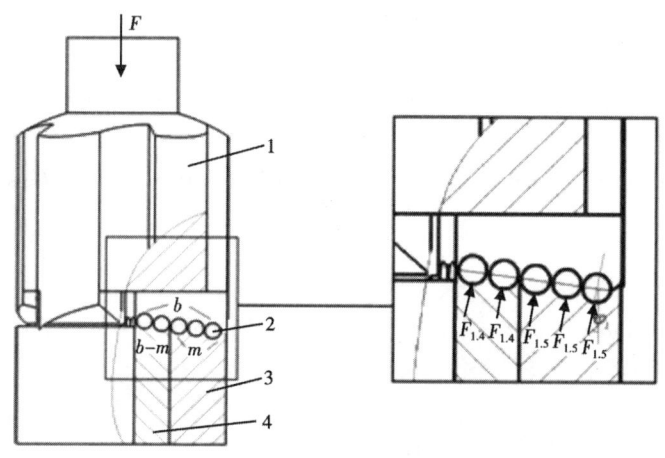

图 8 钻头切削两种材料受力示意图
1—钻头；2—切削齿；3—底座；4—中心管

不同材料对应的切削齿上所受的力不相同，材料 A 对应的切削齿进给力为 F_{1A}，材料 B 对应的切削齿进给力为 F_{1B}，则由钻磨单个材料时钻压公式可以推出，此时的钻压表达式为

$$F = F_{1A} \sum_{i=b-m}^{b} \frac{N_i}{\cos\varphi_i} + F_{1B} \sum_{i=1}^{m} \frac{N_i}{\cos\varphi_i} \tag{1}$$

式中，F_{1A} 与 F_{1B} 的比值可近似的由以下关系式求出

$$\frac{F_{1A}}{F_{1B}} = \frac{E_A(1-\mu_B^2)}{E_B(1-\mu_A^2)} \tag{2}$$

$$F_{1A} = \frac{E_A}{1-\mu_B^2}\left[2.03h\sin\theta \cdot (\cos\theta + f\sin\theta) \cdot \sqrt{\frac{A_1}{\pi}} + 0.875h^2\cot\theta \cdot (\sin\theta + f\cos\theta)\right] \tag{3}$$

$$F_{1B} = \frac{E_B}{1-\mu_B^2}\left[2.03h\sin\theta\cdot(\cos\theta+f\sin\theta)\cdot\sqrt{\frac{A_1}{\pi}}+0.875h^2\cot\theta\cdot(\sin\theta+f\cos\theta)\right] \quad (4)$$

式中　h——单齿压入桥塞的深度，mm；

　　　θ——切削齿轴线与切削平面的夹角；

　　　f——切削齿与桥塞之间摩擦系数；

　　　A_1——接触压力作用面的面积，mm^2。

在钻头钻削多个桥塞时，随着钻进过程的进行，钻头在摩擦力的作用下会逐渐出现磨损。磨损情况下同时切削两种材料时，压入材料 B 的切削齿圈数为 m，压入材料 A 中的切削齿的圈数为 $b-m$，材料 A 对应的磨损后切削齿进给力为 F'_{1A}，材料 B 对应的磨损后切削齿进给力为 F'_{1B}，则钻压为

$$F = F'_{1A}\sum_{i=b-m}^{b}\frac{N_i}{\cos\varphi_i} + F'_{1B}\sum_{i=1}^{m}\frac{N_i}{\cos\varphi_i} \quad (5)$$

式中，F'_{1A} 与 F'_{1B} 的比值可近似的由以下关系式求出

$$\frac{F'_{1A}}{F'_{1B}} = \frac{E_A(1-\mu_B^2)}{E_B(1-\mu_A^2)} \quad (6)$$

$$F'_{1A} = \frac{E_A}{1-\mu_A^2}\left[2.03h\sin\theta\cdot(\cos\theta+f\sin\theta)\sqrt{\frac{A'_1}{\pi}}+0.875h^2\cot\theta\cdot(\sin\theta+f\cos\theta)+2.29h\sqrt{\frac{A_3}{\pi}}\right] \quad (7)$$

$$F'_{1B} = \frac{E_B}{1-\mu_B^2}\left[2.03h\sin\theta\cdot(\cos\theta+f\sin\theta)\sqrt{\frac{A'_1}{\pi}}+0.875h^2\cot\theta\cdot(\sin\theta+f\cos\theta)+2.29h\sqrt{\frac{A_3}{\pi}}\right] \quad (8)$$

式中　h——单齿压入桥塞的深度，mm；

　　　θ——切削齿轴线与切削平面的夹角；

　　　f——切削齿与桥塞之间摩擦系数；

　　　A'_1——切削齿磨损后的前端接触面积，mm^2；

　　　A_3——切削齿磨损后的底部接触面积，mm^2。

当磨鞋同时钻磨的材料大于两种时，计算方法同理。

2.1.2　磨鞋钻磨桥塞数值仿真计算分析

磨鞋磨齿半径 4.5mm，齿高 5mm，齿后倾角 17.5°。为提高数值模拟的计算效率，在不影响计算精度的情况下，简化桥塞模型，取桥塞半径 55mm，桥塞高 50mm。建立钻磨桥塞仿真模型包括桥塞局部模型和钻头单齿模型，分别模拟桥塞压入与切削状态，进行不同钻压和扭矩有限元应力模拟分析，钻头压入与剪切桥塞有限元模型见图 9 和图 10 所示。

过由理论分析得出的计算公式和数值模拟计算方法得出不同钻压和不同桥塞材料时，桥塞压入深度和桥塞剪切力的计算结果，见表 6 和表 7。理论与数值模拟压入深度和切削力误差均在 8% 以内，说明理论计算结果准确。

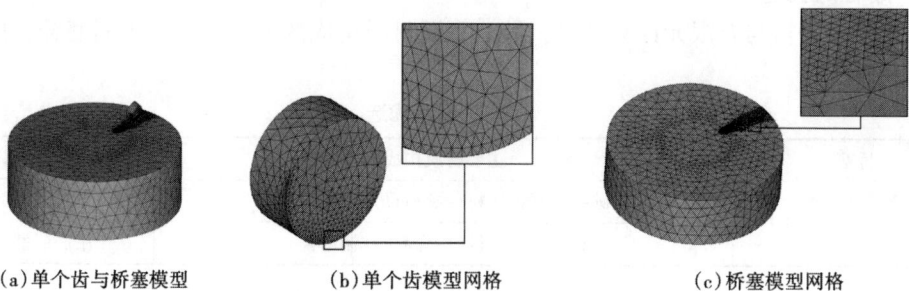

(a)单个齿与桥塞模型　　　(b)单个齿模型网格　　　(c)桥塞模型网格

图 9　桥塞压入模型网格图

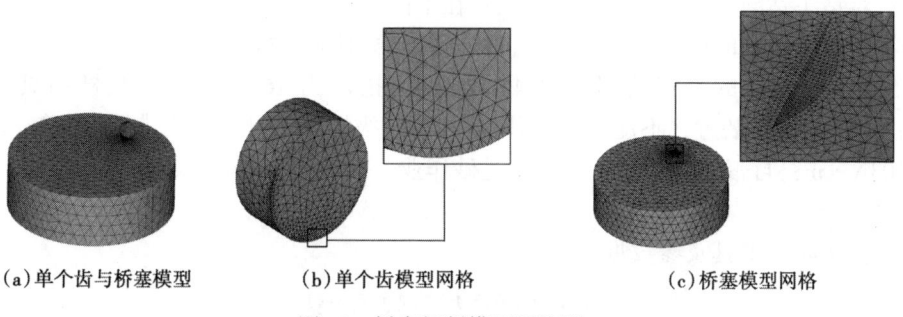

(a)单个齿与桥塞模型　　　(b)单个齿模型网格　　　(c)桥塞模型网格

图 10　桥塞切削模型网格图

表 6　桥塞压入深度计算结果

材料编号	单齿钻压（kN）	理论压入深度（mm）	数值模拟压入深度（mm）	相对误差（%）
中心管	2	0.52	0.55	6
	6	0.94	1.01	7
底座（外）	2	0.60	0.62	4
	6	1.08	1.12	3
底座（内）	2	0.54	0.57	5
	6	0.97	1.03	6

表 7　桥塞剪切力计算结果

材料编号	理论单齿切削力（N）	数值模拟单齿切削力（N）	相对误差（%）
中心管	66.12	70.75	7
	188.32	203.39	8
底座（外）	70.11	72.91	4
	197.83	203.76	3
底座（内）	67.14	71.17	6
	190.75	200.29	5

209

2.1.3 磨鞋的优选

根据受力分析与有限元计算结果,针对不同材质构成的桥塞,优选不同磨鞋,提高钻磨效率,见表8。

表8 磨鞋优选

桥塞	主要材质构成	钻磨工具
全复合桥塞	碳纤维复合材料+橡胶+硬质合金牙块	五翼切削磨鞋
半复合桥塞	碳纤维复合材料+橡胶+铁制卡瓦	平底研磨磨鞋

2.2 钻磨参数的优化

通过对钻头钻磨桥塞的受力分析,以及在不同钻压和扭矩下的有限元应力模拟分析,得到钻磨不同材质桥塞的最佳钻压、扭矩,从而指导磨鞋和螺杆钻具的优选。

3.5级螺杆钻具的最优排量为 $0.45m^3/min$,扭矩为 $1650N·m$;螺杆钻具长度均为4.13m;不自带防掉装置;不能进行过砂作业。4.7级螺杆钻具的最优排量为 $0.5m^3/min$,扭矩为 $2103N·m$;自带防掉装置;可用于过砂作业,能够过20目石英砂,可保障定子和转子不被磨损。

钻磨桥塞匹配工具及参数见表9。

表9 钻磨桥塞匹配工具及参数

桥塞	钻磨工具	螺杆钻具匹配	循环液	排量(L/min)	施工钻压(t)
全复合桥塞	五翼切削磨鞋	转速(400RPM以上)螺杆钻具	滑溜水	400~600	0.2~0.3(直井) 0.4~0.7(水平井)
半复合桥塞	平底研磨磨鞋	扭矩(2000N·m以上)螺杆钻具	胶液		0.4~0.8(水平井)

3 管柱及配套工具设计

3.1 管柱结构设计

如图11所示,结合工具需求性能,设计配套的钻塞管柱工具串组合为:连续油管卡瓦连接器+双瓣单流阀+双作用丢手+双向震击器+水力振荡器+螺杆钻具+五翼磨鞋。

磨鞋的外径选择略小于套管内径 6~10mm 为宜,对钻头进行扶正,以确保钻头不会伤害套管。螺杆钻具选择中转速大扭矩,既能保证磨鞋的切削速度,又能保证碎屑的形状和体积满足上返要求。

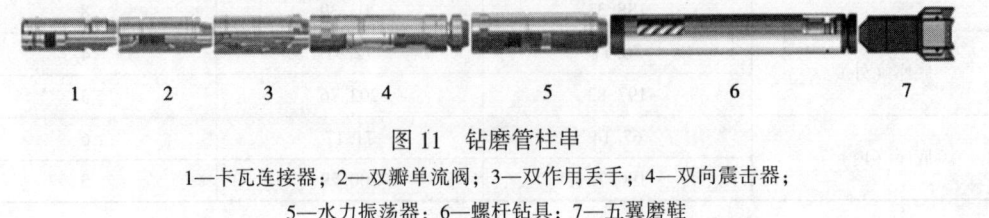

图11 钻磨管柱串
1—卡瓦连接器;2—双瓣单流阀;3—双作用丢手;4—双向震击器;
5—水力振荡器;6—螺杆钻具;7—五翼磨鞋

3.2 配套工具的设计

3.2.1 卡瓦连接器

外卡瓦连接器，传递扭矩和载荷。过球直径小于35mm。工具性能见表10。

表10 工具性能表

工具外径 （mm）	底部连接 扣型	工具最小内径 （mm）	总长 （mm）	最高工作压力 （MPa）	最高工作温度 （℃）	最大拉力 （t）	扭力薄 弱点
73	2⅜inPAC	35	557	70	150	32.36	PAC 扣

3.2.2 双瓣单流阀

双瓣单流阀，起下连续油管时，油管内不打压，双瓣截止，防止井内压力通过连续油管上反。可过球。工具性能见表11。

表11 工具性能表

工具外径 （mm）	连接扣型	工具最小内径 （mm）	总长 （mm）	最高工作压力 （MPa）	最高工作温度 （℃）	最大拉力 （t）	扭力薄 弱点
73	2⅜inPAC	25.4	610	70	150	32.36	PAC 扣

3.2.3 双作用丢手

双作用丢手，可进行拉拔和投球打压，两种工作模式下均可丢手。工具性能见表12。

表12 工具性能表

工具外径 （mm）	连接扣型	工具最小内径 （mm）	总长 （mm）	最高工作压力 （MPa）	最高工作温度 （℃）	单销钉剪切力 （t）	销钉数量
73	2⅜inPAC	17.5	690	70	150	1.8~2	6

3.2.4 双向震击器

双向震击器，总长1.34m，过放喷立管有优势。遇卡阻，可双向提供震击。工具性能见表13。

表13 工具性能表

工具外径 （mm）	连接扣型	工具最小内径 （mm）	总长 （m）	最高工作压力 （MPa）	最高工作温度 （℃）	双向冲程 （mm）
73	2⅜inPAC	25.4	1.34	70	150	76.2

3.2.5 水力振荡器

水力振荡器，通过产生水击压力脉冲，延长大直径工具和油管进入水平段内的长度。工具性能见表14。

表14 工具性能表

工具外径 （mm）	连接扣型	工具最小内径 （mm）	总长 （mm）	最佳泵速 （L/min）	最大泵速 （L/min）	振动频率 （Hz）
73	2⅜inPAC	7.54	829.06	445	567.7	10~20

3.2.6 螺杆钻具

螺杆钻具是一种以工作液为动力,把液体压力能转为机械能的容积式井下动力钻具。当地面泵车泵出的工作液进入螺杆钻具,在其进、出口形成一定的压力差,推动转子绕定子的轴线旋转,并将转速和扭矩传递给磨鞋,从而实现钻磨作业。工具性能见表15。

表15 工具性能表

工具外径（mm）	连接扣型	总长（m）	级数	最佳泵速（L/min）	最大泵速（L/min）	满负荷压差（MPa）	满负荷扭矩（N·m）
73	2⅜inPAC	4.13	3.5	397.47	454.25	6.1	1650

3.2.7 磨鞋

工具性能见表16。

表16 工具性能表

种 类	工具外径（mm）	内孔直径（mm）	最小内通径（mm）	连接扣型	总长（mm）
硬质合金嵌入式	112	12.7	35	2⅜inPAC	347.46

4 连续油管井口装置配套及地面管线流程

如图12所示,优化配套井口及地面装置,形成了钻磨桥塞地面节流控制及钻塞液循环流程,实现了高效自主化连续油管带压钻塞施工。

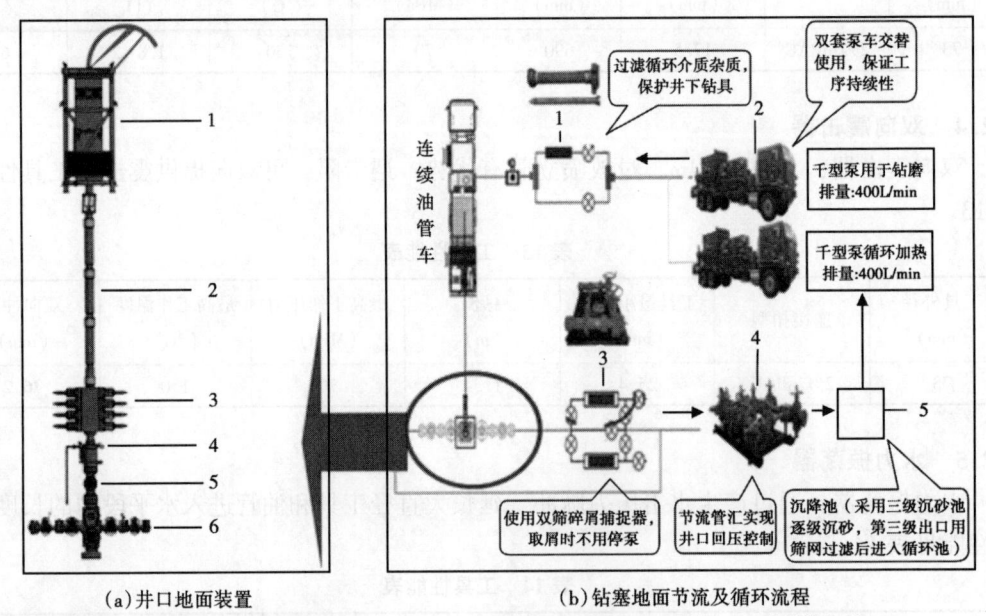

(a) 井口地面装置
1—注入头；2—防喷器；3—四闸板防喷器；
4—泄压法兰；5—闸板；6—双闸板四通

(b) 钻塞地面节流及循环流程
1—高压过滤器；2—泵车；3—碎屑捕集器；
4—节流管汇；5—沉砂池

图12 地面工艺流程

如图13所示,形成了钻磨桥塞操作流程,掌握钻磨技术关键点:缓慢钻进,保证钻屑细小,同时根据实际井底情况可增加短起次数,便于循环防止卡油管。钻塞和下探桥塞要缓慢,尽量减少憋泵和上提。减少对螺杆钻具的伤害和连续油管的疲劳损坏。

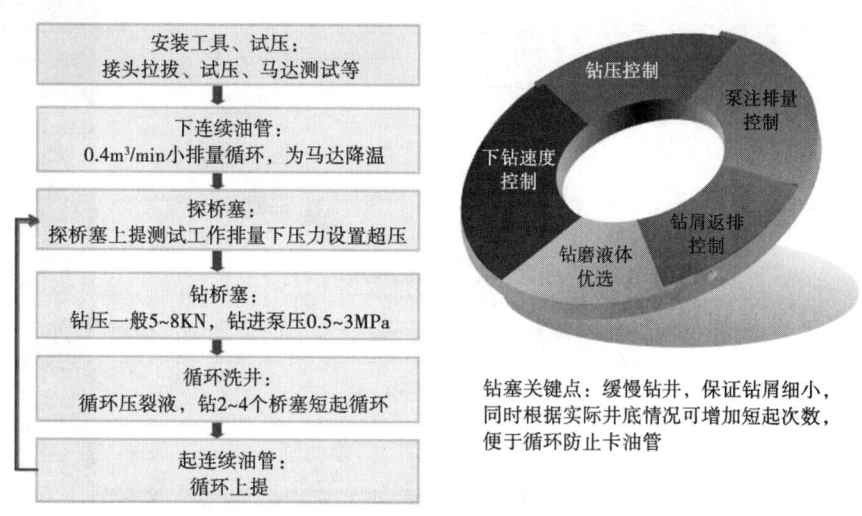

图13 连续油管钻磨流程

5 典型井分析及现场应用

5.1 典型井钻磨分析

龙××井为 A 县内一口采油井并已完成压裂施工。该井完钻井深3759.0m,直井段长1530.0m,弯曲段长450.0m,水平段长1784.0m,水平段垂直深度1825.86m。油层套管为5½in套管,外径139.70mm,内径121.36mm。井内坐封有7个可钻式复合桥塞,桥塞设计坐封位置分别为2060.0m,2300.0m,2540.0m,2780.0m,3020.0m,3260.0m,3500.0m。桥塞均为哈里伯顿投球式复合压裂桥塞,结构如图14所示。

图14 复合桥塞示意图

钻塞时使用2in连续油管,带螺杆钻头及钻头,下入目的井段,钻除下入的7个桥塞。
(1)单级桥塞钻磨分析。

图15为龙××井钻除第二段桥塞的地面施工曲线。黑色曲线表示下入深度(m),蓝色曲线表示悬重(kg),黄色曲线表示连续油管地面循环压力(MPa)。

探到塞面,悬重下降,钻头由空载变为负载,循环压力上升2~4MPa。

第一阶段,钻除上一级桥塞尾部和本级桥塞上部复合材料部分,悬重恢复较快;

第二阶段,钻除桥塞上部卡瓦牙部分,悬重恢复较慢;

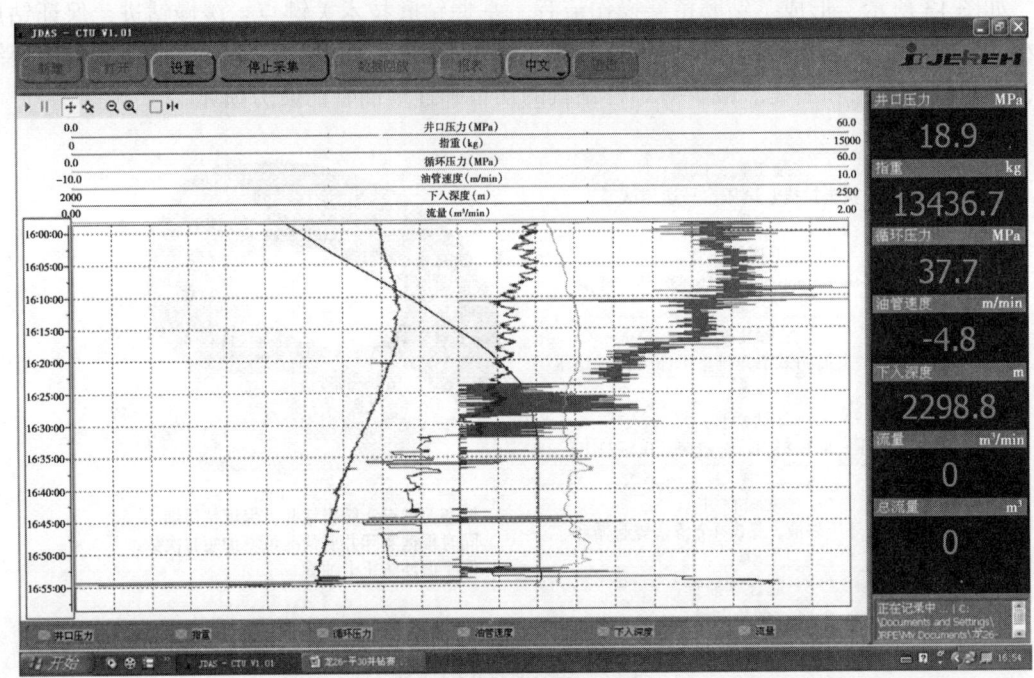

图 15　龙××井钻磨曲线

第三阶段，钻除桥塞中部复合材料部分，悬重恢复较快；

第四阶段，钻除桥塞下部卡瓦牙部分，悬重恢复较慢。钻除后，尾部掉落，推到下一级桥塞上部，一起钻除。

图 16 为钻磨曲线与桥塞对应示意图。

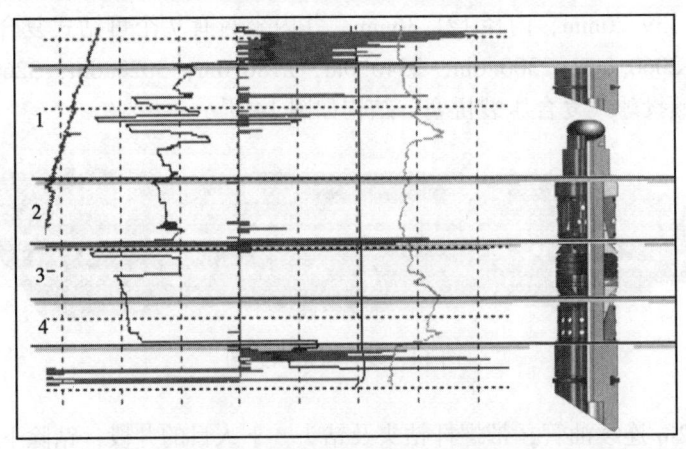

图 16　钻磨曲线与桥塞对应示意图

分析钻进深度—时间曲线，可得出结论：

①从桥塞顶部开始钻磨，从顶部复合型材料部分开始到金属卡瓦为止，钻磨速度很快。

②每级桥塞的第 2，第 4 部分，即卡瓦部分钻磨过程比较缓慢，钻压基本保持长时间不恢复状态。

③上半部卡瓦钻磨时间要比下半部卡瓦钻磨时间长。

④流体压缩性影响更大。

⑤压缩流体可以使压力监测系统中的压力减小滞后：当钻头在载荷条件下（例如：钻磨过程中施加扭矩），钻头压力上升，其值不按比例立即传递到地面，出现较严重的时间延迟和较低程度的压力上升。如果马达压力增加到一定程度，作用于桥塞的钻头扭矩不再增加，马达将停止转动，工具组合必须上提脱离桥塞面。

（2）多级桥塞钻磨分析

龙××井钻塞过程中泵注排量 $0.4m^3/min$，桥塞1、2钻磨顺利，完全钻塞时间分别823s 和 1142s，桥塞3下推至桥塞4位置处，两个塞完全钻塞时间共为2608s，画出桥塞1~4的钻磨过程中井口悬重与时间的关系曲线如图17所示。

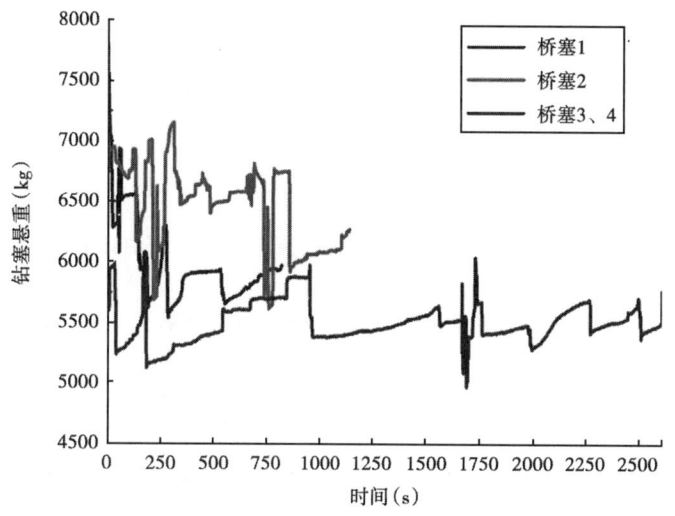

图17 龙××井钻磨井口载荷—时间曲线

龙××井桥塞1~7的实际坐封位置、钻塞前井口载荷、理论载荷，误差百分比可整理得出，见表17。

表17 龙××井理论与现场数据对比分析

深度 （m）	实测井口载荷 （kN）	理论值 （kN）	相对误差 （%）
2060	86.52	88.2	1.94
2300	84.63	86.21	1.87
2540	82.02	83.7	2.05
2780	80.37	81.36	1.23
3020	78.26	78.07	0.24
3260	71.75	75.99	5.91
3500	69.21	73.31	5.92

分别取7组现场试验数据，对比可知7组数据的最大相对误差为5.92%，最小误差为0.24%，7组数据误差维持在2.7%左右，现场实验数据与理论数据吻合较好。

5.2 规模化应用

2014—2017 年 4 月总计完成 56 口井 487 段连续油管钻磨桥塞，平均单塞钻磨时间 85min，水平段最长下深 2055m（龙××井），气井井口最高带压 22.6MPa 完成钻磨（莺××井），一趟管柱最多钻磨 18 级桥塞（齐××井）。

6 结论

（1）2in 连续油管水平段钻磨复合桥塞技术是可行的，具有精确可控的操作优势；

（2）施工中，动力液的上返速度必须要高于支撑剂在该种动力液中的沉降速度，以避免发生管柱砂卡；

（3）完成每级桥塞钻塞，须将井筒内积留的支撑剂充分循环携带出井筒以外；

（4）钻屑厚度控制在宜携带体积以下，将能增加钻屑的携带性能并减少钻屑卡钻的可能性。

参 考 文 献

[1] 尚琼，王伟佳，王汤，等．连续油管钻复合桥塞工艺研究［J］．石油钻采工艺，2016，39（1）：68-71．

[2] 邹先雄，叶登胜，卢秀德，等．连续油管钻磨复合桥塞作业参数优化［J］．天然气工业，2014，34（S1）：31-34．

[3] 逢仁德，崔莎莎，韩继勇，等．水平井连续油管钻磨桥塞工艺研究与应用［J］．石油钻探技术，2016（1）：57-62．

[4] 席仲琛，徐迎新，曹欣，等．水平井油管钻磨复合桥塞技术及应用［J］．石油钻采工艺，2016，38（1）：123-127．

[5] 贾泽涛．页岩气开发中连续油管钻磨复合桥塞工艺的研究与应用［J］．中国化工贸易，2015（2）．

[6] 白田增，吴德，康如坤，等．泵送式复合桥塞钻磨工艺研究与应用［J］．石油钻采工艺，2014（1）：123-125．

[7] 刘巨宝，王艳，兰乘宇，等．复合桥塞钻削过程力学分析［J］．石油矿场机械，2016，45（10）：1-6．

连续油管水力喷射环空加砂压裂工艺在大庆油田致密油藏水平井规模化应用

尹从萍

(中国石油大庆油田有限责任公司井下作业分公司)

摘 要：大庆外围油田难采储量达 $7.99×10^8$ t，储层渗透率低、含油丰度低、单层厚度薄、纵向上发育多个小层。常规水平井分段压裂技术施工效率低，且施工排量小于 $5m^3/min$，无法实现带压环保压裂施工，而连续油管水力喷射环空加砂压裂工艺技术能够满足开发需要。通过优化水力喷砂射孔施工参数，形成了连续油管水力喷射环空加砂压裂工艺参数优化设计方法，为射孔及压裂施工参数优化提供指导；通过管柱结构设计及配套工具研制，形成了具有自主知识产权的连续油管底封拖动压裂管柱及配套工具；通过建立地面回压控制方法，配套地面设施，确保了水平井各关键工序的安全连续施工；作业过程中全程带压密闭，安全环保，提高了时效，降低了成本，实现了连续油管通洗井、射孔、压裂一体化环保作业施工，满足外围难采储层的经济有效动用需求。

关键词：水力喷射；环空加砂压裂；一体化作业；规模化应用

目前，我国探明的未动用储量多为低渗透油田储量，低渗透油田开发效果和经济效益较差。外围低渗透油田储层具有特低渗透小孔道、低流度的特点，致使低渗透油田开发困难。同时，随着油气开发工作的不断深入，储层中难开采的低渗透原油所占比例也越来越大。大庆外围油田难采储量达 $7.99×10^8$ t，储层渗透率低、含油丰度低、单层厚度薄、纵向上发育多个小层。针对以上储层特点，应采用水平井大规模压裂改造施工，而常规水平井分段压裂技术施工效率低，且施工排量小于 $5m^3/min$，无法实现带压环保压裂施工；复合桥塞技术可以满足大规模压裂改造的需要，但也存在着如施工周期长、过量替挤严重、成本高等问题，因此需要研究连续油管水力喷射环空加砂压裂工艺技术，以提高水平井分段压裂施工排量。

连续油管水力喷射环空加砂压裂技术通过连续油管进行水力喷射射孔，可产生应力松弛，有利于保护油层；利用封隔器进行封隔，能多次重复工作，可降低工具成本；通过环空加砂，能降低摩阻，可提高施工排量，实现大规模压裂；通过射孔—压裂一体化施工，连续油管拖动，具有快速、防喷的特点，既提高工作效率，又安全环保。

1 连续油管水力喷射环空加砂压裂工艺参数设计

1.1 水力喷射参数影响规律

通过试验和机理研究，得出水力喷砂射孔工艺参数的影响规律，优化确定了排量、磨料浓度等六项射孔施工参数的设计范围，确保有效的射穿套管和水泥环。

（1）射流压力。

随射流压力升高，射孔深度增加，射孔孔径增大，如图1所示。

（2）排量。

随排量提高，射孔深度显著增加，如图2所示。

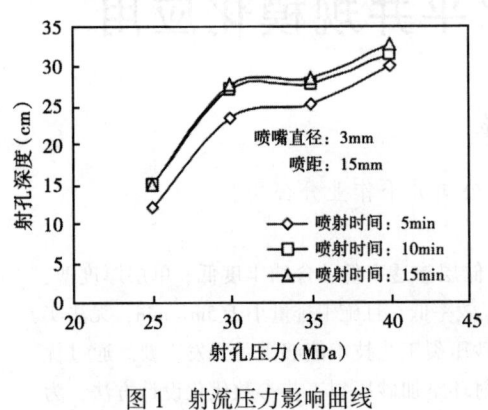

图1 射流压力影响曲线

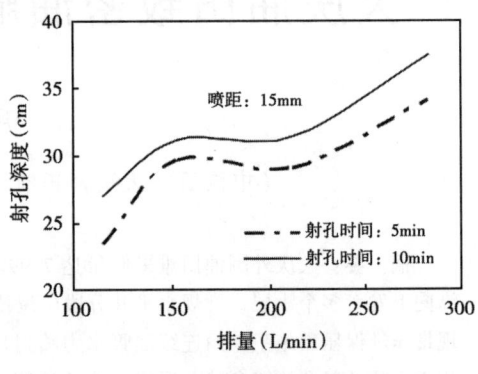

图2 排量影响曲线

（3）磨料浓度。

含砂量越高，单位时间内砂粒冲击岩石的次数越多，切割效果越好。但砂量过多容易引起砂堵，并在管道内相互碰撞，相互干涉，减少有效冲击次数，从而影响喷射效果。最佳浓度范围为：6%～8%，如图3所示。

（4）磨料粒度。

磨料直径越大，质量越大，冲击力越大。最佳磨料直径为0.4～0.6mm，如图4所示。

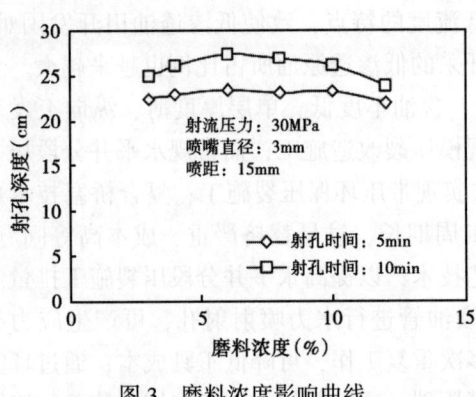

图3 磨料浓度影响曲线

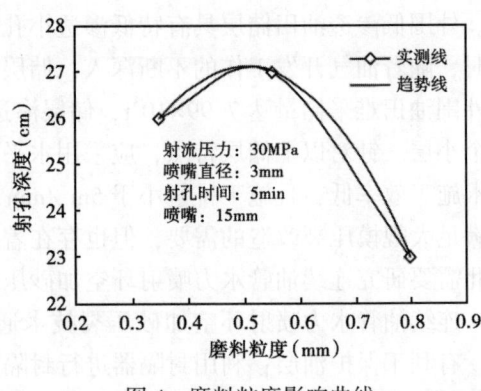

图4 磨料粒度影响曲线

（5）喷射时间。

在一定压力下，当射流达到一定深度后，继续延长喷射时间是无意义的。喷射15min之后，射孔深度达到最大值，此后延长时间，孔深不再增加，如图5所示。

（6）环境压力。

在其他条件完全相同的情况下，有围压时射孔孔深明显降低。0.1MPa增至20MPa时，射孔孔深由23.4cm减少到5.5cm，如图6所示。

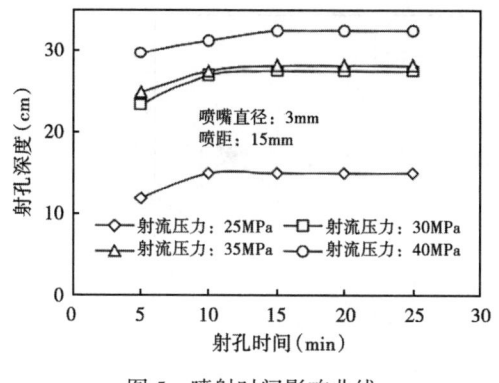

图5 喷射时间影响曲线

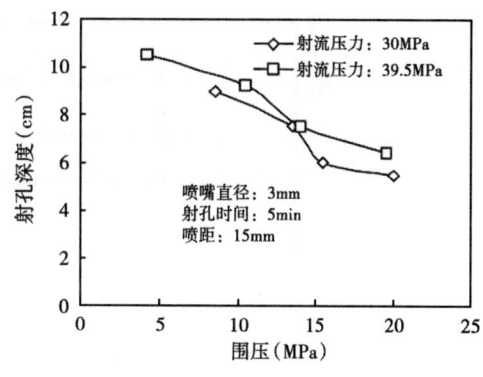

图6 环境压力影响曲线

1.2 水力喷射环空加砂参数设计

根据射流压力、喷咀直径、排量、压降等参数，计算不同排量下的射流速度和喷咀节流压差，从而确定射孔排量和施工压力。

基液从内径为 $\phi51.4mm$ 的连续油管经过6孔喷枪喷咀会产生节流压差，如图7所示，假设流体为不可压缩的。

取变径前后两个不同直径截面 A-A 和 B-B，建立伯努利方程：

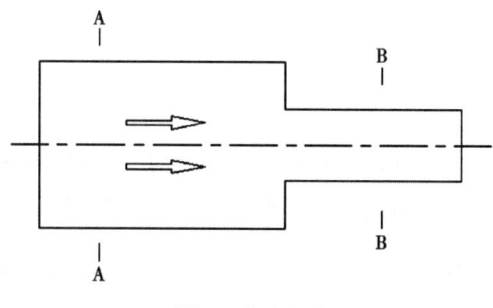

图7 节流压差

$$h_1 + \frac{p_1}{\rho g} + \frac{v_1^2}{2g} = h_2 + \frac{p_2}{\rho g} + \frac{v_2^2}{2g} \tag{1}$$

而流速：

$$v = \frac{Q}{A} = \frac{4Q}{\pi D^2} \tag{2}$$

由以上两式确定喷咀节流压差 Δp 计算方法为

$$\Delta p = p_1 - p_2 = k\frac{8\rho Q^2}{\pi^2}\left[\frac{1}{D_2^4} - \frac{1}{D_1^4}\right] \tag{3}$$

式中 Δp——喷咀两截面节流压差，MPa；

p_1，p_2——喷咀两截面压力，MPa；

k——局部阻力系数；

ρ——流体密度，kg/m³；

Q——流体排量，m³/s；

D_1，D_2——两截面直径，m。

通过在2口井内下压力计实测验证，理论计算所得节流压差与现场实测节流压差平均符合率达90%以上，为不同喷咀组合射孔提供了设计依据。

根据公式（3）计算出不同排量下的压差值曲线，如图8所示。根据具体施工情况，就可以选出合适的施工排量，确保连续油管维压时，产生的节流压差能够满足封隔器工作压力。

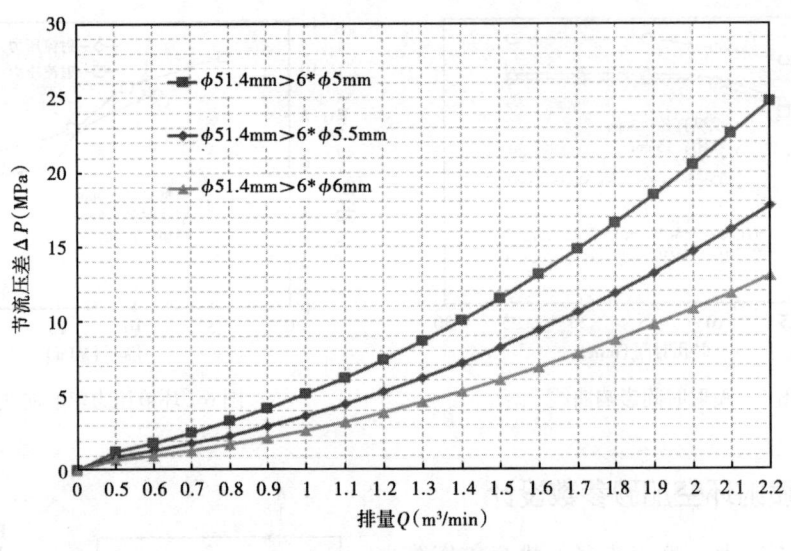

图8 节流压差曲线图

通过理论计算和现场实测拟合,得出连续油管—环空摩阻图版,如图9所示,为连续油管水力喷砂射孔施工提供了设计依据。

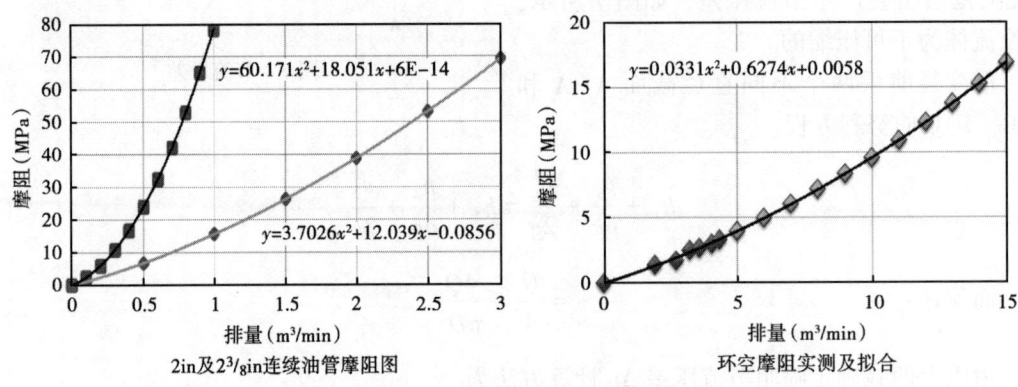

图9 连续油管—环空摩阻图版

不同规格及长度的连续油管,不同喷咀内径和数量的水力喷砂射孔施工参数见表1。

表1 地面施工参数表

喷枪喷咀内径×数量	排量(m^3/min)	射速(m/s)	连续油管外径×长度	摩阻(MPa)	节流压差(MPa)	油咀节流(MPa)	地面压力(加回压控制)(MPa)
5.5mm×4	1.15	193	2⅜in 3350m	30	13	8	43(51)
3.175mm×7	0.95	295	3350m	25	25	10	50(60)
	0.7	217	2in 4650m	45	14	10	59(69)
4.76mmn×3	0.6	187	2in 6000m	45	10	10	55(65)
4.75mm×4	1.2	282	2⅜in	32	18	10	50(60)
4.5mm×4	1	262	3350m	27	20	10	47(57)

通过得出的连续油管—环空摩阻图版,结合喷咀节流压差,确定环空加砂压裂施工参数,见表2,并为选用施工管柱提供理论依据。

表2 环空压裂施工参数表

环空排量 (m³/min)	地层压力 (MPa)	环空摩阻 (MPa)	地面环空压力 (MPa)
5	35	7.94	29.42
7	35	12.04	33.52
9	35	16.67	38.15

2 管柱结构设计及配套工具研制

2.1 管柱结构设计

该工艺管柱工具主要由连续油管接头、安全丢手、扶正器、水力喷枪、封隔器(压缩式或扩张式)、套管定位器和其他辅助工具等组成。若底封封隔器采用扩张式封隔器,压裂时需要油管打压,环空压力波动对封隔器造成影响较大;上一层压裂完毕后,油管内存有余压,封隔器胶筒有时不易回收,上提时易发生磨损,无法保证施工顺利完成;而机械压缩式封隔器坐封后锚定于套管壁,不需要油管打压,不受环空压力波动影响;上一层压裂完毕后,只需上提管柱使封隔器解封,因此考虑采用Y211底封拖动封隔器,整体管柱结构如图10所示。

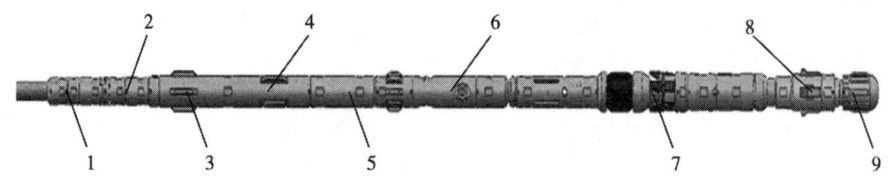

图10 Y211底封拖动压裂管柱结构图
1—连续油管接头;2—接卸丢手;3—扶正器1;4—扶正器2;5—球座;
6—水力喷枪;7—Y211底封拖动封隔器;8—定位器;9—引导头

工作原理:先用连续油管下放工具串到目的层,在拖动工具的过程中通过MCCL机械定位器实现精确定位,通过连续油管由喷枪进行喷砂射孔,替挤,可多次上提或下放进行分簇射孔。射孔完成后,下放管柱让机械式封隔器坐封,然后由环空进行加砂压裂,该层段压裂结束后,上提管柱至下一层段,重复上述步骤,可进行多层施工。

2.2 主要配套工具

2.2.1 喷枪

通过对喷枪进行有限元数值模拟,分析研究喷枪喷嘴位置对流态的影响,优化喷嘴组合结构,分为上、下两层,间距60mm,相位角为60°或90°,如图11所示。

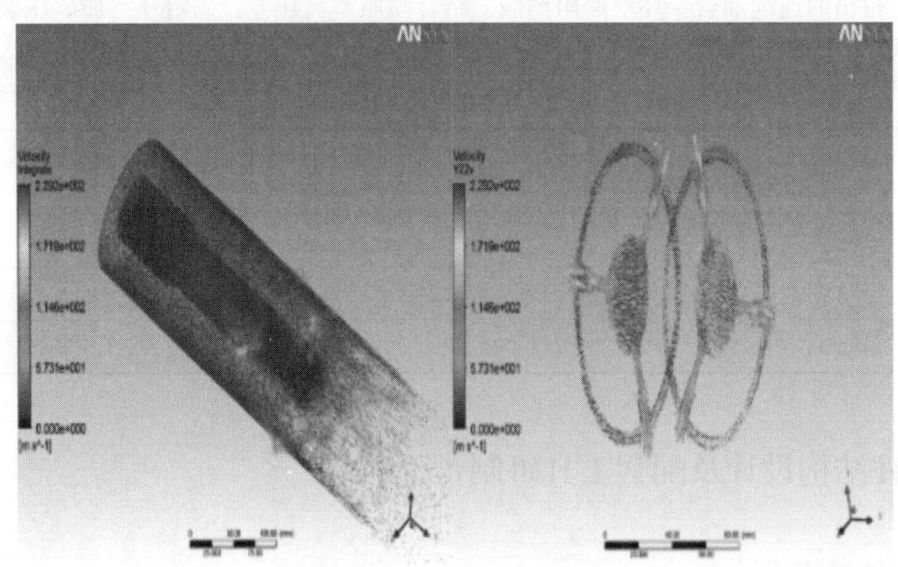

图 11　喷枪流体速度矢量图

喷嘴内部形状设计为圆锥带圆柱出口段。作业时高速流体携带石英砂和树脂砂通过喷咀内表面，会对其造成强烈冲蚀磨损，产生扩孔，导致过流面积增大，从而使喷嘴压力降减小。严重时，无法保证施工作业必要压力和出口速度，导致作业失效。因此，喷嘴材料选择主要考虑增加喷嘴的硬度，提高其抗冲蚀、抗磨损的能力。通过现场试验，试验了 6 种不同材质的喷嘴，其中材质 F 耐磨性最好，且单嘴过砂量可达 25m³，见表 3。

表 3　不同材质喷嘴应用情况统计表

喷嘴材质	喷嘴数（个）	过砂量（m³）	喷嘴冲蚀情况（直径大小 mm）			
			使用前	使用后	扩径	扩径率%
材质 A	6	15	5.5	9.0	3.5	63.6
材质 B	6	22.5	5.5	8.0	2.5	45.5
材质 C	6	25.5	5.5	6.5	1.0	18.2
材质 D	6	20.0	5.5	5.9	0.4	7.3
材质 E	6	80	5.5	5.7	0.2	3.7
材质 F	4	100	5.5	5.5	0	0%

喷嘴的几何参数主要有收缩角 a、入口和出口过渡形状及倒角的曲率半径 R、出口直径 d 和圆柱段长度 L，如图 12 所示，通过仿真计算得到合理参数。

根据喷枪流态分析，环空加砂压裂时，油管补液，会产生环空加砂射流搅扰，枪体表面形成漩涡状磨损，喷枪单孔射流反溅范围是以喷嘴为中心的直径 50~60mm 圆形区域，如图 13 所示。

因此，需要研制防溅耐磨喷枪，提高本体的防溅能力和耐磨性能。为此设计了蘑菇头式喷枪，如图 14 所示。该喷枪解决了磨损严重的问题，单枪过砂量可达 100m³，满足了施工需要。

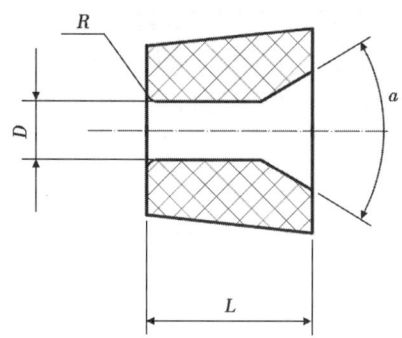 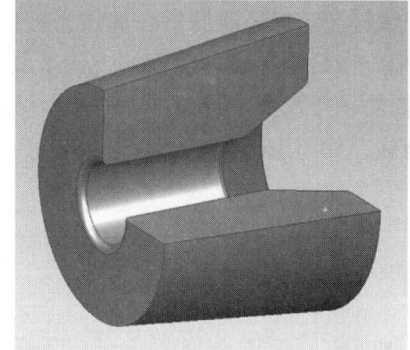

图 12 喷嘴结构图

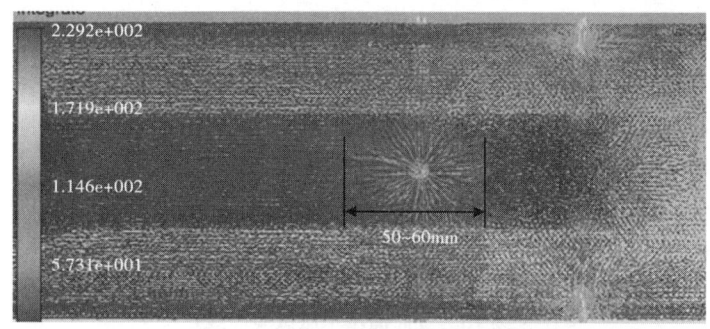

图 13 喷枪单孔射流反溅模拟图

 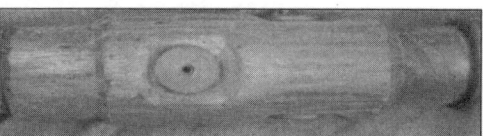

(a)使用前的喷枪　　　　　　　　　(b)加砂100m³后的喷枪

图 14 蘑菇头式喷枪

2.2.2 Y211 底封拖动封隔器

自主研制的 Y211 底封拖动封隔器如图 15 所示。经 5 次室内试验表明，封隔器坐封力 20kN，套管打压 20—30—50MPa，套管无变形，无渗漏，最高承载力 600kN，封隔器无位移，取出完好。将平衡阀、定位器、高导流扶正器等配套工具，同 Y211 底封拖动封隔器连接，在两口井进行了压裂管柱整体性试验。1 口井内成功重复坐封、解封 10 次；另一口井内下入 1000m，成功重复坐封、解封 30 余次，成功率 100%。

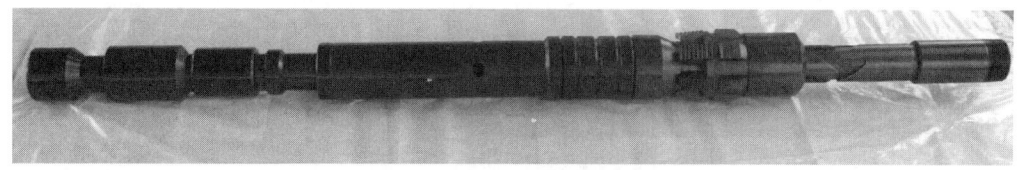

图 15 Y211 底封拖动封隔器

(1) 胶筒设计。

Y211 底封拖动封隔器的核心部件是胶筒，采用有限元软件对胶筒结构进行了优化、工作状态模拟，密封承压机理探索。设计了复合式特殊密封结构胶筒及其肩部保护机构，降低坐封力，提高承压性能。经过 15 次的油浸试验，达到了 20kN 坐封力下承压 70MPa、耐温 120℃的指标，如图 16 所示。

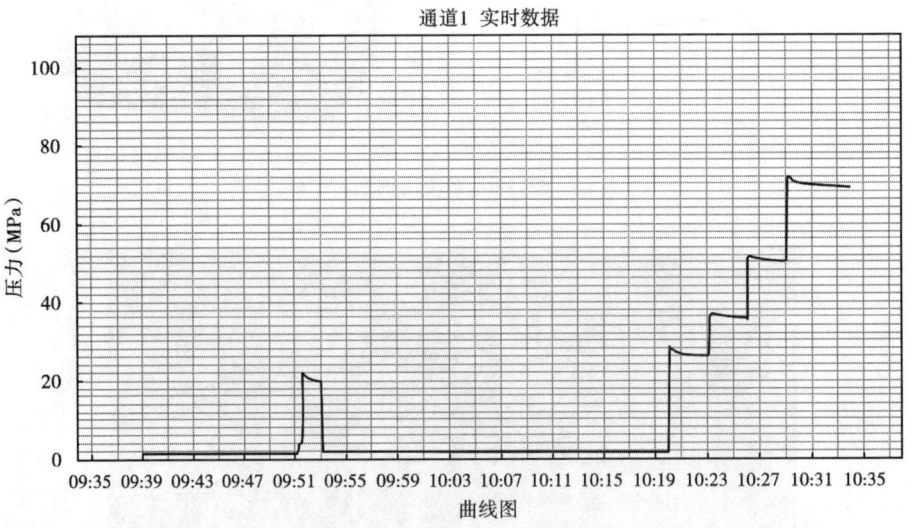

图 16　胶筒油浸承压试验曲线

(2) 封隔器卡瓦设计。

压裂时，卡瓦承受极大的交变载荷，且易砂卡。采用有限元软件对卡瓦结构进行了优化，并对工作状态进行了模拟计算分析，如图 17 所示。卡瓦材质优选超高强度钢，该材质

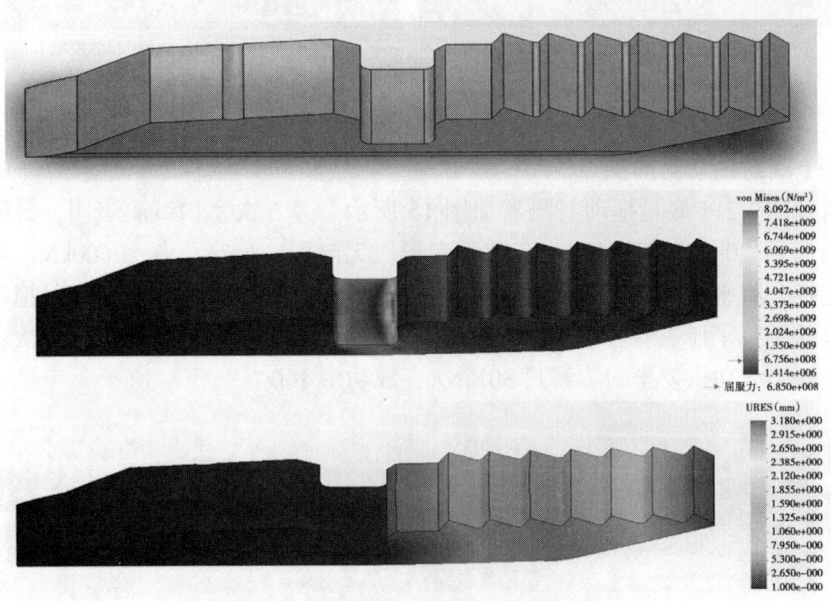

图 17　Y211 卡瓦设计及计算分析结果

具有良好的加工性、加工变形微小、抗疲劳性能相当好、具有较高的强度和韧性。经过15次室内试验，承压70MPa，最大支撑载荷840kN，卡瓦未下行，压后表面无明显变化。

3 地面配套及回压控制

3.1 地面配套

配套了满足连续油管水力喷射环空加砂压裂的地面流程设施，如图18所示。主要有合压井口、高压过滤器、节流管汇等部分组成，并建立了地面节流回压及油管补液控制方法，形成了现场施工操作工艺。

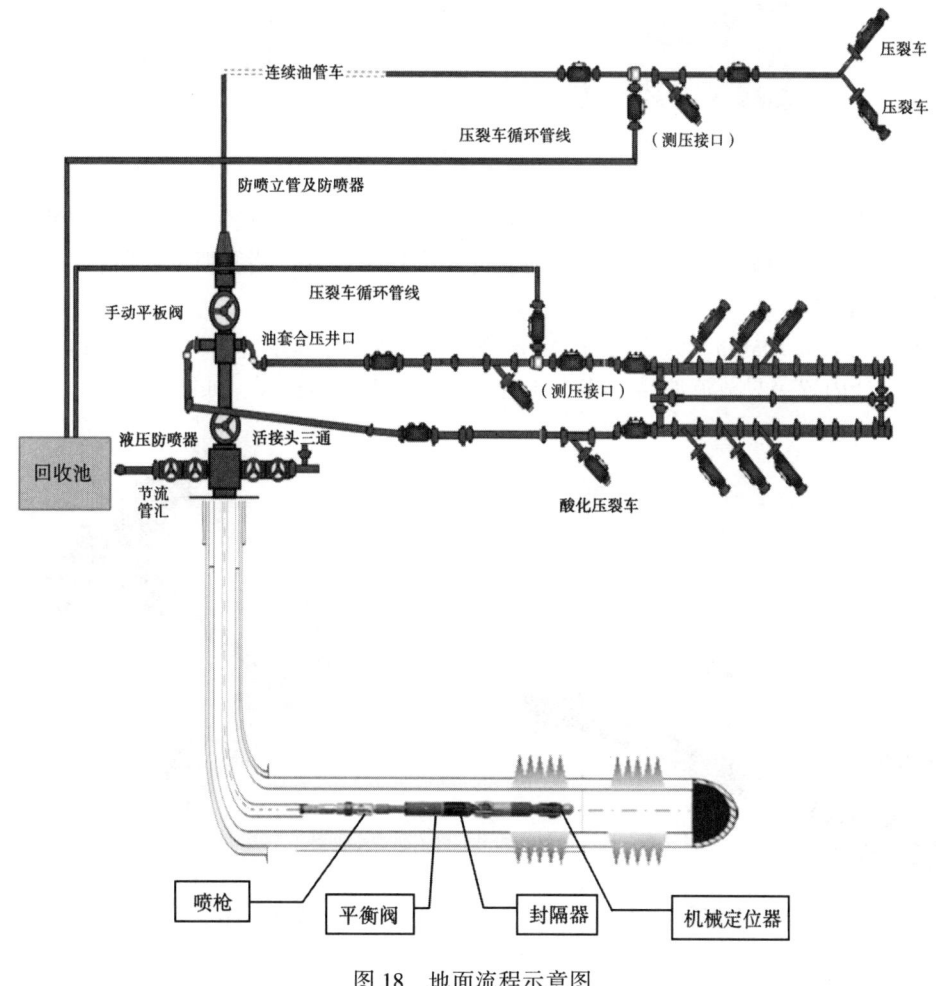

图18 地面流程示意图

（1）合压井口。

合压井口为6通道注入井口，如图19所示。承压70MPa，内通径180mm。内置放喷衬管，环空加砂压裂时，保护连续油管免受携砂液冲击。

（2）高压过滤器。

图 19 合压井口

高压过滤器承压 70MPa，连接方式为 FIG.1502 活接头，内置顶部尖状过滤装置，如图 20 所示。油管泵注时破碎和过滤杂质，防止异物入连续油管，堵塞喷枪喷嘴。

（3）节流管汇。

节流管汇承压 70MPa。为三通道设计，配置 1 个放喷主通道，2 个节流通道。节流通道一端根据设计内置一只节流油嘴，节流通道另一段为手动闸板阀，如图 21 所示。

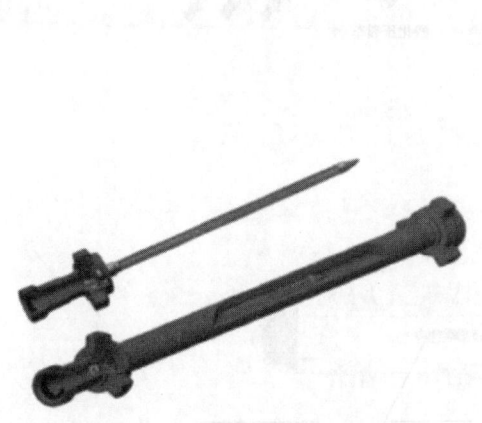
图 20 高压过滤器示意图

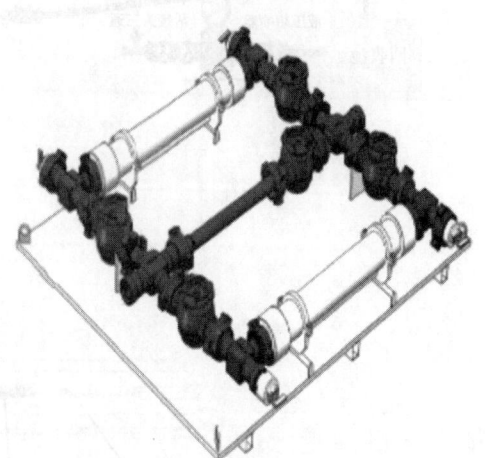
图 21 节流管汇示意图

3.2 地面节流回压控制方法

根据不同射孔排量，更换不同内径节流油嘴，控制地面回压，见表 4。

1. 适当增加封隔器上部压力，控制封隔器下上压差在 15MPa 以内，防止地层回压顶开卡瓦，导致坐封失效。

2. 同时控制井底环境压力在 25MPa 以内，确保喷射射孔施工的有效喷射距。

表 4　地面回压控制

射孔排量 （m³/min）	节流油嘴 （mm）	地面节流回压 （MPa）	静液柱压力 （MPa）	井底环境压力 （MPa）
0.7	8	11~13	12~14	23~27
1	12	10~12	12~14	22~26
1.3	16	8~9	12~14	20~23

4　通洗井—射孔—压裂一体化

目前，连续油管水力喷射环空加砂分段压裂施工的都是新井，压裂前需要替喷洗井、通井刮壁作业。以往通洗井工序采用常规油管需进行起下 2 次作业，还需上作业机和油管，立井架，搭管桥等施工作业，施工工序比较烦琐；以往常规通井正常后，下连续油管压裂工具出现遇阻影响施工进度，存在施工时效低、工人劳动强度大、作业成本高等缺点，影响着整体施工进程。

连续油管通洗井一体化工艺可以解决以上问题，单井作业模式由推广前的作业机辅助通洗井+连续油管机环空加砂压裂作业模式改进为连续油管机下一趟模拟压裂管柱通洗井+下一趟环空加砂压裂管柱完成压裂模式，实现全程带压安全环保高效施工。前期施工准备时，不用再上作业机，节约了设备和人员，降低了施工成本、减少了工人劳动强度；通井管柱真实模拟压裂管柱结构，针对性强，避免下压裂卡阻，提高了施工时效。施工时，通过连续油管携带双通道通井规和旋转喷洗头组合，一趟管柱完成快速通洗井，如图 22 所示，再下一趟水力喷射环空加砂压裂管柱就可完成射孔+压裂全井施工，可节省 2 趟管柱，实现全程带压高效环保作业。

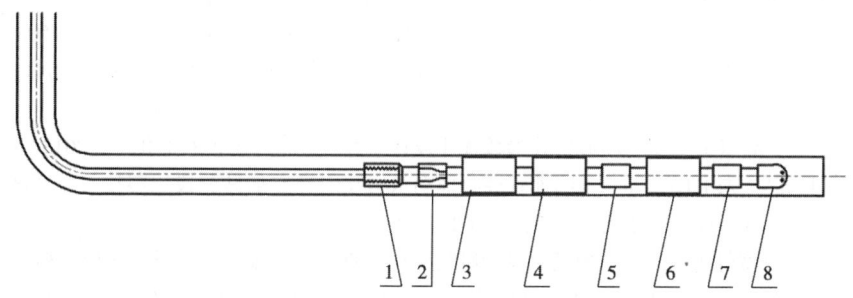

图 22　连续油管通洗井作业施工管柱示意图
1—卡瓦连接器；2—安全接头；3—通井规；4—通井规；
5—短接；6—通井规；7—短接；8—旋转喷洗头

5　现场应用

截至 2018 年初，连续油管水力喷射环空加砂压裂工艺技术在大庆油田共现场应用 70 口井 576 段，累计产油 148129.7t，工艺成功率 100%。最高施工压力 70MPa；最高工作温度 120℃；一趟管柱最高拖动压裂 20 段，最大施工排量 9m³/min，单井最大加砂量 306m³，造斜段最高在45°完成施工。开发井水平井新井覆盖率100%。该技术实现了大庆外围油田难采储量的水平井大规模多级安全环保高效压裂，计产的70口油井初期平均单井日增油7.5t，平均有效期17.9个月，目前均有效，取得了较好的应用效果。

6 结论

（1）连续油管水力喷射环空加砂压裂工艺技术与双封单卡和复合桥塞压裂相比，施工效率大幅度提高。

（2）形成了连续油管水力喷射环空加砂压裂工艺参数优化设计方法。通过优化水力喷砂射孔参数，建立了喷嘴节流压差计算方法及图版，得出排量与管内及环空摩阻关系，为射孔及压裂施工参数优化提供指导。

（3）研制了具有自主知识产权的连续油管底封拖动压裂管柱及配套工具。其中，防反溅耐磨喷枪单枪过砂量由 $40m^3$ 提升至 $100m^3$，满足多层段拖动水力喷砂射孔需求；Y211底封拖动封隔器，一趟管柱可实现拖动压裂20段，耐温120℃，承压70MPa，最大施工排量 $9m^3/min$，单井最大加砂量 $306m^3$。

（4）设计研发了配套地面流程。通过建立地面回压控制方法，配套高压过滤器、多分支注入井口，油嘴式节流管汇等地面设施，确保了水平井各关键工序的安全连续施工。

（5）实现了连续油管通洗井、射孔、压裂一体化环保作业施工。作业全程带压密闭，安全环保，提高了时效，降低了成本，满足外围难采储层的经济有效动用需求。

（6）连续油管水力喷射环空加砂压裂工艺技术在大庆油田应用70口井，应用效果良好，可大范围推广应用。

参 考 文 献

[1] 白艳伟．低渗透储层水力喷射压裂产能研究［D］．西安：西安石油大学，2013.
[2] 田守增．水力喷射压裂机理与技术研究进展［J］．石油钻采工艺，2008，30（1）：59-60.
[3] 张照阳，韩田兴，周培尧，等．连续油管水力喷射环空压裂工艺研究及应用［J］．内蒙古石油化工，2014，（22）：9-10.
[4] 王佳，穆佳成，高京卫．水力喷砂射孔参数优化设计研究［J］．内蒙古石油化工，2013，（19）：7-8.
[5] 王丽峰，胡忠民，朱书仪，等．连续油管底封拖动水力喷射环空加砂分段压裂技术在九区石炭系水平井的应用［J］．新疆石油天然气，2017，13（2）：65-69.
[6] 李智．井下水力喷射压裂工具结构优化设计研究［D］．西安：西安石油大学，2012，36-42.
[7] 李智，胥云．水力喷砂压裂工具喷嘴磨损分析［J］．石油矿场机械，2010，39（11）：25-28.
[8] 王金友，许国文，李琳，等．连续油管拖动底封水力喷射环空加砂分段压裂技术［J］．石油矿场机械，2016，45（5）：69-72.

多级水力喷射技术在致密油储层重复压裂的应用

刘玉喜[1] 包 枫[2]

(1. 中国石油大庆油田有限责任公司井下作业分公司;
2. 中国石油大庆油田物资公司)

摘 要：多级水力喷射工艺是一种集射孔、压裂、隔离一体化的新型增产改造技术，特别适用于致密油储层水平井的重复压裂增产改造。水力喷射压裂管柱可实现目的层射孔压裂改造，无须加封隔器，井底压力低，射孔摩擦力小，作业简单、施工周期短、成本低。本文首先阐述水力喷射压裂原理，然后介绍水力喷射工具管柱、关键工具的设计及工作原理；通过计算得到连续油管摩阻与各参数的关系曲线，以及在不同直径和个数喷嘴条件下喷嘴压降与工作排量的关系曲线，对地面施工压力进行预测，为进一步施工作业提供指导。简要介绍部分水力喷射压裂现场试验井次，并简要评价压裂后效果及认识总结。由此可知，多级水力喷射压裂是致密油储层水平井重复压裂增产的有效技术。

关键词：多级水力喷射压裂；致密油储层；重复压裂；喷枪；喷嘴

针对大庆油田致密油储层水平井老井二次改造，应用的工艺主要有连续油管环空加砂工艺和双封单卡工艺，而连续油管环空加砂工艺不适用于老井，双封单卡工艺由于受到老井卡段的限制，设计时需要舍去一些层保证工艺施工的顺利进行，施工中易出现窜槽而终止施工的风险。近年来，水力压裂技术作为油水井增产增注的重要措施已广泛应用于低渗透油层的开发，多级水力喷射工艺作为集水力射孔、水力压裂、水力隔离一体化的一种新型水力压裂增产改造技术，特别适用于致密油储层水平井的重复压裂增产改造。具有在指定位置制造裂缝、无须机械封隔、节省作业时间、减少作业风险等优点，完全克服了封隔器分层压裂工艺中的缺点（封隔器在斜井段密封不严与多层压裂施工难度大），以及连续油管拖动分层压裂工艺中的缺点（由于管径小、摩阻高，导致施工排量不足）。尤其在水平井压裂改造工艺中，比限流法压裂更高效，比桥塞施工技术作业周期更简短。多级水力喷射坐压主要分为水力喷砂射孔和水力喷射压裂两个阶段。

1 水力喷砂射孔原理

水力喷砂射孔是高压地携有石英砂或陶粒等磨料的流体通过喷射工具时，压能量转换为动能，形成的高速射流冲击、切割套管及岩石后，产生一定直径和深度的射孔孔眼。其压力来源于压裂车的地面加压。

水力喷砂射孔的优点有：孔眼深度大、没有压实污染，提高了孔眼附近及近井地带渗透率，从而降低了生产压降，提高了油气井产能。同时，降低井壁的应力集中，易实现射孔方位与最大主应力的一致,从而提高压裂效率。如图 1 所示,水力喷射分为水力切割套管和水力切割岩石两个阶段。

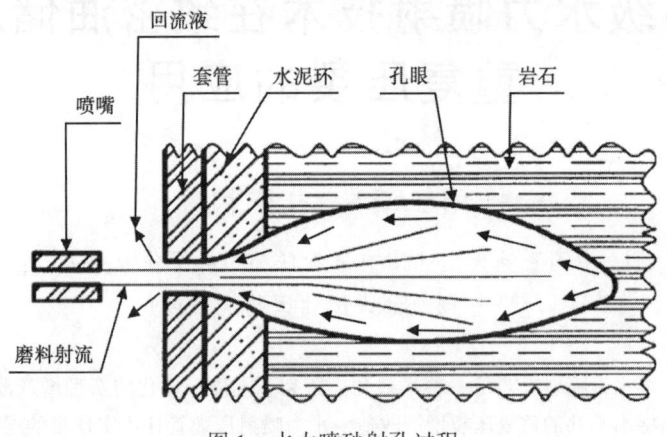

图 1 水力喷砂射孔过程

1.1 水力切割套管

在水力喷砂射孔初期,带有磨料颗粒的高压水射流从油管泵入井下喷嘴位置射出,在套管表面产生强大的冲击力,利用高压水射流的冲蚀、磨损作用,使套管产生塑性变形,套管材料在磨料中砂粒的多次冲压下产生形变,随着形变程度的增大,当形变程度超过套管材料所允许的最大形变时,套管表面将产生裂缝,再进行反复冲蚀,最终达到射开套管的目的。

1.2 水力切割岩石

在带有磨料颗粒的高压水射流将套管射开以后,随后立即对水泥环和近井地带的岩层进行冲蚀、磨损、切割。与套管材料这种延性材料不同,岩石是一种脆性材料,因此,在冲刷切割的过程中,其冲蚀机理要复杂得多。高压水射流在刚开始冲蚀岩石时,由冲击所产生的拉应力可在岩石表面引起环状裂纹,然后,随着高压水射流与岩石表面接触力的增加,磨料中的砂粒所冲刷的正下方岩石将产生塑性变形,同时产生出一系列由切向应力分量引起的垂直于冲击表面的径向裂纹,在冲蚀的后期,砂粒在离开岩石表面后,剩余下来的应力则会在岩石表面形成一系列近似平行于冲击表面的横向裂纹,这种横向裂纹能够延伸并使岩石破碎,最终达到压开岩石的目的。

2 水力喷射压裂原理

水力喷射压裂最早于 1998 年由 J. B. Surjaatmadja 提出,以伯努利方程为基本原理:

$$\frac{v^2}{2} + \frac{p}{\rho} = C \tag{1}$$

式中 v——流体平均速度,m/s;
ρ——流体密度,kg/m³;
p——为流体压力,Pa;
C——常数。

根据简化的伯努利方程,动能与压能的和为常数,即可相互转换。携带有磨料的流体经过喷射工具后,通过喷射工具的喷嘴内孔横截面收缩,油管内高压能量被转换成动能,产生的高速射流冲击套管及岩石,可快速实现对套管及岩石的切割与磨蚀,完成水力射孔,形成射孔通道,并降低地层破裂压力。高速射流在形成的射孔孔道内,动能又转换为增压压能,冲击与压能的共同作用,在孔道端部形成微裂缝。微裂缝形成后,为保持主裂缝的破裂与延伸,地面泵车向环空内泵入流体,增加井底总泵入排量,产生环空压力,与射流压力叠加超过底地层破裂压力,产生裂缝。产生主裂缝的条件为:

$$p_{增压} + p_{环空} \geq p_{破裂} \tag{2}$$

裂缝产生后,继续打压,射流出口附近的流体速度最高、压力最低,故流体会自动泵入裂缝而不会流到其他地方;环空内的流体则在压差作用下被吸入地层,维持裂缝的延伸。整个过程利用水动力学的动态封隔原理实现水力封隔,不需要其他封隔措施。

3 水力喷射压裂工具设计

水力喷射压裂工具是实现水力喷射压裂的关键,包括喷枪及配套工具。水力喷射压裂管柱结构如图2所示,其结构自下而上由带孔导向头、筛管、球座(单流阀)、扶正器、无套喷枪、扶正器(多个)、带套喷枪(多级)和连接头组成。带孔导向头的作用是方便管柱下入,并和筛管一起为反洗提供通道;单流阀在压裂时封堵工具下部通道,流体仅能从喷嘴处喷出,单流阀与筛管配合实现砂堵后的反洗;扶正器的作用是保证喷枪的居中性。工作时,先压最下层,然后依次投球打套,再压裂上面的层段。

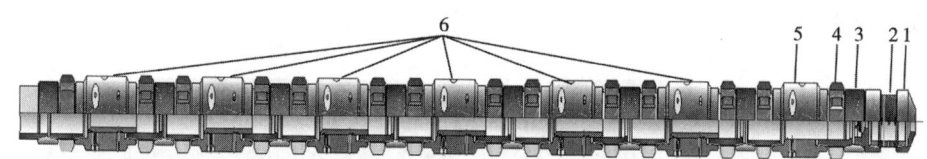

图2 水力喷射压裂管柱结构
1—导向头;2—筛管;3—单流阀;4—扶正块;5—带套喷枪;6—无套喷枪

3.1 中上级喷枪总成

中上级喷枪总成结构如图3所示,与下级喷枪总成相比增加了滑套、滑套剪钉和滑套座短节,基本技术参数见表1。中上级喷枪总成的滑套内径尺寸形成一系列规格,分别配以 ϕA、ϕB、ϕC、ϕD、ϕE、ϕF、ϕG、ϕH 的钢球,与下级喷枪总成一起可实现坐压多层。

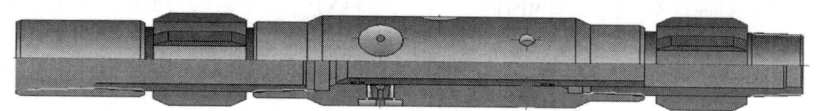

图3 中上级喷枪总成结构

表1 中上级喷枪总成基本技术参数

长度(m)	最大外径(mm)	滑套内径(mm)	最大工作压力(MPa)	最大抗拉载荷(kN)	最高工作温度(℃)	喷枪长度(mm)
811	116	A/B/C/D/E/F/G/H	55	690	120	400

3.2 单流阀和导向头

单流阀和导向头的结构如图4和图5所示，基本技术参数见表2。

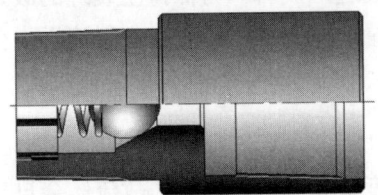 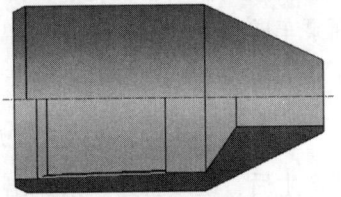

图4 单流阀结构　　　　　　　　图5 导向头结构

表2 单流阀和导向头基本技术参数

单流阀			导向头		
长度（mm）	最大外径（mm）	阀球直径（mm）	长度（mm）	最大外径（mm）	最小内径（mm）
170/160	94/78	35	130/120	94/78	30/15

注："/"前后是针对两种尺寸套管的两种尺寸，常用的是前者。

3.3 下级喷枪总成及喷嘴

喷枪总成是水力喷射压裂管柱中的主要工具，由它来完成水力射孔和加砂的任务。下级喷枪总成结构如图6所示，主要由扶正器、喷嘴、喷嘴套、喷嘴挡板、喷枪体等组成。基本技术参数见表3。

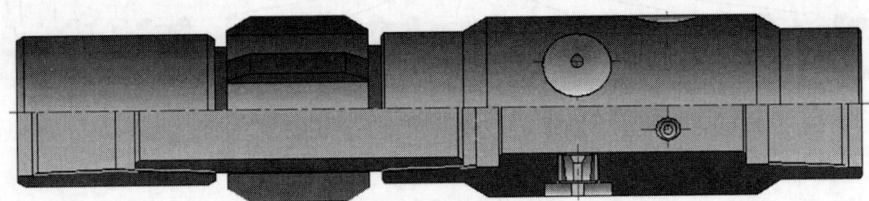

图6 下级喷枪总成结构

表3 下级喷枪总成基本技术参数

长度（mm）	最大外径（mm）	最大工作压力（MPa）	最大抗拉载荷（kN）	最高工作温度（℃）	喷枪长度（mm）
565	116	55	690	120	320

作业时，高速流体携带石英砂和树脂砂通过喷嘴内表面，对其造成强烈冲蚀磨损，产生扩孔，导致过流面积增大，从而使喷嘴压力降 $\Delta p_{\text{喷嘴}} \propto v^2 \propto \dfrac{Q^2}{A}$（$Q$ 为排量，A 为过流面积）减小。严重时，无法保证施工作业必要压力和出口速度，导致作业失效。因此，喷嘴材料选择主要考虑增加喷嘴的硬度，提高其抗冲蚀、抗磨损能力，然而，材料硬度较高的喷嘴更容易产生脆性断裂以及疲劳断裂。因此，另外一个必需的条件就是材料应该具有较好的韧性。

通过实验对比和数据，综合考虑井下作业条件，最终选定某金属陶瓷作为喷嘴材料。

由于需要流速较高的水射流来完成井下水力喷砂射孔，综合考虑之后，选择锥直型喷嘴结构。喷嘴的几何参数如图7所示，主要有收缩角 a、入口和出口过渡形状及倒角的曲率半径 R、出口直径 d 和圆柱段长度 L。喷嘴结构参数对它的耐磨性能带来较大的影响。在水力喷射压裂过程中，射孔要求射流能到某一压力与流量值，需要加大射流的流速及动压，使砂粒拥有更大的冲力，就必然导致喷嘴出口部位的磨损加重。入口部位的收缩角度也对磨损带来一定的影响，如锥直型的喷嘴，因其收缩角小，使得液体流动更稳定，故较少产生砂粒与喷嘴壁面上横向的碰撞，使得磨损减轻。但若收缩角度太小，就会使得在喷射过程中出现柯恩达效应，这将对射流带来一定程度的干扰，会削弱射流的集中性和击穿能力。喷嘴的出口直段具有整流和集束的能力，该柱段的轴向长度与径向直径的比值称为长径比，较大的长径比能起到更佳的整流作用，将使得出口处的磨损程度变小，但同时也会使射流沿途的摩阻变大，较小的长径比对应的整流功能较差，其砂粒的横向速度大，有很大概率与喷嘴之间产生碰撞，将使得喷嘴的磨损加剧，一般最佳长径比选择3~5。通过仿真计算得到合理的几何参数。

喷枪体喷嘴套连接孔设计如图8所示。在设计中，没有采用攻丝到底的结构，而是采用了孔板结构。其优点为：孔板在保证流体能顺利通过的前提下，还起到挡板的作用。反洗施工时压力主要作用到孔板上，胶结面几乎不承担，即使喷嘴脱胶，由于孔板的限位作用，喷嘴也不会被洗掉，就可以保证施工的顺利进行。

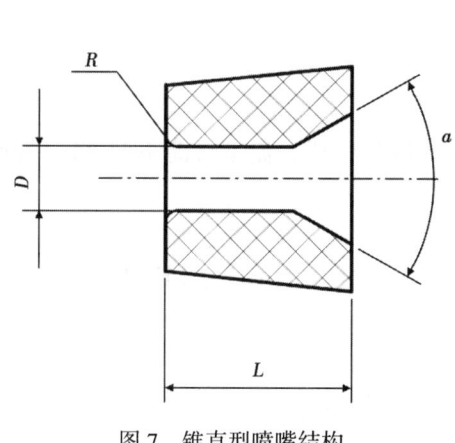

图7　锥直型喷嘴结构

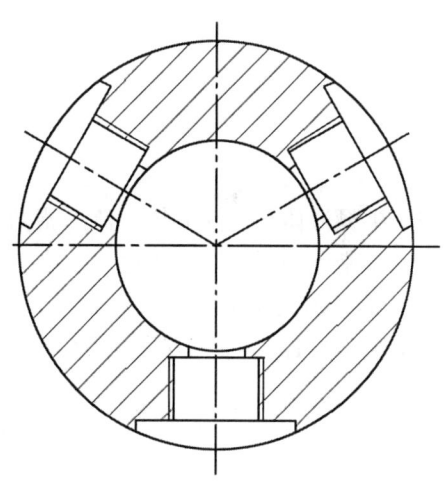

图8　喷枪体喷嘴套连接孔

4　油管与套管（井壁）环空及油管内流体沿程压耗的计算

4.1　油管内流体压降损失计算

油管内流体压降损失计算可为地面排量和泵压的确定提供依据。

4.1.1　油管内流体压耗计算模型

（1）雷诺数及流态判别。

对于牛顿流体，雷诺数可用下式计算：

$$Re = \frac{vd\rho}{\mu} \tag{3}$$

习惯上取 $Re_c = 2000$ 作为标准，若 $Re \leq 2100$ 时即认为是层流，$Re > 2900$ 时则认为是紊流，当介于二者之间时称为过渡流。对于幂律流体，雷诺数的计算公式为：

$$Re = \frac{\rho v^{(2-n)} d^n}{8^{(n-1)} K} \left(\frac{4n}{3n+1}\right)^n \tag{4}$$

式中 n——流态指数。

一般地，当 $Re < (3470 - 1370n)$ 时认为是层流，$Re > (4270 - 1370n)$ 时则认为是紊流。

（2）油管内流体摩阻系数。

不论流体是牛顿流体，还是非牛顿流体，其在油管内流动时的摩阻系数均可用下式计算：

$$f = \frac{a}{Re^b} \tag{5}$$

对于层流而言，$a = 16$，$b = 1.0$；对于紊流而言，a、b 值可分别由流态指数 n 确定。其中：

$$a = \frac{\lg n + 3.93}{50} \tag{6}$$

$$b = \frac{1.75 - \lg n}{7} \tag{7}$$

对于牛顿流体和宾汉流体，流态指数 $n = 1$。不同的油管段，流态可能不同，需判断流态，分别按紊流和层流计算压耗。

（3）油管内流体摩阻压力损失。

根据范宁（Fanning）方程，流体在油管中流动的压力损失可由下式计算得到：

$$\Delta p = \frac{2f\rho v^2 L}{d} \tag{8}$$

式中 ρ——流体密度，kg/m^3；

v——油管内流体平均速度，m/s；

d——油管内径，m；

L——油管长度，m；

F——范宁阻力系数；

Δp——流体在长度 L 的油管中的摩擦压力损失，Pa。

4.1.2 油管内流体压降损失计算及图版

油管内流体一般为紊流。以上公式适用于单相流体，与温度变化无关，适用于普通作业管柱。选用 3 种常用油管作为作业管柱，其内外径见表 4。工作液为清水与石英砂混合而成，工作液密度见表 5。工作液黏度为 15~25mPa·s。工作液排量为 20~40L/s。

表4 不同油管内外径

油管类型1		油管类型2		油管类型3	
外径（mm）	内径（mm）	外径（mm）	内径（mm）	外径（mm）	内径（mm）
60.3	51.8	73.0	62.0	88.9	73.0

表5 不同石英砂浓度条件下工作液密度

单位体积压裂液混入石英砂质量（kg/m³）	0	100	200	300	400	500	600
流体密度（g/cm³）	1.00	1.04	1.08	1.12	1.16	1.20	1.24

根据提供的油管尺寸，可以分别计算油管内径为51.8mm、62mm和73mm，排量分别为20L/s、25L/s、30L/s、35L/s和40L/s条件下的油管内压耗。计算了油管长度为1000m、动力黏度为15MPa·s、工作液密度为1.08g/cm³时，不同管径在各排量条件下的管内压耗，进而得到不同管径管内压降与工作排量的关系曲线，如图9所示。计算了油管长度为1000m、工作排量为25L/s、工作液密度为1.08g/cm³时不同管径的管内压耗，进而得到不同管径管内压降与工作液黏度的关系曲线，如图10所示。

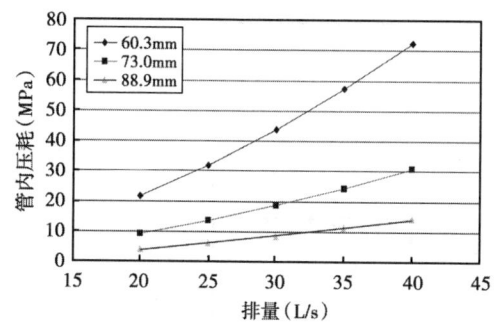

图9 不同管径管内压降与工作排量关系曲线

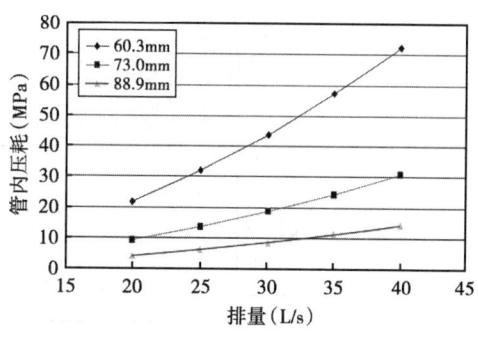

图10 不同管径管内压降与工作黏度关系曲线

从图9可以看出，相同作业深度下，同种流体在油管内的压降随着油管直径的增加而大大减小，并且对油管直径非常敏感。因此，在作业过程中，应适当选择作业油管直径，以保证作业顺利实施。

4.2 环空内流体压降损失计算

选用三种常用油套环空，见表6至表8。

表6 不同油套环空尺寸

油套环空1		油套环空2		油套环空3	
套管外径（mm）	油管外径（mm）	套管外径（mm）	油管外径（mm）	套管外径（mm）	油管外径（mm）
114.3	60.3	139.7	73.0	177.8	88.9

表7 不同油管内外径

油管符号（in）	外径（mm）	内径（mm）
2⅜	60.3	51.8
2⅞	73	62
3½	88.9	73

表8 不同套管内外径

套管1		套管2		套管3	
外径（mm）	内径（mm）	外径（mm）	内径（mm）	外径（mm）	内径（mm）
114.3	103.9	139.7	127.3	177.8	164.0

根据提供的油套环空尺寸，可分别计算油管外径为60.3mm、73mm、88.9mm，套管内径为103.9mm、127.3mm、164mm，排量为20 L/s、25 L/s、30 L/s、35L/s、40L/s条件下的环空压耗。计算了油管长度为1000m、工作液密度为1.08g/cm³、工作液黏度为15MPa·s时，不同油套环空在各排量条件下的压耗，进而得到不同油套环空内压降与工作排量的关系曲线，如图11所示。

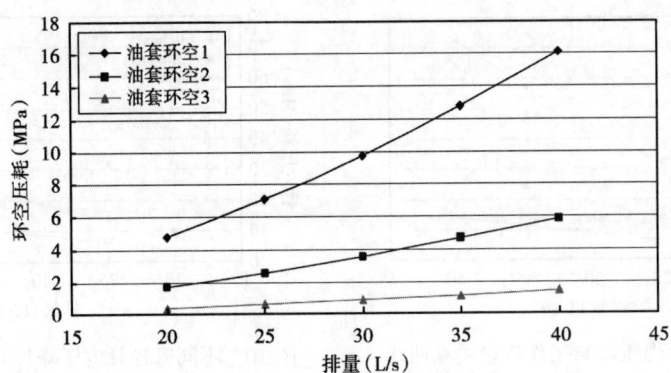

图11 不同油套环空内压降与工作排量关系曲线

5 不同喷嘴直径条件下喷嘴压降与排量的计算

水力喷射压裂工具的喷嘴排量和压降参数是水力喷射压裂工艺参数的重要部分。只有确定水力喷射压裂工具喷嘴的直径、排量、压降、数量等参数，才能够进行施工排量、施工压力等其他参数的计算和确定。通过实验和理论研究，水力喷射压裂工具的喷嘴压降可用下式表示：

$$p_b = \frac{513.559 Q^2 \rho}{A^2 C^2} \tag{9}$$

工作排量可表示为：

$$Q = \left(\frac{p_b C^2 A^2}{513.559\rho}\right)^{0.5} \tag{10}$$

式中 p_b——压降，MPa；
  Q——排量，L/s；
  ρ——流体密度，g/cm³；
  A——喷嘴总面积，mm²；
  C——喷嘴流量系数，一般取0.9。

根据上述理论基础和实际工况，选择喷嘴直径分别为3mm、4mm、5mm，喷嘴数量分别为2个、3个、4个、6个，喷嘴压降分别为30MPa、35MPa、40MPa时，对射流排量进行计算，进而得到不同喷嘴直径条件下喷嘴压降与工作排量的关系曲线，如图12至图14所示。

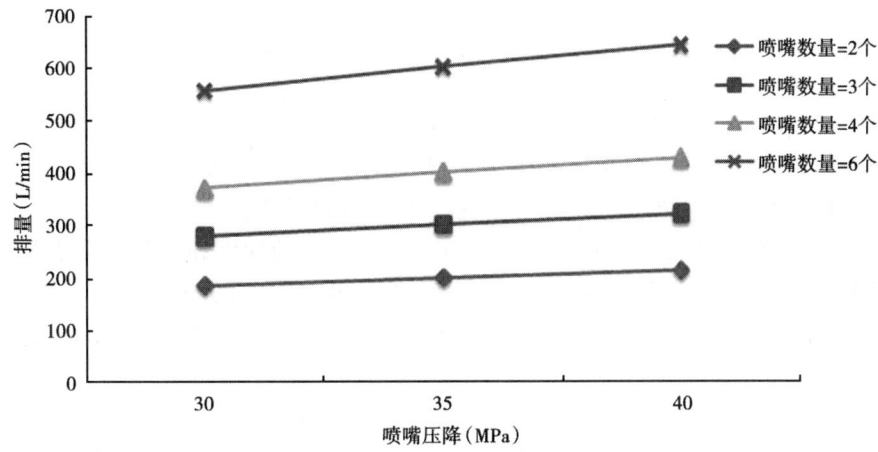

图12 喷嘴直径 d = 3mm 时喷嘴压降与工作排量关系曲线

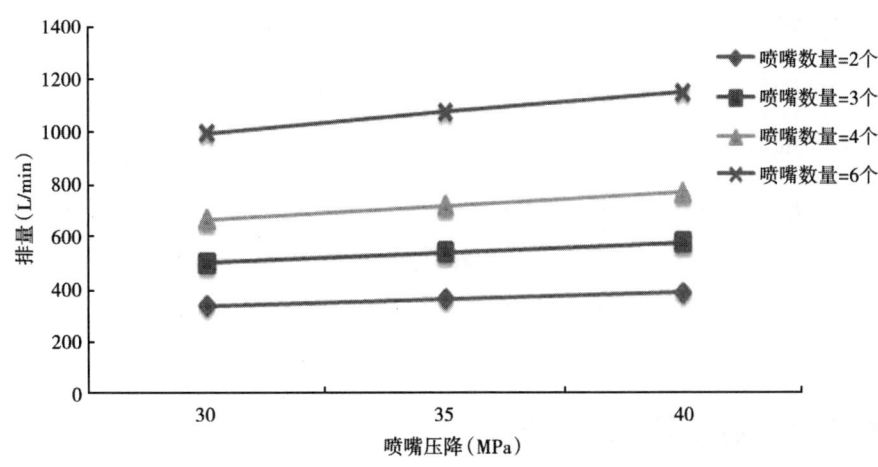

图13 喷嘴直径 d = 4mm 时喷嘴压降与工作排量关系曲线

由图12至图14的喷嘴压降与工作排量的关系曲线可以看出，在同一喷嘴直径下，喷嘴压降与喷嘴的排量成正比，也就是说，同一直径的喷嘴要产生比较大的喷嘴压降，则需要较

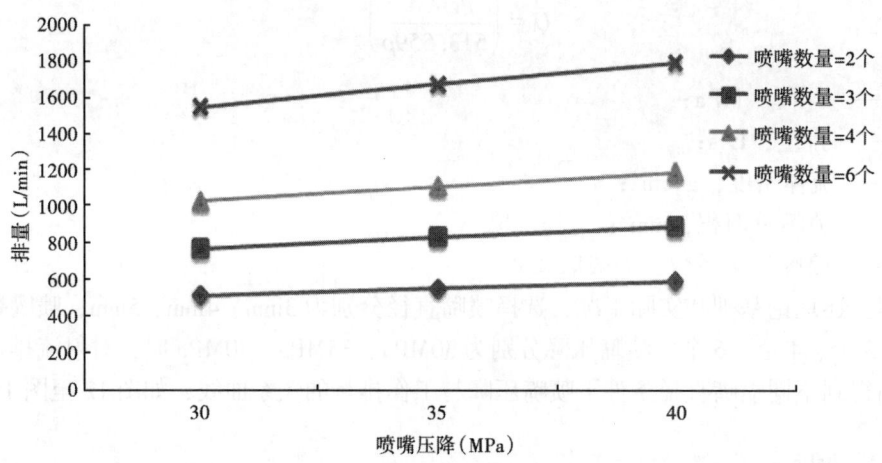

图 14 喷嘴直径 $d=5$mm 时喷嘴压降与工作排量关系曲线

大的作业流量。相同作业排量下，选择喷嘴的数量越多，则产生的喷嘴压降越小。计算结果表明，喷嘴直径越大，产生同样喷嘴压降所需要的工作排量也越大。该计算结果可以为水力喷射压裂工具喷嘴直径、喷嘴个数及工作排量的确定提供参考。

射流速度与喷嘴压降关系如图 15 所示，可以看出，射流速度和喷嘴的压降成正比关系，喷嘴的压降越大，所产生的射流速度越快，因而冲击井底岩石的力量越大，越容易破碎岩石。因此，在水力喷射射孔阶段应该尽量产生较大的喷嘴压降，以便更容易完成水力射孔。

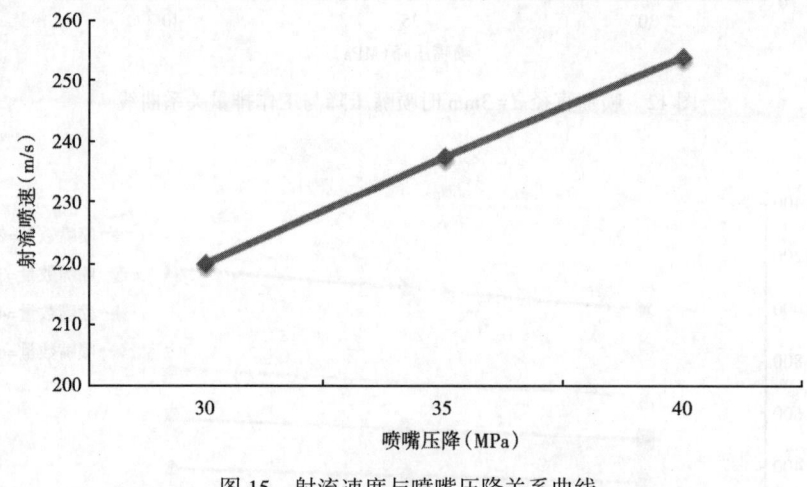

图 15 射流速度与喷嘴压降关系曲线

6 多级水力喷射压裂现场试验

现已现场试验 76 口井，成功率为 100%。最高施工压力为 58MPa；最高工作温度为 120℃；单只喷枪最大过砂量为 40m^3；单井最大总加砂量为 276m^3。一趟管柱最多压裂 7 个层段，单井最多施工 14 段。部分施工井统计情况见表 9。

表 9 多级水力喷射压裂施工井情况部分统计

井号	喷枪位置（m）	用液（m³）	加砂（m³）	井号	喷枪位置（m）	用液（m³）	加砂（m³）
中××	A	79.8	8	永××	A	85.6	10
	B	76.8	7.5		B	90.3	12
	C	74.2	7		C	85.9	10
高××	A	79.4	8	葡××	A	82.8	10
	B	79.4	8		B	88.2	11
	C	84.5	9.5	肇××	A	190	27
中××	A	84.4	10		B	117.4	10
	B	84.4	10		C	139	14
南××	A	93.5	12		D	162.9	22
	B	93.5	12		E	184.9	27
	C	93.5	12				

7 水力喷射压裂后效果评价

统计压裂后已投产井的初期效果，平均日增液 18.2m³，平均日增油 4.5t。其中，南××井压裂后初期日增液 63.47m³，日增油 16.87t。

7.1 水平井老井定位压裂

州××井为 2003 年钻的老井，固井质量差，射孔井段过长（最长为 120m），为实现增产的目的，在原有射孔井段上优选 4 段进行射孔压裂施工，压裂后初期日增液 14.4t，日增油 10.2t。

7.2 老区薄互储层分层压裂

北××井为长垣内部油井，设计一趟管柱压裂施工 7 层，开发层系为萨尔图油层，投产日期为 1972 年 9 月，累计产油已达 31×10^4 t，综合含水率达 96.7%，本次压裂结合油藏剩余油分布情况，压裂目的层为低含水差油层以及厚油顶部剩余油的挖潜，设计加砂总量为 155m³。本井 2014 年 12 月施工，施工 3 层加砂 55m³，压裂后本井自喷生产 45 天，日增液 78.3m³，日增油 2.4t，压裂后效果明显。

8 结论

（1）与常规管柱压裂相比，水力喷射压裂无须封隔器，大幅度降低了作业风险，作业周期更短。

（2）研制的管柱工具可实现一趟管柱压裂多段。

（3）经过实验与应用，证明多级水力喷射坐压工艺是一种集射孔、压裂、隔离一体化的新型增产改造技术，特别适用于致密油储层水平井的重复压裂增产改造，对开发低渗透油藏等难动用储量具有重要意义和广阔前景。

参 考 文 献

[1] 侯东红，白建文，刘雄明，等．水力喷射压裂改造技术在直井上的应用［J］．油气井测试，2009，18(4)：42-44．

[2] 贺会群，李相方．连续管水力喷射压裂机理与实验研究［J］．石油机械，2008，36（4）：1-4．

[3] Surjaatmadja J B. Subterranean formation fracturing methods：U. S. Patent，5765642［P］．1998-06-16．

[4] Surjaatmadja J B, Grandmann. S R, Mcdaniei B, et al. Hydra-jet fracturing：an effective method for placing many fractures in openhole horizontal wells［R］．SPE 48856，1998．

[5] 田守嶒，李根生，黄中伟，等．水力喷射压裂机理和技术研究进展［J］．石油钻采工艺，2008，30（1）：58-62．

[6] 张毅，李根生，熊伟，等．高压水射流深穿透射孔增产机理研究［J］．石油大学学报：自然科学版，2004，28（2）：38-41．

[7] 李智，胥云，王振铎，等．水力喷砂压裂工具喷嘴磨损分析［J］．石油矿场机械，2010，39（11）：25-28．

致密砂岩薄层油藏水平井穿层压裂技术研究及应用

吴峙颖[1]　胡亚斐[2]　蒋廷学[1]　周　珺[1]　刘建坤[1]　吴春方[1]

(1. 中国石化石油工程技术研究院；2. 中国石油勘探开发研究院)

摘　要：目前，致密砂岩薄层油藏水平井压裂中存在纵向上压不穿泥岩遮挡层的现象，或者发生过液不过砂的情况，使支撑剂仅在水平井段位置的砂岩层形成有效铺置，影响了压裂改造效果。本文通过储层评价、模拟计算、现场试验等方法，研究了致密砂岩储层压裂裂缝扩展及延伸的影响因素，并对压裂液黏度、施工液量、注入排量、支撑剂类型等压裂施工参数进行了优化。研究结果表明，致密砂岩储层压裂裂缝扩展及延伸的主要影响因素依次为压裂液黏度、施工排量和液量；在此基础上优化施工参数组合，使缝高的扩展既能纵向全部穿透所有的砂泥岩薄互层，又不至于造成缝高的失控；并通过支撑剂类型及注入方式的优化，提高支撑剂在裂缝中的有效铺置。研究成果在江汉盆地薄层油藏进行了现场试验，结果表明该技术能有效压穿砂泥岩薄互层，提高支撑剂在裂缝中的有效铺置，增大有效改造体积；压后增产效果优于同类型储层常规水平井压裂方法，产量升高、稳产期增长，提高了该类储层的压裂效果。

关键词：致密砂岩；薄层油藏；水平井压裂

近年来，水平井压裂技术在致密砂岩薄互层油藏开发中广泛应用。与单薄层压裂不同，薄互层属多层压裂范畴，涉及垂直裂缝纵向穿层的问题。薄互层水平井压裂主要存在以下技术局限性：纵向砂泥岩应力状况掌握不准，缝高的扩展规律不清，甚至发生没有纵向沟通所有砂泥岩的情况；采用常规粒径及密度支撑剂，且单一粒径类型居多，导致大部分支撑剂在水平井筒所处的砂岩内提供裂缝导流能力。因此，要实现纵向穿层压裂，人工裂缝需压穿多个砂层间的泥岩遮挡层，且支撑剂要运移进水平井筒上下的砂岩目的层并有效铺置。本文在建立地应力模型基础上，研究致密砂岩压裂缝高延伸影响因素，并通过压裂液、施工液量、注入排量、支撑剂等方面综合优化，实现水平井纵向穿层压裂，增大有效改造体积，提高压裂效果。

1　岩石力学及地应力模型

岩石力学特性参数是储层改造的基础数据之一，它反映了岩石在各种外力作用下，从变形到破碎过程中所表现出来的物理力学性质，如岩石的硬度、脆性指数、抗压强度、抗剪强度等。求取岩石力学参数的方法主要有两种：一是实测法，利用钻井所取得的岩心，在实验室内模拟岩石在地下所处的环境（温度、围压、孔隙压力）进行实测；二是计算法，利用地球物理测井资料进行反演计算。后一种方法由于测井资料的获取相对容易，具有分析深度大，数据连续，经济高效的特点。本文以江汉油田致密砂岩储层为例，该地区储层属典型致密砂岩薄互层油藏。综合岩石力学实验、测井、压裂资料等静态、动态资料解释岩石力学及地应力参数，以求能尽量真实还原实际地层应力剖面。

1.1 岩石力学模型

1.1.1 横波时差曲线构建

利用正交偶极声波测井所获的纵横波进行相关性拟合，由于砂泥岩的纵横波关系曲线差异较大，因此利用泥质含量（S_H）对纵横波关系曲线进行加权拟合引入 S_H 曲线，获得了较为可靠地纵横波关系，如图1和图2所示。

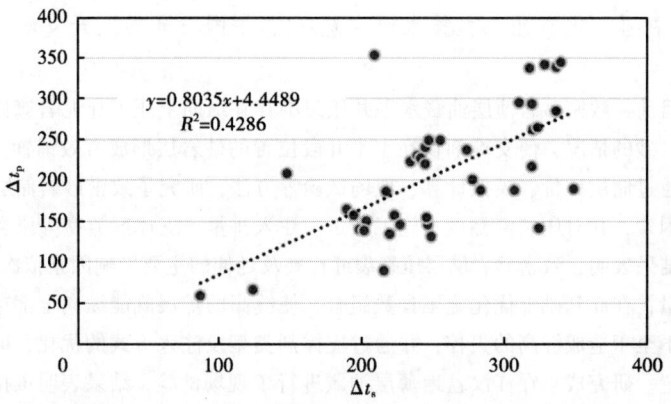

图1 基于测井数据的横纵波关系拟合

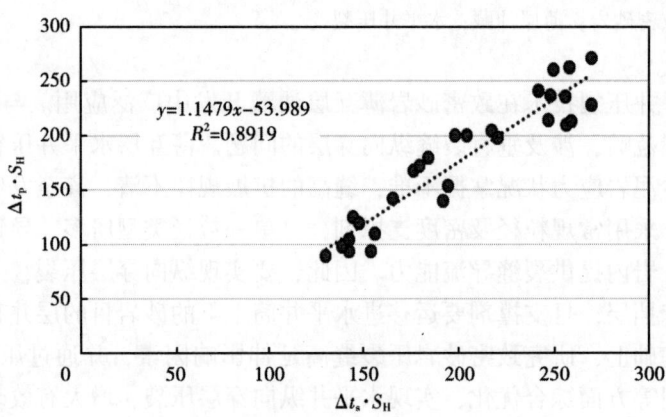

图2 横纵波结合泥质含量的关系拟合

结合以上分析可得出适用于该区块的横纵波时差拟合关系：

$$t_s = 1.1479\Delta t_p - \frac{53.99}{GR} \tag{1}$$

1.1.2 动静态岩石力学参数的校正

岩石力学参数的常用测定方法有动态法和静态法两种。静态法是通过对岩样进行静态加载其变形得到；动态法则是通过测定超声波在岩石中的传播速度转换得到。结合测井与岩石力学对应关系计算模型解释出来的单井杨氏模量与泊松比，与实验结果进行对比，可拟合出动静态杨氏模量与泊松比的对应关系。泊松比、杨氏模量等参数与泥质含量密切相关[6]，故引入 S_H 曲线，提高拟合精度，如图3和图4所示。

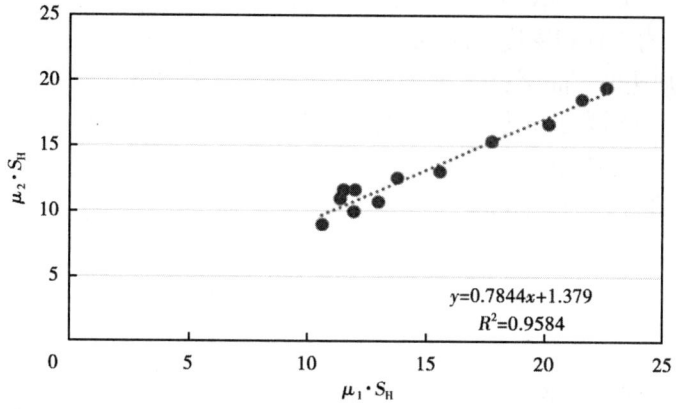

图3　泊松比动静态拟合

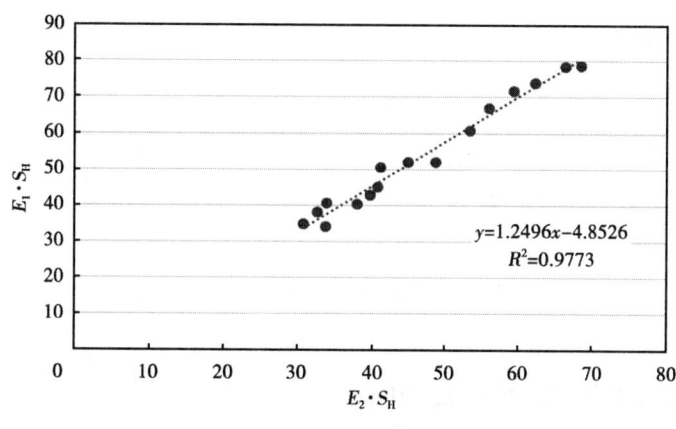

图4　杨氏模量动静态拟合

结合以上分析可得出适用于该区块的静态泊松比、杨氏模量计算公式：

$$\mu = 0.7844\mu_D + \frac{1.379}{S_H} \tag{2}$$

$$E = 1.2496E_D - \frac{4.8526}{S_H} \tag{3}$$

式中　μ——静态泊松比；

　　　E——静态杨氏模量，MPa。

1.2　地应力模型

上覆岩层自重及其诱导产生的水平应力：

$$S_v = \int_0^h \rho(h) \cdot g \cdot \mathrm{d}h \tag{4}$$

$$S_{x1} = S_{y1} = \frac{\mu}{1-\mu}(S_v - \alpha p_p) + \alpha p_p \tag{5}$$

式中 S_v——垂向主应力，MPa；
$p(h)$——岩石体积密度，kg/m^3；
g——重力加速度，m/s^2；
S_{x1}，S_{y1}——分别为水平方向地应力，MPa；
μ——地层岩石泊松比；
p_p——地层孔隙压力，MPa。

构造应力：

$$S_{x2} = \xi_x \cdot (S_v - \alpha p_p) + \alpha p_p \tag{6}$$

$$S_{y2} = \xi_y \cdot (S_v - \alpha p_p) + \alpha p_p \tag{7}$$

式中 ξ_x，ξ_y——分别为水平 x、y 方向的构造应力系数；
S_{x2}，S_{y2}——分别为构造运动在水平 x、y 方向引起的构造应力，MPa。

总原地应力：

$$S_H = S_{x1} + S_{x2} \tag{8}$$

$$S_h = S_{y1} + S_{y2} \tag{9}$$

式中 S_H——最大水平主应力，MPa；
S_h——最小水平主应力，MPa。

有效地应力：

$$\sigma_H = S_H - \alpha p_p \tag{10}$$

$$\sigma_h = S_h - \alpha p_p \tag{11}$$

式中 σ_H——最大水平方向有效应力，MPa；
σ_h——最小水平方向有效应力，MPa。

根据以上计算模型计算得到该区块部分井地应力值，见表1。

表1 江汉油田部分井地应力剖面解释结果统计

井号	目的层（m）	储层厚度（m）	最大水平主应力（MPa）	最小水平主应力（MPa）	水平应力差（MPa）	最大水平主应力梯度（MPa/100m）	最小水平主应力梯度（MPa/100m）
A	2452~2460 2466~2470	12	51.66	45.62	6.04	2.09	1.85
B	2865.7~2871.5	5.8	74.5	66.8	7.7	2.59	2.33
C	3609.7~3614.9 3689.2~3691.8 3692.2~3697.5	5.2 7.9	89.9 92.3	78.3 79.34	11.47 12.96	2.49 2.50	2.17 2.15
D	2080.3~2083.0 2083.9~2085.4	4.2	59.24	53.21	6.03	2.84	2.55

2 缝高延伸主控因素分析

在水力压裂过程中，影响水力缝高延伸的因素有很多，主要可以分为两大类：地质因素和工程因素。地质因素主要包括地层岩石的弹性模量、泊松比、地层渗透率、断裂韧性、界面效应和地层非均质性等；工程因素主要包括施工排量、施工液量、压裂液黏度、压裂液滤失系数、压裂液重力系数等。其中地质因素为不可控因素，工程因素为可控因素。本文主要针对施工排量、施工液量、压裂液黏度等主要工程因素展开研究分析。

以该区块平均施工参数为初始值，通过 GOHFER 软件正交模拟计算分析各因素影响规律。模型参数设置见表2。

表2 缝高延伸主控因素分析模型参数设置

项目	液量（m³）	排量（m³/min）	压裂液黏度（mPa·s）
数值	500	3.5	200

2.1 压裂液黏度

从图5和图6可看出，压裂液黏度越高，人工裂缝纵向延伸越多，越易压穿隔层。压裂液黏度从50mPa·s 增加到200mPa·s，缝高由19m增加至43m，压裂液黏度对缝高延伸影响较大。采用中低黏度压裂液（≤100mPa·s），能有效控制缝高延伸，提高缝长；当压裂液黏度>100mPa·s 时，人工裂缝易压穿隔层。

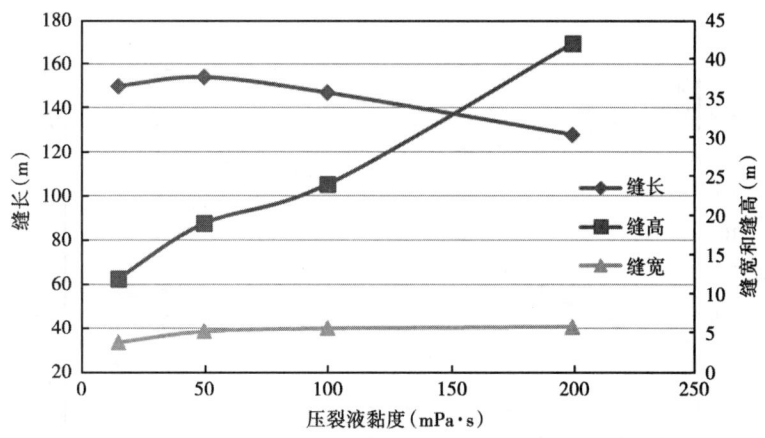

图5 压裂液黏度对裂缝形态影响规律

2.2 施工排量

从图7和图8可看出，施工排量越高，人工裂缝纵向延伸越多，越易压穿隔层，当注入排量>4m³/min 时，裂缝压穿隔层。因在较短时间内进入裂缝内液体量越大，裂缝内净压力越大，裂缝纵向延伸较快。在薄层压裂过程中，若一直采用高排量施工，会导致压裂前期缝高过度延伸，影响有效缝长；采用低排量施工可以有效控制逢高延伸。采用变排量施工可兼顾控缝高、压穿隔层、高砂比加砂等要求。

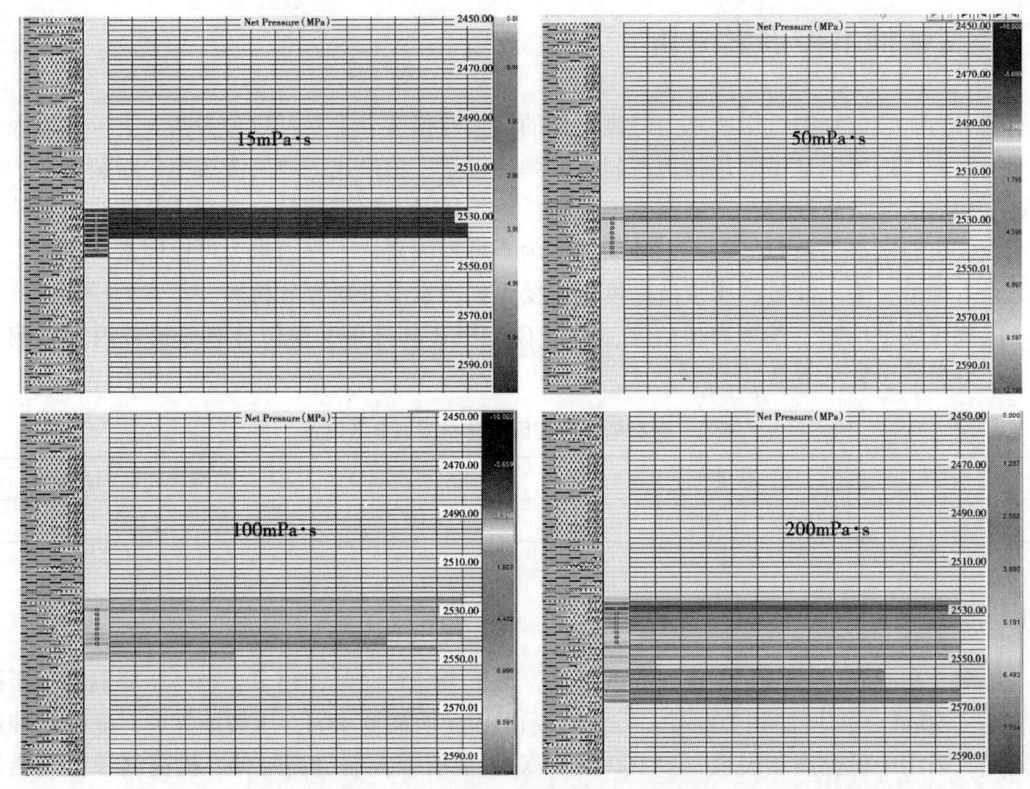

图 6 不同压裂液黏度下裂缝扩展情况

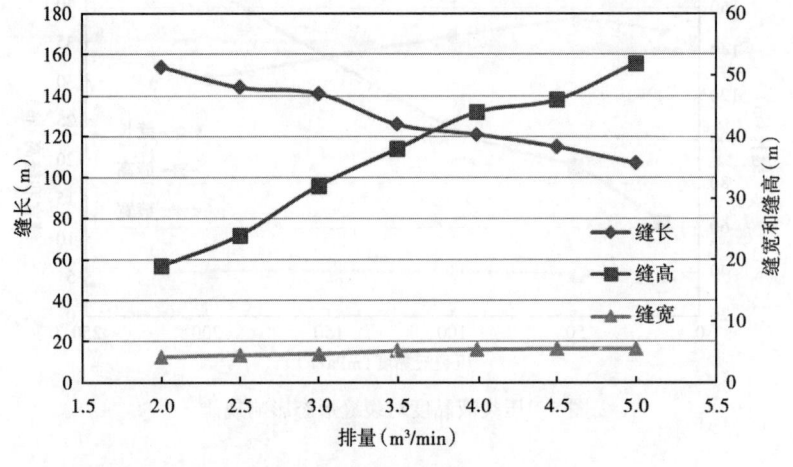

图 7 施工排量对裂缝形态影响规律

2.3 施工液量

从图6可看出，施工液量越大，人工裂缝纵向延伸越多，越易压穿隔层；因为施工净液量增加，用于增加裂缝体积的液量更大，缝长和缝高都会相应地增加。而且在固定施工排量的前提下，地层渗透率越低，施工规模对缝高的影响越明显。

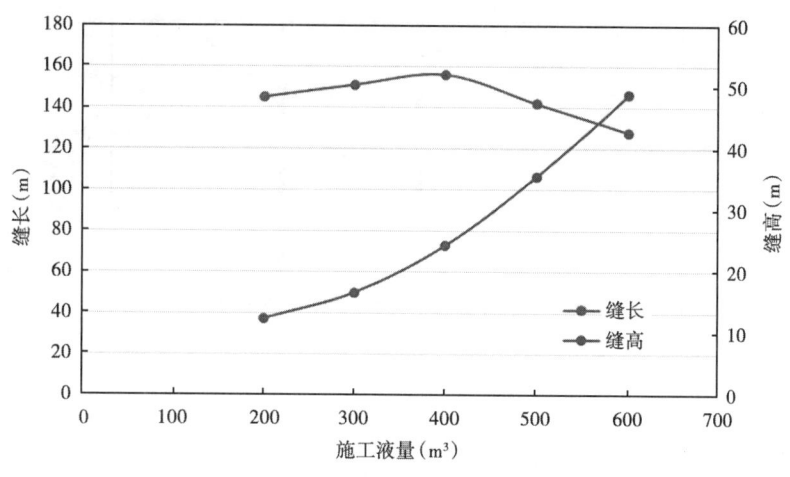

图 8　施工液量对裂缝形态影响规律

通过以上分析，量化各工程因素对缝高延伸的影响，从表 3 可看出，缝高控制影响因素从大到小依次为：压裂液黏度>施工排量>液量。压裂液黏度越高，人工裂缝纵向延伸越多，越易压穿隔层，采用变黏度压裂液可以兼顾造缝与控缝高。压裂施工排量越大，人工裂缝纵向延伸越多，越易压穿隔层，采用变排量施工可兼顾加砂与控缝高。压裂施工液量越大，人工裂缝纵向延伸越多，越易压穿隔层。

表 3　影响因素增加一倍时缝高变化率

影响因素	压裂液黏度	施工排量	施工液量
缝高变化率	0.98	0.90	0.83

3　压裂工艺优化

该区块属典型致密砂岩油藏，储层以薄层/多薄层为主，储层厚度主要集中在 2~10m，主力层位测井解释孔隙度平均为 7.3%，渗透率平均为 0.46mD，属于低孔特低渗透储层。该地区平均隔层厚度为 3.2m，平均隔层应力差为 4.9MPa。针对该区块储层条件，对压裂工艺进行优化。

3.1　压裂液黏度、施工排量、支撑剂优化

为使支撑剂能顺利通过泥岩遮挡层，运移进水平井井筒上下砂岩目的层，在人工裂缝纵向上均匀分布并有效铺置，选用超低密度支撑剂；考虑不同阶段的造缝要求，选用 70/140 目、40/70 目、30/50 目三种粒径支撑剂。考虑不同黏度压裂液的携砂性能，小粒径支撑剂（70/140 目）用低黏压裂液（15mPa·s）携带，中粒径支撑剂（40/70 目）用中黏压裂液（50mPa·s）携带，大粒径支撑剂（30/50 目）用中高黏压裂液（100mPa·s）携带。综合模拟分析压裂液黏度、施工排量对裂缝延伸的影响，从图 9 可看出，压裂液黏度越高，缝高对排量的敏感性越大，人工裂缝越易压穿隔层；当排量达到 4m³/min 时，裂缝纵向延伸加快，人工裂缝压穿隔层。

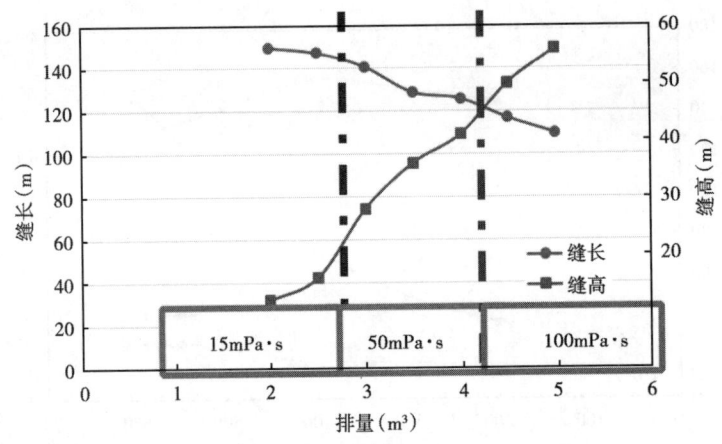

图 9　不同排量、压裂液黏度下裂缝形态扩展规律

3.2 施工液量、前置液比例优化

综合模拟分析施工液量、前置液比例对裂缝纵向延伸的影响，从图10可看出，采用低黏压裂液时，施工液量达700m³时压穿隔层；采用中黏压裂液，施工液量达600m³时压穿隔层；采用高黏压裂液，施工液量达400m³时压穿隔层。从图11可看出，同一液量下，前置液比例越低，裂缝越易压穿隔层。

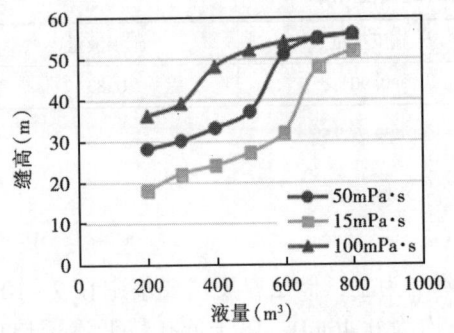

图10　压裂液黏度、施工液量与缝高关系

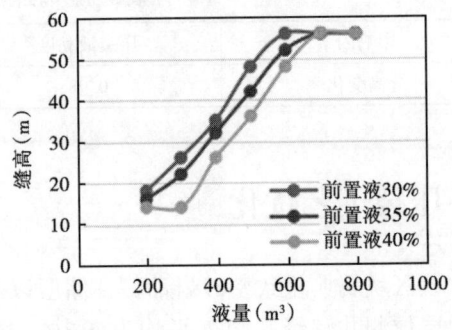

图11　前置液比例、施工液量与缝高关系

4 现场应用

A井是位于江汉盆地某薄层区块的一口资料井，目的层段岩性为褐灰色油迹粉砂岩，天然裂缝较发育。目的层压裂井段为2570.8~2574.0m 和2575.5~2577.2m，4.9m/2层，储层平均杨氏模量27.2GPa，平均泊松比0.23；目的层与上部隔层的应力差约为4.5MPa，与下部隔层应力差约为8.5MPa；目的层温度为105℃。采用本文提出压裂工艺方法，人工裂缝压穿砂层间的泥岩遮挡层，并通过支撑剂类型及注入方式优化，支撑剂顺利通过泥岩的窄缝宽处运移进水平井井筒上下的砂岩目的层并有效铺置，从而有效解决垂直裂缝纵向穿层问题，实现纵向穿层压裂。

4.1 压裂液体系优化

根据本井储层致密低渗储层发育特征以及压裂的技术思路,要求选用低残渣、低破胶液黏度、低表面张力等优良性能的压裂液体系。综合各方面考虑,采用清洁压裂液体系,一方面,在压裂不同阶段通过调节液体黏度,最大限度满足穿层压裂、提高导流能力压裂思路及主加砂阶段携砂要求;另一方面,最大限度地降低对储层的伤害。选用低黏、中黏、高黏三套清洁压裂液体系,低黏黏度为 $10\sim15\mathrm{mPa\cdot s}$,中黏黏度为 $40\sim50\mathrm{mPa\cdot s}$,高黏黏度为 $110\sim130\mathrm{mPa\cdot s}$。

4.2 施工参数优化

结合测井数据、实验数据及 GOFHER 软件模拟计算分析结果,前置液阶段以 $2.0\sim3.0\mathrm{m^3/min}$ 低排量注入 $260\mathrm{m^3}$ 低黏压裂液,携砂液阶段以 $3.5\sim6.0\mathrm{m^3/min}$ 中高排量注入 $241\mathrm{m^3}$ 中黏压裂液、$346\mathrm{m^3}$ 高黏压裂液。

4.3 支撑剂优化

携砂阶段先期注入 70/140 目的多级支撑剂段塞,分为 3 级段塞,砂液比分别为 3%、6% 和 9%,阶段砂量为 $15.3\mathrm{m^3}$;中期选用 40/70 目的超低密度支撑剂,起步阶段用 6% 低砂比施工,往后逐步增加砂比,以 3% 的增幅逐步增至最高 18%,阶段砂量为 $16.5\mathrm{m^3}$;后期选用 30/50 目的超低密度支撑剂,起步阶段用 10% 中砂比施工,往后逐步增加砂比,以 5% 的增幅逐步增至 30%,阶段砂量为 $20.8\mathrm{m^3}$。

按上述步骤对该试验井进行了压裂施工(表 4),现场施工工艺取得成功。结合该井压后井温测井解释结果及压后裂缝二次模拟结果(表 5、图 12),证实该井压裂纵向上压穿下部泥岩遮挡层,并且水平井段砂岩得到支撑剂的有效铺置。该井压后取得了较好的改造效果,压后初期产油量为 $8.5\mathrm{m^3/d}$,半年后产量稳定在 $6.0\mathrm{m^3/d}$ 左右,效果好于该地区同类型井。

表 4 A 井压裂施工数据

项 目	数值
总压裂液量(m³)	847.0
酸液量(m³)	10.0
低黏压裂液量(m³)	260.0
中黏压裂液量(m³)	241.0
高黏压裂液量(m³)	346.0
总砂量(m³)	52.6
70/140 目陶粒(m³)	15.3
40/70 目陶粒(m³)	16.5
30/50 目陶粒(m³)	20.8

表 5 A 井压裂裂缝参数解释表

裂缝参数	缝长(m)	缝高(m)	上缝高(m)	下缝高(m)	缝宽(cm)	铺砂浓度(kg/m²)
数值	204.8	30.6	12.7	17.9	0.514	4.52

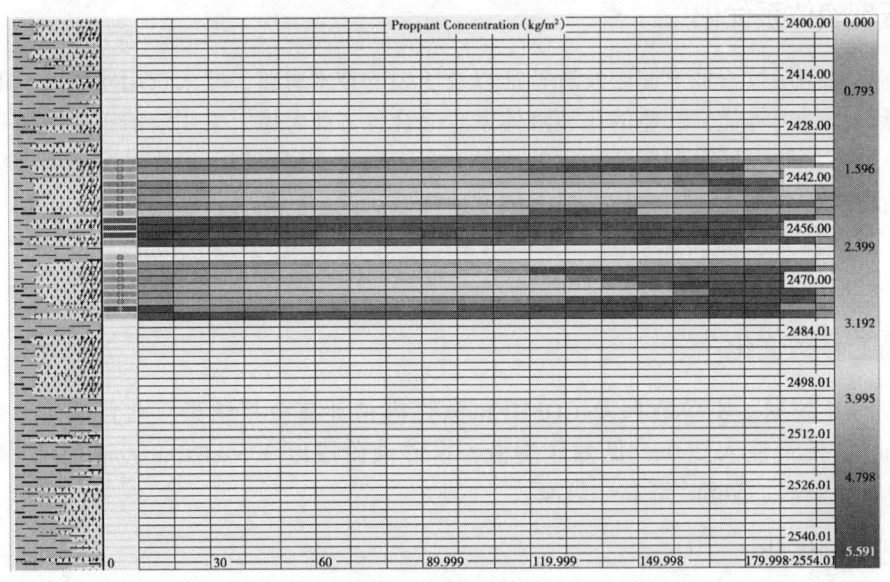

图 12　压裂裂缝模拟云图

5　结论

（1）由于砂岩的纵横波关系、泊松比、杨氏模量等参数与泥质含量密切相关，引入泥质含量对此类参数进行修正拟合；利用修正后数据可较准确求取岩石力学及地应力参数。

（2）影响致密砂岩储层压裂缝高延伸的工程因素由大到小为：压裂液黏度、施工排量、液量。

（3）形成了适用于致密砂岩薄层储层的水平井穿层压裂工艺技术，使人工裂缝能将多个砂层间的泥岩遮挡层压穿，支撑剂能顺利通过泥岩遮挡层运移进水平井筒上下的砂岩目的层并有效铺置，有效解决了垂直裂缝纵向穿层问题，扩大有效改造体积。

参 考 文 献

[1] 康毅力，罗平亚．中国致密砂岩气藏勘探开发关键工程技术现状与展望［J］．石油勘探与开发，2007，34（2）：239-244.

[2] 苏玉亮，慕立俊，范文敏，等．特低渗透油藏油井压裂缝参数优化［J］．石油钻探技术，2011，39（6）：69-72.

[3] 谢富仁，陈群策．地壳应力观测与研究［J］．国际地震动态，1999，29（2）：1-7.

[4] 彭钧亮．不同地质时期地应力场演化过程研究［D］．中国石油大学（华东），2008.

[5] 王贵清，邵维志，王立俊，等．基于变骨架时差的纵横波速度比识别轻质油气层的方法研究［J］．测井技术，2008，32（3）：246-248.

[6] 姚昌宇，周瑞立，胡艾国，等．利用常规测井确定岩石杨氏模量——以富县区块上古生界储层为例［J］．石油工程与地质，2012，26（5）：110-112.

[7] 赖炳春．薄互层分层压裂界限试验研究［J］．内蒙古石油化工，2012，38（24）：150-151.

[8] 周文高，胡永全．人工控制压裂缝高技术现状与研究要点［J］．天然气勘探与开发，2006，29（1）：68-70.

玛湖油田玛北斜坡致密砾岩油藏水平井体积压裂技术研究与应用

李建民[1]　许江文[1]　承　宁[1]　石善志[1]　才　博[2]　江　洪[3]

（1. 中国石油新疆油田公司工程技术研究院；2. 中国石油勘探开发研究院压裂酸化技术服务中心；3. 中国石油新疆油田公司开发公司）

摘　要：玛湖油田玛北斜坡致密砾岩油藏储层物性差、非均质性强、砂体跨度大、地层能量较弱，水平井大规模压裂稳产效果差，动用难度明显大于玛湖油田其他砾岩油藏。针对地质特征与改造难点，基于"缝控储量"的理念，拓宽体积压裂认识，集成玛北致密砾岩油藏水平井体积压裂技术，以速钻桥塞分簇射孔为主体压裂工艺，通过细分切割方式实现储层体积改造；大排量逆混合注入与组合加砂工艺相结合的高效造缝工艺，确保段内多簇裂缝启裂，裂缝纵向及远端的充分充填以提高裂缝导流能力；大液量滑溜水替代瓜尔胶入井，实现地层增能蓄能以延长压裂有效期。该技术已在玛北斜坡玛131、风南4等区块应用，累计实施水平井33井次，最大井深5537m、最长水平段2022m，单井最高压裂30段、最大入井液量近 $4×10^4 m^3$、入井砂量近2300m^3、滑溜水占比至70%。峰值日产最高58.2t、平均41.5t，投产首年平均日产保持20t以上，增产稳产效果显著提升，有效推动了玛湖油田的整体开发和规模效益动用。

关键词：玛湖油田；砾岩油藏；细分切割；体积压裂；增能蓄能

近年来，准噶尔盆地玛湖凹陷二叠系、三叠系致密砾岩油藏勘探不断获得突破，已探明石油地质储量 $5.2×10^8 t$。其中自2012年玛131井三叠系百口泉组获工业油流以来，玛北斜坡区已累计发现玛131、风南4等多个致密砾岩油藏区块，探明储量达到 $1×10^8 t$ 以上，规模建产潜力巨大。

但以三叠系百口泉组为代表的玛北斜坡致密砾岩油藏埋深普遍大于3000m，储层物性差、非均质性强、砂体跨度大、油层分布特征差异大、地层能量较弱，动用难度明显大于玛西、玛东斜坡区的砾岩油藏。

1　玛北斜坡致密砾岩油藏地质特征与改造难点

玛北斜坡致密砾岩油藏渗透率较低，仅 1.08~1.44mD；孔隙结构细小，孔隙度小于10%、喉道半径集中分布在 0.1~0.3μm，地层流体流动性受限。针对此类非常规油气藏，国内外主要采用水平井+体积压裂技术实现有效开发。但与国内其他非常规油气藏相比（表1），玛北斜坡致密砾岩油藏因其独特的岩性与地质特征，体积压裂仍面临巨大挑战，主要表现在以下四个方面：

（1）砾岩储层天然裂缝不发育、岩石偏塑性、水平两向应力差大（约10~22MPa）。物模实验揭示高应力差下砾岩以绕砾破坏为主，裂缝形态以平面缝为主；并且，裂缝监测也显示压裂形成了基本对称的双翼裂缝，难以实现复杂缝网体积改造。

表1 国内外典型非常规油气藏与玛湖致密砾岩油藏储层特征对比表

区块	美国二叠盆地	焦石坝	昭通	长庆	吉林	玛北斜坡	玛西斜坡
	Wolfcamp	龙马溪组		长7段	泉一段	百口泉组	
岩性	碳酸盐岩碎屑岩、页岩	页岩		砂岩		砾岩	
埋深（m）	2500~3000	2500	2530	1750~2300	1750~2600	2850~3320	3900
岩体厚度（m）	400~550	30~40	31~35	6~20	40~80	30~55	30~45
孔隙度（%）	4~12	4~6	2.4~5.6	6~12	5~12	8.8	10.4
渗透率（mD）	0.01~1			0.01~0.1	0.01~1.0	1.08~1.44	5.48
地层压力系数	1.05~1.5	1.55	2.0	0.7~0.85	0.9~1.10	1.0~1.26	1.63
脆性指数（%）	40~45	50~65	47~65	35~49	46.4	25~35	22.1
天然裂缝发育程度	发育	发育	较发育	发育	发育	不发育	
杨氏模量（GPa）		35	35	22~23	30~45	21~25	19~20
泊松比		0.21	0.2	0.21~0.22	0.25	0.2~0.25	0.23~0.25
最小主应力（MPa）			48~56		35~37	50~58	60~68
两向应力差（MPa）	3~6	20~30		3~7	8	11~17	15~22

（2）储层埋藏深、砾岩地层起裂机理复杂，段内多簇射孔压裂时启裂阶段超压频繁，施工排量受限。而低排量难以实现多簇裂缝的起裂与延伸，影响造缝效果，降低了对储层切割程度，影响压裂改造效果。

（3）砾石含量高、粒径变化大，裂缝缝面粗糙，支撑剂运移规律复杂；含油层底部无遮挡，人工裂缝纵向延伸不受控；闭合应力高、岩石偏软，支撑剂嵌入严重。三种因素相叠加，影响着人工裂缝的有效支撑。

（4）地层压力系数较低（0.9~1.2），原始地层能量较弱，自喷生产保持能力较差，转抽后受应力敏感影响产量波动大，不利于长期稳产。

因此，简单地移植、套用国内外非常规资源成型开发技术无法实现致密砾岩油藏的有效动用，必须在调研国内外非常规资源水平井改造技术的基础上，针对储层特性开展理论研究和技术攻关，配套致密砾岩油藏水平井体积压裂技术模式及工艺参数，才能实现玛北斜坡致密砾岩油藏经济有效开发。

2 玛北斜坡致密砾岩油藏水平井体积压裂技术

自2013年启动开发试验以来，针对玛北斜坡区砾岩油藏地质特征与改造难点，科研团队不断拓宽体积压裂认识，基于非常规油气藏"缝控储量"的改造理念，集成了致密砾岩油藏水平井体积压裂技术系列，水平井增产稳产效果显著提升，有效推动玛131、风南4等井区三叠系百口泉组油藏实现规模效益开发动用。

2.1 水平井细分切割体积压裂技术

玛北斜坡 T_1b 油藏属低孔、特低渗砾岩储层,计算启动压力梯度为 0.14MPa/m,较玛西斜坡 T_1b 油藏 0.017MPa/m 的启动压力梯度存在数量级的差异,也明显高于国内其他低渗油藏。

启动压力梯度越高的储层,对裂缝的依赖性越强。而对于人工裂缝形态较为单一的致密砾岩油藏,在单位体积内增加人工裂缝数量,细分切割储层,缩短地层流体向裂缝的流动距离是提高储层动用体积和单井产量的有效手段。

基于玛北百口泉组油藏的物性参数,开展井间距 300m、水平段 1000m、不同裂缝间距条件下的储层含油饱和度变化模拟。模拟投产 3 年后油藏动用效果显示,缝间距较大(70m)时,有效控制面积仍在主缝附近,缝间有效动用程度较低(图1.a)。缝间距减小(35m)后,缝控面积增加,储层含油饱和度整体降低,形成连片控制动用(图1.b)。

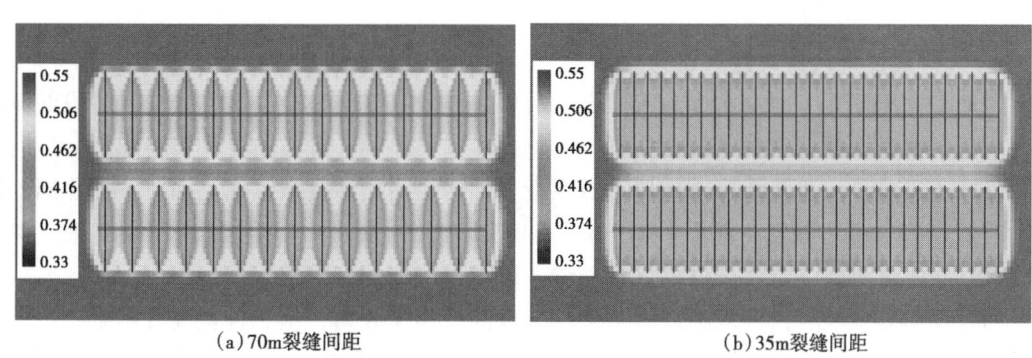

(a) 70m 裂缝间距　　　　　　　　(b) 35m 裂缝间距

图1　不同裂缝间距压裂生产 3 年后含油饱和度对比图

产量模拟对比也显示,在不考虑启动压力梯度的情况下,裂缝间距从 70m 缩小至 35m 后,单井投产前三年累产提高了近 35%(图2)。

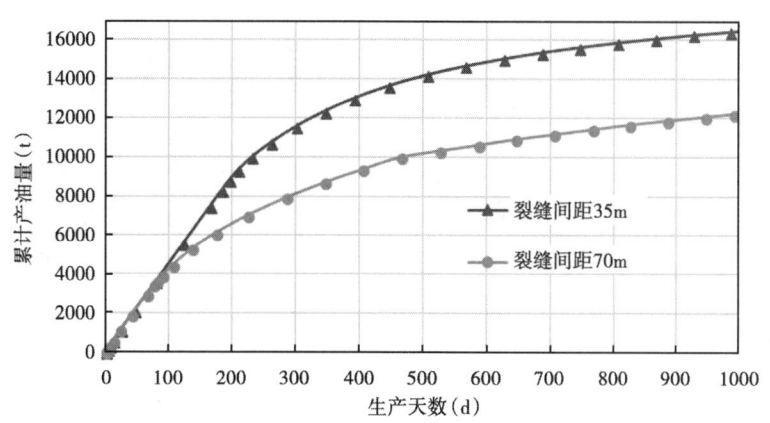

图2　不同裂缝间距压后累计产量变化对比图

由此,玛北斜坡 T_1b 油藏水平井确立了细分切割体积压裂的改造方式,采用固井桥塞分簇射孔分压工艺,段内 2~3 簇射孔,裂缝间距由勘探评价阶段的近 70m 缩小到 30m 左右。

井下微地震监测显示，改造区域裂缝形态以条带状展布，波及带宽覆盖整个压裂井段（图3），最终达到最大限度地提高裂缝的复杂性及改造体积的目标。

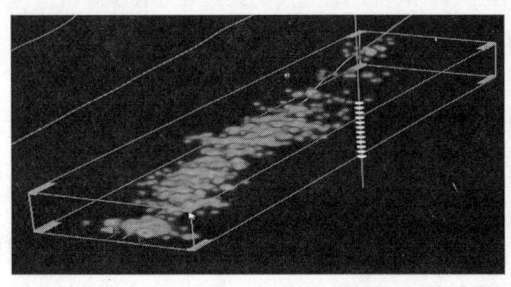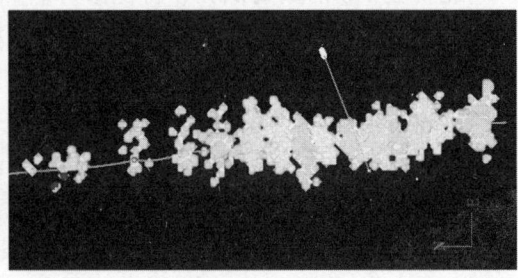

图3 水平井细分切割体积压裂微地震监测结果图

2.2 大排量逆混合高效造缝技术

2.2.1 大排量逆混合压裂注入工艺

微地震监测反映，滑溜水注入阶段微地震事件波及高度明显小于瓜尔胶注入阶段的波及高度，显示滑溜水改造有利于缝高控制；而物模实验又表明，砾石主要对裂缝起裂、扩展初始阶段产生影响，大排量滑溜水前置造缝在近井地带提高裂缝复杂程度。因此，借鉴国外致密油改造经验，玛北砾岩油藏水平井开发初期试验采用滑溜水+瓜尔胶复合压裂工艺，探索形成缝高受限并具备一定复杂性的人工裂缝，以提升改造的有效性。

而现场实践反映，滑溜水造缝时施工压力较高、超压频繁，施工排量提升困难，不但影响了施工进程（图4），而且对人工裂缝的起裂也造成较大影响。分析原因认为，滑溜水黏度低、滤失量大，在砾岩地层近井地带形成的裂缝宽度较窄；同时砾岩物模实验表明，射孔深度较浅及分簇射孔可能增加流体摩阻，且液体在砾岩中存在绕流现象，增加了近井筒区域裂缝复杂程度。两因素综合作用，造成施工压力居高不下、排量提升困难，导致了人工裂缝无法形成有效延伸。

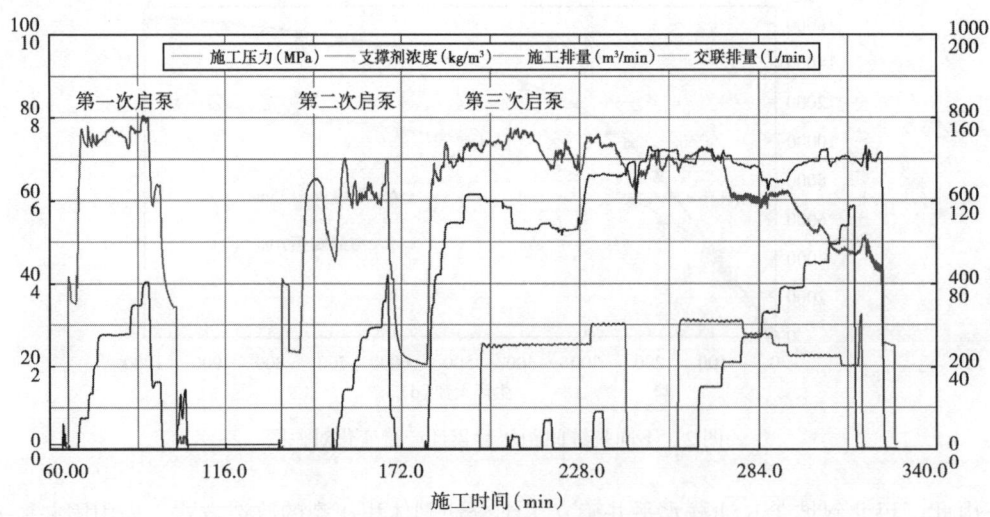

图4 玛131井区水平井压裂施工曲线图

鉴于此，针对不同压裂液体系的优势特性，在启裂阶段利用瓜尔胶的高黏、低滤失特性，采用黏度30~50mPa·s的瓜尔胶高效启裂主缝，并配合段塞处理建立足够的缝宽以降低施工压力；达到设计施工排量后，再采用黏度5~6mPa·s的滑溜水开展后续造缝施工。优化形成了瓜尔胶启缝+滑溜水造缝+瓜尔胶携砂的逆混合压裂工艺，既实现主裂缝的充分延伸、又实现主缝波及范围内含油孔隙空间的充分连通。

现场实施情况显示，采用以上逆混合压裂工艺后，瓜尔胶压裂排量可以提升至$8m^3/min$以上，滑溜水压裂排量可以提升至$10m^3/min$以上（图5），有效降低了施工难度，确保了裂缝启裂和延伸，从而增加裂缝与油藏有效接触面积。

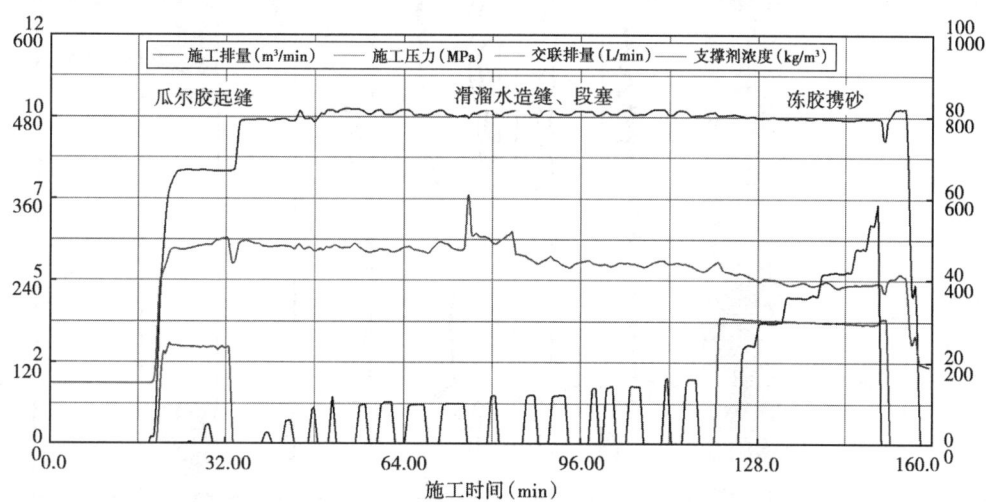

图5 玛131井区水平井压裂施工曲线图

2.2.2 段塞式加砂与连续加砂的组合加砂工艺

国内外研究表明，随着砾岩地层的砾石含量越高、粒径变化越大，裂缝缝面越粗糙，支撑剂运移和铺置规律较砂岩和页岩地层更复杂，对支撑剂的铺置要求也越高。

玛北斜坡砾岩地层由于其成藏机制，普遍存在砂体整体跨度大、砂体上部为油层、中下部为致密非油层的地层分布特征。以玛131井区的T_1b_2层为例（图6），该层跨度在40~50m，其上部为主力油层$T_1b_2^1$层，下部为$T_1b_2^2$层，两层的岩性一致，层间无岩性与应力遮挡。采用常规压裂工艺，人工裂缝纵向延伸不受控，支撑剂的沉降会影响油层中人工裂缝的有效支撑。并且玛北斜坡砾岩地层闭合应力在40~55MPa、岩石杨氏模量25GPa左右，泊松比0.22~0.25，地层偏软导致支撑剂嵌入严重，同样影响着人工裂缝的有效导流能力。

针对以上问题，通过系统的携砂性能评价实验研究，揭示了不同携砂液体中支撑剂的缝内沉降规律和携砂液在不同注入方式下支撑剂的缝内沉降规律，从而为通过优化加砂工艺改善支撑剂铺置和提高铺置浓度奠定了基础。

（1）不同携砂液体中支撑剂的沉降规律。

结合玛北砾岩埋藏深度和水平井完井管柱结构，段内多簇射孔起裂的条件下，每簇裂缝分流的排量在$4m^3/min$左右。低黏液体主要依靠压裂液在裂缝内的湍流实现动态携砂，在模拟现场$4m^3/min$的排量下注入，支撑剂易发生缝内沉降，只有将排量提升至模拟现场$8m^3/min$的水平，才能减缓支撑剂的沉降；而高黏液体携砂能力显著高于低黏液体，在低排

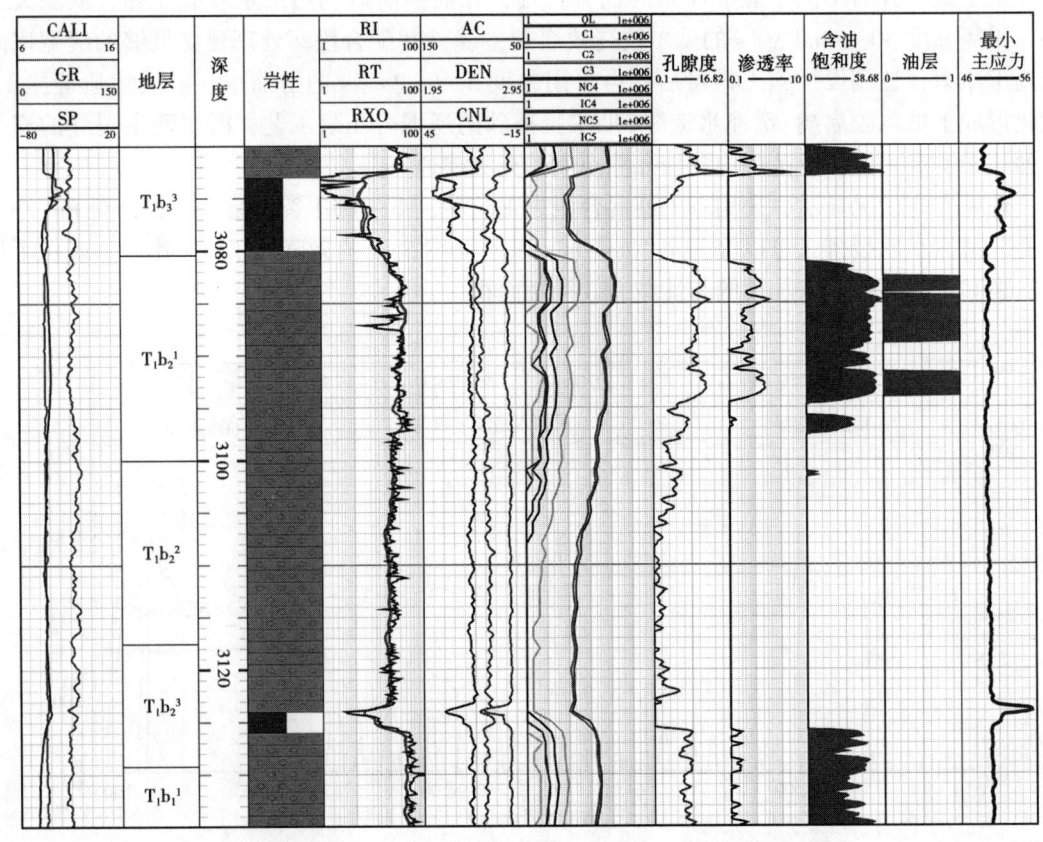

图6 玛131井区玛15井 T_1b_2 层综合解释成果图

量下也不易发生沉降。

（2）不同注入方式下支撑剂的沉降规律。

鉴于高黏液体较好的携砂性能，主要开展携砂能力较差的低黏液体在不同注入方式下支撑剂的沉降研究。实验表明，连续携砂注入条件下，支撑剂进入裂缝后迅速沉降形成砂堤，往裂缝远端推进距离有限；而采用段塞式注入，前一段塞注入形成的砂堤在后一段塞注入过程中会逐步向前推进。

鉴于此，优化形成滑溜水低砂比段塞加砂与冻胶高砂比连续加砂相结合的加砂工艺。针对油层底部无明显岩性和应力遮挡的情况，在前置造缝阶段采用滑溜水段塞式携砂方式加砂，支撑剂迅速沉降形成砂堤，并随着段塞的逐步加入，砂堤逐步向裂缝远端推进，从而构筑底部高应力遮挡层，阻止裂缝向下延伸（图7）。

而针对支撑剂嵌入问题，采用冻胶高砂比连续加砂，提升支撑剂向远端的输送能力，并提高人工裂缝单位面积上支撑剂的铺置厚度，保证裂缝导流能力。

综上，大排量逆混合压裂注入工艺与加砂工艺相结合形成砾岩地层高效造缝技术。采用瓜尔胶确保裂缝有效起裂，达到设计排量后，采用滑溜水按照阶梯提升砂浓度的方式段塞式加砂，段塞砂量达到单段砂量的25%～30%后，改为冻胶高砂比连续加砂（图5）。现场应用该项技术，既显现出较强的适应性，又保证了施工的平稳运行。

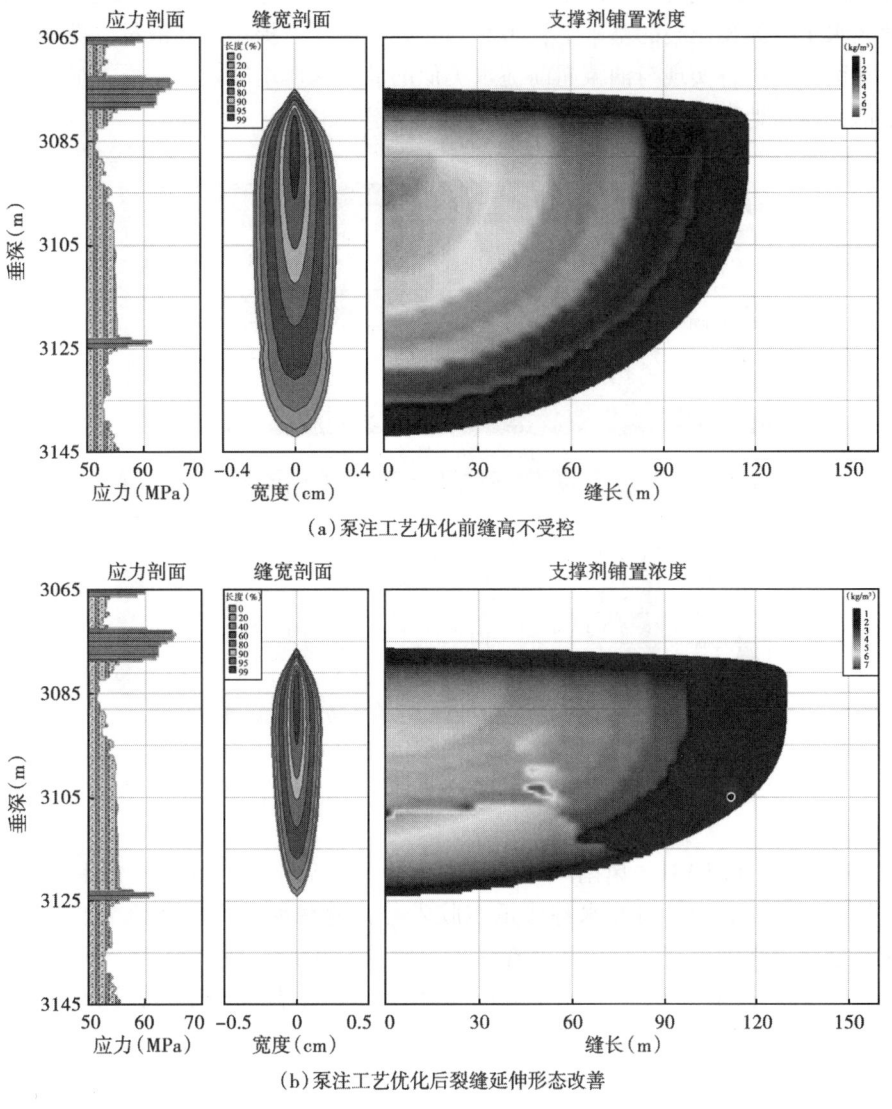

图 7 玛 131 井区 T_1b_2 层压裂人工裂缝延伸形态对比图

2.3 大规模增能蓄能压裂技术

相对于玛湖其他区域,玛北斜坡致密砾岩油藏的地层压力系数偏低,约为 0.9~1.2。前期水平井实施分段改造,压裂规模相对较小,压后虽然获得较高的初期产量,但随着生产时间的延长,地层能量逐渐消耗,压力、产量递减较快,自喷生产和稳产能力较差,直接影响到油田开发效果和经济效益。

为了延长水平井压后自喷能力和维持稳定的产量水平,要从保证裂缝长期有效导流和维持地层能量两方面入手。

一方面,提高玛湖水平井的加砂规模,将单位长度加砂强度提高至 1.2m³/m 以上,使裂缝内支撑剂的平均铺置浓度达到 7.3kg/m² 以上,确保裂缝导流能力。

而在维持地层能量方面,目前致密油藏水平井压后补充能量的手段有限,普遍采用周期注水、异步注采等方式进行,且效果差异性较大。鉴于玛湖水平井压裂液返排率普遍较低,在玛湖地区水平井体积压裂的基础上,短时间、高强度压裂提高入井液量,控制返排节奏使注入液体滞留地层中,实现与油藏超前注水类似的储层保压增能效果。模拟显示,将入井液量提高 1 倍,压后地层平均孔隙压力由 45MPa 提升至 55MPa。(图8)。

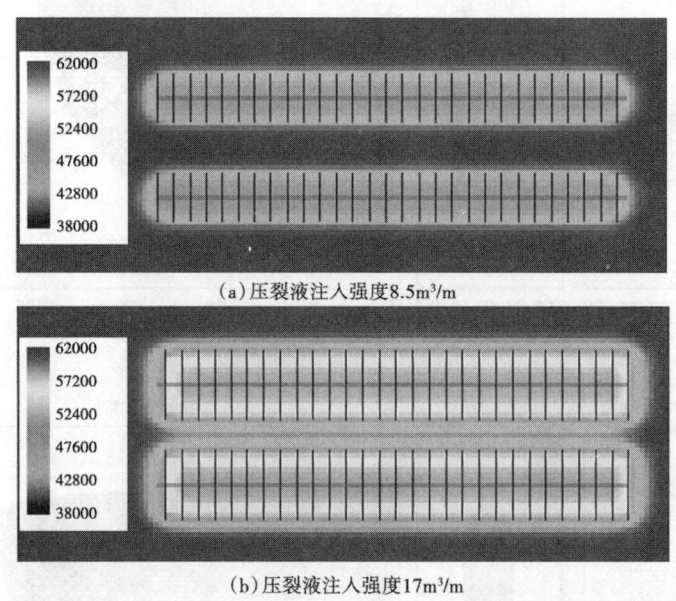

图 8　不同压裂规模下压后孔隙压力分布图

自 2015 年起,在玛 131、风南 4 等井区的水平井先后推广应用前置滑溜水压裂和滑溜水段塞式加砂工艺,大液量滑溜水替代瓜尔胶入井,滑溜水占比提高到了近 70%,从而将水平井压裂液注入强度提高一倍,从勘探评价阶段的 8.0m³/m 提高至 17.5m³/m。生产效果显示,随着入井液量的逐渐增加,水平井的压降速率明显降低(图9);同时,水平井累产水平逐步提高,且生产时间越长,增产趋势越明显(图10)。

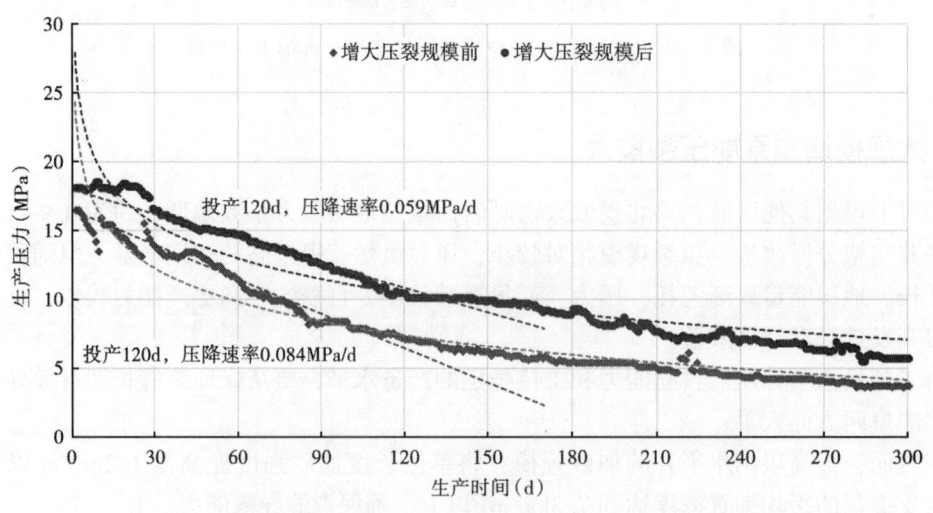

图 9　玛 131 井区水平井压降速率对比图

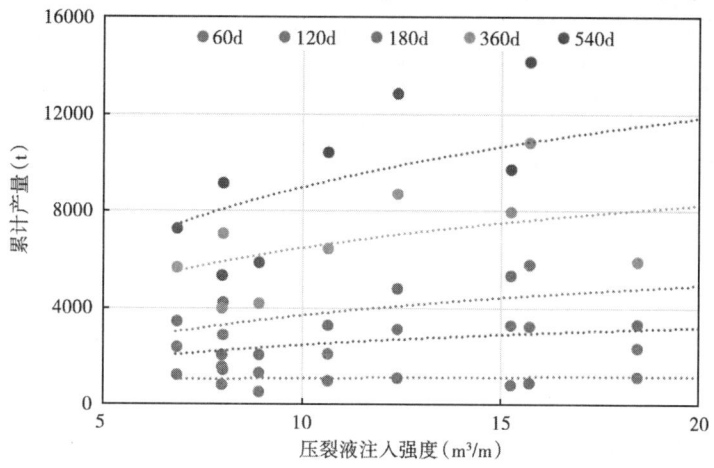

图 10　玛 131 井区水平井压裂液注入强度与累计产量对应关系图

3　现场应用情况及效果

自 2015 年起，集成的致密砾岩油藏水平井体积压裂技术在玛北斜坡玛 131、风南 4 等井区开展现场试验，陆续获得突破。

以玛 131 井区水平井开发试验井组为例，该井组共 6 口水平井，目的层为 $T_1b_2^1$ 层，油藏埋深 3340m，地层压力系数 1.16；水平段长 1000~2000m，采用固井桥塞分簇射孔分压工艺，单井分压 15~26 段，段内分 2~3 簇射孔，平均簇间距 25~34m。压后单井初期产量均达到 40t/d 以上；投产第一年累产平均 7971t，平均日产达到 22.1t。

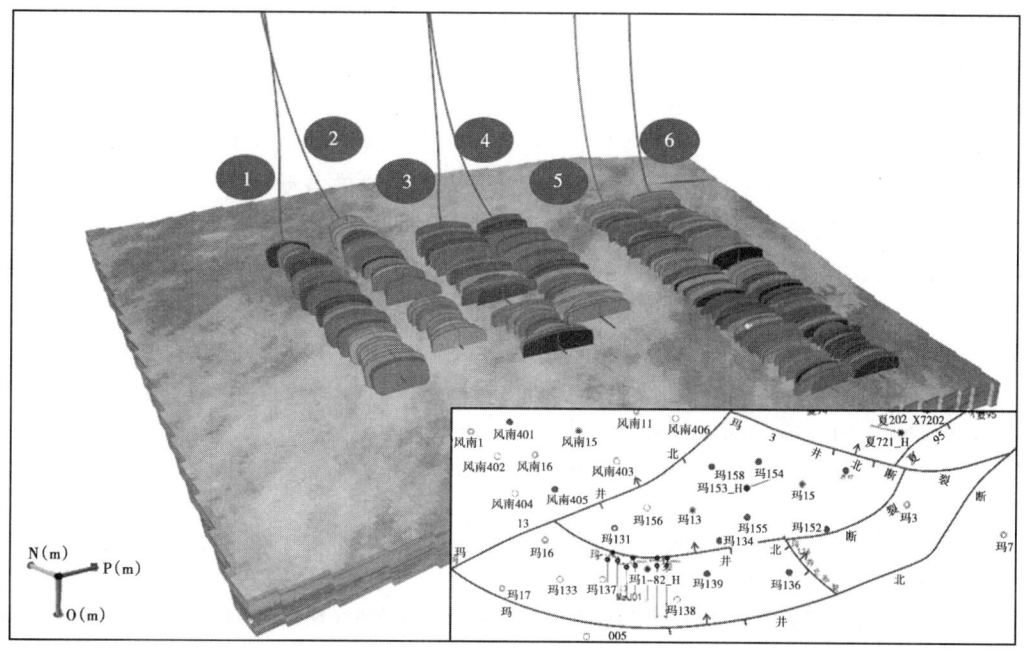

图 11　玛 131 井区开发试验井组水平井压裂模拟图

表 2　玛 131 井区开发试验井组水平井压裂参数及生产情况统计表

井号	水平段长（m）	段/簇数	簇间距（m）	总液量（m³）	总砂量（m³）	初期产量		首年(300天)累产		截至2018年4月累产		
						油嘴（mm）	日产油（t/d）	累产（t）	平均（t/d）	天数（d）	累产（t）	平均（t/d）
1#	1421	16/41	34.7	22311	1319	3.0	49.1	10912	30.3	542	14271	26.3
2#	1202	15/41	29.3	19781	1205	3.0	51.7	8043	22.3	558	9911.6	17.8
3#	1203	18/42	28.6	23593	1422	3.0	40.6	5981.6	16.6	333	5670.3	17.0
4#	1053	18/37	28.5	25932	1080	3.0	41.5	7546	21.0	534	9795.6	18.3
5#	2005	26/78	25.7	20163	1803	3.0	41.1	6543.9	18.2	711	13255	18.6
6#	2007	22/66	30.4	23766	1702	4.0	46.9	8805.2	24.5	714	16537	23.2
平均	1521		29.5					7971	22.1	565	11573	20.2

截至 2018 年 4 月，该项技术已在玛北斜坡推广实施水平井累计 33 井，井深最大 5537m、水平段最长 2022m、单井压裂最高 30 段、最大压裂液量近 38005m³、最大支撑剂量 2270m³、滑溜水占比提至 70%。峰值日产最高 58.2t、平均 41.5t，投产首年平均日产保持 20t 以上，增产稳产效果显著提升，有效推动了玛湖地区玛北斜坡致密砾岩油藏的整体开发和规模效益动用。

4　结论

（1）针对致密砾岩油藏的改造挑战，基于"缝控储量"理念，创新性提出并实践应用了水平井细分切割体积压裂、大排量逆混合高效造缝、大规模增能蓄能压裂等系列技术，最大限度地提高了致密砾岩储层有效改造体积和水平井生产效果。

（2）针对致密砾岩油藏的压裂造缝难题，配套了瓜尔胶启缝+滑溜水造缝+瓜尔胶携砂的逆混合压裂工艺、滑溜水低砂比段塞式加砂与冻胶高砂比连续加砂相结合的加砂工艺等，具备较强的工艺针对性和现场可操作性。

（3）集成技术体系在玛北斜坡玛 131、风南 4 等井区获得成功应用，增产稳产效果显著提升，有效推动了玛北斜坡致密砾岩油藏的整体开发和规模效益动用。

（4）仍需强化致密砾岩油藏的裂缝延伸机理、非线性渗流与渗吸等理论研究，将液体造缝与驱替、置换、泄油功能有机结合，进一步提升致密砾岩油藏的开发效益。

参 考 文 献

[1] 雷德文，陈刚强，刘海磊，等．准噶尔盆地玛湖凹陷大油（气）区形成条件与勘探方向研究［J］．地质学报，2017，91（7）：1604-1619.

[2] 匡立春，唐勇，雷德文，等．准噶尔盆地玛湖凹陷斜坡区三叠系百口泉组扇控大面积岩性油藏勘探实践［J］．中国石油勘探，2014，19（6）：14-23.

[3] 唐勇，徐洋，瞿建华，等．玛湖凹陷百口泉组扇三角洲群特征及分布［J］．新疆石油地质，2014，35（6）：628-635.

[4] 雷德文，瞿建华，安志渊，等．玛湖凹陷百口泉组低渗砂砾岩油气藏成藏条件及富集规律［J］．新疆石油地质，2015，36（6）：642-647.

[5] 郭华军，单祥，李亚哲，等．玛湖凹陷北斜坡百口泉组储集层物性下限及控制因素［J］．新疆石油地

质, 2018, 39（1）: 63-69.

［6］况晏, 司马力强, 瞿建华, 等. 致密砂砾岩储层孔隙结构影响因素及定量评价——以玛湖凹陷玛131井区三叠系百口泉组为例［J］. 岩性油气藏, 2017, 29（4）: 91-100.

［7］吴奇, 胥云, 王腾飞, 等. 增产改造理念的重大变革——体积改造技术概论［J］. 天然气工业, 2011, 31（4）: 7-12.

［8］吴奇, 胥云, 刘玉章, 等. 美国页岩气体积改造技术现状及对我国的启示［J］. 石油钻采工艺, 2011, 33（2）: 2-7.

［9］邹才能, 杨智, 朱如凯, 等. 中国非常规油气勘探开发与理论技术进展［J］. 地质学报, 2015, 20（1）: 979-1007.

［10］邹才能, 陶士振, 白斌, 等. 论非常规油气与常规油气的区别和联系［J］. 中国石油勘探, 2015, 20（1）: 1-16.

［11］孟庆民, 张士诚, 郭先敏, 等. 砂砾岩水力裂缝扩展规律初探［J］. 石油天然气学报, 2010, 32（4）: 119-123.

［12］李宁, 张士诚, 马新仿等. 砂砾岩储层水力裂缝扩展规律试验研究［J］. 岩石力学与工程学报, 2017, 36（10）: 2383-2392.

［13］O Møyner, S Krogstad, KA Lie. The Application of Flow Diagnostics for Reservoir Management［J］.《Spe Journal》, 2014, 20（2）: A429.

［14］王晓冬, 郝明强, 韩永新. 启动压力梯度的含义与应用［J］. 石油学报, 2013, 34（1）: 188-191.

［15］郭肖, 伍勇. 启动压力梯度和应力敏感效应对低渗透气藏水平井产能的影响［J］. 石油与天然气地质, 2007, 28（4）: 539-543.

［16］刘向君, 熊健, 梁利喜, 等. 玛湖凹陷百口泉组砂砾岩储集层岩石力学特征与裂缝扩展机理［J］. 新疆石油地质, 2018, 39（1）: 83-91.

［17］潘建国, 王国栋, 曲永强, 等. 砂砾岩成岩圈闭形成与特征——以准噶尔盆地玛湖凹陷三叠系百口泉组为例［J］. 天然气地球科学, 2015, 26（增刊1）: 41-49.

［18］吴忠宝, 曾倩, 李锦, 等. 体积改造油藏注水吞吐有效补充地层能量开发的新方式［J］. 油气地质与采收率, 2017, 24（5）: 78-83.

［19］赵继勇, 樊建明, 何永宏, 等. 超低渗—致密油藏水平井开发注采参数优化实践——以鄂尔多斯盆地长庆油田为例［J］. 石油勘探与开发, 2015, 42（1）: 68-75.

［20］邹才能, 丁云宏, 卢拥军, 等. "人工油气藏"理论、技术及实践［J］. 石油勘探与开发, 2017, 44（1）: 144-154.

压裂返排液循环利用技术在新疆玛湖地区的应用

张敬春　潘竟军　怡宝安　邬国栋　翟怀建

(中国石油新疆油田公司工程技术研究院研究院)

摘　要：目前新疆玛湖地区已新建产能 138×10^4 t/a，"十三五"期间计划建产 600×10^4 t/a 以上。体积压裂技术作为支撑玛湖砾岩储层规模效益开发的关键技术在玛湖地区获得普遍应用，而大规模的体积压裂带来了压裂用水短缺和压裂返排液如何有效处理的问题，因而压裂返排液循环利用技术在该地区有着迫切的需求。本研究通过采用亚氯酸钠高效杀菌剂对瓜尔胶压裂液返排液进行杀菌、去除硫化物，然后利用气浮、沉降等方式分离返排液中的悬浮物，然后在返排液中加入 $0.01\%\sim0.2\%$ 的交联离子络合剂、$0.005\%\sim0.01\%$ 的高温稳定剂等添加剂，分别对返排液中残余的交联剂、破胶剂进行针对处理，实现瓜尔胶粉在返排液中的顺利分散起黏，压裂液交联时间可控制在 $10\sim120$ s，压裂液耐温性能达到 $100\,^\circ\mathrm{C}$，形成了一套工艺流程简单、实用性强的利用返排液配制羟丙基瓜尔胶压裂液的技术，在玛湖地区应用 2 井次，循环利用返排液 1×10^4 余立方米，施工成功率 100%。该技术成功解决了压裂污水难以处理的问题，同时实现了水资源的循环利用，达到了节水减排的效果。

关键词：体积压裂、压裂返排液；循环利用；玛湖；应用

水力压裂作为目前最主要的储层改造、提高油气产量的措施之一，尤其是对于低渗透储层，其应用越来越广泛，作业规模不断扩大，压裂液用量和压裂后从地层返排到地面的污水（返排液）量也随之增大，从而带来了两方面的问题：一方面是配制压裂液的用水问题；另一方面是压裂后返排出的大量废液引起的污染和较高的处理成本问题。因此，如何实现压裂返排液的循环利用已成为国内外油气田开发中的研究热点之一。但是，目前国内外压裂返排液循环利用过程中的悬浮物分离、残余交联剂处理、高效杀菌等技术环节仍存在着处理难度大，处理成本高的问题。

本文针对新疆玛湖地区压裂返排液处理及压裂用水问题，对羟丙基瓜尔胶压裂液返排液循环利用技术进行了研究，首先对返排液进行高效杀菌，然后利用气浮、絮凝沉降等方式实现返排液中悬浮物的有效去除。对于返排液中残余的交联离子，采用引入缓交联剂，使缓交联剂、瓜尔胶与交联离子之间产生竞争络合，即降低瓜尔胶与残余交联离子的交联速率，从而保证返排液配制出的羟丙基瓜尔胶压裂液交联过程中的缓交联。初步形成了一套返排液杀菌，气浮、沉降分离悬浮物，然后利用返排液再次配制压裂液的返排液高效循环利用技术。

1　返排液分析

首先对该地区的压裂返排液的组成进行分析，确定影响返排液循环利用的主要因素。返

排液的成分分析见表1。

表1 返排液主要参数

样品编号	pH值	悬浮固体含量（mg/L）	悬浮物粒径中值（μm）	TDS（mg/L）	总硬度（°dH）	硼（mg/L）	细菌（个/mL）
1#	5.2	1127	62	24138	142	31	$10^2 \sim 10^3$
2#	6.3	570	4	12788	100	20	$10 \sim 10^2$
3#	5.4	193	14	5410	52	97	$1 \sim 10$
4#	5.7	235	8	2628	34	12	$10^3 \sim 10^4$
5#	5.2	2800	6	13561	142	69	$10^2 \sim 10^3$
6#	6.1	2480	56	12288	187	53	$10 \sim 10^2$

表1中返排液样品均为羟丙基瓜尔胶冻胶压裂液的返排液，不同样品悬浮物含量及悬浮物粒径中值差异较大。1#~6#样品中均含有一定浓度的硼（残余交联剂），在循环利用时需对其进行处理以保证配制出的压裂液性能。参照SY/T 0532—2012《油田注入水细菌分析方法—绝迹稀释法》测定了返排液样品中的细菌含量，表1中1#~6#样品返排液中含有较多的细菌，在循环利用之前需进行有效杀菌，确保满足配制压裂液的需要。

2 返排液处理

2.1 返排液杀菌

压裂后从地层返排出的废液通常含有较多的细菌，而返排液中残留的羟丙基瓜尔胶属于多糖，是细菌生长繁殖的营养物质，因此在温度较高季节，返排液如果不做处理，细菌迅速生长，返排液在短时间内就腐败变黑发臭，如图1所示。

(a)   (b)   (c)

图1 返排液样品随时间变化情况

如果不对返排液进行有效杀菌而直接用来配制羟丙基瓜尔胶原液，原液的黏度将会很快降低，无法满足现场施工。研究中发现在加入大量的常规杀菌剂后，返排液配制的原液在放置24h和48h后，其黏度仍旧有较大幅度下降，见表2。

通过使用亚氯酸钠杀菌剂，实现了对返排液中细菌的快速、高效杀灭，高效杀菌剂处理后的返排液配制出的原液放置48h，黏度基本保持不变（表2）。返排液中加入高效杀菌剂，已变黑发臭的返排液[图1(c)]快速转变为浅黄色较为清澈的状态[图2(a)]，在实现有效杀菌的同时还可以对返排液中的硫化物、亚铁离子有效去除。

表2 细菌对返排液配制瓜尔胶原液黏度的影响

样品	杀菌剂加量（V/V）（%）	黏度（mPa·s）		
		0h	24h	48h
自来水	0	41.0	40.0	41.8
返排液	0	38.0	<5	<5
常规杀菌	1	42.5	38.0	32.6
高效杀菌	0.15	41.1	40.2	40.6

2.2 悬浮物去除

压裂返排液含有较多的悬浮物（主要为瓜尔胶残渣、黏土、金属氧化物、乳化的原油等），在利用返排液重新配制压裂液之前需要对悬浮物进行去除。但是由于压裂返排液的特殊性质，目前用于分离返排液中悬浮物的过滤、离心、絮凝沉降等方式均存在一定问题，比如采用过滤方式存在滤布堵塞、频繁反洗的问题；卧螺离心适用于将泥土类等与流体的密度差大于 0.05g/cm³ 的悬浮物分离。这里通过采用气浮、絮凝沉降相结合的方式来实现悬浮物的有效分离。其中在气浮过程加入聚合氯化铝的浓度为 20~100mg/L，聚丙烯酰胺的浓度为 20~100mg/L。气浮、沉降后，返排液中悬浮物含量可降低至 50mg/L 以下。处理前后的返排液样品见图2。

图2 返排液悬浮物去除前后对比

试制出处理能力为 20m³/h 的处理设备，流程示意见图3。首先是对返排液进行杀菌，然后进行气浮、沉降处理，气浮分离出的浮渣与沉降分离出的底渣进入叠螺机进一步脱水。叠螺机挤压出的污水循环进入气浮机，从而最大限度地实现水资源的循环利用。

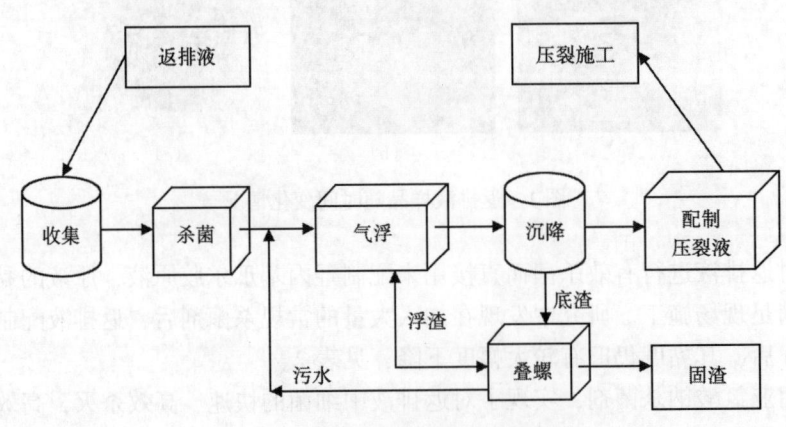

图3 压裂返排液处理流程示意

3 返排液配制压裂液

3.1 瓜尔胶粉在返排液中的分散

由于返排液中含有一定浓度的残余交联剂，如不对其进行处理，在用返排液配制瓜尔胶原液时，这些交联剂会抑制瓜尔胶的分散溶解，使瓜尔胶分散起黏困难或者形成胶状团块。因此，需要对返排液中残余的交联剂含量进行去除或者屏蔽处理。返排液中残余的交联剂是以硼酸/硼酸根离子的形式存在，硼酸与硼酸根离子二者之间存在动态平衡，主要受 pH 值的影响。当溶液的 pH 值较高时（8~10），残余交联剂主要以硼酸根离子的形式存在于返排液中，pH 值<7 时，残余交联剂主要以硼酸的形式存在。因此，在配液时通过向返排液中加入适量的盐酸或者柠檬酸将返排液的 pH 值调整到 6.5 左右，加入 0.4% 的瓜尔胶，搅拌 3min 测定瓜尔胶基液的黏度以及放置 24h 和 48h 后的黏度见表 3。

表3 羟丙基瓜尔胶在返排液中的分散起黏情况

样品来源	黏度（mPa·s）		
	搅拌 3min	放置 24h	放置 48h
清水	41	42	43
2%KCl	39	40	40
1#井	41	40	40
2#井	40	40	39
3#井	42	41	41
4#井	41	40	40
5#井	39	39	39

由表 3 数据可知，通过简单的调节返排液的 pH 值即可实现羟丙基瓜尔胶在返排液中的快速分散起黏，并且配制的原液在放置 24h 和 48h 后，黏度基本保持恒定。

3.2 返排液配制压裂液的交联

由于返排液中的残余交联剂，返排液配制的压裂液在进行再次交联时，压裂液 pH 值升高，体系迅速交联，交联时间不可控。即再次交联时体系 pH 值升高，原液中的硼酸迅速转化为硼酸根离子，瓜尔胶分子中的顺式邻位羟基与硼酸根离子发生络合反应，快速形成冻胶。本研究通过在返排液中加入与硼酸/硼酸根离子具有一定络合能力的缓交联剂来实现返排液配制的压裂液的缓交联[3]，其原理示意图见图 4。

当体系中引入缓交联剂后，体系在交联过程中 pH 值升高，返排液中的硼酸快速转变为硼酸根离子（硼酸转变为硼酸根离子的速率高于硼酸根离子与瓜尔胶、缓交联剂的络合速率），缓交联剂、瓜尔胶均与返排液中的硼酸根离子发生作用，图 4 中反应①和②同时进行，由于瓜尔胶与硼酸根离子的交联作用受到缓交联剂的竞争，体系形成冻胶的总体速率减慢。由于缓交联剂与硼酸根离子的络合能力低于瓜尔胶与硼酸根离子的络合能力，与硼酸根

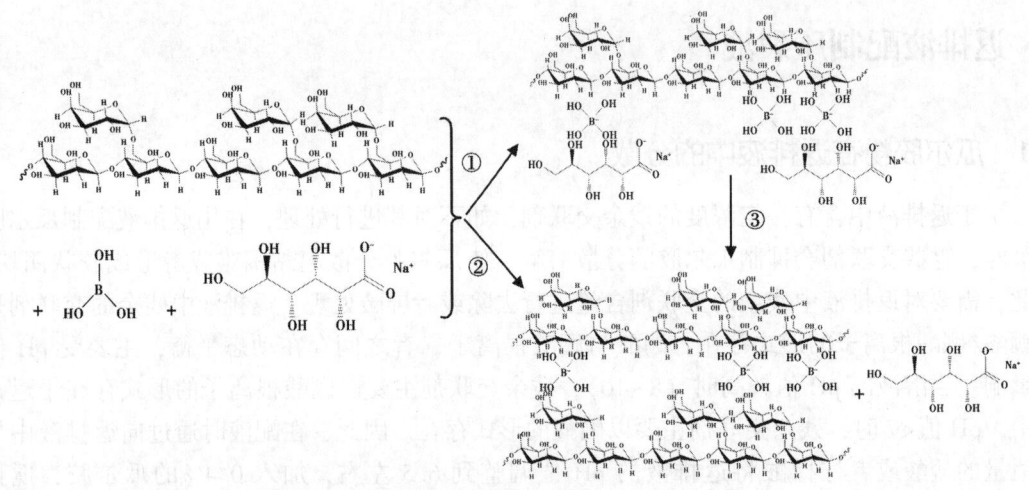

图 4 缓交联原理示意

离子络合的缓交联剂会被瓜尔胶逐渐置换下来，即反应③过程，冻胶强度逐渐提升。从而通过调整缓交联剂的加量实现返排液配制出的压裂液的缓交联。

3.3 返排液配制的压裂液性能评价

压裂后较短时间内排出的返排液中通常会存在一定量的过硫酸盐破胶剂，如果不对残余的破胶剂进行有针对性的处理，利用返排液配制出的冻胶压裂液耐温耐剪切能力将明显下降。通过实验筛选出了能够对返排液中残余破胶剂进行掩蔽的处理剂，从而提高压裂液的耐温耐剪切性能。完全返排液配制的冻胶的温耐剪切性能见图 5，测试温度 80℃，剪切速率剪切速率 $170s^{-1}$。剪切 60min 后，返排液配制的压裂液黏度保持在 $100mPa·s$ 以上。

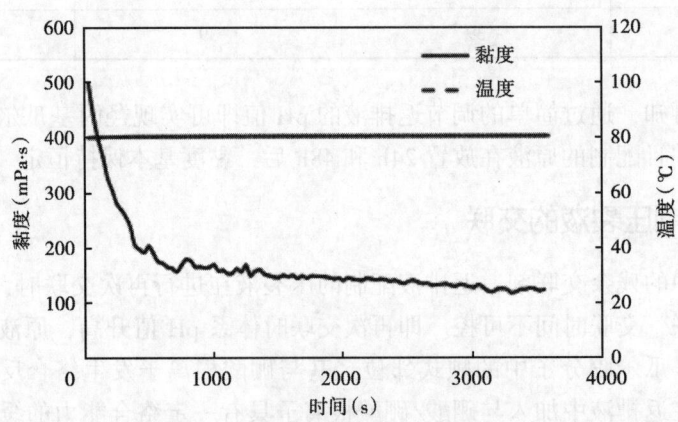

图 5 返排液配制压裂液耐温性能评价

4 现场应用

在完成上述研究后，返排液的循环利用进入现场试验阶段。将返排液拉运至压裂施工井场，在井场进行处理后直接用于配制压裂液进行压裂施工，顺利完成 MaHW6131 井和

MaHW6125井（井温97℃）压裂施工,利用返排液配制的压裂液占到总入井液量的25%。后续对MaHW6131井和MaHW6125井改造效果进行了跟踪,压后开井165天累计产油量与邻井产量的对比情况见图6。

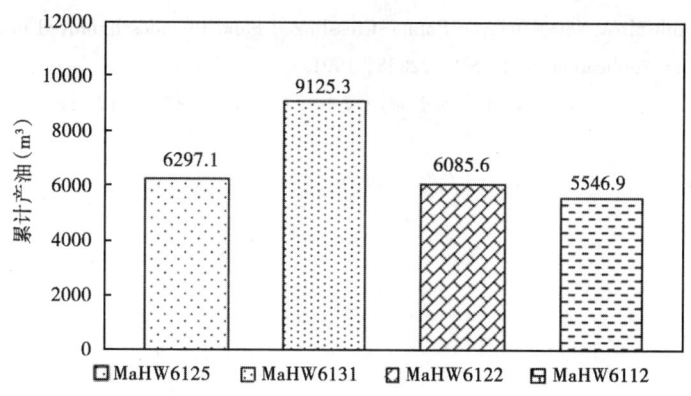

图6 压后开井165天的累计产油量与邻井的对比情况

由图6可看出,采用返排液进行压裂施工井MaHW6131井和MaHW6125井的产量与采用清水配制压裂液施工的邻井MaHW6122井和MaHW6112相比,产量表现可观。

5 结论

本研究通过采用简单的工艺流程实现了返排液的循环利用,即返排液经过杀菌、气浮、沉降处理,然后加入缓交联剂、残余破胶剂掩蔽剂直接用于配制压裂液,并于现场压裂应用中取得成功,且压后效果良好。随着这种处理流程简单、成本低的返排液循环利用工艺技术的不断优化与完善,压裂返排液循环利用技术将会为新疆玛湖地区的工厂化压裂与节水减排提供更有力的技术支持。

参 考 文 献

[1] 吴新民,赵建平,陈亚联,等.压裂返排液循环再利用影响因素[J].钻井液与完井液,2015,32(3):81-85.

[2] Ruyle B, Fragachan F E. Solving Field Produced Water Challenges with a Novel Guar-based System: a Comprehensive Review of Actual Field Examples and Cost Savings Analysis [R]. SPE 177678, 2015.

[3] Li Leiming, Qu Qi, Sun Hong, et al. How Extremely High-TDS Produced Water Compositions Affect Selection of Fracturing Fluid Additives [R]. SPE 173746, 2015.

[4] 张晓虎.压裂返排液循环利用高效杀菌剂的研究与应用[J].钻采工艺,2017,40(2):112-114.

[5] Balasubramanian R, Ryther R, De Paula R, et al. Development of a very Low Peroxide Containing Peracid Formulation as Superior Treatment Option for Water Reuse Applications [R]. SPE 173780, 2015.

[6] Barnes C M, Marshall R, Mason J, et al. The New Reality of Hydraulic Fracturing: Treating Produced Water is Cheaper than using Fresh [R]. SPE 174956.

[7] 侯普艳.胍胶压裂返排液再利用技术研究与应用[J].科技展望,2015,19:126-128.

[8] Harris P C. Chemistry and Rheology of Borate-Crosslinked Fluids at Temperatures to 300F [J]. Journal of Petroleum Technology, 1993, 45(3): 264-269.

[9] 庄照锋, 张士诚, 张劲, 等. 硼交联羟丙基瓜尔胶压裂液回收再用可行性研究 [J]. 油田化学, 2006, 23 (2): 120-123.

[10] 吴越, 周怡, 蔡远红, 等. 压裂返排液中残余硼交联剂掩蔽方法 [J]. 石油钻采工艺, 2017, 39 (5): 652-657.

[11] Brannon H D, Ault M G. New, Delayed Borate-Crosslinked Fluid Provides Improved Fracture Conductivity in High-Temperature Applications [R] SPE 22838, 1991.

[12] 管保山, 梁利, 程芳, 等. 压裂返排液取水应用技术 [J]. 石油学报, 2017, 38 (1): 99-104.

新疆油田水平井"裸眼封隔器+滑套"分压工具自主化研制与应用

田志华　韩光耀　杨新克　舒博钊　董小卫　赵文龙

(中国石油新疆油田公司工程技术研究院)

摘　要：水平井裸眼封隔器加滑套分压工艺是目前致密油藏、低渗油藏主要完井改造方法之一，相比桥塞射孔联作压裂和连续油管水力喷射拖动压裂工艺，具有施工周期短和作业成本低等特点。2008年该工艺首次成功引进新疆油田克拉美丽气田，2012年开始进入规模应用，主要使用Packer plus、斯伦贝谢、贝克休斯、Resource等公司的产品。根据目前的使用情况来看，进口工具主要存在压裂滑套开启压力不稳的问题。根据统计，2013—2014年，就有10口井共计25级未能完成压裂作业。经分析，造成这一现象的原因是因为球座耐冲蚀不足，在大排量、大砂量下的工况下，球座冲蚀扩径，造成部分滑套无法开启。新疆油田通过研究，攻克了球座表面硬化处理问题，解决了球座冲蚀难题；并研制了具有自主产权的水平井裸眼封隔器+滑套分压配套工具，耐压70MPa，耐温150℃，可最高分压20级；同时具有外径小、长度短，易于下入，性能可靠等特点。目前该系列工具已在新疆油田应用17口井，全部成功。其中，最大应用井深5763m，最高分压19级，单级最大加砂量67.1m^3，最大排量10.0m^3/min。从施工曲线看，每级滑套打开压力信号明显；压裂作业中各级破裂压力显示封隔器密封良好。

关键词：水平井；裸眼封隔器；滑套；分段压裂

水平井开发目前已成为新疆油田勘探开发中的重要开发方式。针对低孔低渗油藏，为了最大限度打开储层，增加泄油面积，提高单井产量实现经济有效开发，引进了国外的水平井裸眼分段压裂改造技术。在应用中发现，除工具价格高外，还存在滑套开启不稳、封隔器提前坐封等严重的技术问题。为确保新疆油田的水平井储层精细化改造，提高储层改造效果，降低油田开发成本，同时为响应油田公司"工厂化"作业需求，开展水平井"裸眼封隔器+滑套"多级分段压裂管柱技术自主研制具有现实意义。

1　水平井裸眼分段压裂管柱

1.1　工艺原理

水平井裸眼分段压裂改造技术是根据地质和工艺要求，利用裸眼封隔器将水平井裸眼段分为若干段，压裂滑套位于需要改造的目的层位置，通过液压实现封隔器坐封进而达到卡封层段的目的，自下而上采用液压和投球的方式依次开启压裂滑套，从而实现对水平段的分段压裂改造。

1.2　管柱结构

新疆油田自主水平井裸眼分段压裂管柱主要由棘爪式密封插管、锚定式悬挂封隔器、裸眼封隔器、投球压裂滑套、液压开启压裂滑套、井筒隔离阀、单向截止阀、强制浮箍和导向头等工具组成,如图1所示。

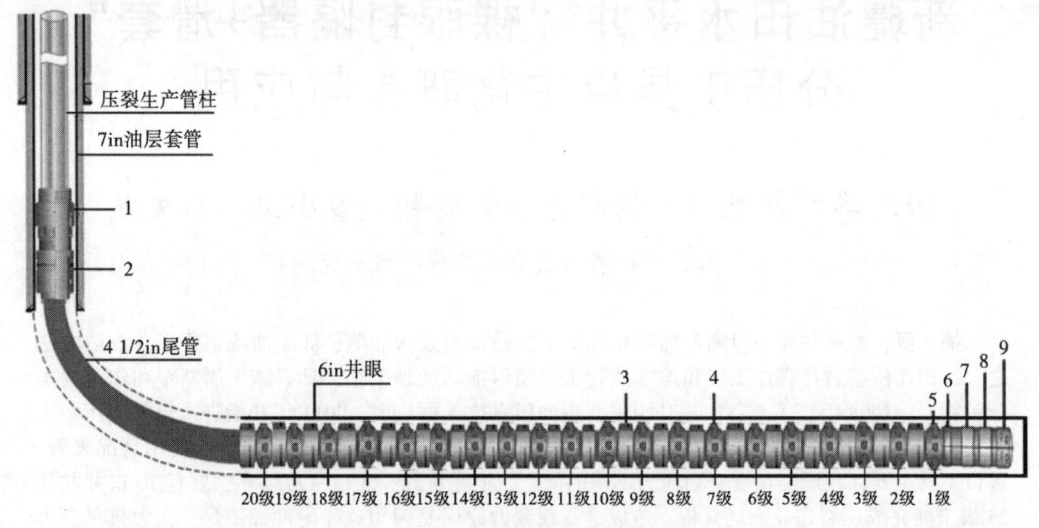

图1　水平井裸眼分段压裂管柱结构
1—棘爪式密封插管；2—锚定悬挂式封隔器；3—裸眼封隔器；4—投球压裂滑套；
5—液压开启压裂滑套；6—井筒隔离阀；7—单向截止阀；8—强制浮箍；9—导向头

1.3　技术关键点

水平井裸眼分段压裂技术关键点主要体现在管术下入和压裂施工两个过程。要求工具在下入、坐封时安全可靠,不能出现提前坐封、坐封不严、丢手失败等问题；在压裂施工时要求滑套开启可靠、顺利。总结起来,有以下几个具体关键点：(1) 裸眼封隔器要求胶筒耐温、耐压、密封效果满足压裂施工要求；(2) 投球滑套开启压差稳定、球座耐冲蚀达到加砂要求；(3) 套管锚定式悬挂封隔器要求足够的锚定力、密封性能良好；(4) 棘爪式密封插管要求工具连接入井安全、丢手可靠、密封性能良好。

2　工具研制

新疆油田自主水平井裸眼分段压裂完井工具系统,其核心部分主要包括裸眼封隔器、投球式压裂滑套、井筒隔离阀、锚定悬挂式封隔器及配套棘爪式密封插管、井筒隔离阀。工具耐温150℃、耐压70MPa。

2.1　裸眼封隔器

裸眼封隔器的作用是,密封完井管柱与裸眼井壁之间的环空,将长井段不连续产层分段封堵隔开,卡封目的油气层,为压裂施工提供有效封堵。其结构如图2所示。工作原理为,投球关闭井筒隔离阀憋压,坐封剪钉剪断,活塞缸移动压缩胶筒,锁环止回机构确保了活塞缸只会沿胶筒压缩方向发生单向位移,所有封隔器一起坐封。本封隔器可耐油套环空压差70MPa,室内密封耐压差试验曲线如图3所示。

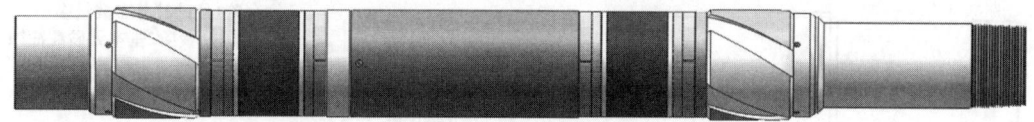

图 2 裸眼封隔器结构

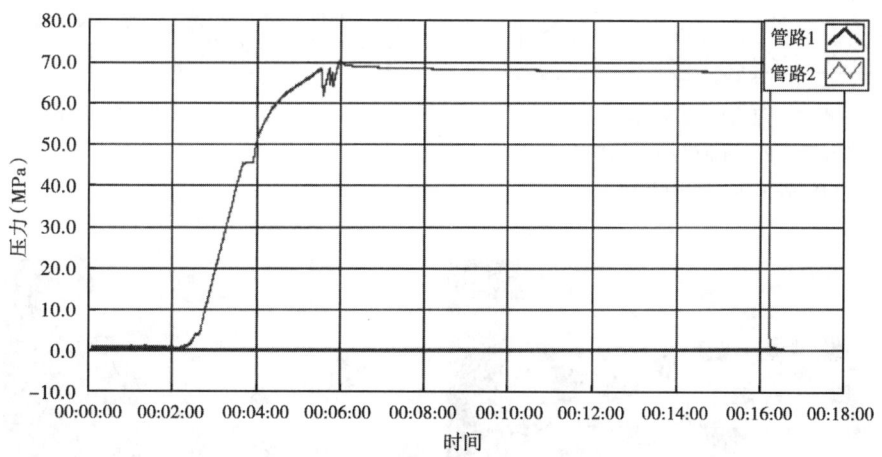

图 3 裸眼封隔器室内环空承压试验曲线

2.2 投球式压裂滑套

投球式压裂滑套的作用是：沟通完井管柱与地层，其为位于两个裸眼封隔器中间，正对所需改造层段。投球式压裂滑套结构如图 4 所示，工作原理是：通过投球入座憋压的方式打开，内部球座，连通完井管柱与地层。设计了内锁紧机构保证滑套打开后套喷砂孔处于常开状态，其中滑套球座的结构设计及表面热处理工艺作为核心内容进行研究。

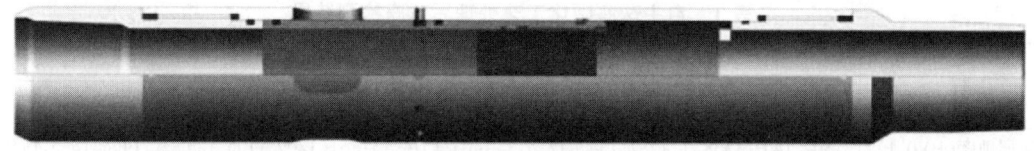

图 4 投球式压裂滑套结构

为确保压裂施工作业中球座密封和抗冲蚀性能，设计了双台阶导流结构，通过改变流场速度分布，减小压裂砂对球座冲蚀，同时球在球座中受三向约束，可防止球跳动，密封可靠。球座结构如图 5 所示。压裂加砂阶段砂粒分布如图 6 所示。

筛选碳化钨喷涂、渗氮、渗碳、碳氮共渗等 6 种球座表面硬化处理工艺并进行试验对比评价，优选出适用于球墨铸铁表面高硬度、薄硬层的硬化处理工艺，既满足了大排量携砂液抗冲蚀要求，后期又易于钻磨，保证井筒畅通。自主球座表面渗层微观检测如图 7 所示，检测结果见表 1，均达到设计要求。

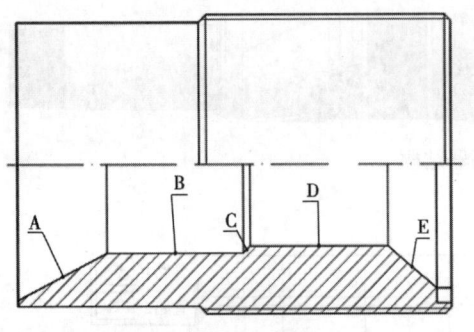 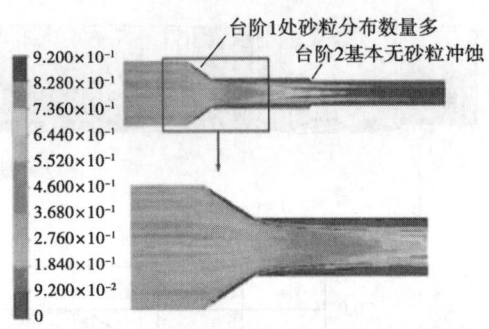

图5 双台阶球座结构　　　　　　　　　图6 双台阶球座砂粒分布
A—台阶面1；B—约束面；C—台阶面2；
D—冲蚀面；E—导流面

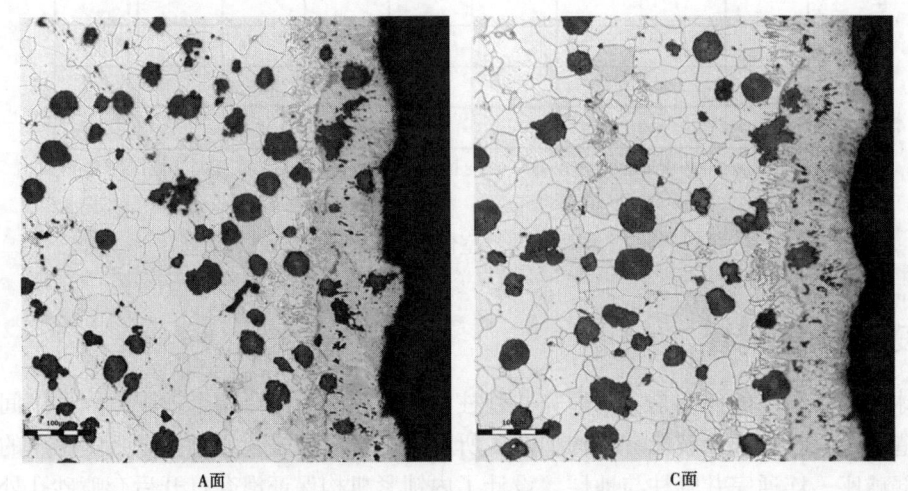

A面　　　　　　　　　　　　　　　C面

图7 自主球座硬化工艺处理后球座内表面渗层特征

表1 自主球座硬化工艺处理后球座检测结果

检测面	A	B	C	D	E
渗层深度（μm）	118,116,113	95,98,121	123,121,90	116,122,105	125,132,123
渗层硬度（HV0.1）	1502,1403,1538	1287,1343,1315	1403,1574,1373	1209,1106,1235	1468,1343,1436

2.3 套管悬挂封隔器及密封插管

套管悬挂封隔器的作用是，采用锚定装置将整体管柱固定在上部套管上，防止压裂时管柱移动从而影响封隔器密封效果，并密封油套环空。其结构如图8所示，主要由锚定装置、密封装置、坐封装置组成。同时，为防止中途坐封，设计了卡瓦防坐封结构。工作原理为，通过打压使活塞缸移动，压缩胶筒和锚定悬挂式封隔器上下卡瓦，吨位达到一定值后，上卡瓦首先分瓣裂开，锚定于套管壁，封隔器坐封，然后下卡瓦裂开锚定。上下卡瓦先后工作有助于锚定可靠，室内试验锚定力可达到900kN。

密封插管与悬挂封隔器配套使用。其结构如图9所示，主要由密封组件、棘爪组件等组成。其作用是，连接于悬挂封隔器上部密封工作筒部分，实现完井工具的入井、坐封丢手、压裂回接。其丢手方式采用机械式反扣丢手。

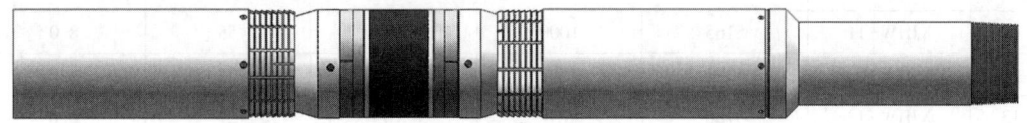

图 8 套管悬挂封隔器

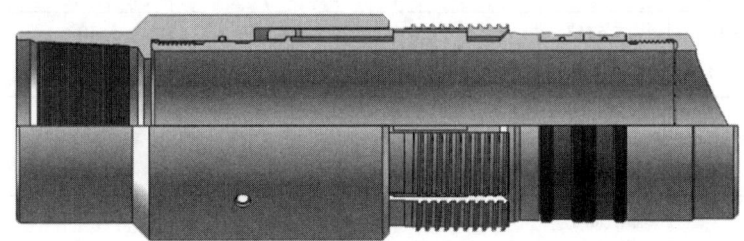

图 9 棘爪式密封插管

3 现场应用情况

2015年6月，新疆油田自主研制的裸眼水平井分压工具开始进入现场试验，完井管柱的入井、坐封、验封、丢手、回接等作业过程安全可靠，工具性能良好。后期现场压裂各项施工参数均达到设计要求，生产数据显示各井改造效果显著。

截至2018年4月，共实施17口井，合计分压172级，最大井深5763m，最高分压19级，单级最高液量691.7m³，单级最大砂量67.1m³，最大排量10.0m³/min。应用井情况统计见表2。选取XJHW-07井压裂施工曲线进行分析，曲线如图10所示，投球滑套开启压差13~18MPa，设计压差15MPa。各级破裂压力差及同排量下压力差明显，说明裸眼封隔器密封可靠，无窜层、重复压等情况；油套环空压力稳定，表明悬挂器及插管密封可靠。

表 2 现场应用井情况统计

序号	井号	井深（m）	水平段长（m）	分压级数	单层最高砂量（m³）	最高施工排量（m³/min）
1	XJHW-01	1323	482	6	67	8.0
2	XJHW-02	1438	550	8	72	8.0
3	XJHW-03	1335	659	8	60	8.0
4	XJHW-04	4090	700	12	45	10.0
5	XJHW-05	1435	552	7	60	10.0
6	XJHW-06	1353	550	8	60	10.0
7	XJHW-07	3562	490	8	40	6.0
8	XJHW-08	3750	607	10	35	6.0
9	XJHW-09	3707	504	8	45	10.0
10	XJHW-10	4827	495	8	30	6.0

续表

序号	井号	井深（m）	水平段长（m）	分压级数	单层最高砂量（m³）	最高施工排量（m³/min）
11	XJHW-11	5165	1000	15	55	8.0
12	XJHW-12	5294	996	13	23	6.0
13	XJHW-13	3780	618	10	27	6.0
14	XJHW-14	3704	642	9	39	6.0
15	XJHW-15	4742	552	9	43	6.0
16	XJHW-16	5763	1265	19	40	5.5
17	XJHW-17	5408	942	14	60	5.5

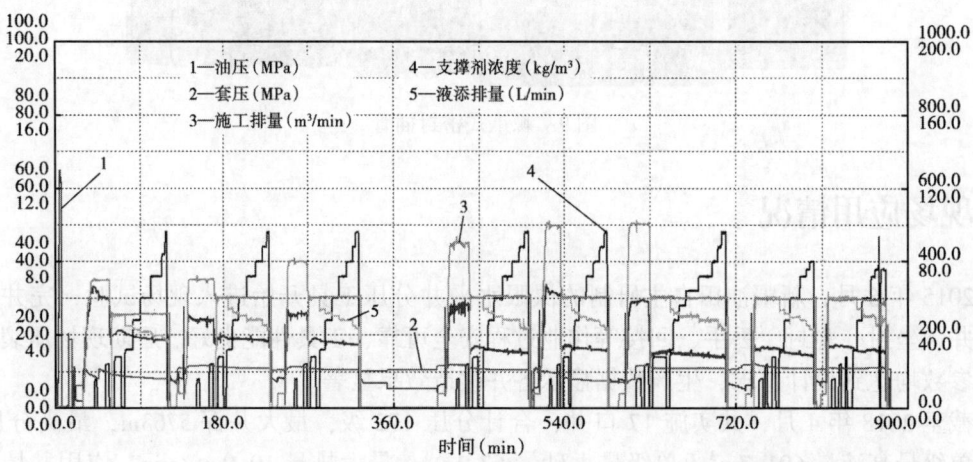

图10 XJHW-07井"裸眼封隔器+滑套"分段压裂施工曲线

4 结论

（1）通过对比国外工具与自主工具球座表面性能，认为表面硬度和表面硬化层厚度是影响滑套性能的关键指标。球座的性能关系到滑套开启成功与否，进而影响压裂施工的成败。自主研制的滑套性能在这两项关键指标上已经优于国外同类产品。

（2）自主研制的水平井裸眼分段压裂完井工艺及配套工具施工安全，目前管柱施工成功率达到100%；对目的层改造效果好，从158级分压情况来看，各级滑套打开明显，无窜层、重复压裂等情况。

综上，从技术层面来看，针对新疆油田公司低孔低渗油藏，该技术关键指标优异，施工安全系数高，存在大规模推广应用的价值。

参 考 文 献

[1] 吴奇，王峰等．水平井封隔器滑套分段压裂技术［M］．北京：石油工业出版社，2013.4.
[2] 谢建华，赵恩远，等．大庆油田水平井多段压裂技术［J］．石油钻采工艺，1998，20（4）：72-75.
[3] 许建国，王峰，等．水平井滑套分压工艺技术及现场应用［J］．钻采工艺，2008（SI）：54-56.

致密油藏水平井多级压裂优化设计及压后效果评价

李佳琦　孟　雪　陈蓓蓓　袁丹丹　程福山

(中国石油新疆油田公司工程技术研究院)

摘　要：本文通过数值模拟优化 G 区致密油水平井体积压裂的裂缝参数,实现储层改造程度以及产量最优的特定指标;通过优化相关施工参数,实现最优化裂缝几何形态。最后通过建立致密油储层压裂 SRV 的理论评价方法,完成了 6 口井的 SRV 压后模拟计算,可用于后期改造井 SRV 压前预测和压后评价。采用该设计方法压裂改造后,效果良好,均展现稳定、持久的生产能力,进一步验证了该技术的可靠性。

关键词：致密油;压裂;天然裂缝;SRV

G 区致密油资源丰富、潜力巨大,储层具有埋藏深、天然裂缝欠发育、水平应力差高、脆性低、流度比小的特征,水平井多级压裂技术是其取得经济开发的关键。该区先导试验井水平段长在 1300m 左右,均采用裸眼分段压裂,平均段间距在 65~80m,施工参数变化大,没有形成基于储层特征的设计范围,其中施工排量为 3.5~12m^3/min,前置液比例在 22%~43%,平均砂比在 13%~20%,段均砂量在 42~120m^3,段均注液规模在 600~1200m^3。该区前期改造效果不理想、井间效果差异大,需要深入开展该区的裂缝参数优化、施工参数优化及压后效果评价等关键技术攻关,以获得最大化的改造效果和经济效益,为实现 G 区致密油的规模、高效、经济开发提供理论基础和技术支撑。

1 致密油水平井裂缝参数优化

本文采用 Eclipse 数模软件建立目标区块地质模型(图 1)。从所建立的模型平面展布图可以看出,目标区块渗透率极低,然而渗透率非均质性并不强,相比而言,孔隙度的非均质

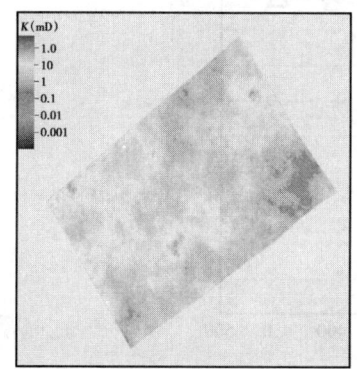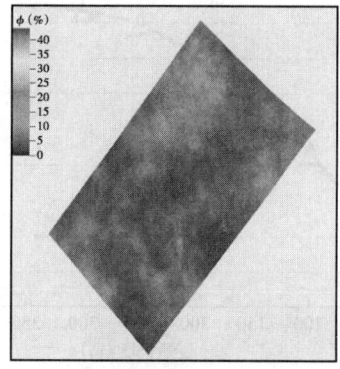

图 1　模型平面展布图(从左至右依次为渗透率、孔隙度、含油饱和度)

性更明显。

1.1 裂缝条数优化

水平井裂缝间距优化是实现改造体积最大化的重要工程手段，过小的裂缝间距导致不同主裂缝形成的 SRV 相互重叠，降低改造效率；过大的缝间距导致不同主裂缝之间存在一定的未改造区，影响压后改造效果。为此，裂缝间距设计对致密油体积改造具有重要影响。模拟 5 年时间内不同裂缝条数与累计产油的关系（图2）。

模拟结果表明当裂缝条数超过 40 条后上升趋势变缓，综合考虑优化裂缝条数为 40~45 条。

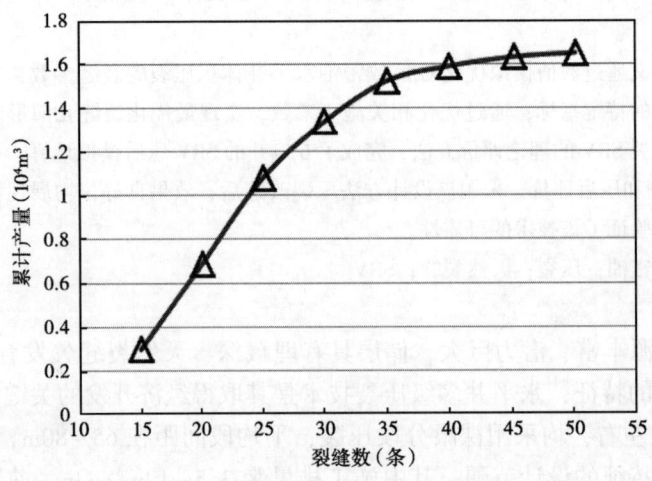

图 2　裂缝数与累计产油量关系图

1.2 裂缝长度优化

裂缝长度对低渗透裂缝油藏水平井产能有重要的影响。模拟 5 年时间内不同裂缝长度与累产油关系（图3）。

可以看出随着裂缝长度的增加，水平井累计产油量呈上升趋势，在裂缝长度超过 300m 之后累计产油量增长速度明显变缓。因此，优化裂缝长度在 250~300m。

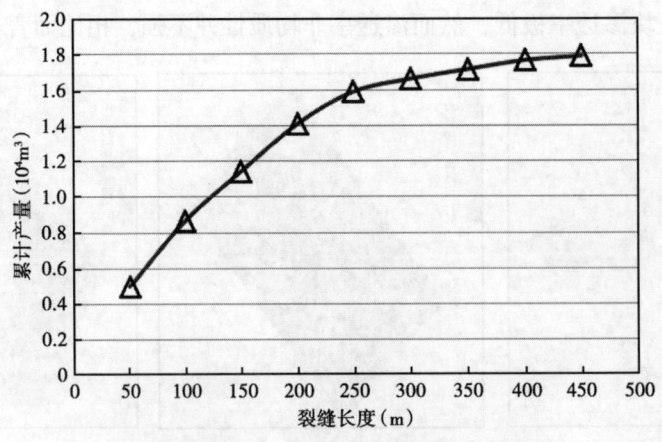

图 3　裂缝长度与累计产油量的关系曲线图

1.3 裂缝导流能力优化

在一定裂缝长度和裂缝条数下,裂缝导流能力的增加,势必使压裂的加砂量增加,导致施工成本增加。在设计时应合理选取合适的导流能力,使得储层的潜能得到较好地发挥,又获得好的经济效益。模拟不同裂缝导流能力下的累计产油关系(图4)。

随着裂缝导流能力的提高,水平井压后产能增加,但当裂缝导流能力达到11D·cm以后累计产量上升趋势变缓。因此优化裂缝导流能力在9~11D·cm。

图4 裂缝导流能力与累计产油量关系图

2 致密油水平井施工参数优化

施工参数对裂缝几何尺寸、储层改造充分程度及压后效果具有重要影响,基于以上裂缝优化数据开展施工参数的优化设计,主要包括注入排量、注入规模和砂比等。

2.1 支撑剂优选

对于致密油体积压裂来说,支撑剂会在主裂缝和分支裂缝内同时运移。由于分支缝偏移了主裂缝延伸方向,这时分支缝受到的正应力增加,裂缝张开宽度减小(图5),主缝与分支缝缝口的裂缝宽度大小直接决定了多大的支撑剂颗粒能进入,需要结合试验区的储层地质条件进行选择。

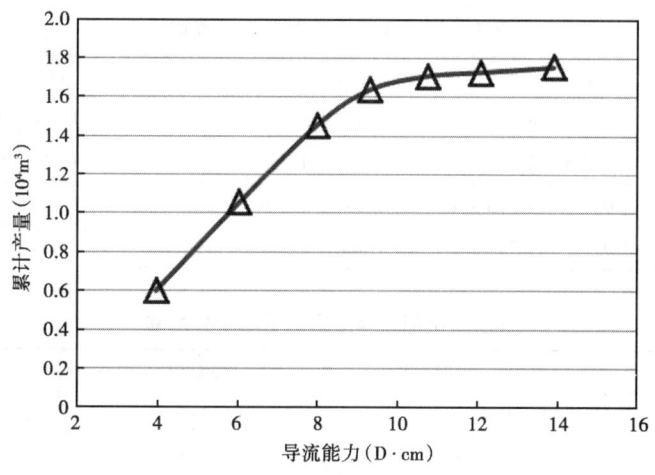

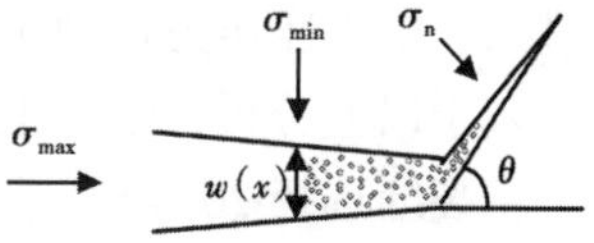

图5 分支缝支撑剂运移示意图

分支缝所受正应力计算:

$$\sigma_n(x) = \frac{\sigma_{max} + \sigma_{min}}{2} + \frac{\sigma_{max} - \sigma_{min}}{2}\cos[2(90°-\theta)] \tag{1}$$

式中 $\sigma_n(x)$ ——分支缝所受正应力,MPa;

σ_{max} ——最大主应力,MPa;

σ_{min} ——最小主应力,MPa;

θ ——分支缝与最小主应力夹角,(°)。

$$\eta = \frac{W(x_n)_{max}}{W(x)_{max}} = \frac{p(x) - \sigma_n(x)}{p(x) - \sigma_{min}(x)} \tag{2}$$

式中 $p(x)$——主缝施工净压力，MPa；

$W(x_n)_{max}$——分支缝最大宽度，mm；

$W(x)_{max}$——主缝最大宽度，mm。

给定不同的主缝净压力，根据式（1）和式（2）计算主裂缝和相应分支裂缝的宽度（表1）。

表1 不同施工净压力下的裂缝宽度

施工净压力（MPa）	4	5	6	7	8	9	10	11	12	13	14
主缝最大宽度（mm）	2.645	3.306	3.968	4.629	5.290	5.952	6.613	7.274	7.936	8.597	9.258
平均宽度（mm）	2.078	2.597	3.116	3.636	4.155	4.674	5.194	5.713	6.233	6.752	7.271
分支缝最大度（mm）	0.251	0.913	1.574	2.235	2.896	3.558	4.219	4.880	5.542	6.203	6.864
平均宽度（mm）	0.197	0.717	1.236	1.756	2.275	2.794	3.314	3.833	4.352	4.872	5.391

表2 不同支撑剂组合下的颗粒尺寸

支撑剂（目）	20/40	30/50	40/70
颗粒直径范围（mm）	0.42~0.84	0.30~0.59	0.25~0.30
最大直径（mm）	0.84	0.59	0.30
3倍直径值（mm）	2.49	1.65	0.81

表2为不同目数支撑剂的颗粒尺寸。根据支撑剂通过理论，平均裂缝宽度必需大于3倍颗粒直径。

对于分支缝来说，要通过20/40目支撑剂，主缝内的净压力至少要达到9MPa；要通过30/50目支撑剂，主缝内的净压力至少要达到7MPa；要通过40/70目支撑剂分支裂缝，主缝内的净压力至少要达到6MPa。对于主裂缝来说，施工净压力达到5MPa即可保证20/40目进入，施工净压力达到4MPa即可保证30/50目进入。

基于以上分析，结合主裂缝和分支裂缝对导流能力的要求，分支裂缝铺置可选择40~70目，主裂缝选择20/40目或30/50目。

2.2 砂浓度优化

砂浓度的优化是实现裂缝铺置的有效导流能力。根据裂缝导流能力的优化结果，分支缝的导流能力需达到0.8~1.0D·cm；主缝的导流能力需达到在9.0~11.0D·cm（天然裂缝欠发育段为3.0~4.0D·cm）。

开展支撑剂铺砂浓度室内实验测试分支裂缝导流能力变化（图6）。采用40/70目陶粒，裂缝铺置砂浓度分别为1.5kg/m²，2.0kg/m²和2.5kg/m²，在50MPa闭合应力下裂缝导流能力分别达到了6.02D·cm，9.3D·cm和12.87D·cm，为此，对分支裂缝来说，选择1.0kg/m²的铺砂浓度能满足裂缝导流要求。

采用30/50目陶粒，考虑主裂缝铺置砂浓度分别为1.0kg/m²，2.0kg/m²和3.0kg/m²，在50MPa闭合应力下裂缝导流能力分别达到了8.75D·cm、11.04D·cm，和17.72D·cm

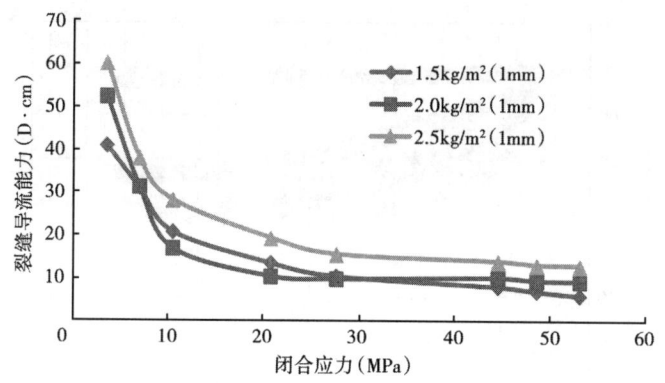

图6　分支裂缝自支撑和铺砂条件下的裂缝导流能力实验数据

（图7）。为此，对主裂缝选择2.0~2.5 kg/m²（天然裂缝不发育段1.0~1.5 kg/m²）的铺砂浓度能满足裂缝导流的要求。

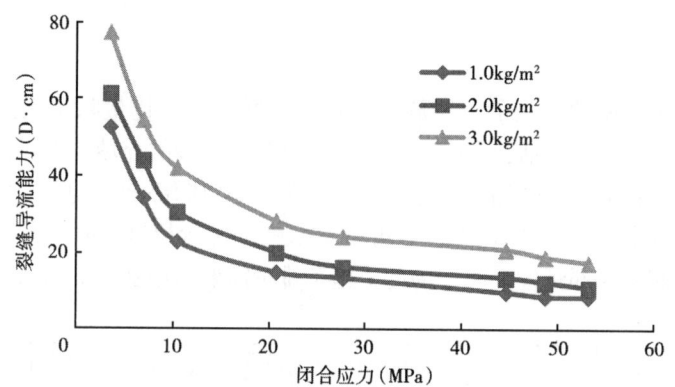

图7　主裂缝铺砂条件下的裂缝导流能力实验数据

2.3 压裂液优选

在致密油体积压裂时，压裂液除了起到输送支撑剂的作用，还具有扩展裂缝网络、增大改造体积的作用。优选致密油体积压裂的压裂液体系，首先需要了解不同黏度流体在缝内的压力传播。假设水力裂缝与天然裂缝交点到天然裂缝的缝端距离为10m，1mPa·s的缝端流体压力达到破裂时，相同时间下其他黏度流体的压力传播如图8所示。

从图8可知，相同条件下，1mPa.s的流体在缝内压力降小于4MPa时，5mPa·s流体达到破裂条件还需增加压力19MPa；10mPa·s流体达到破裂条件还需增加压力26MPa；20mPa·s和50mPa·s流体达到破裂条件还需增加压力28MPa。

由此可知，压裂液具有"低黏成网，高黏成缝"的特性，即：黏度越低，流体在缝内压降越小，越易实现天然裂缝端部破裂，利于转向延伸；流黏度越高，流体压力在缝内越难传递，达到天然裂缝端部破裂条件越困难，难以实现转向。

对致密油储层的体积改造来说，既要考虑扩大改造体积，增加裂缝网络与基质的接触面积，又要考虑延伸和铺置主裂缝，形成主要的油流通道。为此致密油体积压裂时，压裂液的

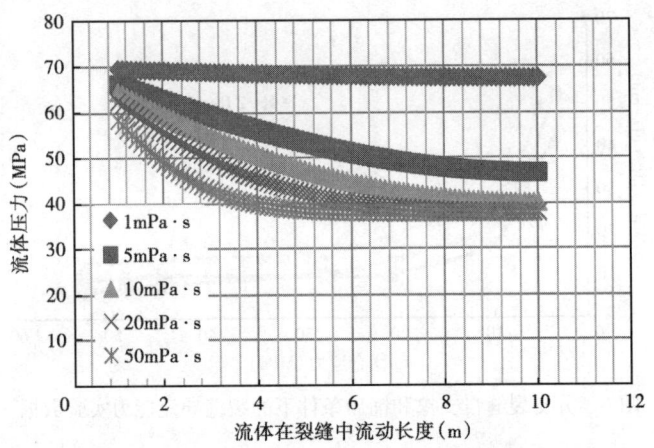

图 8 不同黏度流体相同条件下在缝内的流体压力分布

选择需要遵循前置滑溜水低黏成网，冻胶压裂液高黏成缝的设计原则。

2.4 施工排量优化

施工注入排量是致密油压裂的关键施工参数，过低的注入排量除了无法实现有效携砂以外，还会导致天然裂缝无法激活，支撑剂不能实现对分支裂缝的充填，但过高的排量可能会导致裂缝高度失控，穿越上下无效储层，导致裂缝无法实现对深部油区的有效沟通，为此，需要建立排量与裂缝高度之间的关系（图 9）。可以看出施工排量超过 $6m^3/min$ 以后，裂缝高度会急剧增加，裂缝向储层深部延伸受限，为此，施工排量需要考虑在 $6m^3/min$ 以下设计。

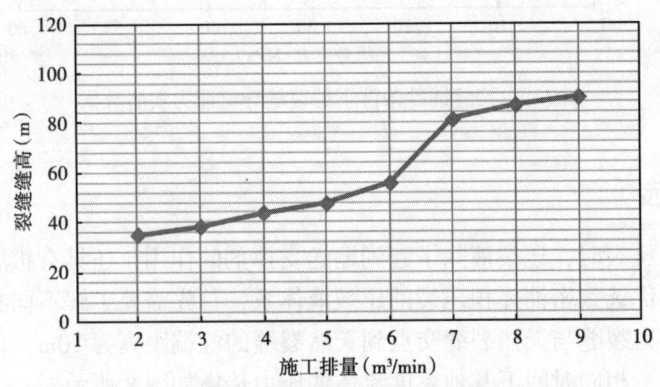

图 9 施工排量与裂缝高度的增长模拟关系

在支撑剂优选中我们知道要实现对天然裂缝的张开和支撑剂的通过，需要主缝净压力至少为 6MPa。通过裂缝扩展的数值模拟计算表明，在不同施工排量下对应的缝内净压力如图 10 所示。施工排量为 $4m^3/min$ 时缝内施工净压力可达到 6MPa，能压开天然裂缝且保证支撑剂的运移布置；当施工排量增加到 $6m^3/min$ 以后，施工净压力增加趋缓，这是由于施工排量超过 $6m^3/min$ 后，缝高急剧增加，净压力增加幅度降低。

综合以上分析，对致密油水平井多级压裂，单簇/缝设计 $4.0\sim6.0m^3/min$ 的施工排量较为合适。

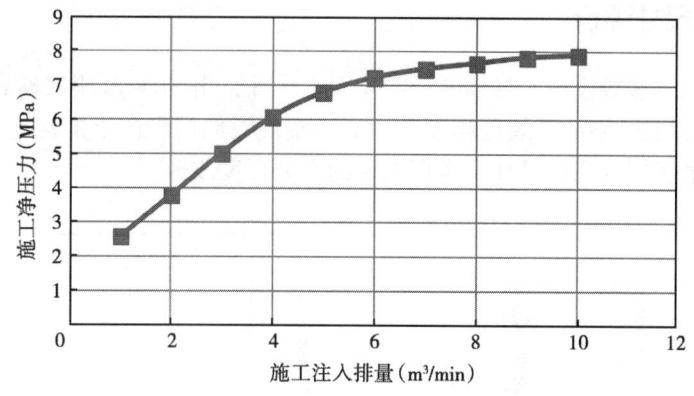

图 10　施工排量与缝内净压力关系

2.5　液体规模优化

致密油试验区注入液规模与改造体积如图 11 所示。由图可知，注入液规模越大，改造体积越大，但注入液规模达到一定程度后，改造体积的增加速率减低。当注入液体规模达到 900m³（分两簇模拟）后改造体积增速变缓，为此，单段选择 900m³（单簇 450m³）的注入液规模设计较为合适。

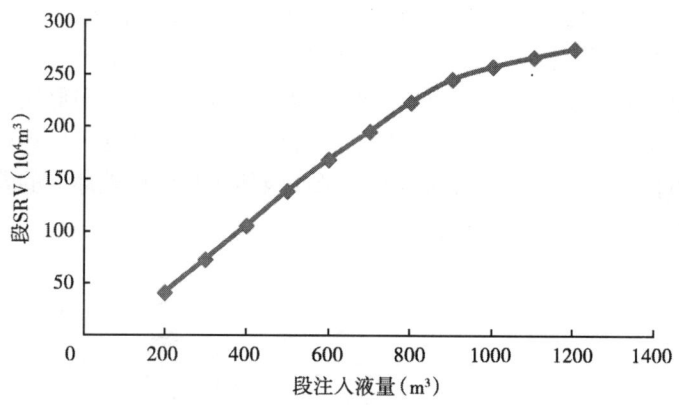

图 11　注入液体规模和改造体积关系

3　致密油水平井压裂改造适应性评价

体积改造的压后评价技术对分析改造井压裂改造情况，为后期改造井压裂优化设计具有重要指导作用，特别是影响压裂效果的关键核心参数 SRV 的评价目前理论技术还存在很大空白，仍以微地震监测的直接手段为主，发展 SRV 评价理论方法对快速分析储层改造充分程度，降低压裂工程成本具有重要意义。

3.1 压后裂缝尺寸评价

将优化后的施工参数应用于目标区块的 4 口水平井,由 SRV 监测数据表明(图 12):4 口水平井的缝长均超过 300m,裂缝高度为 56m,实现对储层纵向上的沟通,反映该施工参数可以有效实现最优裂缝几何尺寸,实现储层的充分程度改造。

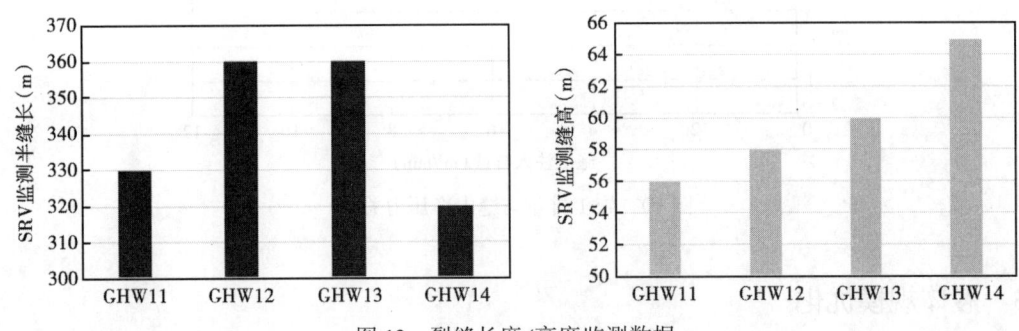

图 12 裂缝长度/高度监测数据

3.2 压后改造体积评价

3.2.1 建立压裂改造体积(SRV)评价模型

在地层原始状态下,储层天然裂缝保持稳定状态,在致密油水平井分段分簇压裂过程中,从射孔簇延伸的主裂缝将对储层产生扰动效应,包括两个方面:一是延伸主裂缝产生的扰动应力改变了原始应力场;二是主裂缝内的压裂液将沿主裂缝面向储层深部滤失,导致储层的压力场发生改变。在上述两个作用效应下,可能导致天然裂缝、层理面剪切失稳触发剪切破坏和张性破坏,最终在主裂缝周围形成的张性破坏区与剪切破坏区的叠加区域,即为分段分簇压裂改造的总体 SRV(图 13)。

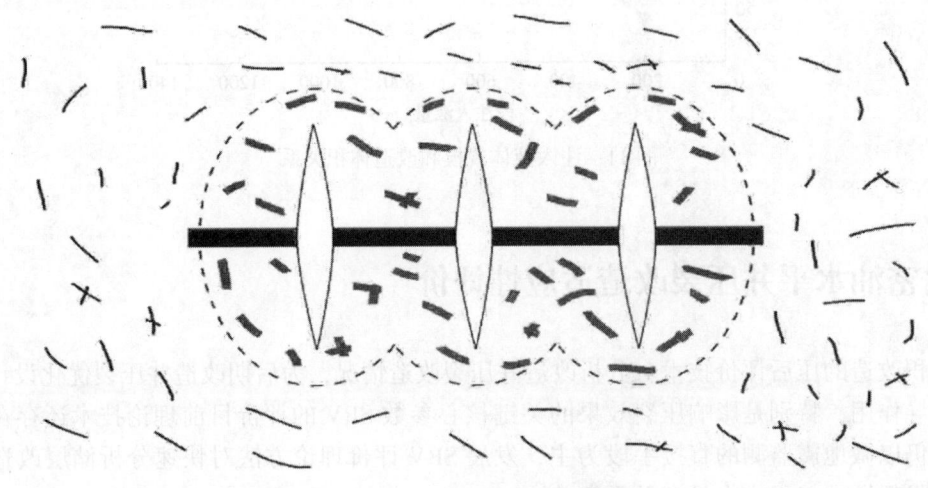

图 13 SRV 形成的示意图

基于以上分析，SRV 计算数学模型包括分段分簇压裂的主裂缝延伸模型、裂缝间的干扰应力场计算、储层流体压力场计算和天然裂缝破坏准则，SRV 计算模型就是基于主延伸裂缝周围应力和流体压力作用条件下对天然裂缝破坏区进行定量计算和表征。

3.2.2 改造体积（SRV）评价模型的求解

SRV 计算流程（图 14）：

（1）确定水平井段分段压裂的簇间距和簇数；
（2）计算主裂缝扩展几何尺寸和空间位置；
（3）计算储层地应力场；
（4）计算储层压力场；
（5）对储层内任意位置的天然裂缝破坏及破坏类型判断；
（6）根据天然裂缝破坏判断结果，利用空间数值积分方法，分别计算张性破坏 SRV 和剪切破坏 SRV；
（7）并将两者的空间并集算作总体 SRV。

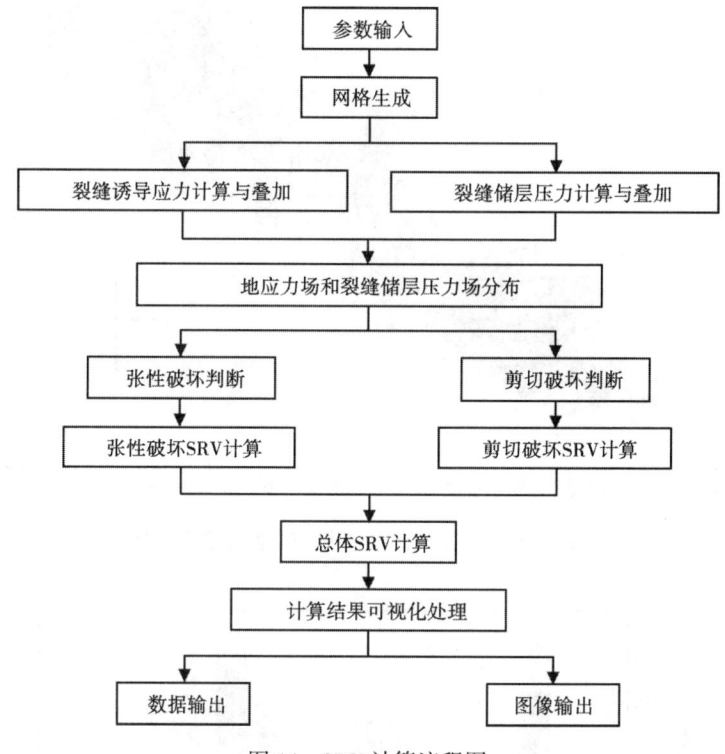

图 14 SRV 计算流程图

3.2.3 试验区压裂改造体积分析

对区块内 4 口水平井分段压裂施工形成的 SRV 进行计算，并与裂缝监测数据进行对比，从图 15 可以看出模型计算与微地震监测 SRV 吻合度较高。

由图 16 可知模型计算 SRV 普遍小于微地震监测结果，相对误差在 6.8%~29.4%。这是因为实际压裂过程在压裂停泵后储层流体继续在地层中传播，导致更大区域的天然裂缝发生破坏，形成微地震事件，而理论模型无法考虑该作用因素。

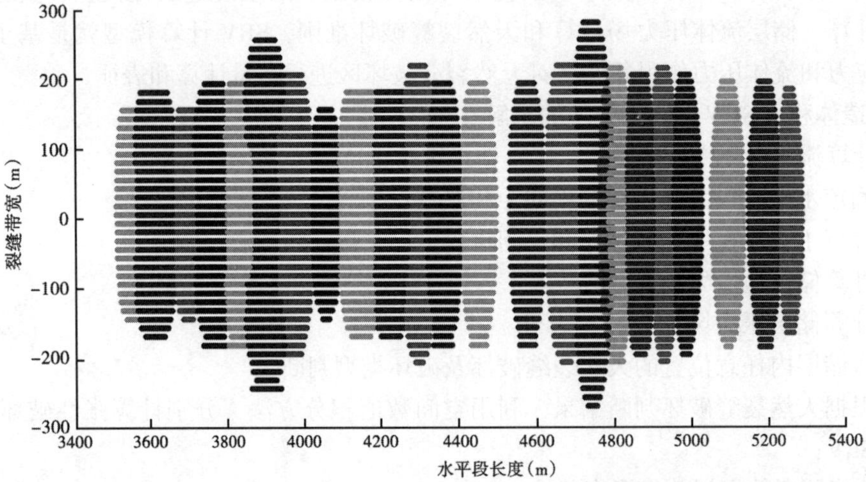

图 15 模型计算 SRV 二维展布与微地震监测图

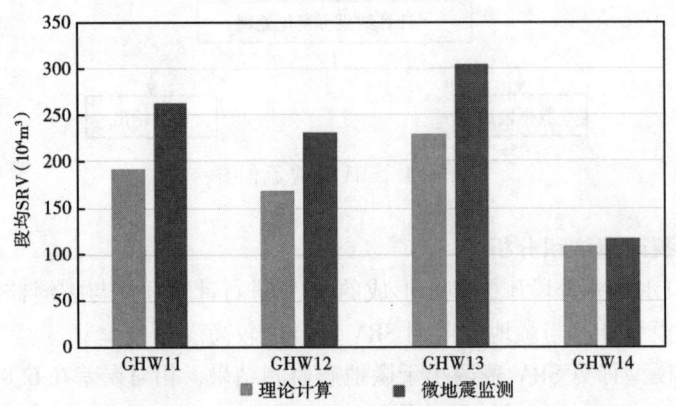

图 16 模型计算 SRV 与微地震监测结果对比

4 结论

(1) 对目标区块致密油藏进行地质建模,优化了致密油水平井分段压裂裂缝参数。模拟结果表明,储层物性致密,不能形成有效缝网,应采用细分切割压裂模式,推荐水平井裂缝数 40~45 条,长度 250~300m,裂缝导流能力 9~11D·cm。

(2) 结合裂缝参数优化结果,形成适合于 G 区致密油水平井压裂优化设计方法。优化单簇规模 450m^3 的注液规模,单簇排量 4.0~6.0m^3/min,分支裂缝铺置可选择 40/70 目陶粒,主裂缝选择 20/40 目或 30/50 目,分支裂缝铺砂浓度 1.0 kg/m^2 左右,主裂缝铺砂浓度 2.0~2.5kg/m^2。

(3) 建立了致密油储层压裂 SRV 的理论计算方法,完成了 4 口井的 SRV 压后模拟计算。由 SRV 监测数据表明应用优化后的施工参数可以有效实现最优裂缝几何尺寸,实现储层的充分程度改造;同时模型计算 SRV 与微地震监测 SRV 吻合度较高,相对误差在 6.8%~29.4%,可用于后期改造井 SRV 压前预测和压后评价。

参 考 文 献

[1] Giger F M. Low-Permeability Reservoirs Development Using Horizontal Wells [R]. SPE 16406, 1985, 255-261.

[2] Hasan A. A Triple-Porosity Model for Fractured Horizontal Wells [C]. Thesis: Texas A&M University, 2010.

[3] Raghavan R S, Chen C C, Agarwal B. An analysis of Horizontal Wells Intercepted by Multiple Fractures [R]. SPE 27652, 1997, 235-245.

[4] 徐严波. 正交试验法在多裂缝水平井产能影响因素分析中的应用 [J]. 大庆石油地质与开发, 2010 (1): 85-88.

[5] 穆海林, 刘兴浩, 刘江浩, 等. 非常规储层体积压裂技术在致密砂岩储层改造中的应用 [J]. 天然气勘探与开发, 2014, 37 (2): 56-63.

[6] 曾凡辉, 郭建春, 刘恒, 等. 致密砂岩气藏水平井分段压裂优化设计与应用 [J]. 石油学报, 2013, 34 (5): 959-968.

[7] 樊凤玲, 李宪文, 曹宗熊, 等. 致密油层体积压裂排量优化方法 [J]. 西安石油大学学报: 自然科学版, 2014, 3: 79-82.

[8] 程远方, 王光磊, 李友志, 等. 致密油体积压裂缝网扩展模型建立与应用 [J]. 特种油气藏, 2014, 21 (4): 138-141.

[9] 任岚, 赵金洲, 胡永全, 王磊. 裂缝性储层射孔井水力裂缝张性起裂特征分析 [J]. 中南大学学报: 自然科学版, 2013, 44 (2): 707-713.

[10] Ren Lan, Zhao Jinzhou, Hu Yongquan, et al. Effect of Natural Fractures on Hydraulic Fracture Initiation in cased Perforated Boreholes [J]. PRZEGLAD E, 2012, 88 (9B): 108-112.

[11] Ren Long, Su Yuliang, Zhan Shiyuan, et al. Modeling and Simulation of Complex Fracture Network Propagation with SRV Fracturing in Unconventional Shale Reservoirs [J]. Journal of Natural Gas Science and Engineering. 2015.

[12] Weng XiaoWei, Modeling of Complex Hydraulic Fractures in Maturally Fractured Formation [J]. Journal of

Unconventional Oil and Gas Resources, 2014.

［13］苏玉亮，盛广龙，王文东，等. 页岩气藏体积压裂有效改造体积计算方法［J］. 地球科学，2017，42（8）：1314-1323.

［14］糜利栋，姜汉桥，李俊键. 页岩气离散裂缝网络模型数值模拟方法研究［J］. 天然气地球科学，2014（11）：1795-1803.

［15］赵争光，秦月霜，杨瑞召. 地面微地震监测致密砂岩储层水力裂缝［J］. 地球物理学进展，2014（5）：2136-2139.

低渗透油藏水平井重复改造方式及数值模拟研究

房平亮[1]　周　拓[1]　张　杨[2]　邵黎明[3]
张　炎[1]　袁　亮[1]　王一博[1]

(1. 中国石油集团工程技术研究院有限公司；2. 中国石油塔里木油田公司；
3. 中国石油勘探开发研究院)

摘　要：重复改造技术是低渗透油藏提高单井产能的重要手段。重复改造存在原位置二次压裂及新位置射孔等不同改造方式，不同改造方式条件下裂缝条数、裂缝半长及导流能力等都制约了重复改造效果，因此给出优化的改造方式及裂缝参数至关重要。本文以新疆塔里木油田为例，建立起重复改造产能预测数学模型，采用数值模拟方法，研究了低渗透油藏在不同重复改造方式、不同裂缝半长、不同裂缝导流能力条件下的生产动态。数值模拟案例反映出在新位置射孔的方式比在原有射孔位置进行二次压裂的方式增产效果更为明显，而且重复改造新增射孔段越多，产量增加幅度越大，尤其在改造初期增产效果更为显著；同时，改造过程中裂缝半长及裂缝的导流能力也会影响油藏的生产动态，改造裂缝半长越大，油田产油量与累计产油量的增加效果越明显。相比裂缝半长，裂缝的导流能力变化对油田产油量与累计产油量的影响偏小。

关键词：低渗透油藏；重复改造方式；裂缝半长；裂缝导流能力；数值模拟

低渗透油气资源丰富，分布广泛，已在渤海湾、松辽、二连、鄂尔多斯、四川、准噶尔、塔里木、柴达木等盆地获得工业发现，低渗透油气是非常现实的石油接替资源，据统计，中石油近年探明储量中低渗透资源占90%以上，中石化探明低渗透原油储量占总储量的50%以上，因此低渗透油藏的开发在中国原油产量可持续性发展中具有至关重要的作用。但受"沉积、成岩、构造"作用及不同阶段致密化作用的影响，低渗透储层具有低孔隙度、低渗透率、低饱和度、渗流阻力大的特征，单井自然产能极低，要获得相对高产，需要采用水平井和压裂改造等技术。

水力压裂技术可以通过产生人工裂缝达到沟通油气储集区、减少近井渗流阻力、提高单井产能的目的，因此在低渗透油藏开发中广泛应用。但经过压裂的油气井，在生产过程中由于压力降低、支撑剂失效、颗粒堵塞等原因可能导致人工裂缝的闭合与失效，造成产量下降，甚至低于压裂前的水平。基于此，采用重复改造技术对低产水平井进行二次压裂是保证低渗透油气藏稳产增产的关键。近年来，国内外学者针对重复改造机理、工艺技术改进、矿藏应用等方面开展了大量研究工作，但对于低渗透储层重复压裂过程中不同压裂施工方法、裂缝尺寸及导流能力所产生增产效果的系统研究鲜有报道。为此，本文以塔里木低渗透储层低产井为例，利用数值模拟的方法，对不同重复压裂施工方法、裂缝参数对改造效果的影响等进行了综合研究，这对指导低渗透油藏重复改造施工具有非常重要的意义。

1 重复改造施工方法

目前低渗透油藏水平井重复改造施工方法可分成三种：（1）射孔数目不变，在原射孔位置进行二次压裂，这种方法是通过增加压裂规模延伸已有裂缝，从而增加裂缝半长及裂缝的导流能力，进而达到增产目的，是目前最为常用的重复改造施工方法；（2）射孔数目增加，在其他位置进行射孔且只对新的射孔段进行二次压裂，这种方法通过增大裂缝密度，来增加储层改造体积，进而实现增产。这种方法的优点是相对节约材料成本，但不足是操作困难；（3）在新位置进行射孔，同时对新的射孔段和原射孔段进行改造，这种方法的增产效果与第二种方法相近，但施工过程各有特点。

2 重复改造产能预测模型

以塔里木油田现有低产水平井为例，参考低渗透压裂水平产能计算方法，利用 ECLIPSE 软件建立重复改造产能预测模型，分析不同工艺技术的增产效果差异，进而优化重复改造施工方法与压裂缝参数，实现指导现场重复改造实施的目的。该产能预测模型建立的主要思路是：（1）选择现有塔里木油田低产水平井，建立该井第一次压裂改造产能模型（模型基本参数见表1），对该井第一次压裂初始到重复改造前的生产动态进行模拟；（2）重复改造前生成重启文件，从而获得重复改造产能预测模型的初始地层压力场和含油饱和度场，如图1和图2所示，进而开展下一步工作，优化重复压裂方式和裂缝参数。

表 1 模型基本参数

参　数	数　值	参　数	数　值
油藏大小（m×m×m）	2200×480×8.5	初始含水饱和度（％）	24
网格数量	100×25×1	地层油相黏度（mPa·s）	10.58
地层压力（MPa）	38.5	压裂段数	17
油藏顶深（m）	3350	段间距（m）	80
平均孔隙度（％）	10.0	裂缝半长（m）	105
平均渗透率（mD）	0.01	裂缝导流能力（D·cm）	10

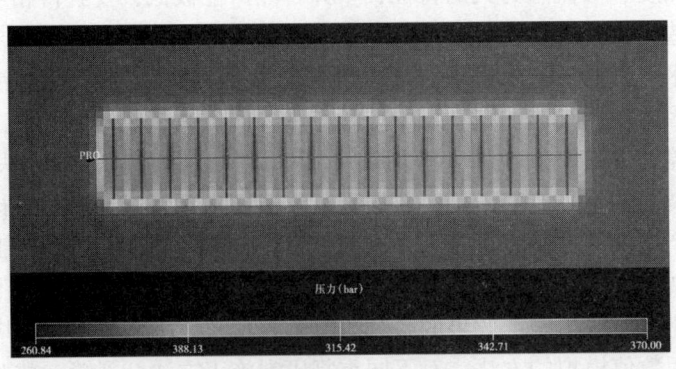

图 1 重复改造前压力分布

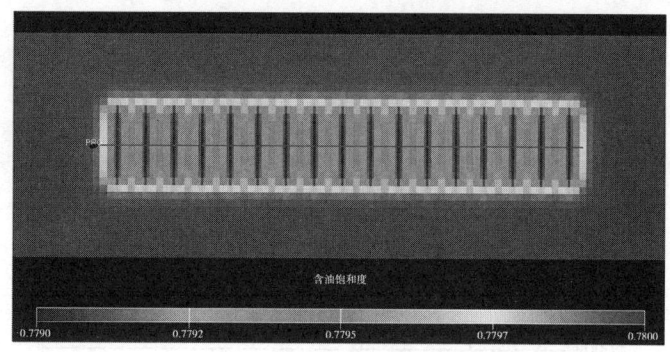

图 2　重复改造前含油饱和度分布

3　塔里木油田低产井重复改造施工方式

3.1　原射孔压裂与新射孔压裂两种方法对比

采用以上产能预测模型,保持基本参数不变,只对原射孔位置进行二次压裂,同时在原各相邻压裂段之间的中心位置添加新的射孔段,进行新缝压裂。针对原射孔段压裂和新射孔段压裂分别制订两种模拟方案,即分别再压裂 8 段、16 段裂缝,重复压裂的裂缝半长为 145m,导流能力为 20D·cm,定井底流压为 17MPa 生产 5 年,模拟这四种不同压裂射孔方式,对其增产结果进行对比,其结果见图 3 至图 5 和表 2。

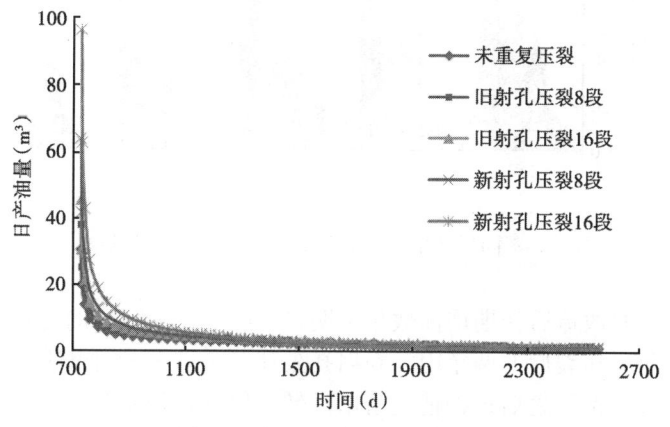

图 3　不同改造方法下日产油量

由图 3 可见,在新射孔处及原射孔处重复改造,都能提升单井产量。压裂后初期,在相同的二次压裂级数条件下,只在新射孔段压裂的日产油量增加明显,与未重复改造的情况相比提高了 1~2 倍,原射孔处压裂的日产油量较未重复压裂情况也有较为明显增加,增幅为 22%~46%;同类射孔方式下,压裂级数越多,初期日产油量也越高,近似呈线性增长。另外,还可以看到,各改造方法下的日产油量下降都很快,约 1300 天后,不同改造方法的日产油量曲线几乎重合。

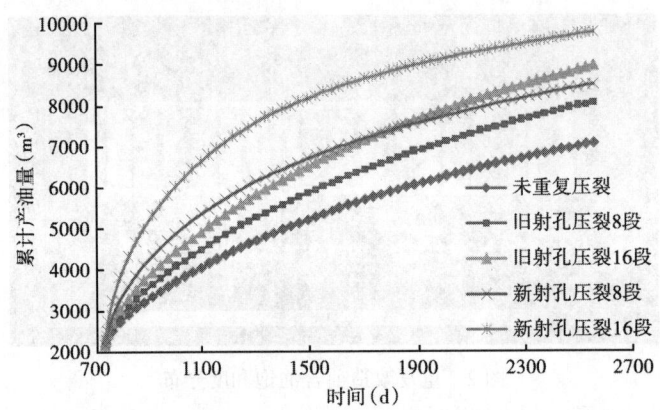

图 4 不同改造方法下累计产油量

由图 4 可见：(1) 在相同压裂级数条件下，只在新射孔处压裂相比于旧射孔压裂的增油效果更加显著（表2），新射孔处压裂 16 段较旧射孔压裂 16 段，累计增油幅度要提高 17.1%；(2) 在相同的射孔方式下，随着压裂级数的增加，累计产油量也随之升高，由表2可见，新射孔压裂 16 段较新射孔压裂 8 段，累计增油幅度提高 25.9%。

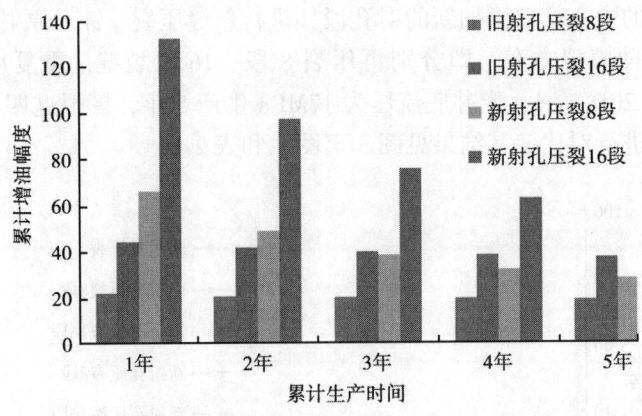

图 5 不同累计生产时间下的累计增油幅度柱状图

由图 5 可见，重复改造后初期增油效果最明显，随着开采时间的延长，累计增产幅度逐年减小。另外，在重复压裂后的两年内，新射孔处压裂 8 段相比于旧射孔处压裂 16 段的累计增产幅度要高，而在两年之后这种情况有所反转，但两者相差并不明显。

表 2 不同模拟条件下的初始产量与 5 年累产增油量

模拟条件	未重复压裂	旧射孔压裂 8 段	旧射孔压裂 16 段	新射孔压裂 8 段	新射孔压裂 16 段
初始日产量（m^3/d）	31.5	40.0	46.3	65.7	98.5
累产增油量（m^3）	—	989.2	1886.5	1437.6	2701.5
累增油幅度（%）	—	20.1	38.2	29.4	55.3

3.2 新射孔+旧射孔位置重复改造方法

仍采用以上产能预测模型,并考虑新射孔段+旧射孔段同时压裂情况,与只压裂新射孔段方式进行对比。保持其他参数不变,模拟新射孔压 8 段+旧射孔压 8 段、新射孔压 16 段+旧射孔压 8 段这两种方案,重复压裂的裂缝半长为 145m,导流能力为 20D·cm,定井底流压为 17MPa 生产 5 年,模拟结果如图 6 所示。

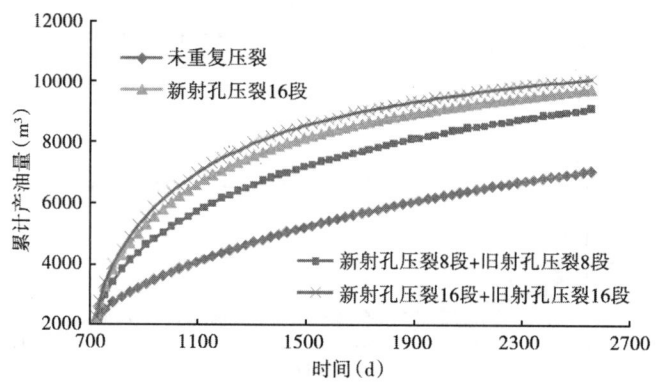

图 6 不同模拟条件下的累计产油曲线

分析图 6 可知,新射孔处与旧射孔处各压 8 段与只在新射孔处压 16 段相比,虽然都是压裂 16 级裂缝,但是只在新射孔处压裂的 5 年累计增油量明显高于新旧射孔处同时压裂的情况。从表 3 可以明显看到,后者比前者的 5 年累计增油幅度高出 13.6%。在新射孔处压裂 16 段的同时,也在旧射孔处压裂 8 段的结果与只在新射孔处压裂相比,重复压裂的裂缝级数多了 8 段,而 5 年累计增油幅度仅提高了 6.6%,增产效果相对有限。

表 3 不同模拟条件下的累计产增油量

模拟条件	新射孔压裂 8 段+旧射孔压裂 8 段	只在新射孔压裂 16 段	新射孔压裂 16 段+旧射孔压裂 8 段
累计增油量（m³）	2051.5	2703.2	3042.3
累计增油幅度（%）	41.7	55.3	61.9

通过对图 3 至图 6 及表 2、表 3 结果分析可知,对塔里木低渗透油藏现有低产井进行重复压裂改造,在产量上是可行的,经过重复改造后,其日产量、累计增油量都有明显增加;并且压裂级数越多、二次压裂新射孔段越多,增油效果越明显。同时,在重复改造的射孔方式选择上,在新射孔处压裂要比旧射孔处压裂增产效果更明显。

4 塔里木油田低产井重复改造裂缝参数优化

重复改造裂缝参数主要裂缝半长与裂缝导流能力,裂缝半长会影响改造体积大小,裂缝导流能力会影响改造区域的流动能力。因此,此处对裂缝半长与裂缝导流能力进行单因素研究,以给出最适合塔里木油田的裂缝相关参数。

4.1 重复改造裂缝半长分析

保持模型其他参数不变,在新射孔处压裂 16 段裂缝,导流能力为 20D·cm,裂缝半长分别设置为 90m、110m、130m 和 150m,定井底流压为 17MPa 生产 5 年,模拟结果如图 7 至图 9 所示。

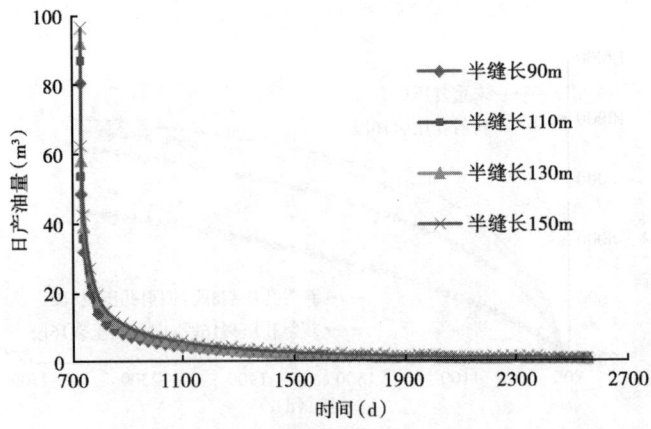

图 7 不同裂缝半长条件下日产油量

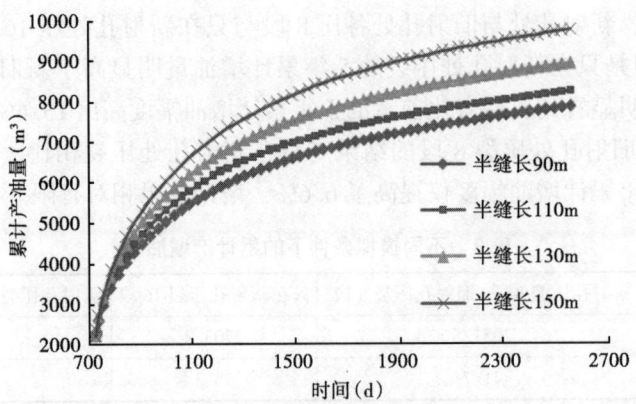

图 8 不同裂缝半长累计产油量

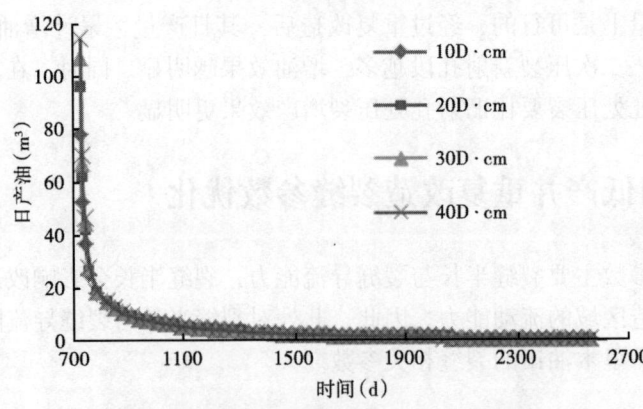

图 9 不同裂缝导流能力条件下的日产油曲线

由模拟结果可见，随着裂缝半长的增加，日产油量与累计产油量皆随之升高。从图 7 中可以看到，初期各条件下的产油量相差不大，递减快，都呈直线锐减，两年后各曲线几乎重合；从图 8 中可以发现，随着裂缝半长延长，累计产油增加幅度也随之增加，可见裂缝半长对塔里木油田低产井重复改造效果影响显著，仅次于压裂级数。

4.2 重复改造裂缝导流能力分析

采用产能预测模型，保持基本参数不变，在新射孔处压裂 16 段裂缝，裂缝半长为 145m，裂缝导流能力分别设置为 10D·cm、20D·cm、30D·cm 和 40D·cm，定井底流压为 17MPa 生产 5 年，模拟结果如图 9 和图 10 所示。

分析图 9 可知，裂缝导流能力不同，各日产油量曲线在初值上差别较大，导流能力越高，初始日产油量越高。然而，这个差距在生产 30 天后就接近消失了，各曲线几乎重合在一起。由图 10 可见，各导流能力条件下的累计产油量曲线相差很小，随着裂缝导流能力增加，5 年累计增油量逐渐减小。这种现象出现主要是由于塔里木油田低渗透储层的渗透率非常低，仅为 0.01mD，使得储层基质供油能力不足。

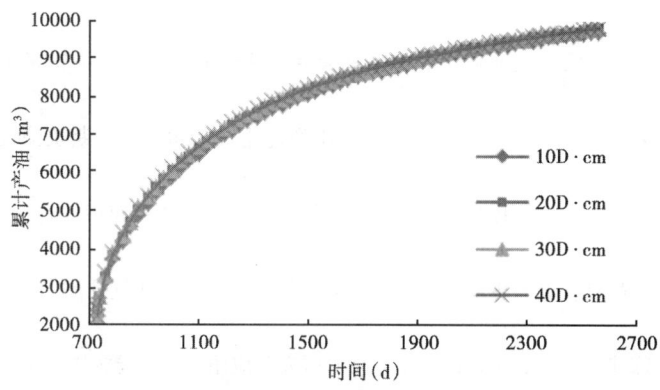

图 10　不同裂缝导流能力条件下的累计产油曲线

5　结论

（1）针对低渗透油藏初次改造未达到增产目标的问题，以塔里木油田低产井为例，对重复改造技术进行了产量方面的可行性论证。

（2）基于 ECLIPSE 软件平台，建立了重复改造产能预测模型，采用数值模拟方法，对低渗透油藏水平井重复改造技术进行了对比分析。

（3）阐述了三种低渗透油藏重复改造方法，并对三种方法进行了模拟与对比。通过模拟可见，三种重复改造方式均能够提升单井产能；当压裂级数一致时，只对新射孔压裂的方法增产效果最明显，在原射孔处压裂的增产效果最不显著；当射孔方式一致时，随着射孔数目的增加，增产效果明显提升。

（4）裂缝半长大小会明显影响塔里木油田低产井重复改造效果，模拟显示它的影响仅次于压裂级数的影响；而裂缝导流能力的变化只影响井的初始日产量，长远来看，对井的累计产量影响并不明显，这应该与低渗透储层基质的供油能力有限有关。

参 考 文 献

[1] 胡文瑞. 中国低渗透油气的现状与未来 [J]. 中国工程科学, 2009, 11 (8): 29-36.

[2] 江怀友, 李治平, 钟太贤, 等. 世界低渗透油气田开发技术现状与展望 [J]. 特种油气藏, 2009, 16 (4): 13-17.

[3] 王光付, 廖荣凤, 李江龙, 等. 中国石化低渗透油藏开发状况及前景 [J]. 油气地质与采收率, 2007, 14 (3): 84-89.

[4] 贾承造, 郑民, 张永峰. 中国非常规油气资源与勘探开发前景 [J]. 石油勘探与开发, 2012, 39 (2): 129-136.

[5] 张仲宏, 杨正明, 刘先贵, 等. 低渗透油藏储层分级评价方法及应用 [J]. 石油学报, 2012. 33 (3): 437-441.

[6] 张田田, 段永刚, 魏明强. 低渗透油藏压裂井产能评价及裂缝参数优化研究 [J]. 油气藏评价与开发, 2015, 5 (6): 27-30.

[7] 曾保全, 程林松, 李春兰, 等. 特低渗透油藏压裂水平井开发效果评价 [J]. 石油学报, 2010, 31 (5): 791-796.

[8] 姜瑞忠, 杨明, 王公昌, 等. 低渗透油藏压裂井生产动态分析 [J]. 特种油气藏, 2013, 20 (1): 52-55.

[9] 姜晶, 李春兰, 杨敏. 低渗透油藏压裂水平井裂缝优化研究 [J]. 石油钻采工艺, 2008, 30 (4): 50-52.

[10] 齐银, 白晓虎, 宋辉, 等. 超低渗油藏水平井压裂优化及应用 [J]. 断块油气田, 2014, 21 (4): 483-485, 491.

[11] 李升芳, 李元忠, 呆春, 等. 提高重复压裂井压裂效率技术研究及应用 [J]. 复杂油气藏, 2010, 3 (1): 77-79.

[12] 张丁涌, 赵金洲, 赵磊, 等. 重复压裂造缝的应力场分析 [J]. 油气地质与采收率, 2004, 11 (4): 58-59.

[13] 邓燕, 赵金洲, 郭建春, 等. 重复压裂工艺技术研究及应用 [J]. 天然气工业, 2005, 25 (6): 67-69.

[14] 余东合. 低渗透油藏重复压裂机理研究及现场应用 [J]. 油气井测试, 2008, 17 (2): 45-48.

[15] 达引朋, 赵文, 卜向前, 等. 低渗透油田重复压裂裂缝形态规律研究 [J]. 断块油气田, 2012, 19 (6): 781-784.

[16] 宁正福, 韩树刚, 程林松, 等. 低渗透油气藏压裂水平井产能计算方法 [J]. 石油学报, 2002, 23 (3): 69-71.

特低渗透油藏水平井重复压裂工艺技术的实践与认识

刘 鹏 金显鹏 贾岩学

(中国石油大庆油田有限责任公司井下作业分公司)

摘 要：水平井+压裂完井是低/特低渗透油田经济有效开发的重要手段，但随着已投产水平井生产时间的延长，效果逐年变差，只有进行重复压裂改造，才能进一步提高开采效益。本文结合大庆外围特低渗透油藏水平井开发特点，探讨并分析了不同类型低效水平井的低效原因及潜力差异，通过研究应用"个性化"的重复改造工艺，提高了重复压裂效果，现场实施压后日产油达到初次压裂产量的89%~135%，实现了水平井二次高产。

关键词：特低渗透油藏；水平井开发；重复压裂；二次高产

水平井+压裂完井是低/特低渗透油田经济有效开发的重要手段，但随着已投产水平井生产时间的延长，效果逐年变差（如大庆宋芳屯油田共投产水平井179口，目前日产油小于2t的井有88口，占49.1%），只有进行重复压裂改造，才能进一步提高开采效益。

但原有的压裂工艺已无法适应新的重复压裂生产需求，主要存在三方面问题：

一是针对不同类型低效水平井，由于低效原因及潜力的差异，没有相适应的"个性化"重复改造工艺。同时，由于常规工具管柱的限制，压裂分段、施工规模等工艺参数设计受限，无法实现精细分段大规模压裂改造，增产效果差。

二是没有配套的高效水平井重复压裂工具。对于已开发射孔老井，单井同时存在大段射孔与小段射孔，采用常规工艺，难以实现一趟管柱单卡所有层段，需多趟管柱才能完成全井施工，周期长、成本高；若采用油管水力喷射分段压裂工艺，封隔效果不稳定，难以保证针对性改造，影响增产效果。

三是水平井压裂后起管柱过程中由于井底压力高，存在油管溢流等安全环保难题。

上述问题的存在，严重制约了水平井的效益开发。为此，通过建立水平井低效原因及潜力分析方法，实施"个性化"的重复改造工艺，形成了一套适应低渗透油田水平井挖潜的精细分段重复压裂配套技术，提高了重复压裂改造效果，实现了水平井产量的长期稳定。

1 水平井低效原因及挖潜潜力分析

目前，大庆油田水平井主要应用于葡萄花、扶杨以及高台子油层。以外围丰度<20×10^4t/km^{2}的葡萄花储层（1.49×10^8t储量）为例，其纵向发育3~7个薄油层，单层厚度0.5~1.0m，水平井钻遇程度低，常规开发储量损失大（如茂15-1区块只钻遇PI3层，损失44.74%）。图1所示为葡萄花油层水平井井眼轨迹示意图。

图 1 葡萄花油层水平井井眼轨迹示意图

通过外围水平井重复压裂潜力分析,从初次压裂规模、缝间距、固井质量、地质条件等方面,分析 3 种类型低产原因,制订并形成了相应的重复改造思路(详见表 1)。

表 1 水平井重复压裂潜力分析表

序号	潜力井类型	低产原因	技术对策
1	压裂形成纵向缝老井	裂缝波及体积小	老缝加大规模,延伸裂缝,增大波及体积,扩大渗流范围
2	初次压裂分段或规模不合理井	受工艺、工具性能限制,改造规模小,未与砂体合理匹配;非钻遇砂岩段未布缝,上下层的储量未动用	加密布缝、纵向实施穿层压裂、增大改造规模,实现裂缝与砂体合理匹配,有效动用上下层的储量
3	初次改造后长期生产低产井	老缝控制储量小,平面存在未动用、老缝见水	采用纤维实现缝内有效暂堵,提升缝内净压力形成微裂缝体系,扩大渗流面积

2 "个性化"的水平井重复改造工艺

围绕老井重复改造区块,根据初次压裂情况,结合不同潜力井型,优选匹配相适应的工艺,提高了措施针对性及效果。

2.1 大规模缝网重复压裂工艺

针对压裂形成纵向缝老井,采取隔段大规模缝网压裂、液量增大至初次的 1.5 倍以上,扩大渗流范围(图 2)。

如 TD198-P126 纵向缝老井:通过优化设计增大规模,扩大缝网体积空间,砂量未增加前提下,液量增大至初次的 1.53 倍,见表 2 和图 3。

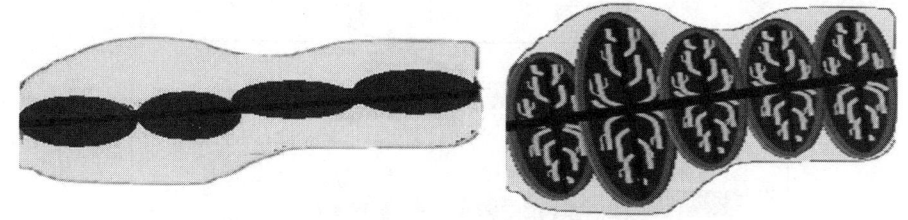

图 2　常规分段与大规模缝网分段压裂示意图

表 2　TD198-P126 井重复压裂设计参数对比

初次压裂	重复压裂
工艺：水力喷射	工艺：大规模缝网
段数：6 段	段数：2 段
液量：1630m³	液量：2500m³
液性：冻胶	液性：清水+滑溜水+冻胶
砂量：145m³	砂量：80m³
排量：3m³/min	排量：6~7m³/min

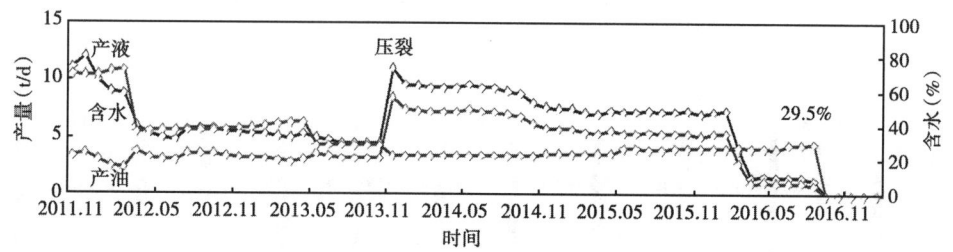

图 3　TD198-P126 井重复压裂生产曲线

实施效果：试验 4 口井，单井用液量 3198m³，压后初期日产油 5.8t，是初次压裂的 1.35 倍、压前的 4.9 倍。

2.2　加密布缝、纵向穿层重复压裂工艺

针对初次压裂分段或规模不合理井，由于受工艺、工具性能限制，改造规模小，未与砂体合理匹配；非钻遇砂岩段未布缝，上下层的储量未动用（图 4）。

为此，通过加密布缝、纵向实施穿层压裂、增大改造规模，实现裂缝与砂体合理匹配，有效动用上下层的储量。

以 N247-P293 井为例，重复压裂时，补射缝间储层，压新缝 6 段，缝间距 36~100m（兼顾储层物性及改造工艺要求，动用左右缝间储量），单段规模 10~25m³，见表 3 和图 5。

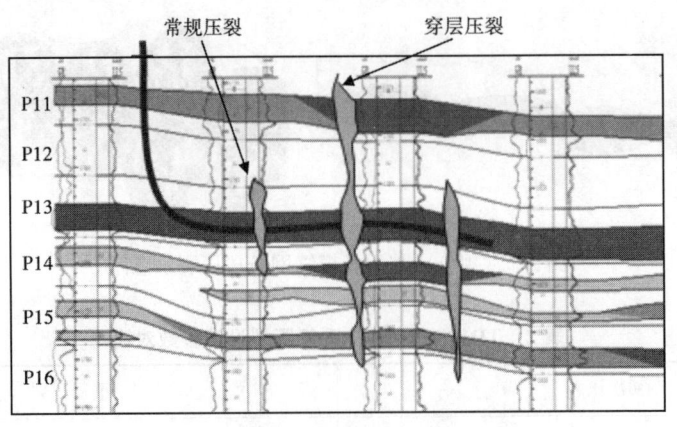

图 4 水平井穿层压裂示意图

表 3 N247-P293 井重复压裂设计参数对比

初次压裂	重复压裂
段数：6	段数：6（补射缝间储层，压新缝 6 段）
缝间距：100~142m（间距大，缝间有未动用储层）	缝间距：36~100m（兼顾储层物性及改造工艺要求，动用缝间储量）
单段规模：20m³	单段规模：10~25m³

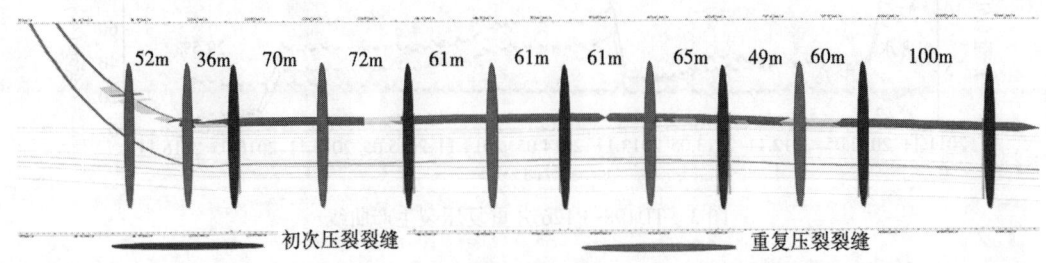

图 5 N247-P293 井重复压裂布缝示意图

实施效果：试验 16 口井，砂量是初次的 1.78 倍，压后初期日产油 5.5t，是初次压裂的 0.97 倍、压前的 4.3 倍。

2.3 缝内暂堵转向重复压裂工艺

针对初次改造后长期生产低产井（井网条件下控制区域原油已采出水平井），采用投送纤维实现缝内有效暂堵，提升缝内净压力形成微裂缝体系，扩大渗流面积的同时改善注采关系。

以 N255-P338 井为例，重复压裂时，缝内暂堵转向 3 段，加大规模 3 段，单段规模 30~40m³。见表 4 和图 6。

表 4　N255-P338 井重复压裂设计参数对比

初次压裂	重复压裂
裂缝段数：6	裂缝条数：缝内暂堵转向 3 段，加大规模 3 段
裂缝参数：半缝长 120~160m	裂缝参数：半缝长 300m
裂缝形态：裂缝与井筒夹角 10°，为纵向缝，控制面积小，注水难受效	裂缝形态：加大规模波及体积有限，缝内纤维暂堵形成多分支缝，增大控制面积，引导注水受效
单段规模：15~20m³（改造规模小）	单段规模：30~40m³（改造规模大，转向压力上涨 2.7~6MPa）

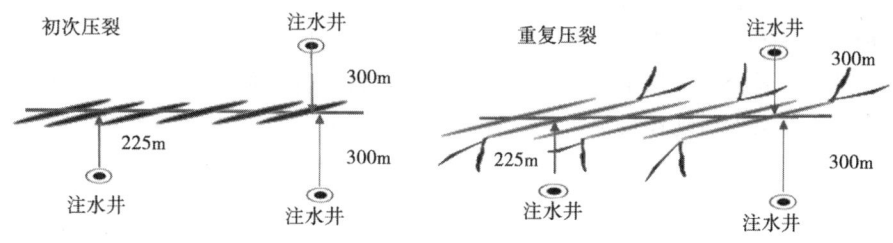

图 6　N255-P338 井重复压裂布缝示意图

实施效果：试验 4 口井，压后初期日产油 4.9t，是初次压裂的 0.89 倍、压前的 3.64 倍。

3　创新研制水平井重复压裂工具，确保工艺设计有效实施

以往水平井开发方式为射孔投产，单井同时存在大段射孔与小段射孔，采用常规工艺，难以实现一趟管柱单卡所有层段，需多趟管柱完成全井施工，且单层加砂规模受限、周期长、成本高。此外，部分高压含气水平井井底压力大、风险高，常规工艺压裂 1~2 段后，不能立即上提管柱，需长时间排液降压，甚至弃压或进行二次压裂施工，致使费用增加，影响增产效果。

3.1　大跨距双封单卡上提工艺管柱

升级完善"双封单卡上提压裂"管柱，承压 80MPa、耐温 120℃、单喷过砂量 300m³，一趟管柱最多压裂 15 段，配套应用可调压控防喷阀，实现管柱上提过程中无溢流。如图 7 所示。

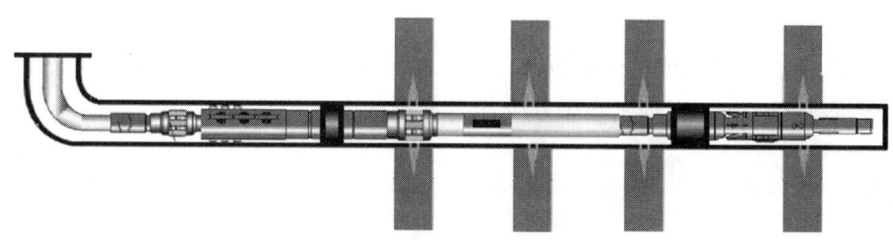

图 7　大跨距双封单卡段内暂堵工艺管柱

3.2 水平井套内多级滑套分段压裂技术

设计研制了适应5½in套管的"多级滑套分段压裂"工具,无需上提泄压,通过投球逐级打滑套,实现一趟管柱坐压8段。

(1) 通过建立材料及弹塑性力学模型模拟分析不同工况条件下封隔器胶筒的受力状态,优选胶筒材料,设计了反洗距离短(仅440mm)、有利于反洗和解封的锚封一体扩张式封隔器;

(2) 基于不同排量下工具节流损失模拟,研制了满足大排量施工需求的侧壁节流喷砂器,滑套运行距离短(仅840mm),不受卡距长度限制;

(3) 研制了解卡器,预置于管柱中段,保证多级压裂管柱易活动解封;

(4) 形成了水平井压裂起管柱防喷工艺,创新设计油管旋塞阀和泄压工作筒,预置于压裂管柱上段,大通径设计保证压裂过程中球的通过性,优选耐磨材料,保证油管旋塞阀及泄压工作筒在压裂结束后动作灵活可靠,在压裂后提出管柱过程中封闭油管空间,实现安全环保施工。

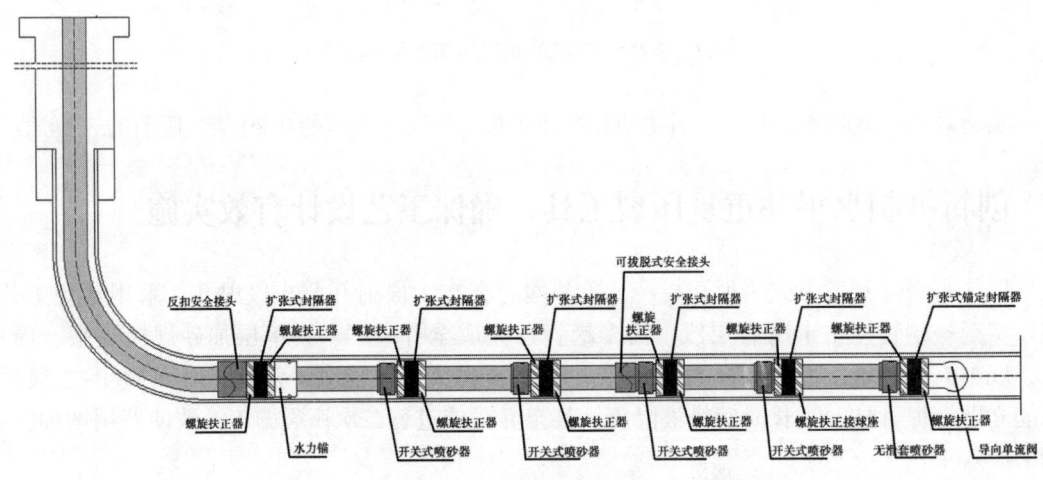

图8 水平井套内多级滑套分段压裂工具示意图

整体管柱工具具有"自由分段、卡距灵活(15~195m)、改造规模不受限、管柱起出顺利"等优点,最大施工排量从常规的 $5m^3/min$ 提高到 $8m^3/min$,实现了"体积"改造,施工时效提高40%,满足高压力、大段射孔井重复压裂改造需求。

4 总体实施效果

截至2017年底,完成现场试验24口井,压后初期日产油达到初次压裂的85%以上,储量动用程度提高22.3%,实现了水平井少井高效开发。

5 结论

(1) 通过建立水平井低效原因及潜力分析方法,实施"个性化"的重复改造工艺,形成了一套适应低渗透油田水平井挖潜的精细分段重复压裂配套技术,提高了改造效果,实现了水平井的二次高产。

(2)创新研制的水平井重复压裂配套工具管柱,确保了工艺设计有效实施,为水平井重复挖潜提供了新的思路和方法。

(3)与常规水平井相比,致密油水平井的水平段长、压裂簇数多,施工规模大,下步攻关大跨距双封单卡段内暂堵工艺转向技术,探索超长水平井的重复改造。

参 考 文 献

[1] 徐再红.葡萄花油层水平井压裂效果分析[J].中国科技博览,2013(3):31.
[2] 苏良银,庞鹏,白晓虎,等.低渗透油田水平井重复压裂技术研究与应用[J].石油化工应用,2015,34(12):32-35.
[3] 段晓军,党玲,袁理生.闫育东.水平井选段重复压裂工艺研究与应用[J].中国石油和化工标准与质量,2012,32(2):77.
[4] 陈辉,孙秀芝,吕广忠.压裂水平井裂缝布局研究[J].石油天然气学报,2013(1):141-144.178.

桥塞压裂技术的新发展

王新忠 陈 琳 裴晓含 李 明 魏松波 童 征

(中国石油勘探开发研究院)

摘 要：储层改造技术是非常规油气藏实现效益开发的关键技术，桥塞压裂技术是一项重要的储层改造技术。新材料的应用提升了桥塞工具的性能和适用性，为桥塞压裂技术带来了两次重要的技术飞跃，推动了储层改造技术的发展。全可溶桥塞压裂技术是最新发展起来的压裂技术，与以往桥塞压裂技术相比具有巨大优势，将成为今后桥塞压裂技术的发展方向。

关键词：新材料；桥塞压裂；复合桥塞；全可溶桥塞

储层改造技术是非常规油气藏实现效益开发的关键技术，储层改造技术在长期的生产应用中取得了长足进步。采用桥塞作为层间间隔进行分段压裂是一项很早就开始应用的分段压裂改造技术，桥塞压裂技术自始至终都是一项重要的储层改造技术，特别是十几年来桥塞分段压裂技术已经成为非常规储层改造应用最多的分段压裂技术。

桥塞压裂工艺能一直在储层改造中广泛应用，究其原因主要是桥塞压裂技术具有许多独特的优越性，主要体现在：(1) 压裂规模大，可以对油气井有效实施体积压裂；(2) 适应性强，可以对直井、水平井、大斜度井等各种井施工，同时在煤层气、各种油气井均可应用；(3) 可靠性高，可以有效封隔压裂层段，满足压裂设计要求。

桥塞很早就被应用到储层改造中，同时桥塞也随着储层改造技术的发展而不断发展完善。桥塞压裂技术之所以能够长久不衰地应用于储层改造，与桥塞随储层改造技术理念的发展而不断技术升级和革新有很大关系。桥塞的技术进步主要来自新材料应用和结构改进。其中，将新材料应用于桥塞为桥塞压裂技术带来了两次技术飞跃：早期，桥塞压裂中使用的可钻桥塞以铸铁为主体材料，这种桥塞作为层段间间隔进行压裂施工，在实际应用中存在着许多弊端，后来可钻桥塞主要结构件采用了高强度复合材料加工，由此发展为快钻桥塞，从而优化了桥塞压裂技术，大大提高了桥塞压裂施工效率，提升了储层改造经济效益，形成第一次技术飞跃；近些年，可溶材料产品应用于油气开采，获得巨大成功，其中全部采用可溶材料加工而成的全可溶桥塞更是为储层改造技术发展做出重大贡献。全可溶桥塞的应用是对桥塞压裂技术的又一次巨大推动，该技术不但简化了桥塞压裂施工工艺，而且增强了桥塞压裂技术中事故处理能力，更进一步地提高了桥塞压裂施工效率，提升了储层改造经济效益，形成了桥塞压裂技术的第二次技术飞跃。

1 早期的可钻桥塞压裂技术

桥塞是一种传统的封层、分层工具。国外在20世纪60年代就已经广泛使用桥塞进行井下作业，国内于20世纪80年代末开始引进使用。这一时期的桥塞除胶筒是橡胶件外，其他主要结构件均由铸铁材料或金属加工而成（图1）。

在储层改造初期，压裂工具种类比较少，压裂工艺方法有限，主要有投堵塞球选择性压裂、填砂分层压裂、永久性桥塞分段压裂、插管封隔器压裂、可回收桥塞分段压裂等。投堵塞球选择性压裂和填砂分层压裂由于不能有效隔离待压裂层段和已压裂层段，无法实现有针对性的压裂，因此压裂时并不是所有的改造层段的地层裂缝都能被压开，导致改造效果无法保证。使用可钻桥塞压裂工具能够对改造层位进行逐层逐段封隔，可以对油气井进行有效的、可靠的分层分段，能够满足压裂工艺对油气层分压、分试技术要求，因此，桥塞压裂工艺是比较理想的压裂改造工艺技术。

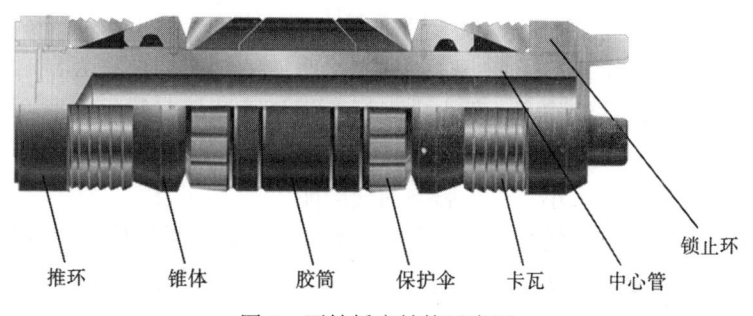

图1 可钻桥塞结构示意图

推环　锥体　胶筒　保护伞　卡瓦　中心管　锁止环

随着应用的增加，可钻桥塞分段压裂技术存在的问题逐渐显现出来，一方面，可钻桥塞的承压能力对于压裂施工来说相对较低，一般为35~70MPa；另一方面，可钻桥塞压裂压后桥塞从井筒中钻除非常困难，因此可钻桥塞分段压裂改造段数不多。钻除可钻桥塞施工会带来几个问题：（1）磨铣桥塞耗时长，磨铣单只桥塞需要耗时4小时以上，正常情况下钻除一口井中的几个桥塞往往要用几天时间，严重影响压裂施工效率；（2）由于可钻桥塞所采用的材料都很硬，特别是卡瓦采用一块高强度铸铁材料经过高频淬火加工而成，非常难磨铣，所以磨铣可钻桥塞时钻头进尺特别慢，并容易造成钻头磨损严重、损坏套管等问题，一般来说，一个钻头只能磨铣4~5个可钻桥塞；（3）由于铸铁材料密度大，磨屑重，不易返排，因此需要采用高密度钻井液进行大排量清洗返排，这容易造成钻井液及磨屑大量进入地层，伤害储层，同时也容易使刚刚压开的储层闭合，堵塞油气进入井筒的通道，影响压裂效果。

2 快钻桥塞压裂技术

压裂工艺技术追求的目标是压裂施工后能留下一个全通径、干净的井筒，以便在油气井生产后期可以很容易地实施测试、重复压裂再改造、找堵水等措施。在桥塞压裂技术中压裂施工后移除井筒中的桥塞是一个重要的环节，桥塞是否能快速、方便地移除不但影响到压裂施工效率，还影响着压裂施工的效果，最终影响着油气井的开发经济效益。由于采用可回收式桥塞及可钻桥塞进行压裂施工效率太低，同时施工中还存在一系列作业风险等问题，因此就需要开发一种能替代的产品来更有效地实施压裂施工。

20世纪90年代中后期，一种新型的复合材料桥塞被开发出来，复合桥塞除胶筒外大部分结构件都采用高强度复合材料加工，如图2所示的复合桥塞，其胶筒为橡胶材料，卡瓦为铸铁材料，其他主体结构件均采用复合材料加工。有的复合桥塞主体结构件中仅胶筒为橡胶材料，其他件均为复合材料加工。

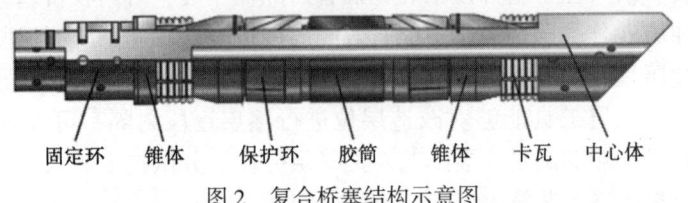

图 2　复合桥塞结构示意图

与传统铸铁材质可钻桥塞相比，复合桥塞具有巨大优势：（1）复合桥塞钻铣更容易，一般来说，钻铣一个复合桥塞需半个小时左右，比磨铣铸铁桥塞节省大量时间；（2）一口井可以一趟钻完成桥塞的钻铣作业，很少出现钻头损坏、磨坏套管等问题；（3）复合桥塞主要采用轻质的复合材料加工而成，钻铣碎片轻，可以用清水返排，甚至可以采用欠平衡泡沫钻井钻除桥塞，对地层伤害小，很少影响油气产能。

复合桥塞最先应用在美国的煤层气井分段压裂上，之后被借鉴应用到落基山地区的油井多段压裂上。国内应用复合桥塞进行压裂施工可追溯到 2006 年，用于煤层气压裂。复合桥塞的承压性能指标普遍高于传统可钻桥塞，一般能达到 70MPa，有些性能指标甚至更高，如贝克休斯公司某款复合桥塞的耐压指标甚至可达 20000psi（138MPa），另一款复合桥塞的耐压达到 12500MPa（86MPa），且耐温可达 450℉（232℃）。在 21 世纪的前十几年里，复合桥塞一直是低品位油气藏储层改造的主体压裂工艺技术，特别是在煤层气、致密气及页岩气藏的开发中应用特别广泛。2010 年前后，美国在页岩气开发中每年复合桥塞的用量可达十多万只。桥塞多段压裂技术在这一时期得到了长足发展，常规压裂段数在 20 段以上，最多的达到 40 段以上。

3　可溶桥塞压裂技术

近年来，材料科学的发展再一次推动了储层改造工具的技术进步，可溶材料就是其中一项。可溶材料应用于多段压裂技术，特别是可溶桥塞的开发使多段压裂技术比以往效率更高，取得了更好的经济效益。

几年前，储层改造领域首先开始使用可溶材料加工的压裂球，压裂球在压裂施工后可以自行溶解，不需要返吐或磨铣，节省了施工环节，大大节省了投球滑套压裂施工的作业时间，这也促进了其他可溶材料相关工具的开发。鉴于可溶材料在压裂施工应用中的巨大益处，可溶桥塞被开发出来。目前，可溶桥塞已经发展为全可溶结构，包括胶筒等主要结构件均采用可溶材料加工（图 3）。这种全可溶桥塞在压裂施工后桥塞几乎全部自行溶解，在井筒中不残留任何影响油气井后期作业的大块残留物。

可溶桥塞压裂施工工艺与可钻桥塞相同，但压裂施工后不需要钻除桥塞。相较于以往的桥塞，可溶桥塞压裂技术的优势有：（1）省去了以往桥塞压裂技术中压裂后钻铣桥塞的施工过程，节约钻铣桥塞施工的大量成本，缩短了压裂施工周期；（2）不需要钻铣桥塞作业，不会有钻井液对地层造成伤害；（3）在桥塞压裂作业中时常会出现因套变、坐封工具故障、沉砂等原因造成桥塞提前坐封的情况，采用可溶桥塞压裂的处理方法是向井内打入专用的处

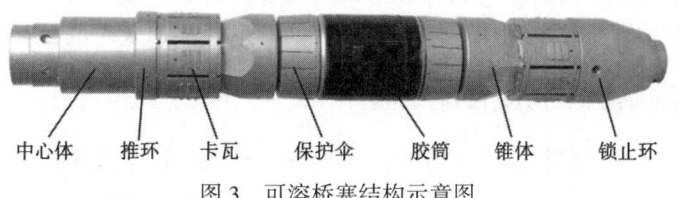

图 3 可溶桥塞结构示意图

理液将可溶桥塞溶解解封，甚至全部溶解，即可解除桥塞的影响，处理周期非常短，而且很方便。

目前，可溶桥塞已经广泛应用于页岩气、致密气、致密油等油气井的储层改造。国外贝克休斯、哈里伯顿、Magnum 等公司都开发了自己的可溶桥塞产品（图4），产品规格覆盖4.5in、5in 和 5.5in 三个尺寸，承压能力都为 10000psi，Magnum 的可溶桥塞适用温度范围为 180~350℉（82.2~176.7℃）。另外，斯伦贝谢公司开发了可溶投送球座（图4），该产品具有 4.5in 和 5.5in 两个尺寸规格，适用最高温度为 350°F（176.7℃）。贝克休斯和哈里伯顿的可溶桥塞，斯伦贝谢的可溶投送球座主体材料采用可溶金属，Magnum 可溶桥塞主体材料采用可降解聚合物，这些产品基本上是在 2015 年到 2016 年开始在北美应用。起初可溶桥塞在北美的应用主要是和复合桥塞共同完井，在连续油管作业困难的深井段采用可溶桥塞，而在连续油管可以到达的浅井段采用传统复合桥塞。

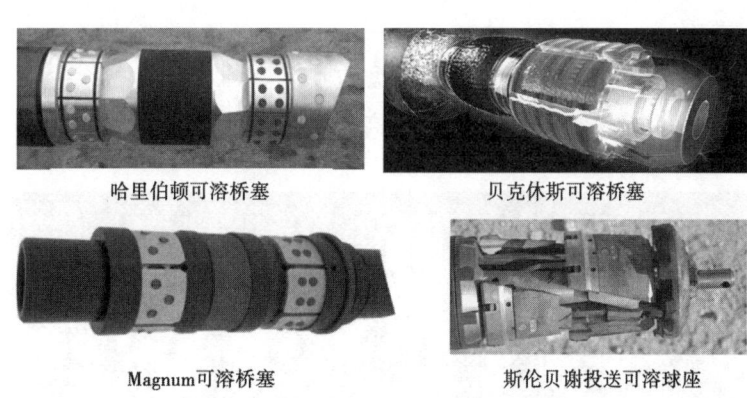

图 4 国外可溶桥塞及投送球座产品

中国石油勘探开发研究院 2013 年开始开展可溶材料及可溶压裂工具的研究，当年研发出了可溶压裂球（图5），并成功应用于油田现场，2015 年在国内最早研发成功可溶桥塞产品（图3），并在吐哈油田、冀东油田和吉林油田开展了现场试验。

可溶桥塞分段压裂是一个复杂的施工工艺过程，该工艺对桥塞的坐封、承压能力、承压时间、压裂后溶解时间等都有很强的要求。而可溶桥塞是由多个零部件构成的，涉及的材料范围广，对材料性能要求高。为了达到桥塞能按井况条件要求正确坐封、承压及溶解，系列材料不但要满足桥塞对零部件强度

图 5 可溶压裂球

等方面的机械性能要求，还必须要满足桥塞按井况整体溶解性方面的要求。为此，在可溶桥塞研制过程中，针对其特性及应用条件需要开展针对性很强的系列试验。

3.1 可溶材料高温抗压强度性能试验

可溶材料不同于钢铁材料，大部分可溶材料在100℃以上时机械性能会急剧下降，很难满足井下高温环境使用要求。通过不断的配方调整和成型工艺优化，经过大量试验研究，开发了可溶桥塞用系列可溶合金材料。图6是桥塞中某零件的材料高温抗压强度性能，从图6中可以看出，材料在120℃情况下抗压强度仍能达到550MPa以上。图7是不同强度性能指标及溶解速率的系列可溶材料。

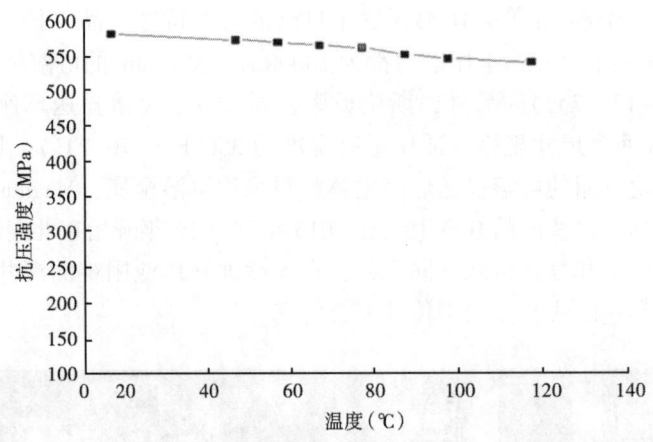

图6 某可溶材料高温抗压强度性能

图7 不同强度性能指标及溶解速率的系列可溶材料

3.2 可降解胶筒封压及降解试验

可溶胶筒是可溶桥塞中的一个难点，要实现胶筒在井况条件下按要求坐封、封压及降解是非常困难的，通过反复调整配方及试验，研发出了理想的可降解胶筒材料，胶筒的降解产物是粉末状脆性颗粒，图8是可溶胶筒及其降解后的状态。

3.3 可溶桥塞整体性能试验

为保证桥塞整体可以按要求正确坐封、承压及溶解，需要使桥塞各部件的溶解速度精准可控，形成桥塞整体的可控溶解结构。为检验桥塞的整体承压性能及溶解性能，对桥塞开展

图 8　可溶胶筒及其降解后的状态

了坐封、承压及溶解的性能试验。

（1）采用电缆送塞工具，将可溶桥塞坐封在模拟井筒中，坐封力符合常规电缆投送坐封工具指标。

（2）将坐封后的可溶桥塞连同井筒一起置于浓度为1%的KCl溶液中，从桥塞上端泵入相同溶液，并打压进行承压试验，经试验，可溶桥塞常温承压超过80MPa，稳压1小时压降小于1MPa（图9）。

（3）对桥塞进行高温脉动承压试验，方法是将坐封后的可溶桥塞连同井筒一起置于温度为95℃、浓度为1%的KCl溶液中，从桥塞上端泵入相同溶液，每2小时打压试验压力一次，试验压力为70MPa，保压30min后泄压。31次循环后，即77.5小时后，桥塞解封脱出（图10）。

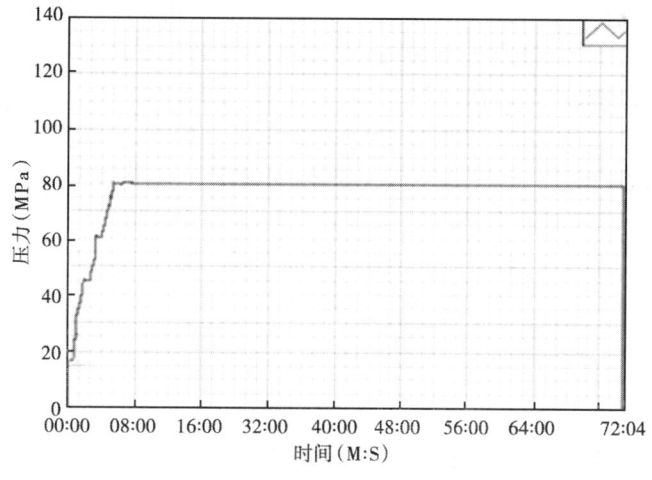

图 9　可溶桥塞常温承压试验曲线

（4）对可溶桥塞进行溶解试验，试验时将坐封后的可溶桥塞连同井筒一起置于温度为95℃、浓度为1%的KCl溶液中，从桥塞上端泵入相同溶液，打压至70MPa，保温、保压48小时，泄压并继续浸泡在温度为95℃、浓度为1%的KCl溶液中。浸泡15天后可溶桥塞的溶解残渣见图11。

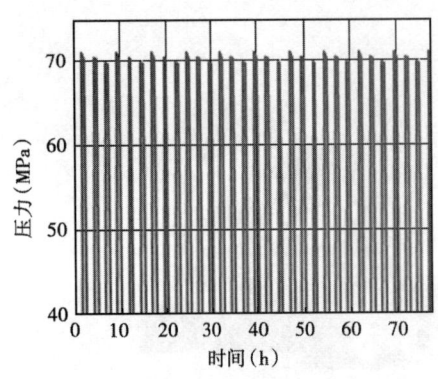

图 10 可溶桥塞高温脉动承压试验

可溶桥塞应用实例 1：2015 年 6 月 13 日，吐哈油田某井完成可溶解桥塞水平井分段压裂作业，这是国内第一口采用可溶桥塞压裂施工。该井压裂施工中，桥塞承压稳定，各项指标都达到压裂设计要求。最高施工压力为 42MPa，施工最大泵排量为 9m³/min，施工总液量超过 5200m³，总砂量为 380m³。压裂后自喷 62 天，产液 23t，其中含油 19t，效果明显好于邻井。

可溶桥塞应用实例 2：2016 年 10 月初，西南油气田某井采用可溶桥塞完成页岩气井长水平段全井分段压裂施工，该井垂深 3260m，水平段长

图 11 可溶桥塞浸泡 15 天后的溶解残渣

2440m，压裂段井温 120℃，全井共使用可溶桥塞 24 个顺利完成 25 段的压裂施工，施工最高泵压达 86MPa，施工总液量为 $5.3\times10^4m^3$、总加砂量超过 2000m³，加陶粒 1000m³ 以上，该井压裂施工后产气量长期维持在 $(25\sim30)\times10^4m^3$ 之间。

可溶桥塞现已现场应用 20 多口井，合计 300 多只。其中，实施页岩气井压裂施工入井桥塞 200 多只，实施致密气井压裂施工入井桥塞 40 多只，实施致密油井压裂施工入井桥塞 40 多只，桥塞耐压及承压时间全部满足压裂施工要求，井口施工压力最高为 86MPa，应用井温最低为 56℃，最高达到 142℃，井液矿化度最低为 200mg/L，最高达到 30000mg/L。

4 结论

（1）目前桥塞压裂技术是储层改造中应用最广泛的压裂工艺方法。

（2）桥塞压裂技术从应用至今，历经多次技术进步，桥塞工具的性能及适用性极大地完善提高。

（3）全可溶桥塞工具压裂施工后可溶桥塞可以实现自行溶解、无残留，更容易得到干净的全通径井筒，受到油田用户的广泛欢迎，将成为今后桥塞压裂技术的发展方向。

参 考 文 献

[1] Aviles I Darvis M, Jacob G. Degradable Alternative to Risky Millout Operations in Plug and Perf [R]. SPE 173695-MS, 2015.

[2] Isaac Aviles, Michael Dardis, Gregoire Jacob. Dissolvable Plug and Perf System Eliminates Mill-outs in Multi-stage Stimulations [J]. JPT, June 2015：38-40.

[3] Aviles I, Darvis M, Jacob G. Infinite Plug and Perf-The Value of a Full Bore Degradable System [R]. SPE 177736-MS, 2015.

[4] 刘化国, 杨玉生, 车登先. 电缆式坐封工具及可钻式桥塞 [J]. 石油机械, 1994, 22 (11)：53-57.

[5] 苑司军, 王杏梅, 林伟民. 电缆桥塞工艺在胡状油田堵水开发中的应用 [J]. 油气井测试, 2001, 10 (3)：42-44.

[6] 谭玉春. 电缆桥塞技术在川西南气田开发中的应用 [J]. 天然气工业, 2002, 22 (3)：74-75.

[7] 姚红光, 陈殿房, 杨晶, 等. 电缆桥塞技术在临盘油田开发中的应用 [J]. 内蒙古石油化工, 2007 (8)：277-279.

[8] 张恩伦, 刘化国, 杨玉生. 桥塞封层工艺技术的发展 [J]. 石油机械, 2001, 29 (10)：47-50.

[9] 付钢旦, 张书平, 徐勇, 等. 可捞式桥塞分层压裂工艺试验 [J]. 钻采工艺, 2002, 25 (5)：44-46.

[10] 梁红梅, 娄文祥, 蒋海涛, 等. 可钻式桥塞磨铣打捞工具的研制及应用 [J]. 石油钻采工艺, 2008, 30 (4)：111-113.

[11] Guoynes J C, Toothman R L, Berscheidt K, et al. New Composite Fracturing Plug Improves Efficiency in Coalbed Methane Completions [R]. SPE 40052, 1998.

[12] Ed Long, Pat Kundert. Improved Completion Method for Mesaverde-Meeteetse Wells in the Wind River Basin [R]. SPE 60312, 2000.

[13] Garry Garfield. Composite Bridge Plug Technique for Multizone Commingled Gas Wells [R]. SPE 67200, 2001.

[14] Garry Garfield. Formation Damage Control Utilizing Composite-Bridge-Plug Technology for Monobore, Multi-zone Stimulation Operations [R]. SPE 70004, 2001.

[15] Mike Eberhard, RaymundMeijs, Jeff Johnson. Application of Flow-Thru Composite Frac Plugs in Tight-Gas Sand Completions [R]. SPE 84328, 2003.

[16] Don Smith, Phillip Starr. Method to Pump Bridge/Frac Plugs at Reduced Fluid Rate [R]. SPE 112377, 2008.

[17] Brian Perry. Optimization of Milling Plugs with Coil Tubing on the Pinedale Anticline [R]. SPE 123143, 2009.

[18] 徐克彬, 张连朋, 吉鸿波, 等. 高压复合材料桥塞应用实践 [J]. 油气井测试, 2009, 18 (3)：63-65.

[19] Jeff M Fulks. 20,000 psi Frac Applications using Composite Bridge Plugs [R]. OTC 16713, 2004.

[20] Douglas J Lehr, David D. Cramer. Best Practices For Multi-zone Stimulation Using Composite Bridge Plugs [R]. SPE 141456, 2011.

[21] 左争云, 裴晓含, 魏松波, 等. 投球滑套压裂球承压性能分析及试验研究 [J]. 石油机械, 2014, 42 (7)：82-85.

[22] 裴晓含, 魏松波, 石白茹, 等. 投球滑套分段压裂用可分解压裂球 [J]. 石油勘探与开发, 2014, 41 (6)：738-741.

CO_2 干法压裂技术研究与应用

李　阳[1]　许志赫[1]　袁　峰[2]　段贵府[1]　贾海正[2]　邬国栋[2]

(1. 中国石油勘探开发研究院廊坊院区；2. 新疆油田公司工程技术研究院)

摘　要：CO_2 干法压裂技术以无水无伤害液态 CO_2 为携砂液进行压裂的技术。与常规水基压裂相比，二氧化碳干法压裂对地层几乎无伤害，具有良好的增产增能作用，大量节约了水资源，达到了节能减排、绿色环保的施工要求，对强水敏、强水锁及非常规油气藏清洁、高效开发意义深远。目前 CO_2 干法压裂技术已在国外得到大量的推广应用，国内由于设备的限制，仅在吉林油田、长庆油田开展了三十多口井的现场试验，取得了良好的效果。

关键词：干法压裂；CO_2；储层改造；低伤害；快速返排

CO_2 干法压裂以液态 CO_2 为压裂液，通过压裂泵车以较大排量注入地层，通过控制不同阶段 CO_2 相态变化，利用超临界 CO_2 在储层中极强的流动性和破岩能力，形成复杂动态裂缝。施工结束后，随着放喷的进行，CO_2 相态急剧变化，气液比（546m^3/m^3）不断产生，形成炸弹效应，大面积破坏储层岩石，同时将产生大量的岩石碎屑，起到支撑复杂裂缝的作用，进而为远端油气的流入提供一条具有较高渗透率的渗流通道，实现较小加砂规模达到高效增产目的。在 CO_2 干法压裂过程中，CO_2 相态变化十分复杂：初始 CO_2 在温度 -34.4℃、压力 1.406MPa 条件下以液态形式存储在 CO_2 储罐中（图1中点1）；经过增压泵车后，液态 CO_2 在温度 -25~-15℃、压力 1.8~2.2MPa 条件下注入高压泵（图1中点2）；在压裂泵车出口处，液态 CO_2 被加压至施工压力

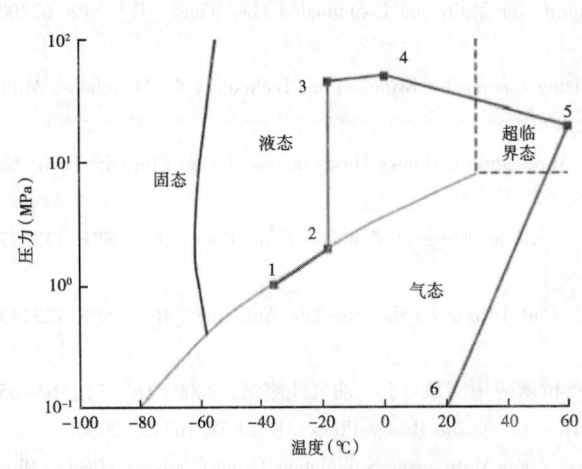

图1　CO_2 在干法压裂过程中的相态变化

（图1中点3）；随后液态 CO_2 被泵入井底，在此过程中压力进一步增加，同时温度也升高（图1中点4）；当 CO_2 进入储集层裂缝中后，温度、压力与储集层条件同化，表现为温度进一步上升，而压力下降，此时 CO_2 处在超临界状态（图1中点5）；当开始返排后，CO_2 压力迅速下降，将以气态形式返排至地表（图1中点6）。

1 CO_2 干法压裂技术特点

1.1 极强的破岩能力

当温度超过 31.26℃、压力超过 7.43MPa 时，CO_2 就会处于特殊的状态——超临界态。超临界态是不同于气态与液态的流体形态，该状态下 CO_2 分子间作用力很小，黏度和表面张力低，流动过程中动能损失小，净压力传导效率高，在一定的排量条件下便可维持在中、远井地带破岩所需的净压力，可实现远端大范围内的有效破岩（图2）。

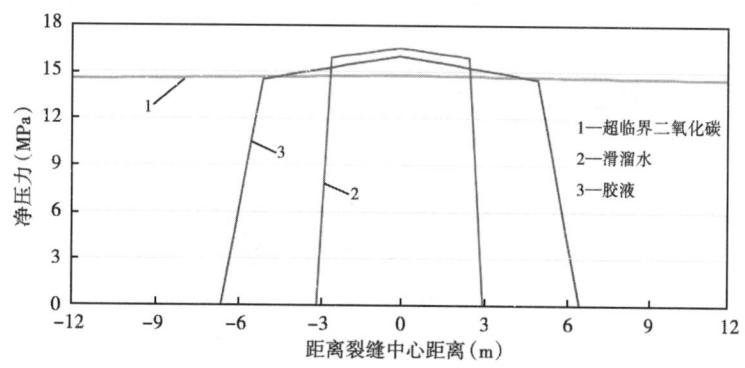

图2 超临界二氧化碳、滑溜水，胶液
净压力保持能力对比

1.2 极强的流动能力

超临界 CO_2 表面张力为零，流动性好，在一定程度上降低了应力、物性的非均质性对于流动方向的导向作用，增加了裂缝的复杂程度。超临界 CO_2 可以进入任何大于超临界 CO_2 分子的空间，在储层中超临界 CO_2 可以进入其他压裂液所不能进入的微裂缝、天然裂缝和天然弱面（图3），可进一步增加裂缝系统的复杂程度，最大限度地沟通储层，从而提高产量。

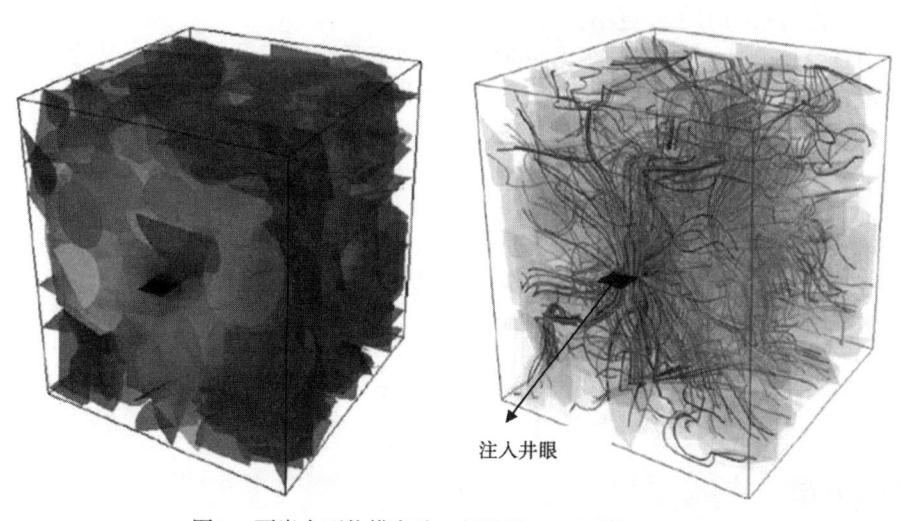

图3 页岩大型物模实验：超临界 CO_2 压裂示踪监测

1.3 有利于形成复杂的剪切缝

超临界 CO_2 超高的净压力传导率可维持较高的缝端净压力，克服岩石内聚力，形成复杂的剪切裂缝网络，形成深度剪切位移，依靠糙面支撑和岩屑支撑，即使在高闭合应力条件下裂缝依然可保持很高的导流能力。通过对水基压裂和超临界 CO_2 干法压裂的有限元数值模拟，发现水基压裂引发剪切膨胀，而超临界 CO_2 干法压裂引起深度剪切位移，说明超临界 CO_2 干法压裂在同等条件下更容易形成以剪切破坏为主的复杂裂缝网络，且能够保持较高的长期导流能力。

1.4 与储层及储层流体接触后发生的理化反应有利于增加产能

（1）当液态二氧化碳与原油接触，其升温后快速气化并溶解于原油中，降低原油黏度的同时增加了溶解气驱的能量；

（2）当液态二氧化碳与地层水接触，饱和 CO_2 的水 PH 值升至 4.5 以上时，与可能存在的黏土矿物反应，维持或者提高地层的渗透性；

（3）储层中 CO_2 过饱和时，流体与毛细管或岩壁的接触角、毛细管的直径以及地层孔隙的化学吸附都会发生改变，改变毛细管参数，有利于措施后的返排；

（4）当液态二氧化碳与页岩接触，由于 CO_2 分子相比于 CH_4 分子有更强的吸附能力，可将 CH_4 置换出来，使 CH_4 从吸附态变成游离态，从而提高产量、采收率。

2 CO_2 干法压裂技术优势

（1）没有水相，避免了对储层产生水敏、水锁伤害；

（2）没有残渣，不会对储层和支撑裂缝渗透率造成伤害；

（3）具有良好的增能作用，压后返排快，返排彻底；

（4）超临界状态 CO_2 流动性极强，表面张力为 0，可进入任何大于超临界 CO_2 分子的空间，可进入（包括液态 CO_2 在内）其他压裂液所不能进入的微裂缝微孔隙；

（5）超临界 CO_2 破碎岩石的能力极强，大理石岩样破岩门限压力为水的 2/3，页岩岩样破岩门限压力仅为水的 1/2 或更小；

（6）CO_2 溶于原油，可以降低原油的黏度，利于原油的开采；

（7）CO_2 能够置换吸附于煤岩与页岩中的甲烷，在提高单井产量的同时，还可以实现温室气体的封存。

3 CO_2 干法压裂技术国外应用效果

国外在液态 CO_2 干法压裂等方面技术已趋于成熟，并形成了配套装备与工艺技术，广泛应用于 1~10md 的油藏中，深度介于 123~3226m，95% 的井深小于 2500m，井温最高 100℃，北美应用近 2500 口井，单井最大加砂量 27m³，最高砂比 29.7%，其中 95% 是气井，5% 是油井。

3.1 国外致密油井

在加拿大英属哥伦比亚省东北部致密油进行对比试验，压后效果：超临界 CO_2 压裂井

初期产量比水基压裂井平均高出92%,生产700天后超临界CO_2压裂井的产量约为水基压裂3倍;

在美国密歇根州派安特里姆盆地圣彼得斯地层选取4组水基压裂与超临界CO_2压裂对比;超临界CO_2压裂井的平均产能为水基压裂的2.04倍(图4);

美国德克萨斯州派克郡4口致密油直井进行超临界CO_2压裂和纯滑溜水压裂进行对比;2口超临界CO_2压裂井的平均产能为2口滑溜水压裂井的5.7倍。

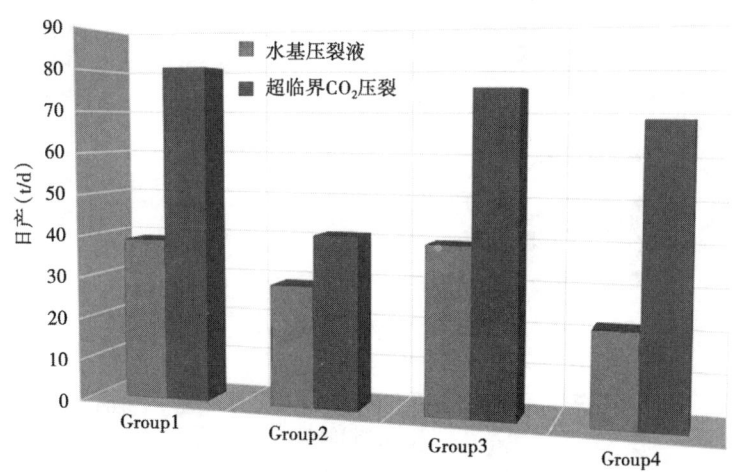

图4 派安特里姆盆地4组水基压裂与超临界CO_2压裂效果对比

3.2 国外致密气井

美国Indiana REP Energy公司在美国印第安纳州纽埃尔伯尼实施6口致密砂岩水平井超临界CO_2压裂;压后效果:初产$(15.8\sim48.8)\times10^4m^3/D$,700天后单井产量递减至$(7.78\sim13.65)\times10^4m^3/D$的产量(图5)。

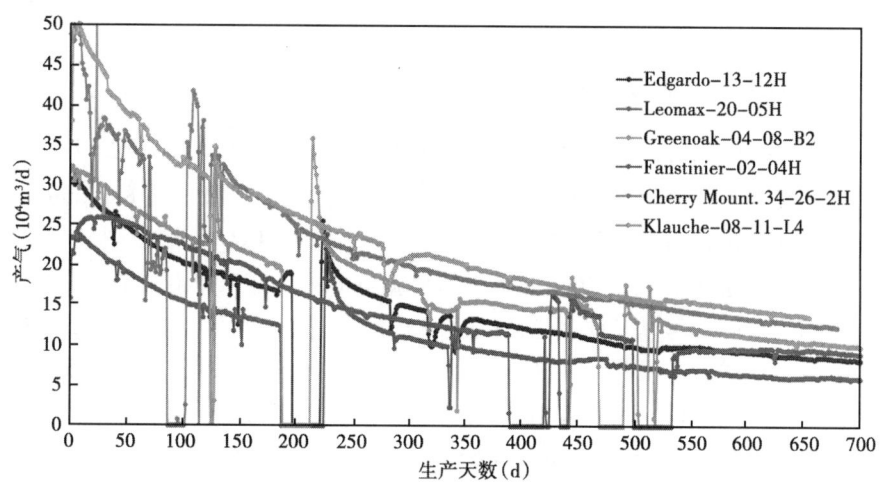

图5 纽埃尔伯尼6口致密砂岩水平井超临界CO_2压裂后生产曲线

美国SWN公司在美国阿肯色州阿尔科玛盆地密西西比系地层实施10口致密砂岩水平井超临界CO_2压裂；压后效果：初产（35.2~77.1）$\times 10^4 m^3/d$，由于井底恒定压力生产，产量呈现递减趋势，3年后仍可维持$10\times 10^4 m^3/d$的产量（图6）。

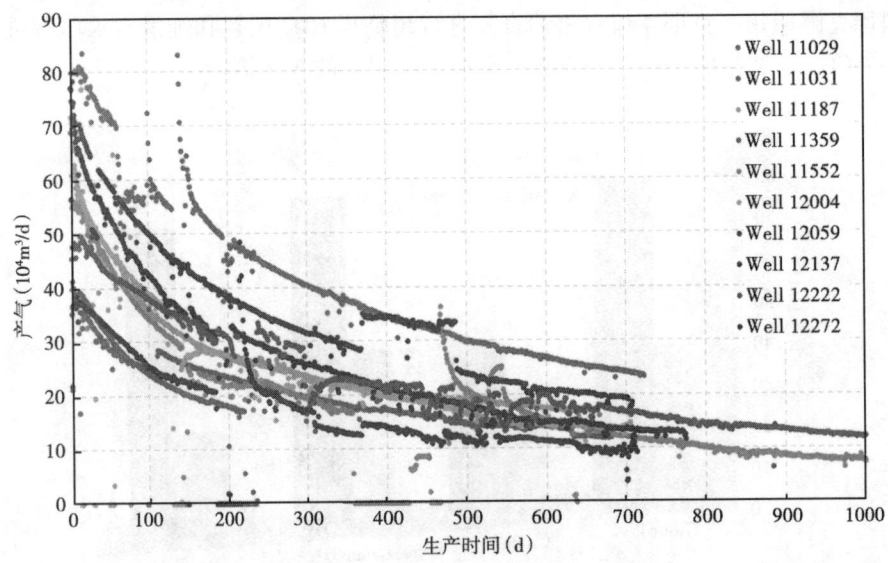

图6 阿尔科玛盆地10口致密砂岩水平井超临界CO_2压裂后生产曲线

4 CO_2干法压裂技术国内应用效果

与常规压裂相比，CO_2干法压裂对压裂设备的供液、承压、气密封及安全性提出了更高的要求，它需要专门的密闭混砂装置，国内只有少数厂家能够提供该装备，而且由于价格原因，仅在大庆钻探、川庆钻探部分压裂队伍配备，因此CO_2干法压裂技术只在吉林油田、长庆油田开展现场试验。

4.1 吉林油田CO_2干法压裂应用

2014—2017年CO_2干法压裂在致密油藏、低压敏感性油气藏现场试验19口井，关键装备、材料、工艺和安全控制等方面得到进一步验证，最大施工排量可达$8m^3/min$，最大加砂量$23m^3$，最大液量$860m^3$（表1）。2014年8月试验井1号CO_2干法压裂先导试验取得成功，试验井8号实现了单层加砂$20.5m^3$，单层液量$696m^3$，施工排量$8m^3/min$的参数指标，达到国内领先水平。＊＊＊区块CO_2干法压裂4口井增油效果明显，试验井2号投产436d，累计增油649.6t，试验井7号投产403d，累计增油491.7t，试验井4号投产64d，累计增油70.4t，试验井10号投产125d，累计增油87.5t。CO_2干法压裂可以实现蓄能增产，试验井2号施工注入液态CO_2 $573m^3$将地层压力由原始22.11MPa提高到24.39MPa。CO_2干法压裂可以实现增大改造体积，超临界CO_2黏度低、扩散系数大有利于提高压裂改造体积，井下微地震裂缝监测结果表明CO_2干法压裂改造体积是水基压裂的2.6倍，能够有效增加单井控制储量。CO_2干法压裂压裂液摩阻高，利用试验井2号井底压力和地面施工压力计算二氧化碳压裂液

3½in 管柱摩阻 17MPa/km，本区块水基压裂液相同排量下 3½in 管柱摩阻 9MPa/km，二氧化碳压裂液是常规瓜尔胶摩阻的 1.9 倍。

表1 吉林油田 CO_2 干法压裂施工参数表

井号	压裂段（m）	射厚（m）	压裂工艺	排量（m³/min）	砂量（m³）	平均砂比（%）	液量（m³）	施工压力（MPa）	备注
试验井1	1584.8~1588	3.2	油管压裂	4~4.2	8	3.3	480	53~55	砂堵
试验井2	2345~2292.4	15.6		2.4~3.3	—	—	573.2	40~61	
试验井3	2295~2274.4	9.6		2.4~3.8	8.4	5.8	601	38~63	砂堵
试验井4	2251~2260.8	9.8		4~4.2	8.0	3.3	480	53~55	砂堵
试验井5	2292.4~2340.6	9.2		3.8~4.2	15	5.1	582	46~70	
试验井6	2162~2172	10		2.5~3	3	1.5	602	55~60	
试验井7	2299.4~2214.6	12.8	套管压裂	4.5~7.6	11	4.3	657	22.4~33	
试验井8	2268.8~2281.2	9.4		4~8.0	21	6.2	696	28~17.5	
试验井9	1935~1942.5	6		6~7.4	19.8	6.4	653.5	20~27	
试验井10	2183.4~2189.2	5.8		3~6.5	7	5.4	675	36~65	
试验井11	2743~2767.4	12		3.7~5	5	2.2	576	44~53	
试验井12	938~941	3		5.2~5.7	15.5	4.9	564	40~53	砂堵
试验井13	2042~2076.8	10.8		6~7.9	13.5	3	646	31~43	砂堵
试验井14	2850~2878.4	9.0		3~3.4	4.0	2.2	648	41~52	砂堵
试验井15	2793.4~2820	9.8		3~4	5.0	3.1	695	48~54	砂堵
试验井16	2737~2769	12.6		5~5.5	3.3	1.5	687	46~50	
试验井17	2318~2360.4	11.6		5.2~8.2	9	4	835	21~37	
试验井18	2305.2~2215.2	17.6		8	8.0	2.5	500	30~40	
试验井19	1730.8~1757	21		5~6	23	6.2	860	41~54	

典型井—试验井19号：该区块日注水增加，日产液变化不明显，难以建立有效驱替关系。原始地层压力 17.88MPa，目前 13.11MPa，平均压力系数 0.73，属于低压储层。区块投产初期单井日产 4.3t/ 3.2t/ 25.6%，改造前单井日产 1.6t/ 0.5t/ 67.1%，单井产量低。该井进行 CO_2 干法压裂施工，施工排量 5~6m³/min，加砂 23m³，液量 860m³，压力 41~54MPa，压后日产液 3.9t，日产油 2.3t（图7），对比压前（0.7t）日增油 1.6t，累计增油 86.5t，邻井油压由 0.5MPa 上升至 12.4MPa，储层蓄能效果明显，4 口邻井日增油 0.7~1.1t，邻井累计增油 226t。

4.2 长庆油田 CO_2 干法压裂应用

自 2013 年完成国内首次 CO_2 干法加砂压裂现场应用以来，已累计在长庆致密气井和延长页岩气井完成现场应用 11 口井 13 层（表2），最大井深 3454m，最高井温 104℃，最大单层加砂量 25m³，最高砂比 20%（平均砂比 12.2%），较水基压裂表现出了明显的增产效果，返排周期缩短 50% 以上。

第一口 CO_2 干法压裂试验井：试验井1号

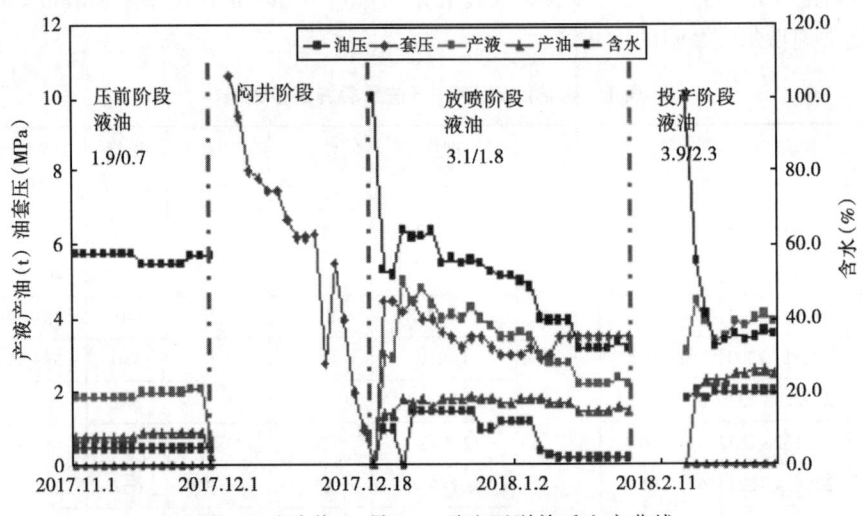

图7 试验井19号CO_2干法压裂前后生产曲线

2013年8月12日,在试验井1开展了国内首次CO_2干法加砂压裂施工。储层段埋深3240m,储层渗透率(0.4~1.2)mD,强水锁伤害,中等水敏伤害。压裂施工排量2.0~4.0m³/min,共计注入液态CO_2量254.0m³,加砂量2.8m³。压后测得无阻流量$3.0×10^4$m³/d,较2口水基压裂无产能的压裂邻井,增产效果显著。

CO_2干法压裂在页岩气储层的应用:试验井3号

试验井3是鄂尔多斯盆地的一口页岩气井,是国内首次完成陆基页岩气储层CO_2干法加砂压裂的试验井。该井CO_2加砂压裂施工过程排量稳定,压力平稳,顺利完成了加砂压裂作业。施工中累计加入液态CO_2 385m³,注入排量4.0m³/min,加入支撑剂10.0m³,在压后产量达到了预期。

CO_2干法压裂实现了不动管柱连续分层压裂改造:试验井5号

试验井5是一口不动管柱两层分层井,该井首次试验了CO_2投球打滑套工艺。利用专用CO_2压裂分层工具,采用液态CO_2送球打滑套,进行了CO_2干法加砂分层压裂,验证了工艺的可行性。压裂施工过程中压力平稳,打滑套迹象显示明显。此次试验的成功为该技术在多层气田的应用奠定了技术基础。

表2 长庆油田CO_2干法压裂施工参数表

井号	层位	厚度(m)	渗透率(mD)	解释结果	排量(m³/min)	砂量(m³)	平均砂比(%)	总液量(m³)	无阻流量(10^4m³/d)
试验井1	山1	8.8	0.4~1.18	气层	2.0~4.0	2.8	3.5	254.0	3.0
试验井2	太原	5.0	0.44	气层	3.0	9.6	7.9	350.5	4.28
试验井3	本溪	3.0		页岩气	4.0	10.0	4.5	385.0	0.8
试验井4	盒8	9.4	0.5~1.9	气层	3.6~4.2	8.5	5.3	325.0	5.82
试验井5	盒8	4.6	1.1	气层	4.2	5.0	4.1	217.6	7.29
试验井5	山1	7.5	0.51	气层	4.5	8.8	5.2	244.2	7.29
试验井6	盒8	3.7	0.50	气层	3.7~3.9	0.8	2.5	150.1	

续表

井号	层位	厚度（m）	渗透率（mD）	解释结果	排量（m³/min）	砂量（m³）	平均砂比（%）	总液量（m³）	无阻流量（10⁴m³/d）
试验井7	盒8	5.6	0.45	气层	4.9	10.0	8.4	457.4	4.2
试验井8	山1	4.3	1.61	气层	4.2~4.8	10.0	8.2	413.0	5.9
试验井9	盒8下	10.8	0.82	气层	4.0~4.5	20.0	10.3	426.0	24.7
试验井10	山1	5.9	0.93	气层	3.0	14.1	10.5	297.3	8.1
试验井10	盒8	3.1	1.29	含气层	3.0	6.2	11.2	90.4	8.1
试验井11	山1	11.0	0.56	气层	4.8	25.0	12.2	389	4.15

5 结论

（1）CO_2干法加砂压裂技术对强水敏、强水锁及非常规油气藏具有明显优势，它具有极强的破岩能力、极强的流动能力、有利于形成复杂剪切缝的特点，是提高强水敏、强水锁及非常规油气藏开发效果的一项全新的重要技术手段。

（2）现场试验结果表明，该技术已经能够完成适度规模的加砂作业，增产效果明显，具备了工业化应用的技术条件。

（3）CO_2干法压裂技术因其独特的优势，可挖掘非常规气藏的潜能，而目前国内CO_2干法压裂技术才刚刚起步，且受压裂设备的限制，还未得到大规模应用。

参 考 文 献

[1] 刘合，王峰，张劲，等．二氧化碳干法压裂技术—应用现状与发展趋势［J］．石油勘探与开发，2014，41（4）：466-472．
[2] 孙云鹏．油气开发中液态CO_2在低压气层压裂改造中的应用［J］．西安工程学院学报，2001，23（4）：37-40．
[3] 宋振云，李勇，苏伟东，等．低渗透油气田二氧化碳泡沫、干法压裂增产技术［R］．北京：CIPPE2012国际石油产业高峰论坛，2012．
[4] 苏伟东，宋振云，马得华，等．二氧化碳干法压裂技术在苏里格气田的应用［J］．钻采工艺，2011，34（4）：39-44．
[5] 王海柱，沈忠厚，李根生．超临界CO_2开发页岩气技术［J］．石油钻探技术，2011，39（3）：30-35．

致密低渗透碳酸盐岩气藏酸压改造难点及技术对策

徐兵威[1,2]　周守为[1]　陈付虎[1,2]　张永春[2]　姚娟宇[2]

（1. 油气藏地质及开发工程国家重点实验室·西南石油大学；2. 中国石化华北油气分公司）

摘　要：在研究致密低渗透碳酸盐岩储层工程地质特征的基础上，结合酸压改造过程中面临的酸液滤失严重、缝高失控、酸蚀缝长不足等难点，提出储层预测、小压测试、前置预处理、加砂酸压、水平井开发等技术对策，最后确立了以水平井复合酸压为主体的致密低渗透碳酸盐岩储层改造技术，现场施工水平井 52 井，单井平均无阻流量为 $10.34\times10^4m^3/d$，相比常规酸压改造技术单井产能提高 2 倍以上，实现了致密低渗透碳酸盐岩气藏的工业化高效开发。

关键词：致密低渗透；碳酸盐岩气藏；酸压；难点；对策；水平井

鄂尔多斯盆地是国内大型叠合含油气盆地之一，也是目前天然气储、产量最大的盆地之一，大牛地气田下古生界碳酸盐岩储层是鄂尔多斯盆地北部主要后备气层之一，资源量达 $650\times10^8m^3$。气藏储层整体非均质性较强、微裂缝发育，岩性以微-粉晶白云岩、细晶白云岩、黑色微晶灰岩等为主，埋藏深度平均在 3300m 左右，地层温度平均在 95℃ 左右，地层压力系数范围 0.83~0.96MPa/100m，为典型的致密低渗透、低压碳酸盐岩储层。

大牛地气田下古生界碳酸盐岩储层前期直井酸压改造未取得理想效果，结合储层特征及储层改造难点，提出了针对性的酸压对策，通过开展水平井酸压改造试验，确立了以水平井复合酸压为主体的致密低渗透碳酸盐岩储层改造技术，提高了单井产量，实现了致密低渗透碳酸盐岩气藏的工业化高效开发。

1　下古生界碳酸盐岩储层特征

根据鄂尔多斯盆地下古生界纵向岩性组合特点及沉积特征，大牛地气田下古生界碳酸盐岩气藏自上而下可划分为马五$_1$—马五$_5$ 五个储层亚段，其中马五$_1$—马五$_4$ 段有利储层以岩性较纯的白云岩发育为主，岩石类型以微—粉晶白云岩和细晶白云岩为主要的储集岩相；马五$_5$ 段储层则以潮下灰岩白云化形成的白云岩或灰质云岩为主体。

1.1　储层地质特征

大牛地气田下古生界储层埋深 3000~3600m，中部深度在 3300m 左右；地层温度为 90~120℃；地层压力系数为 0.83~0.96MPa/100m；储层孔隙度分布范围 0.58%~14%，平均值 4.3%；渗透率分布范围 0.0105~5.89mD，平均值 0.46mD，整体表现为低压、低孔隙度、低渗透致密碳酸盐岩储层（表1）。

表1　大牛地气田下古生界不同碳酸盐岩储层物性参数统计表

层位	样品数（个）	孔隙度（%）	平均孔隙度（%）	渗透率（mD）	平均渗透率（mD）
马五$_1$	57	0.67~9.9	4.17	0.019~5.16	0.49
马五$_2$	114	0.96~10.8	3.90	0.012~5.89	0.401
马五$_4$	133	0.58~10.54	3.89	0.0105~5.64	0.343
马五$_5$	111	1.05~14.0	5.87	0.0124~4.97	0.688
合计	415	0.58~14.0	4.3	0.46~5.89	0.46

1.2　储层岩石力学特征

大牛地气田下古生界碳酸盐岩储层岩石弹性模量27~49GPa，泊松比0.19~0.28，表现为高弹性模量、低泊松比（表2）。结合鄂尔多斯盆地下古生界储层应力方向，大牛地气田下古生界碳酸盐岩储层水平最小主应力方向为NE45°左右，地层应力梯度在1.8MPa/100m左右。

表2　岩石力学参数试验结果

井号	地层	井深（m）	岩性	围压（MPa）	弹性模量（GPa）	泊松比	抗压强度（MPa）
大48	马五$_5$	3012.00~3012.08	灰色含泥灰岩	25	30.6404	0.260	174.815
		3023.34~3023.44	深灰色灰岩	25	27.2478	0.243	61.563
大50	马五$_5$	2920.78~2920.85	黄灰色泥灰岩	24	22.7958	0.229	82.442
		2922.34~2922.44	灰黑色灰质泥岩	24	29.9992	0.228	215.904
	马五$_1$	3433.58~3433.64	灰黑色泥云岩	28	32.8154	0.215	213.76
大60	马五$_1$	2927.62~2927.72	灰白色灰质云岩	22	49.2814	0.198	250.229
大79	马五$_1$	2806.66~2806.76	灰色含泥灰岩	21	27.1364	0.283	162.287

2　致密低渗透碳酸盐岩储层酸压改造难点

（1）储层非均质性强，且天然微裂缝发育，酸压施工滤失量大。

大牛地气田下古生界碳酸盐岩气藏储层孔隙类型以溶孔、溶洞、微孔隙、微裂缝等为主，同时充填裂缝系统较为发育，储集空间类型较为复杂。酸压施工中天然充填裂缝及微裂缝系统开启，导入地液体大量滤失。酸压施工过程中的滤失主要有两个特点：①滤失过程是动态变化的；②滤失量比均质介质大很多，表现出数量级倍数增加形式，最终导致碳酸盐岩储层酸压井底净压力低、裂缝延伸困难等特点，同时酸压施工中砂堵率高。

（2）储层致密低渗透，基质中可动流体饱和度低。

大牛地气田下古生界碳酸盐岩储层基质渗透率大多低于0.7mD，有效孔隙度小于6%，基质中可动流体饱和度低，基质向酸压裂缝供气能力较差，导致酸压施工后初期产量较高，但产能快速递减，难以持续高产。

(3) 白云岩石灰岩连续发育,缝高控制难度大。

大牛地气田下古生界碳酸盐岩储层白云岩石灰岩连续大段发育,厚度达100m以上,且白云岩、石灰岩岩石力学特征差异不大,有效应力差小,同时天然缝洞系统发育,导致产层与隔层间的有效缝高控制难度大,裂缝在有效储层内充填效率低。

(4) 储层岩性致密,裂缝开启难度大。

酸压改造施工中岩石弹性模量越高,储层越不易起裂造缝,泊松比越低裂缝越窄。下古生界碳酸盐岩储层岩石弹性模量大多高于40GPa,达到砂岩储层的2倍,泊松比在0.2左右;同时钻井过程中钻井液滤失严重,堵塞井筒附近储层的渗流通道,地层吸液困难,导致酸压施工改造时裂缝开启压力高,且酸压裂缝较窄,施工难度大。前期施工酸压施工数据显示,下古生界碳酸盐岩储层平均酸压施工压力55~65MPa,最高达到82MPa,同时存在因压力过高难以压开储层风险。

(5) 酸压多裂缝发育,有效裂缝宽度、长度受限。

下古生界碳酸盐岩储层酸压裂缝扩展形态复杂,由于天然裂缝系统的存在,酸压形成的人工裂缝存在T形缝、X形缝及网状缝等多种类型,同时裂缝除延伸到目的层以外还形成了倾斜的多裂缝、裂缝重新定向、近井裂缝转向或偏移等(图1)。这种情况下的近井地带多裂缝竞相延伸现象,降低了有效裂缝宽度,导致碳酸盐岩储层裂缝延伸长度受限。

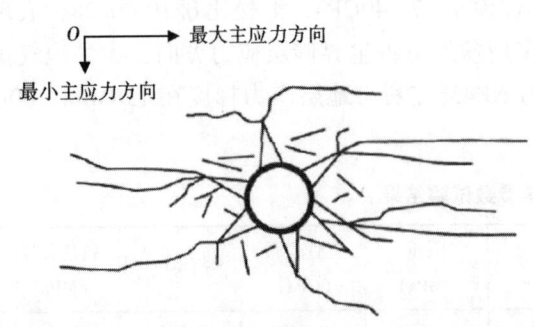

图1 酸压井筒周围多裂缝延伸示意图

3 致密低渗透碳酸盐岩储层酸压改造针对性措施

(1) 加强储层预测技术研究,优化施工参数。

大牛地气田下古生界碳酸盐岩储层非均质性严重,天然微裂缝、溶孔、溶洞系统发育,酸压施工过程中液体滤失严重,导致碳酸盐岩酸压施工有效裂缝长度受限,加砂酸压砂堵率高。酸压施工前可以利用测井振幅变化率、三维地震预测、相干体反演等地质资料,同时结合施工井的钻井、完井和邻井的相关地质、施工资料进行对比分析,根据下古生界气藏主应力方向、天然裂缝发育特征等预测改造裂缝延伸方向,从而优选酸液、压裂液的用量、排量等施工参数,优化酸压施工设计。

(2) 开展小型压裂测试,确定储层类型及地层特性。

在下古生界碳酸盐岩储层进入规模化开发之前,开展小型测试压裂技术,确定不同层位储层类型及地层吸液能力、起裂压力等储层特征。

若小型压裂测试分析为裂缝发育型碳酸盐岩储层,则可尝试以下措施减小多裂缝的影响:①射孔减少近井地带裂缝的弯曲程度,通常采用超平衡射孔、定向射孔、小段射孔以及固井质量好的井段进行深度射孔;②大排量造缝降低多裂缝产生概率,大排量酸压施工对井底附近裂缝迁曲起冲刷磨蚀作用,可增大缝宽,减少分支缝数;③高黏流体造缝减小液体分流,井底附近的摩阻损失大多在裂缝起裂位置1m以内,酸压施工中采用高黏液体造缝,不易在多裂缝中产生分流效应，形成酸压主裂缝，防止产生多裂缝；④主酸压施工程序前注入小粒径支撑剂段塞，降低井底附近裂缝的迂曲摩阻，同时可封堵天然微裂缝系统，降低入地液体滤失。

若小型压裂测试分析为基质孔隙型碳酸盐岩储层，则采用高黏液体大排量造缝形成主裂缝后开展大排量酸压施工，同时铺置一定厚度的支撑剂形成酸蚀—支撑复合型的高导流能力裂缝，保证生产过程中持续供气，长期高产。

（3）优化液体体系和酸压工艺，降低酸压液体滤失。

大牛地气田下古生界碳酸盐岩储层天然微裂缝、溶孔、溶洞系统发育，同时酸压过程中天然充填裂缝系统的开启导致酸压液体滤失严重，通过完善酸压液体体系性能、优化酸压工艺，可以实现有效降低储层滤失的效果。在酸压液体方面，应具有较好的耐温抗剪切性能，同时施工酸液黏度不低于 30mPa·s，满足酸压降滤需求。在酸压工艺方面，针对微裂缝发育储层，建议采用以下措施：①高黏液体造缝，防止多裂缝系统产生，同时适当增加前置液规模和排量；②前置粉陶段塞封堵微裂缝系统降滤；③组合陶粒降滤技术，不同施工阶段加入不同粒径的陶粒，分别填充不同宽度的裂缝系统，在降滤的同时也达到合理铺置支撑的目的；④可溶性降滤失剂封堵天然微裂缝系统实现降滤。

（4）前置预处理技术降低破裂压力和施工压力。

大牛地气田下古生界碳酸盐岩储层微裂缝系统发育导致钻井过程中钻井液滤失严重，钻井液封堵储层微裂缝、孔喉系统形成滤饼，从而在井筒附近形成非渗透带，降低储层的吸液能力，导致酸压施工压力较高。通过前置酸化、前置段塞等前置预处理技术可以有效降低储层破裂压力及施工压力。在正式酸压施工前，采用 25%HCl 低排量酸化井筒周围井壁，通过改变岩石的力学性质达到降低地层破裂压力的目的，根据前期施工经验，破裂压力最高可降低近 20MPa。通过在前置液中加入粉陶段塞，可以有效降低井筒附近的迂曲摩阻，同时可以打磨裂缝壁面，降低后续液体裂缝壁面摩阻，从而降低施工压力。下古生界碳酸盐岩埋深大多在 3300m 左右，酸压液体井筒摩阻较高，在固完井情况下，可以采用油管和油套环空同时注液的方式，通过降低摩阻来降低施工压力。

（5）支撑剂充填酸蚀裂缝，形成复合裂缝系统。

下古生界碳酸盐岩储层岩石弹性模量高，泊松比低，导致酸压形成的酸蚀裂缝较窄，同时在较高的地层压力情况下，酸蚀裂缝壁面形成的不均匀沟槽（图 2）、支撑点容易破碎，酸蚀裂缝有效导流能力保持率较低（图 3）。在酸压施工中加入适量的支撑剂与酸蚀裂缝一起形成酸蚀—支撑复合裂缝系统，可以提高裂缝的有效导流能力，在生产过程中形成稳定的供气通道，保证酸压井的长期、持续高产。

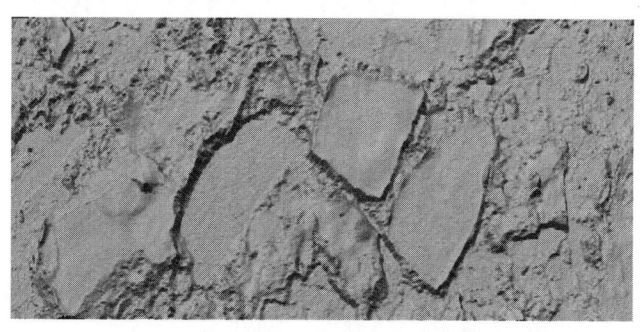

图 2　酸压改造刻蚀裂缝壁面形成不均匀沟槽

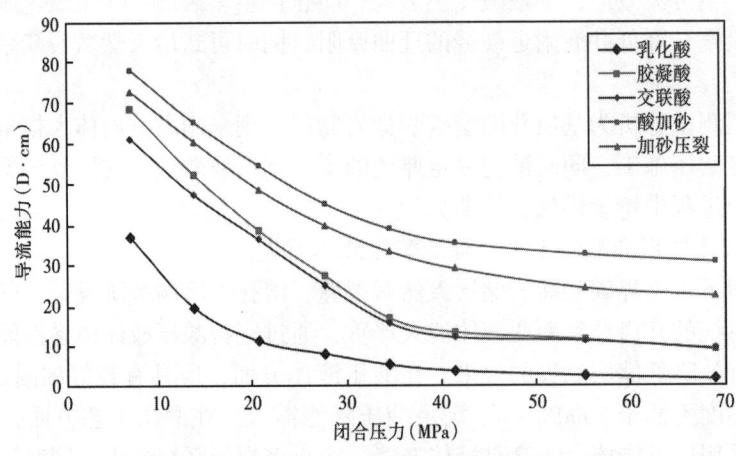

图3 不同酸压工艺形成的酸蚀导流能力对比

（6）水平井开发增大泄气体积，提高单井产量。

直井酸压改造控制气藏储量规模有限，难以实现经济有效的建产。水平井开发能够提高储层裂缝钻遇率，同时可通过多级分段和长缝酸压改造获得多条具备高导流能力的酸蚀裂缝，扩大储层改造体积，增大单井控制的天然气储量和供气范围，从而提高单井产量。同时，水平井开发相对直井具有泄气面积大、储量动用程度高、改造体积大、单井产量高、开发占地少、日常管理方便等优点。

4 下古生界碳酸盐岩储层酸压改造效果

结合大牛地气田下古生界碳酸盐岩气藏储层特征，在分析研究储层改造难点及相应对策的基础上，针对致密低渗透碳酸盐岩储层开展了水平井开发现场应用研究，并优化酸压施工配套的施工液体体系和施工工艺技术。通过水平井方式开发致密低渗透碳酸盐岩储层，提高单井产量，实现工业化高效开发。

截至2016年底，大牛地气田下古生界碳酸盐岩储层累计酸压改造水平井60口，先后试验了常规酸压、转向酸压、交联酸酸压、前置液酸压、复合加砂酸压等工艺技术。从酸压改造效果看（表3），水平井复合加砂酸压工艺压裂后平均井口无阻流量为$10.34 \times 10^4 m^3/d$，最高无阻流量为$50.4 \times 10^4 m^3/d$，相比常规酸压改造技术单井产能提高2倍以上，相比直井改造效果单井增产8倍以上，实现了大牛地气田下古生界致密碳酸盐岩气藏的工业化高效开发。

表3 大牛地气田下古生界碳酸盐岩水平井酸压效果统计表

酸压工艺	改造井数（口）	水平段长（m）	压裂段数	酸液体系	总液量（m^3）	排量（m^3/min）	施工压力（MPa）	无阻流量（$10^4 m^3/d$）
常规酸压	2	1175	10	交联酸	2539.1	4.0~6.0	20~60	3.02
转向酸酸压	2	1000	9	转向酸	2662.7	5.0~6.5	23~61	4.96
交联酸酸压	1	1500	13	胶凝酸	2688.4	4.0~6.0	20~44.6	1.19
前置液酸压	3	1066.7	10.3	胶凝酸	4099.8	5.5~7.0	27~50	3.02

续表

酸压工艺	改造井数（口）	水平段长（m）	压裂段数	酸液体系	总液量（m³）	排量（m³/min）	施工压力（MPa）	无阻流量（10⁴m³/d）
复合加砂酸压	52	1048.4	10.1	胶凝酸压裂液	5012.6（加砂221.7）	6.5~10.2	24~63	10.34
平均	60	1104	10.1		4767.4			9.4

5 结论

（1）大牛地气田下古透碳生界致密低渗透碳酸盐岩气藏储层非均质性强，微裂缝发育，酸压改造过程中面临酸液滤失严重、缝高控制难度大、酸蚀缝长不足等技术难点。

（2）结合致密低渗透碳酸盐岩储层改造难点，提出了从加强储层预测、开展小型压裂测试等方面深化研究储层特性，并从前置预处理技术、优化液体体系和酸压工艺、开展加砂酸压、试验水平井开发等方面提出了相应的对策，能够有效提高致密碳酸盐岩气藏酸压改造的成功率。

（3）结合储层工程地质特征、改造难点和对策分析，在大牛地气田下古生界碳酸盐岩储层开展了不同水平井酸压工艺试验。其中，水平井复合加砂酸压技术，压裂后平均井口无阻流量为 $10.34 \times 10^4 m^3/d$，相比常规酸压改造技术单井产能提高2倍以上，有效实现了致密低渗透碳酸盐岩储层的工业化经济开发。

参 考 文 献

[1] 秦玉英．水平井压裂技术在大牛地气田的试验应用［R］．中国石化油气开采技术论坛，2009：5-7.
[2] 王传刚，王毅，许化正，等．论鄂尔多斯盆地下古生界烃源岩的成藏演化特征［J］．石油学报，2009，30（1）：38-45.
[3] 威廉斯 B B，吉德里 J L，谢克特普 R S．油井酸化原理［M］．罗景琪译．北京：石油工业出版社，1983：174-182.
[4] 杨洪志，张春发，朱建峰．国外深度酸化工艺技术思路探讨［J］．天然气工业，1996，16（1）：32-36.
[5] Ganski R D, Lee W S. On the Design of Refacture Acidizing Treatments［C］. SPE 18885, 1989.
[6] 蒋育青，沈建新，幕立俊．闭合酸化技术在碳酸盐岩储层改造中的应用［J］．石油钻探技术，1999，17（3）：37-38.
[7] 何春明，陈红军，赵洪涛，等．VES自转向酸体系流变性能［J］．油气地质与采收率，2010，19（4）：104-107.
[8] 艾昆，李谦定，袁志平，等．清洁转向酸酸压技术在塔河油田的应用［J］．石油钻采工艺，2008，30（4）：71-74.
[9] 尚希涛，何顺利，刘广峰，等．水平井分段压裂破裂压力计算［J］．石油钻采工艺，2009，31（2）：96-99.
[10] Tinker S J. Equilibrium Acid Fracturing: a New Fracture Acidizing Technique for Carbonate Formations［J］. Spe Production Enginering, 1991, 6（1）：25-32.
[11] Michael Runtuwene, Muhammad Hilmi Fasa, Fitria Dewi Rachmawati. Crosslinked Acid As An Effective Diversion Agent in Matrix Acidizing［C］. SPE 133926, 2010.
[12] 刘同斌，唐永帆．四川油气田压裂酸化液体技术新进展［J］．石油与天然气化工，2002，3（1）：47-53.

第三部分　油藏监测与测试

大庆扶余致密油层水平井测井评价方法研究

郑建东 闫伟林 朱建华

(中国石油大庆油田有限责任公司)

摘 要：水平井技术可大幅度提高致密油层单井产能和有效动用程度，有效降低勘探开发成本，已开始在大庆长垣扶余致密油勘探开发中得到广泛应用，建立了多个水平井试验区。如何应用水平井随钻和钻后电缆测井资料开展水平井轨迹与地层关系确定、储层参数计算、压裂改造甜点段优选等工作，已成为亟待解决的问题。通过对水平井、导眼井或邻近直井测井和取心资料分析，搞清了直平井测井响应特征和差异，建立了井轨迹与地层几何关系确定方法和步骤。在"七性"参数评价成果基础上，总结了水平井甜点段、射孔位置划分原则和方法。同时，通过对扶余油层已试 20 口水平井产能影响因素分析，优选水平段长度、有效孔隙度、含油饱和度、脆性指数和砂体厚度等参数，采用类比法建立了水平井产能快速评价模型。研究成果对水平井射孔位置、压裂段确定等工程设计提供了重要依据，对大庆长垣扶余致密油增储上产具有重要意义。

关键词：致密油；水平井；测井响应；甜点优选；产能评价

大庆长垣扶余致密油层储量资源丰富，是大庆油田增储上产的重要基础。扶余油层属源下致密油藏，上覆分布稳定的青山口组暗色烃源岩，总体上具有砂岩层数多、单层厚度薄、层间差异大、连续性差等特点。单砂层厚度一般为 1.5~5.5m，孔隙度为 6.0%~13.0%，渗透率为 0.01~1.0mD。直井压裂后产能较低，储量升级和动用难度大。自 2012 年以来，借鉴国内外致密油气勘探开发经验，针对扶余致密油层地质特征，采用"水平井+大规模体积压裂"方式提产，探索致密油层有效开发动用方式。截至 2017 年初，共钻扶余油层预探水平井 25 口，平均水平段长度 1110m，平均单井产能 27.4t/d，较直井单井产能提高了 10 倍以上，水平井钻探和产能建设均取得了良好的效果。

随着水平井和大规模体积压裂带来致密油层有效动用的同时，也给测井储层评价带来了新的挑战。如何认识水平井与邻近直井测井响应特征差异、水平井储层参数如何计算、压裂改造甜点段选择及产能评价成为致密油水平井储层测井评价的重点。从前人研究成果看，水平井测井解释与直井解释过程大致相同，其相对于直井的特殊性，主要表现在空间位置、上下围岩影响、地层非均质性及各向异性等方面，导致在曲线显示、井轨迹与地层关系解释及综合评价等方面有所不同，灵活运用直井测井解释经验对水平井综合解释也很重要。本文应用丰富的直平井测井资料，探讨了直平井测井响应特征和差异，并在井轨迹与地层几何关系确定的基础上，总结了水平井储层参数计算、甜点段优选和产能评价方法，形成了一套长垣扶余致密油水平井测井评价技术，详细流程如图 1 所示。

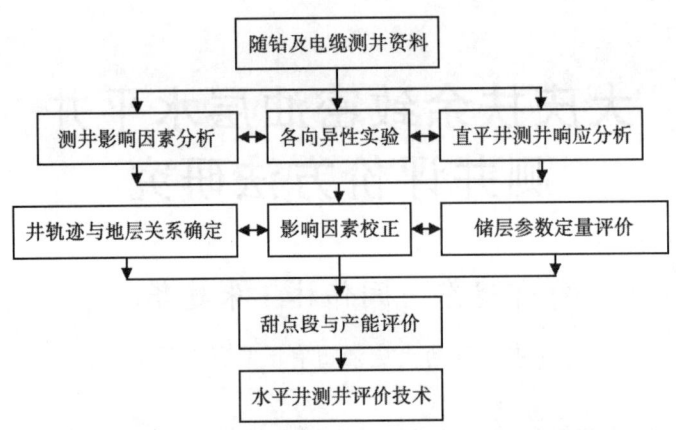

图1 长垣扶余致密油水平井测井评价技术流程图

1 直平井测井响应分析

前人主要通过数值模拟方法来研究围岩、井眼大小、井眼与地层夹角及地层各向异性等因素对水平井测井响应的影响，总结了很多规律，如利用感应曲线在不同倾角的各向异性地层中出现"羊角"现象来判断地层界面等。长垣扶余致密油预探水平井以贝克休斯随钻伽马和电阻率系列为主，同时还进行了以阿特拉斯5700系列为主的钻后电缆测井，测井项目一般比较齐全，为直平井的测井响应分析带来有利条件。

1.1 直平井电缆三孔隙度测井响应分析

ZP6井是落实X18井区FⅡ油层组砂岩发育情况及含油性为目标的一口水平井。为了对比直平井测井响应特征，该井导眼井目的层和水平井水平段均加测了ECLIPS-5700系列三孔隙度和阵列感应测井，并对水平段进行了井壁取心15块。邻近直井X18井的目的层段测井系列也为5700系列。水平井曲线读值选取井轨迹在目的层中部位置，受上下围岩影响较小处读值，主要表现为随钻电阻率曲线较平直，随钻上、下伽马响应值差别较小，录井岩屑见连续含油显示。通过对ZP6导眼井、水平井水平段和邻井X18目的层段三孔隙度曲线值的对比（表1），可以看出三者差异较小。同时对比了测有电缆三孔隙度测井的其他9口扶余致密油水平井及其邻近直井目的层的三孔隙度曲线值，也显示相同的规律［图2（a）］。应用水平井水平段钻后三孔隙度曲线，采用直井模型计算水平井有效孔隙度参数，计算结果与15块井壁取心样品分析结果对比，孔隙度绝对误差为1.0%［图2（b）］，说明直平井电缆三孔隙度曲线值差异不大，基本不需要校正。

表1 ZP6井及其邻井X18目的层三孔隙度曲线值对比表

井号	密度（g/cm³）			中子（%）			声波时差（μs/ft）		
	最大值	最小值	平均值	最大值	最小值	平均值	最大值	最小值	平均值
邻井X18	2.46	2.41	2.44	16.0	14.0	15.0	77	69	74
ZP6导眼井	2.45	2.38	2.42	16.5	14.1	15.1	79	73	76
ZP6水平段	2.47	2.37	2.42	16.6	13.8	15.6	78	69	73

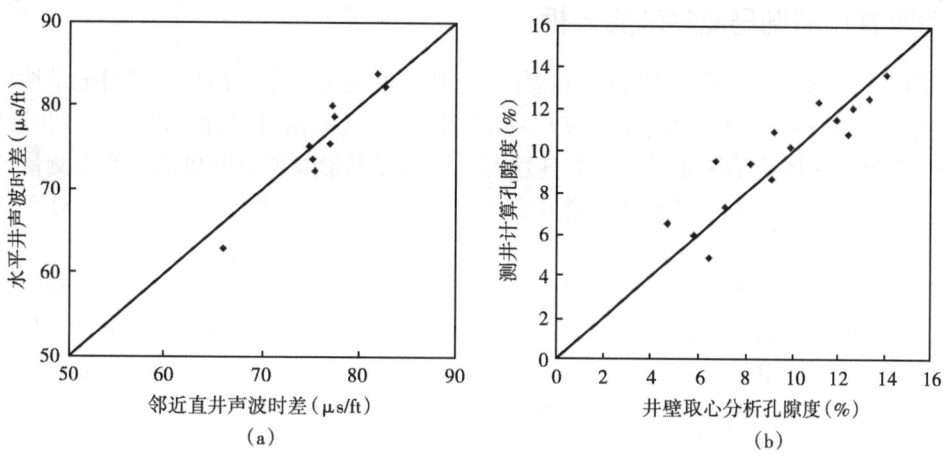

图 2 长垣扶余致密油直平井声波时差以及 ZP6 井测井计算与岩心分析孔隙度对比图

1.2 直平井电阻率测井响应分析

长垣扶余致密油水平井主要采用贝克休斯公司的 OnTrak-随钻自然伽马和电阻率测井仪器进行地质导向,一般给用户提供双频率下（2MHz 和 400kHz）4 条不同探测深度的相位差和衰减电阻率曲线（RPCEHM、RPCELM、RACEHM、RACELM）。为了解这 4 条随钻电阻率曲线与直井饱和度解释模型中常用到的深侧向电阻率之间的关系,对长垣扶余致密油 20 口水平井随钻电阻率曲线和其邻近直井目的层 5700 测井系列深侧向电阻率曲线进行了取值对比（图 3）。从图 3（a）中可以看出,随钻相位电阻率（RPCELM、RPCEHM）相比邻近直井目的层深侧向电阻率值普遍偏大,分析与相位电阻率对垂向电阻率敏感,受各向异性影响大有关。而图 3（b）中随钻低频衰减电阻率（RACELM）值则相对普遍要低一些,分析与其探测深度大,受目的层上下泥质围岩影响有关。另外,随钻高频衰减电阻率（RACEHM）值与邻近直井深侧向电阻率值较为匹配,基本在 45°线附近,说明井轨迹在目的层层中位置的随钻 RACEHM 曲线基本可代表目的储层的电阻率值,可用直井模型计算储层含水饱和度。

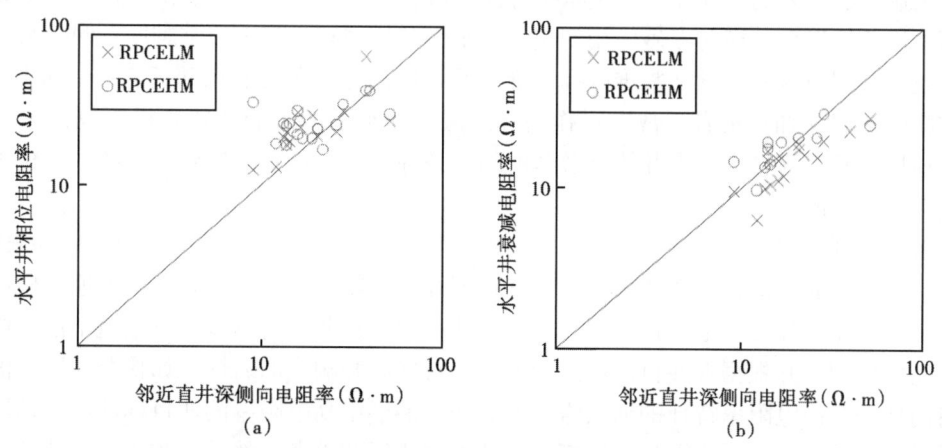

图 3 水平井层中随钻电阻率与邻近直井深侧向电阻率值对比图

1.3 直平井自然伽马测井响应分析

随钻自然伽马测井与传统直井的自然伽马测井原理完全一样，都是沿井眼记录地层伽马射线的强度。随钻自然伽马探测器一般安装在离钻头不远的钻铤内部，因此除钻井液密度、井眼井径变化等一般影响因素外，测井速度与钻铤对伽马射线的衰减也成为影响测量值的主要因素。从对长垣扶余水平井和邻近直井自然伽马的测量值对比来看（图4），对于同一储层，两种仪器的测量值在变化趋势上基本一致，砂岩段低值，泥岩段高值；从图4（a）自然伽马绝对值对比看，水平井随钻自然伽马和钻后电缆自然伽马值普遍较邻近直井的自然伽马值小，分析水平井可能受围岩、钻井液和钻铤对低能的铀和钍伽马射线的灵敏度低等因素影响导致；而从水平井和对应直井的自然伽马相对值来看，两者差别不大，说明水平井可以利用随钻自然伽马的相对值开展水平段泥质含量参数计算。

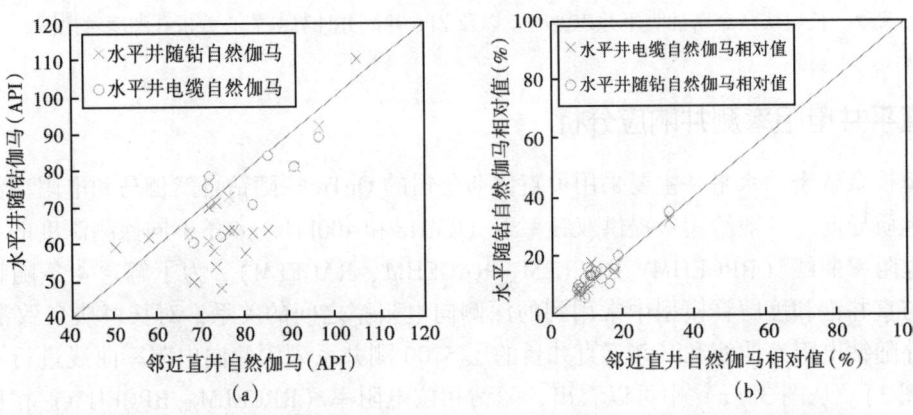

图4 水平井随钻自然伽马、电缆自然伽马与邻近直井自然伽马对比图

2 井轨迹与地层几何关系确定

搞清水平井轨迹与地层几何关系对水平井实时钻进、储层测井评价、射孔位置确定和试油方案编制具有重要的指导作用，是水平井测井解释首要解决的问题。由于扶余油层纵向上多套薄油层叠置发育，横向上砂体相变快，给水平井轨迹解释带来一定难度。同时水平井随钻和井轨迹数据包含的信息常常难以提供唯一的解释，通常还要利用邻近直井（或导眼井）的一些特殊储层（如油页岩、膏岩）作为标志层，并利用地震沿井轨迹切片或目标层构造图获得地层倾角等信息来作为井轨迹解释的约束条件或起始点，以达到精确解释井轨迹与地层钻遇关系的目的。

一般上，开展井轨迹与地层几何关系精确解释采用在二维或三维空间中利用井眼轨迹、地层剖面和测井曲线综合成图技术，根据随钻测井响应特征的差异反映空间上地层构造、岩性或含油性变化来综合确定。首先，应用导眼井或邻近直井的自然伽马或电阻率信息构建地层层状初始模型，并根据直井目的层附近的具有特殊测井响应的岩性，如扶余油层上面青一段具有高伽马和高电阻率特征的油页岩层或者扶余油层中高电阻率的非目标油层或钙层，来标定数量不等的标志层，为下步地层模型调整提供依据和参考。然后，利用水平井解释软件的二维或三维成图技术，调入井轨迹、随钻测井曲线和邻井层状地层模型。入靶点位置判断主要通过标志层结合地层等厚原则、曲线形态和数值来综合判断。而地层倾角计算主要依靠地质构造图和地震资料来确定，或依据井眼轨迹两次钻遇地层界面时采用几何判断法来计算地层倾角。最后，应用随钻的方位伽马曲线，确定井轨迹是钻遇地层上界面还是下界面，从而确定井眼轨迹与地层位置关系。同时，根据扶余油层一般含底钙导致相位电阻率升高等信息不断调整井眼与地层几何关系（即地层模型），直到由地层模型正演模拟的测井曲线与实测曲线吻合较好时，认为此时的地层模型与实际地层最为接近。

3 水平井储层参数计算和甜点段优选

由前述已知，井轨迹在目的层中位置的随钻高频衰减电阻率值（RACEHM）与邻近直井的深侧向电阻率值（LLD）匹配最好，可用直井模型计算储层含水饱和度。水平井钻后电缆的声波、密度曲线值与直井差别较小，也可应用于水平井储层孔隙度计算。但在其他位置，电磁波测井受层厚、围岩和层界等影响，需要开展校正。因此，在井轨迹与地层几何关系确定的基础上，采用有限元法数值模拟水平井地层模型下电磁波测井响应，并针对影响因素建立相应校正图版，开展水平井电阻率的逐点校正，提高致密油水平井储层参数的计算精度。

致密油水平井储层甜点段优选根据随钻和电缆测井数据计算储层"七性"参数，应用致密油直井分类评价标准[11]，划分储层类别。并将"七性"参数解释成果图通过设置曲线刻度，将孔隙度和含油饱和度、泊松比和杨氏模量、渗透率和破裂压力等参数放置在同一道内，突出储层物性、含油性和可压性等特征。同时增加固井质量、井轨迹与地层关系等解释结果，直观方便地划分水平段储层类别，为压裂选层及射孔位置确定提供重要支撑。另外，在压裂段划分上，主要考虑同一段内储层性质和类别、固井质量及井轨迹在储层相对位置最好相对均一，好储层段多缝，增大改造体积；差储层段少缝，增大缝的延伸长度。同时，依据"七性"评价参数和地应力大小确定压裂段内簇数和各簇射孔点，并根据储层类别、钙质含量、泥质含量的变化，确定各段加砂、加液量以及土酸类型和用量。

图5为ZP2井体积压裂方案优化成果图。从图5中可以看出，本井水平段2590m以上地层井眼在砂岩中，"七性"参数处理结果显示，储层物性、含油性、可压性相对较好，测井共解释致密油Ⅰ-1类层17层316.6m，致密油Ⅰ-2类层4层34.2m；2590m以下地层井眼主要在目标砂岩下方的泥岩、泥质粉砂岩中，测井解释均为干层。但从井轨迹与地层关系分析可知，井眼与上部砂岩相距较近，最远为4m左右。因此，依据同一压裂段保证物性相近、含油性相近、脆性与破裂压力相近，段内各簇射孔位置破裂压力差异小，脆性指数差异小的原则，确定本井水平段共分9段进行压裂施工。其中，2590m至井底分4段，入靶点至2590m井段分5段。根据储层类别、钙质含量、泥质含量的变化，确定1~4段应用滑溜水探索泥岩穿层压裂试验，常规压裂液扩宽裂缝及携砂支撑，以达到沟通砂岩储层的目的，加液量平均1511.2m^3，加砂量平均60m^3；5~9号砂岩段采用常规压裂液，加液量平均1050m^3，加砂量平均140m^3。该井压裂后日产油13.33t，示踪剂监测显示前4段产液贡献率也达到了35%，取得了一定的地质效果。致密油水平井"七性"评价综合成果图结合井轨迹与地层关系图已成为试油压裂选层的关键图件之一。

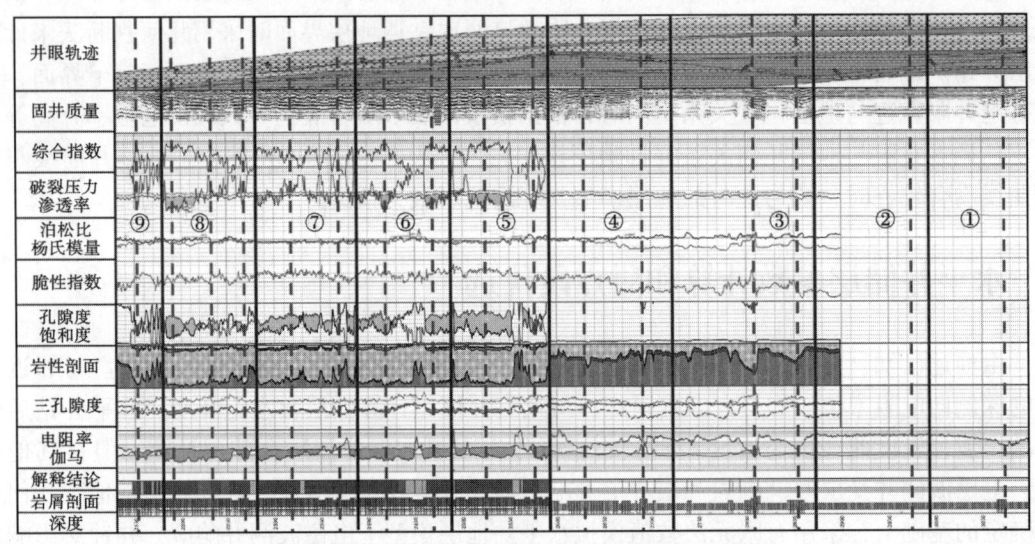

图 5 ZP2 井"七性"参数测井综合解释成果图

4 水平井产能快速评价

对于压裂水平井的产能预测，国内外已有大量专家学者进行了研究，形成了不同完井条件、不同驱动方式、不同井网下的众多产能评价模型或方法，为地质设计和决策提供依据。但这些方法都比较复杂，模型中如泄油半径、生产压差、裂缝属性等参数取值也较困难，在生产实际中应用误差也较大。一般来说，水平井的产能与储层品质和压裂工艺有关，同一探区具有相近储层特征和试油工艺的井间，可由试油井资料通过类比法预测新钻水平井产量。通过对长垣扶余致密油已试 20 口水平井产能分析，确定产能影响因素主要为水平段长度 L、目的层砂体厚度 H、储层品质参数（有效孔隙度 ϕ、含油饱和度 S_o、脆性指数 BI）。因此，为了满足长垣扶余致密油水平井优化设计和钻后快速评价的需要，采用类比法，应用上述 5 个储层参数的乘积（定名为综合评价指数）与水平井试油产量建立关系图版（图 6），两者

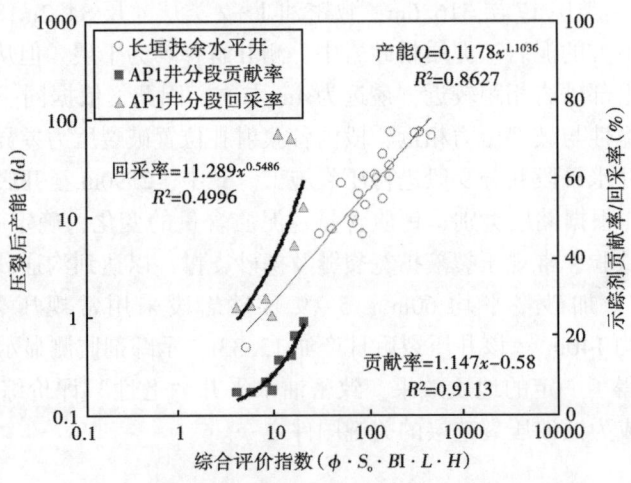

图 6 长垣扶余致密油产能与综合评价指数关系图

相关系数达到 0.93。应用该模型预测水平井产量与实际对比，平均相对误差为 29.6%，基本能满足实际生产需要。

示踪剂监测技术是评价水平井分段多簇大规模压裂改造后各段产量的重要手段。研究可知，示踪剂在评价水平井各段产量时，其分段回采率和产能贡献率能较好地反映地层的产出情况。图 6 中给出了 AP1 井稳产阶段各压裂段的产能贡献率和回采率与储层综合评价指数的关系，发现三者间具有较好的正相关性，说明储层综合评价指数与产能关系密切，能够较合理地反映产能的大小，证实了类比法计算水平井产能的可行性。

5 结论

（1）当水平井轨迹在目的层中位置时，其钻后电缆三孔隙度曲线值与直井目标层三孔隙度曲线值基本相当，且随钻高频衰减电阻率曲线基本可代表目的储层电阻率值。上述水平井曲线值可应用于水平井储层参数计算。

（2）致密油水平井储层甜点段优选利用"七性"参数解释成果图，突出储层物性、含油性和可压性，并结合井轨迹与地层关系综合判断储层类别和划分压裂段，确定射孔位置和工程参数。

（3）确定了扶余致密油水平井产能影响因素主要为水平段长度、有效孔隙度、含油饱和度、脆性指数和砂体厚度，采用类比法建立了综合评价指数与水平井产能关系模型。同时，示踪剂监测技术也证实了储层综合评价指数与产能关系密切，能够较合理地反映产能的大小。

参 考 文 献

[1] 崔宝文，林铁锋，董万百，等．松辽盆地北部致密油水平井技术及勘探实践［J］．大庆石油地质与开发，2014，33（5）：16-22.

[2] 闫伟林，赵杰，郑建东，等．松辽盆地北部扶余致密油储层测井评价［J］．大庆石油地质与开发，2014，33（5）：209-214.

[3] 姜福聪．长垣南部扶余油层未动用储量储层评价优选［J］．大庆石油地质与开发，2005，24（6）：31-32.

[4] 孙建孟，张鹏云，冯春珍，等．LS 油田水平井地层评价方法研究［J］．测井技术，2016，40（6）：675-682.

[5] 司马立强，范玲，吴丰．LWD 资料在水平井测井评价中的应用［J］．西南石油大学学报（自然科学版），2008，30（4）：24-26.

[6] 周灿灿，王昌学．水平井测井解释技术综述［J］．地球物理学进展，2006，21（1）：152-160.

[7] 汪中浩，罗少成，陈冬，等．水平井地层电阻率各向异性研究及应用［J］．石油物探，2006，45（5）：546-552.

[8] 司马立强，李杨．随钻地层评价技术面临的问题、现状与展望［J］．测井技术，2012，36（1）：8-13.

[9] 唐钦锡．水平井地质导向技术在苏里格气田开发中的应用——以苏 10 和苏 53 区块为例［J］．石油与天然气地质，2013，34（3）：388-393.

[10] 许杰，董宁，朱成宏，等．致密砂岩地震预测在水平井轨迹设计中的应用［J］．石油与天然气地质，2012，33（6）：909-913.

[11] 王晓莲，郑建东，章华兵，等．长垣南地区扶余致密油层物性下限确定及分类［J］．大庆石油地质与开发，2015，34（6）：148-153.

[12] 刘启国，蒋艳芳，张烈辉．低渗透气藏水平井产能计算新公式［J］．特种油气藏，2011，18（5）：71-74.

[13] 孙娜．低渗气藏水平井产能影响因素敏感性分析［J］．特种油气藏，2011，18（5）：96-99.

[14] 金成志．水平井分段改造示踪剂监测产量评价技术及应用［J］．油气井测试，2015，24（4）：38-42.

长期生产数据分析动态储量技术在低渗水侵油藏挖潜中的应用

何志辉 李树松 韩 鑫 鲁瑞彬 陈 健 冉 艳

(中海石油(中国)有限公司湛江分公司)

摘 要：针对低渗透水侵油藏水侵量计算难造成动态储量认识不清的问题，建立了一种以长期生产数据分析为基础的低渗透水侵油藏水侵量和动态储量计算模型。该油藏流动模型采用拟稳定流动的定容边界，边界上为无限大水体径向驱动，通过对压降双对数、Blasingame 典型特征曲线分析及长期生产数据拟合获得储层和水体参数，最终求得平均地层压力变化曲线、单井动态储量和控制范围内水侵量，从而有效地避免了关井测试地层压力和用地层水参数计算水侵量的复杂过程。南海西部 X 油田 Y 油组为仅有 1 口水平井开发的低渗透水侵油藏，存在动态储量计算难、地质储量认识不清和调整挖潜风险大的问题。利用该方法分析 Y 油组获得两点认识：动态储量远大于地质储量，原地质储量认识偏差大，调整井潜力大；水体体积小，水侵量小，水体能量弱，需注水开发提高采收率。在此基础上提出新增 1 口水平注水井的调整方案，指导了 Y 油组的挖潜，研究成果对低渗水侵油藏单井水侵量和动态储量计算有较强实用性。

关键词：长期生产数据；低渗透油藏；水侵量；动态储量

水侵油藏动态储量是油藏开发过程中的重要参数，是确定油田动用范围、预测生产动态和评价开发潜力的重要基础。低渗透水侵油藏由于渗透率低，压力恢复速度慢，测压过程中难以获得准确的地层压力；且常用的水侵量计算方法（Schilthuis 稳态流法、Everdingen-Hurst 非稳态流法、Fetkovitch 拟稳态法）过程复杂，基础参数获取难，致使动态储量计算繁琐且准确性低。南海西部 X 油田 Y 油组为低渗透水驱油藏，目前仅部署一口生产井，油水界面位置不明，动态储量和地质储量认识不清，衰竭式开发效果差。本文针对该低渗透水侵油藏的特殊性，建立了低渗透径向水侵油藏流动模型，以动用范围内动态物质平衡为基础，通过对压降双对数、Blasingame 典型特征曲线分析和长期生产数据拟合，最终求得低渗透水侵油藏单井动态储量，并在此基础上提出新增水平注水井的调整方案，为低渗透水侵油藏合理挖潜提供了基础。

1 低渗透水侵油藏动态模型建立

首先建立径向复合的低渗透油藏水驱物理模型，内区为油区，外区为水区，然后基于渗流理论、初始条件和边界条件建立低渗油藏水驱数学模型，并对数学模型求解。

1.1 水侵物理模型

边底水/注水驱动物理模型（图1），假设：

(1) 地层水平等厚、各向异性、上下封闭不渗透，储层厚度为 h；
(2) 考虑单相微可压缩流体渗流，流体物性不随压力变化；
(3) 地层流体流动服从线性达西渗流；
(4) 测试前地层各点压力为 p_i，以产量 q 开井生产；
(5) 边界上有无限大水体驱动；
(6) 径向水驱系统（内区为油区，外区为水区）。

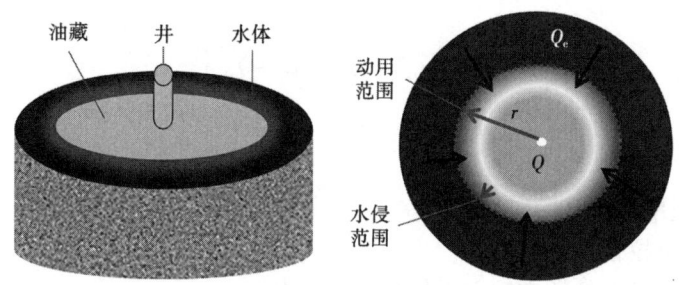

图 1 边底水/注水驱动渗流模物理型

1.2 水侵动态数学模型

以无量纲综合渗流微分方程为基础，结合初始条件、井筒储集效应的内边界条件和表皮效应的影响，建立油藏水侵动态数学模型：

$$\begin{cases} \dfrac{\partial^2 p_D}{\partial r_D^2} + \dfrac{1}{r_D}\dfrac{\partial p_D}{\partial r_D} = \dfrac{\partial p_D}{\partial t_D} \\ -r_D \dfrac{\partial p_D}{\partial r_D}\bigg|_{r_D = r_{eD}} = q_{Dext} \\ C_D \dfrac{\mathrm{d} p_{wD}}{\mathrm{d} t_D} - r_D \dfrac{\partial p_D}{\partial r_D}\bigg|_{r_D = 1} = 1 \\ p_{wD} = \left[p_D - S\left(r_D \dfrac{\partial p_D}{\partial r_D}\right) \right]_{r_D = 1} \end{cases} \quad (1)$$

式中 p_D——无量纲压力；

p_{wD}——无量纲井底压力；

r_D——无量纲距离；

r_{eD}——无量纲动用距离；

q_{Dext}——无量纲外边界流量；

t_D——无量纲时间；

C_D——无量纲井筒储集系数；

S——表皮系数。

为更好地说明动用范围内油藏的动态物质平衡，引入水侵强度概念来表征单井动用范围内外边界处的水侵强弱，水侵强度值定义为动用范围内水侵量与采出量之比［式（2）］。水侵强度等于 0 时表明为无水侵衰竭式开发；水侵强度小于 1 时表明油藏水侵；水侵强度等于

1时表明能量充足，水侵量和采出量平衡，地层压力保持较好；水侵强度大于1时表明为过平衡注水，油藏压力逐步升高。

$$W_{is} = W_e/Q \tag{2}$$

式中 W_{is}——水侵强度，无量纲；
 W_e——水侵量，$10^4 m^3$；
 Q——总产量，$10^4 m^3$。

外边界流量为：

$$q_{Dext}(t_D) = q_{D0}u(t_D - t_{sD})$$
$$\bar{q}_D(u) = \frac{1}{u^2} \frac{1}{\bar{p}_D(u)} \tag{3}$$

式中 t_{sD}——无量纲水侵开始时间；
 u——变换至拉普拉斯空间；
 $\bar{p}_D(u)$——拉普拉斯空间下无量纲恒定压力；
 $\bar{q}_D(u)$——拉普拉斯空间下的无量纲恒定产量。

非流动条件（无过流边界的流动）：

$$q_{Dext}(t_D) = 0 \tag{4}$$

"阶梯"流量条件（边界流的脉冲开始）：

$$q_{Dext}(t_D) = -q_{Dext,\infty} u(t_D - t_{sD}) \tag{5}$$

式中 $q_{Dext,\infty}$——拟稳态时外边界流量。

"陡坡"流量条件（边界流的平滑开始）：

$$q_{Dext}(t_D) = -q_{Dext,\infty}[1 - \exp(-t_D/t_{sD})] \tag{6}$$

该模型的解被广泛用于边缘注水机制或者水侵，其中侵入水是经过储层边界进入动用范围，在原始地层压力条件下，边界是封闭的。解得形式如下：

$$\bar{p}_D(r_D, u) = \frac{1}{u} \frac{K_0(\sqrt{u}r_D)I_0(\sqrt{u}r_{eD}) - K_0(\sqrt{u}r_{eD})I_0(\sqrt{u}r_D)}{u\sqrt{u}I_1(\sqrt{u})K_0(\sqrt{u}r_{eD}) + \sqrt{u}K_1(\sqrt{u})I_0(\sqrt{u}r_{eD})} \tag{7}$$

式中 I_0, I_1, K_0, K_1——0阶、1阶第一类贝塞尔函数，分别对应不同的表达式[式（8）~式（11）]。

$$I_0(x) = \sum_{k=0}^{\infty} \frac{1}{(k!)^2}\left(\frac{x}{2}\right)^{2k} = 1 + \left(\frac{x}{2}\right)^2 + \frac{1}{(2!)^2}\left(\frac{x}{2}\right)^4 + \cdots \tag{8}$$

$$I_1(x) = \sum_{k=0}^{\infty} \frac{1}{k!(k+1)!}\left(\frac{x}{2}\right)^{2k+1} = \frac{x}{2} + \frac{1}{2!}\left(\frac{x}{2}\right)^3 + \frac{1}{2!3!}\left(\frac{x}{2}\right)^5 + \cdots \tag{9}$$

$$K_0(x) = -I_0(x)\left(\ln\frac{x}{2} + \gamma\right) + \sum_{k=0}^{\infty} \frac{1}{(k!)^2}\left(1 + \frac{1}{2} + \cdots + \frac{1}{k}\right)\left(\frac{x}{2}\right)^{2k} \tag{10}$$

$$K_1(x) = -I_1(x)\ln\frac{x}{2} + \frac{1}{x} - \frac{1}{2}\sum_{k=0}^{\infty} \frac{1}{k!(k+1)!}[\varphi(k+2) + \varphi(k+1)]\left(\frac{x}{2}\right)^{2k+1} \tag{11}$$

其中，$\varphi(z)$ 和 $\varphi(z+1)$ 计算方法如下[式（12）和式（13）]，γ 为欧拉常数，取值为 $\gamma = 0.5772156649015328606065 1209$。

$$\varphi(z) = \frac{\mathrm{d}}{\mathrm{d}z}\ln\Gamma(z) = \frac{\Gamma'(z)}{\Gamma(z)} = -\gamma - \frac{1}{z} + \sum_{k=1}^{\infty}\left(\frac{1}{k} - \frac{1}{k+z}\right) \tag{12}$$

$$\varphi(z+1) = \frac{\mathrm{d}}{\mathrm{d}z}\ln\Gamma(z+1) = \varphi(z) + \frac{1}{z} = -\gamma + \sum_{k=1}^{\infty}\left(\frac{1}{k} - \frac{1}{k+z}\right) \tag{13}$$

2 低渗透水侵油藏动态储量

2.1 水侵识别曲线

根据低渗透水侵油藏动态模型求解结果，并结合长期生产动态数据、储层物性参数、流体参数建立3条低渗透油藏水侵特征识别曲线：即双对数水侵识别曲线（图2）、Blasingame 水侵识别曲线（图3）和历史拟合水侵识别曲线（图4）。

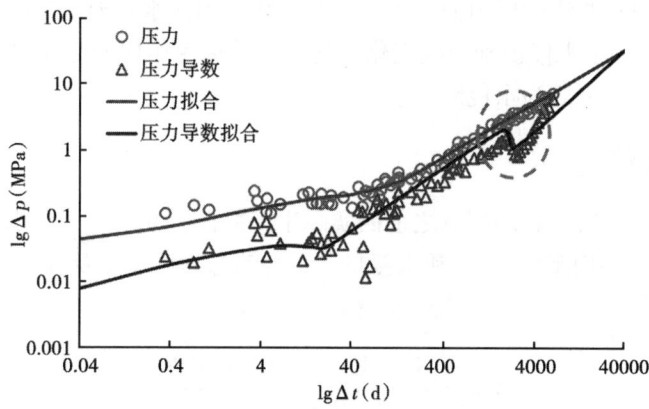

图 2 双对数水侵识别曲线

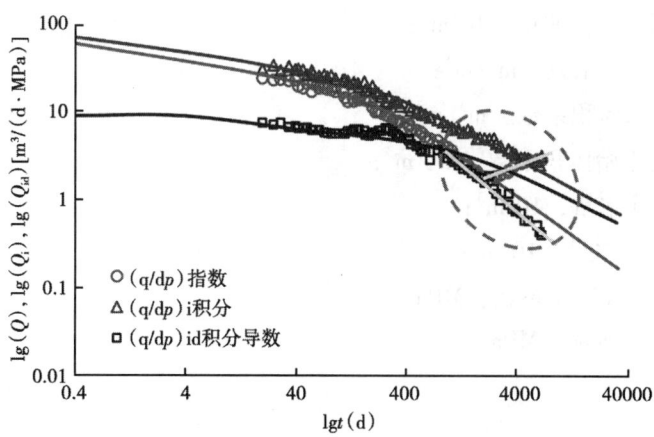

图 3 Blasingame 水侵识别曲线

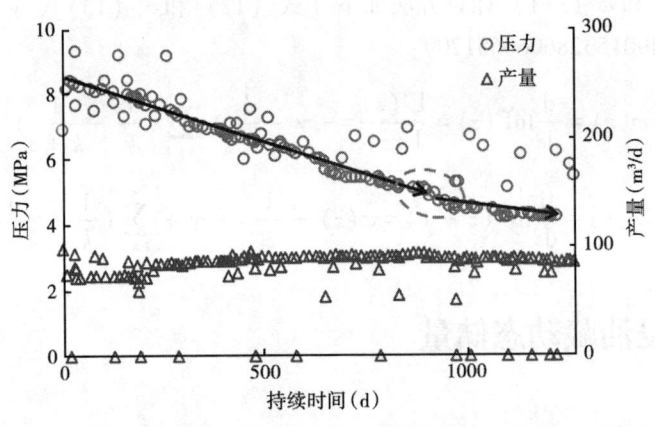

图 4　历史拟合水侵识别曲线

低渗透油藏在水侵作用下，3 条识别曲线会出现明显的变化特征，特别是水侵作用明显时，变化趋势更明显。其中双对数水侵识别曲线中的压力导数曲线随着水侵作用逐渐增强，会出现出现下掉；Blasingame 水侵识别曲线中的流量指数曲线上翘、流量积分导数曲线下掉；历史拟合水侵识别曲线中压力曲线下降趋势变缓，当注水补充能量时甚至压力增加。

综合分析认为：3 条水侵识别曲线变化的拐点即是水侵作用明显阶段的拐点，拐点之前为动用纯油阶段，拐点之后为水侵阶段。

2.2　动态储量计算

在确定水侵拐点之后，利用拐点之前的实际生产数据，并结合 3 条水侵识别曲线，最终确定动态储量范围（动用距离 r_{eD}）和水侵量，结合动态物质平衡及容积法（式14）确定水侵油藏动态储量：

$$N = \frac{N_p B_o - W_e - W_i B_w + W_p B_w}{B_{oi} C_i \Delta p} \tag{14}$$

式中　N——油藏动态储量，$10^4 m^3$；

　　　N_p——油藏累计采油量，$10^4 m^3$；

　　　B_o——原油体积系数，m^3/m^3；

　　　B_w——地层水体积系数，m^3/m^3；

　　　B_{oi}——原油原始体积系数，m^3/m^3；

　　　W_i——累计注水量，$10^4 m^3$；

　　　W_p——累计产水量，$10^4 m^3$；

　　　C_i——油藏有效压缩系数，MPa^{-1}；

　　　Δp——油藏总压降，MPa。

3　实例应用

以低渗透水驱油藏 X 油田 Y 油组为例，该油组为构造和岩性边界综合控制，部署 1 口定向井进行衰竭式开发，由于生产井未钻遇油水界面，地质储量不明确，调整井潜力存在较大不确定性。利用长期生产数据分析 Z 井动态储量，明确了 Y 油组动用油的储量，降低了调整井风险，为调整井方案设计和优化提供基础。

3.1 油田概况

X 油田 Y 油组为中孔隙度、低渗透率、常温、常压、构造和岩性控制的边水油藏，平均孔隙度 19.7%，渗透率 22.4mD，储层温度 97.8℃，储层压力系数 1.15。Y 油组仅钻探 Z 井 1 口生产井，投产初期日产油 100m^3，目前日产油 20m^3，含水率 0.5%，累计产油 3.1×10^{4}m^3，压力系数下降到 0.9，预计累计产油 6.4×10^{4}m^3，预计采收率 12.5%。总体来看，产量及压力递减快，衰竭式开发效果差，有必要进行动用油储量计算，在明确调整潜力的基础上新增调整井以提高最终开发效果。

3.2 动态储量分析

采用本文建立的低渗透水侵油藏动态储量计算模型计算 Y 油组动用油储量。首先建立低渗透水侵油藏动态模型，然后通过分析 Z 井长期生产数据压降双对数水侵识别曲线（图 5）、Blasingame 水侵识别曲线（图 6）和历史拟合水侵识别曲线（图 7），计算 Z 井的总动用流体储量 160.0×10^{4}m^3，其中动用油储量 51.0×10^{4}m^3，动用水储量 109.0×10^{4}m^3，水侵量 1.3×10^{4}m^3，水侵强度 0.6。

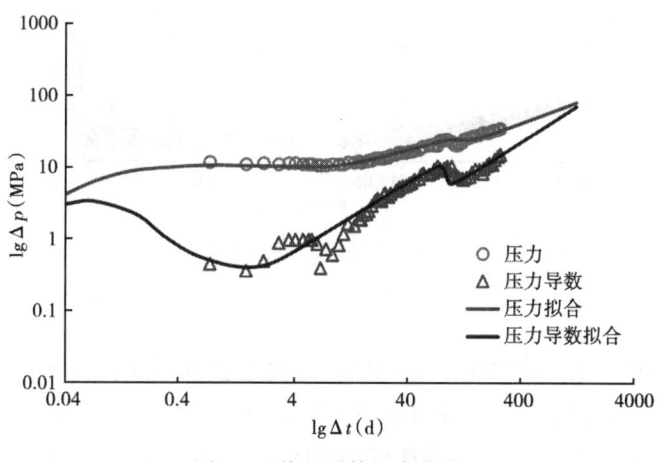

图 5　Z 井双对数拟合曲线

获得如下认识：动用油储量远大于原上交国家的探明储量（17.3×10^{4}m^3），调整井潜力大；水体倍数小，水体能力有限，需注水补充能量。

3.3 调整井方案

在上述动用油储量计算结果的基础上，对数模模型中地质储量及水体大小进行调整，数模历史拟合后预测剩余油分布。根据剩余油分布情况设计注水调整井方案，分别从井型、井位、井长和配产配注量等方面进行增油量和采收率对比，对比结果表明：在中高部位部署 1 口水平注水井，波及范围更大，增油量和采收率更高；水平段越长井控范围越大，开发效果越好；初期配注 150m^3/d，注采比 1.0，开发效果较好，注采比越高含水上升速度越快，最

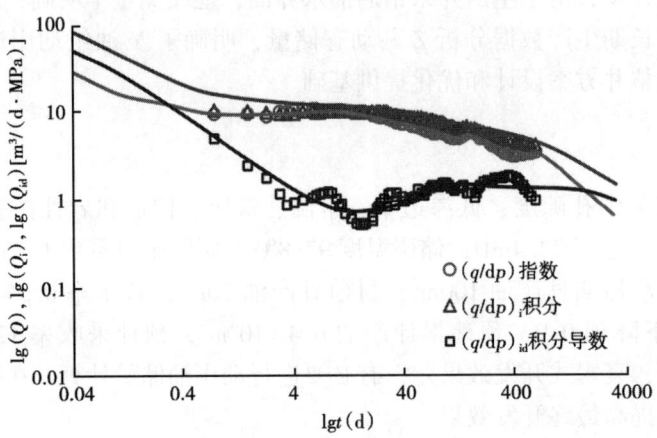

图6 Z井Blasingame拟合曲线

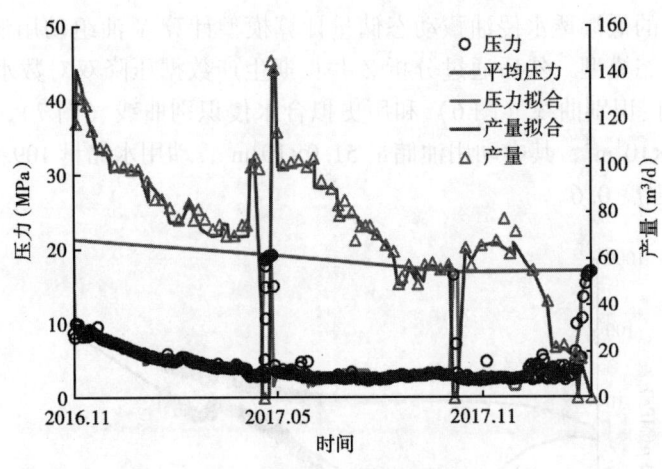

图7 Z井历史拟合曲线

终累计增油反而变差。

通过注水方案的优化,确定在Y油组的西北高部位新增1口水平注水井,水平井井长500m,采用1采1注井网,注水井单井配注150m³/d,生产井单井配产100m³/d,预计区块累计产油19.2×10⁴m³,调整井累计增油12.8×10⁴m³,动用储量采收率37.6%,采收率提高25.1%。

在这种地质储量认识不清的低渗透水侵油藏中,利用长期生产数据分析动态储量技术,明确油藏调整潜力,为调整井方案设计和优化提供基础,提高低渗透油藏的最终开发效果。

4 结论

(1) 针对低渗透水侵油藏的地层压力、水侵量等参数获取难,采用常规方法难以准确评价其动态储量的问题,建立并求解了低渗透径向水侵油藏动态模型。

(2) 根据低渗透水侵油藏动态模型求解结果,并结合长期生产动态数据、储层物性参数、流体参数建立3条低渗透油藏水侵特征识别曲线:双对数水侵识别曲线、Blasingame水侵识别曲线和历史拟合水侵识别曲线，通过对水侵特征识别曲线拟合分析得到低渗透水侵油藏动态储量。

（3）实例应用效果表明，该方法规避了地层压力测试和水侵量的复杂计算过程，结合数值模拟历史拟合结果和地质油藏剖析认为动态储量计算结果具有较高的可靠性，对于低渗透水侵油藏动态储量计算有较强实用性。该方法目前正应用于南海西部低渗透油田动态储量计算，为低渗透水侵油藏合理开发及调整提供了基础。

参 考 文 献

[1] 王洪峰. 水侵油藏水侵量预测与注采比确定方法研究 [D]. 四川：西南石油大学, 2004.

[2] 李传亮, 仙立东. 油藏水侵量计算的简易新方法 [J]. 新疆石油地质. 2004, 25（1）：53-54.

[3] 黄天星, 谢兴礼. 底水油藏无因次水侵量计算的数值反演法 [J]. 大庆石油地质与开发, 1994, 13（4）：32-35.

[4] Dake L P. Fundamentals of Reservoir Engineering [M]. New York：Elsevier Scientific Publishing Company, 1978.

[5] Fetkovich M J, Vienot M E, Bradley M D. Decline Curve Analysis Using Type Curves-Case Histories [R]. SPE 13169, 1987.

[6] 黄炳光, 刘蜀知. 实用油藏工程与动态分析方法 [M]. 北京：石油工业出版社, 1998.

[7] 陈元千. 油气藏的物质平衡方程式及其应用 [M]. 北京：石油工业出版社, 1979.

[8] 陈元千. 油气藏工程计算方法 [M]. 北京：石油工业出版社, 1990.

[9] 林加恩, 王倩. 低渗透油藏连续监测数据分析方法研究 [J]. 油气井测试, 2012, 21（1）：1-3.

[10] 张宏友, 王月杰, 马奎前, 等. 应用永久式井下压力计压降曲线计算油藏动态储量 [J]. 油气井测试, 2010, 19（3）：31-32.

[11] 伍刚. 贝塞尔函数的计算机仿真研究 [J]. 攀枝花学院学报, 2013, 30（6）：105-106.

[12] Blasingame T A, Johnston J L, Lee W J. Type Curve Analysis using the Pressure Integral Method [R]. SPE 18799, 1989.

[13] 孙贺东, 朱忠谦, 施英, 等. 现代产量递减分析Blasingame图版制作之纠错 [J]. 开发工程, 2015, 35（10）：71-75.

[14] 孙贺东. 油气井现代产量递减分析方法及应用 [M]. 北京：石油工业出版社, 2013.

[15] 杨通佑, 范尚炯, 陈元千, 等. 石油及天然气储量计算方法 [M]. 北京：石油工业出版社, 1990.

致密油藏体积压裂水平井试井技术及应用

陆慧敏

（中国石油大庆油田有限责任公司勘探开发研究院）

摘　要：随着油田勘探开发的不断进行，非常规油藏在油田稳产中的作用不断凸显，致密油藏是非常规油气的重要领域；体积压裂水平井技术逐步应用于致密储层开发，取得较好的试验效果，致密油试井分析对于探索致密油开发模式及井网优化尤为重要。本文以体积压裂水平井 A1 井为例，一是通过解析试井与数值试井方法相结合，建立油井（藏）动态模型，确定区块流动边界、井网及井距；二是利用现代产量递减分析方法，对试采井产量、压力曲线进行拟合分析，通过长期产量压力历史、Blasingame 和 Log-Log 图板三者互相验证模型合理性，结合地质特征建立油井（藏）数值试井模型，开展产能预测。致密油体积压裂水平井试井技术在体积压裂水平井开发不同生产阶段的供液范围的确定、合理注采井距的确定、致密油采收率的确定等方面提供了重要的解决方法。

关键词：致密油；体积压裂；试井；水平井；解析试井；数值试井

致密油藏体积压裂水平井在开发过程中具有以下特点：压裂规模较大，可以达到千方砂、万方液的级别；初期产量较高，返排率高，但递减较快；国内致密油的勘探开发还处于起步阶段，在开发规律研究等方面尚未形成经验公式、经验取值方法。针对体积压裂水平井合理井距确定难度大；体积压裂水平井生产各阶段特征认识难度大；致密油技术采收率难以确定三方面问题，致密油体积压裂水平井试井技术取得了较好的效果。

致密油体积压裂水平井试井是利用生产过程中的压力产量等动态数据为依据，以生产分析方法和试井分析方法为手段，结合静态地质资料认识，对井所处储层进行评价，评价的参数主要包括储层渗透率、井表皮、井动态储量、泄油半径等参数，根据致密油藏开发特点，通过解析试井与数值试井方法相结合，建立油藏动态模型，进一步确定流动边界、井网及井距，开展产能预测。

1　致密油藏水平井地质概况

A1 井位于葡萄花背斜构造高部位断块的北坡，井区有效孔隙度平均 14.6%，空气渗透率平均 1.54mD，钻探目的层为 FI4，垂深 1600m，钻遇砂岩厚度 2.8m，水平段钻进 2660m，钻遇砂岩 1482m，钻遇含油砂岩 1021m；压裂施工压 7 段 23 条缝，压裂液总量 9971.4m^3，加入支撑剂 1079m^3，四维影像监测结果，人工裂缝波及范围南北 110~310m，东西 100~180m。

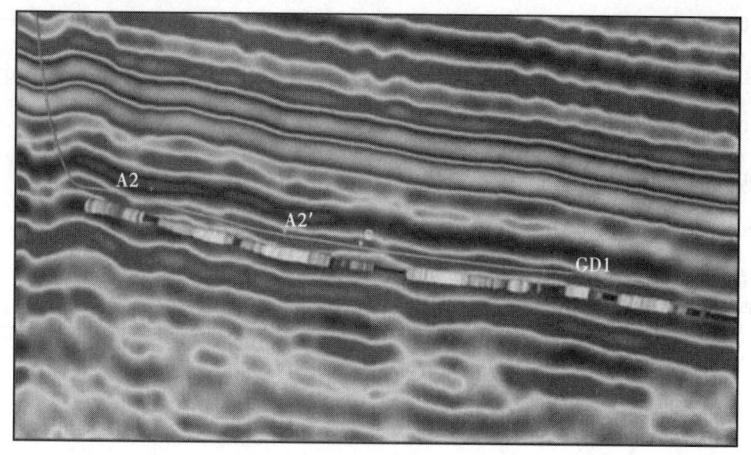

图 1 A1 井钻遇地震剖面图

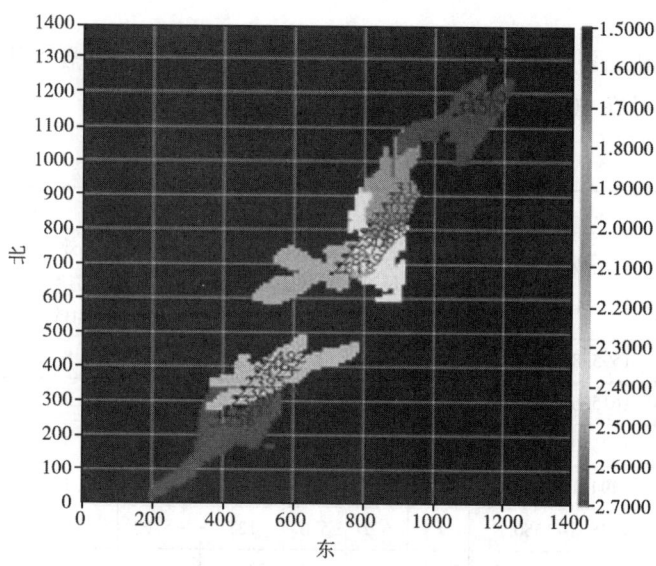

图 2 A1 井人工压裂裂缝分布图（单位：m）

2 常规开发动态分析

A1 井生产动态分为螺杆泵返排期、定产试采期和抽油机生产三个阶段，试油初期日产油 55.9t，产量递减较快；定产试采期间，产量稳定在 15.7t/d 左右，4 个月时间流压由 12.76MPa 快速降低到 8.3MPa 左右；上抽油机后，产量下降较快，通过调参，产量稳步上升稳定在 8t/d 左右，流压基本稳定 7~8MPa。

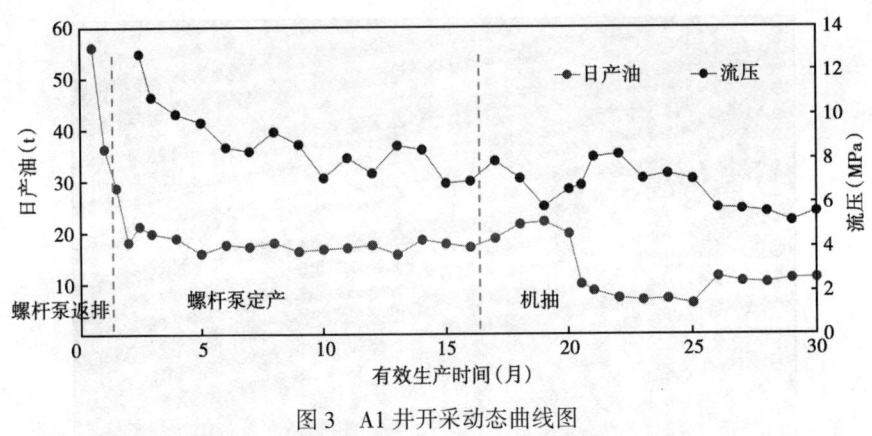

图 3 A1 井开采动态曲线图

3 试井分析类比优选直井控制半径

运用统计法分析研究区域内探评井试采情况,类比扶杨油层常规直井试井解释结果,直井常规压裂探测半径在 100~409m,平均 230m。见表1。

表1 扶杨油层常规直井试井解释结果统计表

序号	井号	基本信息					解释结果				
		试采时间	试采井段(m)	层位	射开厚度(m)	射开有效(m)	压裂液用量(m)	表皮系数	有效渗透率(mD)	探测半径(m)	裂缝半长(m)	单井控制储量(10^4t)
1	Y353	2001.3	1595.8~1630.2	Y	14.3	12.6	91.5	-3.15	2.8	153		6
2	X76	2003.6	1615.6~1740.6	F,Y	9.4	7.7	158.5	-3.39	4.7	400		6.7
3	X71	2000.10	1525.0~1634.0	F,Y	17.2	5.7	388	-5.4	0.4	122	85	
4	X69	2003.2	1494.1~1617.6	F,Y	5.6	5.6	253.7	2.07	2.1	409		
5	S9	2008.1	1535.8~1550.8	F	6.2	5.6	127	-5.62	1.2	277	78.3	13.4
6	P311	2002.9	1611.8~1731.4	F,Y	11.2	7.8	225.4	-5.06	0.3	100		4.5
7	P42	2000.3	1427.6~1513.0	F	18.2	14.2	308.4	-3.5	0.2	116		
8	F32	2002.6	1846.8~1914.4	F	7.8	4.5	216	-4.81	2.5	261		3.3
平均					11.2	8.0	221.1	-3.6	1.8	229.8	81.7	6.8

4 体积压裂水平井解析试井建立油藏动态模型

生产分析试井主要是利用 Blasingame 递减分析方法,引入物质平衡时间代替实际的生产时间,应用物质平衡时间,采取产量重整产量方法和导数信号放大技术,提取出了产量的地层特征,对变产量、变流压生产数据进行有效分析。

以 A1 井为例,准确求取研究区解释模型各项 PVT 参数、产量和压力,选取标准物质平衡模型、压裂水平井模型、均质油藏和矩形边界模型,PVT 参数选取见表1。

表 2　A1 试验区井模型 PVT 参数取值情况表

温度梯度（℃/100m）	5.31	渗透率（mD）	1.54
压力系数（MPa/100m）	1.27	孔隙度（%）	0.15
含油饱和度（%）	56.80	地面原油密度（t/m³）	0.873
体积系数	1.109	地下原油密度（t/m³）	0.7996
气油比（m³/m³）	23.8	地下原油黏度（mPa·s）	7.02

应用 Blasingame 和双对数典型曲线分析法，结合体积压裂水平井模型诊断曲线，通过井的生产数据（压力历史和产量数据）进行解释分析，主要参数解释结果见表 3，利用地层压力分布变化确定水平井流动控制边界。

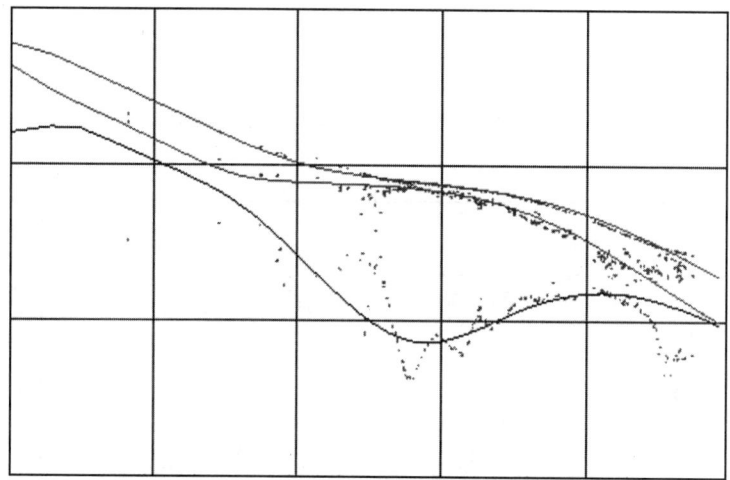

图 4　A1 井 Blasingame 曲线分析图

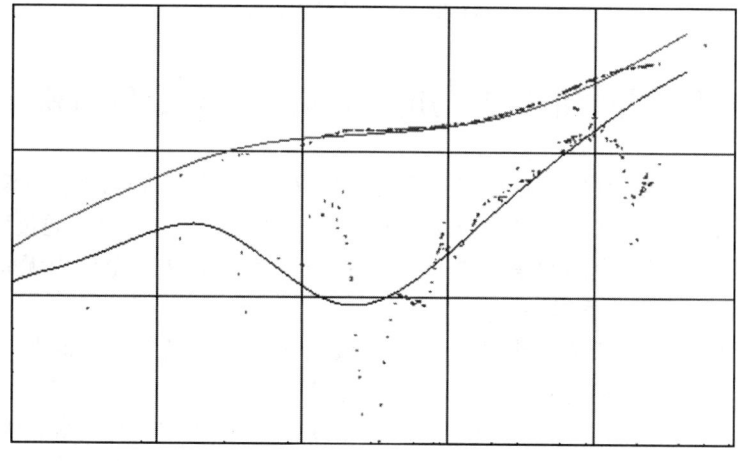

图 5　A1 井 lg-lg 曲线分析图

解析法初步建立模型。通过分析 A1 井压力计实际监测压力数据和产量数据，初步建立油藏动态模型，明确油藏、井以及边界模型，快速确定水平井控制边界为 652m×1048m，进而确定水平井控制半径为 326m（图 6）。

表 3 A1 井模型选取和主要参数解释结果

模型选择	标准模型，物质平衡	主要模型参数	
井的模型	压裂水平井	井筒存储 C（m^3/MPa）	1.42
油藏模型	均质油藏	总表皮	−7.75
边界模型	矩形油藏，没有流动	总地层系数 Kh（mD·m）	10.1
油藏 & 边界参数		渗透率 K（平均）（mD）	5.96
厚度 h（m）	2	初始压力 p_i（MPa）	15.2
纵向/径向渗透率 K_z/K_r	7.29	水平段长度 h_w（m）	723.3
S−没有流动（m）	783	裂缝数 n（条）	7
E−没有流动（m）	1401	裂缝半长 x_f（m）	92.6
N−没有流动（m）	538	H_f（m）	1.2
W−没有流动（m）	1300	裂缝角度（°）	90
		裂缝导流能力（mD·m）	15200
		有效厚度（m）	
		Z_w（m）	

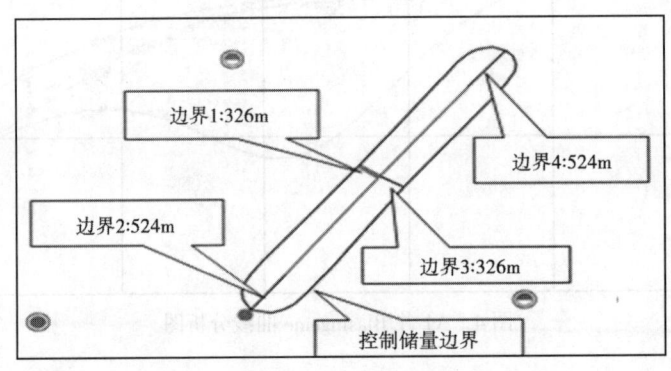

图 6 A1 井井控制储量边界示意图

5 体积压裂水平井数值试井与解析试井相结合，综合确定井距井网

致密油水平井开发过程中存在低渗透非达西渗流及多相渗流等问题，其渗流方程具有高度非线性的特点，在解析法的基础上应用数值法可以取得更好的效果。通过对 A1 井地质情况分析，该井位于相对开阔的地垒断块上，构造相对平缓，水平段范围内无断层，目的层河道宽度在 350~600m（图 7 和图 8）。

在解析方法确立的动态模型基础上，结合 A1 井储层地质特征、平面非均质性、井身结构、压裂工艺和井网等个性特点，建立数值模型。通过压力、产量历史和试井曲线互相验证，表明数值模型与解析模型相符合，运用该数值模型预测 A1 井投产后各项指标变化情况。

通过压力、产量历史和试井曲线相互拟合验证，表明数值模型与解析模型相符合。运用该模型模拟 A1 井投产过程中地层压力分布变化情况，初期压降区域范围主要在压裂缝周围；随着生产时间的延长，主要压降区域范围扩大到 520m×2100m，控制半径为 260m；随着时间的推移，主要压降区域范围为 620m×2600m，控制半径为 310m（图 9 和图 10）。

经过解析试井和数值试井两种方法的相互结合和验证，综合确定 A1 井区水平井控制半

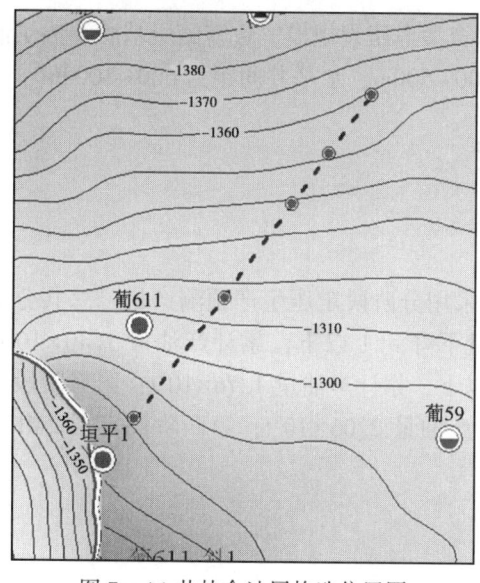

图7 A1井扶余油层构造位置图

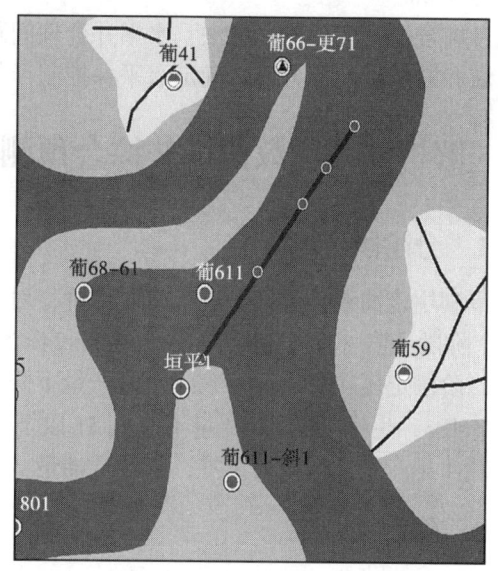

图8 A1井FI4小层沉积相图

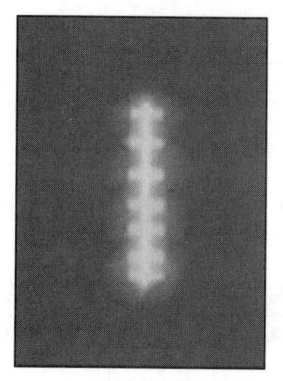

（a）开井初期

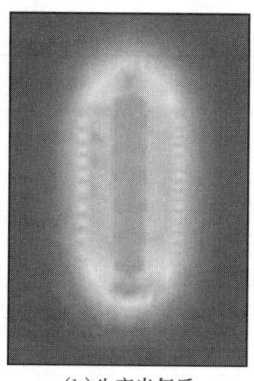

（b）生产半年后

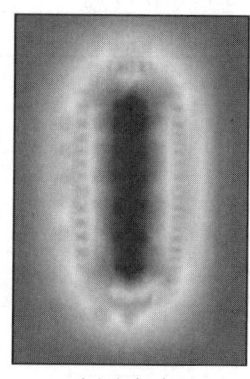

（c）生产1年后

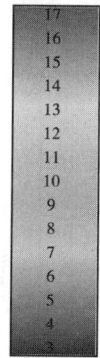

压力（MPa）

图9 A1井不同时期边界流动数值分析结果图

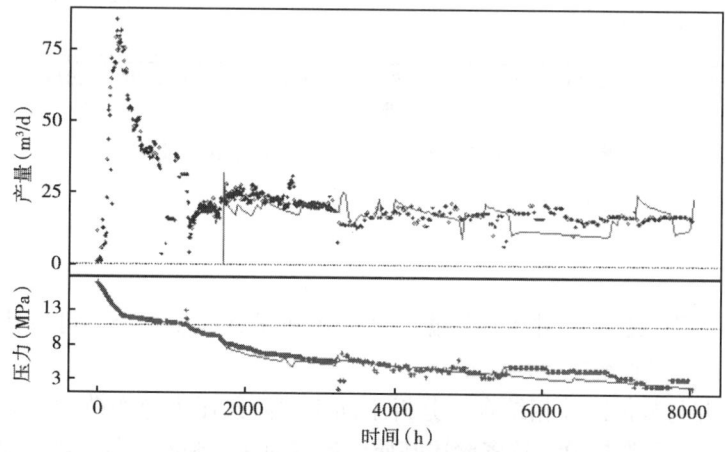

图10 A1井生产产量压力历史曲线

径为320m。

结合以上多种论证方法，水平井合理间距在综合考虑压裂规模、致密储层基质渗流供油区域和断层影响等方面，确定水平井控制半径为300~500m，水平井间距为600~1000m。

6 解析试井和数值试井综合预测产能

6.1 分阶段产能评价

利用该油藏动态模型进行产能评价，对A1井采用分阶段定压生产预测产量，总共分为4个阶段：第一阶段定压5MPa，生产24个月产量下降到1以下，累计产油量1.40×10^4t；第二阶段定压4MPa，生产24个月产量下降到1t以下，累计产油量1.76×10^4t；第三阶段定压3MPa，生产24个月产量下降到1t以下，累计产油量2.06×10^4t；第四阶段定压2MPa，生产4年产量无限接近于零，累计产油量2.33×10^4t。

6.2 确定采收率

在定流压条件下，预测A1井生产10年后累计产油2.3×10^4t，单井控制储量29.4×10^4t，计算技术采收率7.8%（图11）。

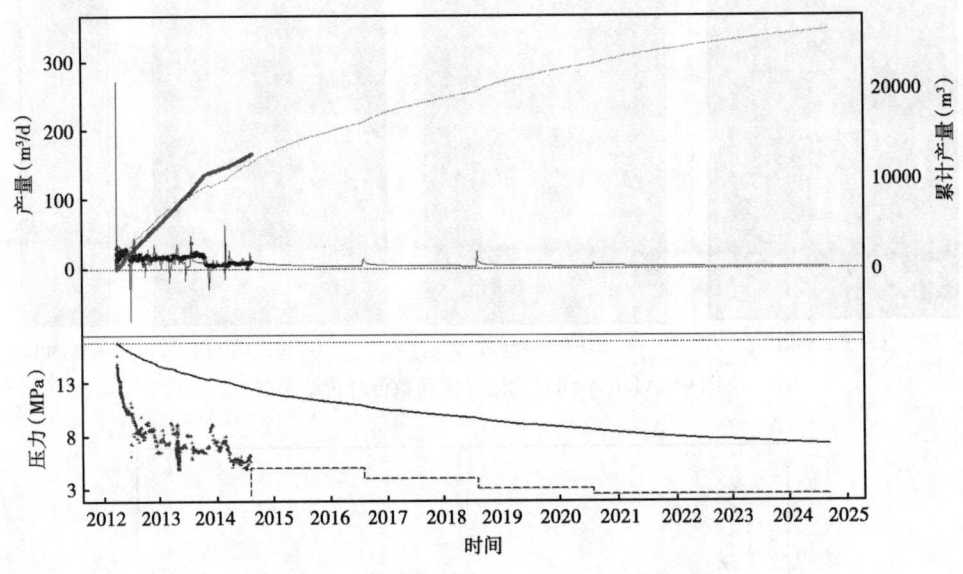

图11 A1井试井模型定压分阶段产量预测曲线

7 结论

（1）致密油体积压裂水平井生产数据分析，解析试井模型拟合，可以快速准确地解释水平井的控制边界，进而确定地质储量。

（2）解析试井与数值试井相结合，分析不同生产阶段压力分布范围，确定体积压裂水平井流动边界，结合压裂规模、致密储层基质渗流供油区域和断层等影响综合确定水平井合理间距。

（3）在完善的体积压裂水平井试井动态模型基础上，分阶段预测产能，确定技术采收率。

参 考 文 献

[1] 刘能强. 实用现代试井解释方法［M］.5版. 北京：石油工业出版社，2008.

[2] 孙贺东. 油气井现代产量递减分析方法及应用［M］. 北京：石油工业出版社，2013.

[3] 廖新平，沈平平. 现代试井分析［M］. 北京：石油工业出版社，2002.

[4] 庄惠农. 气藏动态描述和试井［M］. 2版. 北京：石油工业出版社，2009.

[5] 张烈辉，郭晶晶. 非均质气藏试井理论［M］. 北京：石油工业出版社，2013.

[6] 孙赞东，贾承造，李相方，等. 非常规油气勘探与开发［M］. 北京：石油工业出版社，2011.

[7] 邹才能，陶士振，候连华，等. 非常规油气地质［M］. 北京：地质出版社，2011.

[8] 郝英芝，蒋凯军，郭权. 利用生产资料分析水平井流动阶段［J］. 油气井测试，2017，26（4）：30-32.

[9] 于萃群，唐亚会. Blasingame产能分析方法在徐深气田的应用［J］. 科学技术与工程，2012，20（19）：4770-4772.

[10] 蒋明金，张福祥，杨向同，等. 双孔双渗油藏压裂井产量递减分析研究［J］. 新疆石油天然气，2013，9（1）：51-55.

[11] 林森虎，邹才能，袁选俊，等. 美国致密油开发现状及启示［J］. 岩性油气藏，2011，23（4）：25-30.

[12] 郭永奇，铁成军. 巴肯致密油特征研究对我国致密油勘探开发的启示［J］. 辽宁化工，2013，42（3）：311-312.

[13] 许怀先，李建忠. 致密油——全球非常规石油勘探开发新热点［J］. 石油勘探与开发，2012，39（1）：99.

[14] 韩德金，王永卓，战剑飞，等. 大庆油田致密油藏井网优化技术［J］. 大庆石油地质与开发，2014，33（5）：30-35.

[15] 董国栋，张琴，严婷，等. 致密油勘探研究现状［J］. 石油地质与工程，2013，27（5）：1-4.

[16] 王建华，宁涛. 低渗透油藏合理井距确定［J］. 内蒙古石油化工，2013，4：22-24.

[17] 姜平，孙雷，杨志兴，等 数值试井技术在南海油气田中的应用［J］. 天然气工业，2013，33（4）：52-55.

低渗透油藏水平井压裂指示剂技术研究与应用

崔明明

(中国石油大庆油田有限责任公司第八采油厂)

摘　要：随着油田开发的不断深入，低渗透油藏水平井储层改造多采用水平井分段压裂。如何评价水平井体积压裂效果和裂缝形态，水平井压裂后各层段产出情况无法准确评价。目前，常规采用水平井裂缝监测等手段，比如地面、地下结合的微地震监测，该方法具有费用高、信噪比低、可信性差的缺点。通过压裂指示剂检测，化验取出样中不同指示剂浓度，可以得到每个压裂层段的产液贡献率，进而计算出每个压裂层段的产液量，评价每个层段的压裂效果。

关键词：水平井；分段压裂；压裂指示剂；产液贡献率

长垣外围低渗透油藏水平井区目前存在低产比例大、储量动用差等问题，因此采用分段压裂的方法进行储层改造。为了更好地评价压裂改造效果，判断每个层段的压裂情况，选取部分水平井进行压裂指示剂检测。

1 测试原理及工艺

在分段压裂过程中针对不同储层，选择不同种类、不同用量的指示剂，在分段压裂施工中，在混砂车上加入指示剂，跟随压裂液一同注入油藏，在压裂液返排阶段对返排液进行计量、取样、提纯、分析和处理，通过测试指示剂的浓度，便可得到改造后各储层的产能贡献率、产液情况、指示剂（压裂液）回采率及裂缝状况等相关信息。对压裂后的返排液按取样计划定时计量取样，通过室内浓度检测，制作产出浓度曲线；通过监测指示剂的注入与产出，得到指示剂产出曲线；经过处理器大量计算处理、模拟解释，进行储层产能评价。

指示剂随压裂液注入采油井后，顺着压开的裂缝进入油层，通过压裂液体的驱动，到达裂缝的最远端。水平井压裂完成后，在井间压差作用下，压裂指示剂随地层流体向井筒方向回流，指示剂产出曲线出现最高值，由于压裂后效果不同和储层物性不同，曲线形态会不同。当水平井多段压裂时，分层段之间物性有差异，压裂效果也会不同，指示剂推进位移也存在一定的差异。返排时在压差下，指示剂会随返出液流向井筒，这时指示剂产出曲线会出现最高值，因为每个压裂层段的储集特征及裂缝存在一定的差异，指示剂推进位移也存在一定差异，绘制的曲线形状也不同，部分指示剂曲线出现多峰现象（图1）。

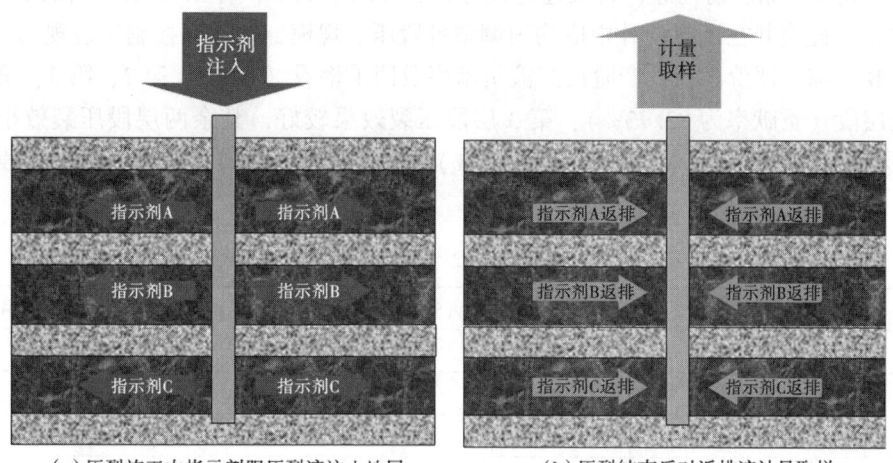

图 1 指示剂运动轨迹图

2 指示剂性能及优势

(1) 种类多，彼此无干扰，满足多层（段）压裂同步测试。目前，有 20 种指示剂广泛应用于直井或水平井多层压裂监测。

(2) 无毒害、无辐射，对地层无伤害，安全、环保。

(3) 与压裂液配伍性好，对压裂液的性能无影响。

(4) 资源节约，用量少，注入工艺简单。

根据以往监测经验，在压裂过程中每层段注入量在 5~10kg 范围内，且保证采出浓度均大于 10μg/L，便于检测。

(5) 适应各种 pH 值环境。

3 现场实施及结果分析

(1) A 井综合评价：从投产阶段产液贡献率及回采率看（表 1），第 1、第 2、第 5、第 6 层段为主产液层段（贡献率为 71.33%），压裂效果好；第 3、第 4 层段为次产液层段（贡献率为 28.66%），压裂效果较好。

表 1　A 井各压裂层段（投产后）综合评价

层段	投产阶段回采率（%）	投产阶段贡献率（%）	产液能力	压裂效果评价
1	21.48	17.67	主产液层	好
2	26.28	19.23	主产液层	好
3	24.06	13.96	次产液层	较好
4	22.63	14.70	次产液层	较好
5	19.10	17.08	主产液层	好
6	22.89	17.35	主产液层	好

A井压6段，储层物性好，各段连通性好，层段间干扰小，各压裂层段产液回收率均达到25%以上。此类井在压裂设计中应均匀调整各段压裂规模，并适当控制压裂规模。

（2）B井综合评价：从投产阶段产液贡献率及回采率看（表2），第2、第3、第4层段为主产液层段（贡献率为83.73%），第3层段压裂效果较好，其余两层段压裂效果好；第1、第5层段为次产液层段（贡献率为16.27%），第5层段压裂效果较好，第1层段压裂效果一般。

表2 B井各压裂层段（投产后）综合评价

层段	投产回采率（%）	投产产液贡献率（%）	产液能力	压裂效果评价
1	9.68	6.29	次产液层	一般
2	12.21	22.17	主产液层	好
3	15.77	28.80	主产液层	较好
4	18.75	32.76	主产液层	好
5	13.63	9.98	次产液层	较好

（3）C井综合评价：储层物性好，各段连通关系都是一类连通，平均指示剂回采率越高，均达到22%。此类井压裂后应配合注水调整保护，延长压裂有效期。

（4）D井综合评价：从投产阶段产液贡献率及回采率看（表3），第3、第4、第5层段为主产液层段（贡献率为78.52%），第4和第5层段压裂效果好，第3层段压裂效果较好；第1层段为次产液层（贡献率为12.50%），压裂效果较好；第2、第6层段基本不产液，压裂效果不理想。

D井，压6段，分层段注入6种指示剂，压裂设计第1、第2层段加大规模，加砂$23m^3$，其余层段加砂$15m^3$，第4层段距离水井最近，产液贡献率最大。此类层段在压裂设计中应适当控制压裂规模。

表3 D井各压裂层段（投产后）综合评价

层段	投产回采率（%）	投产产液贡献率（%）	产液能力	压裂效果评价
1	8.32	12.50	次产液层	较好
2	3.43	4.07	微产液层	不理想
3	8.29	17.52	主产液层	较好
4	11.73	29.74	主产液层	好
5	11.49	31.26	主产液层	好
6	5.43	4.92	微产液层	不理想

4 结论

（1）储层物性、连通性越好，指示剂回采率越高。此类井压裂后应配合注水调整保护，延长压裂有效期。

（2）水平井与水井距离越近，产液贡献率越高。此类层段在压裂设计中应适当控制压裂规模。

（3）储层均质性好、层段间干扰小的井，各段产液贡献差异小，产液能力相当。此类井在压裂设计中应均匀调整各段压裂规模，并适当控制压裂规模。

参 考 文 献

[1] 陈建军，翁定为. 中石油非常规储层水平井压裂技术进展［J］. 天然气工业，2017，37（9）：79-84.

[2] 梁顺，彭茜，李旖旎，等. 水平井分段压裂指示剂监测技术应用研究［J］. 能源化工，2017，38（4）：32-36.

[3] 王广林，王彬，周丙部，等. 水平井测试及监测压裂动态综合分析［J］. 油气井测试，2012，21（3）：22-23.

[4] 彭亚军，孟莉珍，孟令伟，等. 分段压裂效果评价技术及应用［J］. 内蒙古石油化工，2017（3）：89-90.

井间示踪剂监测在低渗透油田水平井堵水技术中的应用

张 梅

(中国石油大庆油田有限责任公司第八采油厂)

摘 要：水平井开发技术在大庆低渗透薄油层开发中起到了重要作用。水平井开发后期含水率上升，治理高含水水平井的重点之一是如何准确判断水平井来水方向及出水层位。针对这一问题，在 Z 油田优选 5 个注水井组开展井间示踪剂监测进行试验研究，通过对示踪剂产出曲线进行拟合分析，进一步明确 Z 油田低渗透储层非均质性特征以及直平联合井区渗流差异。清晰了低渗透 Z 油田注水推进方向以北西—东南向为主，推进速度以 3~4m/d 为主，以及水平井主要来水方向，储层见示踪剂速度与储层物性是否一致可校验现有静态资料准确度，进一步判断水平井层位归属是否准确。依据示踪剂监测结果，对压裂水平井进行分段化学堵水，初期日降液 5.7t，日增油 1.0t，累计增油 500t，可以指导低渗透油藏水平井措施挖潜。

关键词：示踪剂；水平井；堵水；增油

水平井开发技术是低渗透薄油层开发的一种重要手段，水平井开发后期含水率上升，低产低效问题突出。各种措施治理的前提之一是如何准确判断水平井来水方向，封堵水平井出水井段，实现水平井二次高产是重中之重。井间示踪剂监测技术是油藏评价公认的、最直接的方法之一，该技术是在水井端注入示踪剂段塞，在连通油井取样监测，根据结果拟合产出曲线，由此判断油水井连通情况及油层非均质性。

1 示踪剂技术研究现状

国外在 20 世纪 50 年代开始研究示踪剂在油田的应用。在 1994 年以后，示踪剂技术在我国开始广泛应用。1994 年，陈月明等对井间示踪剂技术进行了分析研究，建立了物理模型，并对基本理论有了深层次的认识，在监测结果解释方面也取得新的成果，为之后示踪剂监测在油田应用奠定了基础。2011 年，翟亮研究出流线模型，可以更直观有效地判断油水井间的连通性，为油田井网部署提供依据。2014 年，汪玉琴等用数值模拟软件分析示踪剂解释曲线，根据曲线形态划分区块井间连通情况，并进行措施挖潜，加大了示踪剂监测技术的应用范围。

2 井间示踪剂监测

2.1 基本原理

井间示踪剂监测是从水井注入，之后在连通油井取样，应用专门的软件绘制结果曲线。不同的油藏物性和不同的开发区块导致曲线形态各异，如图 1 所示。通过曲线形态解释油藏物性参数，以此验证现有静态资料的准确度。

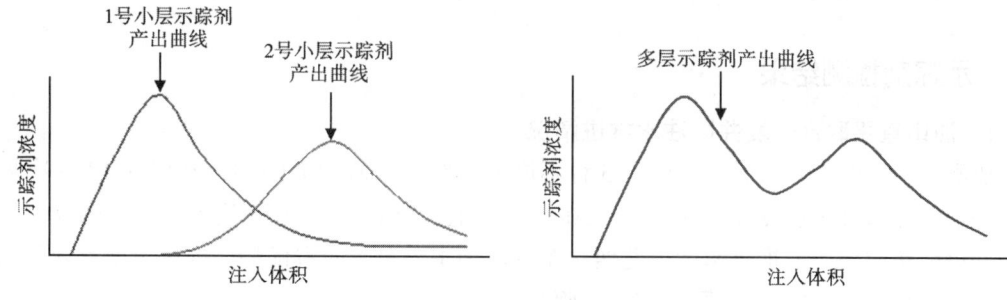

图 1　多层示踪剂产出情况示意图

2.2　渗流机理

示踪剂在低渗透油田中的流动以传质扩散为主，在横向和纵向以分子扩散和对流扩散形式进行扩散。

2.3　监测目的

为了解 Z 油田水平井区水井与直井油井、水平井之间的连通关系及水驱优势方向，同时分段注入验证水平井的主要来水层段。因此，有必要通过示踪剂研究油水井连通状况及注入液推进情况，通过注入示踪剂及取样监测，重点研究水平井区油水井连通及油井的受效情况，为后期的开发调整提供有效依据。

2.4　监测方案

选择示踪剂时，在考虑油藏本身特性及配伍性，选择硫氰酸钠、亚硝酸钠、溴化钠、氯化铵 4 种化学示踪剂和微量元素钐作为本次井间示踪剂监测试验的示踪剂。

所选目的井为水平井区内水井，且注示踪剂前生产状况良好。因此，选择 5-1、5-2 等 5 个正常注水井组分层注入。注入后即在连通油井取样，具体情况见表 1，严格按照取样周期进行取样，按照设计要求，在周围连通油井取样检测。

表 1　井组示踪剂产出情况统计表

注入井	注入层位	示踪剂	产出油井
5-1	A2-3	亚硝酸钠	1-P1、1-P2
	A5	硫氰酸钠	2-1
5-2	A2-4	亚硝酸钠	1-P3、1-P4
	A5	硫氰酸钠	1-P3
5-3	A2	氯化铵	1-P5、2-2
5-4	A2	微量元素钐	1-P5
	A3-4	硫氰酸钠	1-P5
5-5	A3-4	亚硝酸钠	1-P6、1-P7
	A5-6	溴化钠	1-P7

3 现场应用情况

3.1 示踪剂检测结果

3.1.1 油田直平联合开发井区注水推进情况

监测5个井组9个层段，共注入5种不同的示踪剂，监测期间共有9口井13井次见到了示踪剂。注水推进速度介于3.21~8.30m/d之间，层段之间存在速度差距较大的井。见示踪剂井以南东向为主，推进速度以北西—东南向为主，东南向占优势，推进速度差异较大。

3.1.2 油田直平联合开发井区存在多向驱替

分层测试可见，水平井多层受效的情况多，其中1-P3井、1-P5井和1-P7井均不同程度地多层受效，详见表2，水井与水平井连通较好，表明井间存在多向驱替的特征。

表2 井组示踪剂监测结果统计表

注入井号	注入层段	采出井	井距（m）	推进速度（m/d）
5-1	A2-3	1-P2	363	3.82
	A2-3	1-P1	265	3.49
	A5	2-1	303	3.33
5-2	A2-4	1-P3	331	4.47
	A2-4	1-P4	366	4.58
	A5	1-P3	315	3.66
5-3	A2	1-P5	469	4.79
	A2	2-2	376	3.69
5-4	A2	1-P5	357	8.3
	A3-4	1-P5	334	5.57
5-5	A3-4	1-P6	270	3.65
	A3-4	1-P7	327	3.8
	A5-6	1-P7	327	3.21

3.1.3 油田直平联合开发井区储层非均质性较强

从解释参数看，见示踪剂井解释孔道半径在3.1~4.3μm之间，解释等效渗透率在217~339mD之间，属于中低渗透级别。层段间、不同见示踪剂井间注水波及状况差异较大，详见表3，说明注入水在见示踪剂方向上分配严重不均。部分井组的储层非均质性较强。

表3 井组储层参数解释统计表

参数 分类	等效渗透率（mD）	等效孔隙半径（μm）	波及体积（m³）	波及系数
最小	217	3.1	157	0.7
最大	339	4.3	1720	45

3.1.4 个别储层见示踪剂速度与储层物性矛盾

5-4井组,从沉积微相分析,A3-4层示踪剂可能来自A4层。结合两层的推进速度看,两层物性相差较大,A2层物性要明显好于A4层。但从沉积微相看,A2层物性略差,该井组见示踪剂速度与储层物性略有矛盾。说明现有沉积相带图精准度存在偏差,水平井现有层位归属可能有误,急需借助其他测试手段验证现有静态资料准确度。

3.2 示踪剂监测在水平井堵水技术中的应用

3.2.1 依据监测结果优选堵水井堵水层位

1-P5井,2008年5月压裂投产,水平段长度为516m,钻遇油层砂岩长度234m,钻遇率为66.8%。该井投产初期日产液8.8t,日产油8.7t,综合含水率为1.5%。2014年6月,该井取样出水,水质化验结果显示为地层水。水平井连通3口注水井,分别为5-3井、5-4井和5-7井。5-3井累计注水$4.70\times10^4 m^3$,5-4井累计注水$3.79\times10^4 m^3$,5-7井累计注水$4.57\times10^4 m^3$。其中,5-3井和5-4井进行了示踪剂监测(表4)。监测结果显示,1-P5井与2口注水井连通较好,A2层注水波及体积较大,注水推进速度快,见水风险大。因此,分析A2层跟端的6m水平段(1609~1615m)与水井为主要见水层段。

表4 1-P5井组储层参数解释表

注入示踪剂井	注入层位	采出油井	等效渗透率(mD)	等效孔道半径(μm)	波及体积(m^3)	波及系数	回采率(%)
5-3	A2	1-P5	577	5.1	430	8.8	1.4
	A3-4	1-P5	402	4.2	600	2.5	6.6
5-4	A2	1-P5	359	3.8	1321.7	45	5.1
		2-2	275	3.3	156.7	0.7	0.6

3.2.2 堵水效果

依据监测结果于2017年10月对1-P5井1609~1615m进行定段化堵。堵水前该井日产液15.7t,综合含水率为100%;堵水后日产液10.0t,日产油1.0t,综合含水率为90%,日降液5.7t,日增油1.0t。截至2018年5月,累计降液1154.7t,累计增油202t,预计至2018年底累计增油500t。

4 结论

(1)应用井间示踪剂监测技术,可以明确油田的开发特征:油藏注水推进速度以北西—东南向为主,东南向占优势,推进速度差异较大。水井与水平井连通较好,且井间存在多向驱替的特征。

(2)应用井间示踪剂监测技术,可以明确油田的油藏物性:见示踪剂井解释孔道半径在$3.1\sim4.3\mu m$之间,解释等效渗透率在217~339mD之间,属于中低渗透级别。层段间、不同见示踪剂井间注水波及状况差异较大,说明注入水在见示踪剂方向上分配严重不均。部分井组的储层非均质性较强。

(3)结合示踪剂监测结果,可以判断水平井主要来水方向及见水层位,在堵水时能获得较好的堵水效果,进一步表明水平井层位归属准确,现有静态资料准确度较高。

参 考 文 献

[1] Brigham W E, Reed P W, Dew J N. Experiment on Mixing during Miscible Displacement in Porous Media [R]. SPE 1430-G, 1955.
[2] 李笑萍. 穿过多条垂直裂缝的水平井渗流问题及压降曲线 [J]. 石油学报, 1996, 17 (2): 91-97.
[3] 陈月明, 姜汉桥, 李淑霞. 井间示踪剂监测技术在油藏非均质性描述中的应用 [J]. 石油大学学报 (自然科学版), 1994, 18 (增刊): 1-7.
[4] 翟亮. 基于流线的示踪剂技术研究薄层底水油藏开发规律 [J]. 特种油气藏, 2011, 18 (1): 79-82.
[5] 汪玉琴, 陈方鸿, 顾鸿君, 等. 利用示踪剂研究井间水流优势通道 [J]. 新疆石油地质, 2011, 32 (5): 512-514.

大庆外围特低渗透储层水平井人工裂缝形态探讨

冯程滨　唐鹏飞　杨秀丽　裴咏梅　于　英　赵　亮

（中国石油大庆油田有限责任公司采油工程研究院）

摘　要：为了认识大庆外围特低渗透储层人工裂缝形态及其对产量的影响，对同一区块相邻两口水平井压裂施工进行了井中微地震监测，获得了人工裂缝方位、裂缝形态、裂缝尺寸（长、宽、高），并结合压裂施工情况，分析了产生砂堵的原因（两簇射孔段只有一簇启裂），分析了缝间距对产量的影响（缩小缝间距可以提高水平井压裂后产量），采用压裂模拟软件拟合方法，校正了裂缝模拟参数，给出了裂缝形态，分析获得滑溜水+瓜尔胶压裂液的滤失比普通瓜尔胶压裂液高10倍。研究表明，在微裂缝不发育的特低渗透储层，滑溜水压裂可以产生简单裂缝，通过减少缝间距，瓜尔胶压裂液可以产生较复杂的裂缝。本研究对今后水平井钻井设计、压裂方案设计和施工及开发都有重要意义。

关键词：低渗透；水平井压裂；微地震监测；裂缝形态；裂缝模拟

水平井人工裂缝形态一直是人们非常关心的问题，它对于压裂设计、压裂施工及压裂后的产量都有重要影响，对于水平井钻井和开发都有重要意义，因此，人们采用了一些方法认识裂缝形态，如零污染同位素、井温测试、微地震监测和压力拟合等方法。目前看，井中微地震监测的裂缝形态是比较好的，对于裂缝的整体有清晰的认识。2000年和2001年采用微地震成像技术对Barnett页岩压裂裂缝形态进行了成功的监测和成像，通过微地震成像技术可以解释实际的裂缝方向，而实际解释的裂缝方向与研究人员最初认识的裂缝方向可能不一致，也可以解释裂缝形态的不同可以使两口井产量有差别，也可以避免裂缝网的过度重叠，也可以指明新裂缝位置。裂缝诊断对于详细认识裂缝延伸是非常关键的，特别是裂缝复杂的情况更是这样。采用微地震和倾斜仪同时监测裂缝长度是非常必要的，裂缝长度与产量成正比，但通过微地震监测的裂缝长度往往受微地震监测的距离影响，这时采用倾斜仪协助就可以监测到更长的裂缝，现场应用说明了这一点。微地震监测有助于校正压裂模型，优化压裂施工设计，评价压裂设计变化，与施工参数配合进行净压力拟合可以对模型默认参数进行校正，尽管这种模拟计算是很困难的，但仍在现场进行了应用。2006年，微地震和倾斜仪在世界范围内得到广泛应用，也包括中国。水平井中某一压裂段中若有多个射孔段同时压裂时，以单一裂缝延伸为主，其他裂缝延伸不好。

为了认识大庆外围特低渗透储层人工裂缝形态及其对产量的影响，对两口水平井压裂施工进行了井中微地震监测。下面部分提供微地震监测结果和详细实例研究。

1　试验井区地质概况

大庆外围特低渗透储层，以三角洲外前缘沉积为主，油层发育连片，试验井区位于金腾鼻状构造翼部。整体表现为西高东低、北高南低。井区主要发育三角洲前缘席状砂微相，储层分布稳定，高台子岩心孔隙度主要分布在 8.0%~17.9% 之间，渗透率主要分布在 0.02~7.82mD 之间。GⅢ18 与 GⅢ19 层隔层厚度主要为 1.5~3m，GⅢ19 与 GⅢ20 层隔层厚度主要为 1~2m，高台子油田地层原油黏度较低，水型以 $NaHCO_3$ 型为主，储层平均孔隙度为 12.5%，平均渗透率为 0.37mD，为低孔隙度、特低渗透储层，常规开发效益较差。为此，采用水平井压裂完井进行开发。两口水平井相对位置如图 1 所示，试验井为水平井 1 和水平井 2，对应的监测井为监测井 1 和监测井 2。

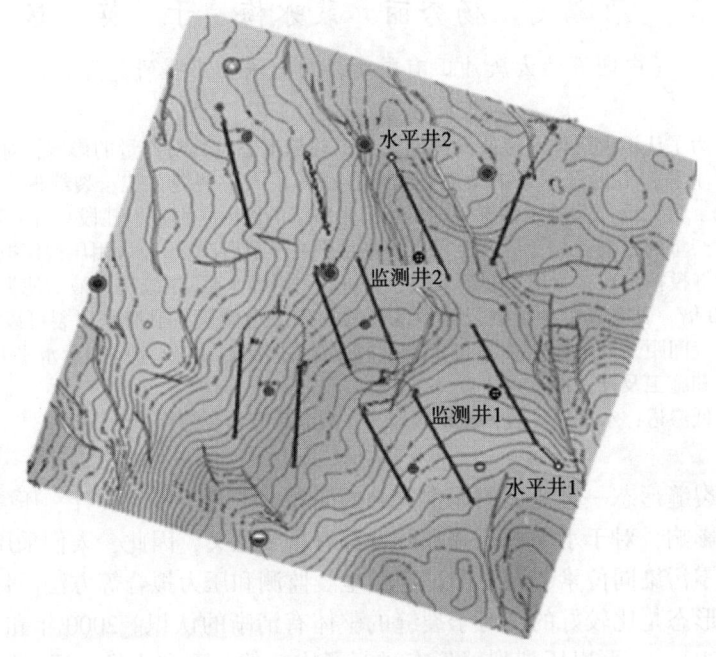

图 1 水平井井位图

2 水平井 1 压裂及监测情况分析

本例中水平井设计目的层层位 GⅢ19，砂岩厚度约 2.0m，水平井在 2538m 入靶，水平段长度 1669m，钻遇砂岩 1603m，砂岩钻遇率为 96%，钻遇含油砂岩 1509m，其中油斑 868m，油迹 8641m，含油砂岩钻遇率为 90.4%。

在水平段设计压裂 8 段 16 簇，缝间距为 98~101m，受监测距离限制，监测到了第 2 至第 8 段压裂施工（从趾端开始压裂）。每段施工工序是：酸化射孔和近井地层+滑溜水+清水+滑溜水+瓜尔胶（携砂液），施工排量为 5.3~11.1m³/min，加砂程序为 7%-10%-14%-18%-20%-22%，共用液 16640m³，加砂 480m³（20/40 目石英砂和覆膜砂混合）。

监测获得第 2 段到第 8 段的裂缝半长分别为 307m、283m、383m、336m、419m、371m、198m，设计缝半长都是 400m，误差分别为 23%、29%、4%、16%、5%、7%、50%，除第 8 段外（监测井与压裂段较远，816m），其余段符合率在 70% 以上，裂缝方位北东 66°~82°。总体看，裂缝方位有稍微变化，这主要受储层埋深影响。裂缝为垂直简单缝，如图 2、图 3 所示。

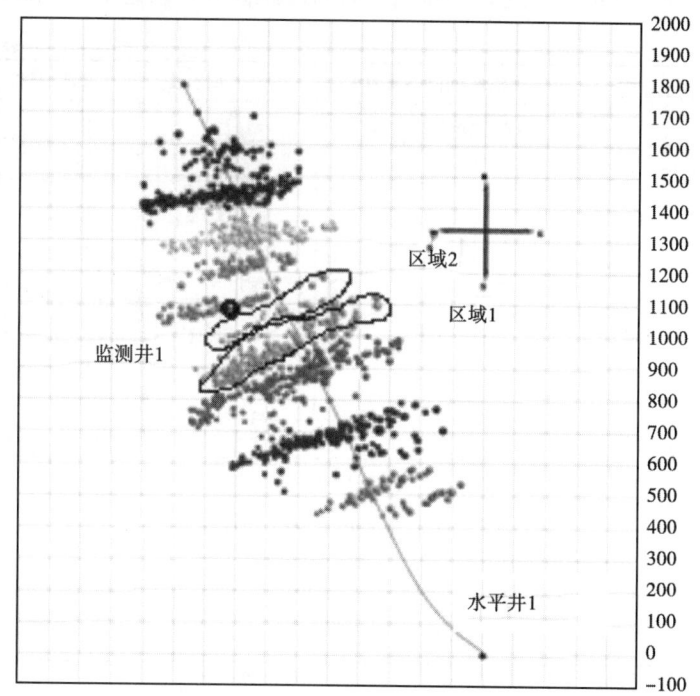

图 2　水平井 1 微地震监测俯视图

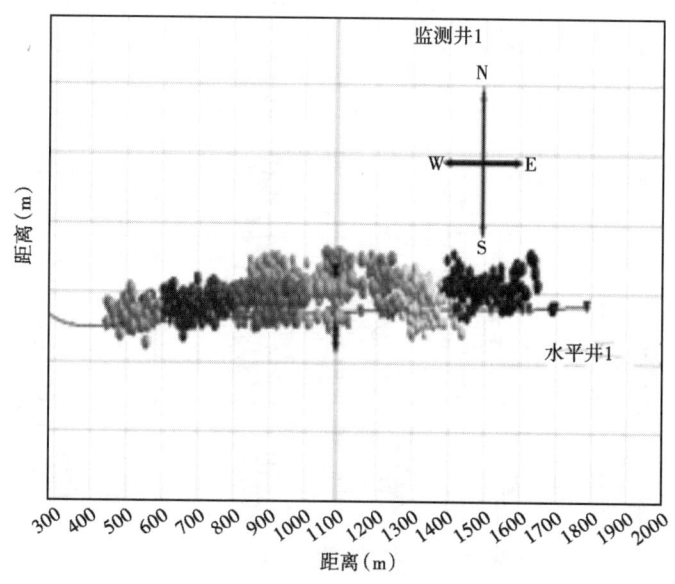

图 3　水平井 1 微地震监测侧视图

通过微地震监测可以看出,裂缝之间没有形成明显的沟通(微地震信号没有重叠)。再一个现象是距离监测井近的裂缝监测的裂缝较长,这主要是因为距离监测井近的裂缝信号屏蔽了距离监测井较远的裂缝信号引起的。总体压裂施工较顺利,只有第五段施工时,当 18%砂比段到井底时砂堵,这时的裂缝形态如图 2 中区域 1 所示,返排后,小排量继续替挤,这时又产生了图 2 中区域 2 所示的裂缝,施工曲线如图 4 所示,这说明砂堵前只有近井口的射孔段启裂延伸,砂堵后,通过返排后,替挤时距离井口较远的射孔段才启裂。

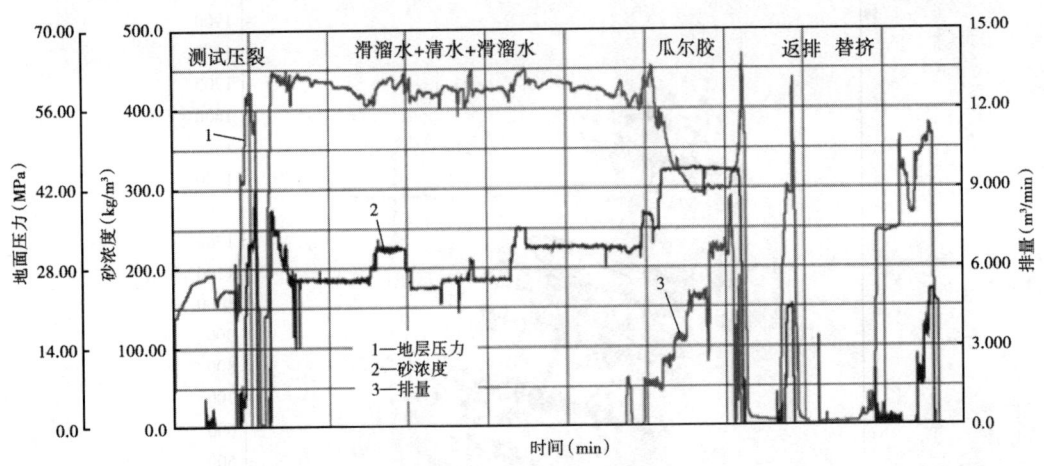

图 4 水平井 1 的压裂施工曲线

第 5 压裂段应力剖面如图 5 所示。

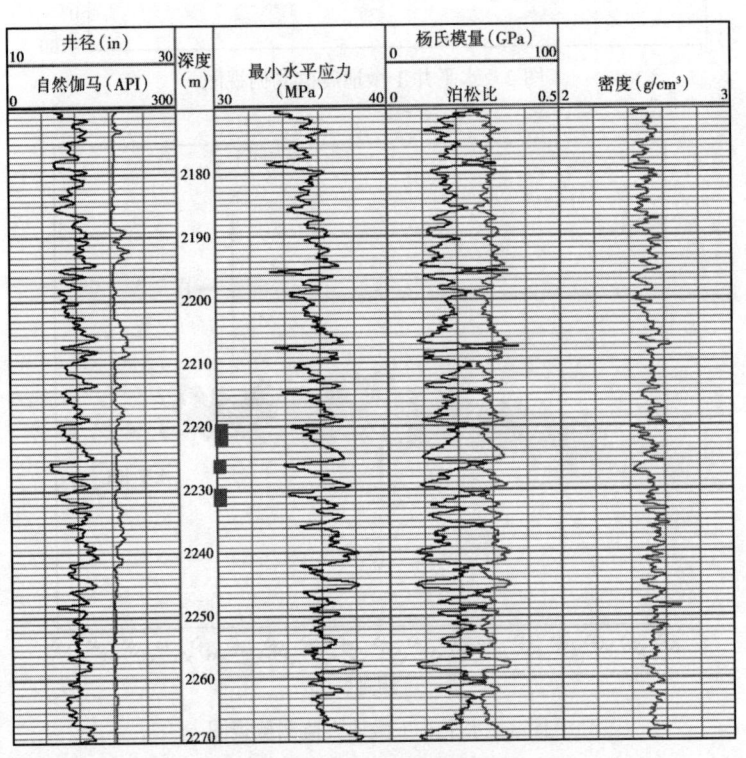

图 5 水平井 1 应力剖面

以微地震监测结果为依据,采用压力拟合方法获得第 5 压裂段滤失系数 $6×10^{-3}$ m/min$^{0.5}$,约为普通瓜尔胶压裂液的 10 倍。压裂拟合如图 6 所示,裂缝剖面如图 7 所示,计算获得裂缝半长 328m。

水平井 1 压裂后 30 天日产液 18t,不产油,压裂后 300 天日产液 4.7t,日产油 0.47t。

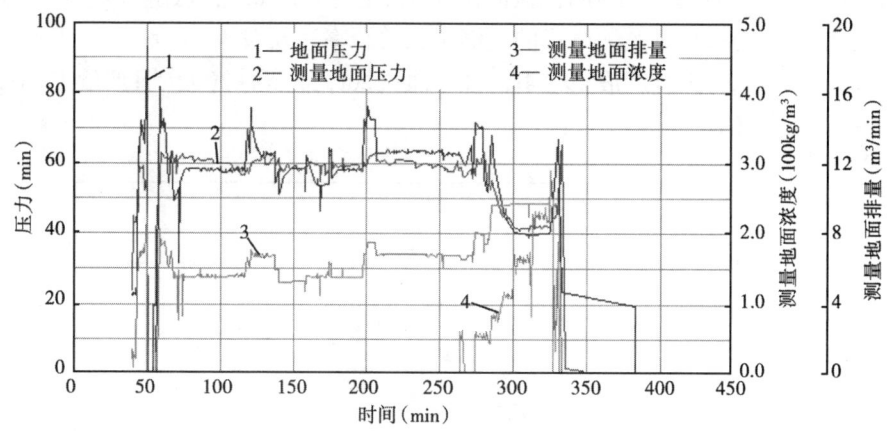

图 6　第 5 段压裂拟合图

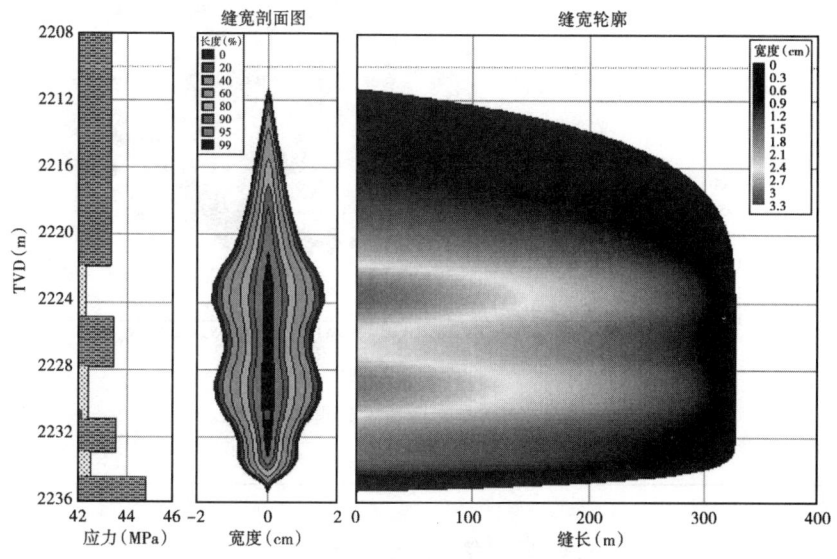

图 7　第 5 段裂缝剖面

3　水平井 2 压裂及监测情况分析

水平井 2 位于水平井 1 的西北方向，两口水平井的趾端相距约 600m，水平井筒方位与水平井 1 一致，水平井段长度 1651m，垂深 2200.7~2217.0m，比水平井 1 浅。设计 20 段，52 簇，缝间距 22~32m。该井用瓜尔胶液 28300m³，加覆膜砂 2200m³，施工排量为 8~12m³/min。微地震监测了 10 段，可以看出微地震事件基本都有重叠，裂缝半长为 335~443m，裂缝方位为北东 56°~77°，如图 8、图 9 所示。第 1 段压裂主施工（图 10）前进行了测试压裂，解释滤失系数为 $4×10^{-4}$m/min$^{0.5}$，停泵压力梯度为 0.0233MPa/m，微裂缝 3 条，孔缝摩阻 14MPa，净压力为 2.83MPa（图 11 G 函数曲线）。为此，采用酸液清洗射孔炮眼和近井地带，加砂塞打磨，高排量施工，保证施工顺利。

根据微地震监测的裂缝形态和尺寸及压裂实际数据，进行了压裂裂缝模拟，如图 12 所示,获得了裂缝参数为:缝网150m,纵横比0.3,主缝开度0.7,次缝开度0.3。拟合获得的主缝半长323m,与微地震监测解释的主缝半长符合率达85%。

水平井2压裂后30天日产液49.44t,日产油6.26t,压裂后300天日产液17.1t,日产油6.34t,达到较理想效果。

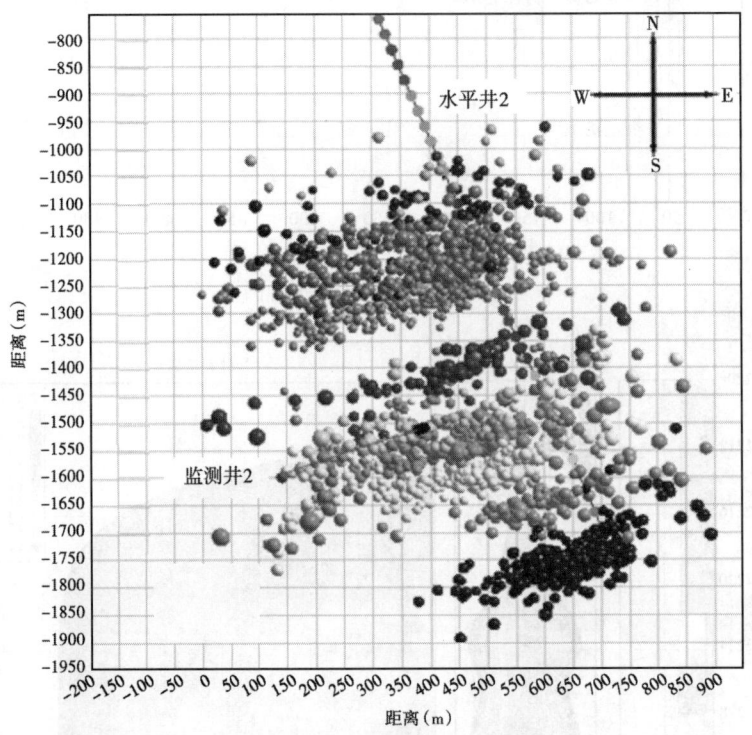

图8　水平井2微地震监测俯视图

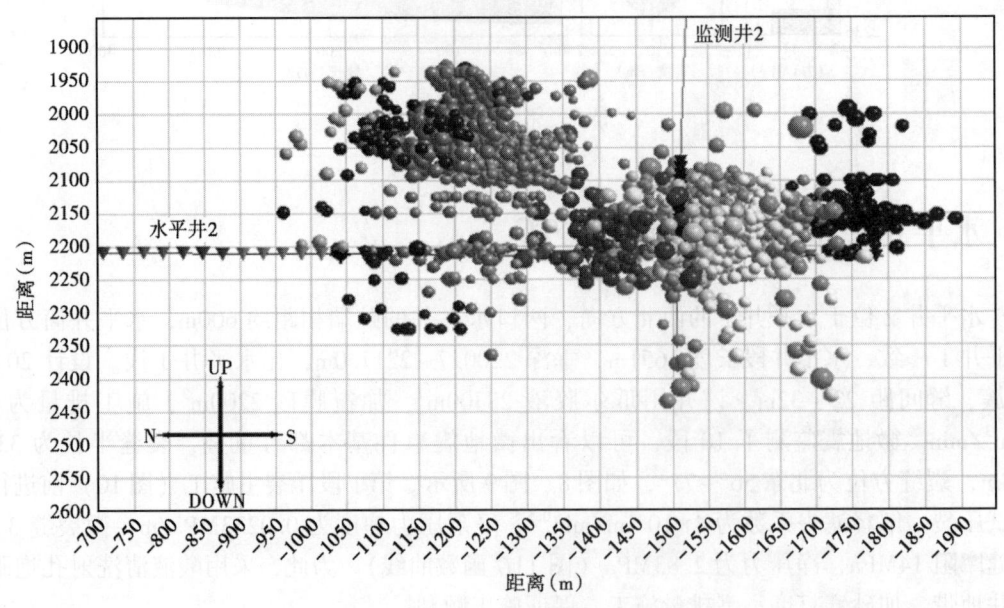

图9　水平井2微地震监测侧视图

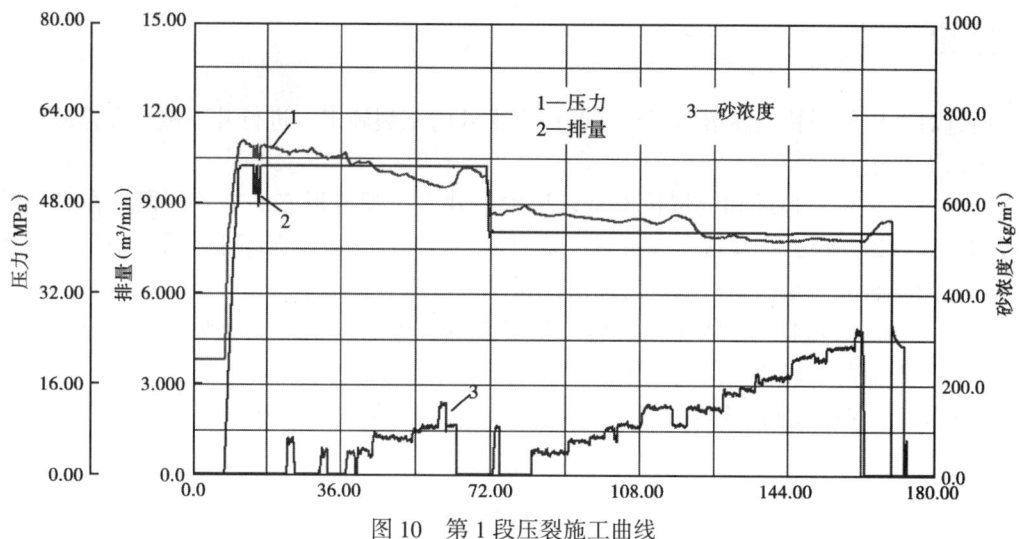

图 10　第 1 段压裂施工曲线

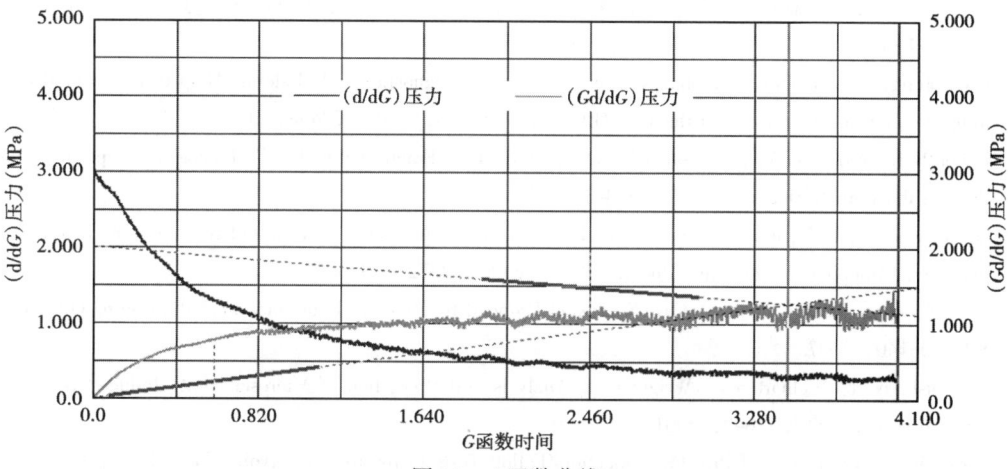

图 11　G 函数曲线

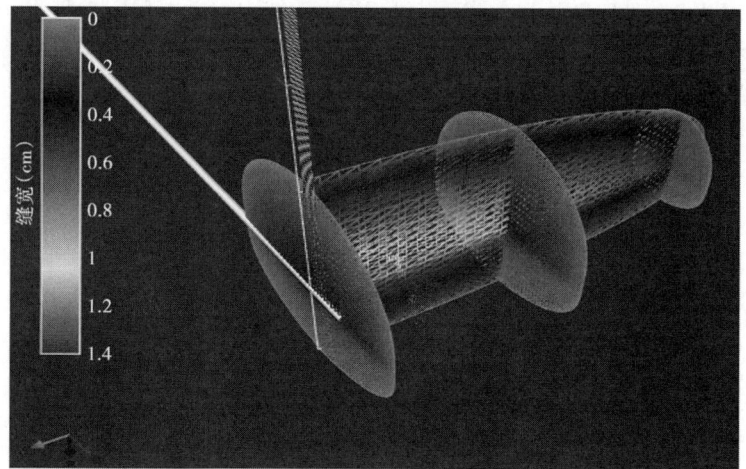

图 12　第 1 段裂缝形态模拟图

4 结论

通过对大庆外围特低渗透储层相邻两口水平井的压裂施工,进行井下微地震监测和分析获得了以下结论:

(1) 井下微地震监测和模拟技术是认识水平井人工裂缝形态的有效手段。在微裂缝不发育的特低渗透储层,滑溜水压裂可以产生简单裂缝,通过减少缝间距,瓜尔胶压裂液可以产生较复杂的裂缝,是提高特低渗透储层产量的一种有效途径。

(2) 测试压裂解释对于大型压裂施工是必要的。可以在主施工前对目的层压裂有一个初步认识,并提前采取相应措施,保证主施工顺利进行。

(3) 微地震提供的裂缝形态和尺寸及方位,对于今后钻井、压裂方案设计和施工及开发都有重要意义。

参 考 文 献

[1] 刘建安,马红星,慕立俊,等. 井下微地震裂缝测试技术在长庆油田的应用 [J]. 油气井测试,2005 (4):54-56.

[2] Wang Feng, Liu Xinghui, Liu Changyu, et al. Fracture Diagnostics and Modeling Help to Understand the Performance of Horizontal Wells in the Jilin Oilfield, China [C]. SPE 122438, 2009.

[3] Fisher M K, Wright C A, Davidson B M, et al. Integrating Fracture Mapping Technologies to Optimize Stimulations in the Barnett Shale [C]. SPE 77441, 2002.

[4] Liu X, Zhou Z, Li X, et al. Understanding Hydraulic Fracture Growth in Tight Oil Reservoirs by Integrating Microseismic Mapping and Fracture Modeling [C]. SPE 102372, 2006.

[5] Wang S, Zhang G, He X, et al. Case Studies of Propped Re-fracture Reorientation in the Daqing Oilfield [C]. SPE 106140, 2007.

[6] Warpinski N R, Wolhart S L, Wright C A. Analysis and Prediction of Microseismicity Induced by Hydraulic Fracturing [C]. SPE 71649, 2001.

[7] Barree R D. Application of Pre-Frac Injection/Falloff Tests in fissured Reservoirs-Field Examples [C]. SPE 39932, 1998.

[8] Maxwell S C, Urbancic T I, Steinsberger N, et al. Microseismic Imaging of Hydraulic Fracture Complexity in the Barnett Shale [C]. SPE 77440, 2002.

[9] 杨炳祥,杨英涛,李榕,等. 井下微地震裂缝监测技术在水平井分段压裂中的应用 [J]. 钻采工艺, 2014 (7):48-50.

光纤微地震监测技术在新疆油田的应用

谢 斌[1] 潘 勇[1] 段胜男[1] 张 敏[2]
潘树林[3] 刘 飞[2] 王宁博[1]

(1. 中国石油新疆油田工程技术研究院；2. 北京大学；3. 西南石油大学)

摘 要：为了有效评价水力压裂效果，优化压裂设计及施工作业，降低测试成本，研制了光纤微地震监测系统，开发了配套解释软件。研制的 10 级光纤微地震监测设备频带范围 3Hz～1kHz，动态范围高于 110dB，等效噪声加速度达到 $250ng/\sqrt{Hz}$，性能指标接近国外同类产品。不同于传统电子式设备，光纤检波器为无源传感器，经测试可在 120℃，40MPa 环境下正常运行，满足绝大多数水力压裂井微地震监测现场应用需求。现场试验中，半小时内共监测到约 100 个微地震事件，其分布曲线与现场施工曲线吻合，初步给出了水力压裂时所产生的裂缝高度、宽度以及走向，为下一步施工调整提供了依据。

关键词：微地震监测；非常规油气；光纤检波器；压裂

水力压裂技术是开采非常规油气资源的重要技术手段，微地震监测是评价压裂效果、优化压裂设计及施工作业的重要方法。微地震监测方法对水力压裂中的岩石破裂声发射现象进行实时监测，用所获得的数据对震源进行反演和成像，从而获得震源位置、震动时刻以及震源强度等信息，监控、指导整个施工过程。从上个世纪 80 年代起，Terrascience、OYO Geospace 等国际知名油田服务公司相继开展了多次微地震监测试验，同时完善了相关理论、监测设备和施工工艺，逐渐将此项技术推向商业化应用，如 Schlumberger 的 StimAPLive 系统，Halliburton 的 FracTrac 系统以及 Baker Hughes 的 IntelliFrac 系统等。近二十年来，国内在长庆油田、松辽油田等地开展了多次微地震试验，取得了良好的效果。然而，在国内的监测试验多由国外公司进行，或是使用国外的监测系统，尚无有自主知识产权的相关监测系统的报道。

目前微地震监测技术在应用中遇到一些问题：微地震信号能量较弱，频率范围较宽，要求检波器带宽大、灵敏度高；井下环境恶劣，空间狭小、高温、高压、高腐蚀性，要求检波器及连接件、信号传输线等具备耐高温、高压和耐腐蚀的性能；为了降低震源的定位误差，要求监测系统携带尽可能多的检波器。作为一种新兴的传感技术，光纤检波器具备体积小、灵敏度高、井下绝缘等优势，在光纤数量有限时可通过复用方式最大程度的增加检波器的数量，同时采用光纤传感技术构建微地震监测系统也可以避开国外传统的动圈式或 MEMS 检波器的专利壁垒，有利于打造具备自主知识产权的微地震监测系统。

本文介绍了一套自主研制开发的光纤微地震监测系统，包含 10 级三分量微地震检波器单元。在现场试验中，成功地利用该设备监测到水力压裂过程中的微地震信号，并由此反演出了微地震信号的强度和位置，得到了裂隙方位和走势，验证了该系统的可行性。

1 光纤微地震监测系统

1.1 仪器组成

光纤微地震监测系统耐温120℃、耐压40MPa，适用于5½in套管，井深小于4500m，主要由地面仪器、光纤承荷探测电缆（简称"测井电缆"）和井下仪器三部分构成（图1）。

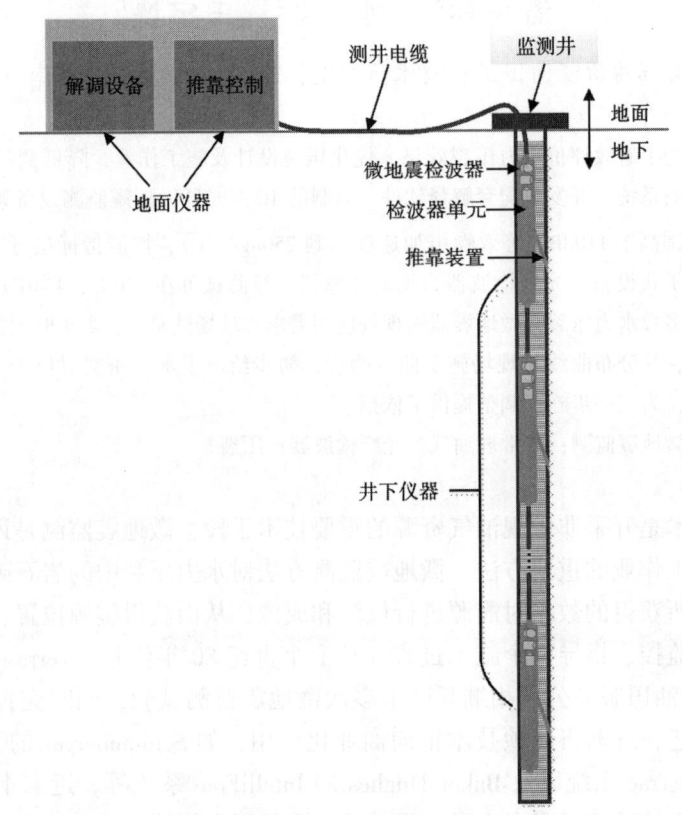

图1 光纤微地震监测系统结构图

地面仪器包括解调设备和推靠装置的控制部分。测井电缆一端连接地面仪器，另一端连接井下仪器部分，即多级检波器单元。

地面解调系统多采样率可选，SEG-Y标准数据格式，可实时采集、解调和传输井下多级检波器阵列的监测信号，具有信噪比高、多级实时解调、响应频带宽的性能。

测井电缆长度4.5km，抗拉强度大于80kN，为光电复合缆，包括6根电线和4根耐高温光纤，电线控制推靠，光纤传输光信号。

检波器单元外径85mm，长度1039mm，由三个不同方向的光纤微地震检波器和推靠装置构成（图2）。光纤微地震检波器通过传感光纤将监测到的振动信号转化为光信号；推靠装置采用逐级推靠，逐级收回方式。

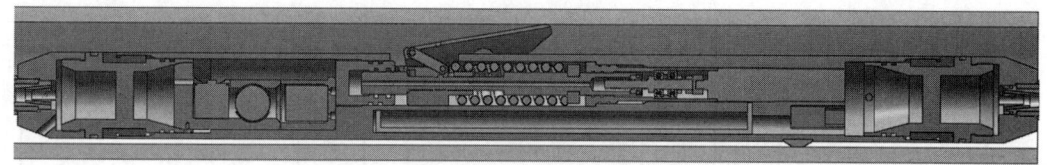

图 2 检波器单元结构图

1.2 工作原理

光纤微地震监测系统测量微地震信号的核心传感器是检波器单元中三个不同方向的光纤微地震检波器，采用质量—弹簧结构（图3），由探头基座、弹性筒、质量块、"O"形圈、光纤一分二耦合器、法拉第旋镜和传感光纤组成。该传感器是基于 Michelson 干涉仪光学结构，当振动信号传递到检波器时，质量块由于惯性会施加给弹性筒一个轴向力，引起弹性筒径向形变，带动缠绕在弹性筒上的传感光纤，从而导致干涉光相位发生变化，通过差分延时外差解调系统对其干涉信号进行解调，就能得出光相位信息，测量出外界振动信号的加速度大小。

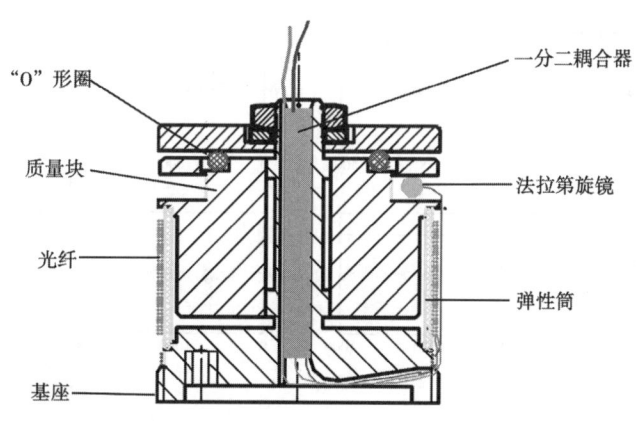

图 3 光纤微地震检波器结构示意图

1.3 实验室测试

光纤微地震检波器的频率响应范围 3Hz~1kHz，灵敏度为 100rad/g（40dB），动态范围大于 110dB，系统耐温120℃，耐压40MPa。在实验室条件下检验光纤微地震监测系统主要技术参数如下：

使用振动台测试光纤微地震检波器。光纤检波器 3dB 带宽为 20Hz~1kHz（振动台最低频率20Hz），灵敏度范围（40~44）dB [图4（a）]；所能测到的最小振动信号幅度为 $250ng/\sqrt{Hz}$，与 Weatherford 公司产品的指标相当，所有频率点处的动态范围均高于110dB（其中在50Hz附近由于噪声本底受工频干扰较大，导致动态范围下降）[图4（b）]；不同加速度下光纤微地震检波器线性度曲线大于 0.999，性能一致性较好（图4（c））。

高温高压模拟井中测试系统耐温耐压性能。温度120℃，压力40MPa环境范围下，光纤微地震检波器灵敏度不变，监测结果与电子检波器一致，振动信号响应清晰正常（图5）。

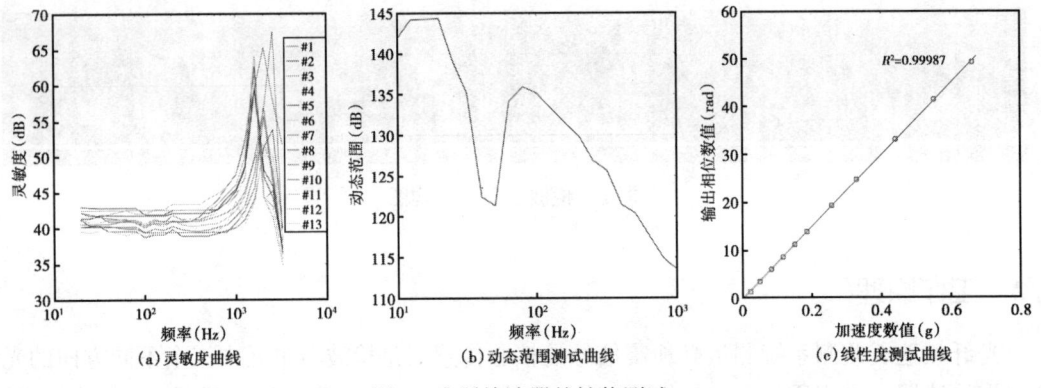

图4 光纤检波器的性能测试

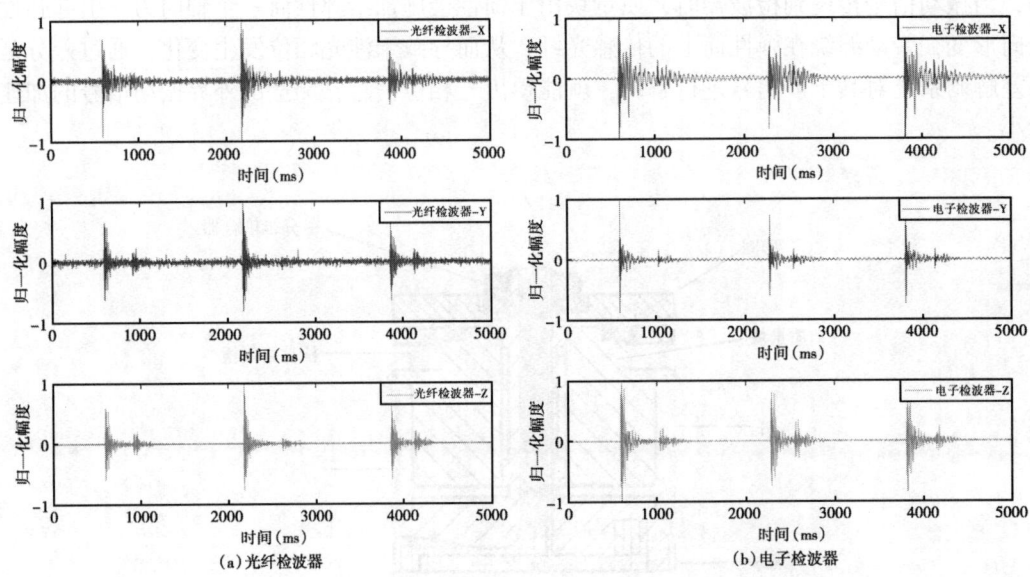

图5 高温高压下光纤检波器与电子检波器信号对比

2 微地震信号处理解释软件开发

光纤微地震检波器是加速度型传感器，常规电子检波器是速度型传感器。比较两种检波器，光纤微地震检波器灵敏度更高，采集的光信号分辨率高，有效信号主频较高。同时，由于灵敏度过高，采集信号的信噪比变低，有效信号淹没在噪声中，需要开发配套的处理解释软件进行去噪和识别有效信号。

针对光纤微地震监测系统的信号特点，开发了微地震信号处理解释软件，可以实现人工干预处理解释和实时自动处理解释功能。

（1）采用高阶矩弱信号自动识别技术（图6），通过有效信号的相关性，以能量大小和延续时间判定是否出现有效微地震信号，模糊识别可疑信号，保留大数据量下的有效数据段，提高分析速度。

（2）采用自相关法结合高阶矩方法联合去噪，有效抑制数据中的随机干扰和线性干扰。

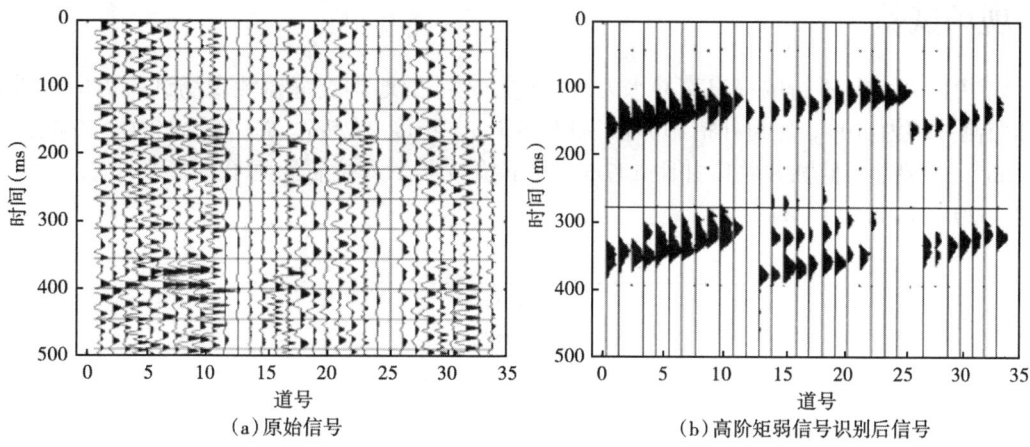

图 6 微地震信号处理

（3）由于信噪比低，数据中难以同时拾取纵波和横波到达时刻，常用的纵横波联合定位方法难以进行准确定位。采用三分量检波器单波定位方法，保证了在三分量检波器只接收到纵波或者横波时，仍然能够进行准确的定位处理。

设 $Q_k(x_{qk}, y_{qk}, z_{ak})$ 点为第 K 次破裂时的破裂源，$P_i(x_{pi}, y_{pi}, z_{pi})$ 为第 i 个测点，d_{ki} 为 Q_k 和 p_i 两点间的距离，则有

$$d_{ki} = [(x_{pi} - x_{qk})^2 + (y_{pi} - y_{qk})^2 + (z_{pi} - z_{qk})^2]^{1/2} \tag{1}$$

当在 P_i 点记录的信号上无法准确确定出 S 波和 P 波的到时，但仍可以确定 S 波或者 P 波时，也可以得到求解 $Q_k(x_{qk}, y_{qk}, z_{qk})$ 的基本方程组

$$[(x_{pi} - x_{qk})^2 + (y_{pi} - y_{qk})^2 + (z_{pi} - z_{qk})^2]^{1/2}$$
$$- [(x_{p1} - x_{qk})^2 + (y_{p1} - y_{ck})^2 + (z_{p1} - z_{qk})^2]^{1/2} = V \times (T_{ki} - T_{k1}) \tag{2}$$

式中，T_{ki} 为第 Q_k 次破裂的微地震信号在测点 P_i 记录上的到达时，通过求差回避了发震时刻不定的问题。当测点数不少于 4 时，可由上述方程组求得 $Q_k(x_{qk}, y_{qk}, z_{qk})$。

单井观测的条件下，由于所有观测点的水平坐标都相同，由式（2）只能确定震源点到观测井的水平距离和深度，需通过偏振分析确定震源的方位，即通过纵波或者横波在三分量检波器中由于传播方位造成的振幅差异来进行分析（图7）。

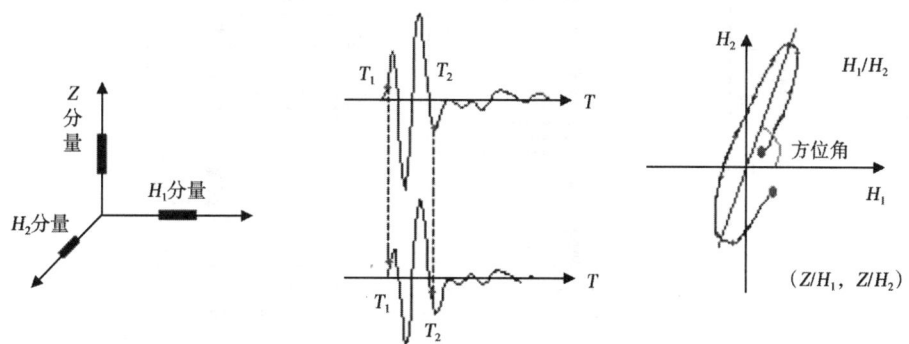

图 7 偏振法确定微地震源方位示意图

3 现场试验

以 2017 年 8 月进行的一口直井水力压裂过程光纤微地震裂缝监测现场试验为例，压裂井和监测井均为直井。压裂井措施井段射厚 15.0m，跨度 23.5m，施工排量 3.0m³/min，砂量 12m³，压裂井与监测井井口井距 147m，井下检波器下入位置距射孔段距离 172m，下入深度 1520~1740m（图 8）。

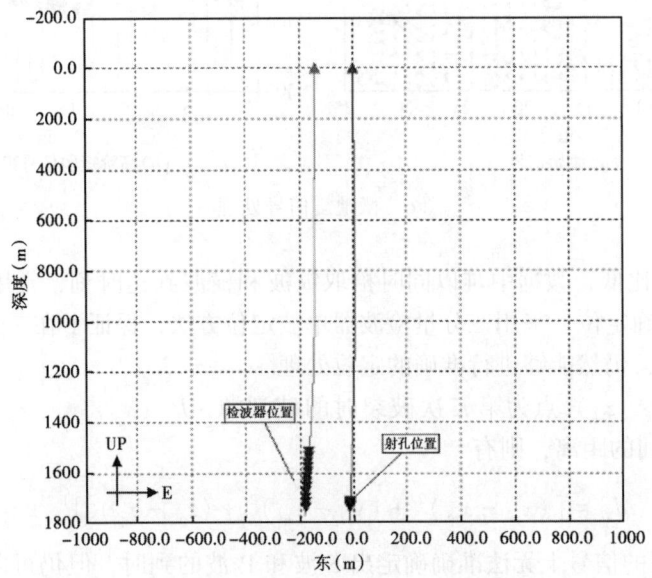

图 8 压裂井与监测井位置示意图

射孔信号正常接收，满足检波器方向校正要求[图 9（a）]。压裂过程信号存在大量高频噪声干扰，识别出部分有效微地震事件，典型微地震信号[图 9（b）]。

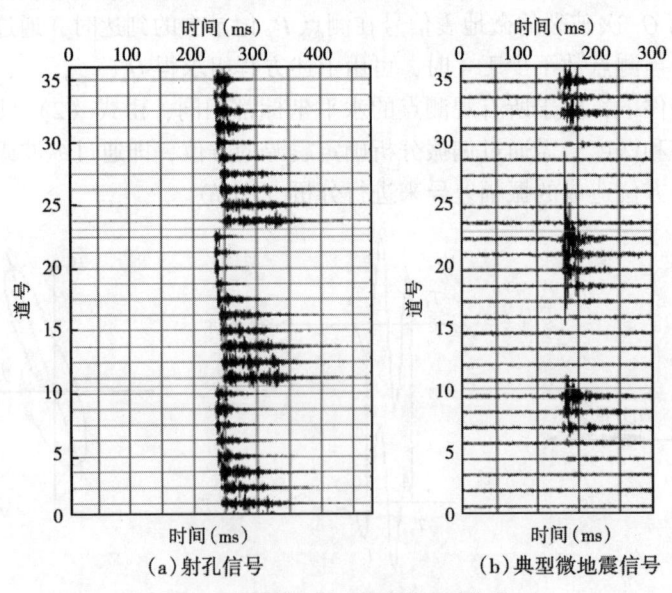

（a）射孔信号　　　　　（b）典型微地震信号

图 9 射孔信号与典型微地震信号

通过微地震信号的处理解释，共得到约100个微地震信号。统计微地震信号的数量、能量与现场施工曲线相对比（图10）。可以看出，微地震事件数量分布和能量曲线与施工曲线，特别是加砂曲线吻合度较高。压裂过程中，每一次加砂都会对应到一次微地震数量和能量的峰值，当停泵、停止加砂后，微地震事件数量和能量急剧下降。

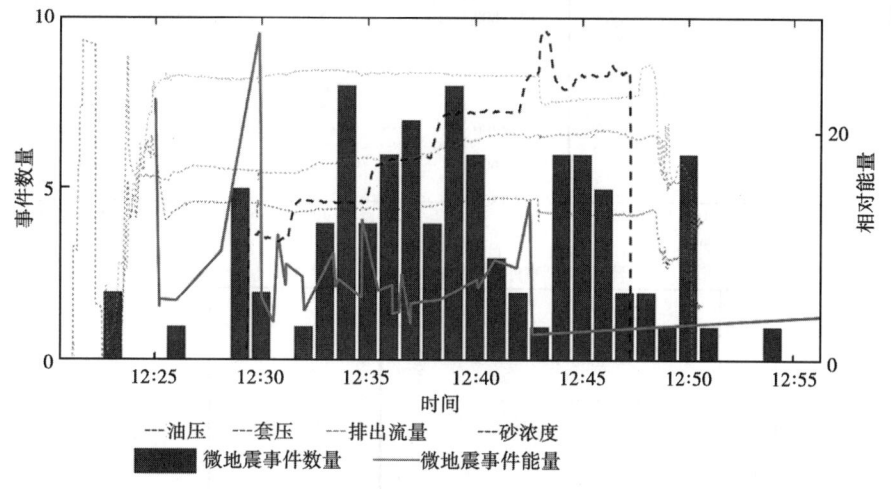

图10 微地震事件数量和能量分布与现场施工曲线对比

采用同型波 Geiger 定位方法，分析得到可定位事件34个，其空间俯视图如图11所示，得到了初步解释结果：压裂形成了裂缝，裂缝长度为94.1m，宽度为26.7m，高度为30m，方位为 NE17.3°（图12）。

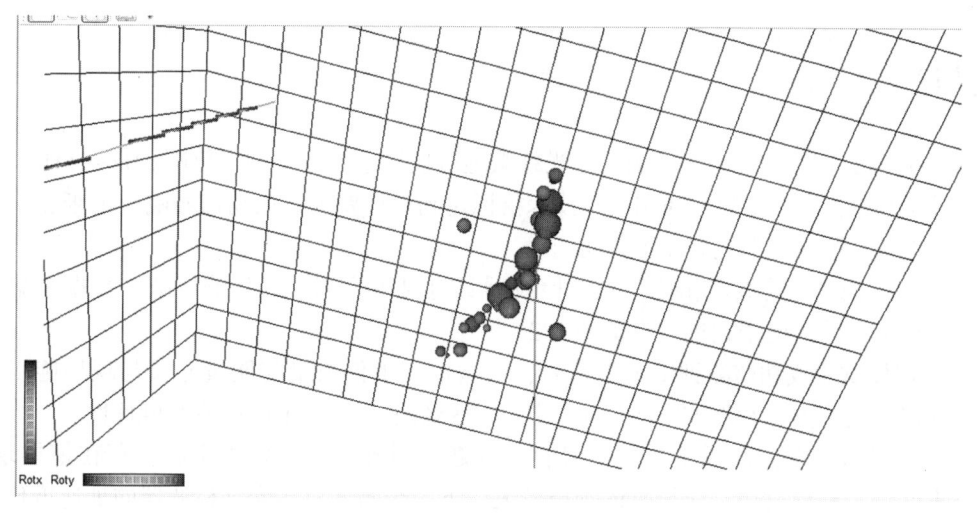

图11 压裂过程监测信号定位结果俯视图

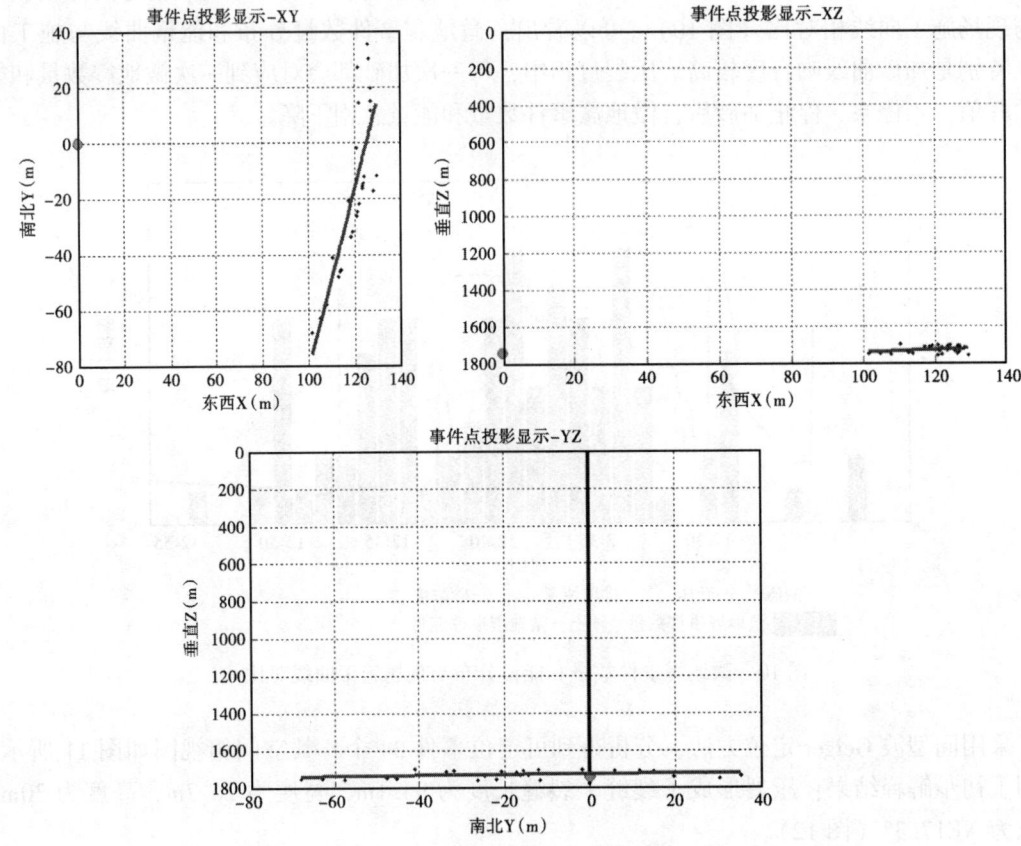

图 12 微地震事件解释结果

4 结论

(1) 通过实验室及现场试验测试，光纤微地震监测系统频率响应范围 3Hz～1kHz，动态范围大于 110dB，灵敏度为 100rad/g，技术指标达到设计要求，振动信号响应清晰正常，表明光纤微地震压裂裂缝监测技术原理可行。

(2) 与常规电子检波器相比，光纤检波器具有灵敏度高、频带响应宽、数据采集快的特点，价格低，约为电子式进口设备的 1/2。

(3) 现场试验成功监测到微地震信号，其微地震事件数量与能量分布与现场施工曲线相符，并得到震源方位和裂隙空间分布等初步解释结果，证明了该系统的可行性。

(4) 光纤微地震监测系统采集信号存在问题：射孔信号起跳不干脆，存在拖尾现象；微地震事件信号衰减过快；信号整体噪声较大。下一步需要对比光纤检波器的加速度传感特性和电子检波器的速度传感特性；结合传感器、推靠装置进行阻尼特性和谐振特性分析；通过入井工艺、解释软件开发和监测系统完善，进一步优化光纤微地震压裂裂缝监测技术。

参 考 文 献

[1] 唐颖，唐玄，王广源，等．页岩气开发水力压裂技术综述［J］．地质通报，2011．31（2）：393-399．
[2] TANG Ying. ect. Overview of hydraulic fracturing technology for shale gas development［J］．Geological Bulle-

tin of China, 2011. 31 (2): 393-399.

［3］王爱国. 微地震监测与模拟技术在裂缝研究中的应用［D］. 山东：中国石油大学（华东），2008：173.

［4］WANG Aiguo. Application of microseismic monitoring and simulation technology in fracture research［D］. Shandong: China University of Petroleum, 2008: 173.

［5］梁兵，朱广生. 油气田勘探开发中的微震监测方法［M］. 北京：石油工业出版社，2004.

［6］LIANG Bing, ZHU Guangsheng. Microseismic monitoring method in oil and gas field exploration and development［M］. Beijing: Petroleum industry press, 2004.

［7］徐刚. 井中压裂微地震监测技术方法研究［D］. 山东：中国石油大学（华东），2013.

［8］XU Gang. Study on the method of micro-seismic monitoring in well fracturing［D］. Shandong: China University of Petroleum, 2013.

［9］Sorrells, G. G. and C. C. Mulcahy. Advances in the microseismic method of hydraulic fracture azimuth estimation［J］. Society of Petroleum Engineers, 1986.

［10］Sarda, J. P. and J. P. Deflandre. Acoustic emission interpretation for estimating hydraulic fracture extent［J］. Society of Petroleum Engineers, 1988.

［11］张发祥，吴学兵，李淑娟，等. 光纤激光微地震检波器研究及应用展望［J］. 地球物理学进展，2014（5）：2456-2460.

［12］ZHANG Xiangfa. ect. Research and application prospect of fiber laser micro-seismometer［J］. Progress in Geophysics, 2014 (5): 2456-2460.

［13］Kirkendall, C. K. and A. Dandridge, Overview of high performance fibre-optic sensing［J］. Journal of Physics D: Applied Physics, 2004. 37 (18): 197-216.

［14］Pechstedt, R. D. and D. A. Jackson, Design of a compliant-cylinder-type fiber-optic accelerometer: theory and experiment［J］. Applied optics, 1995. 34 (16): 3009-3017.

［15］Knudsen, S., High Resolution Fiber-Optic 3-C Seismic Sensor System for In-Well Imaging and Monitoring Applications［J］. Optical Fiber Sensors, 2006.

第四部分 提高采收率

第四部分　腐蚀来源分析

致密油藏水平井注气开发微观动用潜力研究

李海波[1,3]　郭和坤[1,3]　杨正明[1,3]　王学武[4]
张亚蒲[1,3]　张晓祎[2,3]

(1. 中国石油勘探开发研究院渗流流体力学研究所；2. 中国科学院大学；
3. 中国科学院渗流流体力学研究所；4. 中国石油大学胜利学院)

摘　要：为评价致密油藏水平井注气开发潜力，针对致密油储层岩心，将核磁共振技术与气驱油物模实验相结合，对储层原油赋存特征和气驱油后微观剩余油分布特征进行研究。研究表明，气驱油前目标储层总含油百分数较高，但原油主要赋存于小于 1μm 的孔隙内，大于 1μm 的孔隙赋存油量较少（7.27%）；气驱油 1PV 后，大于 1μm 孔隙内原油相对采出程度 R 较高（64.34%），0.1~1μm 孔隙次之（37.27%），小于 0.1μm 孔隙较低，气驱早期首先将赋存于较大孔隙内的原油驱出，较小孔隙内原油动用程度较低；气驱油 50PV 后，储层大于 1μm 孔隙几乎无剩余油，R 达到 90%以上，0.1~1μm 孔隙有一定量剩余油，R 约 60%，小于 0.1μm 孔隙 R 较低，是剩余油主要赋存空间；随渗透率的降低，储层较大孔喉比例减少，微观非均质性降低，气驱油微观波及程度增加，0.1~1μm 孔隙采出油量有增加的趋势；致密油储层注气能力明显优于注水能力，且渗透率越低，注气能力优势越明显。研究成果为致密油有效开发及制定合理开发方式提供依据。

关键词：致密油；气驱油；核磁共振；剩余油分布；非均质性；注气能力；鄂尔多斯盆地

致密油藏的勘探开发逐步发展成为我国石油增储上产的重要力量，实现致密油藏的有效开发，对我国石油的发展规划有着重要意义。致密油储层具有物性差、孔隙结构复杂、微观非均质性强、原油赋存孔隙小且赋存规律复杂、原油渗流能力差、注水困难等特点。部分低渗透、特低渗透油藏已实现了注气开发，取得较好开发效果和机理认识，但致密油藏注气开发微观机理还需深入研究。认识致密油藏初始状态原油赋存特征，分析储层气驱油后不同类型孔隙内原油动用规律及微观剩余油分布特征，对油藏合理有效开发有着重要意义。本研究将核磁共振与常规气驱油实验相结合，通过分析不同状态下岩心内油相 T_2 谱变化，定量获得岩心饱和油束缚水状态下的含油量及油相在岩心孔隙中的分布，定量分析获得岩心气驱油后油相总采出程度及不同大小孔隙区间内的油相采出程度，定量分析获得岩心气驱油后剩余油量及剩余油分布特征等，为致密油藏有效开发提供依据。

1　实验岩心资料及流体资料

共选取 12 块鄂尔多斯盆地致密油储层岩心开展气驱油核磁实验，12 块岩心气测孔隙度界于2.29%~11.54%,平均9.03%,渗透率界于0.0062~0.31mD,平均0.12mD(表1)。实验用水为20000mg/L矿化度的标准盐水(水为重水,不含H核,故核磁共振测试时不产生核磁信号)。实验用油为与储层原油性质相近的航空煤油,其黏度等物理参数与实际原油基本一致,温度25℃时黏度为2.65mPa·s。

2 实验步骤和方法

(1)岩心准备:岩心烘干后进行气测孔渗;

(2)饱和油状态T_2谱测量:抽真空并加压饱和煤油,计算油测孔隙度,进行该状态T_2谱测试;

(3)岩心束缚水状态T_2谱测量:岩心再烘干,将岩心饱和20000mg/L矿化度的重水后装入驱替装置,根据岩心物性选取合适的压力,用煤油进行驱替,建立岩心束缚水状态,驱替倍数10PV,计量驱出水量,称岩心重,最后进行该状态T_2谱测试;

(4)进行气驱实验并T_2谱测量:根据岩心物性选取合适的气驱压力,对岩心进行气驱油1PV,5PV,15PV,30PV和50PV(孔隙压力下)后,分别进行T_2谱测量;

(5)比较不同状态下T_2谱,进行实验数据处理及分析。

3 实验结果及分析

岩心核磁共振信号量多少反映岩心内流体含量多少,核磁共振T_2弛豫时间反映孔隙大小,T_2弛豫时间与孔隙半径之间具有正比关系,T_2弛豫时间越大,孔隙半径越大,对于砂岩而言,T_2与孔隙大小转换系数C具有对应关系,将系数C应用于气驱油前后T_2谱,可定量获得气驱油前后原油分布。因此利用核磁共振技术,不仅能够给出岩心总孔隙内的含油量,而且能够定量分析出不同孔隙区间内各自的含油量。

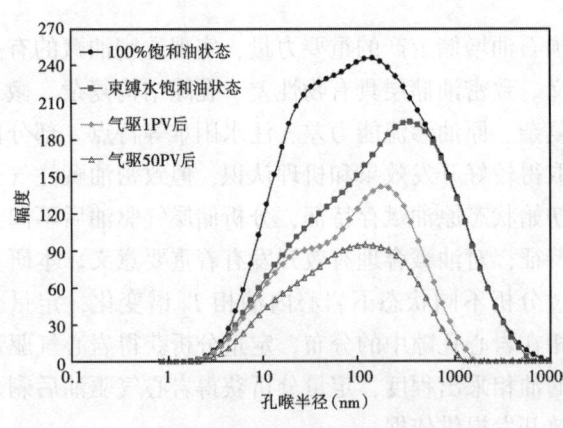

图1 岩心气驱油核磁共振分析示意图

本研究将核磁共振与常规气驱油实验相结合,获得岩样饱和油状态、饱和油束缚水状态及不同PV气驱油后的T_2谱(图1)。由于实验中所用模拟地层水不含氢元素,核磁共振检测时水不产生信号,因此各个状态下所测T_2谱为该状态下油的T_2谱。通过分析不同状态下岩心内油的T_2谱变化,定量获得岩心饱和油束缚水状态下的含油量及油相在岩心孔隙中的分布,定量分析出岩心气驱油后油相总采出程度及不同尺寸孔隙内的油相采出程度,定量分析出岩心气驱油后剩余油量及剩余油分布特征等。

12块岩心束缚水状态及气驱不同阶段含油饱和度见表1,气驱油不同阶段含油饱和度按渗透率统计见表2,12块岩心气驱油不同阶段油相相对采出程度按渗透率统计见表3。

表1 12块岩心气驱油不同阶段含油饱和度

序号	ϕ_g (%)	K_g (mD)	束缚水饱和油状态含油饱和度（%）						气驱1PV后含油饱和度（%）						气驱50PV后含油饱和度（%）					
			>1μm	0.1~1μm	0.05~0.1μm	0.02~0.05μm	<0.02μm	总孔隙	>1μm	0.1~1μm	0.05~0.1μm	0.02~0.05μm	<0.02μm	总孔隙	>1μm	0.1~1μm	0.05~0.1μm	0.02~0.05μm	<0.02μm	总孔隙
1	2.29	0.0062	0	7.68	0.76	2.27	9.61	20.32	0	7.07	0.69	2.27	7.34	17.38	0	5.85	0.69	0.84	5.22	13.01
2	6.62	0.048	6.49	43.46	5.1	4.3	8.27	67.63	2.28	24.84	5.1	3.61	7.11	43.6	0.08	10.99	4.48	3.61	6.15	26.3
3	6.97	0.048	1.99	30.64	8.53	4.77	12.41	58.34	1.43	16.97	5.97	4.26	10.14	38.78	0	10.27	4.78	3.82	9.18	28.05
4	9.21	0.069	7.05	36.15	6.22	9.43	14.13	72.99	0.15	19.43	5.68	8.5	10.6	44.35	0	10.64	4.08	6.01	9.94	30.67
5	10.56	0.076	9.42	34.49	9.09	9.19	9.02	71.21	0.52	20.25	7.24	7.46	8.21	43.69	0.09	13.11	5.9	5.9	5.6	30.61
6	10.3	0.1	12.07	14.92	5.3	9.25	10.42	51.96	2.78	9.06	4.36	8.37	9.72	34.29	0.92	5.96	3.1	6.46	7.09	23.54
7	11.25	0.12	4.29	30.04	9.31	8.54	5.17	57.35	0.12	16.6	7.23	7.25	4.52	35.72	0	10.92	5.8	5.32	4.3	26.34
8	10.63	0.12	4.91	9.73	5.09	6.27	4.65	30.65	2.6	8.32	4.51	6.22	4.65	26.72	0.54	4.21	3.35	5.52	4.65	20.27
9	8.88	0.13	7.31	33.09	6.06	8.94	12.23	67.64	1.62	17.19	4.12	8.05	12.23	44.82	0.3	8.83	2.52	5.41	11.88	28.94
10	9.99	0.13	5.77	36.88	6.04	6.14	10.58	65.41	1.08	17.87	5.32	5.25	8.15	37.68	0	9.04	3.25	4.58	8.15	25.29
11	10.17	0.26	15.67	26.65	5.68	11.91	11.36	71.27	7.63	17.75	5.41	11.73	10.54	53.06	1.93	10.59	4.62	10.84	10.54	39.06
12	11.54	0.31	12.29	28.32	8.07	10.77	13.14	72.59	5.52	19.04	6.87	10.77	11.53	53.94	0.7	11.98	4.14	9.59	11.53	38.96

表2 12块岩心气驱油不同阶段含油饱和度按渗透率统计

K_g (mD)	束缚水饱和油状态含油饱和度（%）					气驱1PV后含油饱和度（%）					气驱50PV后含油饱和度（%）				
	>1μm	0.1~1μm	0.05~0.1μm	0.02~0.05μm	<0.02μm	>1μm	0.1~1μm	0.05~0.1μm	0.02~0.05μm	<0.02μm	>1μm	0.1~1μm	0.05~0.1μm	0.02~0.05μm	<0.02μm
>0.2	13.98	27.48	6.88	11.34	12.25	6.57	18.39	6.14	11.25	11.03	1.32	11.29	4.38	10.22	11.03
0.01~0.2	6.59	29.93	6.75	7.43	9.65	1.40	16.72	5.50	6.55	8.37	0.21	9.33	4.14	5.18	7.44
<0.01	0	7.68	0.76	2.27	9.61	0	7.07	0.69	2.27	7.34	0	5.85	0.69	0.84	5.22

表3 12块岩心气驱油不同阶段采出程度按渗透率统计

采出程度（%）

K_g (mD)	50PV驱替后						1PV驱替后						1~50PV驱替后					
	总孔隙绝对采出程度	不同尺寸孔隙相对（总）采出程度					总孔隙绝对采出程度	不同尺寸孔隙相对（1PV）采出程度					总孔隙绝对采出程度	不同尺寸孔隙相对（1~50PV）采出程度				
		>1μm	0.1~1μm	0.05~0.1μm	0.02~0.05μm	<0.02μm		>1μm	0.1~1μm	0.05~0.1μm	0.02~0.05μm	<0.02μm		>1μm	0.1~1μm	0.05~0.1μm	0.02~0.05μm	<0.02μm
>0.2	45.76	90.98	58.97	33.68	9.97	9.74	25.62	53.21	33.08	9.97	0.76	9.74	20.14	37.77	25.89	23.87	9.21	0.00
0.01~0.2	54.36	97.23	67.00	38.18	28.08	21.54	34.18	73.97	41.46	17.16	11.70	12.06	20.16	23.27	25.54	21.02	16.38	9.48
<0.01	35.97	—	23.83	9.21	63.00	45.68	14.46	0.00	7.94	9.21	0.00	23.62	20.50	—	15.89	0.00	63.00	22.06

依据众多学者研究成果及石油公司相关储层分类评价标准,将所分析12块岩心按大于0.2mD、0.01~0.2mD和小于0.01mD分为三个级别。分析表1和表2可看出:致密油储层原油物性虽差,但总含油百分数不低,12块岩心束缚水状态含油百分数界于20.32%~72.59%,平均58.95%;饱和油束缚水状态下,三个级别储层总孔隙内含油百分数分别为71.93%、60.35%和20.32%,小于0.01mD储层含油百分数明显低于0.01mD以上的储层。从表2还可看出,对大于0.01mD储层而言,微米孔隙有少量含油,亚微米孔隙赋存较多油,纳米孔隙也赋存一定量的油;对小于0.01mD储层而言,几乎没有微米孔隙。

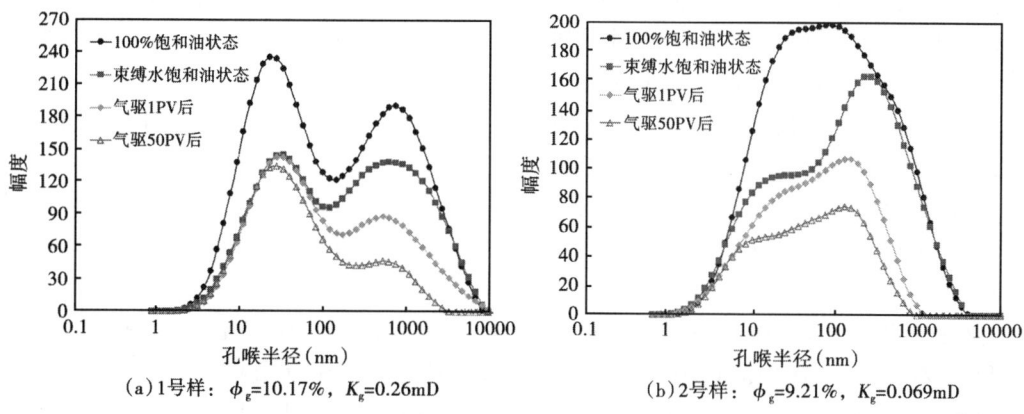

(a)1号样:ϕ_g=10.17%,K_g=0.26mD　　(b)2号样:ϕ_g=9.21%,K_g=0.069mD

图2　2个典型岩心气驱油不同状态下核磁共振T_2谱比较

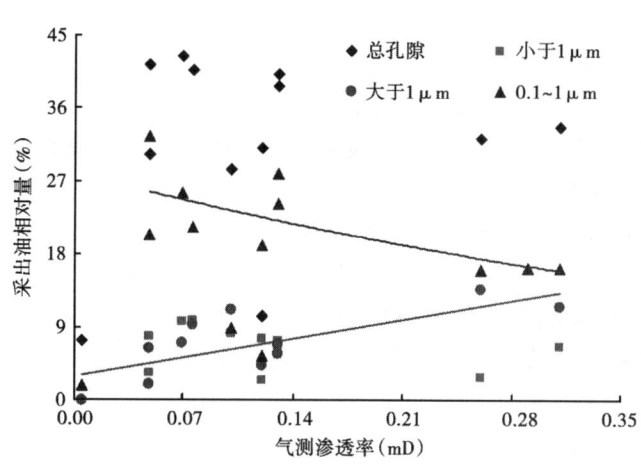

图3　气驱油不同孔隙区间采出油相对量与渗透率关系

图2给出两块典型岩心气驱油不同状态下核磁共振T_2谱比较。图3给出12块岩心气驱油后不同尺寸孔隙采出油相对量与渗透率关系。分析表1、表2和表3可看出:气驱油50PV后,三个渗透率储层总孔隙内的气驱采出程度分别为45.76%、54.36%和35.97%,大于0.01mD储层总采出程度明显比小于0.01mD储层高。气驱油50PV后,不同级别储层不同尺寸孔隙原油采出程度有一定差异(表中总孔隙绝对采出程度的值为岩心气驱后总含油量与气驱前总含油量之比,不同尺寸孔隙相对采出程度的值为岩心气驱后该类孔隙内含油量与气驱前该类孔隙内含油量之比),对大于0.01mD储层而言,随储层孔喉半径减小,原油相对采出程度有逐渐减小的趋势,微米孔隙相对采出程度较高,达到90%以上,亚微米孔隙

原油也有很大程度采出，相对采出程度约60%，纳米孔隙较低。结合图2和图3，比较大于0.2mD和0.01~0.2mD储层，大于0.2mD储层亚微米和纳米孔隙内的采出程度低于0.01~0.2mD储层，由于大于0.2mD储层发育相对较多的较大孔喉，储层微观非均质性较强，气驱油过程中，流体优先通过阻力较小的较大喉道，亚微米和纳米孔隙内原油不能完全被驱替到，故采出程度较低（对应图2中1号样，气驱后油相T_2谱右峰下降明显，而左锋（对应较小孔隙）变化较小，表明小孔隙内原油没有被驱替出），0.01~0.2mD储层较大喉道发育很少，均质性较好，气驱油过程中流体相对能均匀推进，原油采出程度反而较高（对应图2中2号样，气驱后油相T_2谱右峰下降明显，而左锋（对应较小孔隙）也变化较大，表明小孔隙内原油一定程度被驱替出）。从图3中可进一步看出，随渗透率降低，亚微米孔隙内采出油量有很明显的的增加趋势，也印证了非均质性对气驱效率的影响。大于0.01mD储层气驱后，微米孔隙几乎无剩余油，亚微米和纳米孔隙都有一定量剩余油。对小于0.01mD储层而言，总含油量较少，总采出油量也较少。

分析表2和表3可进一步看出：气驱油1PV后，三个级别储层总孔隙内气驱采出程度分别为25.62%，34.18%和14.46%。气驱油1PV后，不同级别储层不同尺寸孔隙区间原油采出程度有一定差异。对大于0.01mD储层而言：微米孔隙原油相对采出程度较高，达到70%左右；亚微米孔隙原油也有一定程度的采出，相对采出程度约40%；纳米孔隙原油相对采出程度较低。大于0.01mD储层气驱早期气体首先将赋存于较大孔隙内原油驱出，较小孔隙内原油动用程度较低。小于0.01mD储层较大孔隙含量很少，小孔隙与较大孔隙内原油动用程度均较低。

分析表2和表3及图2和图3还可看出：气驱油后，三个级别储层总孔隙内剩余油百分数分别为38.24%，26.30%和12.60%。气驱油后，不同级别储层不同尺寸孔隙剩余油百分数有一定差异：三个级别储层微米孔隙内的剩余油百分数很低（分别为1.32%，0.21%和0），表明该类孔隙内几乎无剩余油；三个级别储层亚微米孔隙内剩余油百分数均较低（分别为11.29%，9.33%和5.85%），表明该类孔隙内还有一定量剩余油；三个级别储层纳米孔隙均有一定量剩余油（三个级别储层0.05~0.1μm孔隙内剩余油百分数分别为4.38%，4.14%和0.69%，0.02~0.05μm孔隙内的剩余油百分数分别为10.22%，5.18%和0.84%，小于0.02μm孔隙内的剩余油百分数分别为11.03%，7.44%和5.22%）。

图4给出鄂尔多斯盆地储层水驱、气驱单位压差流量比较，从图4可看出，致密油储层

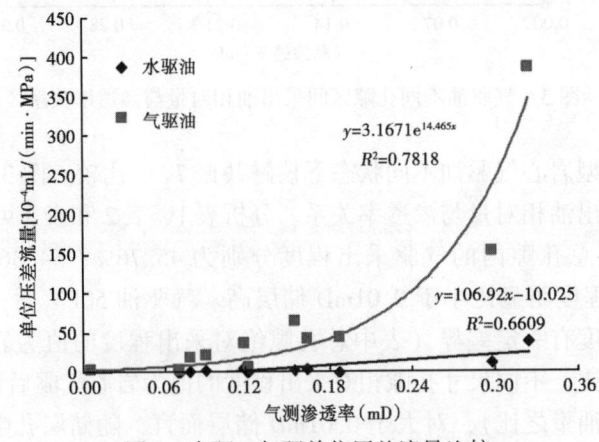

图4 水驱、气驱单位压差流量比较

注气能力明显优于注水能力，单位压差下，气驱流量是水驱流量的 10~30 倍，渗透率越低储层，注气能力优势越明显。

4 结论

将核磁共振技术与气驱油物模实验相结合，不仅可获得储层气驱油前后含油量，而且可定量研究储层气驱油前后原油微观分布特征。鄂尔多斯致密油储层总含油百分数较高，但微米孔隙赋存油量较少，原油主要赋存于亚微米和纳米孔隙中。气驱油 1PV 后，微米孔隙相对采出程度 R 较高；亚微米孔隙次之；纳米孔隙较低。气驱早期气体首先将赋存于较大孔隙内的原油驱出，较小孔隙内原油动用程度较低。气驱油 50PV 后，储层微米孔隙几乎无剩余油，R 达到 90% 以上，亚微米孔隙有一定量剩余油，R 约 60%，纳米孔隙 R 较低，是剩余油主要赋存空间。随渗透率的降低，储层较大孔喉（微米孔喉）比例减少，微观非均质性降低，气驱油微观波及程度增加，储层亚微米采出油相对量有增加的趋势。致密油储层注气能力明显优于注水能力，且渗透率越低，注气能力优势越明显。

参 考 文 献

[1] 贾承造，邹才能，李建忠，等．中国致密油评价标准、主要类型、基本特征及资源前景［J］．石油学报，2012，33（3）：343-350．

[2] 邹才能，朱如凯，吴松涛，等．常规与非常规油气聚集类型、特征、机理及展望——以中国致密油和致密气为例［J］．石油学报，2012，33（2）：173-187．

[3] 吴国干，方辉，韩征，等．"十二五"中国油气储量增长特点及"十三五"储量增长展望［J］．石油学报，2016，37（9）：1145-1151．

[4] 郭彦如，刘俊榜，杨华，等．鄂尔多斯盆地延长组低渗透致密岩性油藏成藏机理［J］．石油勘探与开发，2012，39（4）：417-425．

[5] 杨华，李士祥，刘显阳．鄂尔多斯盆地致密油、页岩油特征及资源潜力［J］．石油学报，2013，34（1）：1-11．

[6] 贾承造，庞雄奇．深层油气地质理论研究进展与主要发展方向［J］．石油学报，2015，36（12）：1457-1469．

[7] 赵政璋，杜金虎，邹才能，等．致密油气［M］．石油工业出版社，2012．

[8] 王瑞飞，沈平平，宋子齐，等．特低渗透砂岩油藏储层微观孔喉特征［J］．石油学报，2009，30（4）：560-563．

[9] 姚泾利，邓秀芹，赵彦德，等．鄂尔多斯盆地延长组致密油特征［J］．石油勘探与开发，2013，40（2）：150-158．

[10] 白斌，朱如凯，吴松涛，等．利用多尺度CT成像表征致密砂岩微观孔喉结构［J］．石油勘探与开发，2013，40（3）：329-331．

[11] 郭和坤，刘强，李海波，等．四川盆地侏罗系致密储层孔隙结构特征［J］．深圳大学学报（理工版），2013，30（3）：306-312．

[12] 杨正明，郭和坤，刘学伟，等著．特低—超低渗透油气藏特色实验技术［M］．石油工业出版社，2012：135-155．

[13] Zhao H, Ning Z, Wang Q, et al. Petrophysical Characterization of Tight Oil Reservoirs using Pressure-controlled Porosimetry Combined with Rate-controlled Porosimetry［J］. Fuel, 2015, 154：233-242．

[14] 邹才能，杨智，陶士振，等．纳米油气与源储共生型油气聚集［J］．石油勘探与开发，2012，39

(1): 13-25.
[15] Yang Yuanhai, Thomas Birmingham, Anne Kremer. From Hydraulic Fracturing, what can we Learn about Reservoir Properties of Tight Sand at the Wattenberg Field in the Denver-Julesburg Basin [R]. SPE 123031, 2009.
[16] Wang Y D, Yang Y S, Liu K Y, et al. Quantitative and Multi-Scale Characterization of Pore Connections in Tight Reservoirs with Micro-CT and DCM [J]. Bulletin of Mineralogy Petrology & Geochemistry, 2015.
[17] 李海波, 郭和坤, 杨正明, 等. 鄂尔多斯盆地陕北地区三叠系长7致密油赋存空间 [J]. 石油勘探与开发, 2015, 42 (03): 396-400.
[18] 宋岩, 姜林, 马行陟. 非常规油气藏的形成及其分布特征 [J]. 古地理学报, 2013, 15 (05): 605-614.
[19] 李海波, 郭和坤, 李海舰, 等. 致密储层束缚水膜厚度分析 [J]. 天然气地球科学, 2015, 26 (1): 186-192.
[20] 王明磊, 张遂安, 张福东, 等. 鄂尔多斯盆地延长组长7段致密油微观赋存形式定量研究 [J]. 石油勘探与开发, 2015, 42 (6): 757-762.
[21] 公言杰, 柳少波, 朱如凯, 等. 松辽盆地南部白垩系致密油微观赋存特征 [J]. 石油勘探与开发, 2015, 42 (3): 294-299.
[22] 高云丛, 赵密福, 王建波, 等. 特低渗油藏CO_2非混相驱生产特征与气窜规律 [J]. 石油勘探与开发, 2014, 41 (1): 79-85.
[23] 蒋有伟, 张义堂, 刘尚奇, 等. 低渗透油藏注空气开发驱油机理 [J]. 石油勘探与开发, 2010, 30 (4): 471-476.

致密油藏水平井多级压裂 CO_2 吞吐机理研究

周 拓[1] 房平亮[1] 滕 起[2] 王艳丽[3] 王建一[3] 刘 珩[4]

(1. 中国石油集团工程技术研究院有限公司；2. 中国石油塔里木油田公司；
3. 中国石油吉林油田公司；4. 吉林广播电视大学)

摘 要：目前水平井开发致密油藏初期产量高、递减快，常规的注水开发压力传导慢，地层能量不易补充。而 CO_2 吞吐在弹性能、与原油互溶、原油降黏等方面具有较强优势，因此分段压裂水平井加 CO_2 的开发方式展现出独特的魅力，可以有效地补充地层能量。本文以鄂尔多斯盆地一典型致密油区储层为研究对象，利用大型物理模拟实验系统、抽真空饱和水系统、饱和油系统和回压控制系统，开展分段压裂水平井 CO_2 吞吐模拟实验，针对动态参数和裂缝的影响，进行致密油藏分段压裂水平井 CO_2 吞吐机理分析。通过实验定性给出不同因素对 CO_2 吞吐开发效果的影响规律：（1）分阶段采油效果优于快速降压采油效果；（2）注入压力越高，CO_2 吞吐效果越好；（3）对应相同轮次，注入量越高，CO_2 吞吐效果越好；（4）焖井时间越长，CO_2 吞吐效果越好。

关键词：致密油藏；水平井多级压裂；物理模拟；CO_2 吞吐机理

近年来，致密油已成为全球非常规油气勘探开发的新热点，被石油工业界誉为"黑金"。2014 年，美国致密油产量已达 $2.09×10^8$ t（EIA，2015），占美国石油总产量的 36.2%，预计 2020 年将达到 $2.4×10^8$ t 左右。除美国外，加拿大、阿根廷、厄瓜多尔、英国和俄罗斯等国家都发现了大量的致密油资源。由于目前特低渗透储层或致密油储层在采用水平井加大规模分段压裂开发模式下，开发效果较差等问题，本文通过物理模拟实验，为 CO_2 吞吐数值模拟提供基础数据，为系统分析 CO_2 吞吐渗流规律奠定基础。

1 实验准备

模型设计是基于井网的分布设计的。如图 1 所示，模拟水平井长度为 40cm，半缝长为 20cm，并在岩心正面均匀分布 32 个测压点，并装配有高精度压力传感器。为了精确反映不同位置的压力变化趋势，在裂缝分布集中的位置测点设置较密集，远离裂缝的位置测点设计较少。压力测点在实验过程中可以作为饱和原油的注采口。

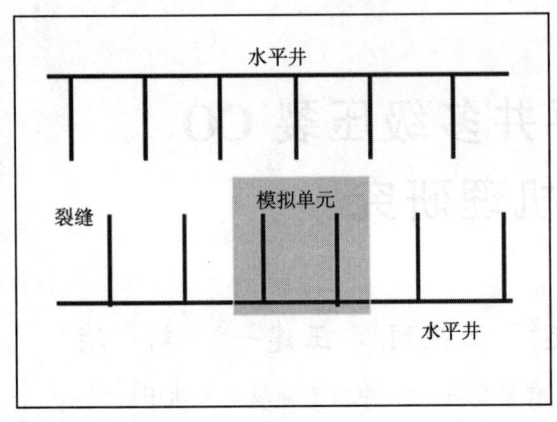 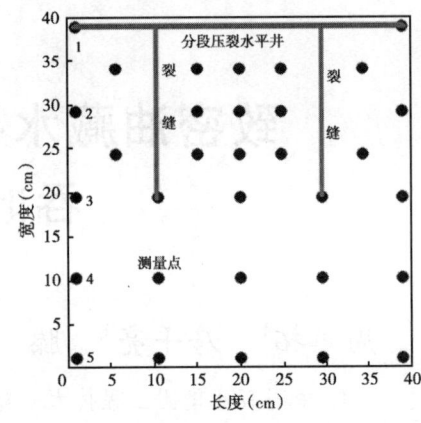

图 1 分段压裂水平井模拟区间选择示意图

2 实验过程和结果

2.1 分段采油对 CO_2 吞吐效果的影响

利用一次性采油和分段采油两种方式（表 1），模拟快速降压开采和慢速降压开采对 CO_2 吞吐效果的影响。实验 2 采用了一次性降压生产，生产时间在 16h 以上，实验 4 采用分阶段开采，采液时间为 4h，实验均模拟 100m 裂缝，裂缝模拟无限导流能力裂缝。实验 2 采用一次性降压，注入压力为 22MPa，采液压力为 6MPa，弹性开采和 CO_2 吞吐开采都达到 16h 以上，可以认为是最高采出程度。实验 4 采用分段降压，注入压力为 19MPa，实验 4 注入压力为 19MPa，采液口采液控制压力分阶段控制为 8MPa 和 4MPa，注入时间 15min，焖井 15min，每周期开采时间控制在 4h 以内。实验条件虽然有所差异，但通过对不同过程的对比，仍然可以发现，分段开采效果优于快速降压开发效果。

表 1 实验 2 和实验 4 实验参数表

实验序号	模拟裂缝长度（m）	模拟裂缝距离（m）	模型渗透率（mD）	注入压力（MPa）	采液压力（MPa）	焖井时间（min）
2	100	100	0.57	22	6	15
4	100	100	0.87	19	先 8MPa，后 4MPa	15

从实验数据可以发现（表 2），分段采油效果明显好于一次性快速降压的采油效果。在 CO_2 吞吐过程中，实验 4 前两个周期在降到 8MPa 时的采出程度就已经超过实验 2 降到 6MPa 时的开发效果，说明分段降压对提高 CO_2 吞吐的开发效果具有重要意义。分析认为，CO_2 吞吐过程其实是溶解气驱开发过程，符合弹性开采机理。随着压力下降，大量的 CO_2 会从原油中析出，形成 CO_2 油沫，从而形成贾敏效应，在开发过程中形成阻力。通过压力控制，可以达到控制脱气速度，从而达到控制流动阻力的目的，改善油藏中的压力分布，达到提高弹性开采采出程度的效果。

表 2 实验 2、实验 4 采出程度数据表

实验编号	弹性开采采收率（%）	第一次吞吐采收率（%）		第二次吞吐采收率（%）		第三次吞吐采收率（%）	
		8MPa	4MPa	8MPa	4MPa	8MPa	4MPa
2	5.41	9.43 (6MPa)		9.89 (6MPa)		8.00 (6MPa)	
4	15.59	11.69	6.29	7.71	6.40	0.55	6.38

2.2 注入压力对 CO_2 吞吐效果的影响

采用定压注入 CO_2 方式，因此，无法计量注入速度，只能对注入压力的影响进行分析。实验 2 和实验 3 分别设计了不同注入压力下的 CO_2 吞吐实验。表 3 为实验 2 和实验 3 两个实验的基本参数图。实验均模拟 100m 裂缝，裂缝模拟无限导流能力裂缝。实验 2 和实验 3 都采用一次性降压，实验 3 注入压力为 22MPa，实验 2 注入压力为 19MPa，采液口采液控制压力 6MPa，注入时间 15min，焖井 15min。弹性开采和 CO_2 吞吐开采都达到 16 小时以上，可以认为是最高采出程度。因此，除实验注入压力不同外，其余各参数基本一致，具有可对比性（表 3）。

表 3 实验 2 和实验 3 实验参数对比表

实验序号	模拟裂缝长度（m）	模拟裂缝距离（m）	模型渗透率（mD）	注入压力（MPa）	采液压力（MPa）	焖井时间（min）
2	100	100	0.57	22	6	15
3	100	100	0.53	19	6	15

从数据分析可以发现（表 4），在 CO_2 吞吐过程中，注入压力较高实验（实验 2）采出程度远高于注入压力较低实验（实验 3）采出程度。分析认为，实验 2 中 CO_2 吞吐效果好于实验 3 的主要原因包括：（1）由于注入压力较高，实验 2 注入速度高于实验 3，由于 CO_2 流动性较强，容易形成指进，使 CO_2 能够进入模型深部，达到较好的 CO_2 吞吐效果；（2）由于注入压力较高，实验 2 比实验 3 有更高的 CO_2 注入量，从而使实验 2 CO_2 吞吐效果好于实验 3；（3）实验 2 的弹性产量高于实验 3，导致实验 2 在吞吐过程中注入量高于实验 3，从而使实验 2 CO_2 吞吐效果好于实验 3。

表 4 实验 2、实验 3 采出程度数据表

实验编号	弹性开采采收率（%）	第一次吞吐采收率（%）	第二次吞吐采收率（%）	第三次吞吐采收率（%）
2	5.41	9.43	9.89	8.00
3	3.26	1.81	3.26	3.28

图 2 是实验 2 和实验 3 在第一轮吞吐后的压力分布情况。从图 2 中可以发现，实验 3 在第一轮吞吐结束后，低压区要比实验 2 面积大一些，说明吞吐过程中，低压注入流动阻力低于高压注入的流动阻力。实验 2 中 CO_2 吞吐效果优于实验 3，并非由于流动阻力的原因。分析认为，高压条件下，注入更多的 CO_2，使原油具有更高的膨胀能，这是高压注入条件下 CO_2 吞吐效果优于较低压力注入实验的主要原因。由于注入压力较高，在排液过程中 CO_2

从原油中析出，两相流动过程剧烈，容易形成附加阻力，因此实验2在实验结束时，模型内压力略高于实验3。

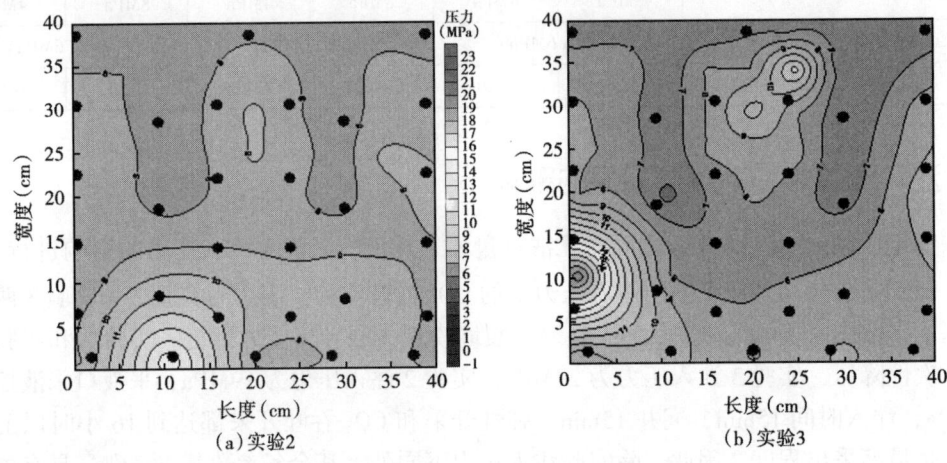

图2 实验2和实验3在第一轮吞吐后的压力分布

2.3 注入量对 CO_2 吞吐的影响

实验中无法对注入 CO_2 的量进行计量，因此，设计了专门的实验定性研究了 CO_2 注入量对吞吐效果的影响实验（表5）。实验通过控制弹性开采采油量，模拟不同亏空条件下注 CO_2 吞吐的效果差别。由于注入时间充分，注入结束时压力分布均匀，因此，在较大亏空条件下，注入量也会较大，从而达到研究注入量对 CO_2 吞吐效果影响的目的。

通过对比实验4和实验5，可以进行注入量的影响分析。两组实验采用了同样的模型、同样的降压模式，即采用分阶段开采，采液时间为4小时。实验均模拟100m裂缝，裂缝模拟无限导流能力裂缝，采用分段降压，注入压力为19MPa，采液口采液控制压力分阶段控制为8MPa和4MPa，注入时间15min，焖井15min，每周期开采时间控制在4小时以内，但是，实验4弹性开采时间较长（模拟高注入量实验）。因此，实验具有可对比性。

表5 实验4和实验5实验参数表

实验序号	模拟裂缝长度（m）	模拟裂缝间距（m）	模型渗透率（mD）	注入压力（MPa）	采液压力（MPa）	焖井时间（min）	注入量
4	100	100	0.87	19	先8MPa，后4MPa	15	高
5	100	100	0.95	19	先8MPa，后4MPa	15	低

每周期的注入量与前一周期的采出量接近。从实验数据可以发现（表6），实验4弹性采出程度为11.6%，实验5弹性采出程度为9.5%。因此，在 CO_2 吞吐过程中，实验4比实验5 CO_2 注入量要高。对比周期采收率可以发现，前两个周期实验4吞吐采出程度高于实验5采出程度，说明注入量越高，周期采出程度越高。观察不同轮次的对比发现，随着轮次增加，效果差别变小，到第三个吞吐轮次，实验5采出程度已经高于实验4。分析认为，CO_2 吞吐过程是注入 CO_2，CO_2 溶于原油，增加原油的膨胀能，在压力释放过程中形成溶解气驱的开发方式。注入量越大，受 CO_2 注入影响，原油的膨胀能越高，波及的区域越大，因此

吞吐采出程度越高。当达到一定轮次后，剩余原油减少，且重质组分增加，CO_2 注入量不再是主要影响因素，原油规律也被打破。

表6 实验4、实验5采出程度数据表

实验编号	弹性开采采收率（%）	第一次吞吐采收率（%）		第二次吞吐采收率（%）		第三次吞吐采收率（%）	
		8MPa	4MPa	8MPa	4MPa	8MPa	4MPa
4	15.59	11.69	6.29	7.71	6.40	0.55	6.38
5	9.50	9.48	7.21	4.85	7.15	0.62	11.47

2.4 焖井时间对 CO_2 吞吐效果的影响

设计3个实验对焖井时间影响规律进行了研究（表7）。实验6、实验8和实验9采用了同样的模型、同样的降压模式，即采用分阶段开采，采液时间为4小时。三个实验只是焖井时间有所不同，因此具有可对比性。实验均模拟100m裂缝，裂缝模拟无限导流能力裂缝，采用分段降压，注入压力为19MPa，采液口采液控制压力分阶段控制为8MPa和4MPa，注入时间15min，每周期开采时间控制在4小时以内，但是实验4弹性开采时间较长（模拟高注入量实验）。实验8、实验6和实验9分别焖井15min、30min和60min，按照流动相似性，油藏焖井时间分别为22天、44天和88天。三组实验除焖井时间外，其他考虑因素条件一致，因此，实验具有可对比性。

表7 实验6、实验8和实验9实验参数表

实验序号	模拟裂缝长度（m）	模拟裂缝距离（m）	模型渗透率（mD）	注入压力（MPa）	采液压力（MPa）	焖井时间（min）
6	100	100	0.92	19	先8MPa，后4MPa	15
8	100	100	0.95	19	先8MPa，后4MPa	30
9	100	100	0.99	19	先8MPa，后4MPa	60

三组实验弹性开采采出程度一致，注入量对采出程度的影响可以忽略，因此，实验结果完全反映了焖井时间对采出程度的影响（表8）。对比周期采收率可以发现，在前两个周期，随着焖井时间的增加，周期采油量增加，第三个周期规律出现异常。从累积采出程度来看，随着焖井时间的增加，累积采出程度增加，说明焖井时间对 CO_2 吞吐具有重要影响。

表8 实验6、实验8和实验9采出程度数据表

实验编号	弹性开采采收率（%）	第一次吞吐采收率（%）		第二次吞吐采收率（%）		第三次吞吐采收率（%）	
		8MPa	4MPa	8MPa	4MPa	8MPa	4MPa
8	7.75	5.25	5.48	3.35	6.85	0.68	6.33
6	7.63	7.30	7.50	8.88	5.33	2.55	5.78
9	7.99	8.13	8.15	10.34	5.28	0.66	7.10

3 结论

（1）通过大量 CO_2 吞吐平面露头模型实验，对 CO_2 吞吐效果及影响因素进行了分析。

研究认为，针对致密油藏开发，CO_2 吞吐可以为地层补充能量，提高采油速度，提高采收率，是一种具有潜力的开发方式。

（2）定性给出不同因素对 CO_2 吞吐开发效果的影响规律：分阶段采油效果优于快速降压采油效果；注入压力越高，CO_2 吞吐效果越好；对应相同轮次，注入量越高，CO_2 吞吐效果越好；焖井时间越长，CO_2 吞吐效果越好。

参 考 文 献

[1] 牛小兵，冯胜斌，刘飞，等．低渗透致密砂岩储层中石油微观赋存状态与油源关系——以鄂尔多斯盆地三叠系延长组为例［J］．石油与天然气地质，2013，34（3）：288-293.

[2] 梁涛，常毓文，郭晓飞，等．巴肯致密油藏单井产能参数影响程度排序［J］．石油勘探与开发，2013，40（3）：357-362.

[3] 秦莉，王静．国内外及准噶尔盆地致密油开采工程技术特点及应用效果分析［J］．新疆石油科技，2013（2）：22-28.

[4] 徐慧．多井整体吞吐注采参数优化［J］．中国石油和化工标准与质量，2012，32（3）：164.

[5] 雒长江．欢26杜家台油藏注采配套技术研究与应用［J］．中国石油和化工标准与质量，2012（4）：103-106.

[6] 钱思平，杜培敏，乔保林，等．二氧化碳吞吐试验中油层堵塞的原因［J］．石油与天然气地质，2001，22（3）：228-239.

[7] 何应付，周锡生，李敏，等．特低渗透油藏注 CO_2 驱油注入方式研究［J］．石油天然气学报，2010，32（6）：131-134.

[8] 何应付，李敏，周锡生，等．特低渗透油藏注 CO_2 驱油井网优化设计［J］．东北石油大学学报，2011，35（4）：54-57.

基于润湿反转的周期注水提高石灰岩低渗透储层采收率方法研究

魏发林　吕　静　刘平德　熊春明　卢拥军

(中国石油勘探开发研究院)

摘　要：周期注水是开发石灰岩储层低渗透基质中原油的一种有效方法，但对于亲油储层效果较差。通过基质含水饱和度变化特征方程的建立及分析，提出了周期注水与润湿反转技术相结合的开采方式。并采用油湿石灰岩裂缝模型，在注入水中加入低浓度具有润湿反转能力的季铵类物质十六烷基三甲基溴化铵（CTAB）进行了周期注水室内模拟研究。结果表明，CTAB可使油湿石灰岩储层的表面性质发生明显变化，基质毛细管的自吸及滞水排油能力增强，周期注水开发效果明显改善。

关键词：低渗透基质；裂缝；石灰岩储层；油湿；润湿反转；周期注水；自吸

石灰岩储层裂缝发育，其储集空间根据流体的流动状态和水驱油机理，分为高渗透的裂缝系统和低渗透的基质系统。周期注水是开发该类油藏的一种有效方法，其实质是发挥低渗透基质系统的毛细管压力作用及压力周期涨落时基质与裂缝间流体的窜流作用，使原油从致密的基质系统排入裂缝系统中。

对于亲油及亲水储层，该方法可以改善开发效果，但受毛细管压力作用的影响，亲油储层的周期注水效果要差。综合考虑毛细管压力、弹性力及重力的数值模拟结果，表明周期注水中毛细管压力是第一位的，弹性力则是第二位的。因此，对于油湿储层结合润湿性反转技术，提高低渗透基质系统的自吸及滞水排油能力具有潜在意义。

油藏润湿性是流体—岩石的综合特性，同时与油藏原始含水饱和度相关，表现为构造下部的水湿、低水湿状态逐渐变为构造顶部的混湿及油湿状态。此外，从储集能力上讲，低渗透基质系统控制大部分储量，因此该方法的研究具有现实意义。

本文建立了基质含水饱和度变化特征方程，结合其特征分析及石灰岩表面电性特点，通过在注入水中加入低浓度具有良好润湿反转能力的季铵盐类物质十六烷基三甲基溴化铵（CTAB），在室内进行了油湿石灰岩裂缝模型的周期注水实验研究。

1　基质含水饱和度变化特征方程

假设：流体流动是一维的且不可压缩，多孔介质性质一致，忽略重力分异作用。对于基质岩块系统由达西定律得：

$$v_w = \frac{-KK_{rw}}{\mu_w}\frac{\partial p_w}{\partial x} = -\lambda_w\frac{\partial p_w}{\partial x} \tag{1}$$

$$v_o = \frac{-KK_{ro}}{\mu_o}\frac{\partial p_o}{\partial x} = -\lambda_o \frac{\partial p_o}{\partial x} \tag{2}$$

$$v_t = v_o + v_w \tag{3}$$

$$p_c = p_o - p_w \tag{4}$$

式中 v——达西速度；

K——绝对渗透率；

K_r——相对渗透率；

μ——相黏度；

λ——流度；

p_c——毛细管压力；

下标 o——油相；

下标 w——水相。

由式（1）至式（4），并令 $\lambda_t = \lambda_w + \lambda_o$，$f_o = \frac{\lambda_o}{\lambda_t}$，$f_w = \frac{\lambda_w}{\lambda_t}$，得：

$$\frac{\partial p_w}{\partial x} = \frac{-v_t}{\lambda_t} - f_o \frac{\partial p_c}{\partial x} \tag{5}$$

由式（1）、式（5），结合物质平衡原理，得：

$$\phi S_w \frac{dx}{dt}\bigg|_{s_w} = -\frac{\partial}{\partial x}[f_w v_t] - \frac{\partial}{\partial x}\Big[\lambda_w f_o \frac{\partial p_c}{\partial x}\Big] \tag{6}$$

式中 $\frac{dx}{dt}\big|_{s_w}$——水相的隙间流速；

ϕ——孔隙度；

S_w——基质含水饱和度。

由式（6）得基质含水饱和度变化方程为：

$$S_w = \frac{-f_w v_t - \lambda_w f_o \int_0^t \left(\frac{\partial p_c}{\partial x}\right)\big|_{s_w} dt}{\phi x |sw} \tag{7}$$

式中 x——沿基质毛细管方向的作用距离；

t——渗吸时间。

式（7）表明，低渗透基质岩块内水相饱和度的增加（含油饱和度下降）来源于基质系统与裂缝系统间的水力压差驱动及基质系统的毛细管自吸驱动。

储层油湿条件下，毛细管压力为水驱油的运移阻力，依据含 Leverett J^* 函数的毛细管压力公式：

$$p_c = \sigma \sqrt{\frac{\phi}{K}} J^* \tag{8}$$

式中 J^*——无量纲参数，一般为 0.25。

取 $\phi=0.3$，$K=10\text{mD}$，$\sigma=50\text{mN/m}$，则 $p_c=70\text{kPa}$。这一阻力的存在使流体的窜流作用降低，周期注水效果下降，但通过在注入水中添加润湿反转剂可以改善这一状况。此时阻力转化为动力，周期注水作用下低含水、低渗透基质系统和高含水、高渗透裂缝系统中传导速度的差异产生的附加流动压力梯度，进一步促使注入水渗入低渗透基质岩块，借助毛细管的滞水排油能力排出其中的剩余油，从而使油湿储层的开发效果得到改善。

2 实验

通过油湿岩心在不同浓度 CTAB 溶液中的自发渗吸及 Amott-Harvey 指数对其润湿反转能力进行了表征，确定了适宜的 CTAB 浓度；在长岩心上进行了不同条件下的模拟注水开采实验。岩心参数见表1。

表1 模拟实验用岩心参数表

模型	润湿性	束缚水饱和度（%）	气测渗透率（mD）	长度（cm）	直径（cm）	总孔隙度（%）	基质渗透率（mD）
C1	亲水	9.6	1438.5	35.2	2.54	37.6	10~120
C2	亲油	10.2	1438.5	35.2	2.54	37.6	10~120
S1	亲油	6.4	66.5	4.0	2.54	20.1	—
S13	亲油	7.0	70	4.0	2.54	24.2	—
S5	亲油	6.0	70.2	4.0	2.54	22.4	—
S10	亲油	6.8	72.8	4.0	2.54	24.0	—

2.1 实验材料

多孔介质：天然石灰岩岩心。油：模拟油（原油:煤油 = 7:3），黏度为 32.5mPa·s（65℃），酸值为 0.625mg（KOH）/g（油）。水：模拟地层水，总矿化度为 12780mg/L。

2.2 岩心润湿性控制

采用半渗隔板法建立束缚水饱和度，然后抽真空饱和模拟油，65℃下老化。

2.3 注水模拟实验用长岩心制备

将低渗透油藏岩心进行人工造缝处理，以模拟地层情况。根据造缝后油藏岩心的孔渗情况按照调和平均的方式排列，组成水湿长岩心模型 C1。岩心之间放置滤纸（油湿情况时使用特氟隆薄膜）。

储层结构及非均质性对周期注水效果有重要的影响，为保证两种润湿性条件下实验结果的可比性，参照文献[9]的方法对岩心进行处理，消除表面活性物质的影响后重复使用，按照模型 C1 的方法组成油湿模型 C2。

2.4 注水模拟实验步骤

（1）常规稳态注水驱油，驱替裂缝含油；（2）润湿反转剂作用下稳态注水开采，使作用剂对裂缝中的残余油产生作用；（3）常规周期注水开采；（4）润湿反转剂作用下周期注水开采。阶段的转换以含水率100%为标志。

周期注水实验在12MPa回压、65℃下进行，升降压幅度为1.0MPa。为突出考察毛细管压力的影响，忽略了重力、溶解气、压降速度等其他因素。

3 实验结果及讨论

3.1 润湿反转能力

将油湿处理的岩心分别垂直浸入模拟水及不同浓度CTAB溶液中，观察记录渗吸驱油量。自吸过程结束后，按文献[10]的方法利用渗吸过程的岩心进行Amott-Harvey指数测定。

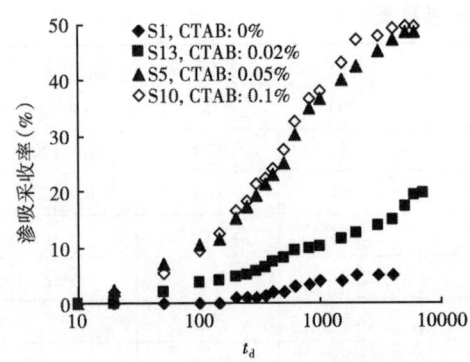

图1 CTAB对油湿岩心渗吸采收率的影响

图1为以无量纲时间t_d量化后的自吸采收率曲线。在模拟地层水中，油湿处理后的岩心在20天时仅有少量原油出现，表明岩心是油湿的。其Amott-Harvey指数I为-0.82，依据L. Guiec的研究结果，该方法下$-0.3 \leq I \leq 0$时系统为弱亲油，$-1 \leq I \leq -0.3$时系统为强亲油，也说明岩心为油湿，因此本文条件下的油湿处理过程是可行的。

油湿岩心在不同浓度CTAB溶液中的渗吸采收率差别很大，这实质上反映了岩心孔隙表面性质的变化。CTAB临界浓度为300mg/L，当浓度在其临界胶束浓度以下时，渗吸采收率较低（19.6%）；浓度增大到临界胶束浓度附近时渗吸采收率提高很大（48.8%）；浓度远远高于临界胶束浓度时，渗吸采收率的提高则不明显（49.8%）。渗吸实验结果与Amott-Harvey指数的测定结果相吻合（表2）：随着CTAB溶液浓度的提高，岩心表面水湿倾向增大，浓度高于临界胶束浓度时，岩心表面水湿倾向的继续变化趋势则不明显。

表2 CTAB对油湿岩心润湿性的影响

模型序号	CTAB浓度（%）	油水界面张力（mN/m）	Amott-Harvey指数
S1	0	30.2	-0.82
S13	0.02	8.52	0.21
S5	0.05	1.12	0.60
S10	0.1	0.962	0.62

该现象的出现与润湿反转剂的作用机理有关。原油中非烃、沥青质等重质馏分中含氮、硫或氧的极性化合物，主要以—SO_3^-，—OSO_3^-，—NH_2，—COO^-等极性基团形式存在，由于电性作用—COO^-等负电基团在正电性石灰岩表面的吸附能很高，它优先于沥青质吸附，并引起沥青质进一步吸附，对油湿孔隙表面的形成具有重要影响，因此—COO^-等负电基团的解吸附可使油湿石灰岩表面润湿性发生转化。溶解在油中的CTAB通过离解产生正电性的离子基团，在电性作用下该基团与吸附在石灰岩表面导致油湿的活性组分形成稳定的"离

子对",该"离子对"易溶于润湿反转剂形成的胶束中。借助于该作用活性组分发生脱吸附,油湿孔隙表面开始变为亲水,水即自发渗入多孔介质孔隙中产生排油作用。随着渗吸作用的进行,水湿区域进一步增大,渗吸进一步发生,体现出与低界面张力体系提高采收率机理的本质区别。

3.2 石灰岩模型注水模拟实验

不同条件下石灰岩模型注水模拟实验结果见表3。

表3 不同条件下注水模拟实验采收率

模型性质	亲水模型 C1				亲油模型 C2			
采收率（%）	50.3①	51.8②	59.5③	62.5④	36①	42.6②	45.6③	59.5④
采收率提高幅度（%）	—	1.5	7.7	3.0	—	6.6	3.0	13.9

①至④表示依次进行的4个过程:①常规稳态注水;②CTAB（0.05%）作用下稳态注水;③常规周期注水;④CTAB（0.05%）作用下周期注水。

3.2.1 稳态注水

常规稳态注水条件下,水湿模型无水采收率及采出程度分别为16%和50.3%,油湿模型分别为11.5%和36%。两种润湿条件下无水采收率都较低,体现出油藏岩心内裂缝及次生微细裂缝对油水流动特性的明显控制作用。与水湿模型相比,油湿模型渗吸作用弱、毛细管滞油能力强,因此含水采收期短,采出程度低。

润湿反转剂作用的稳态注水条件下,因为水动力学条件相同,因此注入水仍主要沿前一阶段形成的水流通道即裂缝、微裂缝运移。该体系具有的润湿反转能力使裂缝表面的油膜进一步剥离。此外,它也一定程度地降低了油水界面张力（1.12mN/m）,因此由于贾敏效应过大而不能运移的油滴可以被启动,使采出程度继续有所提高。结合CTAB的作用机理可以看到,对于水湿模型后一因素是主要的,对于油湿模型两个因素都起作用。实验条件下油湿模型及水湿模型采收率提高程度分别为6.6%和1.5%,因此对于油湿模型由于润湿反转引起的采收率提高程度为5.1%（6.6%-1.5%）左右。由此也看出,虽然其降低油水界面的能力不显著,但基于润湿反转提高采收率方法的效果仍然很明显。

3.2.2 周期注水

常规周期注水作用下,油湿模型采收率提高幅度为3.0%,低于水湿模型（7.7%）。其原因除油湿毛细管弱的滞水排油能力外,还可能与油湿孔隙对油滴的重复自吸有关。油湿孔隙会在压力梯度恢复期将驱替到裂缝中的油重新自吸到孔隙中。在实际油藏中,由于毛细管吸水排油的行程长及重力分异或岩块之间毛细管的连续性,该作用会更加突出。

在注入水中添加润湿反转剂的周期注水作用下,油湿模型采出程度得到改善,提高幅度为13.9%;水湿模型的采出程度也有提高,为3%。因为裂缝中残余油的影响已经排除,所以可以认为这部分增加的油量来自基质与裂缝间的流体交换。由于流体不含溶解气,岩石压缩系数较低（$1\times10^{-6}\text{MPa}^{-1}$）,因此实验条件下岩石及流体的弹性作用可忽略。流体交换主要来自三个方面:润湿反转引起的毛细管自吸及滞水排油能力增强;润湿反转引起的微观洗油效率提高;油水界面张力降低引起的束缚油滴启动。

由于基质系统与裂缝系统渗透率的差异,油滴在低渗透基质岩块内的运移阻力远大于高渗透裂缝通道条件,因此在同样的压力梯度下,润湿反转剂在基质岩块内启动束缚油滴的效果要低于在裂缝通道的情况，油膜剥离效果则一致。

假设润湿反转剂在基质岩块内启动束缚油滴的效果与在裂缝通道近似，则对于油湿模型由于润湿反转所引起的自吸及滞水排油能力增强产生的采收率提高幅度为7.3%（13.9%-6.6%），对于水湿岩心，该值仅为1.5%（3.0%-1.5%）。这体现了毛细管压力在周期注水中的作用，说明在润湿反转剂作用下，油湿低渗透基质的表面性质及油水在多孔介质中的渗流动态发生了明显变化。此外，与稳态方式相比，采用周期注水方式，化学剂的注入量同时也大幅度降低。

4 结论

（1）基质岩块含水饱和度变化特征方程表明，其含水饱和度的增加（含油饱和度的下降）来源于低渗透基质系统与高渗透裂缝系统间的水力压差驱动及基质岩块的毛细管渗吸驱动。

（2）CTAB通过形成稳定的"离子对"改善油湿石灰岩孔隙表面的润湿性，提高低渗透基质的毛细管自吸及滞水排油能力，其作用效果与胶束浓度有关。

（3）润湿反转技术与周期注水技术相互促进，使油湿石灰岩储层的周期注水开发效果得到有效改善，实验条件下，与常规周期注水相比，油湿石灰岩模型的采出程度提高13.9%。

虽然周期注水与润湿反转技术相结合可有效提高油湿低渗透基质岩块的采出程度、节约注入剂成本，但作为注入剂的附加投资而言，同时还必须进行经济评价，综合考虑采收率提高与投资增加在经济上的合理性。

本文在石灰岩条件下，仅突出考察了毛细管压力的影响，其他因素的综合作用及有关规律有待进一步的探讨。

参 考 文 献

[1] 张继春，柏松章，张亚娟，等．周期注水实验及增油机理研究［J］．石油学报，2003，24（2）：76-80.

[2] 田平，许爱云．任丘油田开发后期不稳定注水开发效果评价［J］．石油学报，1999，20（1）：38-42.

[3] 黄延章，尚根华，陈永敏，等．用核磁共振技术研究周期注水驱油机理［J］．石油学报，1995，16（4）：62-67.

[4] 俞启泰．周期注水的数值模拟研究［J］．石油勘探与开发，1993，20（6）：47-50.

[5] 姚凤英．胜坨油田注水开发过程中润湿性变化［J］．油气地质与采收率，2002，19（4）：58-61.

[6] Ferauld G R, Rathmell F F. 混湿油藏的润湿性和相对渗透率研究［J］．曹峰，译．国外油田工程，1999，15（3）：4-9.

[7] Saudi Arabia. Wettability and Relative Permeability of Lower Cretaceous Carbonate Rock Reservoir［C］. SPE 81484, 2003: 1-10.

[8] Al-Hadhrami, Blunt H S. Thermally Induced Wettability Alteration to Improve Oil Recovery in Fractured Reservoirs［C］. SPE 59289, 2000: 1-7.

[9] Shabir Al-Lawati. Oil Recovery in Fractured Oil Reservoirs by Low IFT Imbibition Process［C］. SPE 36688, 1996: 1-12.

[10] Andeson W G. Wettability literature survey: Wettability measurement［J］. JPT, 1990, 281（2）：1246-1262.

[11] Tor Austad, Dag C Standnes. Spontaneous Imbibition of Water into Oil-wet Carbonates [J]. JPSE, 2003, 39 (3-4): 363-376.

[12] Buckley J S, Liu Y. Asphaltenes and Crude Oil Wetting-The Effect of Composition [C]. SPE 35366, 1996: 1-16.

[13] Dag C Standnes, Tor Austad. Wettability Alteration in Carbonates [J]. Colloids Surf A: Physicochem. Eng. Aspects, 2003, 216 (1-3): 243-259.

[14] Chen H L, Lucas L R. Laboratory Monitoring of Surfactant Imbibition Using Computerized Tomography [C]. SPE 59006, 2000: 1-13.

致密油藏水平井周期注表面活性剂提高采收率技术研究

朱志杰[1,2] 康晓东[1,2] 刘玉洋[1,2] 王旭东[1,2] 张 健[1,2]

(1. 海洋石油高效开发国家重点实验室;2. 中海油研究总院有限责任公司)

摘 要:针对致密油藏当前开发方式存在产量递减快、可采储量低的问题,通过构建基于离散裂缝网络的致密油藏自渗吸提高采收率数学模型,研究了亲油型致密油藏水平井周期注表面活性剂技术的驱油机理及影响因素。结果表明:周期注入表面活性剂方式能够明显改善油湿型致密油藏水平井开发效果,表面活性剂可使储层发生润湿性反转,诱导产生自发渗吸,进而有效动用基质内剩余油;水平井周期注表面活性剂的驱油效果随着原油黏度的降低、基质渗透率的增大或者裂缝间距的缩小而变好;当地层原油黏度低于 7mPa·s、基质渗透率不低于 0.1mD、裂缝间距不高于 150m 时,水平井周期注表面活性剂可取得明显的增油效果。

关键词:致密油;亲油型;水平井;周期注入;表面活性剂

致密油藏渗透率极低,常规开发方式难有经济产能,一般采用人工压裂后耗竭式开采的开发方式,特别是水平井压裂技术使致密油大规模开发成为可能。然而,该开发方式存在产量递减快、可采储量低的问题,采收率通常低于 10%,提高采收率潜力大,对于油湿型储层尤为如此。对于水湿型致密油藏,初期阶段弹性力起主要作用,裂缝压力下降快,基质压力下降慢,基质中的油流向裂缝;当两者的压力接近平衡时,由毛细管压力引起的渗吸起主要作用,基质与裂缝之间发生油水交换,进一步采出基质中的剩余油,而对于油湿型致密地层,毛细管力为阻力,无法自发渗吸,导致基质内原油动用效果差。

表面活性剂具有改变储层润湿性的作用,能够使岩石润湿性由亲油转变为中性甚至亲水,诱导产生自发渗吸,提高基质与裂缝之间油水交换强度,进一步提高致密油采收率。基于此,开展了亲油型致密油藏水平井周期注表面活性剂提高采收率技术研究,即通过水平井周期注入表面活性剂方式,改变岩石润湿性,启动基质剩余油,达到提高产油速度与采收率的目的,以期为致密油藏持续高效开发提供指导。

1 致密油渗吸提高采收率数学模型

人工压裂后的致密油藏目前一般采用双孔双渗模型描述,该模型最初由 Warren 与 Root 提出,包括裂缝与基质两套孔隙系统,前者渗透率大、孔隙度小,后者渗透率小、孔隙度大,裂缝提供主要的渗流通道,基质提供主要原油储存空间。原油流动过程一般描述为,裂缝压力随开采进行迅速下降,基质压力下降相对缓慢,在势差作用下,原油由基质流入裂缝、并以达西渗流方式进入井筒而后被采出。

然而,通常情况下裂缝并非均匀分布于整个地层,而是相对较集中地分布在局部区域,因此常规的每个网格节点均包括裂缝、基质两套孔隙系统的处理方式，一方面带来了计算资源的浪费，提高了计算成本；另一方面，也不利于储层的精细刻画。为此，尝试构建基于离散裂缝的致密油藏渗吸提高采收率数学模型，不同于传统双孔双渗模型，类似于单孔单渗模型，空间上地层被划分为基质或裂缝系统，分别由一套网格节点进行描述，两套节点空间上互斥。

1.1 控制方程

水：

$$\sum_j T_{ji} \frac{\rho_w K_{rw}}{\mu_w}(\Phi_{j,w} - \Phi_{i,w}) - \int_V q_{w,well} dV = \int_V \frac{\partial}{\partial t}(\rho_w \phi S_w) dV \quad (1a)$$

油：

$$\sum_j T_{ji} \frac{\rho_o K_{ro}}{\mu_w}(\Phi_{j,o} - \Phi_{i,o}) - \int_V q_{o,well} dV = \int_V \frac{\partial}{\partial t}(\rho_o \phi S_o) dV \quad (1b)$$

气：

$$\sum_j T_{ji} \frac{\rho_g K_{rg}}{\mu_g}(\Phi_{j,g} - \Phi_{i,g}) + \sum_j T_{ji} \frac{\rho_o R K_{ro}}{\mu_o}(\Phi_{j,o} - \Phi_{i,o})$$
$$- \int_V (q_{g,well} + q_{o,well}) dV = \int_V \frac{\partial}{\partial t}(\rho_g \phi S_g + \rho_o \phi S_o R) dV \quad (1c)$$

表面活性剂：

$$\sum_j T_{ji} \frac{\rho_w C K_{rw}}{\mu_w}(\Phi_{j,w} - \Phi_{i,w}) - \int_V (q_{w,well} C) dV = \int_V \frac{\partial}{\partial t}(\rho_w \phi S_w C + \rho_r (1-\phi) C^a) dV \quad (1d)$$

式中　Φ——相势，Pa；
　　　T——传导系数，mD；
　　　K_r——相对渗透率；
　　　ρ——密度，kg/m³；
　　　μ——黏度，mPa·s；
　　　q——源汇项，kg/s；
　　　ϕ——孔隙度；
　　　t——时间，s；
　　　S——饱和度；
　　　R——溶解气油比，m³/m³；
　　　C——质量浓度，kg/kg；
　　　∂——偏微分算子；
　　上/下标：w—水相；o—油相；g—气相；r—固相；well—开发井；a—吸附态。

1.2 基于离散裂缝网络的传导率计算

对于离散基质网格模型而言，基质网格之间、裂缝网格之间、基质—裂缝之间、裂缝与井之间的传导率计算至关重要，相应的计算公式如下。

1.2.1 基质网格之间

$$T_{mm} = \frac{T_{m,1}T_{m,2}}{T_{m,1}+T_{m,2}} \tag{2}$$

$$T_{m,j} = (\frac{K_m A_{m,c}}{d_m})_i \tag{3}$$

式中　K_m——基质绝对渗透率，mD；
　　　$A_{m,c}$——基质内流动截面积，m²；
　　　d_m——基质内流动法向距离，m。

1.2.2 裂缝网格之间

$$T_{ff} = \frac{T_{f,1}T_{f,2}}{T_{f,1}+T_{f,2}} \tag{4}$$

$$T_{f,i} = (\frac{K_f A_{f,c}}{d_f})_i \tag{5}$$

式中　K_f——裂缝绝对渗透率，mD；
　　　$A_{f,c}$——裂缝内流动截面积，m²；
　　　d_f——裂缝内流动法向距离，m。

1.2.3 基质—裂缝之间

$$T_{fm} = \frac{T_f T_m}{T_f + T_m} \approx T_m = \frac{K_m A_{m,c}}{d_m} \tag{6}$$

因基质渗透率远低于裂缝渗透率，因此 $T_{fm} \approx T_m$。

1.2.4 裂缝与井之间

$$WI_f = \frac{2\pi K_f w_f}{\ln(r_e/r_w) + S} \tag{7}$$

$$r_e = 0.14\sqrt{L^2 + W^2} \tag{8}$$

式中　WI——井指数，m³；
　　　r_e——有效流动井径，m；
　　　r_w——井筒半径，m；
　　　w_f——井筒有效厚度，m；
　　　L——井网格横向长度，m；
　　　W——井网格横向宽度，m；
　　　S——表皮系数；
　　　π——圆周率。

采用全隐式求解上述方程，未知量 S_w，S_o 和 C 被同时解出，稳定性高。

2 水平井周期注表面活性剂提高采收率数值模拟研究

应用致密油藏渗吸提高采收率模型,开展了亲油型致密油藏水平井周期注表面活性剂驱油效果研究。模拟水平井多级压裂情形,基础算例数据如下,裂缝间距为150m,考虑对称性,选取单个裂缝控制区进行模拟,区域尺寸150m×150m×20m,基质渗透率1mD,孔隙度0.12,裂缝渗透率10000mD,原油黏度5.0mPa·s,初始地层为油润湿性,初始含水饱和度0.23,初始含油饱和度0.77,残余油饱和度0.35。

开发方式采用周期注入表面活性剂方式,类似于表面活性剂吞吐,投产后,先采用耗竭式开采方式生产5个月;之后,关井转注质量浓度为3000mg/L的表面活性剂,持续2个月,闷井10天后投产7个月;重复开展7个周期的上述吞吐。统计产油速度、采收率等数据。

2.1 周期注表面活性剂驱油效果分析

图1表示油湿致密油藏水平井耗竭式开采以及周期注入表面活性剂的驱油效果。传统的耗竭式开采方式仅靠弹性力驱动,产量衰减速度快,投产1年后几乎无产量,最终采收率仅有9.1%;而采用周期注表面活性剂方式,转产后产油量有明显上升,递减速度得到明显的延缓,有效延长了生产时间,最终采收率19.7%,提高采收率10个百分点,而周期注水(不加入表面活性剂)相比耗竭式开采提高采收率幅度仅有5.2个百分点。分析认为,原始状态下油湿岩石的毛细管力为阻力,添加表面活性剂后,润湿性转变为水湿,毛细管力由阻力变成驱动力,裂缝水自发渗吸进入基质,"挤出"原油。自发渗吸作用可进一步明显提高油湿致密油藏的采收率。

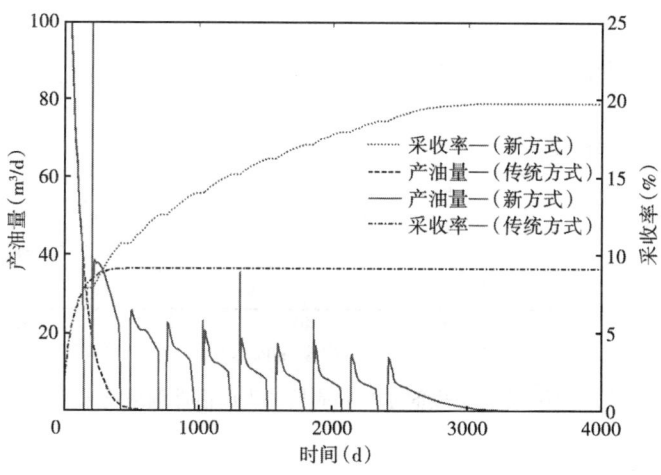

图1 致密油水平井传统与新开发方式下驱油效果

2.2 敏感因素分析

2.2.1 原油黏度

图2表示不同原油黏度时水平井周期注表面活性剂驱油效果,随着原油黏度的增加,原油流动能力降低,基质与裂缝之间自发渗吸强度降低,采油速度与最终采收率降低。自发渗

吸强度随着原油黏度增加而降低,对于油湿致密油藏,原油黏度越大,对表面活性剂性能要求越高。最终采收率与原油黏度值的关系见图3,存在黏度拐点值,原油黏度在7mPa·s以下时,最终采收率值迅速下降,在该值以上时,降速趋缓,呈直线下降趋势,水平井周期注表面活性剂针对原油黏度低于7mPa·s的储层作用较明显。

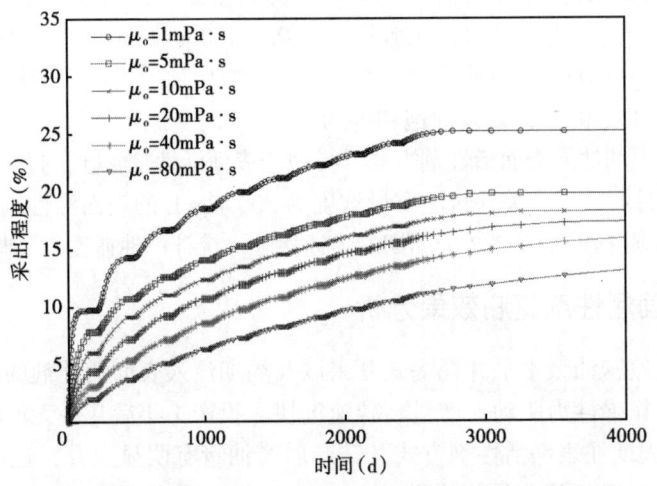

图2 不同原油黏度时水平井周期注表面活性剂驱油效果

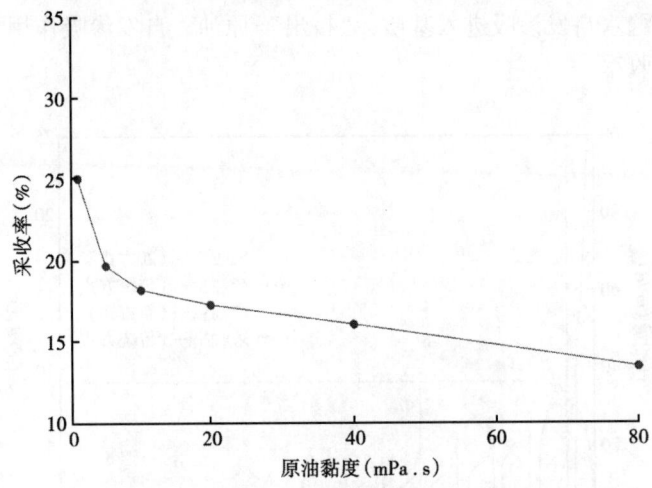

图3 不同原油黏度时水平井周期注表面活性剂最终采收率

2.2.2 基质渗透率

图4表示不同基质渗透率下自发渗吸采油效果,随着基质渗透率增大,自发渗吸强度增大,采油速度提高,最终采收率提高。最终采收率与基质渗透率的关系见图5,存在渗透率拐点值,当基质渗透率低于0.1mD时,最终采收率值随渗透率增加而迅速上升;当大于0.1mD时,增长速度趋缓,甚至渗透率在0.1~1.0mD范围内,采收率值仅有略微差别。当基质渗透率0.1mD以上时,水平井周期注表活剂能够取得较好的驱油效果。

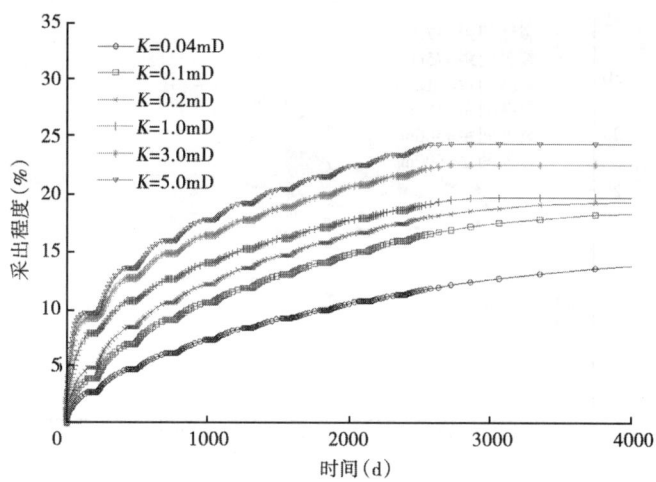

图 4　不同基质渗透率下水平井周期注表面活性剂驱油效果

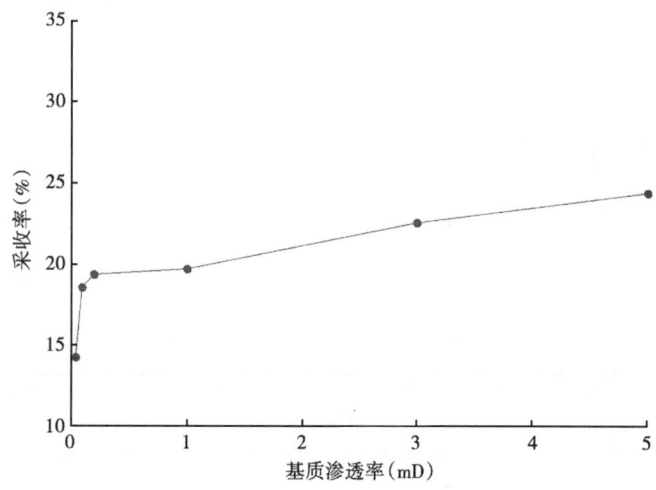

图 5　不同基质渗透率时水平井周期注表面活性剂最终采收率

2.2.3　压裂密度

不同裂缝间距下的驱油效果见图 6，随着裂缝间距的缩小，渗吸强度增大，采油效果变好。最终采收率与裂缝间距的关系见图 7，存在间距拐点，当裂缝间距低于 150m 时，最终采收率值随间距的增加而迅速下降；当大于 150m 时，降低速度趋缓，甚至裂缝间距位于 150~300m 时，采收率值仅有略小差别。当裂缝间距低于 150m 时，水平井周期注表面活性剂可取得较好的驱油效果。

2.2.4　周期数

水平井周期注表面活性剂条件下，不同周期的累积采出程度与阶段采出程度见图 8，可见，随着交替周期数增多，阶段贡献程度降低。

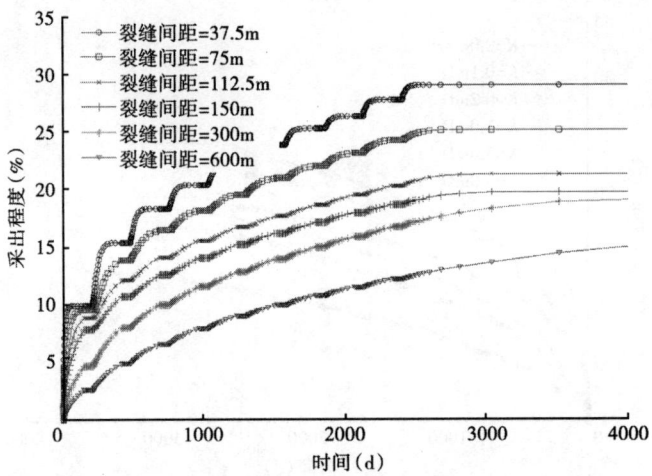

图 6　不同裂缝间距时水平井周期注表面活性剂驱油效果

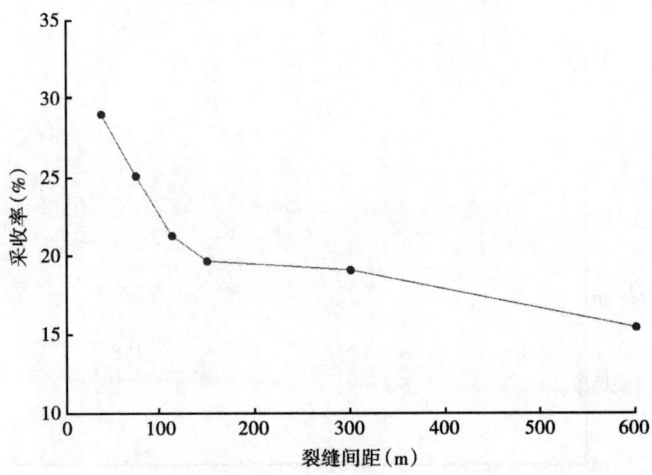

图 7　不同裂缝间距时水平井周期注表面活性剂最终采收率

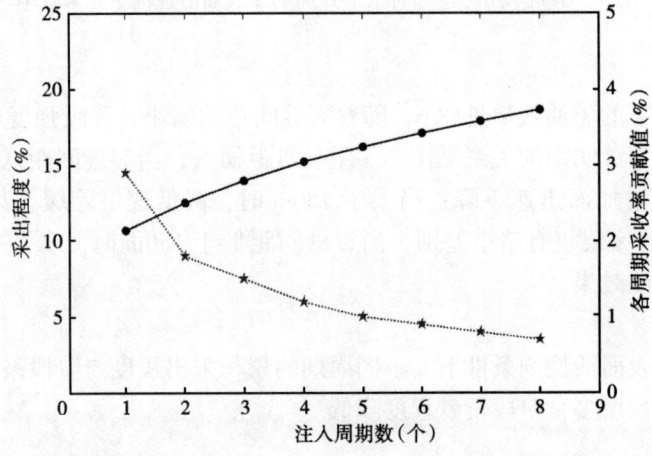

图 8　水平井周期注表面活性剂各周期对应的累积采出程度与阶段采出程度

3 结论

（1）建立了基于离散裂缝网络的致密油藏注表面活性剂渗吸提高采收率数学模型，进一步改善了致密油藏裂缝精细刻画的数值实现，提高了数值模拟计算效率。

（2）周期注入表面活性剂方式能够明显改善油湿型致密油藏水平井开发效果，其机理是表面活性剂使亲油储层产生润湿性反转，诱导产生自发渗吸，从而有效提高基质原油的动用程度。

（3）水平井周期注表面活性剂的驱油效果随着原油黏度的降低、基质渗透率的增大或者裂缝间距的缩小而变好。模拟结果显示，当地层原油黏度低于7mPa·s、基质渗透率不低于0.1mD、裂缝间距不高于150时，水平井周期注表面活性剂可取得明显的增油效果。

参 考 文 献

[1] Dawson M, Nguyen D, Champion N, et al. Designing an Optimized Surfactant Flood in the Bakken [C]. SPE 17593, 2015.

[2] Li H, Dawson M, Standnes D. Multi-scale Rock Characterization and Modeling for Surfactant EOR in the Bakken [C]. SPE 175960, 2015.

[3] Brownscombe E, Dyes A. Water-imbibition Displacement, a Possibility for the Spraberry [J]. Drill and Prod. Prac. API, 1952, 7 (5): 383-390.

[4] Mattax C, Kyte J. Imbibition Oil Recovery from Fractured Water-drive Reservoir [J]. SPE J., 1992; 6: 177-184.

[5] 郭大立, 等. 计算各向异性岩心渗透率的方法研究 [J]. 水动力学研究与进展, 2004, 19 (1): 61-64.

[6] Alvarez J, NeogA, Jais A, et al. Impact of Surfactants for Wettability Alteration in Stimulation Fluids and the Potential for Surfactant EOR in Unconventional Iiquid Reservoirs [C]. SPE 169001, 2014.

[7] Penny G, Zelenev A, LongW, et al. Laboratory and Field Evaluation of Proppants and Surfactants used in Fracturing of Hydrocarbon Rich Gas Reservoirs [C]. SPE 159692.

[8] 殷代印, 蒲辉, 吴应湘. 低渗透裂缝油藏渗吸法采油数值模拟理论研究 [J]. 水动力学研究与进展, 2004, 19 (4): 440-445.

[9] 许建红, 马丽丽. 低渗透裂缝性油藏自发渗吸渗流作用 [J]. 油气地质与采收率, 2015, 22 (3): 111-114.

[10] 朱维耀, 鞠岩, 赵明, 等. 低渗透裂缝性砂岩油藏多孔介质渗吸机理研究 [J]. 石油学报, 2002, 23 (6): 56-59.

[11] Warren J, Root P. The Behavior of Naturally Fractured Reservoirs [J]. SPE Journal, 1963, 3 (3): 245-255.

[12] Sonier F, Souilard P, Elaskovich F. Numerical Simulation of Naturally Fractured Reservoirs [J]. SPE Reservoir Evaluation & Engineering, 1988, 3 (4): 1114-1122.

[13] Zimmerman R, SomertonW, King M. Compressibility of Porous Rocks [J]. Journal of Geophysical Research, 1986, 91 (12): 12765-12777.

第五部分　现场试验

余振中 魏建功 沈大德

大庆外围致密油藏水平井开发效果评价

史晓东　战剑飞　王海涛　陆慧敏　郑建东　韩　雪

（中国石油大庆油田有限责任公司勘探开发研究院）

摘　要：松辽盆地致密油资源丰富，是大庆油田可持续发展的重要物质基础。为了探索致密油藏有效动用方式，近几年，大庆油田陆续开展了致密油水平井开发现场试验。针对扶余油层储层特征，试验了水平井体积压裂弹性开采开发方式，采用测井分类评价、现场微地震监测、关井恢复试井及数值模拟研究等手段，分析了储层品质、井控储量、体积压裂人工裂缝间距等因素对水平井产量的影响，进而确定了开发技术界限，同时掌握了不同类型水平井弹性开采产量递减规律和生产特征。研究成果对于大庆外围致密油资源进一步规模有效开发具有重要意义，同时也为国内外其他致密储层有效开发提供重要的借鉴作用。

关键词：大庆外围；致密油；水平井；开发效果

致密砂岩油藏是大庆油田非常规油气的重要领域，约占未动用储量的40%。目前大庆油田致密油的勘探开发还处于起步阶段，地质特征认识程度较低，尤其是在致密砂岩储层孔隙结构及渗流规律研究方面还存在很多难题。针对致密油储层特征建立了水平井开发试验区，探索致密油储层开发模式及井网优化技术，为致密油规模开发提供了理论基础及技术支撑。

1　大庆外围扶余油层致密储层特征

大庆油田致密砂岩油资源丰富，主要集中在扶余、高台子两套含油层系，总体特点为储量丰度低、储层物性差、油层厚度薄、原油黏度高。其中，扶余油层储量基数更大，约占致密油未动用储量的90%，属于零散致密油储量，该类储层以"源下"三角洲水下分流河道沉积为主。油层纵向分散、横向不连续，非均质性严重，砂体规模300~500m。油层储量丰度低，主要以小于$40\times10^4 t/km^2$的为主。油层厚度薄，储层物性差，空气渗透率为（0.1~5）mD，以小于2.0mD储层为主。油层埋藏较深，平均为1900m左右。

2　水平井开发现场试验概况

针对扶余油层主体河道砂体发育、单层或多层突出、连续性相对较好的特点，结合砂体规模，采用长、短水平井灵活部署，实现多层整体动用。扶余油层致密油试验区水平井单井水平段长度为300~1600m，钻遇含油砂岩长度为200~1500m，单井压裂加砂700~1200m^3，压裂液用量8000~15000m^3，水平井初期产量差异大。

为方便分析，将产量无量纲化，按照水平井初期稳定产量分为4类，A类和B类井无量纲产量在 0.5 以上，典型特征是钻遇含油砂岩长、含油性较好、压裂改造规模大的井，井数占比为 38.0%；C 类和 D 类水平井占比为 62.0%，主要是钻遇油层短、压裂规模小的井（表 1）。

表 1 扶余油层试验区水平井产量分类表

分类	无量纲产量	占比（%）
A	>1	11.1
B	0.5~1	26.9
C	0.25~0.5	31.3
D	<0.25	30.7

3 水平井产量影响因素

通过动态数据分析、测井分类对比和试验效果综合评价，致密油水平井产量主要受储层品质、微观孔隙结构、井控储量、体积压裂人工裂缝间距等多因素影响。

3.1 储层品质的影响

对水平井产出过程开展示踪剂分段监测，由监测结果分析得出，水平井各压裂段产出都有贡献，但贡献程度不同，高产出层段具有相对低 GR、高电阻的特征（图 1）。

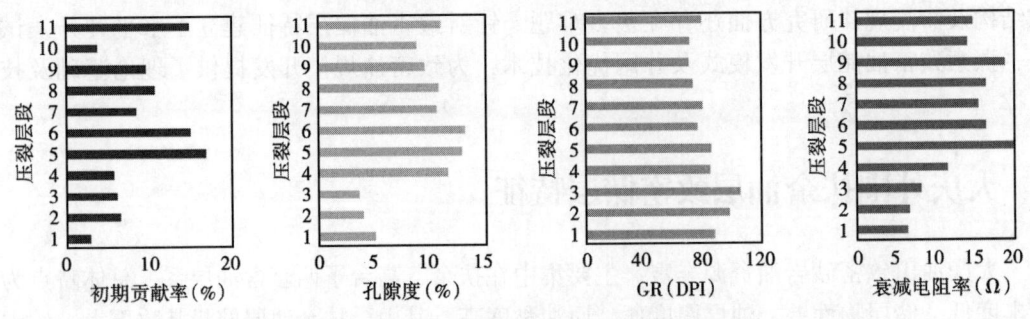

图 1 示踪剂监测评价不同压裂层段产能贡献

根据示踪剂监测的产出贡献率数据，开展储层测井分类评价，建立扶余油层储层分类评价图版（图 2）。结合水平井实际产量分析，水平井各压裂段产出与储层品质呈正相关关系，产量贡献主要来自 I -1 和 I -2 储层，二者产量贡献共占 86.6%，II 类储层产量贡献率仅为 13.4%（表 2）。

表 2 扶余油层不同类别储层生产能力

分类	孔隙度（%）		含油饱和度（%）		生产能力 [t/(d·100m)]		占比（%）
	范围	平均	范围	平均	范围	平均	
I -1 类	12~16	13.6	50~77	60	0.876~1.799	1.192	55.86
I -2 类	11~13	12.2	30~50	34	0.482~0.949	0.656	30.77
II 类	8~9	10.6	17~30	17	0.198~0.394	0.285	13.36

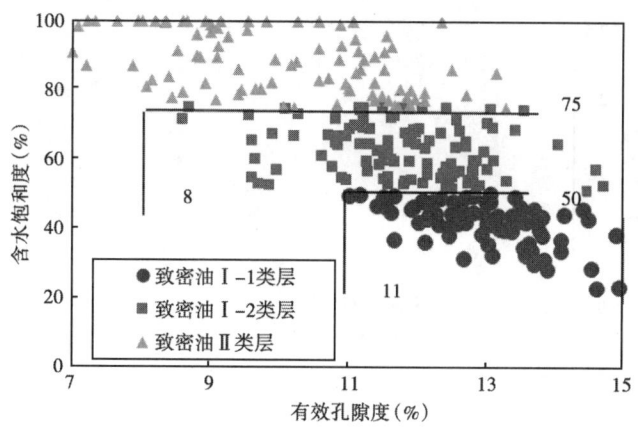

图 2　扶余油层测井分类评价图版

3.2 微观孔隙结构的影响

利用水平井单井岩心孔隙结构实验结果，绘制各类水平井单位百米长度无量纲产量和储层孔隙半径关系图。分析显示，产量较高的 A 类和 B 类井，储层平均孔隙半径都在 0.2μm 以上，产量较低的 C 类和 D 类井，储层平均孔隙半径多在 0.2μm 以下（图 3）。

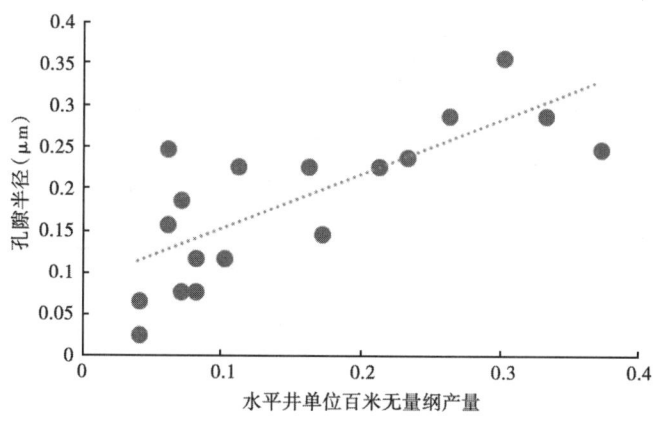

图 3　扶余油层致密油平均孔隙半径和生产能力关系图版

3.3 井控储量的影响

从试验区水平井单井控制储量和初期稳定日产油统计分析看，主力层厚度较大、水平段较长、通过高砂液比体积压裂方式改造效果好的井，产量较高（图 4）。

3.4 体积压裂人工裂缝间距的影响

从压裂工艺上看，试验区水平井人工裂缝间距分布在 30~100m 之间，而人工裂缝间距在 60m 以上的井产量较预期低，60m 以下的井产量相对较高，综合来看，合理缝间距应为 30~60m（图 5）。通过数值模拟计算，单缝产量随人工裂缝间距减小而增大，人工裂缝间距小于 60m 时，产量随人工裂缝间距减小的增大趋势平缓，大于 60m 时，产量随人工裂缝间距

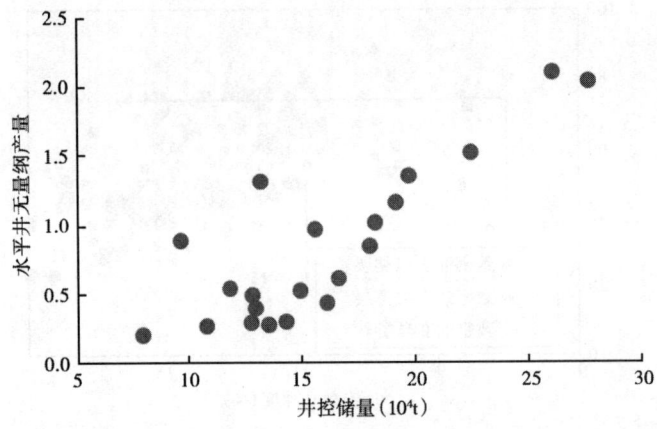

图 4 压裂规模、井控储量和产量的关系

距减小的增大趋势较陡（图6）。综合数值模拟和现场试验效果，人工裂缝间距越小，水平井产量越高，但考虑经济因素，水平井人工裂缝间距最好为 50~60m。

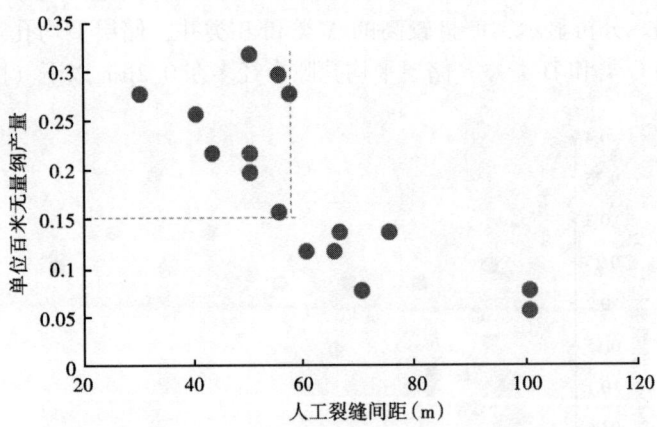

图 5 扶余油层不同人工裂缝间距和单位长度稳定产量关系

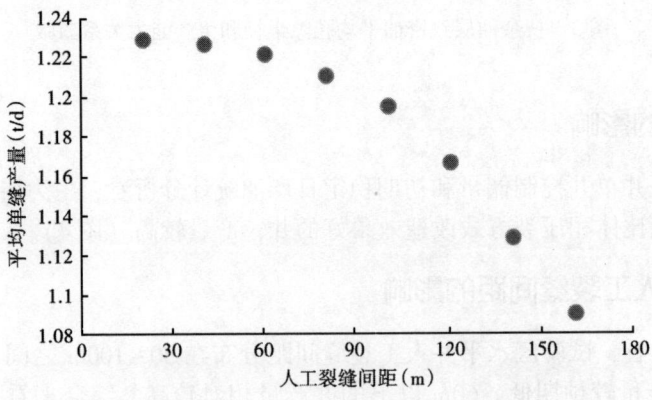

图 6 扶余油层不同人工裂缝间距和单缝产量关系

4 水平井弹性开采开发规律

4.1 产量递减规律

致密油水平井弹性开采方式下,初期产量高低不同的不同类水平井产量递减程度各有不同,初期产量越低的井,初期递减率越大。但整体来看,受体积压裂排液工作制度的影响,都呈现为陡降、稳定和缓降三个阶段。陡降阶段一般为生产3~5个月,月递减率为20%~30%,满足指数递减规律;稳定阶段和缓降阶段分别满足指数递减和双曲递减的特征,主要受生产制度的控制,经历时间各不相同。水平井弹性开采第一年递减率平均在36%~66%之间(图7)。

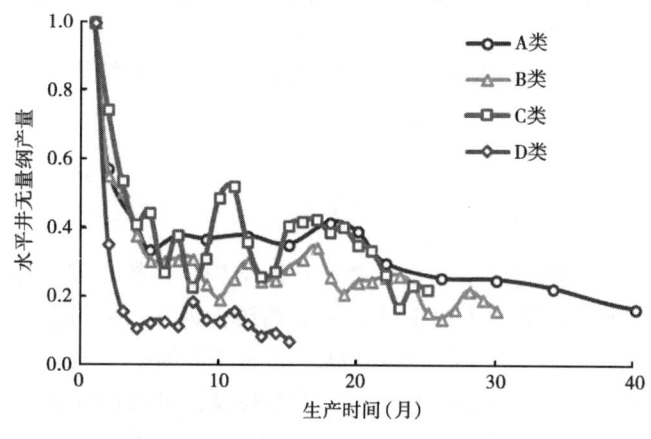

图7 不同类型水平井产量递减曲线

4.2 地层压力变化规律

通过数值模拟历史拟合和关井恢复试井解释,分析计算水平井体积压裂弹性开采方式下近井地层压力变化规律。计算结果表明,水平井弹性开采压力变化显示为漏斗形的下降规律,井筒附近压力下降迅速,生产一个月即降为原始地层压力的80%左右(图8)。水平井

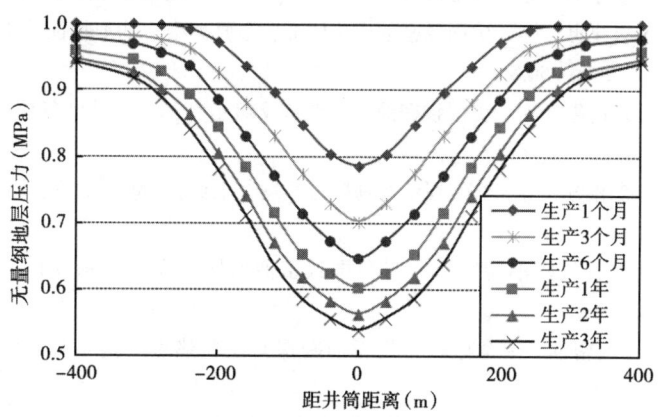

图8 水平井弹性开采近井地层压力数值模拟计算结果

近井地层压力在弹性开采生产 2 年后下降到原始地层压力的 80% 左右，弹性开采 3 年后下降到原始地层压力的 60% 左右，此时，水平井供液能力严重不足，需要采取间歇关井或人工补充地层能量的方式方能继续生产（图 9）。

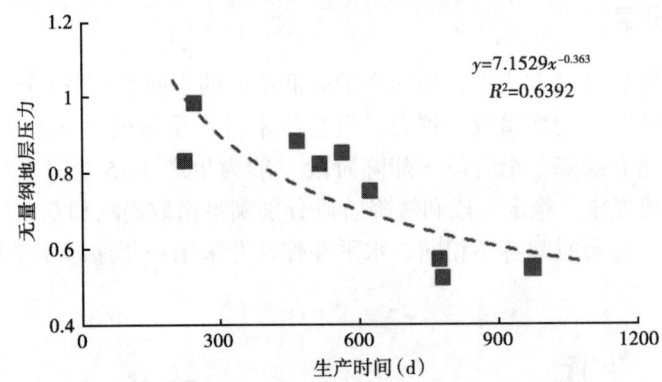

图 9　水平井弹性开采近井地层压力试井解释结果

5　结论

（1）致密油水平井产量受储层品质、微观孔隙结构、井控储量、体积压裂人工裂缝间距等多因素影响。水平井产量的主要贡献是Ⅰ类储层，占 86%；井控储量越大，水平井产量越高；人工裂缝间距越小，水平井产量越高，考虑经济因素，最佳裂缝间距为 50~60m；储层平均孔隙半径在 0.2μm 以上的储层水平井产量较高，可以达到效益开采。

（2）致密油水平井弹性开采产量变化规律呈现为陡降、稳定和缓降三个阶段。初期月递减率为 20%~30%，第一年递减率平均值为 36%~66%；水平井近井地层压力在弹性开采生产 2 年后下降到原始地层压力的 80% 左右，3 年后下降到原始地层压力的 60% 左右，此时，供液能力严重不足，需要人工补充地层能量方能继续生产。

参 考 文 献

[1] 邹才能，陶士振，候连华，等．非常规油气地质［M］．北京：地质出版社，2011．

[2] 贾承造，邹才能，李建忠，等．中国致密油评价标准、主要类型、基本特征及资源前景［J］．石油学报，2012，33（3）：343-350．

[3] 林森虎，邹才能，袁选俊，等．美国致密油开发现状及启示［J］．岩性油气藏，2011，23（4）：25-30．

[4] 孙赞东，贾承造，李相方，等．非常规油气勘探与开发（上册）［M］．北京：石油工业出版社，2011：1-150．

[5] 郭永奇，铁成军．巴肯致密油特征研究对我国致密油勘探开发的启示［J］．辽宁化工，2013，42（3）：311-312．

[6] 许怀先，李建忠．致密油——全球非常规石油勘探开发新热点［J］．石油勘探与开发，2012，39（1）：99．

[7] 韩德金，王永卓，战剑飞，等．大庆油田致密油藏井网优化技术［J］．大庆石油地质与开发，2014，33（5）：30-35．

[8] 邹才能，张光亚，陶士振，等．全球油气勘探领域地质特征、重大发现及非常规石油地质［J］．石油勘探与开发，2010，37（2）：129-145．

[9] 庞正炼，邹才能，陶士振，等．中国致密油形成分布与资源潜力评价［J］．中国工程科学，2012，14（7）：60-67．

[10] 董国栋，张琴，严婷，等．致密油勘探研究现状［J］．石油地质与工程，2013，27（5）：1~4．

[11] 宋岩，姜林，马行陟．非常规油气藏的形成及其分布特征［J］．古地理学报，2013，15（5）：605-614．

[12] 刘宗堡，吕延舫，付晓飞，等．三肇凹陷扶余油层沉积特征及油气成藏模式［J］．吉林大学学报：地球科学版，2009，39（6）：998-1006．

[13] 孙同文，吕延舫，刘宗堡，等．大庆长垣以东地区扶余油层油气运移与富集［J］．石油勘探与开发，2011，38（6）：700-707．

[14] 钟建华，王洪翊，王金华，等．肇州油田扶余油层储层特征研究［J］．特种油气藏，2009，16（1）：13-15．

致密油藏水平井大规模分段体积压裂产能评价及认识
——以大庆油田致密油藏水平井分段压裂为例

侯堡怀　尚立涛　王海涛　李存荣

(中国石油大庆油田有限责任公司采油工程研究院)

摘　要：大规模分段体积压裂技术是致密油水平井增产的主要手段，但由于压后每段产能的贡献情况无法明确，各个层段的储层改造效果难以评估。为此，大庆油田在致密油水平井压裂过程中加入示踪剂，从而对分段改造后各段产液能力进行监测，并根据监测结果分析压后各层段产能贡献率及其主要影响因素。根据开展的 24 口水平井的测试结果，计算出各层采出贡献率及回采率，从而评价地层产出情况及压裂改造效果。研究结果表明：产能贡献率与储层物性、含油性密切相关；主要产层集中在Ⅰ类储层，贡献率大于 5% 的储层占 91.8%；随持续生产压力降低，Ⅰ类储层持续贡献较好，Ⅱ类储层贡献变差。本文的研究内容为致密油储层重点层段重点改造的体积压裂方案优化提供技术支撑。

关键词：致密油；指示剂；水平井；产能评价

大庆油田致密储层以弹性开采为主，无法注水开发，由于储层无能量补充，产量递减快；主要采用大规模体积压裂方式提高单井产量，但压后每段产能的贡献情况无法明确，各个层段的储层改造效果难以评估，整体压裂施工成本较高；因此，如何评价水平井体积压裂效果，进行重点层位重点改造已成为一项重要的工程问题；为解决上述难题，引进试验了 YTJ 系列示踪剂技术，用于评价水平井体积压裂后各段的产液状况及长期生产过程中的变化规律，以此分析指导水平井压裂改造层段的优选及施工层段的优化组合等方案优化设计。

1　技术原理及特性

1.1　技术原理

示踪剂产能跟踪与评价技术是针对多层（段）压裂工艺技术而发展起来的新型监测技术，其技术原理是在分层（段）压裂过程中，针对不同层（段）选择不同种类、相同浓度的示踪剂跟随压裂液一同进出油藏，通过对返排液检测、分析和处理，来分析不同层（段）的返排效果。

1.2　示踪剂特性

YTJ 系列示踪剂具有无毒、无污染、无辐射、环保，对地层无污染且示剂之间不相互影响,不与储层流体发生化学反应,易识别、易分离,检测灵敏度高,操作简单、方便;该示踪剂耐温200℃、耐压150MPa、pH值适用范围1~11,热稳定性好、耐酸、耐碱,可溶于压裂液与地层水,不溶于油;与压裂液配伍性好,在110℃、170s^{-1}速率下剪切90~120min(图1),黏度变化规律基本一致,不生成沉淀也不发生同位素交换,单井可最多满足23段监测,有效期18个月。

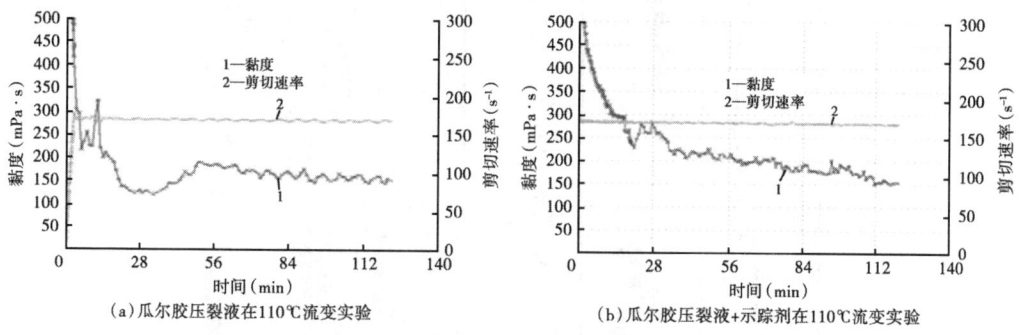

图1 大庆油田瓜尔胶压裂液体系与YTJ示踪剂配伍性实验

1.3 现场注入方式

YTJ系列示踪剂注入与压裂液保持1/10000的体积比例;压裂施工时,在仪表车上随时观察排量变化,有变化及时通过对讲机传达给现场施工人员,及时调整示踪剂注入排量,以达到固定比例注入。

2 现场应用实例

该技术共应用17口井,其中ZP6井共压裂19段43簇,地层破裂压力29.6~46.3MPa,压裂中加入示踪剂。依据示踪剂分段追踪结果,评价水平井各段产液量。

2.1 本井基本情况

ZP6井完钻井深3450m/2064.33m,井斜角89.8°,方位角177.9°,水平段长度1252m,其中砂岩917m,干砂90m,含油砂岩827m,油迹62m,油斑268m,油浸497m,砂岩钻遇率73.24% 油层钻遇率66.05%(图2)。

综合致密油层的判断标准及本井渗透率解释结果0.05~1.61mD;按照研究成果,控制宽度12~38m,综合考虑储层发育的平面连续性和产能持续性,射孔点间距需要结合砂体展布及其他因素确定,优化后将水平段分为19段43簇进行改造,平均簇间距30.2m。

2.2 施工情况

根据ZP6井各层的前置液和携砂液液量设计示踪剂用量,投加浓度比例保持一致,该井施工规模及示踪剂用量见表1。

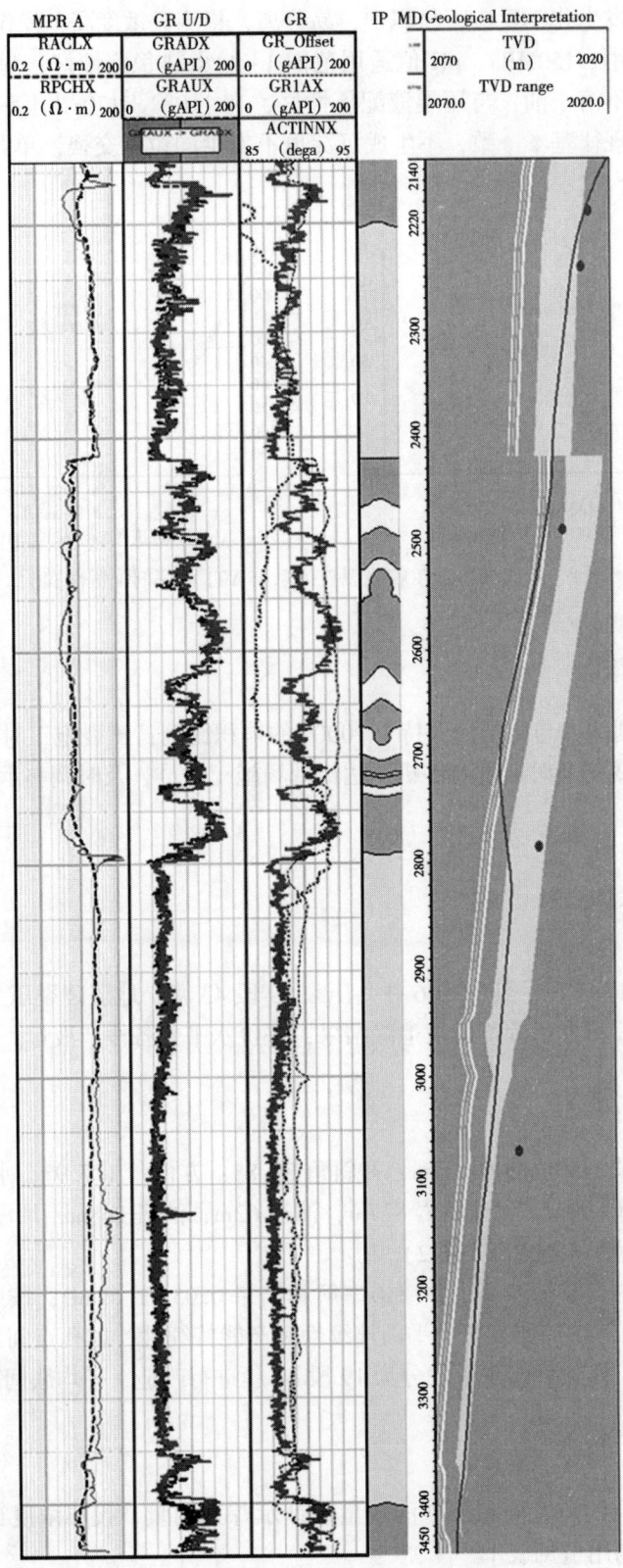

图 2　ZP6 井水平段钻遇综合柱状图

表1 ZP6井示踪剂使用情况

施工层位	加砂量（m³）	酸液（m³）	推酸液（m³）	前置液+携砂液（m³）	顶替液（m³）	推球+推塞液（m³）	示踪剂投加量（L）	实际浓度比例（%）
压裂第1层	150	10	44.1	1494.7	45.7	53.1	171	0.011
压裂第2层	100	10	46.8	973.9	48.3	48.5	95	0.010
压裂第3层	100	10	45.7	1017.8	45.1	43.3	106	0.010
压裂第4层	100	10	43.9	957.4	43.5	44	103	0.011
压裂第5层	100	10	46.5	950.2	43.1	40.6	101	0.011
压裂第6层	150	10	42.8	1374.2	42.1	36.9	142	0.010
压裂第7层	150	10	41.4	1454.7	41.2	31.6	151	0.010
压裂第8层	100	10	40.1	970.3	40	29.6	97	0.010
压裂第9层	100	10	40	950.2	39.3	61.5	95	0.010
压裂第10层	6.5	25	45.3	1255.7	38.6	28.1	137	0.011
压裂第11层	80	25	37.7	1195	37.7	21.6	135	0.011
压裂第12层	8	25	36.9	889.2	36.6	19.6	100	0.011
压裂第13层	80	25	36.3	1186.7	36	16.6	137	0.012
压裂第14层	80	25	35.6	1156	35.3	13.1	130	0.011
压裂第15层	100	10	34.7	918.6	34.1	11.6	95	0.010
压裂第16层	150	10	38.2	1372.3	33.6	18.1	141	0.010
压裂第17层	150	10	33.4	1377.3	32.9	6.7	141	0.010
压裂第18层	100	10	37.8	937.2	32.6	5.8	98	0.010
压裂第19层	100	10	31.4	948.2	31.4		98	0.010
合计	1904.5	265	758.6	21379.6	737.1	53.1	2273	

2.3 压后返排取样情况

压后关井72h，用ϕ2mm油嘴开井放喷，跟踪监测时间274天，累计返排液3319.1m³，产油2932.1m³，共取样品588个（图3）。监测后期产油较高，20m³/d左右，产水5m³/d左右，从取样密度上看，该井达到全程覆盖。

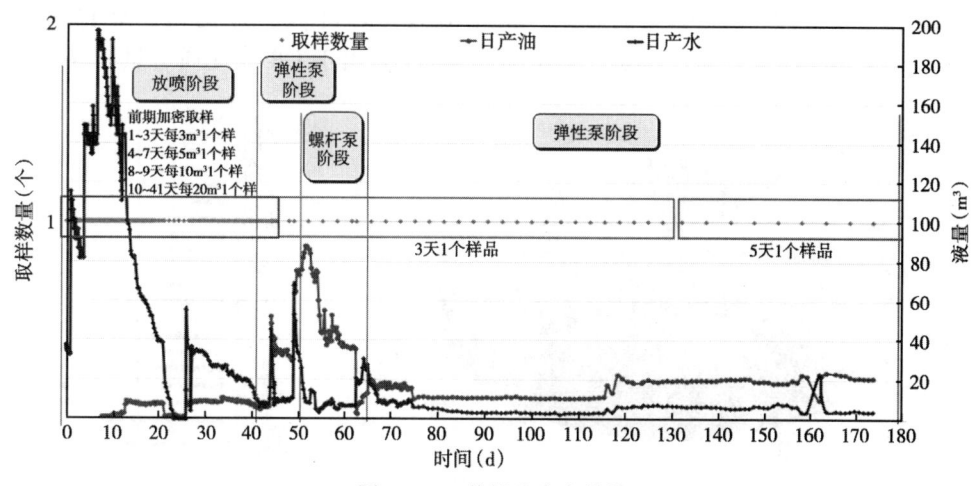

图3 ZP6井排液求产曲线

3 示踪剂评价分析

本井共施工 19 段，平均产液贡献率为 5.26%。根据化验结果，绘出各层指示剂产出浓度曲线（图 4）。取样共分三个阶段：第一阶段是自喷返排阶段，1~7 天，单段压裂液排量主要受缝内异常高压控制，形成段内渐次喷流；第二阶段是压力平衡阶段，8~15 天，单段压裂液排量主要受近井筒地层压力控制；第三阶段是平稳贡献阶段，16~174 天，单段压裂液返排量主要受裂缝沟通储层的物性控制。

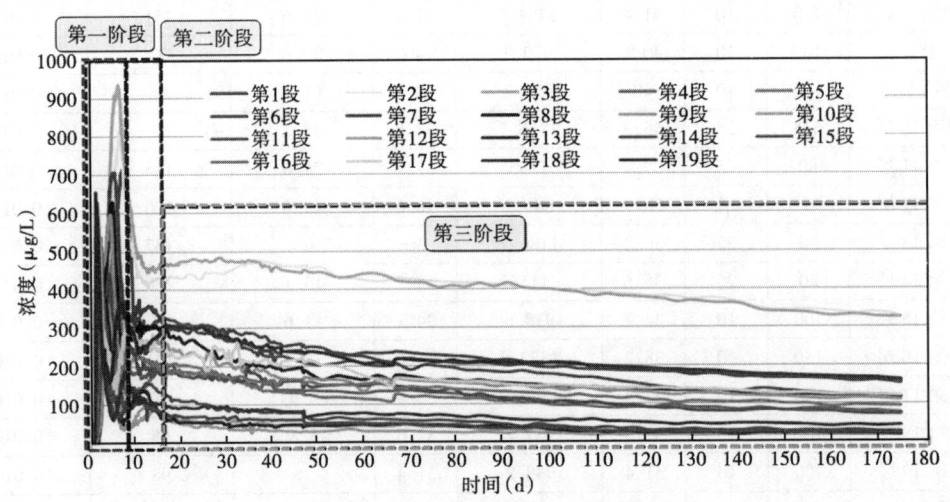

图 4 ZP6 井指示剂产出浓度曲线

根据现场不同阶段取样结果计算各层日产液量，得出各段压裂液返排率（图 5）与产液贡献率（图 6），返排率越高说明压裂改造效果越好；产液贡献率越大，说明该层产液越多；主产液段共 9 段，即第 1 段、第 2 段、第 3 段、第 6 段、第 7 段、第 8 段、第 9 段、第 17 段、第 19 段，储层物性及含油性好，主要为孔隙度大于 12% 的致密油 I 类储层，次产液段 4 个，即第 4 段、第 5 段、第 15 段、第 16 段，储层物性及含油性差，主要为孔隙度 6%~12% 的致密油 II 类储层，微产液段共 6 个，即第 10 段、第 11 段、第 12 段、第 13 段、第 14 段、第 18 段，主要以干层为主，其中第 10 段和第 12 段由于 GR 及泥质含量较高，穿层压

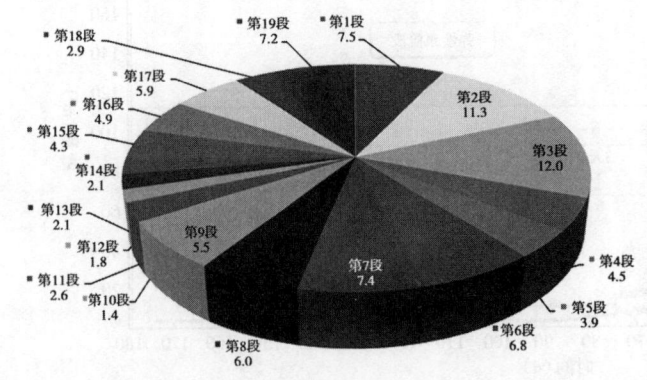

图 5 压裂液返排贡献率（单位:%）

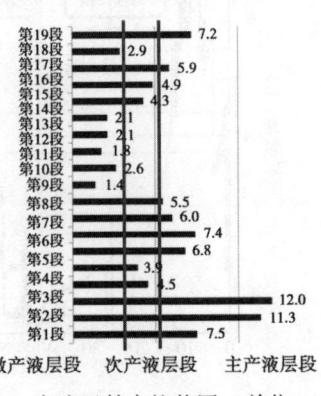

图 6 产液贡献率柱状图（单位:%）

裂失败。

4 结论

（1）指示剂分段产能测试表明Ⅰ类储层为主要贡献层段，Ⅱ类储层应结合地质（储层GR、密度、物性）择优选取，实现效益最大化；穿层压裂应优选GR、泥质含量较低层段，保证穿层压裂效果。

（2）通过示踪剂解释，致密油水平井体积压裂各段产出可分三个阶段：第一阶段是自喷返排阶段，能量充足，单段压裂液排量主要受缝内异常高压控制；第二阶段是压力平衡阶段，间干扰减弱，各层产出差异化明显；第三阶段是平稳贡献阶段，直观反映各段压裂后的产液能力情况。

（3）各段定量解释参数，可较为直观地反映出压后不同层段的产能贡献率及改造情况，为进一步开展油藏动态分析提供重要参考资料，在优化压裂选层改造方面具有指导意义。

参 考 文 献

[1] 金成志. 水平井分段改造示踪剂监测产量评价技术及应用 [J]. 油气井测试, 2015, 24（4）：38-39.
[2] 谢建勇, 王旭, 石彦, 等. 示踪剂在致密油水平井中的应用 [J]. 新疆石油天然气, 2015, 11（3）：63-69.
[3] 马云, 池晓明, 黄东安. 用于多段压裂的微量物质示踪剂与压裂液的配伍性研究 [J]. 精细石油化工, 2016, 33（2）：50-53.
[4] 赵政嘉, 顾玉洁, 才博, 等. 示踪剂在分段体积压裂水平井产能评价中的应用 [J]. 石油钻采工艺, 2015, 37（4）：92-95.
[5] 刘立峰, 冉启全, 王欣. 应力干扰对致密油体积压裂水平井产能的影响 [J]. 西北大学学报, 2016, 46（1）：113-118.
[6] 谷岳. 现代产量递减分析方法在水平井体积压裂效果评价上的应用 [J]. 石油管材与仪器, 2015, 1（5）：81-83.

昆北油田水平井开发效果影响因素分析

胡亚斐[1]　周思宾[2]　侯建锋[1]　吴峙颖[3]　刘　畅[1]　谢　琳[4]

(1. 中国石油勘探开发研究院；2. 中国石化华北油气分公司勘探开发研究院；
3. 中国石化石油工程技术研究院；4. 中国石油青海油田分公司)

摘　要：水平井进入规模开发以来，配套技术不断完善，实现了难动用储量的有效动用，与直井相比，单井产量显著提高。但在开发的过程中，部分水平井也出现了单井产量递减快、含水上升快、产量差异大等问题。以昆北油田低渗透水平井开采区块切12为例，结合动静态资料，总结了水平井投产初期产能的主要影响因素、含水变化与递减特征，对水平井开发效果进行分类分析，明确了水平段油层厚度、压裂改造参数、水窜等是影响水平井开发效果的主要因素。该研究结果可用于指导低渗透砂砾岩油藏水平井的开发，对其制订合理的开发方式和生产制度具有重要的指导作用。

关键词：水平井；开发效果；影响因素；含水变化规律

近年来，随着世界能源需求的增加，油气开发已向特低/超低渗透、致密油等非常规储层发展，水平井技术的发展为特低/超低渗透等油藏的开采提供了技术支持。随着水平井的规模开发，逐渐凸显出单井产量差异大、产量递减快等矛盾。本文通过分析影响水平井初期产量的主要影响因素，对水平井的开发效果进行分类，分析水平井含水特征及产量递减特征，确定影响水平井开发效果的主要影响因素，为油田下步调整方向提供理论支持。

1　区域概况

昆北油田位于柴达木盆地西部切可里克地区，主要为辫状河三角洲平原与前缘相沉积。切12井区为一厚层块状砂砾岩油藏，主力油层 E_3^1 层岩性夹层不发育，多为物性夹层，夹层频率小。储层岩性复杂，主要为岩屑长石砂岩和长石岩屑砂岩，粒度较粗，物性较差。孔隙类型主要以剩余原生粒间孔为主，溶蚀孔占一定比例，见有少量的微裂缝。孔隙度绝大部分集中在8%~16%的范围，渗透率主要集中在0.1~5mD，平均孔隙度为10.45%，平均渗透率为3.84mD，属于低孔隙度特低渗透储层，适合水平井开发。研究区采用480m×650m 叠置水平井+直井井网部署，直井注水，直井+水平井生产开发。天然能量较小，储层自然产能较低，一次采收率低，大部分井需要压裂和超前注水获得一定的产能。

2　初期产能影响因素分析

2.1　水平段油层厚度

水平井中流体的流动不能忽略井筒内摩阻的损失，随着油层厚度的增加，摩阻所占的百分比越来越大,对水平井产能的影响越来越大,但摩阻的增长幅度随着油层厚度的增加逐渐减小。从图1中可以看出,油层厚度在15m左右时,开发效果最好。

2.2 有效水平段长度

水平井的长度要综合考虑油藏特征、储层规模、流体分布及已有井网等因素,选择合适的水平段长度对水平井开发的效果至关重要,一般水平井的长度越长,产量也会相应增加,同时流动阻力和开采成本也会增加,所以水平井长度并不是越长越好,随着长度的增加,产能增长率越来越小,井眼稳定性也越来越差,因此存在一个最优的水平段长度。水平井中流体先通过基质流向裂缝,再通过裂缝流向水平

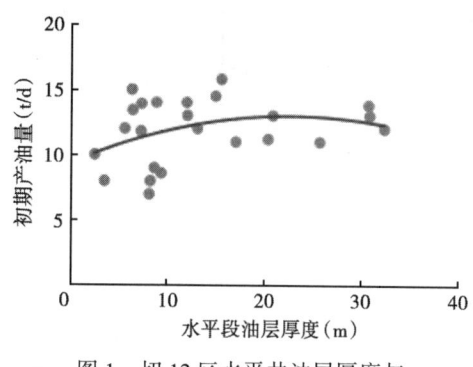

图1 切12区水平井油层厚度与初期产油量关系图

段,没有流体从基质直接流向水平段,故用有效水平段长度分析对水平井初期产能的影响。从切12水平井的有效水平段长度和初期产油量的关系可以看出,有效水平段长度在370m以下时,随着长度的增加产量快速增加,但是水平段长度超过370m以后,随着长度的增加产量增加的速度变缓甚至不再增加,由此可以看出,切12区块最优的有效水平段为370m(图2)。

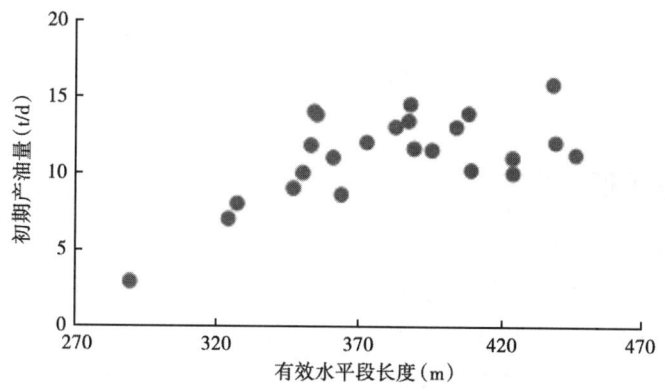

图2 切12区有效水平段长度与初期产油量关系图

2.3 排量和加砂量

裂缝长度对水平井初期产量影响较大,但是切12区块缺少缝长地震监测资料及相关测试资料,无法直接得出裂缝长度与水平井初期产能的关系。张保平等提出压裂时初期产能与加砂量和排量关系密切,这是由于加砂量和排量的大小决定了裂缝的长度与压裂的规模,加砂量与排量越大说明裂缝长度越长,压裂规模越大,相应的初期产能也就越大。从图3中也可以看出初期产能随着加砂量和排量的增加而增加。

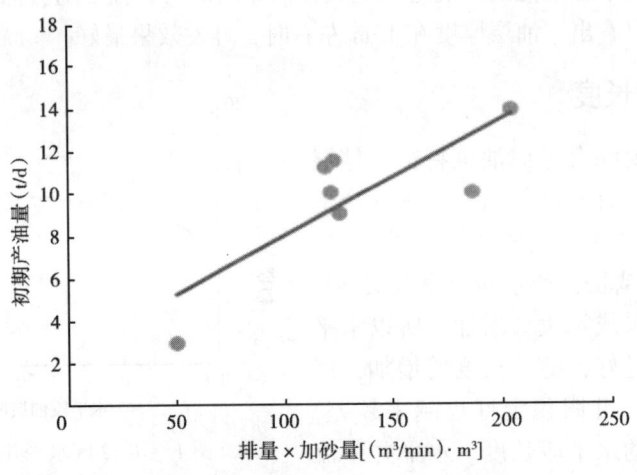

图 3 切 12 区排量和加砂量与初期产油量关系图

3 水平井生产特征分析

3.1 注水效果统计

水平井注水见效比例为 81%，见效比例较高。经分析发现，该区域大部分水平井经过超前注水，并且都经过酸化压裂。不见效的井主要是由于超前注水时间短、储层物性差，没有建立有效驱替。

3.2 含水及递减特征分析

3.2.1 水平井和直井的含水变化规律对比

含水率和采出程度关系曲线是评价油田开发效果的关键曲线，通过实际曲线与理论曲线的对比，可以对油田的不同开发阶段进行评价。绘制含水率和采出程度常用的方法包括流管法和相对渗透率法。流管法原理和公式都比较复杂，使用多有不便。相对渗透率曲线法相比于流管法使用较广泛，但是使用这种方法绘制的理论曲线不经过坐标原点，在采出程度为 0 时就有了较高的含水率，并且在低含水饱和度时计算的含水率偏高，在高含水饱和度时计算的含水率偏低。总结以上两种方法的优劣，金蓉蓉等提出了新型含水率与采出程度关系理论曲线，含水率与采出程度的关系表达式为：

$$f_w = \cfrac{1}{1 + \cfrac{\mu_w}{\mu_o}\cfrac{B_w}{B_o}\cfrac{\rho_o}{\rho_w} a e^{-\frac{3}{2}b\left[RS_{oi}+s_{wi}-\frac{1}{3}(1-s_{or})\right]}}$$

式中 f_w——含水率；
μ_w——地层水黏度，mPa·s；
μ_o——地层原油黏度，mPa·s；
B_w——地层水体积系数；

B_o——地层原油体积系数；
ρ_o——地层原油密度，t/m^3；
ρ_w——地层水密度，t/m^3；
S_{oi}——原始含油饱和度；
S_{wi}——初始含水饱和度；
R——原油采出程度；
S_{or}——残余油饱和度；
a，b——常数。

用以上含水—采出程度的理论关系式计算采出程度和含水率的关系，绘制理论图版，并绘制该区域水平井和直井的含水与采出程度关系曲线（图4）。从曲线中可以看出，水平井的含水率上升较直井略快，这可能与水平井生产较晚，经历了超前注水有关。由于水平井含水上升较快，预计水平井与直井的采出程度相当。

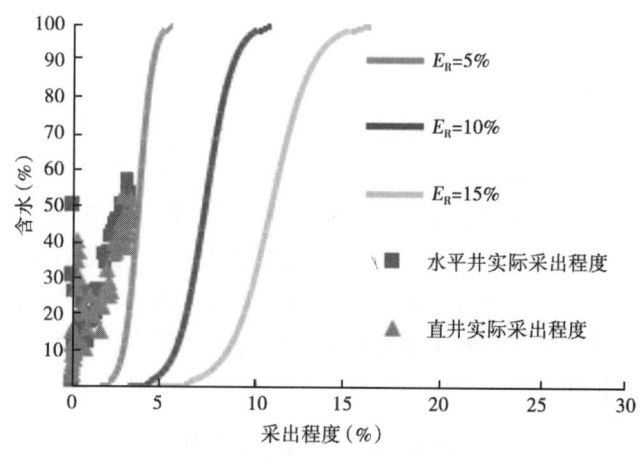

图4 水平井与直井含水与采出程度关系曲线

3.2.2 不同类型水平井含水变化规律

为了进一步分析水平井含水变化规律，找出水平井见水较快的原因，根据水平井的生产特征将水平井分为高效型、高速型、水窜型、低效型4种类型，切12井区高效型水平井产量较高，含水较低，占水平井总数的16%，该类水平井生产效果最好，多位于油藏北部物性较好的区域；高速型水平井产量较高，含水也较高，占水平井总数的23%，多位于油藏中部，储层物性好，厚度大，受注入水和边底水共同影响，水驱效果好，采出程度高；水窜型水平井产量较低，含水较高，占水平总数的42%，多位于油藏南部，分别受注入水和边底水的影响，水沿高渗透条带突进造成水平井水淹；低效型水平井产量较低，含水较低，占水平井总数的19%，多位于油藏边部或者油藏南部，射开储层的物性差，注水多不见效，水驱效果差，一般为注水不见效的水平井。各类井的含水与采出程度关系如图5所示，从图中看出低效井、水窜井、高速井采出程度均较低。下步调整措施应主要针对这三类井。针对低效井可以进行压裂等储层改造措施，建立有效驱替，提高采出程度；针对高速井和水窜井应进行调剖堵水，控制含水的上升，控制优势通道的形成；针对高效井可保持现有开采状态继续生产。

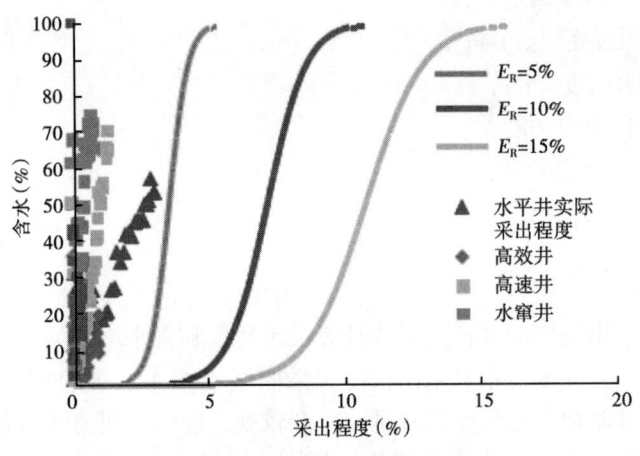

图 5 分类井含水与采出程度关系图

3.3 递减分析

对区块内水平井和直井的年递减率进行计算，水平井目前生产时间较短，在投入生产的第 3 年产量开始递减，年递减率为 12.6%。直井在投入生产的第 4 年产量开始递减，年递减率为 18.8%，后期产量递减加快，第 5 年年递减率达到 41.1%。由此可以看出，切 12 区块水平井产量递减较直井早。为了分析水平井产量递减的原因，分别统计四类水平井产量的年递减率，见表 1。从统计结果可以看出，水窜井的产量递减最为严重，其次是高速井的递减。因此，水窜问题是该区域影响水平井产量递减的最主要原因，水平井的见水导致产量开始下降，影响最终采收率。

表 1 水平井产量递减统计

井型	年递减率（%）
水平井	12.6
高效井	4.2
高速井	27.4
水窜井	33.1
低效井	19

4 结论

（1）对水平井初期产油影响因素进行分析发现：水平段油层厚度、有效水平段长度、加砂量和排量是影响切 12 区块水平井产量的主要因素，该区域最优的水平段油层厚度为 15m，最优的水平段长度为 370m，加砂量和排量越大对水平井的生产越有利。

（2）水平井经历过超前注水和酸化压裂后，注水见效比例较高，但同时也造成了水平井见水过快，影响水平井采出程度。

（3）低效井、水窜井、高速井采出程度较低，产量递减过快，下步调整措施应主要针对这三类井。水窜问题是该区域产量递减快的主要原因,影响了水平井的采出程度,应采取调剖堵水措施降低水平井的含水率,提高采出程度。

参 考 文 献

[1] 孟琦,黄炳光,王怒涛,等. 考虑摩阻的水平井产能[J]. 油气井测试,2014,23(5):12-15.

[2] 薛婷,王选茹,郑光辉,等. L1区水平井开发效果影响因素分析[J]. 石油钻采工艺,2016,38(2):221-225.

[3] 张保平,刘立云,张汝生,等译. 油藏增产措施[M]. 北京:石油工业出版社,2006.

[4] 凡哲元,袁向春,廖荣凤,等. 制作含水率与采出程度关系理论曲线常犯错误及解决办法[J]. 石油与天然气地质,2005,26(3):384-387.

[5] 金蓉蓉. 新型含水率与采出程度关系理论曲线的推导[J]. 大庆石油地质与开发,2015,34(3):72-75.

吐哈三塘湖盆地致密油藏水平井压裂技术研究与应用

王春鹏[1,2]　杜长虹[1,2]　刘建伟[3]

(1. 中国石油勘探开发研究院；2. 国家能源致密油气研发中心；
3. 中国石油吐哈油田分公司工程技术研究院)

摘　要： 吐哈油田三塘湖盆地是中国重要的致密油试验区，该地区条湖组沉凝灰岩致密油储层温度约70℃，储层温度下原油密度为 $0.89\sim0.911g/cm^3$，原油黏度为 $80mPa\cdot s$，远高于世界其他致密油储层。储层致密和储层流体流动性差是三塘湖高黏致密油开发的主要难题。在前期开发中，采用常规改造模式未取得明显的改造效果，亟需一种有效的改造方式，实现三塘湖高黏致密油的有效开发。水平井+分簇射孔+多段压裂是目前致密油开发的主要手段，由于储层物性的差异，国外已有的致密油成功经验不能直接用于三塘湖高黏致密油改造。本文从降低储层伤害角度出发，将原有压裂液瓜尔胶浓度由0.45%降低到0.25%，既满足了携砂要求，又降低了压裂液成本。为了沟通更多的天然裂缝，将压裂液中滑溜水比例提高到60%，缩短了储层流体从基质流向裂缝的距离。通过不同粒径支撑剂组合提高了多级裂缝的导流能力。目前，该技术已在三塘湖盆地成功实施100多口水平井，为建成"吐哈探区致密油气开发示范基地"、实现高黏致密油气的规模有效开发提供了技术支持。

关键词： 致密油；水平井压裂

致密油是我国重要的非常规战略接替资源，资源潜力巨大，有效动用这类资源对保障我国油气供给意义重大。三塘湖盆地位于我国新疆维吾尔自治区东北部，属于哈密地区，呈北西—南东向展布，总面积 $2.3\times10^4km^2$，其中马朗—条湖凹陷面积为 $3200km^2$，是盆地油气勘探和开发的主要领域。三塘湖条湖组致密油藏是中国石油致密油重点试验区之一，也是吐哈油田可持续发展最现实的重要接替资源之一。

致密油的勘探开发在美国和加拿大已获得巨大成功，致密油产量的大幅提升扭转了北美石油产量下降的趋势。北美致密油成功开采的经验认为密度 $<0.87g/cm^3$、20℃时黏度 $<10mPa\cdot s$ 的储层有利于经济开采。北美原油密度平均值为 $0.81g/cm^3$，平均原油黏度 $0.36mPa\cdot s$，只有小于这两个数值，才是真正意义上的轻质、流动性好的原油，因此，致密油的密度和黏度决定其产量、开发方式和管线运输方式。

本文分析了三塘湖盆地条湖组沉凝灰岩储层的改造难点，通过室内研究与现场应用相结合，形成了高黏致密油改造主体技术，并在三塘湖盆地推广应用。

1　储层地质特征与改造难点

国内大多数专家和学者认为，致密油是指以吸附或游离状态赋存于生油岩中，或与生油岩互层、紧邻的致密砂岩、致密碳酸盐岩等储层中未经过大规模长距离运移聚集的石油。邹才能提出致密油的4个明显标志：（1）大面积分布的致密储层（孔隙度小于10%、基质覆压渗透率小于0.1mD、孔喉直径小于1μm）；（2）广覆式分布的成熟优质生油层；（3）连续性分布的致密储层与生油岩紧密接触的共生关系，无明显圈闭边界，无油"藏"概念；（4）致密储层内原油密度小于0.8251g/cm³，油质较轻。

三塘湖盆地二叠系条湖组致密油与国内外已发现的致密油均有差异：（1）储层岩性不是页岩，也不是砂岩和碳酸盐岩，是沉凝灰岩；（2）原油为中质—重质油，密度为0.89~0.91g/cm³；③烃源岩与储层不是紧密接触，而是源储分离，芦草沟组（P_2I）二段烃源岩生成的原油沿断层向上运移100~500m，穿过条湖组一段火山熔岩，在条湖组二段沉凝灰岩中聚集。

条湖组致密油储层109个样品的物性统计结果表明，有94%的样品孔隙度大于4%，其中孔隙度大于16%的样品占43.1%，孔隙度峰值区间为16%~20%。渗透率小于0.5mD的样品占92.6%，其中有47.4%样品渗透率低于0.05mD。条湖组沉凝灰岩储层属于高孔隙度低渗透率致密储层，粒度较细、孔喉半径较小。

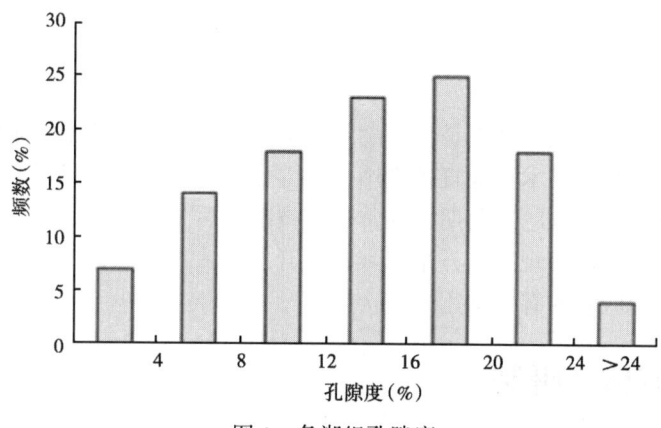

图1 条湖组孔隙度

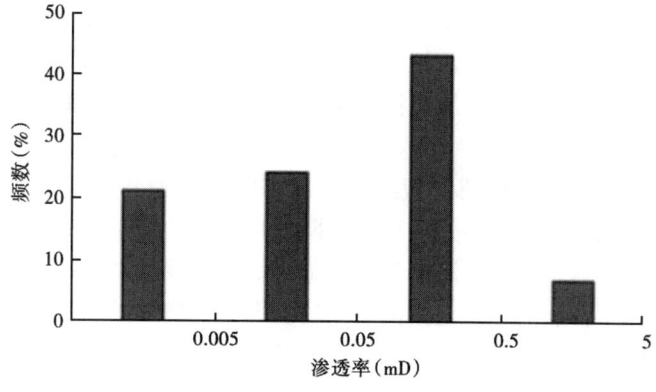

图2 条湖组渗透率

与国内外其他致密油储层相比，三塘湖致密油储层主要有以下几个特点：
（1）湖相沉积（北美为海相沉积）；
（2）储层岩性为凝灰岩，储层致密喉道小（北美的巴肯致密油储层为白云岩和砂岩，鹰滩致密油储层为页岩和碳酸盐岩，国内昌吉、鄂尔多斯致密油为砂岩）；

(3) 储层压力系数低（1.0~1.1MPa/100m）（北美致密油压力系数≥1.35MPa/100m）；

(4) 原油密度高（0.85~0.90g/cm³）（北美平均原油密度0.81g/cm³）；

(5) 储层条件下原油黏度高（>80mPa·s）（巴肯原油黏度0.15~0.45mPa·s，鹰滩原油黏度<10mPa·s，昌吉原油黏度11.7~21.5mPa·s，鄂尔多斯原油黏度1.5mPa·s）。

表1 国内外致密油储层物性对比

	巴肯	鹰滩	昌吉	鄂尔多斯	三塘湖
沉积环境	海相	海相	湖相	湖相	湖相
油层厚度（m）	5~55	30~90	10~35	20~80	17~20
天然裂缝	很发育	发育	局部发育	发育	发育
孔隙度（%）	10~15	7~12	8~11	9.2	10.9~16.2
渗透率（mD）	0.01~0.1	<0.01	<0.1	0.01~0.1	0.01~0.1
地层压力系数（MPa/100m）	1.35~1.58	1.35~1.8	1.27	0.75~0.85	1.0~1.1
原油密度（g/cm³）	0.81~0.83	0.82~0.87	0.87~0.92	0.80~0.86	0.85~0.90
地层原油黏度（mPa·s）	0.15~0.45	<10	11.7~21.5	1.5	>80
流度比[mD/(mPa·s)]	0.02~0.67	0.001	0.0013~0.0060	0.11~0.16	0.0001~0.0013

基质致密、储层流体流动性差是三塘湖致密油实现有效开采的主要难题，由于储层物性的差异，国外成熟的开采技术不能直接应用，国内也没有相关经验可以借鉴，三塘湖致密油开发面临前所未有的技术难题。前期探井常规压裂改造后平均日产油10.2t，改造60天后平均日产油小于0.5t，难以实现经济开采，致密油开发陷入停滞阶段。亟需一种有效的开采方式，实现对该致密油区块的有效动用。

2 复合压裂液体系研制

致密油储层流体的流动表现为低速非达西流，不能用达西定律直接描述储层流体的渗流速度。储层有效孔隙半径越小、渗透率越低，毛细管力就越大，流体从基质流向裂缝的阻力就越大。为降低流动阻力，需要缩短储层流体从基质流向裂缝的有效距离、提高裂缝的复杂程度。大物模实验结果表明，低黏液体更容易沟通天然裂缝，采用低黏液体进行压裂施工形成的水力裂缝更复杂。另外，降低压裂液中瓜尔胶浓度可以有效降低压裂液残渣与残胶对储层的伤害，提高压裂改造效果。

在以往的压裂改造中，三塘湖致密油采用瓜尔胶浓度为0.45%的压裂液体系，较高的瓜胶浓度造成较高的压裂液残渣与残胶伤害，降低瓜尔胶浓度是提高改造效果的关键，同时也可以降低压裂施工成本。由于低浓度瓜尔胶临界交联浓度较低，与之配套的交联剂必须能够使聚合物分子间产生较强的三维空间网络结构，即增加液体的弹性，不增大摩擦阻力。通过合成长链螯合多极性交联剂增加了交联剂分子长度和交联点，使较低浓度羟丙基瓜尔胶形成有效交联冻胶，形成的冻胶弹性大于黏性，剪切稳定性良好。70℃储层温度下，瓜尔胶浓度为0.25%的压裂液体系具有良好的携砂性能，能够满足压裂施工要求。

与低浓度瓜尔胶压裂液相比，滑溜水的黏度更低，更容易沟通天然裂缝、提高裂缝的复杂程度。用滑溜水替代前置液阶段的瓜尔胶压裂液，将常规压裂改造中依靠瓜尔胶压裂液造单一长缝改变为依靠低黏度滑溜水造"多缝"，即提高了裂缝的复杂程度，又减少了瓜尔胶

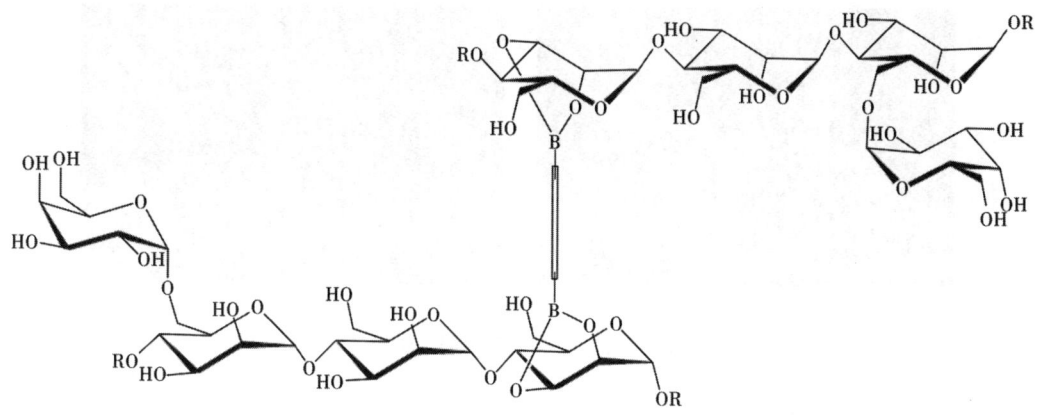

图 3　长链螯合多极性交联剂交联结构

压裂液的用量，降低施工成本。在提高裂缝复杂程度、降低压裂液成本的前提下，形成了滑溜水+低浓度瓜尔胶压裂液的复合压裂液体系，通过不断的探索与实践，逐步提高压裂液中滑溜水比例，最终形成的复合压裂液体系中滑溜水比例为55%（图4）。

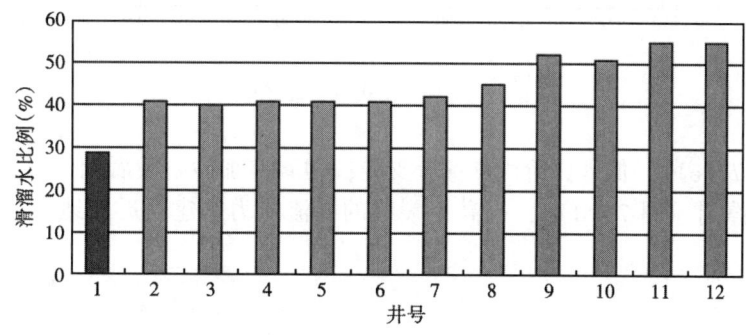

图 4　压裂液中滑溜水比例统计

3　裂缝与导流能力的匹配

通过数值模拟对比分析，形成的复杂裂缝需要具备相应的导流能力才能实现三塘湖高黏致密油的有效改造。复杂裂缝中支撑剂的分布主要有两种方式：一种是主缝、支缝都有支撑剂［图5（a）］，另一种是只有主缝有支撑剂，支缝内没有支撑剂，通过低黏度流体沟通分支缝［图5（b）］。第一种方式改造难度较大，在同等施工规模下主缝的导流能力相对较小。第二种方式分支缝的导流能力较低，支撑效果差，主缝导流能力大。

为对比两种支撑模式下产量的变化，对主缝和支缝匹配不同的导流能力进行模拟分析，模拟结果表明，在相同施工规模下，模式A支撑方式年累计产量为模式B的1.41倍，改造效果较好。

为实现对各级裂缝的有效支撑（模式A），需要对施工方式进行相应的优化。主要分为以下4个步骤：（1）前置液阶段采用滑溜水张开天然裂缝［图7（a）］，通过提高施工排量提高缝内净压力；（2）前置液阶段，通过多个粉陶支撑剂段塞降低近井地带摩阻［图7（b）］，用粉陶支撑微裂缝，提高微裂缝的导流能力；（3）用低黏度瓜尔胶压裂液携带小粒

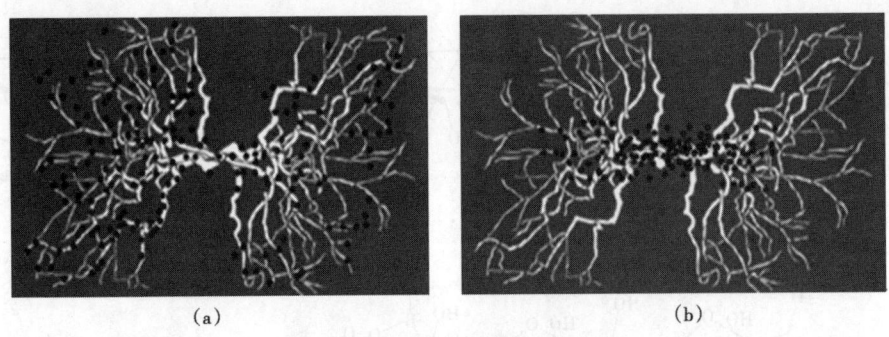

图 5 复杂裂缝中支撑剂分布模式

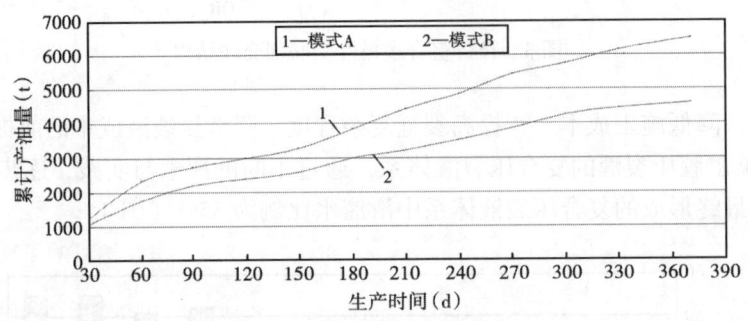

图 6 不同改造模式下累计产量对比

径支撑剂[图 7（c）]，低砂比阶段支撑分支缝；（4）在加砂阶段后期，采用高黏压裂液携带较大粒径支撑剂[图 7（d）]，提高主裂缝的导流能力，建立近井地带的高导流能力通

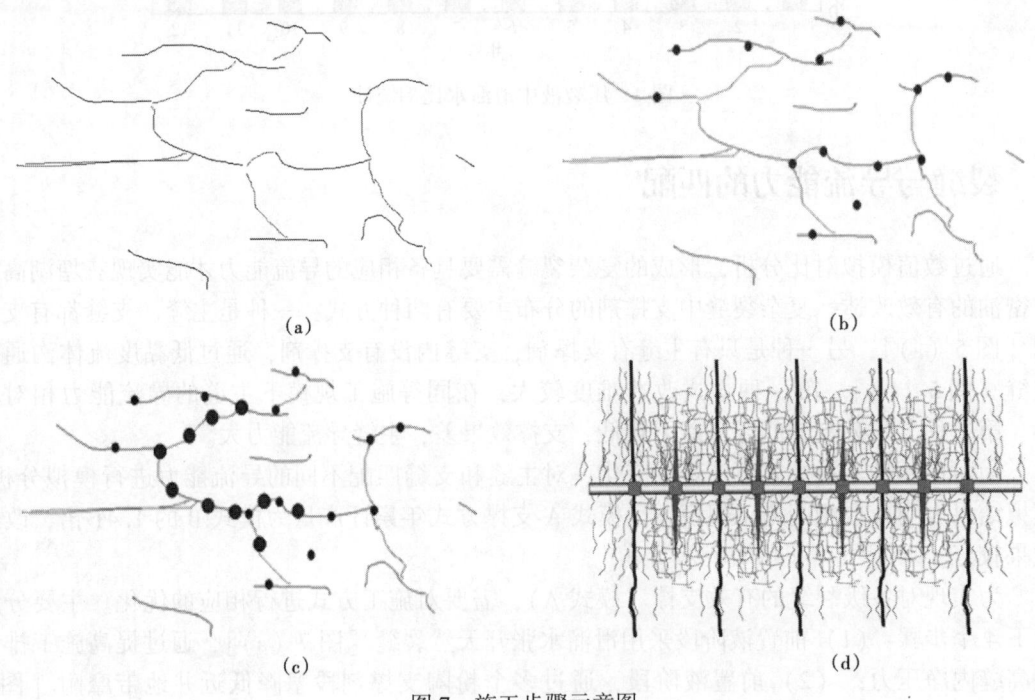

图 7 施工步骤示意图

道。以上实现复杂裂缝有效支撑的施工方式简称为"工艺四步法"。

4 规模化应用

经过两年多的室内研究与现场应用,"水平井分段改造—复合压裂液体系—多级裂缝有效支撑技术"已经成为三塘湖高黏致密油的主体改造技术,目前该区块已实施的50口水平井均采用该技术,累计增产原油13.61×10^4t,新增原油产值4.0亿元,节约压裂液成本5250万元。图8所示为三塘湖致密油改造后60天日产油量。同时,该技术在青海扎哈泉、华北束鹿等致密油试验区也进行了推广应用,对提高低饱和度油藏改造效果也有一定的借鉴意义。

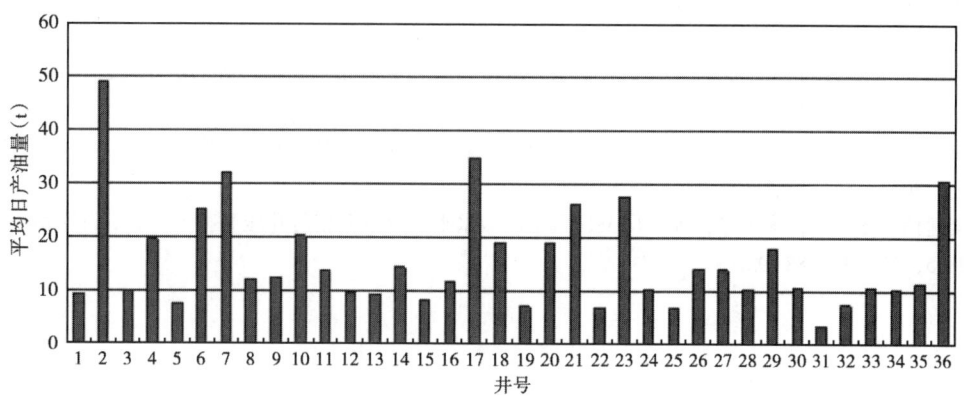

图8 三塘湖致密油改造后60d日产油量

5 结论

(1)水平井分段压裂是提高致密油改造效果的有效途径,通过提高裂缝的复杂程度可以缩短储层流体从基质流向裂缝的有效距离,降低流动阻力,提高改造效果。

(2)低黏液体有利于沟通天然裂缝,提高施工排量可以增加人工裂缝内的净压力,在保证携砂性能的前提下降低压裂液中瓜尔胶浓度、提高滑溜水压裂液用量,既可以降低压裂液成本、减少压裂液残渣和残胶伤害,有可以沟通更多的天然裂缝,提高改造体积。

(3)提高各级裂缝的导流能力可以提高致密油改造效果,采用"大排量滑溜水沟通天然裂缝—粉陶多段塞支撑微裂缝—小粒径陶粒支撑分支缝—大粒径陶粒支撑主裂缝"的四步法压裂技术可以实现对各级裂缝的有效支撑,提高改造有效期。

参 考 文 献

[1] 梁浩,李新宁,马强,等. 三塘湖盆地条湖组致密油地质特征及勘探潜力 [J]. 石油勘探与开发,2014,41(5):563-572.

[2] British Petroleum Company. BP Statistical Review of World Energy 2011 [R]. London:British Petroleum Company,2011.

[3] National Energy Board. Energy Briefing Note, Tight Oil Developments in the Western Canadian Sedimentary

Basin [R]. Calgary: National Energy Board, 2011.
[4] 侯明扬, 杨国丰. 北美致密油勘探开发现状及影响分析 [J]. 国际石油经济, 2013, 21 (7): 11-16.
[5] 马锋, 王红军, 张光亚, 等. 致密油聚集特征及潜力盆地选择标准 [J]. 新疆石油地质, 2014, 35 (2): 223-247.
[6] 邹才能, 朱如凯, 吴松涛, 等. 常规与非常规油气聚集类型、特征、机理及展望: 以中国致密油和致密气为例 [J]. 石油学报, 2012, 33 (2): 173-187.
[7] 姚泾利, 邓秀芹, 赵彦德, 等. 鄂尔多斯盆地延长组致密油特征 [J]. 石油勘探与开发, 2013, 40 (2): 150-158.
[8] 赵政璋, 杜金虎. 致密油气 [M]. 北京: 石油工业出版社, 2012: 99-128.
[9] 匡立春, 唐勇, 雷德文, 等. 准噶尔盆地二叠系咸化湖相云质岩致密油形成条件与勘探潜力 [J]. 石油勘探与开发, 2012, 39 (6): 657-667.
[10] 崔明月, 刘玉章, 修乃领, 等. 形成复杂缝网体积 (ESRV) 的影响因素分析 [J]. 石油钻采工艺, 2014, 36 (2): 82-87.
[11] 卢拥军, 杨晓刚, 王春鹏, 等. 低浓度压裂液体系在长庆致密油藏的研究与应用 [J]. 石油钻采工艺, 2012, 34 (4): 67-70.
[12] 王春鹏, 杨艳丽, 崔伟香, 等. 羧甲基羟丙基压裂液体系在长庆华庆油田的应用 [J]. 石油钻采工艺, 2013, 35 (1): 105-107.
[13] 刘建伟, 张佩玉, 廖天彬, 等. 马58H致密油藏水平井分段多簇射孔压裂技术 [J]. 石油钻采工艺, 2015, 37 (3): 88-92.

体积压裂在柴达木盆地英西油藏的适应性研究及实践

张成娟 王俊明 刘又铭 刘 永 刘 欢

(中国石油青海油田钻采工艺研究院)

摘 要：青海油田致密油气藏具有丰富的储量，但目前常规压裂对储层的改造程度低、措施后效果不明显，而体积压裂改造技术能够进一步提高改造体积和程度，增大泄油面积，提高低渗透储层单井产量，进一步有效动用低渗透难采储量。本文以英西盐下致密油储层为研究对象，通过对储层地质特征、岩性特征、裂缝参数等为基础，研究体积压裂在该区的适应性分析及实践。研究结果表明，英西盐下储层微裂缝发育，岩石具有一定脆性、储集空间复杂，有利于进行体积压裂，形成复杂缝网。通过对英西盐下水平井狮平1井压裂施工参数优化，并通过该井现场施工，压后分析以及微地震监测，表明形成了一定程度的复杂裂缝系统，体积压裂对该井的措施效果明显。这对该区今后体积压裂提供了参考依据，而且通过各项参数分析未来体积压裂施工参数可优化程度较高，而且由于油藏成因各异，沉积特征多样，岩性和物性复杂，裂缝特征也各有不同，体积压裂规模也不同。因此未来体积压裂技术应用关键是对储集层进行压裂前适应性评价，而后采用配套的工艺技术是成败的关键。

关键词：体积压裂；英西；实应性；分析；实践

体积压裂技术即在水力压裂过程中，使天然裂缝不断扩张和脆性岩石产生剪切滑移，形成以主裂缝为主干、天然裂缝与人工裂缝纵横交错的裂缝网络，从而增大改造体积，提高目标井的初始产量和最终采收率。大量研究成果表明，储层岩石矿物组分、天然裂缝发育状况及岩石力学特征是判断储层是否具备实施体积改造的三个主要条件。储层岩性具有显著的脆性特征，是实现体积改造的物质基础，发育良好的天然裂缝及层理，是实现体积改造的前提条件。

1 英西盐下油藏地质特征

岩性以碳酸盐岩为主，其中碳酸盐岩占比60%，碎屑占比16%，泥质占比18%，膏盐占比6%。发育孔隙—裂缝双重介质储集空间。主要有孔隙型、孔隙—裂缝型和裂缝型三类储层类型。

孔隙—裂缝型储层：储集空间以构造裂缝为主，次为碳酸盐溶蚀微孔和白云石晶间孔，主要发育于泥晶灰云岩内。

裂缝型储层：储集空间以裂缝为主，基质孔隙不发育，灰云岩、泥岩均发育。

孔隙型储层：储集空间以膏盐斑晶、碳酸盐溶孔或构造角砾化孔、缝为主，主要发育于颗粒灰云岩、含膏盐泥晶灰云岩及构造层间滑脱揉皱灰云岩层储集体。

英西盐下速敏强、酸敏碱敏中等偏弱、水敏盐敏弱，为入井流体的选择，返排及生产制度的优化提供了可靠的依据。岩心敏感性评价见表1。

表1 英西盐下储层岩心敏感性评价结果

项目	评价参数	损害程度	备注
速敏性	$Q_c = 0.50\text{mL/min}$, $D_k = 4.98$	强	
水敏性	$I_w = 0.19$	弱	
盐敏性	$S_c = 125000\text{mg/L}$ ($I_w = 0.28$)	弱	(SY/T 5358—2010 标准中没有盐敏指数的计算方法，参考速敏指数的计算方法取渗透率变化率的最大值0.28)
酸敏性	$I_a = 0.33$	中等偏弱	
碱敏性	pH 值 = 8.5 $I_{al} = 0.39$	中等偏弱	

2 体积压裂的适应性分析

根据相关体积压裂技术研究和青海油田体积压裂研究结果表明，柴达木盆地英西盐下天然裂缝发育、主应力差小、岩石较脆，容易形成复杂缝网，有利于体积压裂。

2.1 裂缝识别

通过对已钻探井层资料的解释及研究，英西盐下存在有发育裂缝和基质孔隙两类碳酸盐储层，其中晶间孔隙发育在白云岩含量高的层段，孔隙分布均匀、大小规则。裂缝发育段平均密度6~10条/m、宽度50~200μm、裂缝孔隙度0.1%。裂缝主要受断裂控制，岩心上可见早晚两期构造裂缝，其中早期以高角度缝为主，裂缝开度小且充填程度高；晚期裂缝以低角度层间滑脱缝和地层揉皱破碎角砾化缝洞为主，裂缝开度大，且充填程度低，如图1所示。

(a) 狮25井4150~4159m，泥晶灰云岩，晶间孔发育
(b) 狮25井，4015m，未充填—半充填状裂缝
(c) 狮28井，3990.83m，泥质灰云岩，裂缝被方解石半充填
(d) 狮新28井，4168.5m(-)200×泥晶灰云岩，晶间孔及溶孔
(e) 狮24井，裂缝FMI测井响应特征
(f) 狮23井，4021m，微裂缝含油，荧光薄片，基质孔发光

图1 英西储层类型分类

2.2 脆性指数判别

岩石脆性的表现与所含矿物类型相关性非常明显，脆性矿物含量高的岩石其造缝能力和脆性更好，当黏土矿物质量百分数较高时，岩石表现为塑性特征，不利于产生复杂缝网体积，因此不适合采用体积改造。当岩石中石英、碳酸岩等矿物含量较高时，表明脆性矿物质量分数较高，岩石的脆性特征强，有利于形成裂缝网络体积，适合于体积改造技术的利用。狮子沟区块采用三轴岩石力学参数实验获得的脆性指数见表2。

表2 狮子沟区块三轴力学参数脆性指数统计表

井号	深度（m）	弹性模量（GPa）	泊松比	脆性指数（%）
狮新28	4172	29.94	0.32	75.74
狮25	4179	26.42	0.39	50.18
狮203	4496	27.16	0.34	64.39
狮23	4017	32.75	0.31	85.50
狮23	4024	20.93	0.41	32.65
狮30	4095	17.77	0.38	33.75
狮43	3928	31.59	0.37	67.83
平均		26.65	0.36	58.6

英西盐下脆性指数平均为58.6%，总体表现较脆，能够形成复杂的缝网系统。

2.3 应力条件判别

通过综合测井资料分析和岩心试验确定的最大地应力方位如图2所示。

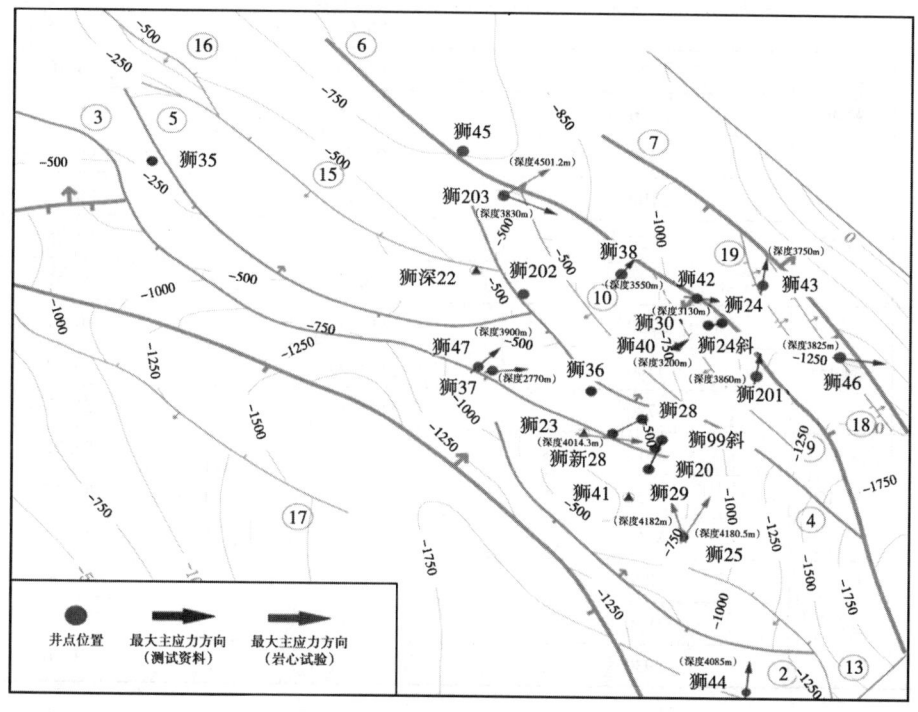

图2 狮子沟油田最大地应力方向示意图

由波速各向异性试验和古地磁定向试验确定的狮子沟油田地应力方向结果见表3。

表3 试验确定的地应力方向结果

编号	井号	深度（m）	波速各向异性最大主应力相对方位（°）	地磁定向编号	倾角	标志线与地理北极方位	最大主应力方向
DC1	狮25	4182	38	DC0101-2	-	153.9°	N168.1°
DC2	狮25	4180.5	92	DC0201-4	+	124.5°	N36.5°
DC3	狮203	4501.2	95	DC0301-4	+	315.9°	N50.9°
DC4	狮23	4014.3	146	DC0401-3	+	144.3°	N110.3°

利用测井资料导出的狮子沟区块各井地应力大小统计结果见表4。

表4 不同深度下各井地应力大小数据表

序号	井号	深度（m）	最大地应力（MPa）	最小地应力（MPa）
1	狮37	2755	83.48	59.23
		2775	84.08	59.66
		2795	84.69	60.09
2	狮38	3520	106.66	75.68
		3540	107.26	76.11
		3560	107.87	76.54
3	狮39	3215	97.41	69.12
		3235	98.02	69.55
		3255	98.63	69.98
4	狮40	3170	96.05	68.16
		3190	96.66	68.59
		3210	97.26	69.02
5	狮42	3100	93.93	66.65
		3120	94.54	67.08
		3140	95.14	67.51
6	狮43	3740	113.32	80.41
		3760	113.93	80.84
		3780	114.53	81.27
7	狮46	3815	115.60	82.02
		3835	116.20	82.45
		3855	116.81	82.88
8	狮47	3890	117.87	83.64
		3910	118.47	84.07
		3930	119.08	84.50

续表

序号	井号	深度（m）	最大地应力（MPa）	最小地应力（MPa）
10	狮201	3850	116.66	82.77
		3870	117.26	83.20
		3890	117.87	83.63
11	狮203	3820	115.75	82.13
		3840	116.35	82.56
		3860	116.96	82.99

通过对英西地区进行力学参数测试和纵横波时差测井地质力学参数分析，岩石力学参数与地应实验结果表明：英西盐下储层杨氏模量17.5~43.5GPa，泊松比0.31~0.41，储层岩石脆性高（58.6%），水平应力差适中（11MPa），该区有利于进行体积压裂，形成复杂缝网。

3 现场实践及评价

狮平1井是柴达木盆地英西盐下的一口水平井，该井设计井深4502.15m（垂深3858m），该井在4036m（垂深3814m）进入A靶点。钻至3866.71m槽面见80%条带状油花，溢流钻井液及油气混合物；后钻进至井深4386m，共见10次气测显示，全烃达100%，槽面见15%~80%油花。

该井体积压裂采用裸眼封隔器+可溶球+可钻球座滑套，尾追可降解纤维，防止压后返吐；采用高液量、高前置液、大排量、高比例滑溜水（80%）+冻胶的复合压裂模式，提高裂缝复杂程度；组合支撑剂，提高主裂缝导流能力等的技术措施。设计规模见表5。

表5 施工规模汇总表

压裂段	排量（m³/min）	前置液（m³）	携砂液（m³）	加砂量（m³）	纤维量（kg）
第1段	8	1130	320	80	80
第2段	8	1130	320	80	80
第3段	8	1130	320	80	80
第4段	6	766	245	55	80
第5段	6	766	245	55	80
第6段	8	1130	320	80	80
第7段	8	1130	320	80	80
第8段	8	1130	320	80	80

3.1 施工概况

狮平1井历时8天完成8段压裂施工，施工排量6~8.8m³/min，最高压力108.7MPa，施工总液量10363m³，加砂621m³，现场施工与设计符合率98.5%。同时在相邻的监测井对整改过程进行了微地震监测。见表6。

表6 狮平1井规模统计表

施工层段	设计液量（m³）	实际施工液量（m³）	设计砂量（m³）	实际加砂量（m³）	砂比（%）	纤维用量（kg）	最高施工压力（MPa）	最高施工排量（m³）	最高砂比（%）	施工与设计符合率（%）
第1段	1535.5	1876.7	80.15	80	14.59	58.00	108.7	7.8	21	111.02
第2段	1535.5	1239.6	80.15	92	17.47	30.00	80.6	8	24	97.76
第3段	1535.5	1232	80.15	84.2	15.35	80.00	82.7	8.5	21	92.64
第4段	1079	915.5	55.06	59.4	11.43	90.00	81.8	6.06	21	96.36
第5段	1079	1015.7	55.06	58.5	12.26	100.00	82.3	8	20	100.19
第6段	1535.5	1415.5	80.15	86.3	13.85	90.00	78.3	8.5	22	99.93
第7段	1535.5	1457.7	80.15	81.4	13.88	102.00	76.4	8.8	22	98.25
第8段	1450.3	1210.7	80.15	79.4	14.09	90.00	94.7	8.7	27	91.27
合计	11285.8	10363.4	591.02	621.2	14.12	640.00	108.7	8.0	27	98.47

3.2 净压力拟合

净压力拟合结果（图3和图4）：施工裂缝长度为146~219m、导流能力19~32D·cm；裂缝净压力13~20MPa，隔层均设置多裂缝因子能较好拟合裂缝净压力，表明施工过程中产生了多裂缝。裂缝内净压力13~20MPa，最大最小主应力差20MPa，综合分析认为施工过程形成的复杂裂缝以天然裂缝张开为主。拟合数据见表7。

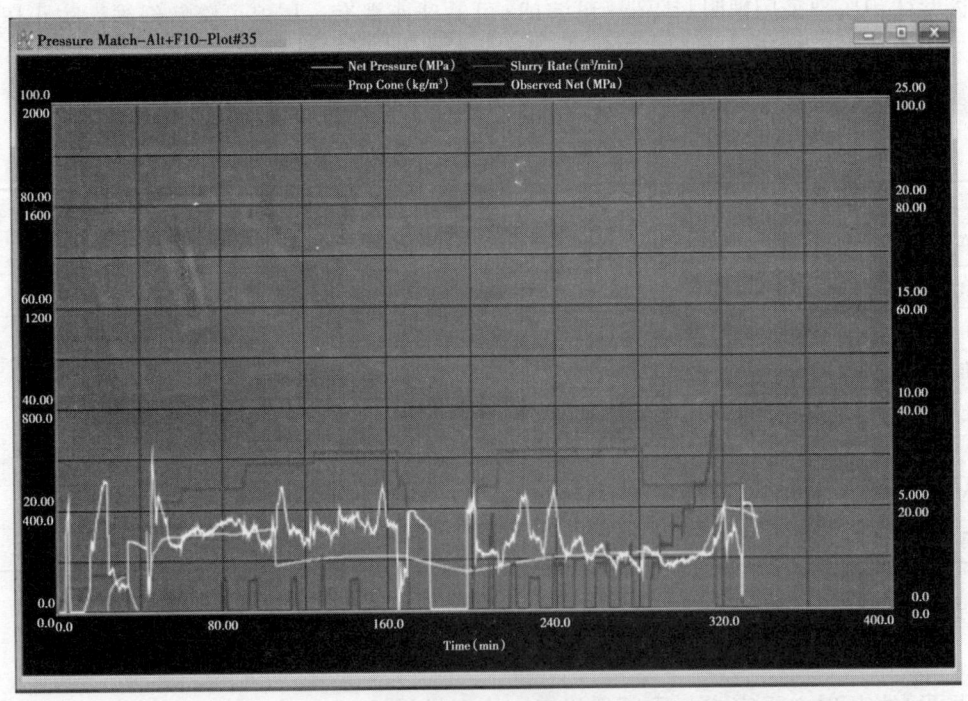

图3 净压力拟合曲线

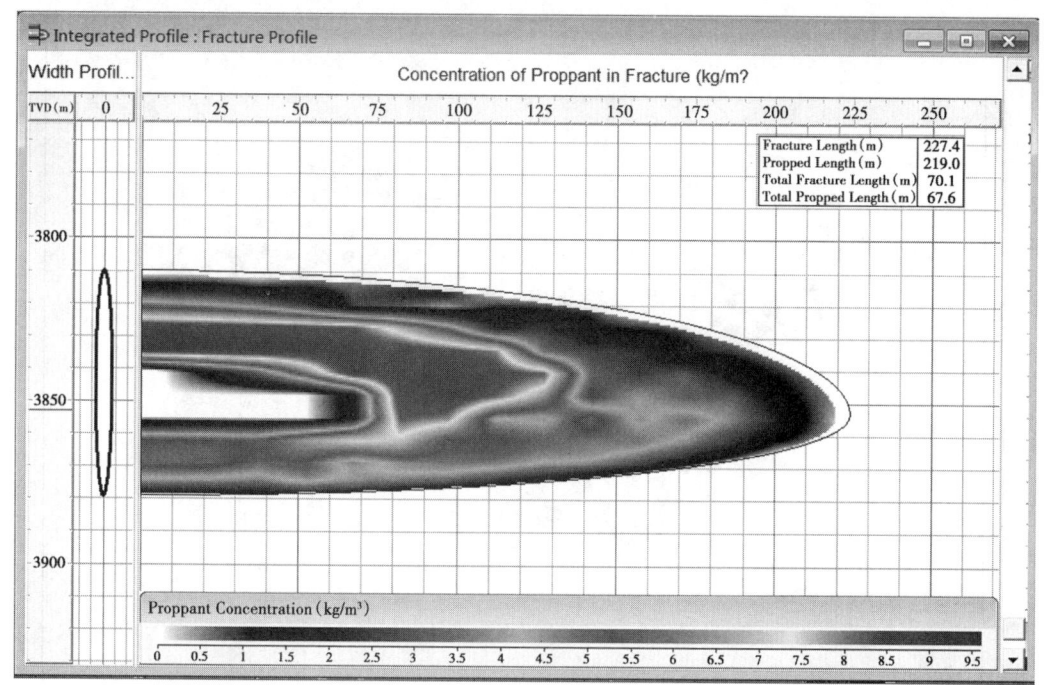

图 4 裂缝形态模拟图

表 7 压后拟合数据表

参数	第1段	第2段	第3段	第4段	第5段	第6段	第7段	第8段
动态缝长（m）	227.4	212.3	200.4	162.7	199.6	235.9	258.2	270.4
支撑缝长（m）	219	185.2	177	146.3	172.6	186.8	203.7	202.7
动态总缝高（m）	70.1	52.1	44.5	34.3	49.1	66.6	71.5	65.9
支撑缝高（m）	67.5	45.5	39.3	30.9	42.5	52.7	56.4	49.4
平均支撑缝宽（cm）	0.27	0.39	0.48	0.33	0.24	0.22	0.24	0.24
导流能力（D·cm）	25	25	32.5	20.2	19	19	23	21
裂缝内净压力（MPa）	15.0	17.3	16.3	13.4	14.5	18.5	19.0	19.5

3.3 微地震监测分析

微地震监测监测表明形成了一定程度的复杂裂缝系统，平均裂缝复杂指数 FCI 为 0.275，压裂施工形成了复杂裂缝，复杂程度不高。如图 5 和图 6 所示：

狮平 1 井裂缝走向：北偏东 40°~50°，裂缝与水平井段夹角 55°~70°。

3.4 措施效果

狮平 1 井于 6 月 29 日至 7 月 6 日进行压裂施工，施工排量 6~8.8m³/min，平均 8m³/min，最高压力 108.7MPa，施工总液量 10363m³，加砂 621m³。最高日产油 395m³，累计产油 8270t（截至 2017 年 10 月）。试采曲线如图 7 所示。

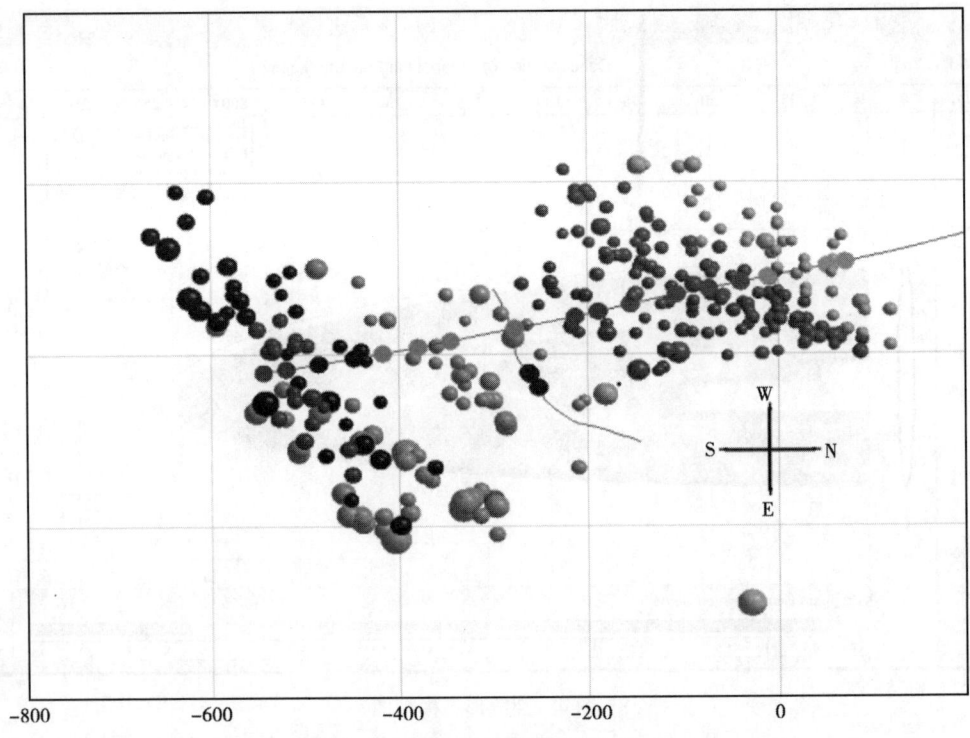

图 5 狮平 1 井微地震监测结果

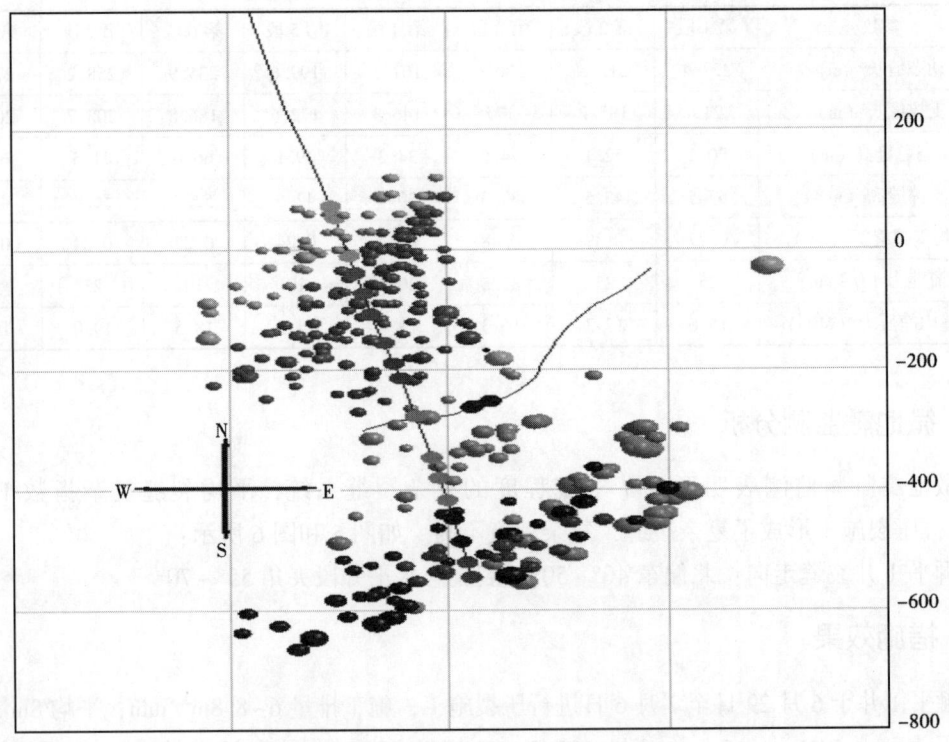

图 6 狮平 1 井裂缝与水平段方位图

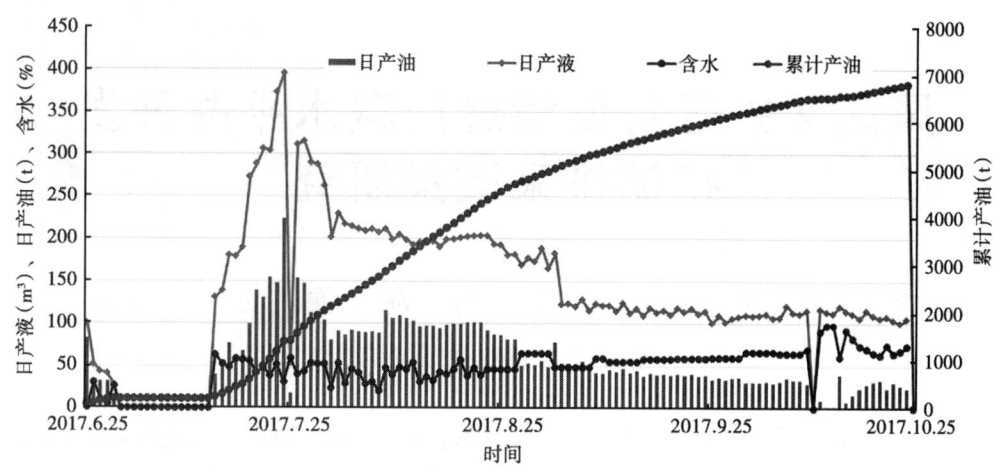

图 7 狮平 1 井试采曲线图

4 结论

（1）通过对英西地区进行力学参数测试和纵横波时差测井地质力学参数分析，岩石力学参数与地应实验结果表明：英西盐下储层杨氏模量 17.5~43.5GPa，泊松比 0.31~0.41，储层岩石脆性高（58.6%），水平应力差适中（11MPa），该区有利于进行体积压裂，形成复杂缝网。

（2）体积压裂的最终目的是形成复杂缝网以提高增产效果，在英西微裂缝发育、岩性具有一定脆性、储集空间复杂，常规措施效果低效或无效的油气藏实施这一技术是经济而有效的。

（3）微地震监测监测表明形成了一定程度的复杂裂缝系统，平均裂缝复杂指数 FCI 为 0.275，压裂施工形成了复杂裂缝，但复杂程度不高。

（4）由于油藏成因各异，沉积特征多样，岩性和物性复杂，裂缝特征也各有不同。因此体积压裂技术应用决不能照搬现成的范例，关键是对储层进行压裂前适应性评价，而后采用配套的工艺技术是成败的关键。

参 考 文 献

[1] 吴奇, 胥云, 王腾飞, 等. 增产改造理念的重大变革——体积改造技术概论 [J]. 天然气工业, 2011, 31（4）: 7-12.

[2] 翁定为, 雷群, 胥云, 等. 缝网压裂技术及其现场应用 [J]. 石油学报, 2011, 32（2）: 237-241.

[3] 李道伦, 徐春元, 卢德唐, 等. 多段压裂水平井的网格划分方法及其页岩气流动特征研究 [J]. 油气井测试, 2013, 22（1）: 13-16.

[4] 陈汾君, 汤勇, 刘世铎, 等. 低渗致密气藏水平井分段压裂优化研究 [J]. 特种油气藏, 2012, 19（6）: 85-87.

[5] 袁彬, 古永红, 李红英, 等. 苏里格东区致密气藏压裂水平井产能影响因素及其优化设计 [J]. 西安石油大学学报: 自然科学版, 2013, 28（2）: 46-48.

[6] 吴奇, 胥云, 王晓泉, 等. 非常规油气藏体积改造技术一内涵、优化设计与实现 [J]. 石油勘探与开发, 2012, 39（3）: 352-358.

[7] 魏子超, 綦殿生, 孙兆旭, 等. 体积压裂技术在低孔致密油藏应用 [J]. 油气井测试, 2013, 22（4）: 50-52.

风南4井区特低渗透油藏水平井开发初期排采政策研究

刘 亮 彭明超 窦 琰 刘 翔 黄 超 刘春兰

(中国石油新疆油田分公司)

摘 要：为确定油藏有效开发方式，实现规模效益开发。2016—2017年在风南4井区部署实施水平井11口，通过其初期生产规律研究及开发效果评价，确定了特低渗透油藏水平井开发初期合理排采政策。即水平井初期生产效果与Ⅰ类油层钻遇率、含油饱和度呈正相关；压裂工艺比对密集切割压裂工艺可显著提高水平井初期生产效果；排采制度划分为焖井油水置换、排液见油、稳压生产三阶段；焖井15~20d可提高油水置换率；排液日产液控制60~80m^3/d；稳压生产油嘴3.0~3.5mm合理、日产液控制在40~60m^3，有利于减少生产干扰，并在单位压降下获得较高产油量。为后期水平井规模开发提供技术储备。

关键词：水平井；初期开发；排采政策；影响因素

1 水平井体积压裂技术

水平井属于定向井家族的分支，它的最基本特点是设计的井眼轨迹同油层的走向基本一致。其最大井斜角达到90°或水平段的井斜角达到85°以上，且在目的层内维持一定长度的水平段或近水平井段。其主要作用是增加裸露面积，增加油气井单井产量，有效改善流体泄流方式，提高采收率。

"体积压裂"是在水力压裂过程中，利用"大排量、低砂比、大液量"的技术做法，通过在主裂缝上形成多条分支缝或沟通天然裂缝，形成复杂缝网系统，由单一裂缝泄流面积扩大为裂缝网络与油藏的接触体积，从而达到提高单井产量的目的。

2 风南4井区水平井开发现状

风南4井区百2层油藏类型为受断裂和岩性共同控制无边水的岩性构造油藏，油层孔隙度9.9%，油层渗透率2.18mD，属于特低孔特低渗砂砾岩油藏，油层平均厚度8.71m。2016—2017年按照300~500m井距、1200m水平段为主部署水平井11口。

3 水平井开发生产效果与影响因素分析

3.1 与直井相比，水平井增产效果明显

风南4井区百2层试油试采获工业油流直井11口、水平井3口，直井初期日产油3.04~10.61t，平均6.60t；对比较早投产的3口水平井均自喷生产，3mm油嘴初期日产油

17.6t～35.7t，平均28.87t；约为直井产量的4.4倍（表1）。

表1 风南4井区块百2层直井试油产量与水平井初产情况对比表

层位	井型	井/层	初期日产（t）	平均（t）
百2	直井	11/11	3.04～10.61	6.60
	水平井	3/3	17.6～35.7	28.87

长期试采井差距明显，由于稳产能力较差，1口试采时间较长直井生产140d，平均日产油4.5t；3口长期试采水平井，试采112～140d，平均日产油12.5～27.5t，约为直井产量的2.8～6.1倍，开发效果好于直井（表2）。

表2 风南4井区块百2层直井与水平井同期试采产量情况对比表

层位	井型	井/层	平均日产油（t）	试采时间（d）
百2	直井	1/1	4.5	140
	水平井	3/3	12.5～27.5	112～140

3.2 压力、生产天数、返排率

11口水平井，开井平均压力11.7MPa，见油平均压力8.2MPa，含油率达到40%平均压力6.6MPa；见油时平均所需生产天数17d，含油率达到40%所需生产天数56d，见油时平均返排率1.8%，含油率达到40%返排率9.3%（表3）。

表3 水平井开井、见油及含油率40%时压力、天数、返排率统计表

井号	开井压力（MPa）	见油时			含油率40%时		
		压力（MPa）	生产天数（d）	返排率（%）	压力（MPa）	生产天数（d）	返排率（%）
水平井1	9.6	7.6	17	4.7	7.1	37	10.2
水平井2	12.1	8.2	11	1.7	8.2	15	2.0
水平井3	10.4	6.5	12	2.2	4.6	48	13.1
水平井4	13.1	8.6	23	1.8	7.2	35	3.3
水平井5	13.8	10.4	20	1.8	8.6	37	3.8
水平井6	13.0	9.4	24	1.3	7.3	80	12.1
水平井7	14.3	11.6	7	0.5	8.0	19	1.2
水平井8	13.2	10.2	32	2.7	8.0	82	9.9
水平井9	8.8	6.6	9	0.5	4.3	97	21.0
水平井10	8.4	6.6	9	0.5	5.2	91	15.1
水平井11	11.9	5.9	21	2.5	3.6	72	10.5
平均	11.7	8.2	17	1.8	6.6	56	9.3

3.3 地质影响因素

风南4水平井投产初期效果与Ⅰ类油层厚度与含油饱和度正相关。在压裂规模相近

(水平井1、水平井2、水平井3、水平井7每米加砂0.9~1.2m³，水平井4、水平井5、水平井6每米加砂1.6~1.7m³）的情况下，Ⅰ类有效厚度相对较小、含油饱和度相对较低的水平井3、水平井6见油时间相对较长、初产较低（图1、图2、图3）。

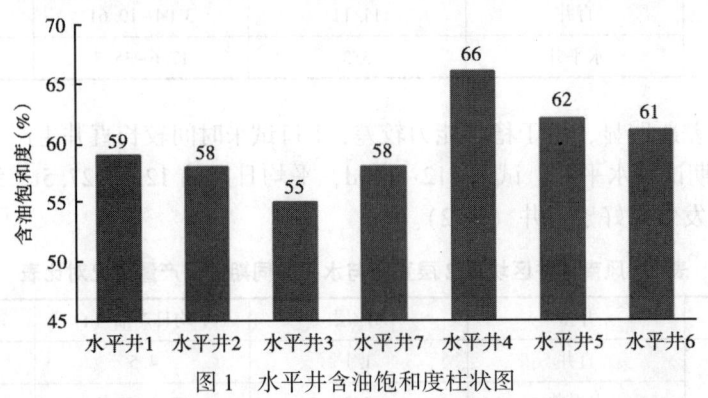

图1 水平井含油饱和度柱状图

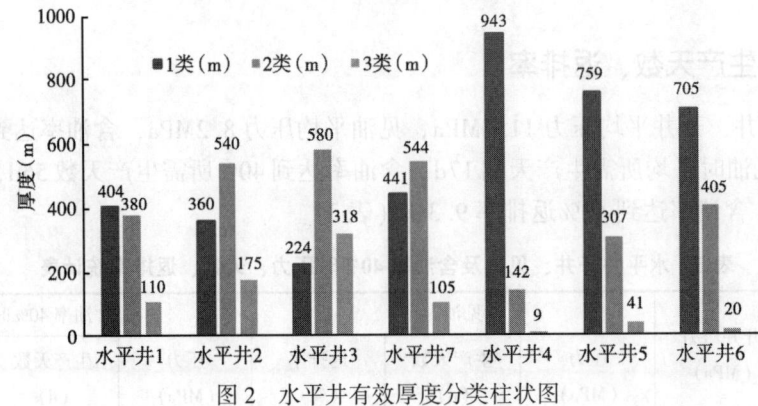

图2 水平井有效厚度分类柱状图

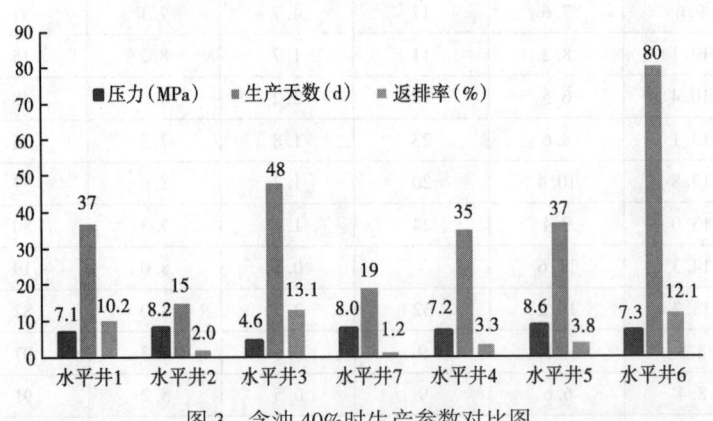

图3 含油40%时生产参数对比图

3.4 压裂工艺

3.4.1 压裂方式

采用水力喷射单簇压裂的生产效果优于采用桥塞联作单段压裂（图4）；如物性相近的水平井1井与2井，在累计产90d，水平井1井累计产油2130t，返排率14.4%，水平井2井累计产油2252t，返排率4.0%。

3.4.2 压裂规模

加大规模有利于提高地层压力，采用大规模压裂井开井压力明显提高（图5）。

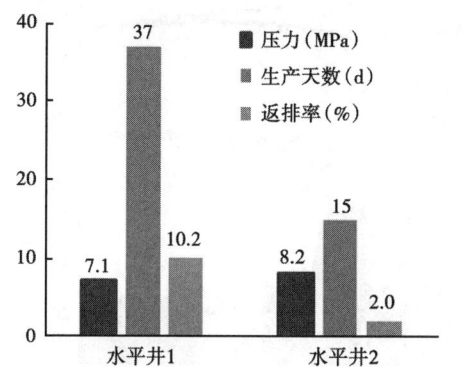

图4 不同压裂方式达到含油40%时生产参数对比图

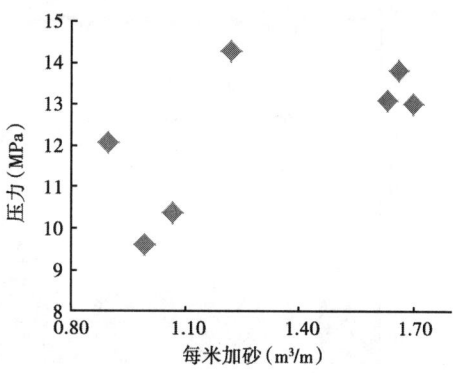

图5 每米加砂与开井压力关系图

3.5 压裂干扰影响

压裂干扰现象12次，干扰级数占总压裂级数的5%，属正常现象。干扰表现为平行于最大主应力方向的东西向干扰（图6）。干扰后含油率明显下降，如水平井1井第一次干扰，恢复期76d，排液1250m^3；第二次干扰，恢复期95d，排液2573m^3（图7）。

分析干扰成因认为，水平井测井资料显示水平段存在很少量的岩性变化段、应力薄弱面，可能成为引起压裂干扰的潜在因素。

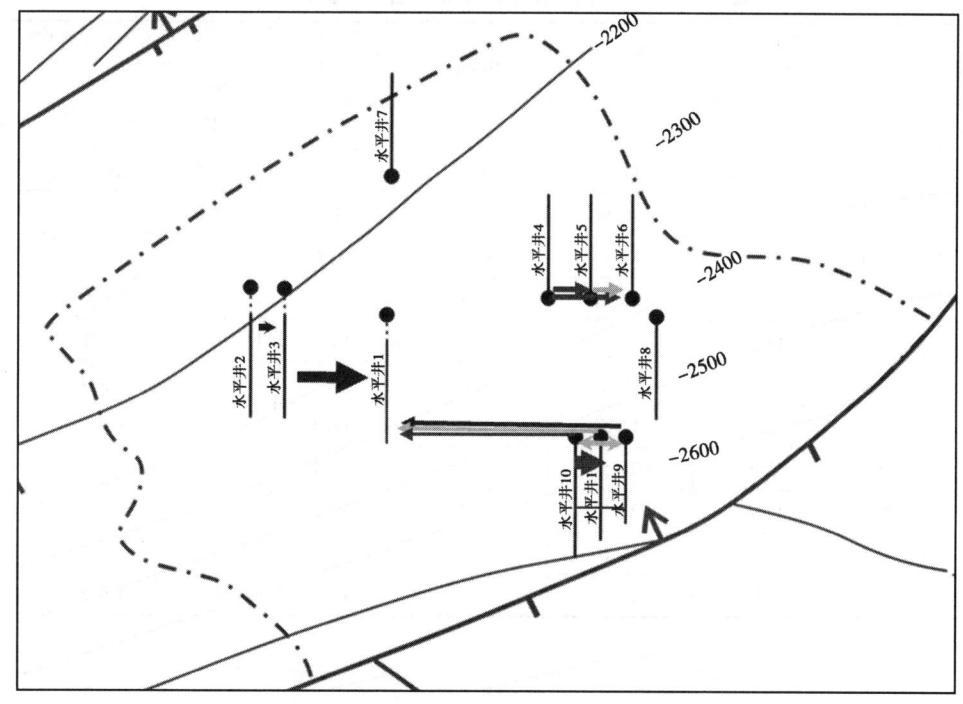

图6 水平井压裂干扰方向示意图

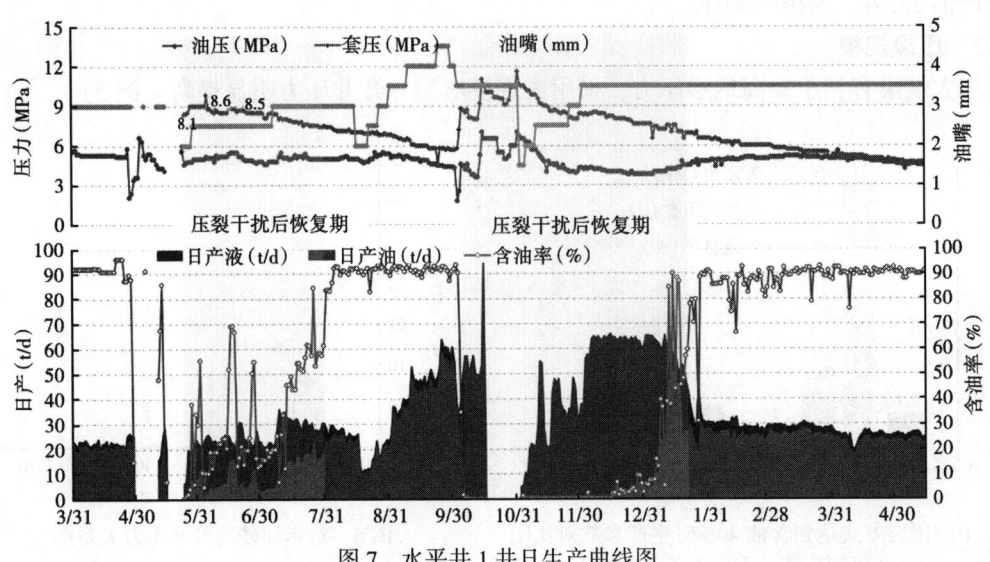

图 7 水平井 1 井日生产曲线图

其次干扰与区域最小主应力大小有一定关系，停泵压力越小（水平最小主应力），裂缝越长，风南 4 井区最小主应力系数较低，易于形成较长人工裂缝，即使水平段与最小应力方向夹角，人工裂缝仍然会沿最大水平主应力方向（东西向）向远处延伸较大距离。

统计不同井距水平井出现干扰次数，300m 井距干扰出现 7 次，400m 井距干扰出现 2 次，500m 井距干扰出现 3 次，井距小，压裂规模越大，压裂干扰越严重，分析认为压裂规模及井间干扰是造成 300m 井距返排率高（18.4%）的重要原因（表4）。

表 4 水平井不同井距生产 160 天后生产数据对比表

井距 (m)	井号	水平段长度 (m)	压裂液注入量 (m³/m)	加砂量 (m³/m)	开井压力 (MPa)	生产 160 天数据		
						压力 (MPa)	压降 (MPa/d)	返排率 (%)
300	水平井 10	1424	17.0	0.9	8.4	3.5	0.031	17.5
	水平井 11	1216	20.9	1.1	11.9	1.5	0.065	13.2
	水平井 9	1011	18.1	1.0	8.8	2.2	0.041	24.6
	平均	1217	18.7	1.0	9.7	2.4	0.046	18.4
400	水平井 2	1245	13.7	0.9	12.1	4.8	0.046	5.9
	水平井 3	1205	15.3	1.1	10.4	3.3	0.044	22.8
	平均	1225	14.5	1.0	11.3	4.1	0.045	14.4
500	水平井 4	1206	24.5	1.6	13.1	5.3	0.049	10.6
	水平井 5	1206	27.8	1.7	13.8	3.5	0.064	6.3
	水平井 6	1232	18.6	1.7	12.8	4.5	0.052	19.2
	平均	1215	23.6	1.7	13.2	4.4	0.055	12.0

4 水平井开发初期排采制度研究

4.1 阶段划分

对水平井"体积压裂"后至正常生产时间段进行细分，通过资料研究、压裂特征、压降规律、系统试井等系列研究，划分为压裂后焖井（有效利用能量）、初期排液（优化油嘴大小，加快排液）、正常生产（阶段生产制度优化）3个阶段。

4.2 焖井油水置换阶段制度

（1）压裂液渗吸对水平井产能主要有两方面影响。有利方面，压裂液中活性水有助于改变润湿性，其次渗吸产生储层能量补充，有利于发生油水交换；不利方面，压裂液对地层会造成水敏伤害且温度低，易造成地层冷伤害。

（2）储层天然裂缝不发育，两向应力差不小于10MPa（最大：73MPa，最小：47MPa），岩石塑性特征明显，脆性较差，体积压裂形成复杂缝网难度大，破碎块半径大，油水置换需要更长时间与内外压力差。

$$t_p = \frac{h_m}{v} = \frac{\phi \mu_o h_m}{K \Delta p}$$

式中 t_p——置换时间，Ms①；
h_m——破碎块半径，m；
v——油水置换速度，m/ms；
ϕ——岩石孔隙度；
μ_o——地层原油的黏度，mPa·s；
K——地层渗透率，μm²；
Δp——驱动压差（裂缝中液体压力与基质压力差），kPa。

压裂后缝网体要达到平衡需要一定的油水重新分布时间，置换时间与地层破碎块半径和驱动压差有关，破碎块半径越小，驱动压差大，置换时间越短。

（3）对于生产前未受压裂干扰井，结合类似油藏M131井区水平井生产数据，确定见油早、返排率低的合理焖井天数为15~20d（图8、图9）。

（4）生产前受压裂干扰井，结合类似油藏M131井区水平井生产数据，确定见油早、返排率低的合理焖井天数为20~30d（图10、图11）。

4.3 排液见油阶段制度

（1）为防止压裂砂回吐，采用1.5mm油嘴开井（水平井1井在放大油嘴清蜡过程中有出压裂砂现象，水平井2井在2.0mm油嘴生产过程中出现压裂砂堵，水平井7井在1.5mm油嘴生产过程中返出压裂砂）。

---

① Ms—兆秒，10^6s

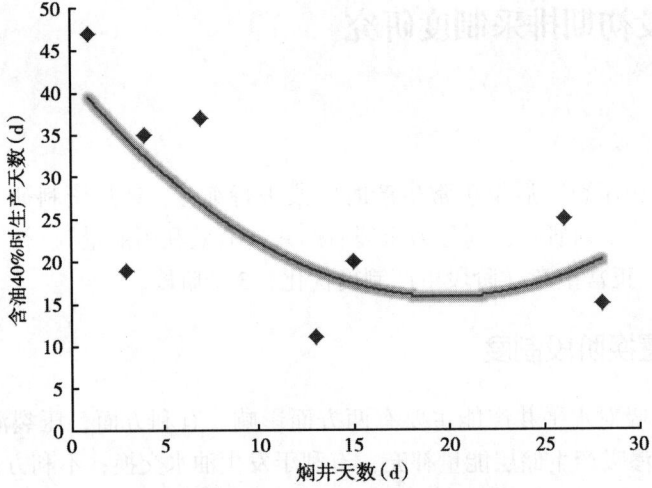

图 8　焖井天数与含油 40%时生产天数图

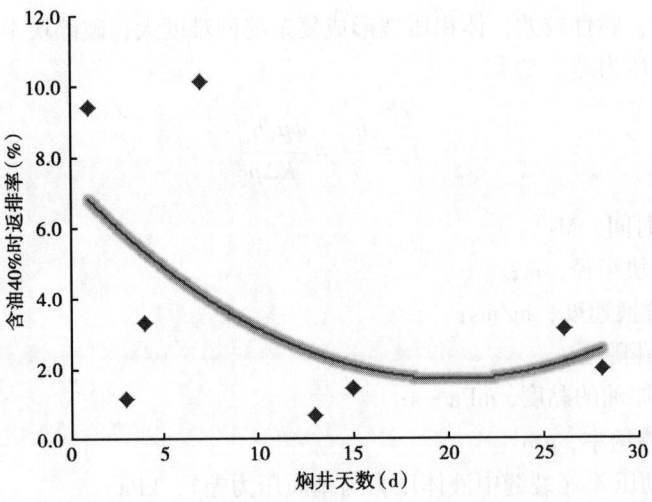

图 9　焖井天数与含油 40%时返排率图

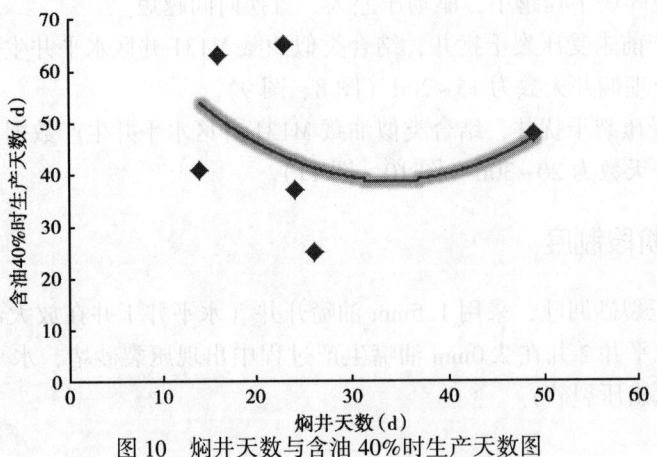

图 10　焖井天数与含油 40%时生产天数图

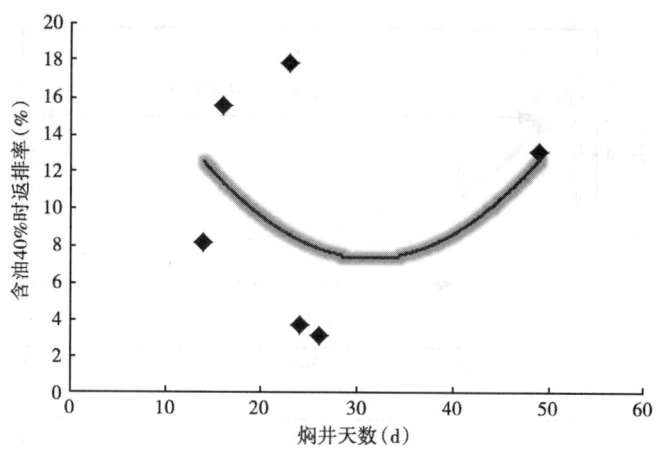

图 11 焖井天数与含油 40%时返排率图

(2)依据闭合压力(表5),逐级稳定 3~5d 后放大油嘴,加快排液速度。

表5 风南4井区闭合压力计算表

序号	井号	水平最小主应力计算井口闭合压力(MPa)		停泵压力计算井口闭合压力(MPa)		压力拐点计算井口闭合压力(MPa)
		最小主应力(MPa)	闭合压力(MPa)	停泵压力(MPa)	闭合压力(MPa)	
1	水平井8	44.5	16.4	16.2	13.6	13.7
2	水平井4	44.5	17.9	19	16.6	13.9
3	水平井5	45.3	18.7	20.5	18.1	14.5
4	水平井6	45.3	18.5	18	15.6	14.3
5	水平井7	41.7	16.5	18.6	16.3	14.6

4.4 正常生产阶段制度

(1)从国内水平井生产实际表明,延缓溶解气驱过早的出现,可使水平井保持稳产,初期产量越大,井底压力下降越快,溶解气驱出现就越早,产量递减就越大(图12)。

(2)油藏储层物性差,毛细管压力曲线表现为偏细歪度(图13),孔隙分选较差,具有小孔隙和细喉道的特征,储层具有中等压力敏感,需维持稳定的生产制度。

(3)系统试井表明,在井距较小情况下放大生产压差会产生相互干扰,水平井2在系统试井时发现,当水平井2油嘴换至3.5mm时液量含水上升,相邻井水平井3在相同油嘴下液量明显下降(图14)。

(4)系统试井表明,油嘴放大至3.5~4.5mm油嘴后含水有上升趋势,考虑生产干扰及单位压降下最大累计产油,建议有邻井生产时油嘴控制在3.0mm,无邻井生产时油嘴控制在3.5mm(图15、图16)。

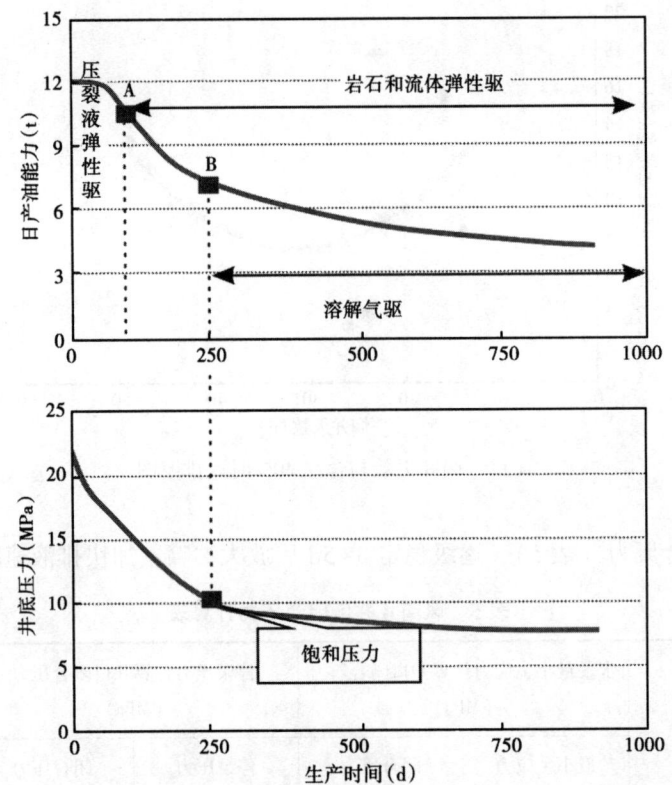

图 12 水平井自然能量开发过程驱动能力示意图

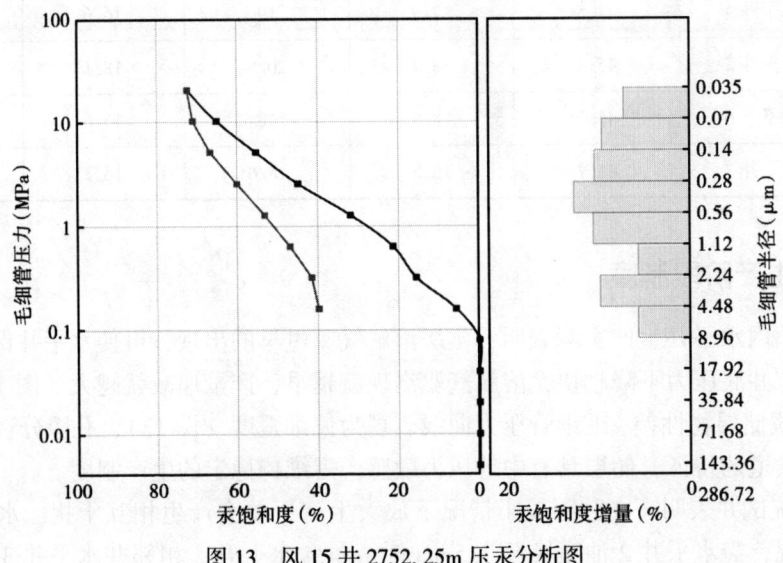

图 13 风 15 井 2752.25m 压汞分析图

（5）为减小井间干扰和速敏伤害，油嘴控制到 3.0~4.0mm，当油嘴过大时，出现明显干扰（图17）。

（6）通过数值模拟预测初期日液量控制在 40~60t 时，年递减相对较慢，阶段累计产量

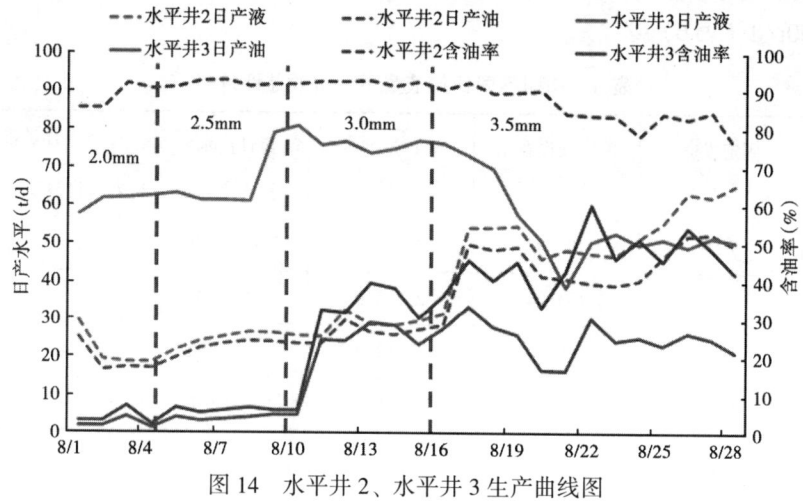

图 14 水平井 2、水平井 3 生产曲线图

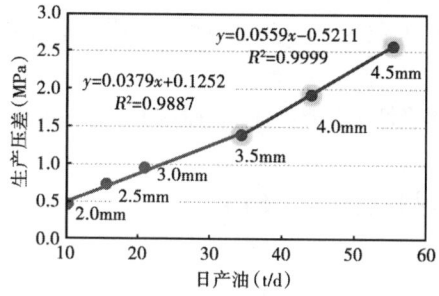

图 15 水平井 1 系统试井产油指示曲线图

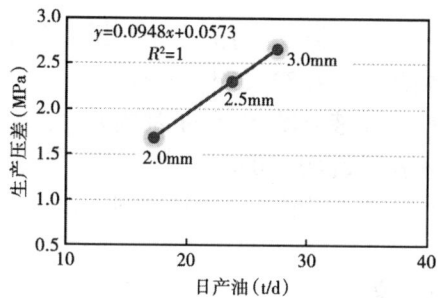

图 16 水平井 2 系统试井产油指示曲线图

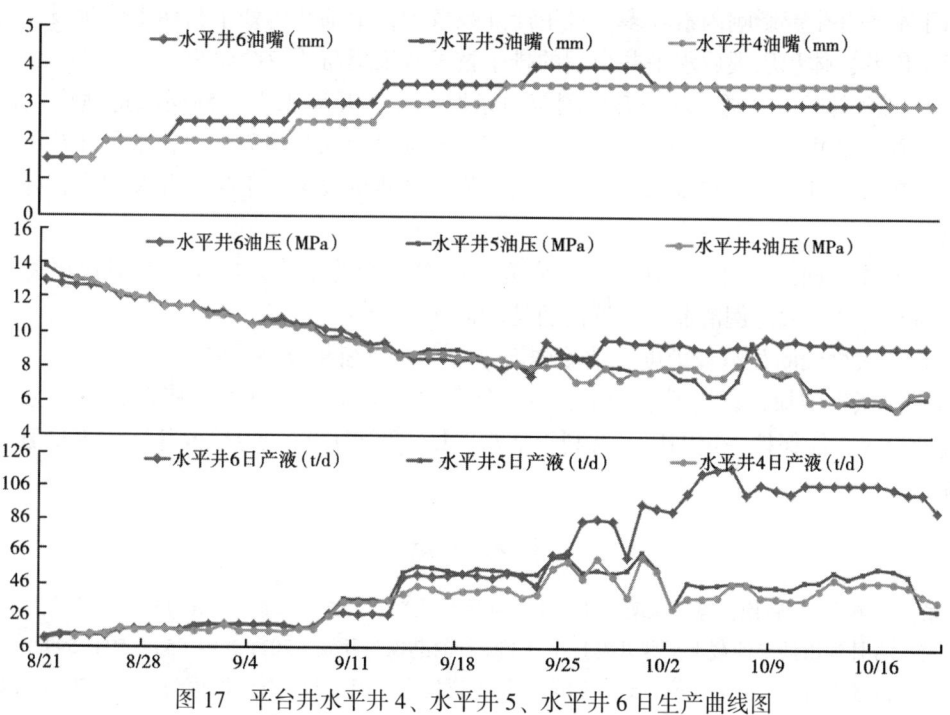

图 17 平台井水平井 4、水平井 5、水平井 6 日生产曲线图

455

最高，生产效果最好，浮动油价下内部收益率最高。建议初期日产液量控制在 40t/d 最佳，最大不超过 60t/d（表6）。

表6　初期不同日产液量下经济效益评价表

不同初产	固定投资（万元）	单位操作费用（元/t）	累计产油量（t）	累计产水量（m³）	浮动油价下	
					内部收益率	投资回收期
日产液 20m³	3350	192.04	27607.7	11174.0	18.95	4.45
日产液 40m³	3350	184.04	28735.6	9411.3	27.59	3.15
日产液 60m³	3350	189.10	28152.3	11491.9	27.40	3.37
日产液 80m³	3350	195.80	27185.8	12464.7	25.1	3.5

4.5　认识

（1）焖井阶段：生产前未受压裂干扰井建议焖井天数为 15~20d；生产前受压裂干扰井建议焖井天数为 20~30d。

（2）排液阶段：1.5mm 油嘴开井，生产 3~5d 逐级调大油嘴，油嘴控制到 3.0~4.0mm，日产液控制到 60~80m³。

（3）生产阶段：油嘴控制到 3.0~3.5mm，日产液控制到 40~60m³。

5　建议

由于水平井生产影响因素较多，且生产井数较少，个别井仍处于初期生产阶段，尚未有明确经验借鉴，体积压裂后水平井合理的排采技术政策仍需要持续研究。

（1）加大科研项目研究及动态监测资料录取工作，开展水平井储层改造适应性评价及方法分段测试试井技术研究与应用。加强动态监测资料录取及攻关，包含水平井井下微地震监测、复杂渗流机理认识与试井解释、剖面动用程度测试攻关、干扰试井及周围直井压力连续监测等。

（2）开展不同试验攻关对比工作，研究压敏对生产的影响，加大压裂对比试验：密集切割、固井滑套、大比例滑溜水、缝内暂堵转向。

（3）加大微细断裂解释力度，油藏内部是否存在微细断裂仍需要加强攻关。

（4）注氮气增加，氮气不溶于水，较少溶于油，且具有良好的膨胀性，重力分异驱替时弹性能量大，能保持一定围压，有利于油水置换，下步可对压力较低井注入少量氮气，实现增加围压。

参 考 文 献

[1] 张景，伍顺伟，李映艳，等. 风南4井区水平井体积压裂开发试验方案，2016.11.
[2] 赵静. 吉林油田低渗油藏水平井开发技术［J］. 石油勘探与开发，2011，38（5）：594-599.
[3] 王文东，赵广渊，苏玉亮，等. 致密油藏体积压裂技术应用［J］. 石油勘探与开发，2013，34（3）：345-348.

［4］程林松,张健琦,李春兰.水平井井网整体开发产能研究［J］.石油钻采工艺,2002,24（2）:39-41.

［5］姚约东,葛家理,何顺利,等.水平井五点井网产能计算研究［J］.石油大学学报:自然科学版,1999,23（3）:41-43.

［6］雷群,胥云,蒋廷学,等.用于提高低—特低渗透油气藏改造效果的缝网压裂技术［J］.石油学报,2009,30（2）:237-241.

大庆油田水平井多段及体积压裂工艺技术研究与应用

金显鹏 刘 鹏 周洪艳 贾岩学 张新珠

(中国石油大庆油田有限责任公司)

摘 要：大庆外围低丰度葡萄花储层，小层多、厚度薄、直井压裂产量低；扶余和高台子致密油储层具有孔渗条件差、流度低、单层厚度薄，纵向不集中、横向不连续、裂缝不发育等特点，现有探明未动用储量 $2.93×10^8$ t。通过有效渗流、应力干扰理论研究，缝间距优化方法攻关，形成了适合大庆条件的"切割、切割+缝网、切割+分支缝"三种体积改造工艺，以及布缝条数、布缝位置、排量、规模等"十四个方面"精细优化设计。并针对不同储层和区域特点，形成了系列化配套工艺，对于新井，发展形成了桥塞多簇分段压裂、连续油管通洗井+水力喷射+环空加砂一体化压裂技术，并实现了区块工厂化高效作业与工艺规模化应用；对于老井，创新研制了水平井滑套式坐压多层工具，通过工艺技术的规模应用，实现了低渗低产井大幅度提产和致密油有效动用。

关键词：大庆油田；水平井；多段及体积压裂；研究；应用

水平井开采可大幅度提高油气藏接触面积，其泄油面积越大，产量越高。随着水平井压裂技术的快速发展，难动用储量得到有效开发，水平井开采已由低渗油气藏逐步拓展到超低致密油气藏，领域由常规油气逐步拓展到致密油、页岩气、致密气等诸多非常规领域。大庆油田从早期开展水平井限流法压裂试验开始，针对油气勘探开发的需求，通过数十年的持续研究和攻关，逐步发展形成了水平井系列工艺技术，本文归纳、剖析了各项技术发展情况及应用效果，分析了水平井改造压裂技术的发展方向。近年来，通过借鉴国外理念，结合大庆致密油储层条件，研究形成有效渗流、应力干扰理论，缝间距优化方法，采用多簇多段大规模压裂实现立体改造研究思路，攻关形成了适合大庆条件的"切割、切割+缝网、切割+分支缝"三种致密油体积改造工艺，依据岩性、物性等七性分析，通过布缝条数、布缝位置、排量、规模等"十四个方面"精细优化设计，实现了致密油各类储层有效提产。

1 大庆油田致密储层地质特点

大庆油田致密油储层主要分为两类：Ⅰ类：孔隙度 8%~12%，渗透率 0.1~1mD，以油浸和油斑为主，储量 $9.2×10^8$ t；Ⅱ类：孔隙度 5%~8%，渗透率 0.02~0.1mD，以油斑和油迹为主，储量 $3.5×10^8$ t。平面非均质性强、储层薄，主要以油斑为主。扶余和高台子致密油，孔渗条件差、流度低、单层厚度薄，与国内外同类改造对象差异大，大庆致密油厚度薄、纵向不集中、横向不连续、裂缝不发育，常规直井及水平井压裂效果差，以往措施手段难以实现有效动用。

2 水平井压裂工艺优化设计

2.1 水平井体积压裂设计理念

裂缝干扰及渗流分析,实现簇数、缝间距优化及工艺优选。依据储层力学参数,通过应力干扰模拟及界限确定,实现"簇数、缝间距"优化,保证了裂缝有效延伸。

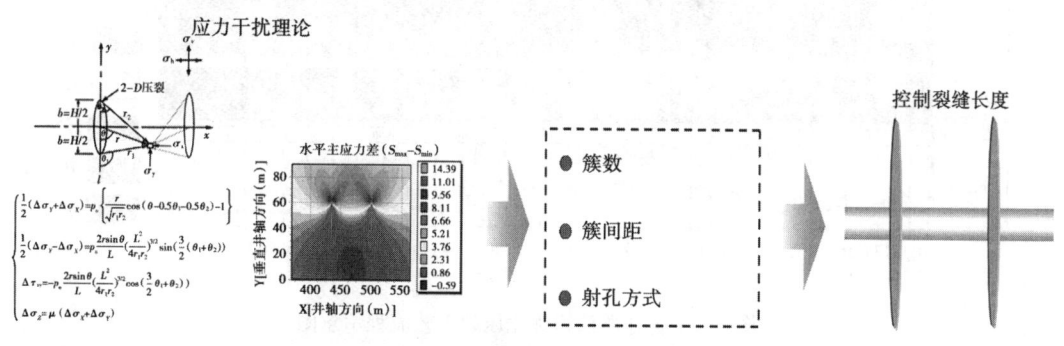

图1 水平井体积压裂应力干扰理论示意图

依据储层物性、流体性质,通过流体渗流规律分析,实现工艺优选,保证了裂缝动用范围有效控制。

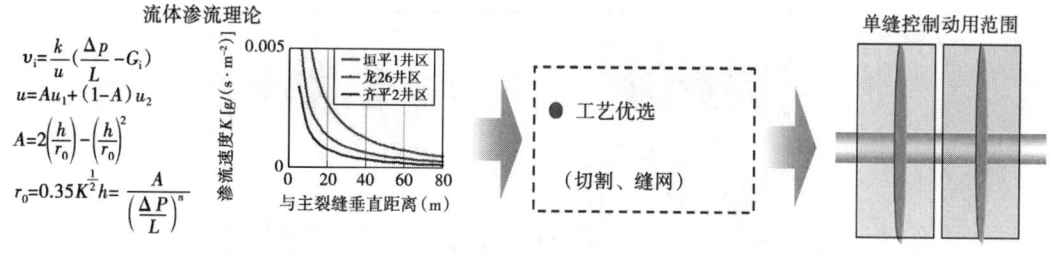

图2 渗流理论指导工艺优选

2.2 最大井控砂体有效改造范围设计优化

综合随钻、测录井及地震属性解释结果,强化平面砂体、纵向储层评价,合理划分井段,保证平面砂体有效控制,优化穿层工艺设计,实现纵向小层有效动用。根据随钻曲线与直井对应关系评价,找准储层位置;对非钻遇段进行上下砂体预计评价,找准穿层位置;多井岩性隔层对比,不同井段不同缝高评价;依据地震属性解释成果、断层位置确定裂缝长度,保证砂体平面有效控制。

2.3 压裂改造体积评价及优化技术

强化裂缝评价,合理指导规模优化。通过统计86个层施工参数、监测和效果数据,建立了规模调整标准,缝长符合率达到80.4%;依据致密储层"有效SRV=产量"理论,建

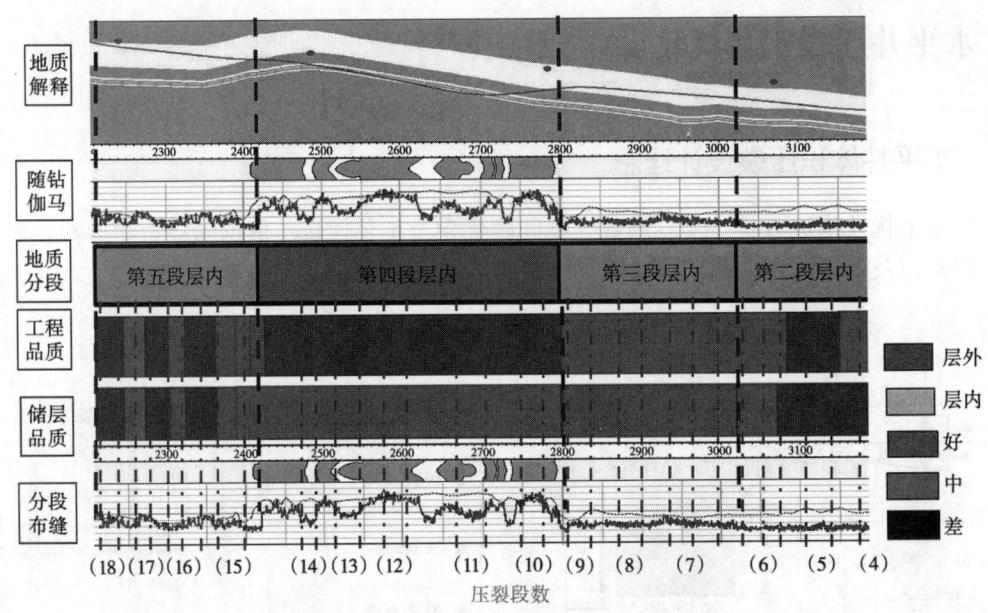

图3 结合地质认识优化压裂工艺流程示意图

立了不同物性条件下规模与产能关系图版,产能预测准确率达到75%,为以效益产能为目标的方案设计提供了依据。

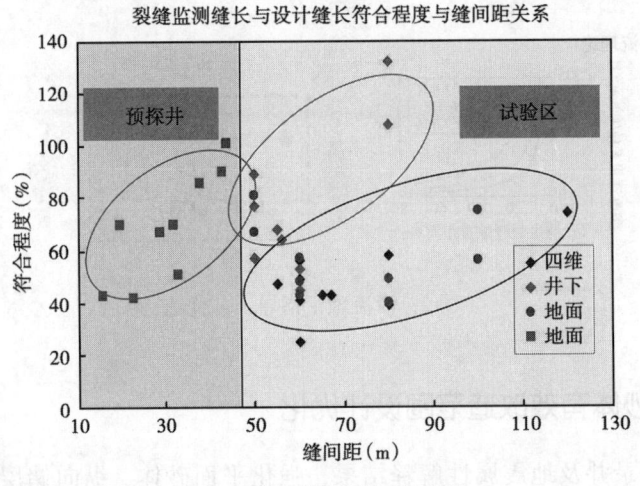

图4 缝长优化评价效果图

2.4 低成本原材料优化设计

针对物性相对较好的致密油Ⅰ类储层,通过采用高砂比、少液多砂设计,优化降低前置液比例、提高加砂强度,确保裂缝长期生产后仍有较好的导流能力,实现持续高产,同时少液多砂降低成本;在优化支撑剂应用方面,既考虑裂缝有效支撑、保证长期导流能力,又要考虑成本控制,为此,针对低闭合压力的井,优化采用石英砂替代陶粒控制成本,对于深度大于1800m、闭合压力超过30MPa的井,采用高强度陶粒保证裂缝长期有效,实现稳产。

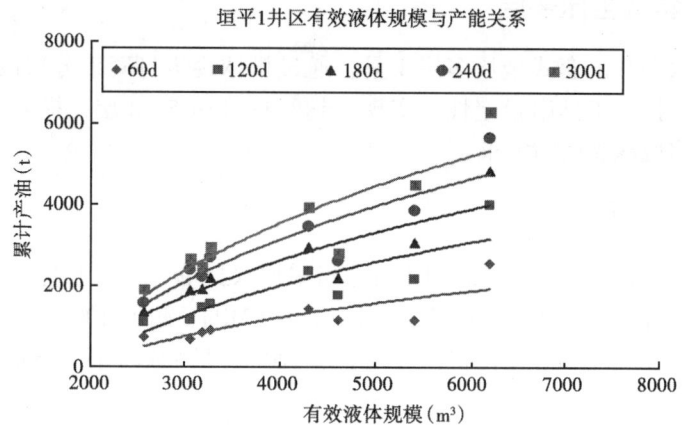

图 5　不同物性条件下规模与产能关系模板

3　多段及体积压裂施工工艺

3.1　工艺优化原则

依据储层特点、含气及套管封固情况综合考虑，配套应用 5 种主体工艺，重点改进配套工具，满足了不同井况和改造需求（表1）。

表 1　5 种主体工艺应用情况表

压裂方式	工艺适应条件、优选原则
复合桥塞分段压裂	应用复合桥塞实现有效分隔多簇施工，施工高地层压力系数储层改造
连续油管水力喷射环空加砂压裂	长水平段、大排量、大规模施工的新井，一趟管柱最多压裂 12 段
坐压多段压裂工艺	地层压力高，一趟管柱坐压 5~8 段，提高一次改造成功率及施工时效
油管水力喷射压裂	底部连接封隔器，上提施工方式；针对固井质量差，储层破裂压力相差不大的新、老井
双封单卡分段压裂	固井质量好，具有一定隔层厚度的新、老井

3.2　桥塞套管压裂工艺

针对水平井多簇大排量体积压裂工艺需求，采用桥塞分段套管压裂，最高施工排量达 13m³/min，平均每天可施工 4 段。攻关的全复合材料桥塞承压 70MPa、耐温 120℃。

3.3　连续油管环空加砂压裂工艺

攻关形成了连续油管通洗井+水力喷射+环空加砂一体化压裂技术，一趟管柱即可完成快速通洗井，再下一趟管柱就可完成全井射孔和所有层段压裂施工，最大施工排量提高到 9m³/min，单底部机械式封隔器最多施工 12 段、承压 70MPa、耐温 120℃，平均施工 5 段/d，满足了大排量、大砂量、带压环保压裂需求。

3.4 水平井滑套式坐压多层

创新研制了水平井滑套式坐压多层工具，通过投球逐级打套细分层段，通过改进喷砂器、封隔器结构，提高工具串稳定性，实现一趟管柱坐压5~8层，提高一次改造成功率，同时满足水平井多段压裂防喷需求。

3.5 双封单卡分段压裂

针对部分水平井局部套管漏或密封不好，可采用双封单卡压裂工艺对目的层段进行定点改造，采用压控循环开关阀实现内防喷，管柱承压70MPa、耐温100℃，单趟管柱压裂段数15段，单趟管柱最大加砂规模210m^3，最大卡距120m，最大施工排量5m^3/min。

4 应用效果

4.1 水平井体积压裂应用情况

目前，水平井体积压裂已成为致密油动用的关键技术，累计应用97口（表2），产油36.59×10^{4}t，平均单井初期日产油18.9t，稳定日产油是同区块直井的5倍以上，有效降低了致密油开发下限（孔隙度由12%下降到8%、渗透率下降到0.5mD），可使已提交近6.37×10^{8}t储量实现有效开发；近两年，体积压裂技术在深层致密气储层应用也取得了好效果，累计试验15口井，获工业气流10口，单井日产气量达到9.9×10^{4}m^3，宋深103H井获得日产31.5×10^{4}m^{3}的高产工业气流，未来通过技术完善和应用，有望实现深层1370×10^{8}m^{3}致密气的升级动用。

表2 致密油水平井体积压裂效果统计表

区块/井	井数（口）	单井段数（段）	单井加砂量（m^3）	单井压裂液（m^3）	平均单井初期日产油（t/d）	平均单井目前日产油（t/d）	累计产油（×10^{4}t）
探井	31	10.9	1179	13948	28.52	3.11	11.01
垣平1区	8	9.1	883	9111	25.8	3.84	6.35
龙26区	10	11	729	9211	26.8	5.95	12.08
齐平2井	10	10	1083	14850	2.52	1.98	1.01
芳38	9	10.1	773	7389	11.4	2.65	1.12
葡34	8	6	696	12257	13.6	3.51	2.08
龙26外扩	15	12	1078	15878	13.2	3.9	2.28
源151	6	10	974	10058	5.9	4.2	0.66
均/和	97	10.3	992	12463	18.9	3.52	36.59

4.2 水平井多段压裂工艺应用情况

重点在外围低丰度葡萄花储层应用（表3）。新井累计应用76口，在茂15-1等新井压力系数高且有伴生气的区块得到了规模应用，解决了以往常规压裂作业工艺每段压后需长时间排液泄压才能上提管柱压裂下一段，施工时效低、环保控制难度大的难题。2016 年在古 693 区块应用 23 口井，压裂作业时效较常规双封单卡提高 40%以上，其中古 693-100-平 86 井，12 段压裂仅用时 17 小时。该技术的突破，为区块工厂化高效作业与工艺规模化应用提供了有力支撑。老井应用 11 口井，时效较常规双封单卡压裂提高 35%，解决了高压含气水平井无法环保施工的难题，填补了外围近百口大段射孔老井重复挖潜空白。

表3 水平井多段压裂效果统计表

工艺	年度	分厂	井数（口）	平均段数（段）	初期日产油（t/d）	压后生产天数（d）	平均单井阶段累计增油（t）
连续油管水力喷射环空加砂压裂	2011	七厂	1	2.0	7.0	2064	11014.0
		八厂	1	9.0	17.6	1963.0	5285.0
	2012	八厂	1	9.0	11.6	1823.0	6933.0
		九厂	1	7.0	11.0	1640.0	6891.0
	2013	九厂	1	7.0	2.2	1280.0	1797.0
	2014	七厂	3	9.0	13.5	740.3	3724.3
		九厂	6	7.8	6.1	951.7	3988.0
	2015	七厂	5	7.6	8.2	679.6	2513.4
		九厂	11	8.2	6.5	402.7	1986.2
		十厂	5	5.2	4.6	690.0	1092.2
	2016	探评	2	20.5	6.9	98.5	175.7
		七厂	2	15.0	3.0	13.5	22.9
		八厂	2	12.5	7.0	179.5	531.0
		九厂	23	8.5	7.2	252.5	880.2
		十厂	2	17.0	8.6	124.7	547.7
	2017	探评	1	23.0	12.4	14.4	131.5
		九厂	9	9.6	6.2	10.0	66.0
水平井滑套式坐压多层	2014	九厂	1	6	2.1	572.0	1321.0
	2015	八厂	6	5.2	8.1	389.5	1317.3
		九厂	2	5.0	7.2	479.5	2580.0
	2016	八厂	1	4.0	12.2	328.0	2611.0
		十厂	1	6.0	4.4	182.0	423.0
合计/平均			87	9.28	7.89	676.1	2537.8

5 结论

（1）通过体积缝形成的理论研究，结合砂体、物性和含油性等差异分析，形成并固化了以"十四个优化"为主体的水平井体积压裂设计方法，该方法以机理研究为基础、工程与地质有机结合，使得改造井达到了预期改造效果，保证了"单井高产量"。

（2）在低渗透区块水平井压裂施工中，新井全面推广连续油管通洗井+水力喷射+环空加砂一体化压裂技术，老井规模应用滑套式坐压多层压裂技术，可实现水平井高效、安全、环保压裂施工。

参 考 文 献

[1] 王晨. 水平井压裂技术研究现状及发展趋势，科学管理，2016年第9期：196.
[2] 胡艾国等，大牛地气田水平井压裂技术现状及展望，钻采工艺[J]，2012，35（5）：59-62.
[3] 李宗田. 水平井压裂技术现状及展望，石油钻采工艺[J]，2009，31（6）：13-17.

水平井压裂技术在现河低渗透油藏中的应用

张淑娟　冯庆伟　万惠平　田华东　宋克炜　李　敏

（中石化胜利油田分公司现河采油厂）

摘　要：水平井压裂技术是特低渗油田开发的一项有效开采手段。本文以现河特低渗油藏的 S127-P1 井为例，重点介绍了限流法压裂技术、支撑剂段塞技术在该井的应用，同时通过压裂工艺参数优化及压裂液优选，并结合油藏实际效果，分析了水平井压裂技术在现河油区的应用效果和前景。

关键词：水平井压裂；限流法压裂技术；支撑剂段塞技术；工艺参数优化；压裂液优选

S127-P1 井是现河特低渗储层 S127 块的一口水平井，该井在压裂施工的过程中为了取得良好的压裂效果，针对压裂施工存在的难题采取了一系列针对性措施。如限流法压裂技术、前置段塞施工技术，同时根据油藏实际，优化工艺参数，并优选压裂液。通过这些技术的应用及压裂参数的优化，现场施工顺利，并取得了较好的改造效果。

1　油藏概况

S127-P1 井位于郝家油田 S127 断块，济阳坳县东营凹县中央断裂背斜构造带西端 S 南鼻状构造西翼，地层倾角 5°~8°，钻遇沙三中 3 油层的 7 个油层（图 1），其中水平段钻遇沙三中 3（2）层 3400.1~3418.2m、3443.9~3670.0m 的 2 个油层，水平段长 269.9m，平均孔隙度 18.3%，平均渗透率 49.7mD，为中孔低渗储层。

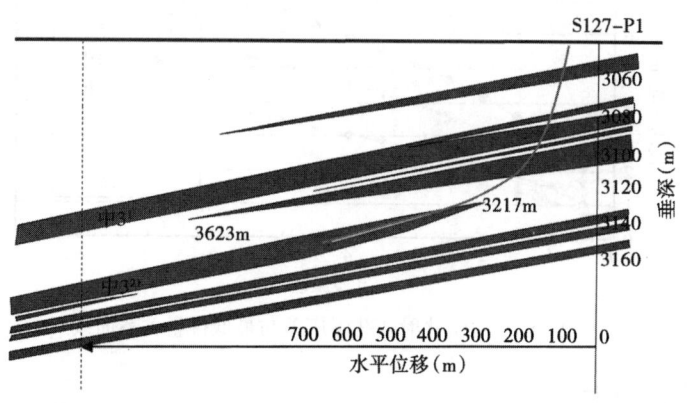

图 1　S127-P1 井井筒示意图

为提高 S127 区块的整体产能，同时为了探索水平井压裂完井提高产能的有效途径，对 S127-P1 井实施分段射孔、整体压裂一次性改造，尽可能连同上下储层，达到提高油井产能的目的。

2 压裂工艺优化

2.1 限流法压裂技术

水平井限流压裂技术是通过严格地限制炮眼的数量和直径，以尽可能大的排量进行施工，利用压裂液流经孔眼时产生的炮眼摩阻，大幅度提高井底压力，迫使压裂液分流，使破裂压力接近而地层相继被压开，达到一次加砂同时处理各层的目的。其技术的关键是在考虑每个射孔段裂缝改造规模的情况下，综合考虑施工过程中井筒、炮眼摩阻、裂缝内压降及地层滤失等的影响，对排量在每条裂缝进行分配，每个射孔段达到预期的改造效果。

为达到分段射孔、一次压裂，且沟通上下储层的目的，通过对 S127-P1 井不同射孔方式进行压裂施工模拟，并对不同的压裂结果对比分析，最终优化射孔方案（表1）。

表1 S127-P1 井射孔压裂方案优化裂缝参数

射孔井段（m）	射孔数	射孔垂深（m）	造缝高度（m）	造缝层段（m）	支撑缝宽（mm）	缝长（m）动态	缝长（m）支撑	平均铺砂浓度（kg/m²）
3489	6		67.4	3096.8~3171.2	1.91	131	108.4	3.55
3578	9		76.5	3080.7~3169.2	1.99	106	91.7	3.69
3646	7	3124.0	57.4	3097.8~3160.2	1.86	251	131.7	3.23

如图 2 所示，S127-P1 井射孔 22 孔，在排量 $7m^3/min$ 的条件下，孔眼压差可以大于 4~5MPa 以上，能够有效地实现三段同时进液的目的，限流压裂可有效实现多段同时改造的目的。

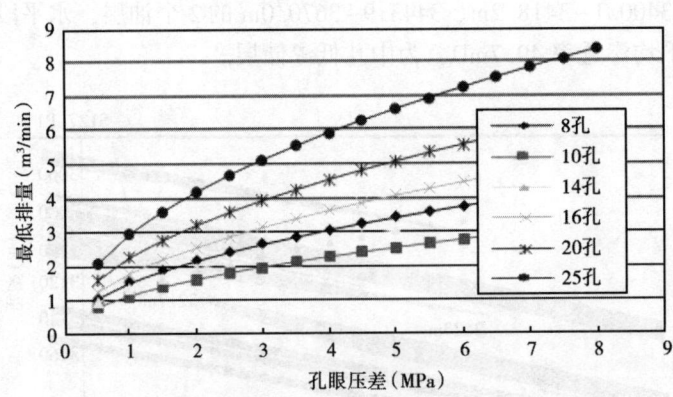

图2 S127-P1 井射孔孔眼压差与最低排量关系曲线

2.2 支撑剂段塞技术

支撑剂前置段塞技术是在泵注前置液的过程中，以低砂比的形式泵入一段或几段支撑剂段塞，其目的是减小由于射孔方位的影响造成井筒附近裂缝与原理井筒裂缝方向不一致而生产的额外的弯曲摩阻及射孔孔眼摩阻;同时可以减少由于水平井在长井段压裂过程中的多裂缝的发生,降低近井筒效应,打磨炮眼,降低摩阻。

S127-P1井通过优化段塞支撑剂粒径、用量及段塞数量,确定前置段塞采用0.224~0.425mm 小陶粒 6.0m³,加2个小段塞打磨炮眼及近井裂缝,以防止多裂缝的发生,降低弯曲效应,提高水平井压裂成功率。

2.3 压裂施工参数及材料的优化

2.3.1 施工排量的优化

压裂施工排量是影响裂缝高度延伸的关键可控因素,施工排量大,裂缝缝高就会上下延伸。S127-P1 井纵向上钻遇 7 个小层,钻遇的水平段距上部油层垂深 30m,距下部油层垂深 25m。采用分段射孔、一次性笼统压裂施工,层间跨度大,压裂小层数多,为达到沟通上下储层的目的,需加大排量施工,提高压裂规模。S127-P1 井根据 GPHFER 压裂设计软件模拟结果,采用 7.0 m³/min 的排量施工,以期通过一次性压裂改造,沟通上下储层,从而达到油井增产的目的。

2.3.2 压裂液优选

水平井压裂是否成功主要取决于压裂液的质量和特性。由于水平传输距离较远。控制好支撑剂的沉降速度就特别重要,为避免支撑剂在井筒和裂缝入口区的沉降脱出,应优选具有高携砂能力的瓜尔胶压裂液体系,同时加大排量,提高支撑剂的输送能力。此外,必须确定好压裂液的破胶时间,使悬浮的支撑剂恰好保持到裂缝的闭合。

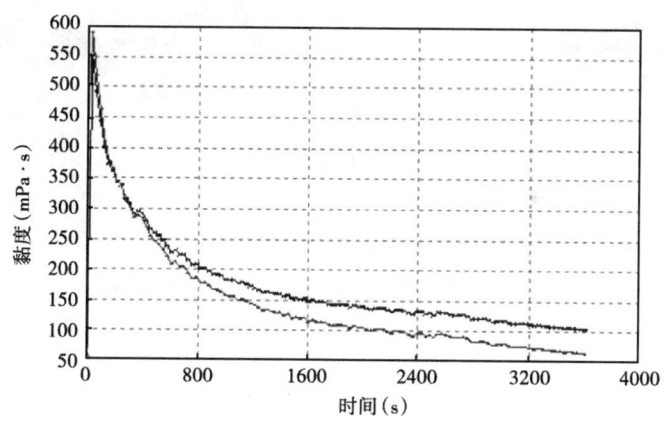

图3 S127-P1井压裂液流变实验结果

根据水平井压裂的特殊要求,强化压裂液性能检测,分别从配液站及现场大罐取样测试,基液黏度达到 75~80mPa·s,交联延迟时间 30s。根据现场取样检测压裂液高温流变性能结果,在不加破胶剂的情况下,在 120℃下压裂液在 170S^{-1} 的条件下,剪切 1 个小时,黏度大于 200mPa·s;加破胶剂的情况下,压裂也在 170S^{-1} 的条件下,剪切 1 个小时,黏度大于 70mPa·s,能够满足水平井压裂施工的要求(图3)。

3 效果分析

3.1 压裂施工情况

S127-P1 井于 2007 年 7 月压裂施工顺利实施,压裂施工参数见表 2。

表 2 S127-P1 井压裂施工参数

施工排量 (m³/min)	破裂压力 (MPa)	延伸压力 (MPa)	停泵压力 (MPa)	加砂量 (m³)	平均砂比 (%)
7	73.2	73~75	42	72	19.79

3.2 裂缝监测情况

S127-P1 井采用地面微地震监测技术监测水力裂缝情况,根据裂缝监测结果平面及侧视图(图 4)所示,可以看到从东向西看的侧视图上明显存在三条裂缝,走向清晰。

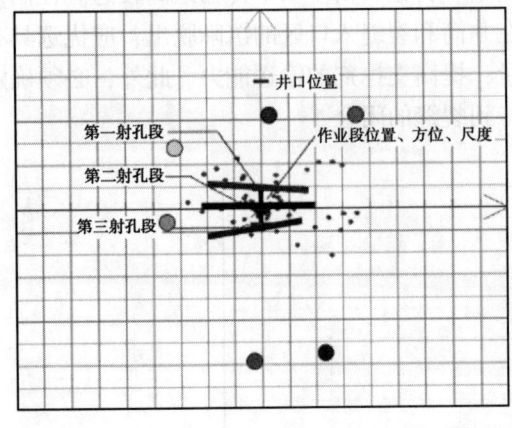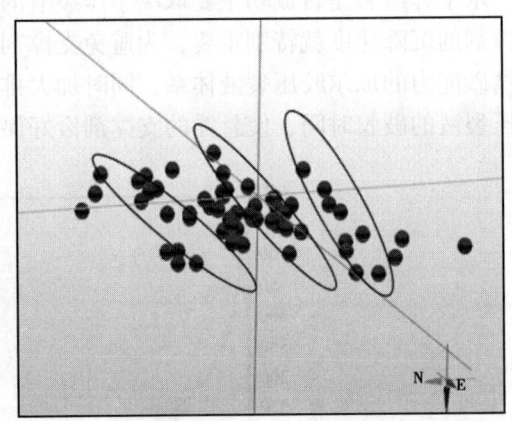

图 4 S127-P1 井裂缝监测结果平面及侧视图

3.3 增产效果

S127-P1 井 2007 年 7 月 25 日压裂投产,初期自喷,日液 17.2t,日油 5.9t,含水 65.4%;自喷 1 个月后转抽,日液 12m³,日油 10.7t,含水 15%,累计增油 8242t,措施增产效果理想。

4 结论

S127-P1 井是 2007 年胜利油田在低渗透水平井压裂改造方面进行的初步尝试,较好的完成了分段压裂大型施工,并初步见到了水平井改造在增产方面的潜力,主要认识如下:

(1)低渗透水平井应立足于分段压裂改造提高单井产能,这需要从井身轨迹、射孔以及后期的开发工艺进行优化。

（2）水平井长井段压裂射孔端尽可能缩短，射孔可以采用限流方式射孔，实现一次施工多端压开的目的。

（3）水平井压裂施工排量需求较高，对压裂液的性能提出了较高的要求，该井压后水平井段没有沉砂，表明压裂液能够满足水平井段携砂的要求。

（4）在泵注工艺上，前置段塞技术对降低裂缝的进入摩阻、提高排量作用明显。

参 考 文 献

［1］张士诚，张劲．压裂开发理论与应用［M］．北京：石油工业出版社，2003.
［2］郑锋辉．大牛地气田水平井压裂进展［M］．北京：中国石化出版社，2008.
［3］曾凡辉，郭建春，苟波，等．水平井压裂工艺现状及发展趋势［J］．石油天然气学报（江汉石油学院学报），2010.12，32（6）：294-298.
［4］张军涛，申峰，吴金桥，等．水平井压裂技术在特低渗油藏中的应用［J］．长江大学学报（自然科学版），2012.7，9（7）：65-67.
［5］张怀文，张继春，胡新玉．水平井压裂工艺技术综述［J］．新疆石油科技，2005.4（15）：30-33.
［6］任闽燕．水平井限流法分段压裂技术研究与应用［J］．石油天然气学报（江汉石油学院学报），2011.2，33（3）：120-123.

致密油藏水平井 CO_2 吞吐技术应用实践与认识

于春涛　路大凯　金雪超

(中国石油吉林油田分公司油气工程研究院)

摘　要：吉林油田扶余油层致密油具有大量的石油资源，以水平井枯竭式开发为主，地层压力下降快，产量递减快，稳产难度大，储层物性差，中强水敏，水驱建立注采关系难。根据致密油储层的特点，优选查48-9井开展 CO_2 吞吐先导性试验，累计注入液态 CO_2 1200t，注入压力 4~8MPa，闷井3个月，措施后自喷投产，井口压力提高1.6MPa，日增油1.4t，含水下降10%，累计增油260t，通过试验取得一定的认识，验证注入参数、工艺及安全调控等方面的可行性，CO_2 吞吐技术对致密油藏枯竭式开发方式具有较好的能量补充及其增产作用，为下步致密油藏水平井效益开发提供研究方向。

关键词：致密油藏；水平井；CO_2 吞吐；增产机理

吉林油田扶余油层致密油，属于低孔特低渗储层，致密储层孔喉半径发育差，平均为 0.1~0.5μm，属于低（特低）孔微细吼，储层孔隙度一般8%~10%，渗透率一般 0.1~0.2mD，水驱很难建立驱替关系，区块以不同压裂方式投产，弹性能量开发，新井初产液高，产量递减快，稳产难度大，急需探索能量补充方式，通过对多种能量补充方式探讨，CO_2 与致密油储层具有较好的相关性，在油藏条件下 CO_2 与原油互溶，使原油体积膨胀、降低界面张力等特点，室内物模实验评价结果显示 CO_2 能够进入水进不去的微小孔隙，降低启动压力，启动低渗部位剩余油，适合致密油藏补充地层能量，提高单井产量。

1　CO_2 吞吐室内实验研究成果

模拟油藏温度（80℃），地层压力 15.6MPa，现场取油样，开展 CO_2 细管及 PVT 实验，通过实验看，CO_2 在原油中的溶解度、降粘幅度随着注入压力增加而增强，当注气压力为 15.6MPa 时，CO_2 溶解度为 160m³/t，原油体积膨胀 17%、黏度下降 58.7%（图1）。

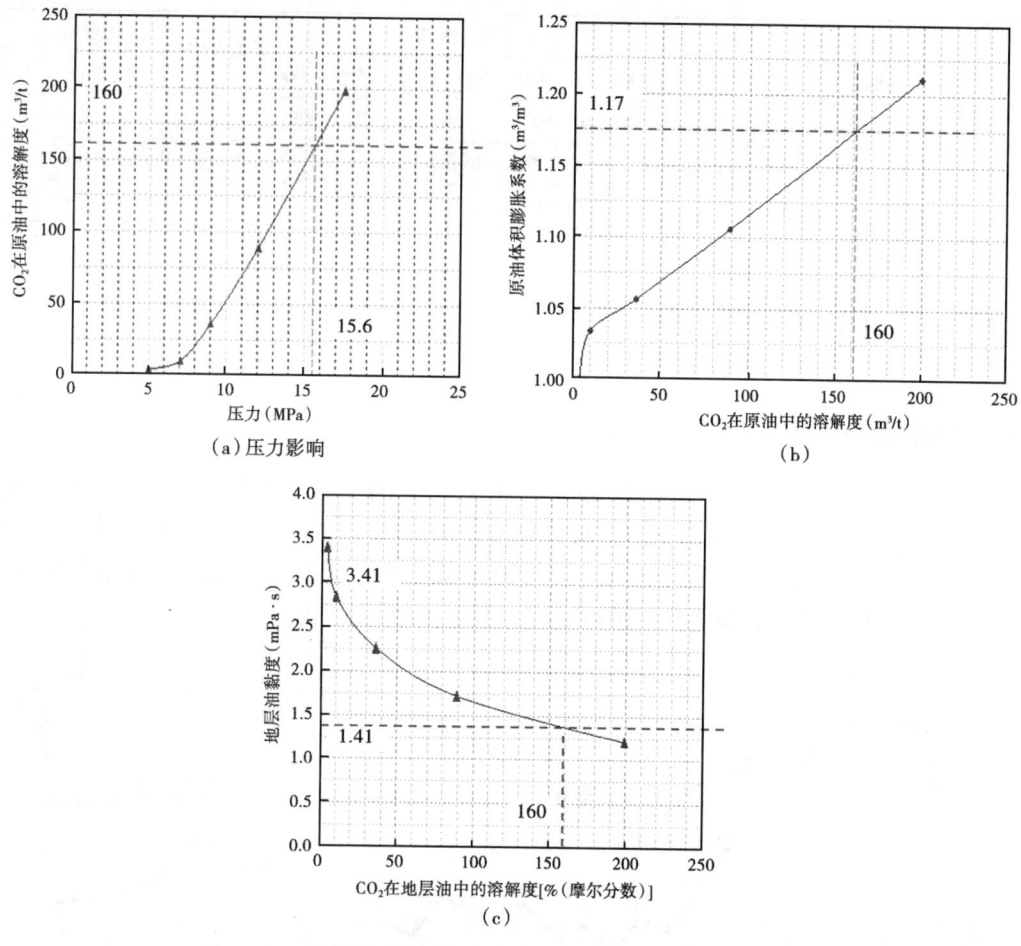

图 1 CO_2 在原油中的溶解（a）、膨胀（b）及降黏作用（c）

2 CO_2 吞吐工程方案设计

2.1 井组基本情况

优选查 48-9 井开展先导试验，该井纵向上油层厚度 7.4m，油层长度 761m，压力系数 1.03，经大规模体积压裂投产，累计注入压裂液 $1.2×10^4 m^3$，压后自喷生产，初期产量日产油 8t，目前 1.6t，产量递减快，截止到措施前累计产液 $1.5×10^4 t$，累计产油 1386t，返排率 115%，控制储量 $14.24×10^4 t$，采出程度低 0.9%。

2.2 工程方案设计

通过油藏数值模拟，对 CO_2 吞吐井注入量、注入压力、注入速度及闷井时间等参数进行优化设计，具体注入参数见表 1。在实施吞吐后，原则上吞吐后油井工作制度以自喷生产为主，投产初期，为释放井筒及井筒附近压力，初期产气时尽量以较高速度放喷，待出液后，换用较小工作制度生产，延长压力保持时间。

表1 工程参数优化设计

序号	参数	方案优化参考值	优选值
1	周期注入量（t）	300、500、800、1000、1200、1500、2000	1200
2	注入速度（t/d）	20、40、60、80、100、150、200、300	150
3	注入压力	考虑地层破裂压力	末点压力 15.7MPa
4	焖井时间（d）	5、10、20、30、40、50、60	30

3 CO_2 吞吐效果及认识

3.1 矿场实施效果

矿场采用柱塞泵间歇式注入，注入速度 90t/d，注入压力 4~8MPa，注入量 1200t，措施前自喷生产液量 19.0t，油量 3.1t，含水 84%，压力 0MPa，措施后自喷投产，措施见效明显，井口压力提高 1.6MPa，日增油 1.4t，含水下降 10%，累计增油 260t，有效期 6 个月，持续有效（图 2），经济效益明显，吨油成本控制在 1000 元以内。

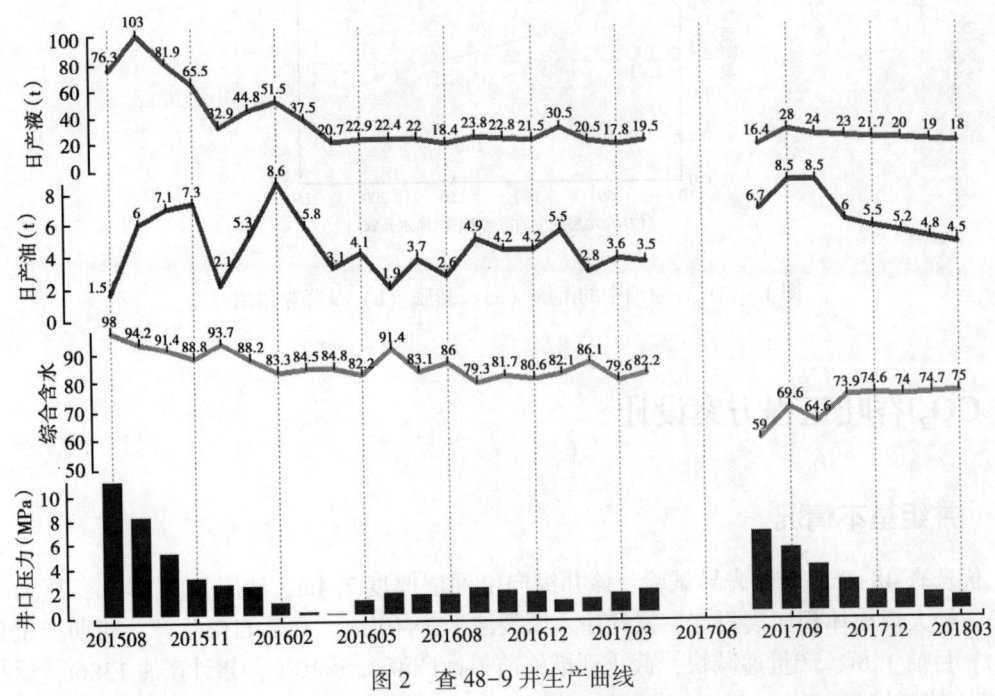

图 2 查 48-9 井生产曲线

3.2 取得初步认识

（1）吉林油田扶余油层致密油实施 CO_2 吞吐增产试验，具有较好的适应性。

① 油品性质好：低黏度、低密度，密度 $0.853t/m^3$，黏度（50℃）$16.20mPa·s$，重质组分含量 39.9%，利于 CO_2 在原油中溶解、萃取、膨胀降黏。

② 区块高含 CO_2：试验区块 CO_2 含量高达 85% 以上，纵向上多喷少，构造高多低少，

高含 CO_2 区域，原油黏度、密度相对较低，从生产动态看，产量相对高。

③ 储层裂缝发育：体积压裂改造缝网复杂，在油藏条件下，CO_2 与原油充分接触面积大，微小孔隙中原油容易被注入介质驱替或渗析置换，渗析置换效率高，利于提高吞吐措施效果（图3）。

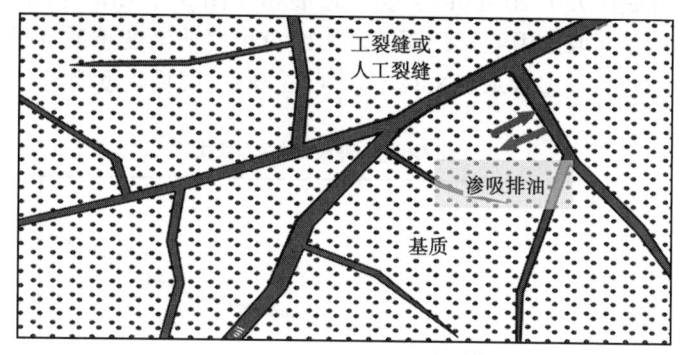

图3　致密油层注气渗析及置换示意图

（2）明确了致密油藏水平井 CO_2 吞吐两个方面的增产机理。

① 原油膨胀、增加储层弹性能量：前期实验评价，CO_2 溶于原油，原油体积膨胀，监测吞吐措施前后地层油品性质，措施 CO_2 在地层中膨胀倍数 1～1.1，膨胀作用明显，措施后井口压力上升 1.6MPa。

② 改变原油性质，消除界面张力。

CO_2 使油水界面张力值下降 30%～40%，毛细管力减小，增加原油在孔隙中流动，CO_2 能够降低启动压力梯度，地层油更易流动，措施后原油黏度下降 6%～13%，密度下降 3%～5%。

③ 进入低渗、降低启动压力梯度。

实验研究 CO_2 驱油能够降低启动压力梯度（图4），能够进入水进不去的微小孔隙，启动低渗部位剩余油，实现效益增产，先导试验措施后产油量增加，含水下降。通过 CO_2 吞吐技术，降低了致密油开发的技术界限，物性下限 $0.2×10^{-3}\mu m^2$。

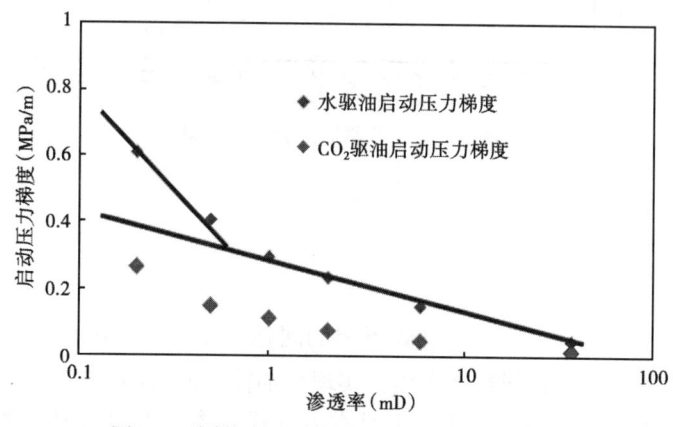

图4　不同状态原油启动压力随渗透率的变化

(3) 水平井 CO_2 吞吐在油藏条件下实现近混相,具备混相特征。

CO_2 PVT 实验,CO_2 驱有效率达到90%以上,实现混相,确定区块最小混相压力25MPa,借鉴总院研究成果,引入地混压差系数的概念($RMP = p_i/MMP$),大于0.8,即可实现混相/近混相,采收率大幅度提高。

CO_2 施工期间井底压大于20.4MPa,实现近混相(图5),CO_2 与原油接触过程中不断对原油进行抽提,CO_2 萃取作用明显,原油产出组分由轻质渐变重质(图6),CO_2 能够驱替水驱不到的低渗部位,动态含水由83%下降到73.9%,降低幅度明显。

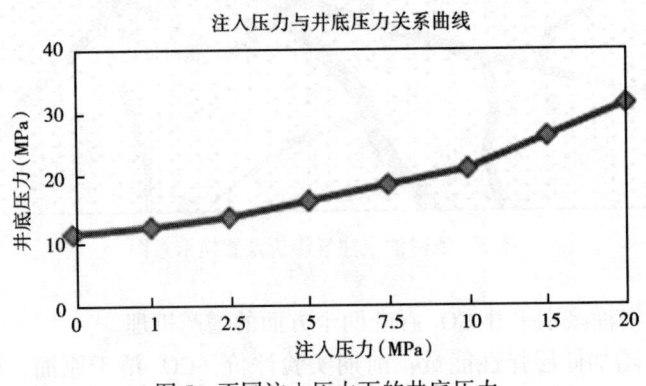

图5 不同注入压力下的井底压力

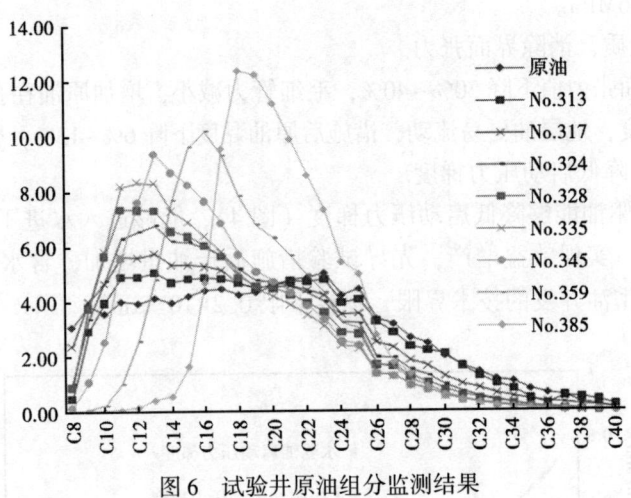

图6 试验井原油组分监测结果

4 建议

(1) 针对高含水水平井高产液层认识不清的问题,开展水平井 CO_2 泡沫复合吞吐试验,交替注入泡沫剂,贾敏效应起到暂堵作用,实现稳油控水的目的。

(2) 先导试验取得较好一定认识,但是在吞吐设计参数与油藏适应性尚未明确,根据油藏数值模拟及物模评价等手段,深入评价吞吐参数及油藏的适应性。

(3) 致密油藏与常规油油藏在多方面存在差异,由于自喷生产,油嘴控制难度大,尤其措施后如何保持能量水平,保持长期稳产,因此,自喷合理制度需要针对性优化。

参 考 文 献

[1] 彭晖,刘玉章,冉启全,等.致密油储层水平井产能影响因素研究[J].天然气地球科学,2014,25(5):771-777.

[2] 赵彬彬 郭平 李闽,等.CO_2吞吐增产机理及数值模拟研究[J].大庆石油地质开发,2009,28(2):117-120.

[3] 张国强,孙雷,孙良田.CO_2吞吐工艺操作参数的整体优化设计[J].钻采,2006,29(4):47-50.

[4] 徐永成,王庆,韩军,等.应用CO_2吞吐技术改善低渗油田开发效果的几点认识[J].大庆石油地质开发,2005,24(4):69-71.

[5] 蔺明阳,王平平,李秋德,等.安83区长7致密油水平井不同吞吐方式效果分析[J].石油化工应用,2016,35(6):94-97.

[6] 马亮亮.CO_2吞吐提高低渗透油藏采收率技术[J].大庆石油地质与开,2012,31(4):144-148.

水平井挖潜适用技术研究与探讨

王宪峰　张晓芬　梁雪欣　张思远　唐宏宇

(中国石油吉林油田公司新木采油厂)

摘　要：水平井是开发低渗透油气田、实现低品位资源有效动用、提高采收率的一项重要新型技术，尤其在难采储量动用上优势明显，在木头油田低渗透断块油藏得到快速应用与发展。针对水平井后期开发表现出的递减快、稳产差、挖潜难以及部分井低产低效窘状，广开思路，从稳产提质增效入手，做好地质再认识，研究当前成熟技术，把油藏潜力、地质需求以及技术对策配套研究，研究探索技术适应性与可行性，精细地质选井选层方法，多措并举在多方面多角度开展试验实践，逐步形成了以多段多簇分段压裂、蓄能细分转向压裂、水力泵负压解堵、水平侧向定向孔挖潜、二氧化碳吞吐等一系列挖潜稳产增效的技术对策及方法，实施15井次，应用效果明显，丰富及拓宽了水平井稳产配套技术，保证了水平井深度良性动用，实现了水平井长效稳产增产。

关键词：低渗特低渗；水平井；潜力再认识；配套技术；应用效果

木头油田是以低渗透为主体的多断块油气藏，渗透率从0.8mD到202mD不等，物性差别较大。2017年底，已开发动用42个断块油气单元，综合含水率为93.8%，采出程度为17.4%，低采出程度下进入高含水开发期，低渗透、特低渗透油藏断块动用开发差，目前尚有大量探明未动用难采储量，开发技术亟待提高。

水平井技术作为低渗、特低渗透油气藏开发有效手段，木头油田从2006年11月至今已在7个断块开展投产28口水平井，初期单井日产液18.4t，日产油7.1t，已累计产油52.32×10^4t，初期产量是直井的3.1倍，目前产量是直井的1.5倍，解决了木头低渗透油田井网调整、高部位剩余油挖潜、障碍区、难采储量资源有效动用等问题，提升了开发效果，体现了水平井独特的技术优势。

开发过程中，由于受井网控制差、注采不完善、能量不足或易高度水淹等因素影响，稳产差是水平井后期开发面临的难题（图1）。水平井钻遇率高，水平段长，未动用层较多，剩余油富集，挖潜空间大；广开思路，针对性开展潜力对策与技术配套研究实践，形成一些好的技术，应用效果明显，有效解决了当前挖潜提效难题。

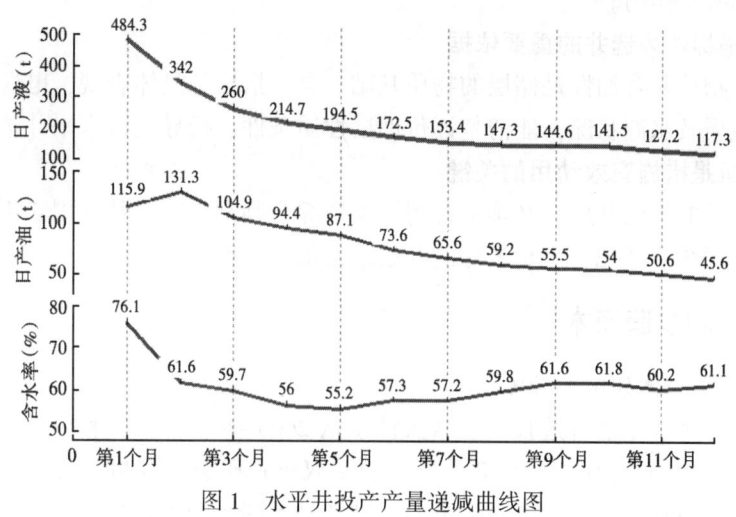

图1 水平井投产产量递减曲线图

1 水平井技术研究思路与路线

研究思路：立足当前，深化再认识，针对实际，针对新问题，多措并举：一是研究当前不断发展的前沿成熟技术，大力引进创新与应用，实现与储层的最好结合，最好动用；二是针对水平井后期表现出的低产或高含水窘状，针对发展瓶颈及突出矛盾，创新理念，拓宽思路，重新明确潜力，针对性研究技术，对策性技术挖潜，实现水平井上产及挖潜技术配套化发展。

技术路线：应用油藏研究成果，深入认识，动静结合，注入采出结合，地质工程结合，多方面多方向剖析油井储层低产原因及制约因素，研究潜力及对策，针对选井选层，针对不同潜力特点采取配套个性方案及技术对策，满足不同油藏水平井阶段稳产上产需求。

2 水平井稳产配套技术与效果

2.1 水平井选井选层方法研究

影响水平井挖潜的因素较多，分析主要集中在油层条件、方案设计、施工质量和配套管理等方面，其中提高水平井压裂效果的首要条件是地质筛选的井层质量。

2.1.1 把剩余油条件作为选井的物质基础

老区水平井挖潜剩余油认识包含如下内容：
（1）剩余油的分布及水洗状况必须清楚。
（2）储层流体分布状态及分布特征清楚。
（3）对油层构造、砂体精细解释及描述清楚。

2.1.2 油层能量指标是措施有效增产的关键

油层能量充足是措施后增产的基础，影响着措施有效期长短。若井底流压一定，地层压力越高，生产压差越大，能量驱动越足，措施效果越好；油层条件和施工方案相近，能量充足与否对产能起决定作用。

2.1.3 把电性指标作为选井的重要依据

储层岩性、物性和含油性是储层的物质基础，电性指标是具体表现，电性指标能很好地反映当时油层性质及水淹状况，能清楚评价油层性质条件，指导老区水平井选井选层。

2.1.4 措施时机是措施有效动用的关键

总之，高质量的目的井层，必须由各因素参数综合判别决策，某一因素不能给出最佳答案，优选各单因子统筹考虑，满足较好的井层才是最佳的选择。

2.2 水平井压裂改造技术

2.2.1 水平井压裂技术研究与探索

水力压裂是水平井挖潜首选技术。木头油田从 2006 年第一口水平井开始，依次应用光油管压裂、单封双压+环空压裂、滑套分压（单封双压）压裂、双封三段分层压裂、套管多段多簇压裂、快钻桥塞压裂、水力喷射分段压裂 7 种不同压裂工艺技术，改造动用程度不断提高，动用效果越发明显，满足油田垂深 500~2500m、5½in 井眼水平井当时新井投产分段动用需求，推动了水平井快速应用与发展。水平井水力喷砂压裂效果见表1。

表 1 水平井水力喷砂压裂效果表

井号	压裂技术	措施后第1月		措施后第4月		2017年12月		备注投产日期
		日产液(t)	日产油(t)	日产液(t)	日产油(t)	日产液(t)	日产油(t)	
木平8	水力喷砂多段压裂技术	15.3	3.9	8.9	2.1	5.4	1.2	2014.01
木平9		19.6	3.9	19.3	4.9	20.5	2.3	2014.10
平均		17.5	3.9	14.1	3.5	12.95	1.75	
同期邻直井	常规压裂技术	16.3	1.3	12.6	0.9	16.7	0.6	
比值		1.1	3.0	1.1	3.9	0.8	2.9	

2.2.2 多段多簇分层压裂技术

增产机理：在分段、多簇射孔的基础上，先压开形成一条或多条主裂缝，再通过新的配套技术方式方法，提高净压力，加宽主缝、产生新缝、滋生微缝，连接沟通，形成主裂缝为主干，交织次生裂缝，对泄油储层实施"立体改造"，达到深部体积改造挖潜目的及改造效果。

功能特点：可丢开式套内分段多簇压裂工具，满足 5½in 套管分簇射孔多段体积改造需求。重点解决了分簇射孔、压裂管柱一次投送、丢开、有效封隔及压裂后管柱随机回收等关键技术。

技术特点：一次投送可实现 15 段 45~60 簇压裂；套管压裂可以实现低摩阻大排量施工；油管压裂可实现投送施工一体化；井筒全通径，可多次重复施工作业；封隔器设计步进锁定结构和平衡液缸；球座采用单孔和多孔设计，增加级数。

设计原则：坚持"深穿透"理念，合理匹配断块、周边油水井、注采井网、泄油控制面积等优化设计，增加缝长或造短宽缝，提高动用厚度，扩大油流面积，提高压裂的针对性

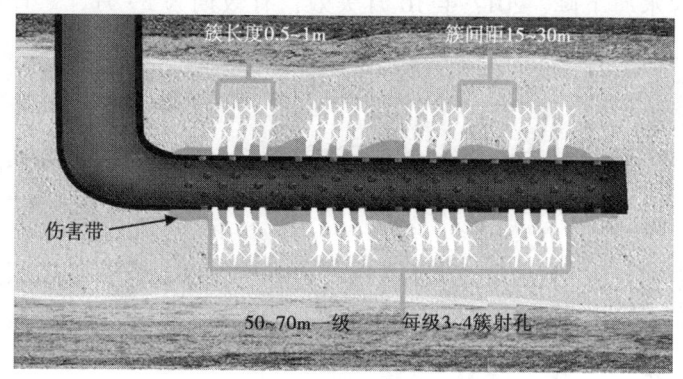

图2 水平井多簇射孔示意图

和有效性。

多簇射孔参数优化：射孔枪型为95或89；射孔弹型为95或102；射孔孔密为16孔/m；射孔相位为6相位；射孔方式为每段射开4~6簇，每簇射开0.6~1.0m、簇间距15~30m（图2）。

多段压裂参数优化：水平段长度为300~600m，横向裂缝；最佳裂缝3~6条；裂缝长度为120~150m；导流能力为140~160D·cm；缝段间距为45~60m；水平段方向与东西向缝斜交、平行；根据"深穿透"理念，大排量高砂比，保证足够缝宽缝长高导流。

实施效果：通过精细技术研究、方案论证，实施6口井，成功率100%，当年增油780t，累计增油3887t（单井648t），效果明显（表2），达到施工目的。

表2 水平井多段多簇压裂效果表

序号	井号	措施时间	措施项目	措施前		措施后第1月		2017年12月		2017年12月
				日产液(t)	日产油(t)	日产液(t)	日产油(t)	日产液(t)	日产油(t)	累计增油(t)
1	庙平1	2008.03.15	双封单压	6.5	4.2	5	3.2	5.9	2.2	0
2	庙平9	2009.04.19	滑套分压	6.8	3	45.2	1.7	13.2	0.4	0
3	庙平3	2012.04.28	多段多簇压裂	5.2	2.2	14.5	5.9	5.6	2.2	1892
4	庙平4	2012.11.02		2.3	0.3	9.1	1.7	3.4	0.2	117
5	庙平8	2012.12.31		8.4	3	24.6	4.6	18	0.4	393
6	庙平11	2012.11.12		4.3	1.8	6.3	2	1.8	0.6	18
7	木平3	2012.08		2.3	0.3	16.9	0.7	8.5	0.4	120
8	庙平12	2013.12.31		0.4	0.2	20.3	2.3	2.6	0.8	1347
多段多簇压裂合计				23	7.8	92	17.2	40	4.6	3887

应用多段多簇压裂相比长井段射孔滑套分压及双封三段分段压裂技术，效果明显。其初期、稳产、2017年3月日增油及累计产油分别是常规直井的1.8倍、1.9倍、2.7倍和3.3倍，且压裂后产量递减缓慢（月回归递减4.3%，直井4.7%）。

典型井：庙平3井于2012年4月采用短距多段多簇压裂，措施前日产液5.2t，日产油2.2t，含水率为58.0%，措施后日产液14.5t，日产油5.9t，含水率为59.2%，日增油3.7t

(直井3.5倍)，含水率下降，2017年10月失效，有效期为59月，累计增油184.6×10⁴t（直井的9.0倍），效果明显（图3）。

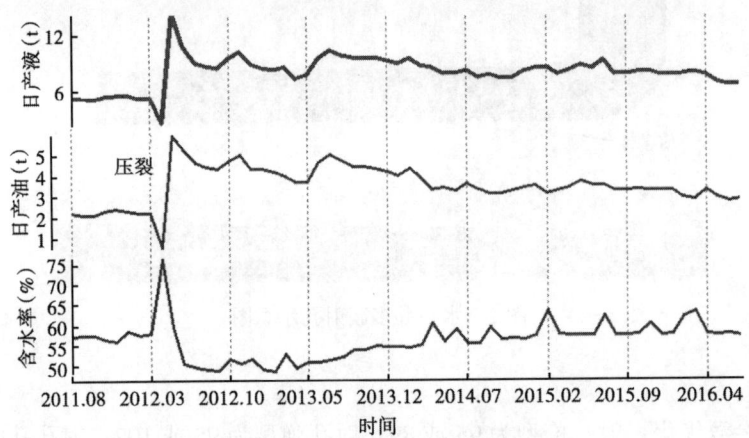

图3 庙平3井采油生产曲线

结论认识：多段多簇分层水平井压裂及现场施工工艺技术与储层有效匹配完美结合，解决了水平井大段多层动用不充分等问题，满足油田现阶段水平井挖潜需求，实现技术最好的应用，最大限度地挖潜。

2.2.3 水平井蓄能细分转向压裂技术

工艺原理：在压裂过程中，前置蓄能补充能量，恢复地层压力；鉴于地层的非均质性，储层内地应力存在差异。根据地面施工压力判断压裂井段有未压开时，采用投暂堵球限流增加孔眼摩阻，依次提高净压力，进而打开未压开层段，达到一次同时压开多段，实现堵旧缝、造新缝、细分转向（图4）及形成复杂缝的目的。

技术特点：压裂施工简单，操作性强；提高净压力，可一次同时压开多段；实现堵旧缝、造新缝、细分转向及形成复杂缝目的，控制高含水；前置蓄能补充能量，恢复地层压力。

技术思路：由于水平井压裂改造费用居高，制约水平井压裂效益挖潜及规模实施，本次借鉴直井压裂新经验，采用蓄能细分转向大规模压裂技术，提压、充分造缝，调整类型剖面形态，提高裂缝复杂程度，降成本提效益。

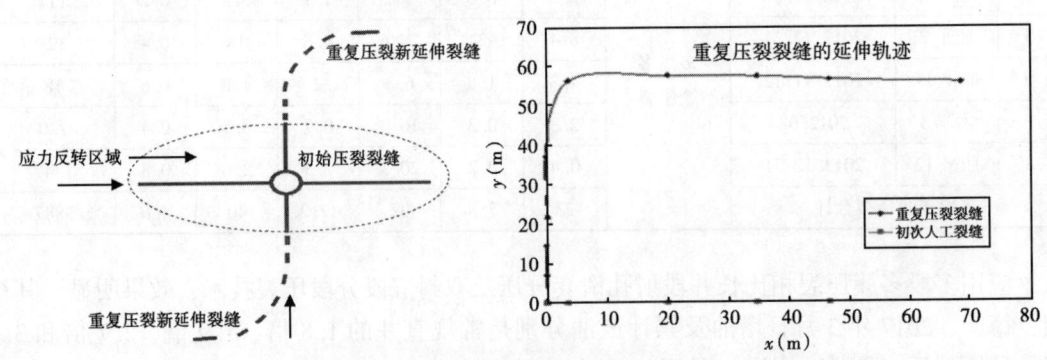

图4 重复压裂新裂缝延伸理论模型

实施效果：现场应用1井次（木+128-85）（施工曲线见图5），有效1口，有效率100%，措施前单井标定日产液3.9t，日产油0.6t，含水率为84.9%，措施后第1月单井日增液28t，日增油1.0t，2017年12月单井日产液3.6t，日产油1.1t，含水率为68.2%（图6），平均单井累计增油148t，截至2017年12月，同期同比直井单井措施后日多增油0.4t，平均单井累计多增油60t。

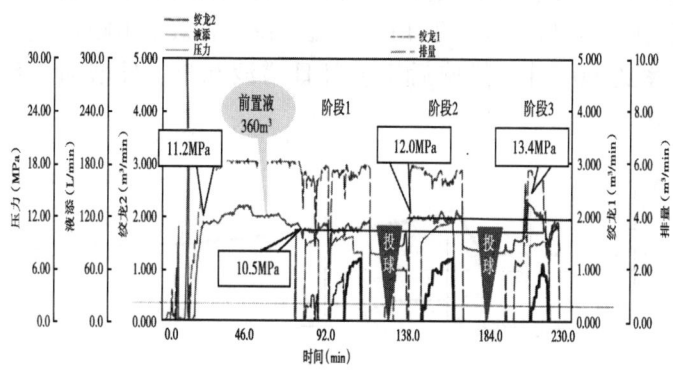

图5 木+28-85水平井压裂施工曲线

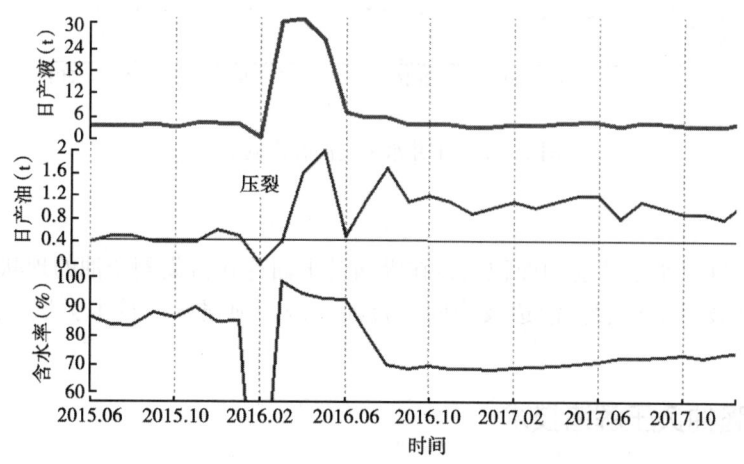

图6 木+128-85水平井压裂效果曲线

结论认识：考虑应用常规蓄能细分转向造新缝直井压裂技术理念改造水平井，是一种新创，应用效果较好。与以往压裂相比，优势是费用低；高排量增加了裂缝形态；前置用量实现了蓄能压裂，解决了远端能量供给相对不足低产问题；通过多次大剂量暂堵细分，实现缝口及深部的多次细分转向，实现造新缝功能。

2.3 水平井水平定向孔改造技术

技术原理：在目的层的套管上开22mm的窗口；在目的层打出多个分支小井眼，借助油管+软管+喷嘴+高压射流，在油层中不同方向上钻出多个（直径40~70mm，长达0~120m）类似于水平井的小井眼。

增油机理：沿油层多分支喷射，可代替侧钻分支井和水平井的部分功能。穿透伤害带，解除储层伤害，改善渗流通道，有效盘活老井、老层潜力。可有效引导沟通裂缝，提升压裂效果。引导注水方向，促进见效，提高注水效率。增大泄油面积，提高储层导流能力。对底水油藏抑制水锥。施工简单便捷，对储层无伤害，对环境无污染。

地质功用：针对水平井钻遇多油层或水平段长，层段改造不均衡产出不均，以及压裂裂缝启裂与延伸仅一条或几条裂缝，侧向波及弱剩余油富集。应用水平定向孔深度挖潜技术，钻开相对低渗透剩余油部位或方向，定方位深度钻射挖潜侧向剩余油，实现挖潜。

实施效果：现场应用 1 口井（木平 1），有效 1 口，有效率 100%，措施前日产液 10.3t，日产油 0.9t，含水率为 90.8%，措施后第 1 月日增液 9.8t，日增油 0.8t，单井累计增油 171t，效果明显（图 7）。

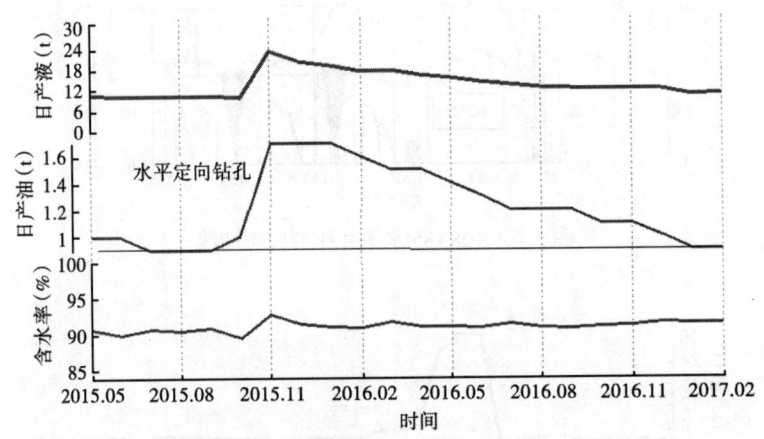

图 7 木平 1 井水平定向孔措施曲线

结论认识：针对水平井泄油面积大，在纵向及平面存在富集剩余油的现状，首次应用水平定向孔深穿透技术，挖潜低渗透及侧向剩余油，是一项很好的技术尝试，达到了施工目的。

2.4 水平井强抽负压解堵技术

技术原理：一种应用射流原理工作的非容积泵，即高压流体从油套环形空间进入泵内，通过喷嘴缩径端面时，其速度能够显著增加，导致压能显著降低，从而在端面周围形成相对"负压"区，产生抽吸作用，地层液从封隔器下部进入泵内，与动力液经喉管混合，再经扩散管扩散，逐步恢复压能，该压能完成混合液的举升与输送，混合液从油套环形空间（或油管）返至地面。

施工目的：针对水平井多油层，产出不均，含水差别大，层间干扰严重，在长时间生产中又存在油层极度伤害等问题，选择应用水力泵强负压深度抽吸技术，解除伤害及干扰，发挥低产层潜力。

选井依据：庙平 9 井于 2008 年 4 月投产，5 号层，初期日产液 15.9t，日产油 9.0t，含水率为 43.3%；2009 年 4 月对该层补压；补压后初期日产液 36.11t，日产油 2.3t，含水率为 93.4%，产液量上升过快，发生水窜，5 月初水井庙 22-4-1 停注；措施前日产液 13.0 t，日产油 0.4 t，含水率为 97.6%；为提液，抑制层间干扰，采用水力泵采油技术。

应用效果：2015年1月水力泵负压，措施后第1月日产液24.4t，日产油2.0t，含水率为91.9%，与措施前比日增油1.6t，含水率下降5.7%，有效期长，有效期在36月以上，累计增油105.7×10⁴t以上（图8），工艺成功率100%；平均单井费用仅10万元，性价比非常高。下步建议计划木平10井、木平5井水力泵负压采油挖潜。

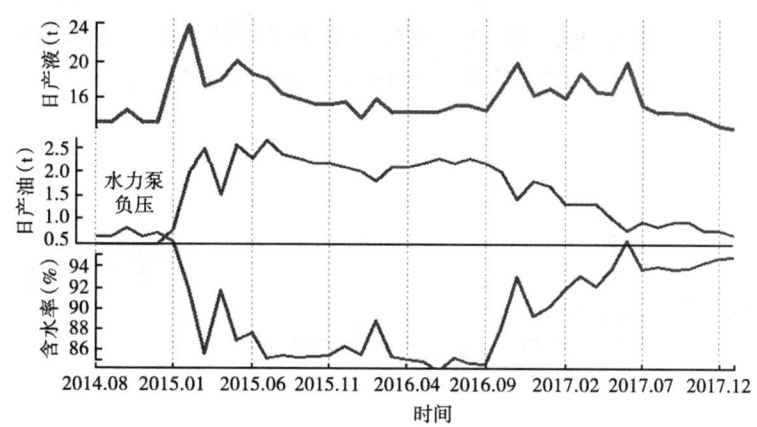

图8　庙平9措施生产曲线

结论：根据水平井存在开发矛盾，首次将水力泵强负压深度抽吸解堵技术应用到水平井，缓解层间差异，解除伤害，发挥低产层潜力，是对水平井配套挖潜技术手段的有益补充完善，潜力大，前景广泛。

2.5　水平井 CO_2 吞吐技术

增油机理：CO_2 吞吐具有降黏、膨胀、萃取，改变原油物性、流度比，降低界面张力，解堵回流，储能驱替等技术作用。

技术功用：利用 CO_2 复合吞吐作用，在地层内由于压力不均衡，产生泡沫，利用气体的贾敏效应，使后续水驱改变驱替方向，扩大注入波及体积，提高水驱效果，解决水平井存在的剩余油富集与目前能量不足低产问题，充分挖掘水平井储层富集剩余油。

表3　水平井 CO_2 吞吐施工统计表

井号	水平段长度（m）	渗透率（mD）	措施前压力系数	注气强度（m³/d）	注入压力（MPa）	焖井压力（MPa）	压降幅度（%）	焖井时间（d）
木平4	99	131.29	1.15	2	4.5	3.8~1.5	60	15
木平2	218.4	100	1.52	1	7.2	6.6~4.5	30	30
庙平4	227.2	6.41	0.52	0.9	12	10~6	40	25

实施效果：应用4井次，有效率100%，措施前平均单井日产液5.5t，日产油0.5t，含水率为91.8%，措施后平均单井日增液8.7t，日增油0.8t，含水率下降1.7%，平均单井累计增油129t，累计增油387t，邻井增油6t；同比直井单井日多增油0.5t，平均单井累计多增油67t。

同时，直井 CO_2 吞吐1口，邻井（水平井）见效，施工前日产液5.9t，日产油0.8t，含水率为86.1%，施工后单井日产液10.5t，日产油1.3t，含水率为87.3%。

原油黏度降低：吞吐后原油黏度均有小幅度降低，油品黏度下降 17.4%~21.4%，CO_2 起到一定的降黏、增溶作用。

解堵作用明显：HCO_3^- 浓度增加（30%~35%），矿化度增加，pH 值向酸性偏移。

CO_2 抽提作用：气组分有变化，CO_2 含量高，轻质组分增加，CO_2 起到一定的抽提作用。

典型事例：木平 4 井于 2015 年 12 月实施（施工参数见表 3），措施前日产液 3.0t，日产油 0.3t，含水率为 90.3%，实施后日产液 15.6t，日产油 2.2t，含水率为 85.7%（图 9），取得非常好的效果。

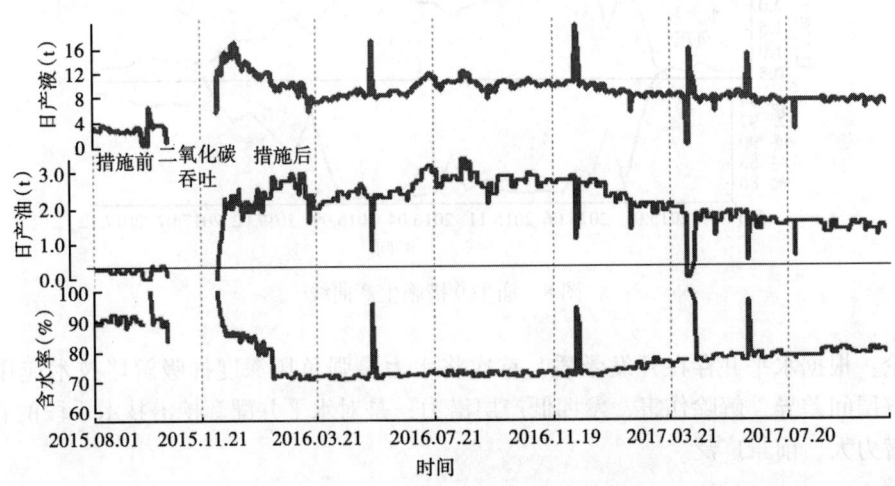

图 9　水平 4 井二氧化碳措施采油曲线

结论认识：针对水平井近井能量补足，渗流阻力大，存在污染等问题，引用 CO_2 吞吐技术。同时针对水平井具体情况，进一步优化调整配方、用量、排量、爬坡压力、焖井时间等参数，形成了单井吞吐、区域整体吞吐、直井吞吐水平井见效等配套系列，配套挖潜，建立了水平井 CO_2 吞吐独特配套挖潜技术，是一种成功探索，前景广阔。

3　结论

近年来，针对水平井深度开发需求，研究探索水平井挖潜上产技术，取得一些效果及认识。

（1）水平井具有剩余油富集、挖潜空间大的特点，经过多项针对性技术配套实施与开展，取得一定效果，如针对动用不完善不充分，实施多段多簇分段压裂技术；针对储层伤害，开展强抽负压解堵技术；针对水平井动用费用较高，开展蓄能细分暂堵压裂等，是对水平井稳产技术一种有效尝试，为水平井应用及后续挖潜扩展一种新手段。

（2）老区水平井挖潜成功、高效与否的关键不仅是搞好剩余油分布研究，还要切实分析研究其产状，分析制约产能发挥原因，对症下药，措施针对性强，恰当的措施时机，效果才会更好、更明显。

（3）水平井在不同开发时期表现特点不同，稳产技术对策必须与开发阶段相适应。深入的油藏再认识、精细的动态注采分析是前提基础；多种配套的技术方案和挖潜方式是保证水平井稳产、高效的重要手段。

（4）在直井挖潜效果逐渐变差的情况下，水平井挖潜是老区稳产上产的新的重要挖潜方向及技术手段，是今后主攻之一。

（5）下步针对水平井的现状及地质需求，必须继续深化技术对策研究与攻关，不断丰富水平井挖潜手段及方法，不断完善配套的水平井挖潜技术，扩大试验与应用，不断提高水平井产能及水平井开发技术，意义重大。

参 考 文 献

[1] 李新景，胡素云，程克明. 北美裂缝性页岩气勘探开发的启示 [J]. 石油勘探与开发，2007，8（4）：392-400.

[2] Economides M J, Nolte. 油藏增产技术 [M]. 3版. 张保平译. 北京：石油工业出版社，2002.

[3] 张海龙，王宪峰，逯艳华，等. 新木油田重复压裂的选井选层方法 [J]. 油气地质与采收率，2003，10（增刊）：86-87.

[4] 付玉，郭肖. 煤层气储层压裂水平井产能计算 [J]. 西安石油学院学报，2003，25（3）：44-46.

[5] 翁定为，雷群. 缝网压裂技术及其现场应用 [J]. 石油学报，2011，32（2）：237-241.

[6] 吴奇，胥云，王腾飞，等. 增产改造理念的重大变革-体积改造技术概论 [J]. 天然气工业，2011，31（4）：7-12.

[7] 李亚洲. 新型页岩气井压裂技术及其应用研究 [J]. 石油化工，2011，5（5）：1-2.

[8] Nolte K G, Smith M B. Interpretation of Fracturing Pressures [J]. JPT, 1981, 33 (9).

[9] Westermark R V. Enhanced Oil Recovery with Horizontal Water Flooding Osage Country, Oklahoma [R]. SPE89373, 2004.

[10] Jiang Tingxue, Ding Yunhong, Wang Yongli, et al. Hydraulic Fracturing Expert Systerm for Low-permeability and Undeveloped Oil-bearing Reservoirs [J]. Acta petrolei Sinica, 2006, 27 (5): 79-82.

在生产水平井 MRC 储层改造适应性及工业化应用

李 威 戴 宗 朱义东 闫正和 李彦平 文 星

(中海石油（中国）有限公司深圳分公司)

摘　要：受制于单井泄油面积小，平台井槽限制，海上低渗储层广泛分布的零星剩余油挖潜受限，严重制约了老油田后期增产稳产。如何经济有效地动用好这类资源，南海东部海域通过适应性论证、矿场试验，创造性提出"在生产水平井 MRC 储层改造"技术，目前已形成工业化应用，降本增效突出。利用多段井耦合模拟表明，在生产井 MRC 储层改造下，物性水平对分支可采贡献比呈"幂函数"式影响；为降低"水桶风险"，高含水期下 MRC 改造建议分支平面渗透率极差≤10，油水黏度比≤38，以控制新老分支间流体流入能力差异；针对在生产水平井的悬空划槽、层内开窗、位移分支"节点"是关键。在成果指导下，近年海域 X 油田已成功实施在生产水平井 MRC 改造 9 井次，措施后平均日产油提升近 5 倍，含水降幅超 15%，当年即回收成本，对类似低渗透油藏开发和低油价下水平井经济极限挖潜具有重要借鉴及推广价值。

关键词：在生产井 MRC 储层改造；适应性；多段井耦合；南海东部 X 油田

受制于单井泄油面积小，平台井槽限制，海上低渗透储层长期水驱使得零星剩余油广泛分布。而鉴于其单个规模小，若采用侧钻调整井经济性较差，过路补孔受制过路位置及泄油规模等，总之常规手段挖潜受限。然而，这类剩余油整体潜力空间大，如何更有效、更经济地挖潜好这类剩余油，对老油田后期增产稳产显得尤为重要。

南海东部海域 X 油田通过积极探索尝试，2012 年对 A1H 进行海域首次"老支发新芽"先导试验，获得较好经济开发效果。对此，提出在生产水平井 MRC（最大化油藏接触位移井）储层改造新思路。即在现有生产井井筒内，从老井裸眼段合适位置，悬空划槽派生若干位移分支，建立起网络状沟通渗流通道，完成老井周边零星剩余油的挖潜。近年在适应性等研究基础上，通过逐年实施，均获得较好效果，展现出良好前景，鉴于目前该技术应用和报道较少，为更好地完善相关技术政策和推广应用，针对在生产水平井 MRC 改造适应性及工业化应用效果进行分析总结是非常有必要。

1 MRC 储层改造适应性

以 X 油田强天然底水驱砂岩 Z25 油藏为基础建立概念模型，鉴于 MRC 井空间结构及流入动态复杂，为能够精确描述井身结构、井筒内变质量流、非稳态产能等，引入分段耦合的思路，建立多段井数值模型。

1.1 储层物性水平适应性

由于物性差异本身可以造成可采基数差异，为更好描述增加分支对主支的挖潜贡献，反映不同物性下侧钻分支对增加可采储量的无因次能力，引入分支可采贡献比。定义如下：

$$\lambda_N = \frac{N_{MRC} - N_H}{N_H}$$

式中　λ_N——分支可采贡献比，%；

　　　N_{MRC}——水平井改造 MRC 后可采储量，$10^4 m^3$；

　　　N_H——单独水平井可采储量，$10^4 m^3$。

选取影响底水油藏布井决策较为重要的储层指标，包括渗透率、油层厚度、距水体位置（井到油水界面距离占油层厚度百分比），以引入的"分支可采贡献比"作为优选指标，进行正交试验设计，基于多段井耦合模型预测结果，得出了储层物性水平与可采贡献指标的关系（图1）。

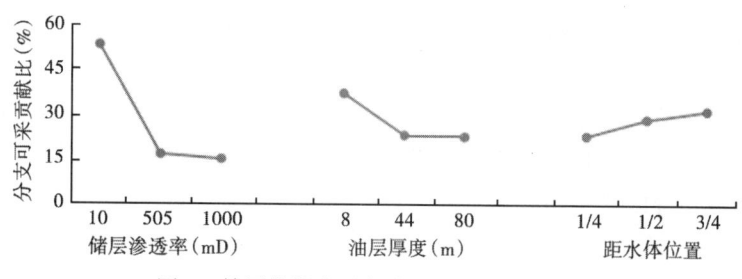

图 1　储层物性水平与分支可采贡献比关系

由图 1 可知，渗透率越低，油层越薄，分支越贴顶，"分支可采贡献比"越大，即增加分支相比于水平井本身挖潜能力，对提升可采效果越明显；渗透率对分支可采贡献比呈"幂函数"式影响，分支贡献在中低渗透储层效果明显（$K \leq 50mD$）优势更为突出。这也为更加注重效益化的海上在生产水平井合理实施 MRC 改造，提出了一定的储层物性水平适应性要求和界限依据。

1.2　新老支流入能力适应性

实际多分支井生产过程中不可忽略地存在"水桶风险"，即因流入能力差异，不同分支相互影响制约其贡献效果，从分流量方程出发，造成含水快慢差异参数包括渗透率和油水黏度比等。而海上在生产井 MRC 储层改造鉴于早期地质油藏风险，在很大程度上对水平井改造选择在中高含水期进行的。对此，为降低中高含水期老井改造的水桶风险，进行钻遇渗透率极差及油水黏度差异适应性探析。

1.2.1　渗透率极差适应性

考虑水平和纵向两种情形，建立不同渗透率极差水平（1，2，5，10，20）。对比三种生产状态（主支含水 80% 下改造分支生产、单独低渗透主支生产、单独高渗透分支生产），以两支单独生产下的可采储量和为基准，改造分支生产相比的可采储量降幅（图2），反映了分支间的制约效应。

由图 2 可知，底水油藏，纵向极差的可采降幅较大，且随极差增大可采降幅几乎呈线性加剧，对此，为规避水桶风险底水薄油藏应尽量避免进行纵向改造分支；平面上，虽然分支改善底水脊进整体可采降幅相对要小，但随极差的变化，当大于 10 以上，可采降幅达到最

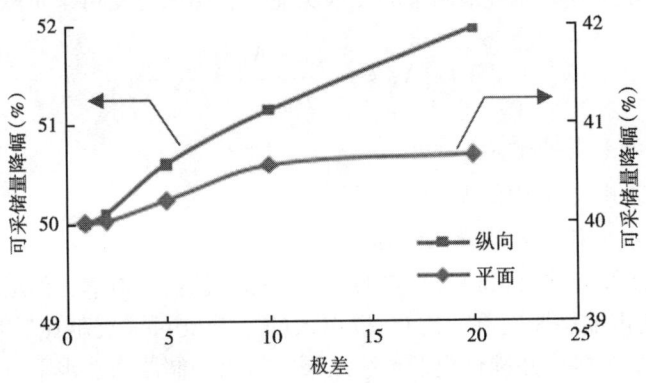

图 2 不同极差下改造分支较两支单独生产下可采降幅

大。对此,高含水期平面改造分支时,建议主水平井与分支间平面渗透率极差≤10。

1.2.2 黏度差异适应性

建立不同油水黏度比(19,38,192,385,1923)下,水平井在含水 80%改造分支生产相比不改造生产的可采增量和含水下降有效期,其中为实时对比增产效果,这里选取了生产过程三个含水截止界限来分析差异(图3)。

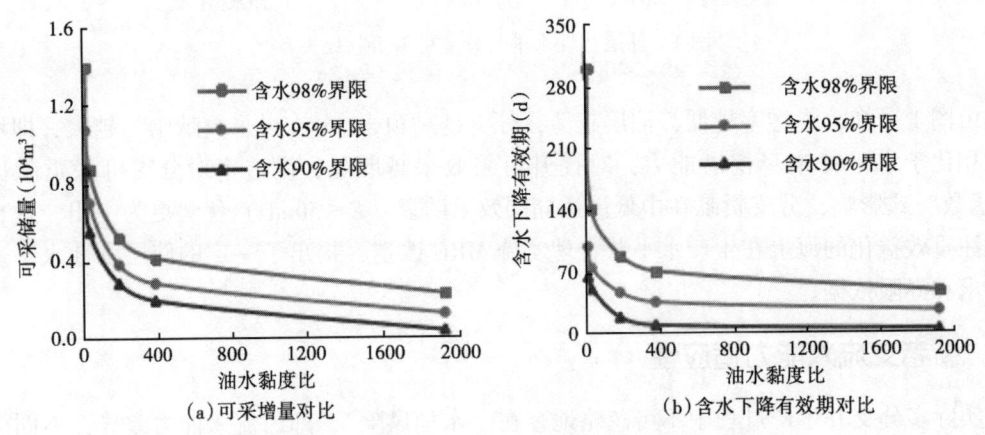

图 3 不同油水黏度比下老井侧钻 MRC 与不侧钻效果对比

由图 3 可知,老井改造 MRC 相比不采取任何措施下的可采增量和含水下降有效期随油水黏度比呈现幂函数关系,随油水黏度比逐渐降低,可采增量和含水下降有效期逐渐增加,主要是由于油水黏度差异较小时,油水两相流动分化能力弱,后期强水淹老支的上水速度缓,对新支干扰减弱,整体水淹速度放慢。当油水黏度比≤38时,改造 MRC 后的可采增量和含水下降有效期优势更为明显。对比不同含水截止界限,低黏油藏改造 MRC 所带来的增量和含水下降有效期在特高含水期阶段体现明显,故实际生产中,在经济、工程和产能需求允许下,对实施过侧钻 MRC 的井可适当放长其生产寿命。

1.3 位移分支节点适应性

在生产井 MRC 改造是在生产一定年限老井眼上,靠钻具自重在下井壁悬空划槽,侧钻位移分支联合生产,其开发效果不同于多底井,还与侧钻"节点"有很大关系。鉴于前人对多底井井型研究广泛，而侧钻"节点"报道较少，对此进行适应性研究。

针对老井眼下悬空侧钻位移分支联合生产，选取三个重要的侧钻"节点"进行适应性研究，即侧钻时机、侧钻点位置、侧钻点角度。其中，侧钻时机是以侧钻前老井含水百分比来表征，侧钻点位置采用从老井根端到趾端侧钻点的无量纲长度。以主井筒（老井+后期侧钻分支）下可采储量为优选指标，利用正交试验设计和多段井耦合预测，得出了侧钻节点与可采储量间关系（图4）。

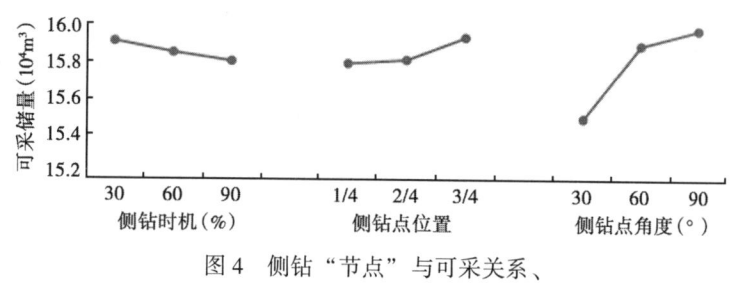

图4 侧钻"节点"与可采关系

由图2可知，低黏原油下，影响在生产井MRC改造效果的"节点"主次：侧钻点角度>侧钻点位置>侧钻时机。从单因素分析，原则上老井被改造时机越早，主井筒下分支与主支整体采出会越高，但相比其他节点敏感性，时机影响有限，故实际开发中在早期地质和动态认识不足等风险下，可选择老井在中高含水期进行MRC储层改造；对于侧钻点位置，当越靠近老井趾端（无量纲长度>2/4），侧钻分支的波及区与老井挖潜区的重叠减少，可采效果较好；对于侧钻角度，当角度<30°时整体可采较低，随角度增加，可采大幅上升，当达到60°以后上升渐缓，故对后期侧钻分支角度的选取，在钻井技术容许的前提下，可适当增大分支角度，30°~60°为宜，同时需根据实际剩余油分布情况合理设计和实施。

2 工业化应用效果

2.1 典型井应用实例

南海东部X油田Z25层为海相低幅背斜底水油藏，上部为不足8m厚中低渗透薄层，自下而上在经历20多年天然水驱后，逐渐转入上部难采层挖潜。2010年，从水淹风险、产能需求和海上油田经济性综合考虑，在物性相对较差、剩余油富集区部署了一口双分支井A2MH（如图5），投产初期产能高达$300m^3/d$。

鉴于研究成果及剩余油分析基础上，该井在含水94%后，2014年底计划采用MRC储层改造技术。设计方案：基于物性水平和节点适应性，在保留老井眼水平段上，悬空侧钻两分支，侧钻分支区域渗透率约30mD，控制与主水平段极差在8以内，贴顶钻进，裸眼完井，挖潜老井趾端区域的零星剩余油，要求实钻分支MRC1和MRC2油层总进尺1339m，分支角度在30°以上，控制分支距层顶平均0.4m。最终，侧钻分支所用钻完井时间15天，仅为常规调整井的1/3，成本降低了近5倍，侧钻后联合老井眼生产，产油能力仍高达$145m^3/d$，措施后增加可采近$3.5×10^4m^3$，当年回收成本，超过预期效果，截至2017年底，该井已累计产油$12.8×10^4m^3$，贡献了该层采出程度近2%。

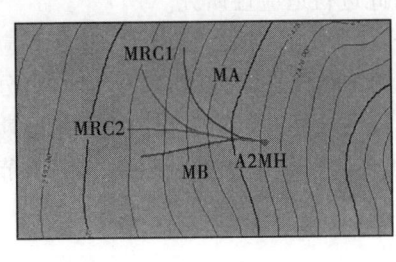
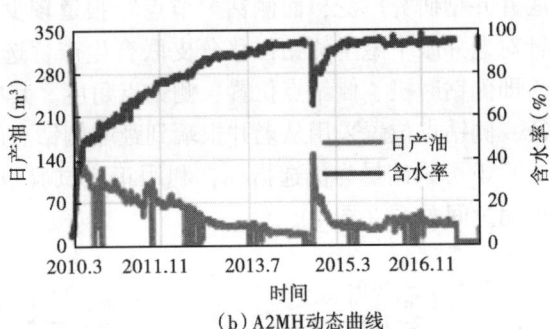

(a) A2MH平面展布　　　　　　(b) A2MH动态曲线

图 5　A2MH 井应用情况

2.2　整体应用效果

目前，Z25 层上部已累计实施 MRC 改造技术 9 井次，措施前后效果见表 1，可以看出：增效上，措施后相比措施前提高产油 2~7.3 倍，提高液量 1.1~4.3 倍，含水平均降幅超过 15%，预计增加可采储量近 $25×10^4 m^3$；降本上，平均单井改造成本约 1000 万元，仅调整井的 1/5，平均作业天数仅 12 天，当年回收成本。未来油田计划实施 9 口，预计增加可采储量超 $20×10^4 m^3$，低油价（45 美元/bbl）下可创收近 3.5 亿人民币。实现了老油田低渗透难采储层零星剩余油高效经济开发，对类似油田开发和低油价下水平井经济极限挖潜具有重要借鉴及推广价值。

表 1　Z25 层 MRC 改造前后效果对比

井号	MRC 措施前			MRC 措施后			综合评价		
	产油 (m^3/d)	产液 (m^3/d)	含水 (%)	产油 (m^3/d)	产液 (m^3/d)	含水 (%)	产油倍比	产液倍比	含水降低 (%)
A1H	33	71	53.1	184	236	22.2	5.5	3.3	30.9
A3H	20	99	79.6	83	295	71.8	4.1	3	7.8
A4H	30	152	80.5	122	280	56.7	4.1	1.8	23.8
A5H	31	127	75.6	142	308	54.1	4.6	2.4	21.5
A6H	20	80	74.6	88	342	73.8	4.3	4.3	0.8
A2MH	15	256	94	111	391	66.7	7.3	1.5	27.3
A7H	36	623	94.3	70	1202	94	2	1.9	0.3
A8H	27	492	94.6	165	942	82.38	6.2	1.9	12.2
A9H	31	567	94.6	131	644	79.4	4.3	1.1	15.2

3　结论

（1）在生产水平井 MRC 储层改造新思路，为更好挖潜低渗透储层零星剩余油提供了有效途径，相关适应性研究及实际应用效果对指导类似油田开发和低油价下水平井经济极限挖潜具有重要意义。

（2）利用多段井耦合模拟表明，渗透率越低、油层越薄、布井贴顶下，在生产水平井改造分支可采贡献效果越明显,其中渗透率水平对分支可采贡献比呈"幂函数"式影响;为降低"水桶风险",高含水期下 MRC 改造建议分支平面渗透率极差≤10,油水黏度比≤38,以控制新老分支间流体流入能力差异。

(3) 通过对位移分支"节点"研究,扩充了在生产井眼下改造分支适应性,对侧钻角度、时机、位置的选取及敏感指明方向性。

(4) 实际工业化应用表明,MRC 储层改造在中低渗透储层增油明显,高含水期下改造分支仍能取得较好效果,同时费用及时间成本大大降低,降本增效突出。

参 考 文 献

[1] 邹信波,罗东红,许庆华,等. 海上特高含水老油田挖潜策略与措施[J]. 中国海上油气,2012,24(6):28-33.

[2] 姚娜. 油田开发中后期剩余油宏观赋存模式及挖潜对策研究[D]. 山东:中国石油大学(华东),2010.

[3] 邹信波,许庆华,李彦平,等. 珠江口盆地(东部)海相砂岩油藏在生产井改造技术及其实施效果[J]. 中国海上油气,2014,26(3):86-92.

[4] 任飞,王建,金晶. 能提高油气藏单井产能与采收率的 MRC 井新技术介绍[J]. 西部探矿工程,2013(7):86-87.

[5] Salamy S P, AL-Mubarak H K, et al. MRC Wells Performance Update:Shaybah Field, Saudi Arabia[J]. SPE 105141, 2007.

[6] Abdulaziz O. Al-Kaabi, Nabeel I. Al-Afaleg et al. Haradh-Ⅲ:Industry's Largest Field Development Using Maximum-Reservoir-Contact Well Smart-Well Completions and I-Field Concept[J]. SPE 105187, 2007.

[7] Holmes J A, et al. Application of a Multisegment Well Model to Simulate Flow in Advanced Wells[R]. SPE 50646, 1998.

[8] 姜汉桥,姚军,姜瑞忠. 油藏工程原理与方法[M]. 东营:中国石油大学出版社,2006.

[9] 张世明,周英杰,宋勇等. 鱼骨状分支水平井井形设计优化[J]. 石油勘探与开发,2012,38(5):606-612.

[10] 安永生,李振泉,张世明,等. 鱼骨状分支井井型参数优化理论与方法[J]. 油气地质与采收率,2011,18(4):82-85.

涠洲 6-13 油田低渗透储层水平分支井钻井技术与应用

管 申 刘智勤 彭 巍 曹 峰 郑浩鹏

(中海石油（中国）有限公司湛江分公司)

摘 要：涠洲 6-13 油田位于南海北部湾盆地北部拗陷涠西南凹陷东部，其目储层为涠洲组涠 3 段，储层物性为低孔隙度、低渗透率，存在砂体厚度较薄，横向变化快、纵向非均质性强，且地层倾角变化大，对储层钻遇率和钻井轨迹的控制都带来很高的挑战。悬空侧钻可以是一种快速、经济的应对措施，同时不会对储层造成伤害。因此，A10H 井需要在水平段悬空侧钻分支井以增加泄油面积提高储层整体采收率。技术人员通过侧钻点，侧钻钻头和钻具组合优选，采用合适的造斜率以及侧钻钻压，以及对 Power Drive Archer 指向式旋转导向工具侧钻能力分析，实现了使用 Power Drive Archer 工具进行裸眼悬空侧钻作业，克服了侧钻井眼小、侧钻地层研磨性高的难点，有效避免了注侧钻水泥塞和泥岩夹层垮塌带来的井壁失稳，确保储层钻遇率超 98%，整个施工过程仅仅耗时 3 天，实现侧钻水平段进尺累计达 1500m，侧钻后打孔管下入顺利，创中国海油水平分支井目的层裸眼段最长记录，为开发薄油层水平井及提高油藏的可动用储量奠定了基础。

关键词：涠洲 6-13 油田；悬空侧钻；侧钻点；水平井；储层保护

涠洲 6-13 油田位于南海北部湾盆地北部拗陷涠西南凹陷东部，是在大断层控制下，并受高部位反向断层遮挡形成的断鼻、断块圈闭，涠 3Ⅵ上油组、涠 3Ⅵ下油组为受各自断层控制形成的断块圈闭，储层岩性为灰色、棕红色泥岩与灰色粉细砂岩、粗砂岩不等厚互层，物性特征为低孔隙度、低渗透率。储层在平面上和纵向上非均质性程度较高，横向延伸不连续，储层连通性较差，厚度薄，为了提高油田开发效益，保证储层钻遇率，A10H 井设计使用斯伦贝谢公司 Power Drive Archer 工具实施悬空侧钻水平分支井作业，在储层段优选侧钻点，避开非储层段，重新回到储层，大幅度提高了储层的钻遇率，满足开发生产需求。

1 悬空侧钻工艺难点及对策

1.1 侧钻点优选

水平分支井的特点在于主井眼和分支井眼在同一个油层，主井眼下防砂管柱完井，分支井眼完井时不下管柱，采油过程中没有重入性要求，采用裸眼完井，避免了尾管固井水泥对油层的伤害，同时在完井管柱上加封隔器，起到了封隔产层的目的。本次水平分支井先钻进 Mb 分支井眼，再钻进 Ma 主井眼，分支井眼数据见表1。因此，合适的侧钻点选择是实施悬空侧钻的关键一步，也是侧钻的先决条件。一方面，应尽量减少返工进尺，缩短钻井周期，节约成本；另一方面，要保证水平井段砂岩钻遇率，保证侧钻点处地层岩性稳定，能够承压。涠 3 段岩性为砂、泥岩互层，储层砂岩具有较强的抗压强度。而泥岩性脆，微裂缝发育，易水化剥落。据测斜数据显示，主井眼 3117m 的位置井斜角基本保持为 80°，地质捞砂样品显示该段全为砂岩，有利于实施侧钻。另外，依据地质设计资料，分支井眼轨迹处于主支井眼砂岩储层的上部。综合考虑决定选择在井深 3125m 处进行悬空下切侧钻并使井眼轨迹逐渐下行，保证继续在储层砂岩中钻进。

表 1　分支井眼数据

井深 (m)	分支井眼 Mb	
	井斜 (°)	方位 (°)
3125	80.35	89.30
3130	81.50	88.56
3135	82.60	87.66

1.2　钻头优选

悬空侧钻的最初阶段，钻头没有接触到井底，无法加压，故应用 PDC 钻头以切削齿侧向切削地层的破岩机理，选用保径效果好的 PDC 钻头实施侧钻。涠 3 段地层塑性值较大，砂岩石英平均含量为 73%，研磨性强，泥质含量高，钻头容易泥包。A10H 井侧钻所用 PDC 钻头为川克 CKS505DXS，喷嘴 7 个，刀翼 5 片，16mm 切削齿，排屑槽深，复合片尺寸小，布齿密度高且保径齿较多，耐磨性能好而机械钻速较低，有利于侧钻。

1.3　钻具组合优选

A10H 井选用 Power Drive Archer 旋转导向工具进行水平分支井作业，Power Drive Archer 旋转导向工具可实现在旋转钻进中对井斜和方位进行控制，本身具有近钻头（近钻头测点距离钻头 25m）井斜和方位，可以最大限度地观察井底附近的井斜及方位变化，及时对悬空侧钻效果做出判断。另外，该工具在任意井斜角度下都可提供连续稳定的超高造斜率，实际作业中的狗腿度可超过 10°/30m，更有利于完成悬空侧钻作业。A10H 井 ϕ215.9mm 分支井段使用 Power Drive Archer+LWD 钻具组合进行轨迹控制，钻具组合：8½in PDC +6¾in PDArcher+6¾in Periscope+6¾inTeleseope+6¾inNMDC+6¾in Filtersub +6¾in F/V +6½in JAR+ 5in HWDP×2+5in DP。

如图 1 所示，Power Drive Archer 是斯伦贝谢公司研发的全新一代指向式旋转导向工具，不同于传统的推靠式旋转导向工具，此工具内有旋转控制阀保持不动，钻井液推动内部推靠块，从而推动导向扶正套内壁使钻头轴向发生偏移；同时可以通过调节环限制井眼偏移量，以万向连轴节作为支点，使工具轴线与井眼形成一定的角度，改变轨迹的井斜与方位，比推靠式的旋转导向工具更为灵敏。

1.4　井壁稳定分析

实施悬空侧钻之后，在分支井与主井眼之间会形成一道夹墙，因此保证其稳定不会坍塌就显得尤为重要。假定水平井段沿最小水平主应力方向，在主井眼井壁上分别以 5° 及 15° 两种夹角进行分支侧钻，运用有限元方法对其进行建模分析，得到图 2。

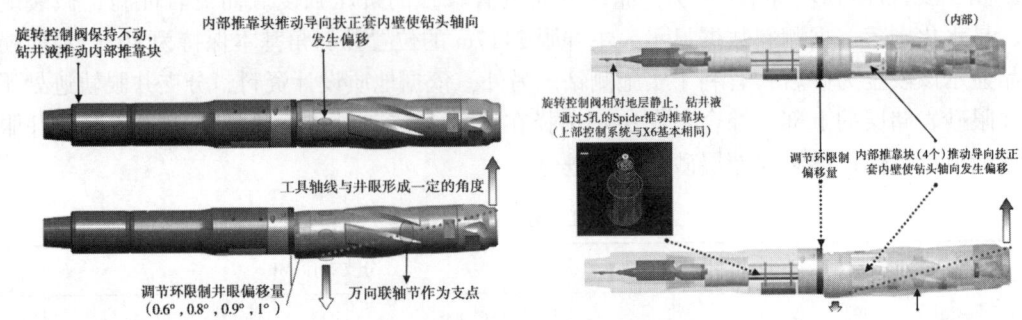

图 1 Power Drive Archer 工作原理

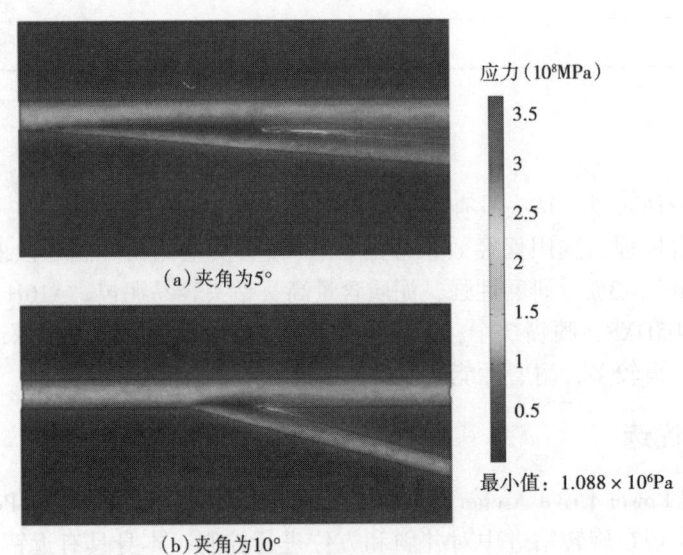

图 2 不同分支井眼夹角下的 Von Mises 应力云图

从图 2 中可以看出，侧钻之后连接段井壁周围应力将重新进行分布。形成的主井眼与分支井眼井壁夹墙顶端部位会明显产生应力集中，倘若发生井壁失稳，则最有可能从这里开始。保证其他条件参数都不变，随着分支井眼与主井眼之间夹角的增大，夹墙段应力集中程度相应减弱，也即夹墙的破坏深度会随着两井眼夹角的增大而减小。由此可见，在钻杆能够顺利通过井眼的前提下，采用较大的造斜率进行侧钻更有利于分支段的井壁稳定。

1.5 钻压控制

如图 3 所示，假定侧钻点处的岩石具有足够的抗压和抗剪强度，在造台阶的过程中始终不会坍塌。由钻杆所提供的钻压将在钻头上形成均布载荷，假定钻压 W 在钻头上沿其直径宽度 D 均匀分布，则其载荷集度 q 为：

$$q = X/D \tag{1}$$

造台阶时钻头两侧受力并不相同，其中一侧处于放空状态。设在侧钻过程某一时刻台阶的高度为 L，则在钻头放空一侧形成的弯矩 M 为

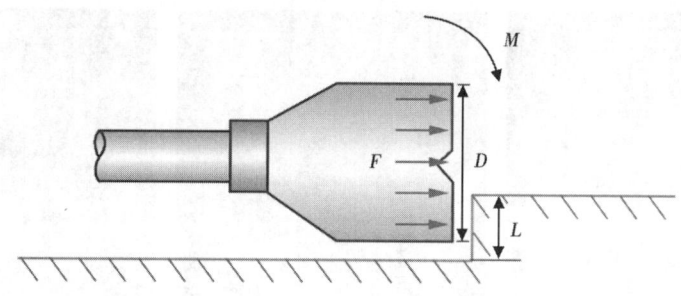

图 3　侧钻造台阶时钻头受力图

$$M = W(D - L)^2/2D \qquad (2)$$

式中　D——钻头直径宽度，m；

W——钻压，kN；

q——钻压沿钻头直径宽度均匀分布时的载荷集度，kN/m；

L——侧钻台阶的高度，m；

M——弯矩，N·m。

随着弯矩 M 的增大，钻具发生弯曲变形，钻头倾角增大，方向指向侧钻台阶，这将增大钻具的造斜能力，最终可能导致形成的侧钻井眼狗腿度较大，偏离了原本的设计轨迹。从式（2）可以看出，通过减少钻压 W 或者力臂（$D-L$）能够减少弯矩 M，因此在侧钻的开始阶段，台阶较低，应该采用较小的钻压。而在侧钻过程中，钻柱长时间几乎静止躺卧在下井壁，岩屑容易堆积从而增大摩阻，因此，随着台阶逐步形成应逐渐增大钻压以提高钻速，迅速完成分离。

1.6　储层钻开液优选

A10H 井 ϕ215.9mm 目的层水平井段选用自动破胶储层钻开液体系，该体系基本组成为海水+0.2%NaOH+0.2%Na_2CO_3+2.5%淀粉降滤失剂 EZFLO+3%KCl+5%高纯粒径匹配碳酸钙 MBA+KCl+2%JLX-B 聚合醇，2 种功能材料均能够被 0.3%HTA 隐形酸螯合剂溶液液化，如图 4 所示，液化后无任何残留，使井筒内及近井地带的滤饼全部转化为清洁盐水，MBA 由 5 种不同粒径的碳酸钙复配而成，且和淀粉可以达到互相"镶嵌"的作用，使滤饼更加致密。

通过实验评价，该钻井液的低剪切速率黏度控制在 30000mPa·s 左右，具有最佳防止污染和返排的能力，且渗透率恢复值最高，可抗 15%左右钻屑污染，渗透率恢复值大于 80%。通过做滚动回收率实验进行了抑制性评价，在 105℃烘干过孔径为 2.00~3.20mm 筛的钻屑，在 140℃老化 16h 后，过孔径为 0.45mm 的筛，在 105℃烘干，计算回收率，测定第一次回收率为 93.2%；再将回收后的钻屑继续放入钻井液中，测定第二次回收率为 90.4%，说明体系具有较强的抑制性能。同时，在配方设计中选用的高分子聚合物和淀粉均具有极佳的润滑性能，再辅以聚合醇的浊点效应来达到降低摩阻系数的功能，采用 Fann 公司的 EP 极压润滑仪评价体系的润滑性，计算摩阻系数为 0.11，表明体系具有较好的润滑性能，适用于大位移水平井钻井需求。

 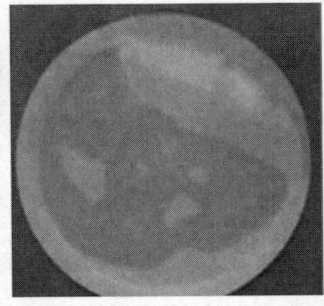 

图 4　简易隐形酸完井液对钻井完井液滤饼的液化效果

2　悬空侧钻技术现场应用

2.1　实施过程

利用 Power Drive Archer 旋转导向工具在 ϕ215.9mm 井眼进行悬空侧钻水平分支井,从理论造斜率角度来讲可行,但在南海西部地区尚无使用此工具进行悬空侧钻的先例,无经验可循,具有一定的风险。为此,参考其他螺杆钻具的侧钻经验,现场根据工具特性,通过合理选择侧钻点、精细化侧钻操作,保证了作业顺利可行。

(1) 划槽作业。

根据实际测斜数据发指令调整工具面至168°,以保证尽快与分支井眼分开,使用 Power Drive Archer 100% 的造斜率设置。下放至3125m 定点循环 6~7min,确保刷新两组连斜,记录3125m 的原始连斜,再上提至3117m 划一圈厚度小于1cm 的白线,开始划槽作业。下行的前几米控时 10~14m/h,在 3124.5~3125m 控时 3~4m/h,在白线处定点循环 6~7min,确保刷新两组连斜,上行速度70m/h。

划槽参数:排量1900L/min,转速110r/min,划槽位置3119~3125m,每次划槽降斜0.05°,最终井斜从80.25降低至79.65°,方位从89.66°增加至90.06°,划槽效果良好。

(2) 定点循环造台阶。

造台阶具体操作为将钻具下放至标记处刹住刹把 1~2h,定点循环加强划槽造出的台阶,确保台阶规则。造台阶循环参数:排量1900L/min,转速110r/min,如果地层较软则根据实际情况适当降低排量,避免台阶冲蚀。在3125m 定点循环 2h,近钻头井斜及方位均未发生变化。

(3) 控时钻进。

A10H 井在3125m 开始控时钻进,第1m 平均机械钻速0.43m/h,后续3126~3130m 控时1m/h,钻头吃入地层钻参有明显变化,3131~3135m 逐步提速 1.33m/h、2m/h 和 3m/h,钻进参数:1900~1950L/min,100r/min,3~8klbf,钻进至3135m 隔墙达到0.8m,确认与分支井眼 Mb 分离。

此项作业对司钻操作要求极高,需要极大的耐心和对参数的敏感观察。若钻压突然降低,应将钻具提离井底 3~4m,缓慢下放直到钻压稳定的位置,重新开始控时钻进;若钻压缓慢稳定增加,表明已逐渐开始进入新地层,但仅仅是一个小台阶,仍然需要控时钻进;注意观察记录 Power Drive Archer 工具的近钻头井斜,若降低 2°~3°,可将转速提高到 100~120r/min,并适当增大钻压,继续进行降斜或者改变 Power Drive Archer 的设置开始增斜作业,尽快使井斜回到水平井段控制所需的井斜。

2.2 实施结果

如表 2 所示,侧钻过程中逐渐提高钻井参数,按照地质指令钻进,顺利完成水平分支井作业,储层钻遇率超过 98%,侧钻主井眼水平段达到 1500m,后续顺利下防砂管柱到位。

表 2 主分支井眼数据

井深(m)	分支井眼 Mb		主支井眼 Ma	
	井斜(°)	方位(°)	井斜(°)	方位(°)
3125	80.35	89.30	79.44	90.56
3130	81.50	88.56	78.40	91.26
3135	82.60	87.66	77.15	92.86

注:侧钻点为 3125m。

3 结论

(1) 在 φ215.9 mm 井眼使用 Power Drive Archer 旋转导向工具悬空侧钻水平分支井,可以更好地控制井眼轨迹,降低常规螺杆钻具滑动可能导致的携砂、深层滑动黏卡等问题,能够有效提高机械钻速及作业效率。

(2) 使用 Power Drive Archer 推靠式旋转导向工具进行悬空侧钻作业时,侧钻点应选择地层岩性稳定,能够承压的砂岩。

(3) 该旋转导向工具能及时显示近钻头井斜、方位数据,能够有效控制水平段轨迹以及及时了解井下悬空侧钻情况。

参 考 文 献

[1] 刘修善,张海山. 欠位移水平井的设计方法 [J]. 天然气工业,2008,28 (10):61-63.
[2] 孙振纯,许岱文. 国内外水平井钻井技术现状初探 [J]. 石油钻采工艺,1997,19 (4):6-12.
[3] 秦红祥. TK430H 水平井钻井技术 [J]. 石油钻采工艺,2002,24 (1):15-16.
[4] 孙晓飞,韩雪银,和鹏飞,等. 防碰技术在金县 1-1-A 平台的应用 [J]. 石油钻采工艺,2013,35 (3):48-50.
[5] 刘峰. POWER-V 和 PD-XCEED 垂直导向钻井技术在渤海油田的应用 [J]. 石油钻采工艺,2009,31 (5):29-32.
[6] 石崇东,杨胜军,姜延龄,等. 小井眼水平井裸眼悬空侧钻技术在靖平 33-13 井的应用 [J]. 钻采工艺,2012,35 (5):107-110.
[7] 董星亮,曹式敬,唐海雄. 海洋钻井手册 [J]. 北京:石油工业出版社,2011.
[8] 谢学明,彭正洲. 董 101 井裸眼侧钻工艺技术 [M]. 江汉石油科技,2006,16 (4):32-33.
[9] 王自民,刘春林,张宏威,等. 卫 117 侧钻井钻井技术 [J]. 石油钻采工艺,2011,33 (4):27-30.
[10] 王峰. 侧钻双分支水平井井眼轨迹控制 [J]. 石油钻采工艺,2005,27 (1):6-8.

地球物理技术在断陷盆地低渗透岩性油藏水平井随钻地质导向中的应用

齐玉林 彭 威

（中国石油大庆油田有限责任公司勘探开发研究院）

摘 要：水平井开发技术已经成为提高低渗透油藏单井产量的有效手段，然而断陷盆地低渗透岩性油藏具有小断层发育、砂体相变快、缺少稳定的标志层、地层速度变化复杂的特点，造成断陷盆地水平井入靶难、水平段砂体预测不准等问题，增加了水平井的地质风险，制约了水平井的勘探效果。本文应用保幅处理后的三维地震资料，采用变频合成记录多井拟合时深转换技术，结合精细地层对比，精细标定各靶点的深度，保证了水平井准确入靶。现场应用随钻测井资料，采用随机地质统计学地震反演技术，准确预测水平段的砂体变化，确保了较高的砂岩钻遇率和油层钻遇率。实际应用于海拉尔盆地贝尔凹陷BZ区块水平井X38-P1井，入靶点深度绝对误差仅为0.5m，相对误差达0.2‰，水平段长998m，砂岩钻遇率为70.4%，油层钻遇率为70%，钻遇砂岩段与钻前预测符合率为83%。该井缝网压裂试油获得55.20m³/d的高产工业油流，取得了良好的勘探效果。因此，加强地球物理技术在随钻地质导向中的应用有助于提高入靶准确性和储层钻遇率。

关键词：保幅处理；变频；合成记录；多井拟合；时深转换；正演模型；地质统计学地震反演；水平井；地质导向

海拉尔盆地贝尔凹陷BZ次凹经过多年勘探，已在多层位获得工业发现，在南二段提交了规模储量。为扩大储量规模，实施了针对南二段低渗透油藏的水平井钻探。应用多种地球物理技术，在BZ工区通过对原始地震资料进行保幅处理，对目的层进行精细的构造解释和储层预测，确定靶点设计方案。现场采用拟声波随机地质统计学反演，根据实钻情况调整地质导向，取得了较高的砂岩钻遇率和油层钻遇率。压裂试油获得高产，取得了良好的勘探效果。

1 BZ工区地震资料保幅处理效果分析

为确保精细构造解释和储层预测的效果，对BZ工区原始地震资料进行了保幅处理。从地震剖面对比分析来看，保幅处理后振幅能量增强，层间信息更丰富（图1）。从频谱对比分析来看，处理前频宽为10~80Hz，主频为30Hz。处理后频宽为5~85Hz，主频为45Hz。主频有所提高，分辨率得到改善。从合成记录对比分析来看，处理后小层与波形的对应关系更好。从振幅属性对比分析来看，处理后振幅能量增强，砂体展布特征更明显。综合分析，保幅处理为精细构造解释和储层预测提供了高品质的地震资料。

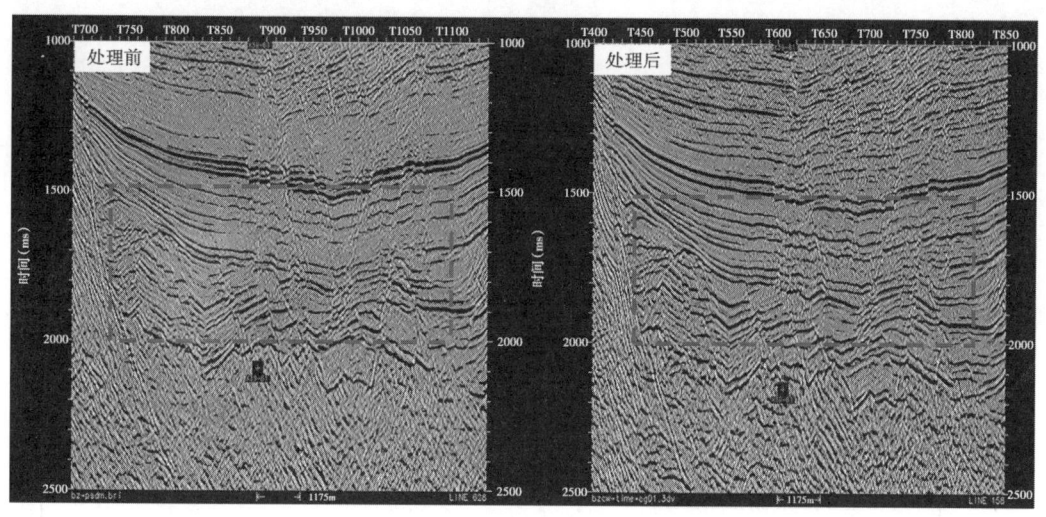

图 1 地震剖面处理前后对比分析图

2 BZ 工区精细构造解释及储层预测

2.1 变频子波制作高精度合成记录

通过采用变频子波制作高精度合成记录标定含油层段，建立可靠的时深关系模型，提高构造图深度预测精度（图 2）。以 X38-54 井为例，X38-54 井合成记录采用变频子波 13 个同相轴有 12 个对应，采用定频子波 13 个同相轴有 7 个对应，标定油层位置变频明显比定频效果好。

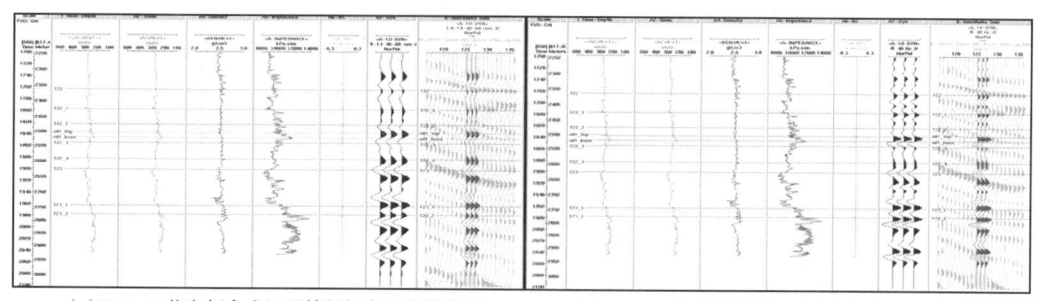

（a）X38-54 井变频合成记录精细标定油层位置图　　（b）X38-54 井定频合成记录精细标定油层位置图

图 2　X38-54 井变频和定频合成记录精细标定油层位置对比图

2.2 多井精细拟合时深做变速成图

本区采用 24 口井变频子波制作合成记录，多井精细拟合时深关系曲线（图 3），最终采用精细变速成图完成油层顶面构造图编制（图 4）。

从构造图上看，砂体顶面呈南高北低的特征。X38-54 井位于构造高部位，X39-61 井位置偏低。通过提取沿层均方根振幅属性，可定性确定砂体发育的外部边界。从图 5 可以看

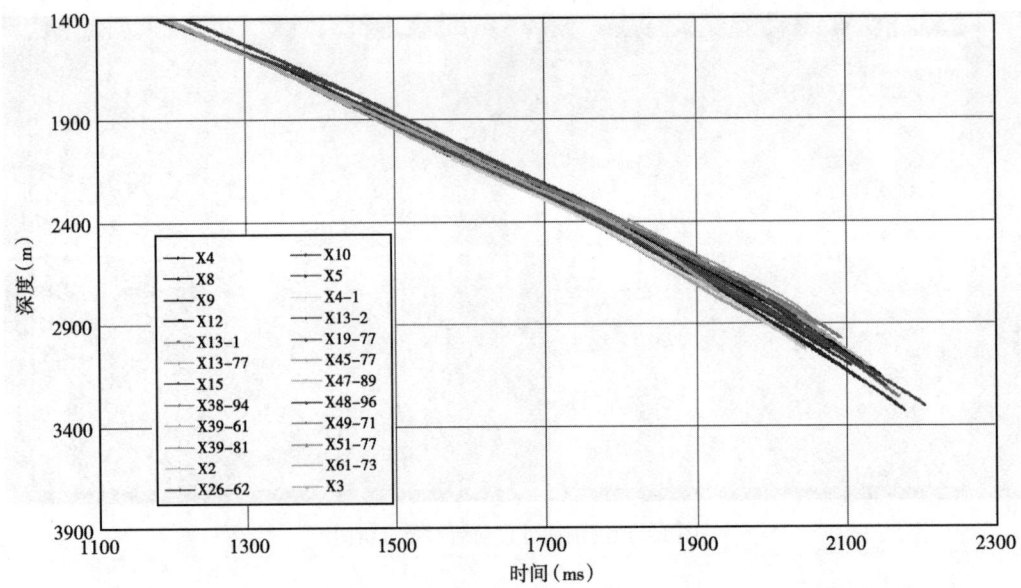

图 3 多井精细拟合时深关系图

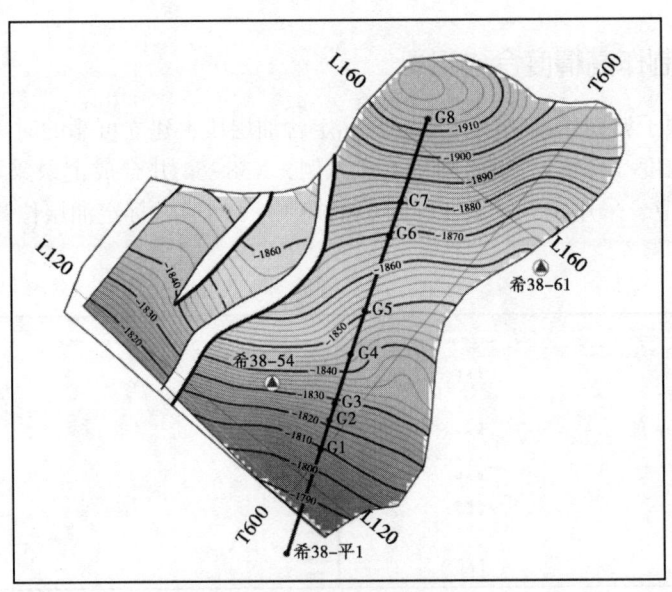

图 4 X38-54 井油层顶面构造图

出，X38-54 井附近砂岩最为发育，X39-61 井附近砂岩较发育。

2.3 正演模型验证砂体的横向变化

为进一步验证砂体变化规律，从过这两口评价井的常规地震剖面出发，制作正演模型进行分析。后又通过随机地质统计学反演，使砂体预测较为合理，为水平井的靶点设计奠定了良好的基础。

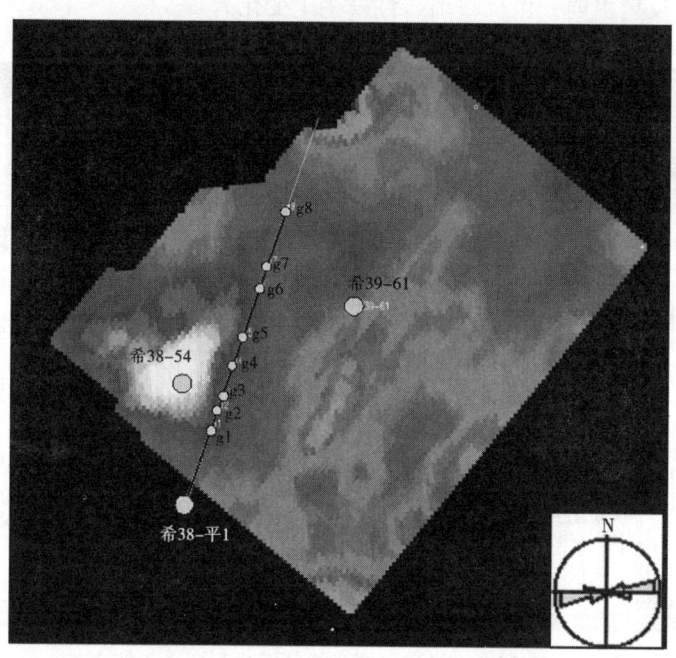

图 5 X38-54 井油层顶底层间均方根振幅属性图

从过 X38-54 井和 X39-61 井的联井地震剖面（图 6）看，含油砂岩的地震反射特征由中强振幅到空白反射，变化很大。从两口井的合成记录标定油层位置出发，对油层顶底进行了精细解释。

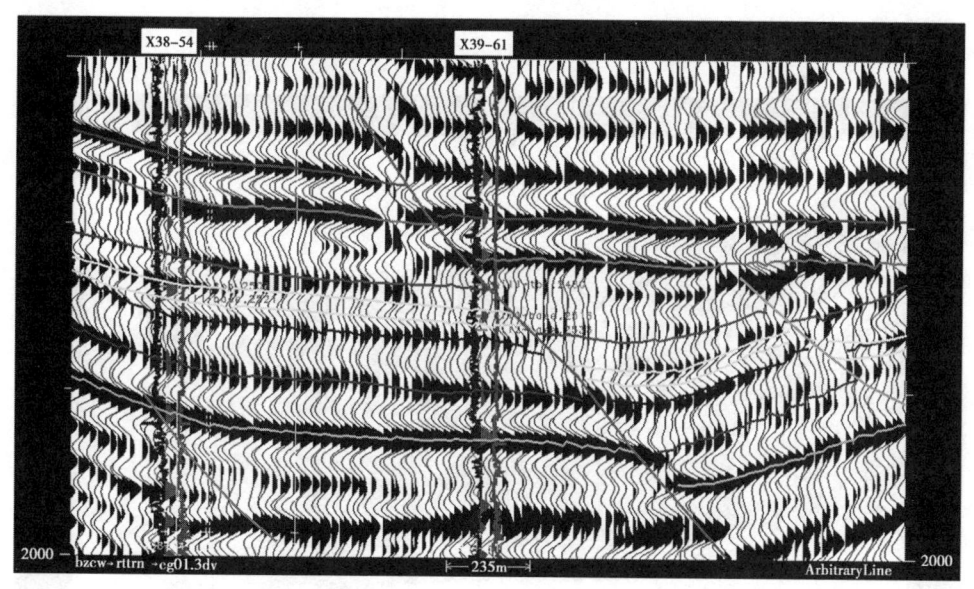

图 6 X38-54 井-X39-61 井联井地震剖面图

X39-61 井所钻砂层比 X38-54 井厚度大，当用 30Hz 子波时，正演模型表现为低频特征，呈复波，反射变弱，反映出岩性的变化（图 7）。当用 45Hz 子波时，正演模型表现为高频特征，呈单波，反射更弱，也反映出岩性发生了变化。

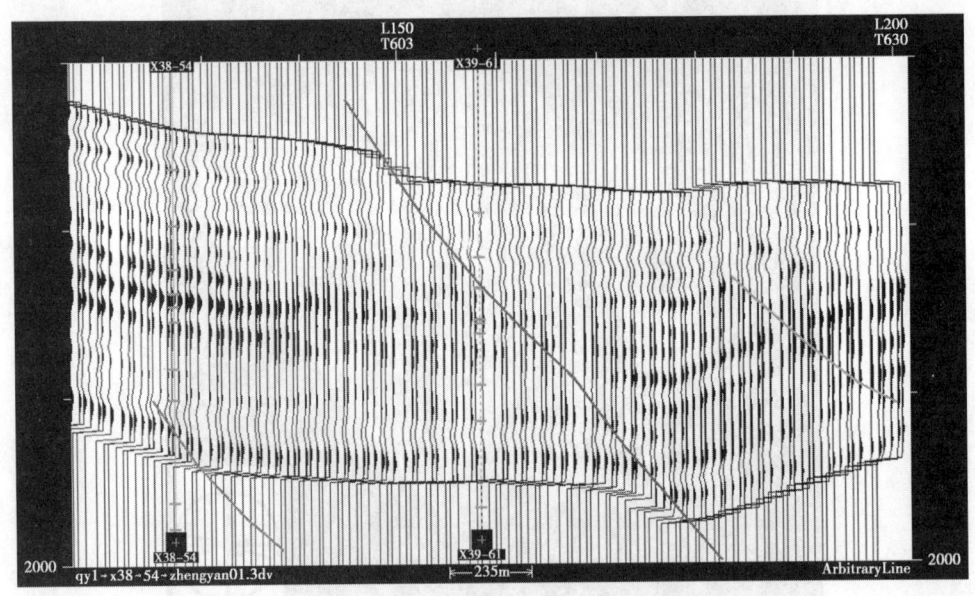

图 7　X38-54 井-X39-61 井联井正演模型图（子波 30Hz）

2.4　随机反演预测砂体的分布规律

在细分层精细构造解释及模型正演的基础上，对该区南二段储层进行了随机地质统计学反演。从过 X38-54 井和 X39-61 井的联井反演剖面（图 8）来看，虽然厚度有所增加，但岩性发生改变，由砂岩变为粉砂岩。

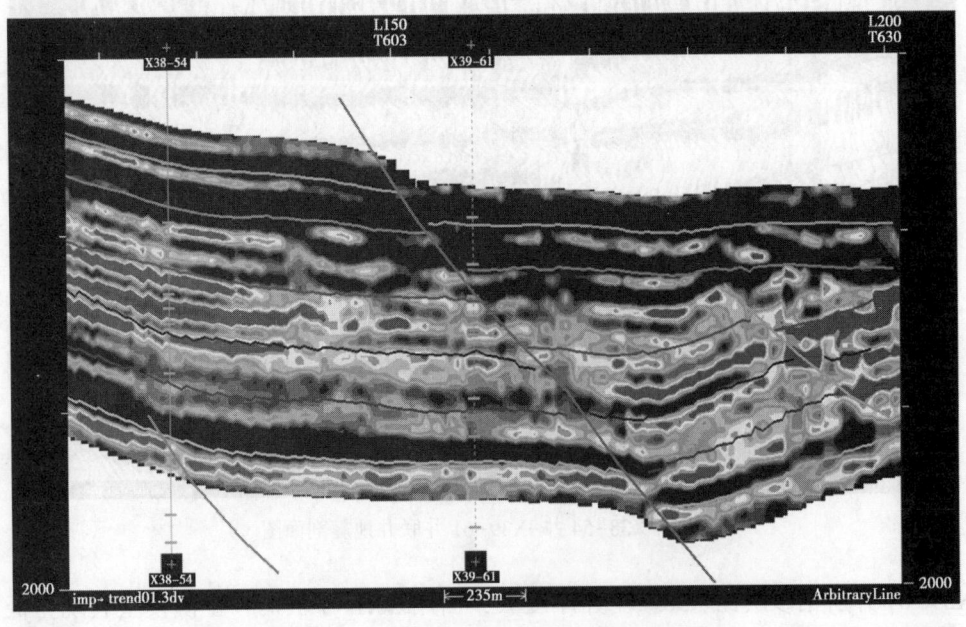

图 8　X38-54 井-X39-61 井联井反演剖面图

2.5 三维可视化形象展示砂体形态

通过将油层顶面拉平后设置种子点进行砂体追踪,然后进行反拉平归位,得到了该区三维可视化砂岩立体显示图,形象展示砂体形态(图9)。

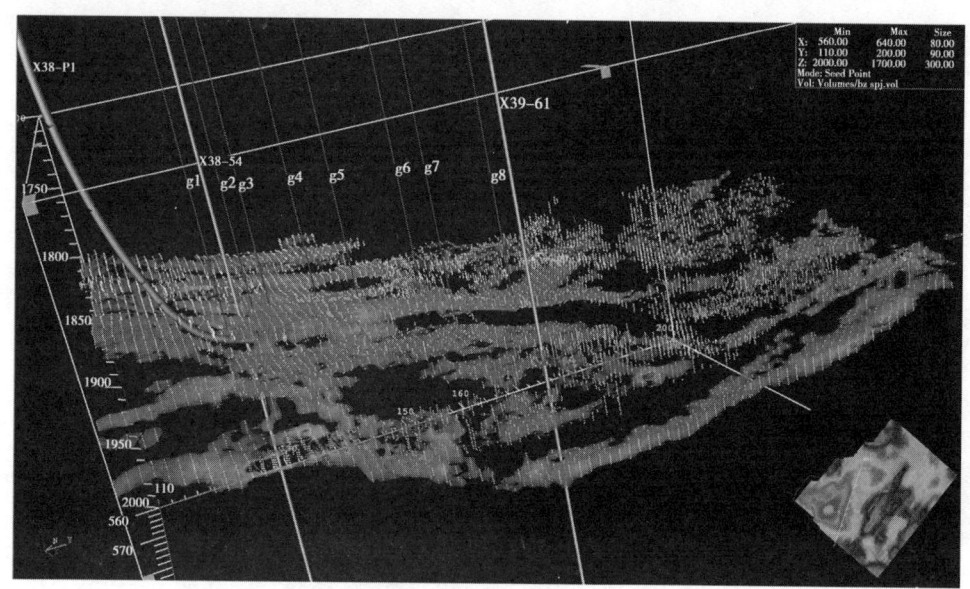

图 9 BZ 工区南二段水平井 X38-P1 井砂体三维立体显示图

3 X38-P1 井靶点设计方案

依据 X38-54 井油层顶面构造图和油层顶底间均方根振幅属性图,平面上尽量避开断层,沿砂体的最大轴向设计井轨迹,并尽可能与主应力方向垂直。X38-P1 井设计水平段为 1047m,靶前距为 330m,全井段长度为 3700m,设置 8 个控制点,控制砂体变化(表1)。

表 1 X38-P1 井靶点设计表

靶点	X	Y	时间(ms)	深度(m)	位移(m)
井口	20509295.28	5299930.49			靶前距 330m
g1	20509401.30	5300243.00	1828	2482.0	g1—g2:91m
g2	20509430.30	5300328.50	1834	2509.4	g2—g3:53m
g3	20509447.35	5300378.72	1838	2515.2	g3—g4:155m
g4	20509496.9	5300524.83	1843	2530.0	g4—g5:138m
g5	20509541.12	5300655.13	1850	2538.5	g5—g6:237m
g6	20509616.95	5300878.63	1858	2548.4	g6—g7:108m
g7	20509651.49	5300980.46	1864	2571.0	g7—g8:265m
g8	20509735.76	5301228.84	1885	2604.5	g1—g8:1047m

从 X38-P1 水平井设计轨迹反演剖面（图 10）看，g1 为入靶点，要钻遇的砂体为一上倾尖灭的岩性油藏。该岩性油藏又分为三部分：g1—g2 为第一部分，g3—g4—g5—g6 为第二部分，g7—g8 为第三部分。第一部分与第二部分 g2 与 g3 之间可能有小断层。第二部分与第三部分 g6 与 g7 之间岩性有变化。

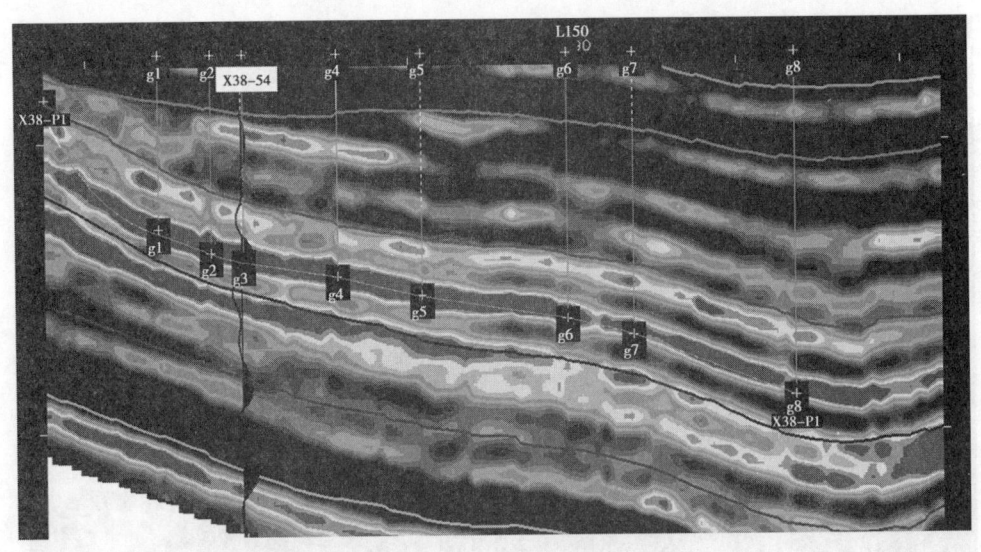

图 10　X38-P1 井设计轨迹反演剖面图

4　X38-P1 井现场随钻跟踪

4.1　现场 GR 曲线拟声波随机地质统计学反演

由于现场仪器只能够测伽马和电阻率曲线，为确保水平段准确入靶和不穿层，需要实时对上、下伽马曲线和深、浅测向电阻率曲线进行分析[3]，并用拟声波曲线做反演（图 11）对原反演数据体进行校正。实践证明，该方法对提高砂岩钻遇率和油层钻遇率效果明显。依据上、下伽马曲线多次反演刻画砂体空间展布，确定轨迹在砂体中的空间位置。

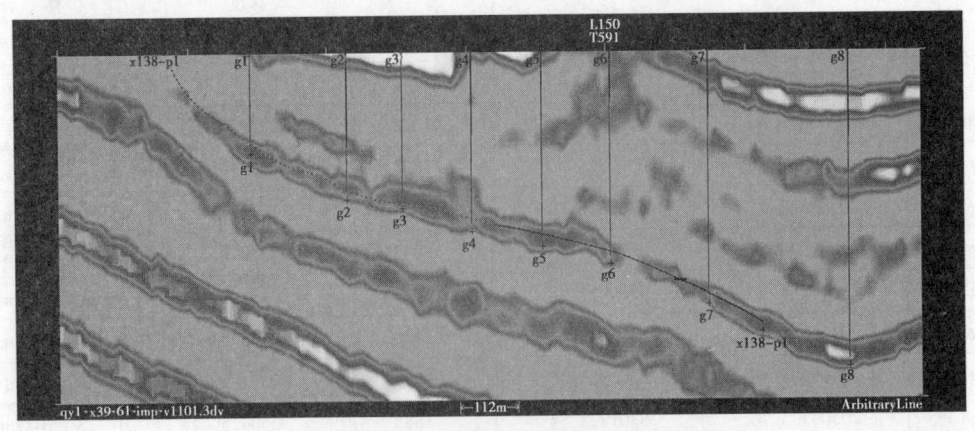

图 11　现场 GR 拟声波随机地质统计学反演剖面图

X38-P1 井现场随钻跟踪结果：井深 2650.0m 准确着陆 g1 靶点，垂深 2481.5m，井斜 77.5°。钻前反演预测入靶垂直深度为 2482.0m，绝对误差为 0.5m，相对误差为 0.2‰。井深 2714.0m，垂深 2491.0m，井斜 80.9°，反演预测轨迹在油层中下部，建议增斜至 83.0°~84.0°。2763.0m 换旋转导向。井深 2789.0m，垂深 2499.3m，井斜 83.3°，根据伽马成像判断上切，反演预测轨迹在油层顶部，降斜 83.5°仍上切，后继续降斜至 81.4°。井深 2849.0m，垂深 2508.3m，井斜 81.1°，反演预测轨迹在 g2 靶点处，地层倾角变缓，设计 4.0°，建议增斜钻进。至井深 2917.0m，建议增斜 87.0°。井深 2985.0m，垂深 2518.4m，井斜 82.8°，轨迹上切，地震反演预测在油层中下部，建议降斜钻进。至井深 3018.0m，建议增斜至设计 83.5°后稳斜钻进至 g4 靶点，判断倾角为 5.6°。井深 3368.0m，垂深 2547.3m，井斜 84.9°，轨迹开始上切，反演预测已过 g6 靶点，倾角为 7.5°，建议降斜 82.0°后稳斜钻进。井深 3650.0m，井斜 79.3°，垂深 2585.6m，轨迹在 g7—g8 之间，所钻遇的储层不发育且含油性较差。但从反演看，目前轨迹处在储层发育较好部位，认为下部储层发育情况不确定，存在风险，提前完钻。

4.2 X38-P1 井各靶点误差统计结果分析

X38-P1 井实钻入各靶点深度绝对误差为 0.5~4.6m，相对误差为 0.2‰~1.8‰（表 2）。g1—g7 靶点按设计靶点进行钻探。

表 2 X38-P1 井各靶点深度误差统计表

靶点	钻前（m）	钻后（m）	绝对误差（m）	相对误差（‰）
g1	2482.0	2481.5	0.5	0.2
g2	2509.4	2508.3	1.1	0.4
g3	2515.2	2516.9	1.7	0.7
g4	2530.0	2528.2	1.8	0.7
g5	2538.5	2540.6	2.1	0.8
g6	2548.4	2551.9	3.5	1.4
g7	2571.0	2575.6	4.6	1.8
g8	2604.5			

X38-P1 井水平段为一向上倾方向尖灭的岩性体，地震上表现为中强振幅，井上钻遇为一套粉砂岩、泥质粉砂岩和泥岩互层组合（图 12）。X38-P1 井于 2652m 入靶，水平段长 998m，砂岩 703m，含油砂岩为 699m（油斑 209m，油迹 272m，荧光 218m），砂岩钻遇率为 70.44%，油层钻遇率为 70.04%。取得了良好的钻探效果。试油获得了高产工业油流。

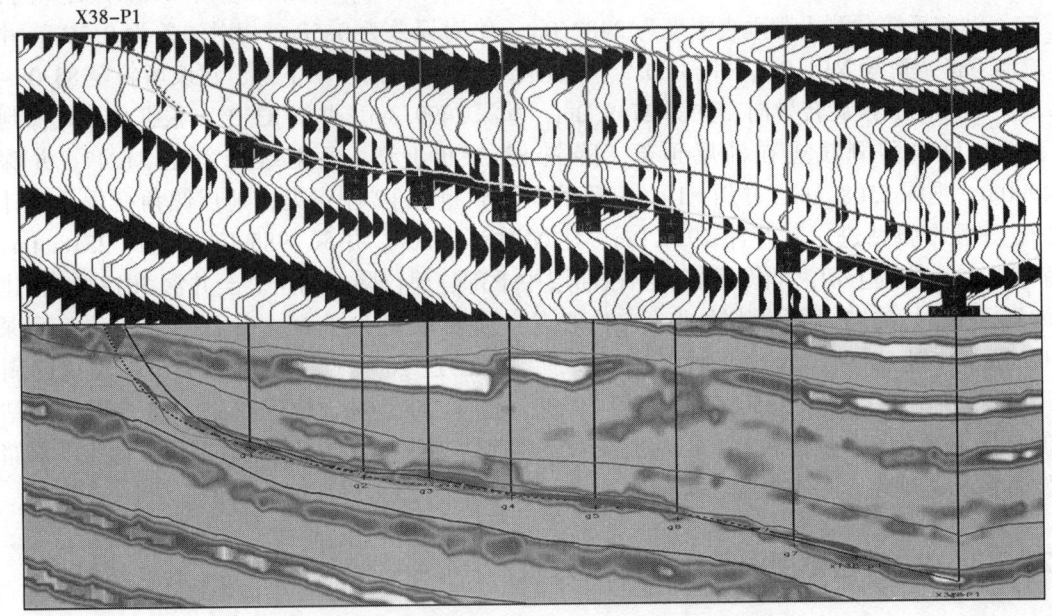

图12 X38-P1井设计轨迹与实钻轨迹效果对比图

5 结论

（1）保幅处理能够提高地震资料的质量。

（2）采用变频合成记录多井拟合时深转换技术，结合精细地层对比，精细标定各靶点的深度，保证了水平井准确入靶。

（3）现场应用随钻测井资料，采用随机地质统计学地震反演技术，准确预测水平井水平段砂体变化，确保了较高的砂岩钻遇率和油层钻遇率。

参 考 文 献

[1] 刘振武，撒利明，杨晓，等．地震导向水平井方法与应用［J］．石油地球物理勘探，2013，48（6）：932-937．

[2] 朱卫星，郭喜佳，杨柳河，等．基于模型的地震波阻抗反演在水平井随钻跟踪中的应用［J］．海洋石油，2014，34（1）：32-35．

[3] 聂晓敏，陆志奇，段宏臻，等．随钻测录井参数在水平井地质导向中的应用［J］．油气地球物理，2015，13（1）：66-68．

地质力学研究在非常规油气藏储层改造中的应用

黄星宁[1]　杨振周[1]　郭子义[2]　姜启书[3]　赵二强[4]　李文佳[5]

(1. 中国石油休斯敦技术研究中心；2. 中国石油青海油田公司钻采工艺研究院；
3. 中油测井青海事业部；4. 东方地球物理勘探有限责任公司新兴物探开发处；
5. 东方地球物理勘探有限责任公司西南物探分公司)

摘　要：非常规能源在全球油气勘探开发中的地位日渐凸显，致密油是当下非常规油气领域的热点，全球致密油可采资源量达到 $473×10^8$ t，如何实现致密油藏高效开发是我国乃至全球非常规油气开发领域面临的重点及难点问题。储层改造作为提高致密油藏单井产量的核心技术，改造效果在一定程度上决定了致密油藏的产能建设规模，为了厘清压裂过程中地质力学对储层改造规模及措施效果的影响，从而为储层改造方案的制订和优化提供有效的技术支撑。本文基于单井地质力学研究，对影响储层改造效果的动态杨氏模量、动态泊松比、内摩擦系数、单轴抗压强度关键参数进行分析，并结合区域构造特征、沉积环境及地震属性进行精细三维地质力学研究，通过地质力学参数分析识别出"工程甜点"并与"地质甜点"相结合，从储层脆性、地应力各向异性、含油气性等多角度一体化论证储层改造方案的可行性，制订高效储层改造方案，提高措施有效率，指导致密油藏效益化开发。

关键词：三维地质力学；非常规油气藏；储层改造；工程甜点；压裂方案优化

北美"非常规油气革命"改变了美国能源结构，也对全球能源格局产生了深远的影响。为实现致密油气藏的有效开发必须通过储层改造技术改善油气藏渗流能力、提高单井产能，"水平井+分段压裂"作为提高单井产量的核心技术极大地推动了致密油气藏的高效开发，在取得辉煌成绩的同时也暴露了大量的问题：(1) 致密油气藏的单井平均综合建井成本较高，单井受产量、油气价格等技术经济指标影响较大；(2) 只优化钻完井工程效率，优化储层改造方案并不能完全达到实现致密油气藏高效开发的目的；(3) 致密油气藏的油气富集规律、储层评价标准、流体流动特征等颠覆了传统的研究方式，综合地质特征认识的局限性制约了高效储层改造方案编制；(4) 地质力学对储层改造规模及措施效果的影响认识不够清晰。

致密油气藏地质力学作为影响措施改造效果的主要影响因素之一，国内外专家、学者对储层力学特征进行了大量的研究，通过岩石力学实验室进行力学参数测试、波速各向异性实验、地磁定向实验以及岩石三轴力学实验等，得到岩石力学参数、应力方位、应力大小以及应力梯度等与储层改造密切相关的数据；在实验室分析的基础上，结合测井资料、岩性分布特征、孔隙压力、流体性能等进行一维地质力学分析研究；在此基础上，结合构造层面模型、断层空间分布特征以及地震数据等进行区域地质力学特征研究，能较好地反映储层地质力学在三维空间的分布特征；但是大部分的研究是基于工程施工角度分析人工裂缝起裂特征、裂缝在三维空间的延展规律以及压裂有效改造规模等，对于区域地质特征（如：油气富集规律、储层非均质性、岩性变化特征等）分析相对较少，导致施工规模优化、单井产能评估、压裂后分析等存在大量的不确定性。

与北美商业化开发的致密油气藏相比,中国致密油气藏开发在地质构造、储层特征、工程施工、地表形态、地貌、环境生态、水资源、基础设施等方面面临更严峻的基础理论研究、工程技术瓶颈和经济因素等诸多挑战。中国近几年来的致密油气开发实践表明,在中国致密油气藏储层品质相对较差前提下实现致密油气藏的效益开发,必须基于"地质工程一体化"的研究模式,采用综合地质研究指导和优化工程方案,通过工程方案的实施成果验证和增强地质认识,对水平段所钻遇"地质甜点"及"工程甜点"进行分析,从储层含油气性、岩石力学性质、应力方位、水平应力差、人工裂缝复杂程度等方面多角度论证实施体积改造的可行性和必要性,在充分了解储层地质特征的基础上借助数值模拟、产能预测等手段,设计并优化储层改造方案,提高单井产能,为实现致密油气藏效益开发提供技术支撑。

1 地质概况及储层改造必要性

英西致密油藏位于柴达木盆地西部柴西地区英雄岭构造带,地表海拔3000~3900m,地面特征以风蚀山地为主,该区整体处于英雄岭富烃凹陷内,油气资源丰富,是中国石油青海油田分公司重要的勘探领域以及产能接替区。地层沉积自上而下依次为上油砂山组（N_2^2）、下油砂山组（N_2^1）、上干柴沟组（N_1）及下干柴沟组上段（E_3^2）,英西地区纵向发育三套含油层系[9],油藏富集具有"叠合连片、局部高产、纵向跨度大、平面分布广"等特征,按照埋藏深度由浅至深依次为英西浅层、英西中层和英西深层,如图1所示;其中古近系干

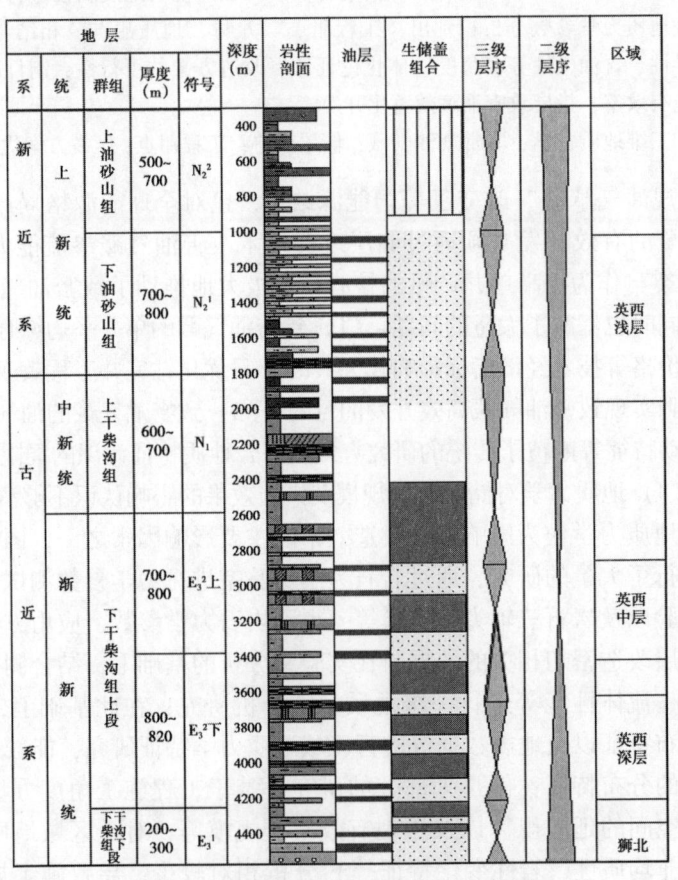

图 1 柴达木盆地英西地区综合柱状图

柴沟组英西深层为本案例的分析目的层。根据铸体薄片、电子探针、岩性扫描、测井资料综合分析，英西深层致密油藏储层岩性主要为灰云岩，含陆源碎屑、泥质和石膏、盐岩等盐类矿物。受储层岩性及物性特征的影响，仅依靠天然能量及油藏渗流能力无法获得有效工业油流，需要进行大规模体积压裂，形成有效的人工缝网，从而改善储层渗流能力，提高单井产量，保证油藏的高效开发。

2 一维地质力学研究

一维地质力学也称为单井地质力学，研究手段主要是基于实验室测试数据、测井数据、钻井事件、成像分析等进行沿井筒地质力学分析，研究成果主要包括岩石力学参数、水平应力大小、应力方向等。一维地质力学是三维力学的研究基础，一维地质力学研究成果的好坏在很大程度上决定了三维地质力学的准确性以及储层改造的效果。

2.1 实验室力学参数测试

岩石弹性参数是地质力学、地层破裂以及人工裂缝形态模拟的基础，实验室一般采用声波时差法测量岩石的纵横波速度，并计算出相应的岩石弹性参数。首先测量试验岩心的长度、直径和重量及声波测试系统的纵横波延迟时间，然后逐一对测试样品进行纵横波传播时差测定，并计算出纵波与横波速度在岩石试样中的传播速度，再根据纵、横波速度值和岩石的密度，计算出岩石的岩石力学参数，即动态泊松比、动态弹性模量、动态剪切模量、动态体积模量等。

按下式计算纵波及横波传播时间：

$$t_p = t'_p - t_{op} \tag{1}$$

$$t_s = t'_s - t_{os} \tag{2}$$

式中 t_p、t_s——纵、横波在岩石试样中的传播时间，μs；
t'_p、t'_s——进行纵、横波测试时的仪器读数值，μs；
t_{op}、t_{os}——纵、横波换能器与仪器系统的延迟时间，μs。

按下式计算纵波及横波速度：

$$v_p = \frac{l}{t_p} \times 10^3 \tag{3}$$

$$v_s = \frac{l}{t_s} \times 10^3 \tag{4}$$

式中 v_p、v_s——纵波、横波声速，m/s；
t_p、t_s——纵、横波传播时间，μs；
l——岩石试样长度，mm。

按下列公式计算动态弹性力学参数：

$$\mu_d = \frac{(v_p/v_s)^2 - 2}{2[(v_p/v_s)^2 - 1]} \tag{5}$$

$$E_d = 2v_s^2 \rho (1 + \mu_d) \tag{6}$$

$$G_d = v_s^2 \rho \tag{7}$$

$$K_d = v_s^2 \rho \frac{2(1+\mu_d)}{3(1-2\mu_d)} \tag{8}$$

式中 μ_d——动态泊松比；

E_d——动态弹性模量，GPa；

G_d——动态剪切模量，GPa；

K_d——动态体积模量，GPa；

ρ——岩石密度，g/cm³。

对英西地区7口井21块岩样进行了力学参数测试，测试结果见表1；岩石力学参数与地应力实验结果表明：英西深层储层杨氏模量为15.34~78.93GPa，泊松比为0.12~0.28，剪切模量为6.87~33.38 GPa，体积模量为6.66~41.44GPa。实验数据分析表明，该地区高模量、低泊松比，在压裂过程中有利于人工缝网的起裂及延展。

表1 柴达木盆地英西深层岩石力学测试结果

井号	深度(m)	岩心号	纵波速度(m/s)	横波速度(m/s)	弹性模量(GPa)	泊松比	剪切模量(GPa)	体积模量(GPa)
狮新28	4172	1-1	3928.57	2500.00	38.47	0.16	16.59	18.84
		1-2	4760.00	2833.33	52.65	0.23	21.48	31.98
		1-3	5720.83	3566.23	78.93	0.18	33.38	41.40
狮25	4179	2-1	3492.59	2072.53	28.33	0.23	11.53	17.37
		2-2	3398.44	2219.39	30.02	0.13	13.30	13.46
		2-3	3741.07	2380.68	35.47	0.16	15.29	17.37
狮203	4496	3-1	3206.00	1908.33	23.28	0.23	9.50	14.14
		3-2	3319.23	2030.59	25.88	0.20	10.78	14.43
		3-3	3443.40	2073.86	27.91	0.22	11.48	16.35
狮23	4017	4-1	4298.04	2356.99	37.79	0.28	14.71	29.29
		4-2	4384.62	2590.91	43.52	0.23	17.66	27.04
		4-3	4642.00	2698.84	47.79	0.24	19.20	31.20
狮23	4024	5-1	2943.18	1823.94	20.66	0.19	8.70	11.05
		5-2	4316.00	2766.67	45.99	0.15	19.97	21.98
		5-3	4667.31	2609.68	46.09	0.27	18.11	33.78
		5-4	4693.75	2816.25	50.46	0.22	20.70	29.90
狮30	4095	6-1	2443.10	1610.23	15.34	0.12	6.87	6.66
		6-2	2640.35	1729.89	17.48	0.12	7.78	7.75
		6-3	3165.91	1785.90	21.01	0.27	8.29	15.00
狮43	3928	7-1	3677.27	2143.05	30.81	0.24	12.39	19.97
		7-2	4102.17	2358.75	37.32	0.25	14.89	25.19
		7-3	3860.00	2539.47	38.97	0.12	17.42	17.02

2.2 测井资料力学性质研究

对狮49H3井进行了"九参数"的力学性质综合研究，研究成果如图2所示；充分考虑了人工裂缝起裂难易程度，缝网复杂程度以及动态地应力对改造规模的影响，根据工程甜点影响因子共识别出Ⅰ类工程甜点65.75m，Ⅱ类工程甜点55.25m。以密度积分作为技术基础，通过曲线拼接、建立伪密度曲线以及地震数据转换等手段得出研究区各井沿井筒上覆地层压力；通过已建立好的岩性图版对目的层进行岩性划分，并精准地求取岩石力学参数（动态杨氏模量、动态泊松比、单轴抗压强度、摩擦系数等）。经分析研究，杨氏模量为29.2~43.4GPa，平均为34.9GPa；泊松比为0.164~0.372，平均为0.284。由于测井资料数据涵盖了整个储层段，而取心资料只是在储层段内的某一深度段取值，因此相比于实验室数据范围，两者略微有些差别。

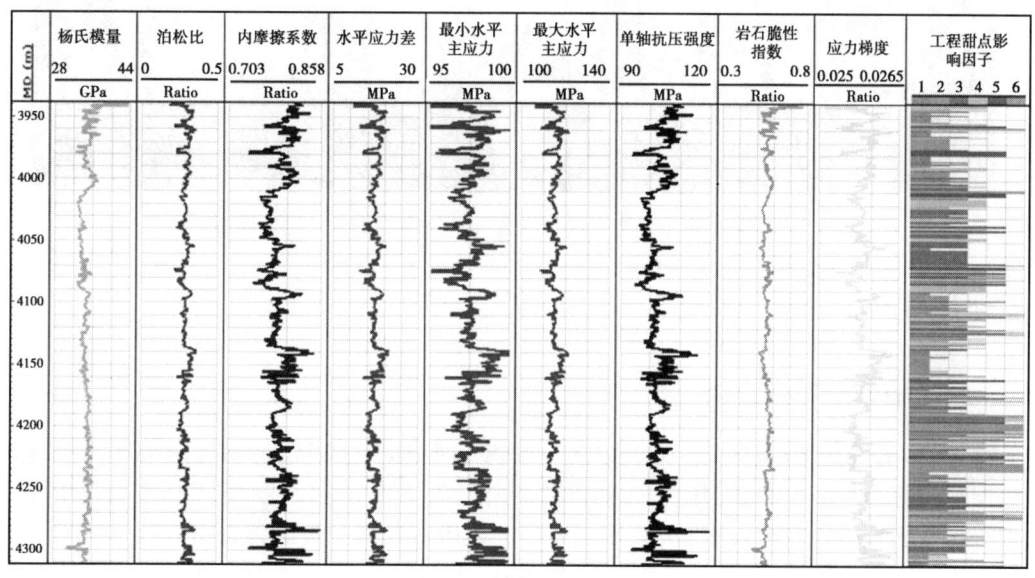

图2 狮49H3井地质力学参数计算成果图

3 三维地质力学研究

在一维地质力学研究的基础上，结合构造模型以及三维地震资料考虑储层空间各向异性建立三维地质力学相关模型，包括最大主应力、最小主应力、上覆地层压力、水平应力差、杨氏模量、泊松比、单轴抗压强度等。三轴应力分布特征主要受构造控制，在构造高部位上覆地层压力、最大水平主应力、最小水平主应力数值均相对较低，水平应力差值大小主要受构造幅度的控制，在构造幅度相对较高的区域，其水平应力差值相对较大，在压裂施工过程中不利于形成复杂缝网。英西深层致密油储层段地层最大水平主应力为102.4~135.4MPa，地层最小水平主应力为88.6~113.5MPa，最小水平应力三维模型如图3所示；水平应力差为8.5~22.5MPa。由于受到井控程度的影响，在局部未钻井区域无法取得测井资料，因此与单井地质力学研究范围略有差异。其杨氏模量、泊松比、单轴抗压强度与一维地质力学研究结论基本一致。

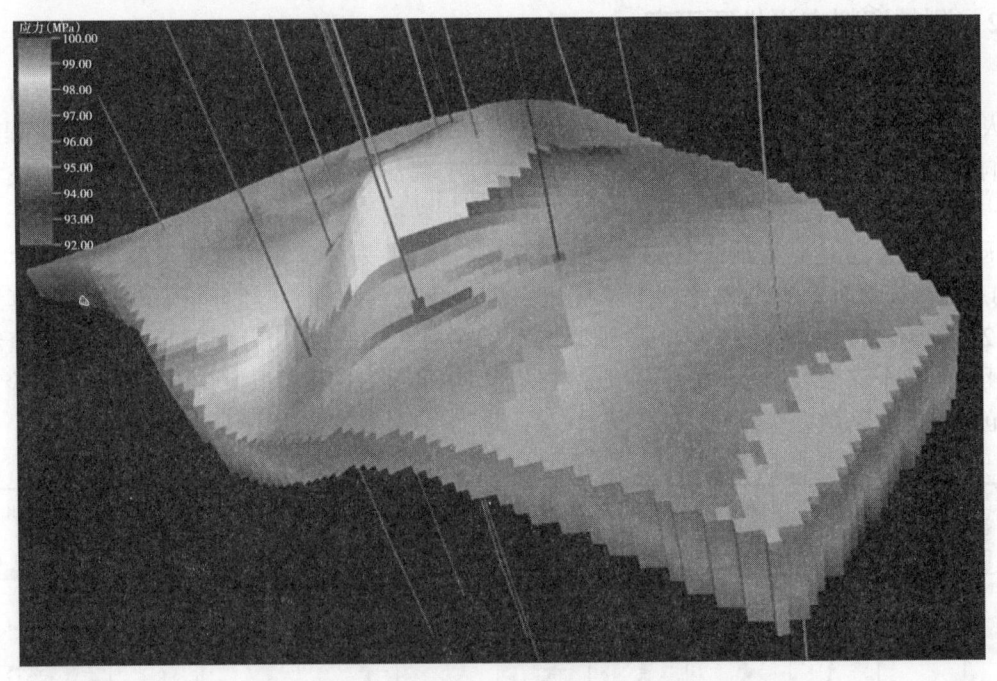

图3　柴达木盆地英西深层致密油藏三维最小水平应力模型

4　现场实例

4.1　狮49H3井压前评估

狮49H3井是狮49井区第一口完钻的水平井，水平段长525m，通过对英西深层致密油藏储层平面分布特征、油藏剖面、邻井资料油层识别、钻井全烃显示以及中测资料等多方面数据分析，狮49H3井储层岩性为含泥灰云岩和泥质灰云岩，裂缝发育但有效性较差，以微裂缝为主，裂缝孔隙度小；水平段平均为3%。共见气测异常24层/79m，储层钻遇率为80%，油层钻遇率为19%。通过成像资料及应力方向分析，狮49H3井所处区域杨氏模量相对高、泊松比相对低、脆性指数高，有利于人工裂缝的开启，通过储层改造增大泄油面积，提高单井产能。

4.2　狮49H3井压裂设计

压裂前综合地质评估及地质力学研究；采用地质工程一体化研究思路结合"地质甜点"与"工程甜点"优化泵注程序及分段分簇方案，完成水平井体积压裂设计。狮49H3井压裂工艺采用裸眼封隔器+可溶球+可钻球座滑套分段压裂，实现人工裂缝与储层接触最大化。压裂设计采用高液量、高前置液、大排量、高比例滑溜水（80%）+冻胶的复合压裂模式，兼顾裂缝长度、宽度，并提高裂缝复杂程度；每段注入酸20m³进行预处理，提高井筒周围渗流能力，降低井口注入压力及施工风险。通过数值模拟、产能预测优化裂缝参数及施工参数，人工裂缝模拟成果如图4所示；裂缝长度为180~200m，裂缝高度为35~55m；通过支撑剂导流能力评价、组合式粒径支撑剂，采用100目粉砂封堵层理、天然裂缝，采用40/70目+30/50目陶粒连续支撑主裂缝以满足在高闭合压力下的低破碎率。为控制支撑剂回流返吐，同时可改善人工裂缝中支撑剂铺置剖面，保障裂缝长期高导流能力，增强改造效果。

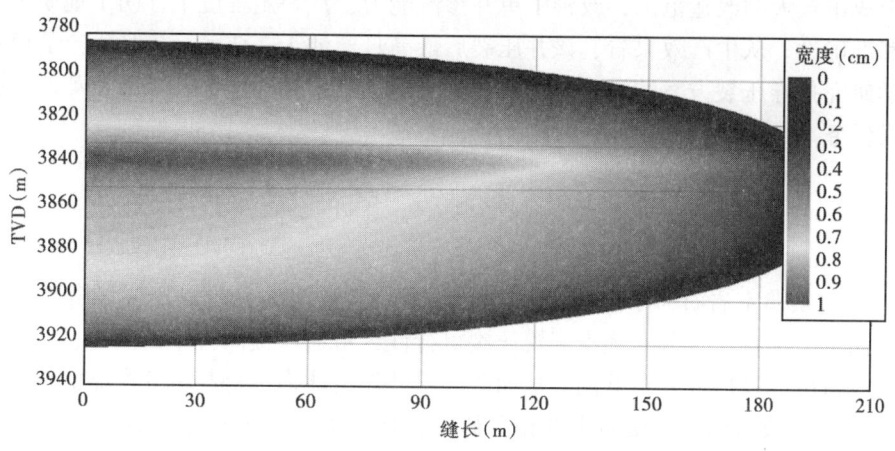

图 4　狮 49H3 井压裂施工人工缝网模拟

4.3　狮 49H3 井压裂后评估

2018 年 2 月 8 日狮 49H3 井成功完成施工，施工排量为 7.8~9.7 m³/min，总液量为 10993m³，加砂 573m³。在压裂施工过程中，采用井间微地震技术对人工裂缝的起裂位置、裂缝扩展方位进行实时监测，并采用四维地质力学模拟压裂过程中储层应力场的变化规律及特征，通过裂缝动态监测及动态地质力学综合研究指导泵注程序的实时优化和调整，最大限度提高单井导流能力及储层改造效果。

经过微地震数据分析，微地震事件点分布特征如图 5 所示；该井压裂过程中产生微地震

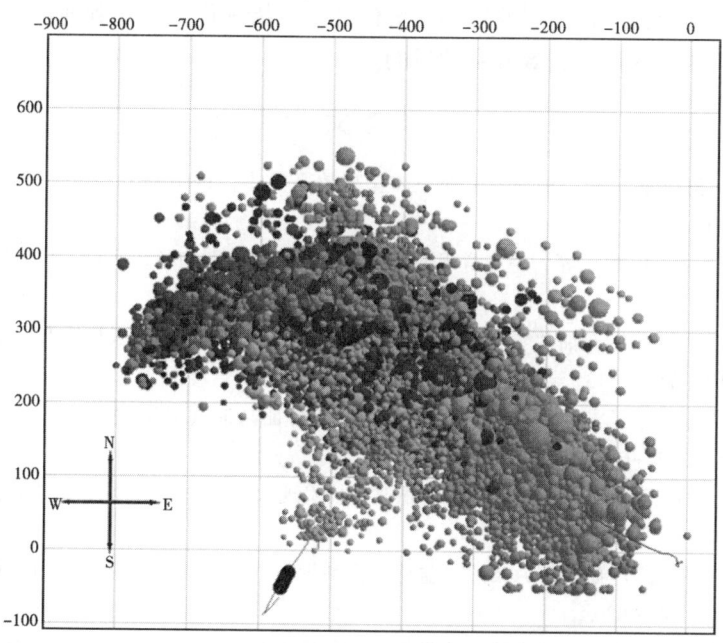

图 5　狮 49H3 井微地震事件点分布图
（以井口坐标为原点，横坐标为正值表示微地震事件点往东，负值表示往西；
纵坐标为正值表示往北，负值表示往南）

事件点35876个,有效改造体积3578.5×10⁴m³。从压裂施工角度分析该井起到了预期改造效果,形成了较大的改造范围,改善了单井渗流能力,从一定程度上证明了地质力学分析的必要性和准确性。从生产效果看,该井压裂后最高日产油152.7m³,并保持产量稳定,通过地质力学研究指导压裂方案的设计及优化,极大地提高了产油能力,保障了英西致密油藏产能的建设任务。

5 结论

(1)通过实验室岩石力学分析、测井资料研究、微地震分析以及成像资料分析,结果显示英西储层力学特征具备实施大规模压裂可行性,可通过提高排量、液量、低砂比等手段提高储层改造范围及形成复杂缝网,从而改善单井渗流能力,提高单井产能的目的。

(2)应加大致密油藏地质力学的相关研究,地质力学研究成果不仅仅适用于致密油藏储层改造方案优化,而且在钻井液密度的优化、钻井轨迹的优化、工程甜点的优选、断层封堵性研究、开发潜能分析、工程施工过程中的套损预防等方面都具有重要的意义。

(3)水平井+多级改造、直井大规模压裂将会成为英西深层致密油藏主要增产措施及开发手段,为提高措施效果在设计压裂方案时应对区域地质力学特征、裂缝起裂机理以及缝网特征进行充分的研究与分析。

基于英西深层复杂的地质特征、开发效果的不确定性以及目前严峻的行业形势,中国石油青海油田分公司在进行每项作业施工及方案投资都相当谨慎,都在不断地思考和探索:如何实现降低作业成本?如何提高措施有效率?如何增加投入产出比?为了实现上述三点生产需求,需要将"地质认识"和"工程方案"紧密结合,在"地质工程一体化"研究的指导下,基于地质力学分析进行储层改造的方案设计以及措施优化,达到通过借力于优质的储层改造方案实现英西地区油藏高效开发的目的。

参 考 文 献

[1] 吴奇,梁兴,鲜成钢,等.地质—工程一体化高效开发中国南方海相页岩气[J].中国石油勘探,2015,20(4):1-23.

[2] 邹才能,陶士振,白斌,等.论非常规油气与常规油气的区别和联系[J].中国石油勘探,2015,20(1):1-16.

[3] 何海清,李建忠.中国石油"十一五"以来油气勘探成果、地质新认识与技术进展[J].中国石油勘探,2014,19(6):1-13.

[4] 张明利,金之钧,万天丰,等.柴达木盆地应力场特征与油气运聚关系[J].石油与天然气地质,2005,26(5):674-679.

[5] 吴奇,胥云,刘玉章,等.美国页岩气体积改造技术现状及对我国的启示[J].石油钻采工艺,2011,32(2):1-7.

[6] 付锁堂,张道伟,薛建勤,等.柴达木盆地致密油形成的地质条件及勘探潜力分析[J].沉积学报,2013,31(4):672-680.

[7] 付锁堂,关平,张道伟.柴达木盆地近期勘探工作思考[J].天然气地球科学,2012,23(5):813-818.

[8] 郭泽清,孙平,张春燕,等.柴达木盆地西部地区致密油气形成条件和勘探领域探讨[J].天然气地球科学,2014,25(9):1366-1377.

[9] 万传治, 王鹏, 薛建勤, 等. 柴达木盆地柴西地区古近系—新近系致密油勘探潜力分析 [J]. 岩性油气藏, 2015, 27 (3): 26-31.

[10] 付锁堂, 张道伟, 薛建勤, 等. 柴达木盆地致密油形成的地质条件及勘探潜力分析 [J]. 沉积学报, 2013, 31 (4): 672-682.

[11] Perumalla S, Singh H, Naeimi R A, et al. Regional in-situ stress mapping; an initiative for exploration & production development of deep gas reservoirs in Kuwait [C]. IPTC 17632, 2014.

[12] Kumar R, Perumalla S V, Verma S K, et al. Geomechanical evaluation of mud losses and wellbore instability in Mumbai High North Field - implications to Infill drilling and reservoir development [C]. SPE 155193-ms, 2012.

[13] Perumalla, Santagati A, Addis M T, et al. Influence of rock properties and geomechanics on hydraulic fracturing. a case study from the Amin deep tight gas reservoir, sultanate of Oman [C]. SPE 153227, 2012.

[14] Shaikh Abdul Azim, Pritish Makherjess, Perumalla, et al. Using integrated geomechanical study [C]. SPE, 148049, 2011.

[15] Höcker C, Zwaan J, et al. Modeling comlex reservoir geometries accurately: using the right 3DGrid Types [C]. IPA 10G077, 2010.

[16] Jianyong Pei Wessling S, Hartmann A, et al. Constraining In-Situ Stresses at BETA by Analysis of Borehole Images and Downhole Pressure Data [C]. IPTC 13773, 2009.

[17] Adrian White. Updating the Geomechanical Model and Calibrating Pore Pressure from 3D Seismic Using Data [C]. SPE 110926, 2007.

[18] Norberto Monroy-Ayala. Applications of Electric Logs and Geomechanical Models to Optimize Drilling [C]. SPE 107361. 2007.

[19] Meyer Bazan Atlas Rosetta. Optimization of Multiple Transverse Hydraulic Fractures in Horizontal Wellbores. [C]. SPE 131732, 2010.

[20] Zhang, et al. Microseismic estimates of stimulated rock volume using a detection-range bias correction: theory and case study [C]. SPE 168580, 2014.